U0314088

MATLAB 开发实例系列图书

MATLAB 统计分析与应用：40 个案例分析

（第 2 版）

谢中华　编著

北京航空航天大学出版社

内 容 简 介

本书从实际应用的角度出发，以大量的案例详细介绍了 MATLAB 环境下的统计分析与应用，主要内容包括：MATLAB 编程简介；从文件中读取数据到 MATLAB；从 MATLAB 中导出数据到文件；数据的平滑处理、标准化变换和极差归一化变换；概率分布与随机数；蒙特卡洛方法；描述性统计量和统计图；参数估计与假设检验；Copula 理论及应用实例；方差分析；基于回归分析的数据拟合；聚类分析；判别分析；主成分分析；因子分析；利用 MATLAB 制作统计报告或报表；图像处理中的统计应用等。

本书可以作为高等院校本科生、研究生的统计学相关课程的教材或教学参考书，也可作为从事数据分析与数据管理的研究人员的参考用书。

图书在版编目(CIP)数据

MATLAB 统计分析与应用 ：40 个案例分析 / 谢中华编著. -- 2 版. -- 北京 ：北京航空航天大学出版社，2015.5

ISBN 978 - 7 - 5124 - 1774 - 8

Ⅰ. ①M… Ⅱ. ①谢… Ⅲ. ①Matlab 软件－应用－统计分析 Ⅳ. ①C819

中国版本图书馆 CIP 数据核字(2015)第 090506 号

MATLAB 统计分析与应用：40 个案例分析(第 2 版)

谢中华 编著

责任编辑 陈守平

*

北京航空航天大学出版社出版发行

北京市海淀区学院路 37 号(邮编 100191) http://www.buaapress.com.cn

发行部电话：(010)82317024 传真：(010)82328026

读者信箱：goodtextbook@126.com 邮购电话：(010)82316936

涿州市新华印刷有限公司印装 各地书店经销

*

开本：787×1 092 1/16 印张：33 字数：845 千字

2015 年 5 月第 2 版 2018 年 10 月第 3 次印刷 印数：8 001～12 000 册

ISBN 978 - 7 - 5124 - 1774 - 8 定价：66.00 元

若本书有倒页、脱页、缺页等印装质量问题，请与本社发行部联系调换。联系电话：(010)82317024

修订说明

本书是《MATLAB 统计分析与应用:40 个案例分析》一书的修订版。修订版在第 1 版的基础上做了如下改进:

① 增加“MATLAB 编程简介”作为第 1 章,以大量例题系统地介绍了 MATLAB 基础编程知识,为 MATLAB 零基础的读者顺利阅读此书提供方便。

② “数据的预处理”一章中增加了对标准化变换和极差归一化变换的逆变换的介绍,在数据的极差归一化变换部分增添 mapminmax 函数应用案例。

③ 对第 1 版的“生成随机数”一章进行了修改和完善。删除自编 crnd 函数和蒲丰投针问题等案例,增加如下内容:概率分布及概率计算、slicesample 函数应用案例、一元混合分布随机数、用蒙特卡洛方法求多重积分。

④ 将“描述性统计量和统计图”单独作为一章。

⑤ 在“参数估计与假设检验”一章中增加了如下内容:自定义分布的参数估计(包含单参数和多参数两种情形)、检验功效与样本量的计算、游程检验、符号检验、Wilcoxon 符号秩检验、Mann - Whitney 秩和检验。

⑥ 把第 1 版的“第 8 章 数据拟合”改为“第 9 章 回归分析”,并增加多元非线性回归案例、多项式回归原理及案例、MATLAB 回归模型类的实现函数及案例。

⑦ 将第 1 版的“第 1 章 利用 MATLAB 生成 Word 和 Excel 文档”作为第 14 章。

⑧ 把“图像处理中的统计应用案例”作为附录 A,其中的案例单独编号,不计入总数。

⑨ 以 MATLAB R2012a 为基础对“附录 B MATLAB 统计工具箱函数大全”进行了修改和扩充。

《MATLAB 统计分析与应用:40 个案例分析(第 2 版)》分为 14 章,另有 2 个附录,共涉及 45 个大的案例,其中有些大案例下还包含了一些小的案例。本书章节是这样安排的:第 1 章,MATLAB 编程简介;第 2 章,数据的导入与导出;第 3 章,数据的预处理;第 4 章,概率分布与随机数;第 5 章,描述性统计量和统计图;第 6 章,参数估计与假设检验;第 7 章,Copula 理论及应用实例;第 8 章,方差分析;第 9 章,回归分析;第 10 章,聚类分析;第 11 章,判别分析;第 12 章,主成分分析;第 13 章,因子分析;第 14 章,利用 MATLAB 生成 Word 和 Excel 文档;附录 A,图像处理中的统计应用案例;附录 B,MATLAB 统计工具箱函数大全。

本书涉及的所有源程序将继续放到 MATLAB 中文论坛的读者在线交流平台上,供读者自由下载。这些源程序在 MATLAB R2012a(即 MATLAB 7.14)下经过了验证,均能够正确执行,读者可将自己的 MATLAB 版本更新至 MATLAB R2012a 及其以后的版本,以避免出现不必要的问题。本书读者在线交流平台网址:http://www.ilovematlab.cn/forum-181-1.html。

在本书的修订过程中,我得到了 MATLAB 中文论坛会员 rocwoods(吴鹏)、ljelly(李国栋)、ariszheng(郑志勇)、makesure5、tianlan - gjl、zzpwestlife、fllr、zhjstef、yu1987、miaoming、xhg211314、lucifinil2、lucky1031、feilongtrp、zxysx、caojl、dh200532、mind2006、fanhy298 等的支持与帮助,在此,向他们表示最真诚的谢意!

本书的写作得到了天津科技大学理学院和数学系领导及同事们的支持与鼓励,崔家峰、刘寅立、李玉峰、廖嘉和夏国坤为本书提出了宝贵的修改意见,在此一并表示最诚挚的感谢!

最后,还要感谢我的妻子和平女士,她默默地为我付出,支持我顺利完成本书的写作,在此,向我的妻子和平表示最衷心的感谢!

由于作者水平有限,书中的疏漏和不当之处,恳请广大读者和同行批评指正!作者邮箱:xiezhh@tust.edu.cn。本书勘误网址:http://www.ilovematlab.cn/thread-79642-1-1.html。

谢中华

2015年3月于天津

第1版前言

MATLAB、SAS、Spss、Splus、R语言等软件都可用作统计计算与分析，其中，MATLAB的功能无疑是最强大的。MATLAB有“草稿纸式”的编程语言，还有包罗万象的工具箱，易学易用，用户不仅可以调用其内部函数作“傻瓜式”计算，还可以根据自己的算法进行扩展编程。可以说，它就是计算软件中的“航空母舰”。试问读者朋友们，你们是想拥有一艘普通的“战舰”，还是想拥有一艘无所不能的“航空母舰”呢？

在我们的生活中，统计无处不在，大到国计民生，小到个人起居，无不与统计息息相关，与统计有关的论著也如春日繁花。但就目前情况来看，市面上有关统计与MATLAB结合的论著并不多见，并且大多只是MATLAB统计工具箱的中文翻译，或者在概率论与数理统计的教材里加了一些MATLAB代码，它们普遍缺乏具体的案例分析，并且在统计的应用方面缺乏创新。本书仅以较少篇幅介绍MATLAB统计工具箱函数的调用方法，将通过大量的案例分析介绍MATLAB在统计方面的应用。本书内容分12章，另有2个附录，共涉及40个大的案例，其中有些大案例下还包含了一些小的案例。本书章节是这样安排的：第1章，利用MATLAB生成Word和Excel文档；第2章，数据的导入与导出；第3章，数据的预处理；第4章，生成随机数；第5章，参数估计与假设检验；第6章，Copula理论及应用实例；第7章，方差分析；第8章，数据拟合；第9章，聚类分析；第10章，判别分析；第11章，主成分分析；第12章，因子分析；附录A，图像处理中的统计应用案例；附录B，MATLAB统计工具箱函数大全。**其中利用MATLAB与Word、Excel接口技术生成Word和Excel文档属笔者原创，利用这一技术可以很方便地生成各种统计报告或报表。**另外，本书还涉及5个基于统计方法的图像处理案例，包括从图像资料中提取绘图数据并进行曲线拟合，灰度图像和真彩图像的分割，从固定背景视频中识别运动目标，手写体数字识别，图像压缩等。这些都是其他统计软件很难解决的问题，也是传统教材没有涉及的问题。

笔者长期从事本科生“概率论与数理统计”、“多元统计分析”，硕士研究生“数理统计”，博士研究生“应用数学基础”等课程的教学。在教学中，笔者把MATLAB引入课堂，深受学生欢迎。本书是作者长期教学经验的总结。

笔者长期活跃于研学论坛、仿真论坛和振动论坛的MATLAB版面，以及MATLAB中文论坛的各版面，笔者编写的“利用MATLAB生成Word和Excel文档”、“猫追耗子的动画演示”、“概率统计实验演示系统”等MATLAB程序在各论坛间广泛流传。笔者认为这些论坛是学习MATLAB的好地方，论坛上的很多问题都是经典的、共性的、案例式的。笔者把自己学习MATLAB的经历总结成三个词语：“纸上谈兵”、“闭门造车”和“改革开放”。刚接触MATLAB时，由于没有电脑可用，只能天天泡在图书馆里看MATLAB教程，虽然笔记记了一大本，但是收获甚微，这段经历纯属“纸上谈兵”。后来有了自己的电脑，就以极大的热情投入到MATLAB的学习中，编写了大量的MATLAB程序，在实践中积累了一些MATLAB的使用经验，但是由于缺乏与MATLAB高手们的交流，这段经历也只能是“闭门造车”。再后来，由于查资料的缘故，“误入”论坛这片“桃花源”，从此进入了一个新天地；笔者也从“闭门造车”走向“改革开放”。笔者在论坛里神交了很多高手,体会到了与高手过招的乐趣,这种过招是一种付出和收获共存的过程,通过回答别人的问题提高了自己的能力,通过学习别人的帖子收获了别人的经验。到如今,蓦然回首,发现自己竟也成了别人眼中的“高手”!

针对本书,MATLAB中文论坛(http://www.ilovematlab.cn/)特别提供了读者与作者在线交流的平台,笔者希望在这个平台上与广大读者做面对面的交流,解决大家在阅读此书过程中遇到的问题,分享彼此的学习经验。本书涉及的所有源程序将放到MATLAB中文论坛的在线交流平台上,供读者自由下载。这些源程序在MATLAB R2009a(即MATLAB 7.8)下经过了验证,均能够正确执行,读者可将自己的MATLAB版本更新至MATLAB R2009a及其以后的版本,以避免出现不必要的问题。另外,为了使读者能够顺利阅读此书,笔者还编写了“MATLAB编程简介”和“常用统计理论介绍”等相关的基础内容,也将其放在MATLAB中文论坛的在线交流平台上,供读者自由下载。

在本书的写作过程中,笔者得到了北京航空航天大学出版社陈守平编辑、MATLAB中文论坛创始人math(张延亮)和研学论坛MATLAB版版主rocwoods(吴鹏)的支持与鼓励,陈守平编辑和math为本书提出了宝贵的修改意见。在此,向他们表示最真诚的谢意!

本书的写作得到了天津科技大学理学院和数学系领导及同事们的支持与帮助,还得到了天津科技大学损伤生物力学和车辆安全工程中心的阮世捷、李海岩老师以及赵玮、包永涛、丁成、唐小兵、顾玉龙、姜颖飞等研究生的帮助与鼓励,在此一并表示最诚挚的感谢!

最后,还要感谢我的家人,他们默默地为我付出,支持我顺利完成本书的写作,在此,向我的家人表示最衷心的感谢!

由于作者水平有限,书中的疏漏和不当之处,恳请广大读者和同行批评指正!作者邮箱:xiezhh@tust.edu.cn。本书勘误网址:http://www.ilovematlab.cn/thread-79642-1-1.html。

谢中华

2010年1月于天津滨海新区

目　录

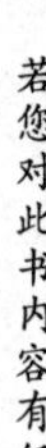

第 1 章

MATLAB 编程简介

1.1 MATLAB 工作界面布局与路径设置

1.1.1 MATLAB 工作界面布局

用户启动 MATLAB 后，将出现如图 1.1－1 所示工作界面。经过一段时间的初始化后，界面左下角“Start”按钮旁就出现“Ready”字样，单击“Start”按钮会弹出一个快捷导航菜单，通过该菜单可以很方便地操作 MATLAB 的各个功能模块，例如查询 MATLAB 工具箱及帮助信息、启动 Simulink 仿真、访问 MathWorks 公司网站等。

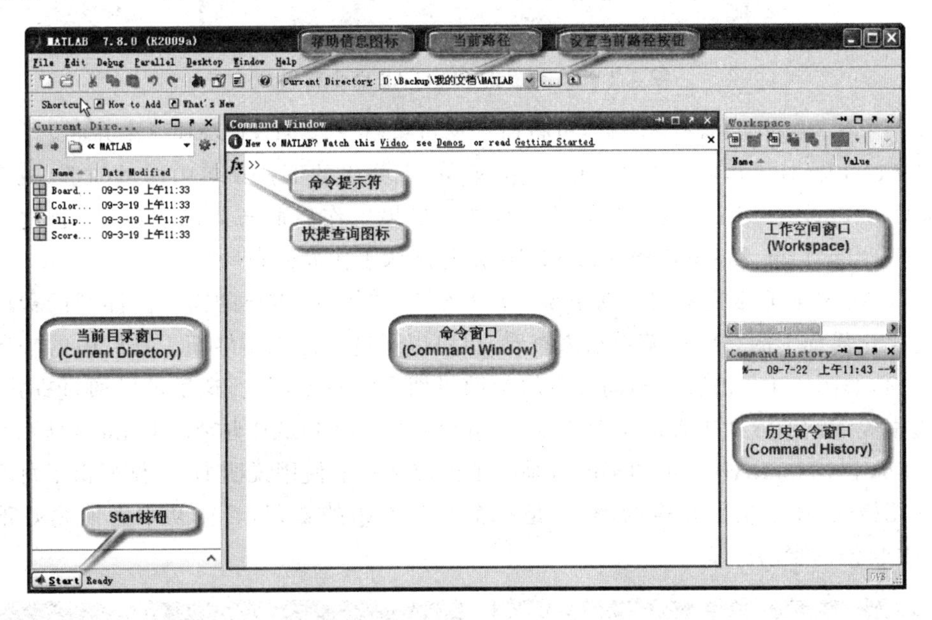

图 1.1－1 MATLAB 工作界面布局

从图 1.1－1 可以看到整个工作界面被分成了 4 个子窗口(不同版本的工作界面布局会稍有不同)，其中最左边是当前目录窗口(Current Directory)，显示了当前路径“D:\Backup\我的文档\MATLAB”下的所有文件。界面中间面积最大的窗口是命令窗口(Command Window)，该窗口左上角的“ >> ”是 MATLAB 命令提示符，在它的后面可以输入 MATLAB 命令，然后按 Enter 键即可执行所输入的命令并返回相应的结果。命令提示符前面的 fx 图标是一个快捷查询按钮，单击该图标可以快速查询 MATLAB 各工具箱中函数的用法，这一点有点类似于 MATLAB 自带的帮助，只是不如帮助列的详细。命令提示符的上面给出了“Video”、“Demos”和“Getting Started”三个蓝色的超链接，单击它们可分别打开 MATLAB 自带的演示视频、演示程序和帮助窗口。工作界面的右上角是工作空间窗口(Workspace)，也可称为当前变量窗口，在命令窗口定义过的变量都会在这里显示出来。工作界面的右下角是历史命令窗口(Command History)，在命令窗口用过的命令会在这里显示出来，通过双击某条历史命令可以重新运行该命令。

单击每个子窗口右上角的↗图标，可以将该子窗口从MATLAB工作界面中脱离出来，成为独立的窗口，此时MATLAB工作界面的布局会发生相应的变化。以MATLAB命令窗口为例，独立的命令窗口如图1.1-2所示。

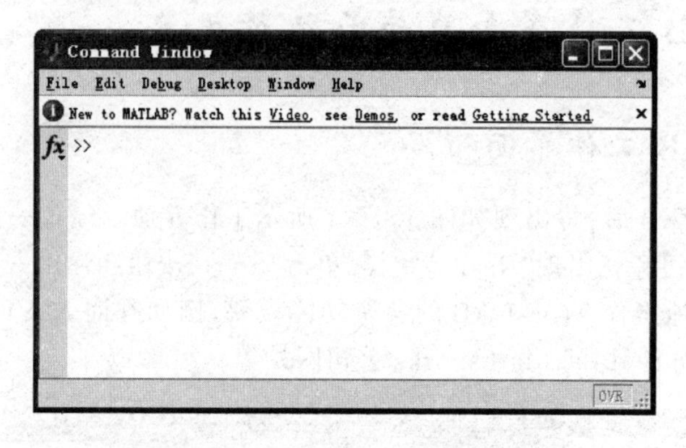

图1.1-2 独立的MATLAB命令窗口

单击图1.1-2右上角的↘图标，可将命令窗口重新嵌入MATLAB工作界面。

单击MATLAB工作界面上的“Desktop”菜单，在弹出的下拉菜单中通过勾选(或取消勾选)各选项，也可改变MATLAB工作界面布局。如果工作界面布局已经改变，通过菜单项“Desktop”→“Desktop Layout”→“Default”可恢复默认工作界面布局。

MATLAB有着非常完备的帮助系统，可以满足不同层次用户的需求。详细的帮助信息可以通过工作界面上的“Help”菜单项来查看，也可以通过单击工作界面工具栏中的?图标打开帮助界面，如图1.1-3所示(不同版本的帮助界面会稍有不同)。这里可以通过查找目录、索引和搜索关键词的方式来查询帮助信息，也可以查找MATLAB自带的Demos(演示视频和程序)。实际上MATLAB自带的帮助就是一个内部函数的使用说明书，不仅列出了每个函数的各种调用格式，还给出了相应的例子，是一个非常不错的教程，希望初学者能很好地利用MATLAB自带的帮助。

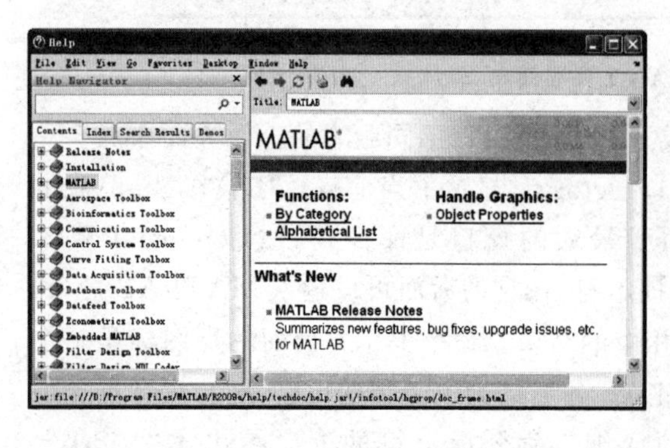

图1.1-3 MATLAB帮助界面

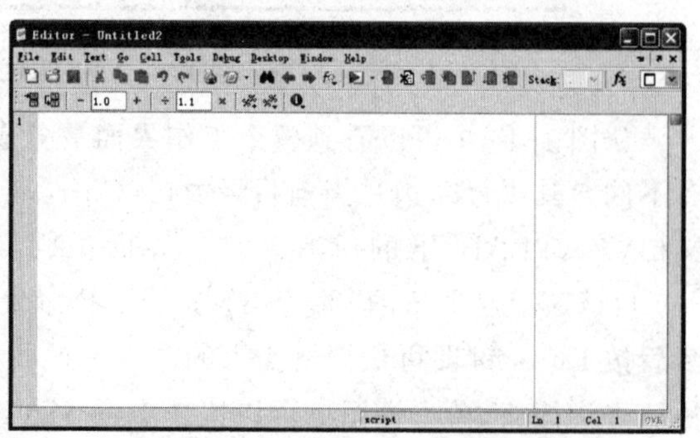

图1.1-4 MATLAB程序编辑窗口

〖说明〗

这里需要说明的是，打开一个 MATLAB 自带的内部函数或者自定义一个 MATLAB 函数，通常需要在程序编辑窗口(Editor)中完成。单击工作界面工具栏中的图标或者通过菜单项“File”→“New”→“Blank M－File”均可打开程序编辑窗口，如图 1.1－4 所示。

1.1.2　MATLAB 路径设置

启动 MATLAB 之后，用户可以在其命令窗口或 MATLAB 程序中随心所欲地调用 MATLAB 自带的内部函数，而不用管这个内部函数被放在哪里。如果把 MATLAB 自带的某个函数放到别的文件夹里，这个函数就未必能够正确运行，这是因为 MATLAB 有搜索路径限制，MATLAB 搜索路径下的函数才有可能被正确运行。

例如，当运行的 MATLAB 命令中含有名为 xiezhh 的命令时，MATLAB 将试图按下列顺序去搜索和识别：

① 检查 MATLAB 内存，判断 xiezhh 是否为工作空间窗口的变量或特殊常量；如果是，则将其当成变量或特殊常量来处理，否则进入下一步。

② 检查 xiezhh 是否为 MATLAB 的内部函数；如果是，则调用 xiezhh 这个内部函数，否则再往下执行。

③ 在当前目录中搜索是否有名为 xiezhh 的 M 文件存在；若有，则调用 xiezhh 文件，否则再往下执行。

④ 在 MATLAB 搜索路径的其他目录中搜索是否有名为 xiezhh 的 M 文件存在；若有，则调用 xiezhh 文件，否则在命令窗口返回没找到 xiezhh 的错误信息：“??? Undefined function or variable 'xiezhh'.”

需要注意的是，这种搜索是以花费很多执行时间为代价的。为了节约时间，提高程序运行效率，用户需要做好搜索路径管理。

用户可以交互式地把某个文件夹添加到 MATLAB 的搜索路径下，添加方法如图 1.1－5 所示。

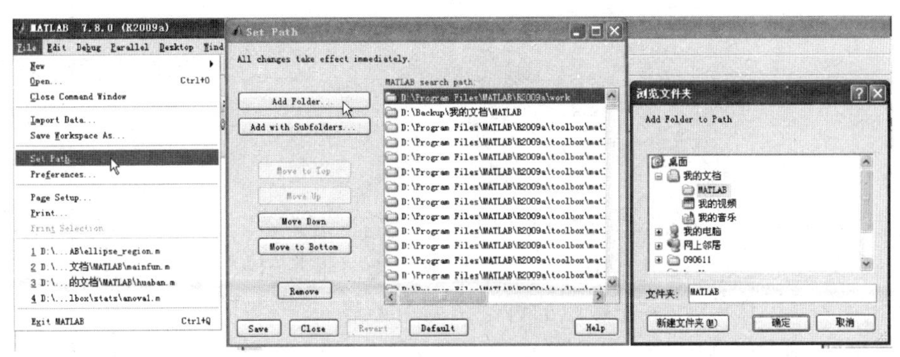

图 1.1－5　MATLAB 设置路径界面

单击工作界面上的“File”菜单，在弹出的下拉菜单中选择“Set Path”，将弹出 Set Path 界面，其中列出了 MATLAB 搜索路径下的所有文件夹。在 Set Path 界面中单击“Add Folder”按钮或者“Add with Subfolders”按钮，在弹出的浏览文件夹窗口中选择要添加的文件夹，单击“确定”按钮，然后单击“Save”按钮，最后单击“Close”按钮即可。若前面单击了“Add

Folder”按钮,则只将选中的文件夹添加到 MATLAB 搜索路径下;若前面单击了“Add with Subfolders”按钮,则将选中的文件夹及其子文件夹都添加到 MATLAB 搜索路径下。

在 MATLAB 搜索路径设置界面中选中一条或多条路径,单击“Move to Top”按钮可将选中的路径放到搜索路径的最顶端,MATLAB 最先搜索这些路径;单击“Move Up”按钮将选中的路径上升一位;单击“Move Down”按钮将选中的路径下降一位;单击“Move to Bottom”按钮将选中的路径放到搜索路径的最底端,它们最后才被搜索;单击“Remove”按钮将选中的路径从 MATLAB 搜索路径中删除。

1.2 变量的定义与数据类型

MATLAB 是一种面向对象的高级编程语言。在 MATLAB 中,用户可以在需要的地方很方便地定义一个变量,就像在“草稿纸”上写符号一样随意,并且根据用户不同的需要,还可以定义不同类型的变量。

1.2.1 变量的定义与赋值

MATLAB 中定义变量所用变量名必须以英文字母打头,可用字符包括英文字母、数字和下划线,变量名区分大小写。例如 a2_bcd,Xiezhh_0,xiezhh_0 均为合法变量名,其中 Xiezhh_0 和 xiezhh_0 表示两个不同的变量。

变量的赋值可以采用直接赋值和表达式赋值,例如:

```
>> x = 1    % 直接赋值

x =
     1

>> y = 1 + 2 + sqrt(9)    % 表达式赋值

y =
     6

>> z = 'Hellow World !!! '      % 定义字符型变量

z =
Hellow World !!!
```

以上命令通过直接赋值定义了数值型变量 x 和字符型变量 z,通过表达式赋值定义了变量 y。这里定义的变量 x,y,z 在 MATLAB 中都被作为二维数组保存,因为 MATLAB 中的运算是以数组为基本运算单元,关于数组的讨论详见 1.4 节。

理论上来说 MATLAB 中的变量名可以是任意长度,但实际上只有前 N 个字符是有效的,这里的 N 是 namelengthmax 函数的返回值,它与 MATLAB 版本有关,通常 N=63,例如:

```
>> N = namelengthmax      % 返回 MATLAB 允许的变量名最大长度

N =

    63
```

```
% 以超长变量名定义变量
>> abcedddddddddddddddddddddddddddddddddddddddddddddddddddddddddwertyu = 1
Warning: 'abcedddddddddddddddddddddddddddddddddddddddddddddddddddddddddwertyu'
 exceeds the MATLAB maximum name length of 63 characters and will be truncated to
 'abcedddddddddddddddddddddddddddddddddddddddddddddddddddddddddwer'.

abcedddddddddddddddddddddddddddddddddddddddddddddddddddddddddwer =

    1
```

很显然，当用户指定的变量名长度超过 MATLAB 允许的变量名最大长度时，MATLAB 返回了一个警告信息，并自动截取前面的 63 个有效字符作为变量名定义了一个变量。

MATLAB 中的缺省变量名为 ans，它是 answer 的缩写。如果用户未指定变量名，MATLAB 将用 ans 作为变量名来存储计算结果，例如：

```
>> (7189 + (1021 - 913) * 80)/64^0.5      % 加、减、乘、除、乘方运算

ans =

   1.9786e + 03
```

在变量名缺省的情况下，计算结果被赋给变量 ans。变量值的表示用到了科学计数法，这里 ans 的值为 1.9786×10^3。

1.2.2 MATLAB 中的常量

MATLAB 中提供了一些特殊函数，它们的返回值是一些有用的常量，如表 1.2－1 所列。

表 1.2－1　MATLAB 中的特殊函数或常量列表

特殊函数(或常量)	说　明
pi	圆周率 $\pi(=3.1415926\cdots)$
i 或 j	虚数单位，$\sqrt{-1}$
inf 或 Inf	无穷大，正数除以 0 的结果
NaN 或 nan	非数(或不定量)，0/0、inf/inf 或 inf－inf 的结果
eps	浮点运算的相对精度，$\varepsilon=2^{-52}$
realmin	最小的正浮点数，2^{-1022}
realmax	最大的正浮点数，$(2-\varepsilon)2^{1023}$
version	MATLAB 版本信息字符串，例如 7.14.0.739 (R2012a)

MATLAB 包罗万象的工具箱中提供了丰富的 MATLAB 函数，如果用函数名作为变量名进行赋值，就会造成该函数失效，例如可以通过重新赋值的方式改变以上特殊函数或常量的值，但一般情况下不建议这么做，以免引起错误，而且这种错误很难被检查出来。

如果用户不小心对某个函数名进行了赋值，可通过以下两种方式恢复该函数的功能：

① 调用 clear 或 clearvars 函数清除一个或多个变量，释放变量所占用内存，例如：

```
>> pi      % 查看圆周率的值

ans =

    3.1416

>> pi = 1     % 对变量pi重新赋值

pi =

     1

>> clear pi    % 清除变量pi
>> pi

ans =

    3.1416
```

② 在工作空间子窗口中选中需要删除的变量,单击鼠标右键,利用右键菜单中的"Delete"选项删除变量,如图1.2-1所示。

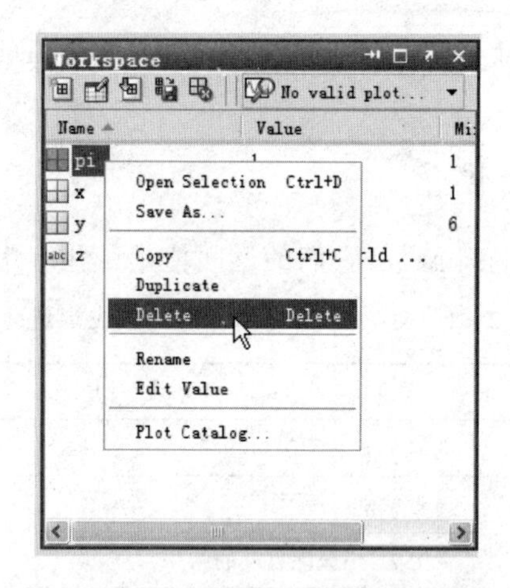

图1.2-1 删除变量示意图

如果用户对clear进行赋值,则clear函数失效,以上第一种删除变量的方式就会出错,此时应通过以上第二种方式恢复clear函数的功能。

```
>> pi = 1;        % 定义变量pi
>> clear = 2;     % 定义变量clear
>> clear pi       % 清除变量pi,此命令会出错
Error: "clear" was previously used as a variable,
 conflicting with its use here as the name of a function or command.
 See MATLAB Programming, "How MATLAB Recognizes Function Calls That …
```

1.2.3 MATLAB中的关键字

作为一种编程语言,MATLAB为编程保留了一些关键字:break、case、catch、classdef、continue、else、elseif、end、for、function、global、if、otherwise、parfor、persistent、return、spmd、

switch、try、while，这些关键字在程序编辑窗口中会以蓝色显示，它们是不能作为变量名的，否则会出现错误。用户在不知道哪些字为关键字的情况下，可用 iskeyword 函数进行判断，例如：

```
>> iskeyword('for')

ans =

     1

>> iskeyword('xiezhh')

ans =

     0
```

1.2.4　数据类型

MATLAB 中有 15 种基本的数据类型，如图 1.2－2 所示。

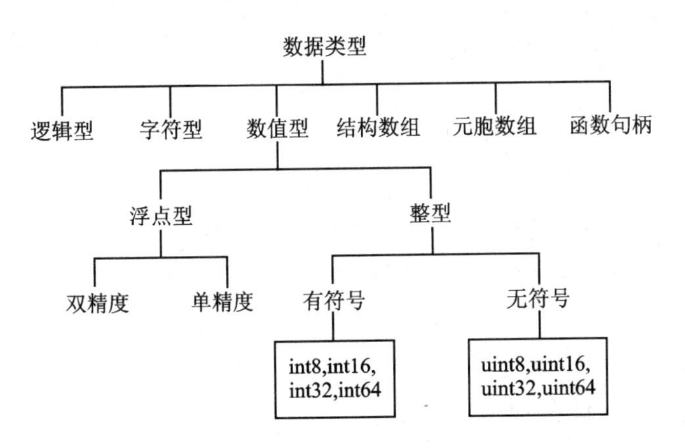

图 1.2－2　MATLAB 基本数据类型

MATLAB 中提供了 whos、class、isa、islogical、ischar、isnumeric、isfloat、isinteger、isstruct、iscell、iscellstr 等函数，用来查看数据类型，例如：

```
>> x = 1;
>> y = 1 + 2 + sqrt(9);
>> z = 'Hellow World !!! ';
>> whos
  Name      Size            Bytes  Class     Attributes

  x         1x1                 8  double
  y         1x1                 8  double
  z         1x16               32  char
```

以上返回的结果中列出了工作空间中所有的变量及其大小(Size)、占用字节(Bytes)和类型(class)等信息。

1.2.5 数据输出格式

MATLAB中数值型数据的输出格式可以通过format命令指定。下面以圆周率π的显示为例介绍各种输出格式,如表1.2-2所列。

表1.2-2 MATLAB中数值型数据的输出格式

格式	说明
format short	固定短格式,4位小数。例 3.1416
format long	固定长格式,15位小数(双精度);7位小数(单精度)。例 3.141592653589793
format short e	浮点短格式,4位小数。例 3.1416e+000
format long e	浮点长格式,15位小数(双精度);7位小数(单精度)。例 3.141592653589793e+000
format short g	最好的固定或浮点短格式,4位小数。例 3.1416
format long g	最好的固定或浮点长格式,14~15位小数(双精度);7位小数(单精度)。例 3.14159265358979
format short eng	科学计数法短格式,4位小数,3位指数。例 3.1416e+000
format long eng	科学计数法长格式,16位有效数字,3位指数。例 3.14159265358979e+000
format +	以"+"号显示
format bank	固定的美元和美分格式。例 3.14
format hex	十六进制格式。例 400921fb54442d18
format rat	分式格式,分子分母取尽可能小的整数。例 355/113
format compact	压缩格式(或紧凑格式),不显示空白行,比较紧凑。例 » format compact » pi ans = 3.141592653589793
format loose	自由格式(或宽松格式),显示空白行,比较宽松。例 » format loose » pi ans = 3.141592653589793

1.3 常用函数

MATLAB中包含了很多的工具箱,每一个工具箱中又有很多现成的函数。在学习MATLAB的过程中也很难把每一个函数都搞明白,其实这样做也没有太大的意义,因为MATLAB自带的帮助系统能够提供大多数函数的详细的使用说明。虽然记住每一个函数不太现实,但是有一些基本函数最好还是能记住,例如表1.3-1中列出的函数。

表 1.3-1 MATLAB 常用函数列表

函数名	说 明	函数名	说 明
abs	绝对值或复数的模	sqrt	平方根函数
exp	指数函数	log	自然对数
log2	以 2 为底的对数	log10	以 10 为底的对数
round	四舍五入到最接近的整数	ceil	向正无穷方向取整
floor	向负无穷方向取整	fix	向 0 零方向取整
rem	求余函数	mod	取模函数
sin	正弦函数	cos	余弦函数
tan	正切函数	cot	余切函数
asin	反正弦函数	acos	反余弦函数
atan	反正切函数	acot	反余切函数
real	求复数实部	imag	求复数虚部
angle	求相位角	conj	求共轭复数
mean	求均值	std	求标准差
max	求最大值	min	求最小值
var	求方差	cov	求协方差
corrcoef	求相关系数	range	求极差
sign	符号函数	plot	画线图

当然 MATLAB 中基本的常用函数还有很多，这里就不一一列举了，仅举一例说明其中一些函数的用法。

```
>> x=[1   -1.65   2.2   -3.1];   % 生成一个向量 x
>> y1=abs(x)   % 求 x 中元素的绝对值

y1 =

    1.0000    1.6500    2.2000    3.1000

>> y2=sin(x)   % 求 x 中元素的正弦函数值

y2 =

    0.8415   -0.9969    0.8085   -0.0416

>> y3=round(x)   % 对 x 中元素作四舍五入取整运算

y3 =

     1    -2     2    -3

>> y4=floor(x)   % 对 x 中元素向负无穷方向取整
```

```
y4 =

     1    -2     2    -4

>> y5 = ceil(x)   % 对x中元素向正无穷方向取整

y5 =

     1    -1     3    -3

>> y6 = min(x)   % 求x中元素的最小值

y6 =

   -3.1000

>> y7 = mean(x)   % 求x中元素的平均值

y7 =

   -0.3875

>> y8 = range(x)   % 求x中元素的极差(最大值减最小值)

y8 =

    5.3000

>> y9 = sign(x)   % 求x中元素的符号

y9 =

     1    -1     1    -1
```

上面定义的变量x是由4个元素构成的一个行向量,这种定义方式后面还会有详细的讨论。y1至y9是通过常用函数定义的9个新变量,其变量取值是相应函数的返回值。

〖说明〗

在一条命令的后面可以加上英文下的分号,也可以不加,加上分号表示不显示中间结果。另外,在MATLAB中可以根据需要随时加上注释,注释内容的前面要加上%号。

1.4 数组运算

在MATLAB中,基本的运算单元是数组,本小节介绍数组的运算。矩阵作为2维数组,有着最为广泛的应用,先来介绍矩阵的定义及运算。

1.4.1 矩阵的定义

在MATLAB中定义一个矩阵,通常可以直接按行方式输入每个元素:同一行中的元素用英文输入下的逗号或者用空格符来分隔,且空格个数不限;不同的行之间用英文输入下的分号

分隔，且所有元素处于同一方括号“[ ]”内。除了按行方式输入之外，也可以通过提取、拼凑和变形来定义新的矩阵，也可以通过特殊函数定义新的矩阵，具体请参考以下例子。

【例 1.4－1】 定义空矩阵(没有元素的矩阵)。

```
>> X=[]

X =

     []
```

【例 1.4－2】 按行方式输入矩阵元素。

```
>> x=[1, 2, 3;4  5  6;7  8, 9]  % 定义一个 3 行 3 列的矩阵 x
x =
     1     2     3
     4     5     6
     7     8     9

% 定义一个 3 行 3 列的矩阵 y
>> y=[1  2  3
     4  5  6
      7  8  9]
y =
     1     2     3
     4     5     6
     7     8     9
```

【例 1.4－3】 通过冒号运算符构造向量和矩阵。

利用冒号运算符构造向量的一般格式如下：

```
x = 初值 : 步长 : 终值
```

若步长为 1，可省略不写，例如：

```
>> x=1:10   % 定义一个向量 x
x =
     1     2     3     4     5     6     7     8     9    10
>> y=1:2:10   % 定义一个向量 y
y =
     1     3     5     7     9
>> z=[1:3; 4:6; 7:9]  % 定义一个矩阵 z
z =
     1     2     3
     4     5     6
     7     8     9
```

【例 1.4－4】 linspace 函数用来生成等间隔向量，它的调用格式为：

```
x=linspace(初值, 终值, 向量长度)
```

下面调用 linspace 函数定义向量 x：

```
>> x=linspace(1, 10, 10)   % 调用 linspace 函数定义向量 x
x =
     1     2     3     4     5     6     7     8     9    10
```

【例 1.4-5】 利用 size 函数返回矩阵的行数和列数。

```
>> x=[1  2  3;4  5  6]  % 定义矩阵 x
x =
     1     2     3
     4     5     6
>> size(x)  % 查看矩阵 x 的行数和列数
ans =
     2     3
>> [m, n]=size(x)  % 返回矩阵 x 的行数 m 和列数 n
m =
     2
n =
     3
```

【例 1.4-6】 利用行标、列标和冒号运算符提取矩阵元素。

```
>> x=[1  2  3;4  5  6;7  8  9]  % 定义一个 3 行 3 列的矩阵 x
x =
     1     2     3
     4     5     6
     7     8     9
>> y1=x(1, 2)  % 提取矩阵 x 的第 1 行,第 2 列的元素
y1 =
     2
>> y2=x(2:3, 1:2)  % 提取矩阵 x 的第 2 至 3 行,第 1 至 2 列的元素
y2 =
     4     5
     7     8
>> y3=x(:, 1:2)  % 提取矩阵 x 的第 1 至 2 列的元素
y3 =
     1     2
     4     5
     7     8
>> y4=x(1, :)  % 提取矩阵 x 的第 1 行的元素
y4 =
     1     2     3
>> y5=x(:)'  % 将矩阵 x 按列拉长,然后转置变成行向量
y5 =
     1     4     7     2     5     8     3     6     9
>> y6=x(3:6)  % 提取矩阵 x 按列拉长之后向量的第 3 至第 6 个元素
y6 =
     7     2     5     8
```

【例 1.4-7】 通过拼凑和变形来定义新的矩阵。

```
>> x1=[1  2  3];  % 定义一个向量 x1
>> x2=[4  5  6];  % 定义一个向量 x2
>> x=[x1; x2]  % 将行向量 x1 和 x2 拼凑成矩阵 x
x =
     1     2     3
     4     5     6
>> y=reshape(x, [3, 2])  % 通过 reshape 函数改变矩阵 x 的形状
y =
     1     5
     4     3
     2     6
```

```
>> z = repmat(x, [2, 2])   % 通过 repmat 函数拼凑新的矩阵
z =
     1     2     3     1     2     3
     4     5     6     4     5     6
     1     2     3     1     2     3
     4     5     6     4     5     6
```

【例 1.4-8】 定义字符型矩阵。

```
>> x = ['abc'; 'def'; 'ghi']   % 定义一个 3 行 3 列的字符矩阵
x =
abc
def
ghi
>> size(x)   % 查看字符矩阵 x 的行数和列数
ans =
     3     3
```

【例 1.4-9】 定义复数矩阵。

```
>> x = 2i + 5   % 定义一个复数 x
x =
   5.0000 + 2.0000i
>> y = [1  2  3; 4  5  6] * i + 7    % 定义一个复数矩阵 y
y =
   7.0000 + 1.0000i   7.0000 + 2.0000i   7.0000 + 3.0000i
   7.0000 + 4.0000i   7.0000 + 5.0000i   7.0000 + 6.0000i
>> a = [1  2; 3  4];   % 定义一个矩阵 a
>> b = [5  6; 7  8];   % 定义一个矩阵 b
>> c = complex(a,b)   % 以 a 为实部、b 为虚部生成复数矩阵
c =
   1.0000 + 5.0000i   2.0000 + 6.0000i
   3.0000 + 7.0000i   4.0000 + 8.0000i
```

【例 1.4-10】 定义符号矩阵。

```
>> syms a b c d      % 定义符号变量 a,b,c,d
>> x = [a  b; c  d]     % 定义符号矩阵 x
x =
[ a, b]
[ c, d]
>> y = [1  2  3; 4  5  6];
>> y = sym(y)    % 将数值矩阵转化为符号矩阵
y =
[ 1, 2, 3]
[ 4, 5, 6]
```


1.4.2　特殊矩阵

MATLAB 中提供了几个生成特殊矩阵的函数，例如 zeros 函数生成零矩阵，ones 函数生成 1 矩阵，eye 函数生成单位矩阵，diag 函数生成对角矩阵，rand 函数生成[0,1]上均匀分布随机数矩阵，magic 函数生成魔方矩阵。具体调用格式如表 1.4-1 所列。

表 1.4-1　特殊矩阵函数

函数名	调用格式	
zeros	B=zeros(n)	%生成 n×n 零矩阵
	B=zeros(m,n)	%生成 m×n 零矩阵
	B=zeros([m n])	%生成 m×n 零矩阵
	B=zeros(m,n,p…)	%生成 m×n×p×…零矩阵或数组
	B=zeros([m n p…])	%生成 m×n×p×…零矩阵或数组
	B=zeros(size(A))	%生成与矩阵 A 相同大小的零矩阵
ones	Y=ones(n)	%生成 n×n 的 1 矩阵
	Y=ones(m,n)	%生成 m×n 的 1 矩阵
	Y=ones([m n])	%生成 m×n 的 1 矩阵
	Y=ones(m,n,p…)	%生成 m×n×p×…的 1 矩阵或数组
	Y=ones([m n p…])	%生成 m×n×p×…的 1 矩阵或数组
	Y=ones(size(A))	%生成与矩阵 A 相同大小的 1 矩阵
eye	Y=eye(n)	%生成 n×n 单位阵
	Y=eye(m,n)	%生成 m×n 单位阵
	Y=eye([m n])	%生成 m×n 单位阵
	Y=eye(size(A))	%生成与矩阵 A 相同大小的单位阵
diag	X=diag(v,k)	%以向量 v 为第 k 个对角线生成对角矩阵
	X=diag(v)	%以向量 v 为主对角线元素生成对角矩阵
	v=diag(X,k)	%返回矩阵 X 的第 k 条对角线上的元素
	v=diag(X)	%返回矩阵 X 的主对角线上的元素
rand	Y=rand	%生成一个均匀分布随机数
	Y=rand(n)	%生成 n×n 随机数矩阵
	Y=rand(m,n)	%生成 m×n 随机数矩阵
	Y=rand([m n])	%生成 m×n 随机数矩阵
	Y=rand(m,n,p,…)	%生成 m×n×p×…随机数矩阵或数组
	Y=rand([m n p…])	%生成 m×n×p×…随机数矩阵或数组
	Y=rand(size(A))	%生成与矩阵 A 相同大小的随机数矩阵
magic	M=magic(n)	%生成 n×n 魔方矩阵

【例 1.4-11】 生成特殊矩阵。

```
>> A = zeros(3)      % 生成3阶零矩阵

A =

     0     0     0
     0     0     0
     0     0     0

>> B = ones(3,5)      % 生成3行5列的1矩阵

B =
```

```
     1     1     1     1     1
     1     1     1     1     1
     1     1     1     1     1

>> C = eye(3,5)     % 生成3行5列的单位阵

C =

     1     0     0     0     0
     0     1     0     0     0
     0     0     1     0     0

>> D = diag([1 2 3])     % 生成对角线元素为1,2,3的对角矩阵

D =

     1     0     0
     0     2     0
     0     0     3

>> E = diag(D)     % 提取方阵D的对角线元素

E =

     1
     2
     3

>> F = rand(3)     % 生成3阶随机矩阵

F =

    0.8147    0.9134    0.2785
    0.9058    0.6324    0.5469
    0.1270    0.0975    0.9575

>> G = magic(3)     % 生成3阶魔方矩阵

G =

     8     1     6
     3     5     7
     4     9     2
```

1.4.3 高维数组

除了可以定义矩阵这种2维数组之外，还可以定义3维甚至更高维数组。例如表1.4-1中的zeros、ones和rand函数均可以生成高维数组。当然在MATLAB中也可以通过直接赋值的方式定义高维数组，还可以通过cat、reshape和repmat等函数定义高维数组。

【例1.4-12】 通过直接赋值的方式定义3维数组。

```
% 定义一个2行,2列,2页的3维数组
>> x(1:2, 1:2, 1) = [1   2; 3   4];
>> x(1:2, 1:2, 2) = [5   6; 7   8];
x(:,:,1) =
     1     2
     3     4
x(:,:,2) =
     5     6
     7     8
```

【例 1.4-13】 利用 cat 函数定义 3 维数组。

```
>> A1 = [1   2; 3   4];   % 定义一个2行2列的矩阵A1
>> A2 = [5   6; 7   8];   % 定义一个2行2列的矩阵A2
>> A = cat(3, A1, A2)    % 调用cat函数定义3维数组A
A(:,:,1) =
     1     2
     3     4
A(:,:,2) =
     5     6
     7     8
```

【例 1.4-14】 利用 reshape 函数定义 3 维数组。

```
>> x = reshape(1:12, [2, 2, 3])   % 调用reshape函数定义3维数组x
x(:,:,1) =
     1     3
     2     4
x(:,:,2) =
     5     7
     6     8
x(:,:,3) =
     9    11
    10    12
```

【例 1.4-15】 利用 repmat 函数定义 3 维数组。

```
>> x = repmat([1   2; 3   4], [1 1 2])   % 调用repmat函数定义3维数组x
x(:,:,1) =
     1     2
     3     4
x(:,:,2) =
     1     2
     3     4
```

1.4.4 定义元胞数组(Cell Array)

定义元胞数组可以将不同类型、不同大小的数组放在同一个数组(即元胞数组)里,MATLAB中可以采用直接赋值的方式定义元胞数组,也可以利用 cell 函数来定义。

【例 1.4-16】 直接赋值定义元胞数组。

```
% 定义元胞数组,注意外层用的是花括号,而不是方括号
>> c1 = {[1   2; 3   4], 'xiezhh', 10; [5   6   7], ['abc';'def'], 'I LOVE MATLAB'}
c1 =
```

```
    [2x2 double]    'xiezhh'        [              10]
    [1x3 double]    [2x3 char]      'I LOVE MATLAB'
```

上面定义了一个 2 行 3 列共 6 个单元的元胞数组 c1，这 6 个单元是相互独立的，用来存储不同类型的变量，这就好比同一个旅馆中的 6 个不同的房间，不同房间中的成员互不干扰，和平共处。

【例 1.4－17】 cell 函数用来定义元胞数组，它的调用格式如下：

```
c = cell(n)                % 生成 n×n 的空元胞数组
c = cell(m, n)             % 生成 m×n 的空元胞数组
c = cell([m, n])           % 生成 m×n 的空元胞数组
c = cell(m, n, p,…)        % 生成 m×n×p×…的空元胞数组
c = cell([m n p …])        % 生成 m×n×p×…的空元胞数组
c = cell(size(A))          % 生成与矩阵 A 相同大小的空元胞数组
```

下面调用 cell 函数定义元胞数组 c2：

```
>> c2 = cell(2,4)      % 定义 2 行 4 列的空元胞数组
c2 =
     []     []     []     []
     []     []     []     []
>> c2{2, 3} = [1   2   3]      % 为第 2 行第 3 列的元胞赋值
c2 =
     []     []                []     []
     []     []    [1x3 double]     []
```

【例 1.4－18】 元胞数组的访问。

访问元胞数组 C 第 i 行第 j 列的元胞，用命令 C(i, j)，注意用的是**圆括号**；访问元胞数组 C 第 i 行第 j 列的元胞里的元素，用命令 C{i, j}，注意用的是**花括号**。celldisp 函数可以显示元胞数组里的所有内容。

```
% 定义一个 2 行 3 列的元胞数组 c
>> c = {[1   2], 'xie', 'xiezhh'; 'MATLAB', [3   4; 5   6], 'I LOVE MATLAB'}
c =
    [1x2 double]    'xie'             'xiezhh'
    'MATLAB'            [2x2 double]    'I LOVE MATLAB'
>> c(2, 2)      % 访问 c 的第 2 行第 2 列的元胞
ans =
    [2x2 double]
>> c{2, 2}      % 访问 c 的第 2 行第 2 列的元胞里面的内容
ans =
     3     4
     5     6
% 定义 2 行 2 列的元胞数组 c
>> c = {[1   2],   'xiezhh'; 'MATLAB', [3   4; 5   6]};
>> celldisp(c)      % 显示 c 的所有元胞里的元素
c{1,1} =
     1     2
c{2,1} =
    MATLAB
c{1,2} =
    xiezhh
```

```
c{2,2} =
     3     4
     5     6
```

1.4.5 定义结构体数组

结构体变量是具有指定字段、每一字段有相应取值的变量。可以采用直接赋值的方式定义结构体数组,也可以利用 struct 函数来定义。

【例 1.4-19】 直接赋值定义结构体数组。

```
% 通过直接赋值方式定义一个1行2列的结构体数组
>> struct1(1).name = 'xiezhh';
>> struct1(2).name = 'heping';
>> struct1(1).age = 31;
>> struct1(2).age =  22;
>> struct1
struct1 =
1x2 struct array with fields:
    name
    age
```

【例 1.4-20】 struct 函数用来定义结构体数组,它的调用格式为:

```
s = struct('field1', values1, 'field2', values2, …)
s = struct('field1', {}, 'field2', {}, …)
```

其中用 field 指定字段名,用 values 指定字段取值。下面利用 struct 函数定义结构体数组 struct2:

```
>> struct2 = struct('name', {'xiezhh', 'heping'}, 'age',{31, 22})  % 定义结构体数组
struct2 =
1x2 struct array with fields:
    name
    age
>> struct2(1).name      %结构体数组 struct2 的 name 字段的访问
ans =
    xiezhh
```

1.4.6 几种数组的转换

如表 1.4-2 所列,MATLAB 中提供了一些数组转换函数,用来做不同类型的数组之间的相互转换。

表 1.4-2 MATLAB 中的数组转换函数

函数名	说　明
num2str	数值转为字符
str2num	字符转为数值
str2double	字符转为双精度值

续表 1.4-2

函数名	说 明
int2str	整数转为字符
mat2str	矩阵转为字符
str2mat	字符转为矩阵
mat2cell	将矩阵分块，转为元胞数组
cell2mat	将元胞数组转为矩阵
num2cell	将数值型数组转为元胞数组
cell2struct	将元胞数组转为结构数组
struct2cell	将结构数组转为元胞数组
cellstr	根据字符型数组创建字符串元胞数组

以上函数名中的 2 意为“two”，用来表示“to”。关于这些函数的调用格式，请读者自行查阅 MATLAB 的帮助，这里仅举一例。

【例 1.4-21】 不同类型数组转换示例。

```
>> A1 = rand(60,50);      % 生成 60 行 50 列的随机矩阵
% 将矩阵 A1 进行分块，转为 3 行 2 列的元胞数组 B1
% mat2cell 函数的第 2 个输入[10 20 30]用来指明行的分割方式
% mat2cell 函数的第 3 个输入[25 25]用来指明列的分割方式
>> B1 = mat2cell(A1, [10 20 30], [25 25])

B1 =

    [10x25 double]    [10x25 double]
    [20x25 double]    [20x25 double]
    [30x25 double]    [30x25 double]

>> C1 = cell2mat(B1);       % 将元胞数组 B1 转为矩阵 C1
>> isequal(A1,C1)           % 判断 A1 和 C1 是否相等，返回结果为 1，说明 A1 和 C1 相等

ans =

     1

>> A2 = [1  2  3  4;5  6  7  8;9  10  11  12];   % 定义 3 行 4 列的矩阵 A2
>> B2 = num2cell(A2)                            % 将数值型矩阵 A2 转为元胞数组 B2

B2 =

    [1]    [ 2]    [ 3]    [ 4]
    [5]    [ 6]    [ 7]    [ 8]
    [9]    [10]    [11]    [12]

% 定义 2 行 3 列的元胞数组 C
>> C = {'Heping', 'Tianjin', 22;  'Xiezhh', 'Xingyang', 31}

C =
```

```
    'Heping'     'Tianjin'       [22]
    'Xiezhh'     'Xingyang'      [31]

>> fields = {'Name', 'Address', 'Age'};   % 定义字符串元胞数组 fields
% 把 fields 中的字符串作为字段,将元胞数组 C 转为 2x1 的结构体数组 S
>> S = cell2struct(C, fields, 2)

S =

2x1 struct array with fields:
    Name
    Address
    Age

>> CS = struct2cell(S)      % 把结构体数组 S 转为 3 行 2 列的元胞数组 CS

CS =

    'Heping'      'Xiezhh'
    'Tianjin'     'Xingyang'
    [     22]     [     31]

>> isequal(C,CS')   % 判断 C 和 CS 的转置是否相等,返回结果为 1,说明 C 和 CS 的转置相等

ans =

     1

>> x = [1;2;3;4;5];                       % 定义列向量 x
>> x = cellstr(num2str(x));               % 将数值向量 x 转为字符向量,然后构造元胞数组
>> y = strcat('xiezhh', x, '.txt')        % 拼接字符串,构造字符串元胞数组

y =

    'xiezhh1.txt'
    'xiezhh2.txt'
    'xiezhh3.txt'
    'xiezhh4.txt'
    'xiezhh5.txt'
```

1.4.7 矩阵的算术运算

1. 矩阵的加减

对于同型(行列数分别相同)矩阵,可以通过运算符"+"和"-"完成加减运算。

【例 1.4-22】 矩阵的加减运算。

```
>> A = [1   2; 3   4];   % 定义一个矩阵 A
>> B = [5   6; 7   8];   % 定义一个矩阵 B
>> C = A + B      % 求矩阵 A 和 B 的和
C =
     6     8
```

```
      10      12

 >> D = A - B
D =
     - 4      - 4
     - 4      - 4
```

2. 矩阵的乘法

矩阵的乘法有直接相乘($A_{p\times q} * B_{q\times s}$)和点乘($A_{p\times q} .* B_{p\times q}$)两种。其中直接相乘要求前面矩阵的列数等于后面矩阵的行数,否则会出现错误;而点乘表示的是两个同型矩阵的对应元素相乘。

【例 1.4-23】 矩阵乘法。

```
 >> A = [1   2   3; 4   5   6];                              % 定义一个矩阵 A
 >> B = [1   1   1   1; 2   2   2   2; 3   3   3   3];       % 定义一个矩阵 B
 >> C = A * B                                                 % 求矩阵 A 和 B 的乘积
C =
    14      14      14      14
    32      32      32      32
 >> D = [1   1   1; 2   2   2];                              % 定义一个矩阵 D
 >> E = A. * D                                                % 求矩阵 A 和 D 的对应元素的乘积
E =
     1       2       3
     8      10      12
```

3. 矩阵的除法

矩阵的除法包括左除(**A\B**)、右除(**A/B**)和点除(**A./B**)三种。一般情况下,$x = A\backslash b$ 是方程组 $A * x = b$ 的解,而 $x = b/A$ 是方程组 $x * A = b$ 的解,$x = A./B$ 表示同型矩阵 **A** 和 **B** 对应元素相除。

【例 1.4-24】 矩阵除法。

```
 >> A = [2   3   8; 1   - 2   - 4; - 5   3   1];    % 定义一个矩阵 A
 >> b = [- 5; 3; 2];                                % 定义一个向量 b
 >> x = A\b                                         % 求方程组 A * x = b 的解
x =
     1
     3
    - 2
 >> B = A;                                          % 定义矩阵 B 等于 A
 >> C = A./B                                        % 矩阵 A 与 B 的对应元素相除
C =
     1       1       1
     1       1       1
     1       1       1
```

4. 矩阵的乘方(^)与点乘方(.^)

矩阵的乘方要求矩阵必须是方阵,有以下 3 种情况:

① 矩阵 **A** 为方阵,x 为正整数,**A**^ x 表示矩阵 **A** 自乘 x 次;

② 矩阵 **A** 为方阵,x 为负整数,**A**^ x 表示矩阵 A^{-1} 自乘 x 次;

③ 矩阵 **A** 为方阵,x 为分数,例如 $x = m/n$,**A**^ x 表示矩阵 **A** 先自乘 m 次,然后对结果矩

阵开 n 次方。

矩阵的点乘方不要求矩阵为方阵,有以下 2 种情况:

① **A** 为矩阵,x 为标量,**A.^**x 表示对矩阵 **A** 中的每一个元素求 x 次方;

② **A** 和 **x** 为同型矩阵,**A.^x** 表示对矩阵 **A** 中的每一个元素求 **x** 中对应元素次方。

【例 1.4-25】 矩阵乘方与点乘方。

```
>> A=[1  2; 3  4];      % 定义矩阵 A
>> B=A^2                % B=A*A
B =
     7    10
    15    22
>> C=A.^2               % A 中元素作平方
C =
     1     4
     9    16
>> D=A.^A               % 求 A 中元素的对应元素次方
D =
     1     4
    27   256
```

1.4.8 矩阵的关系运算

矩阵的关系运算是通过比较两个同型矩阵的对应元素的大小关系,或者比较一个矩阵的各元素与某一标量之间的大小关系,返回一个逻辑矩阵(1 表示真,0 表示假)。关系运算的运算符有:<(小于)、<=(小于或等于)、>(大于)、>=(大于或等于)、==(等于)、~=(不等于)6 种。

【例 1.4-26】 矩阵的关系运算。

```
>> A=[1  2; 3  4];      % 定义矩阵 A
>> B=[2  2; 2  2];      % 定义矩阵 B
>> C1=A>B
C1 =
     0     0
     1     1
>> C2=A~=B
C2 =
     1     0
     1     1
>> C3=A>=2
C3 =
     0     1
     1     1
```


1.4.9 矩阵的逻辑运算

矩阵的逻辑运算包括:

① 逻辑“或”运算,运算符为“|”。**A**|**B** 表示同型矩阵 **A** 和 **B** 的或运算,若 **A** 和 **B** 的对应元素至少有一个非 0,则相应的结果元素值为 1,否则为 0。

② 逻辑"与"运算，运算符为"&"。**A**&**B** 表示同型矩阵 **A** 和 **B** 的与运算，若 **A** 和 **B** 的对应元素均非 0，则相应的结果元素值为 1，否则为 0。

③ 逻辑"非"运算，运算符为"～"。～**A** 表示矩阵 **A** 的非运算，若 **A** 的元素值为 0，则相应的结果元素值为 1，否则为 0。

④ 逻辑"异或"运算。xor(**A**，**B**)表示同型矩阵 **A** 和 **B** 的异或运算，若 **A** 和 **B** 的对应元素均为 0 或均非 0，则相应的结果元素值为 0，否则为 1。

⑤ 先决或运算，运算符为"‖"。对于标量 A 和 B，A‖B 表示当 A 非 0 时，结果为 1，不用再执行 A 和 B 的逻辑或运算；只有当 A 为 0 时，才执行 A 和 B 的逻辑或运算。

⑥ 先决与运算，运算符为"&&"。对于标量 A 和 B，A&&B 表示当 A 为 0 时，结果为 0，不用再执行 A 和 B 的逻辑与运算；只有当 A 非 0 时，才执行 A 和 B 的逻辑与运算。

【例 1.4－27】 矩阵的逻辑运算。

```
>> A=[0 0  1  2];      % 定义向量 A
>> B=[0 -2  0 1];      % 定义向量 B
>> C1=A|B       % 逻辑或
C1 =
     0     1     1     1
>> C2=A&B       % 逻辑与
C2 =
     0     0     0     1
>> C3  = ～A       % 逻辑非
C3  =
     1     1     0     0
>> C4=xor(A, B)      % 逻辑异或
C4 =
     0     1     1     0

>> x=5;       % 定义标量 x
>> y=0;       % 定义标量 y
>> x||y       % 先决或运算
ans =
     1

>> x&&y       % 先决与运算
ans =
     0
```

〖说明〗

先决或运算以及先决与运算可用来提高程序的运行效率。如果 A 是一个计算量较小的表达式，B 是一个计算量较大的表达式，则首先判断 A 对减少计算量是有好处的，因为先决运算有可能不对表达式 B 进行计算，这样就能节省程序运行时间，提高程序的运行效率。

1.4.10　矩阵的其他常用运算

1. 矩阵的转置

A′表示矩阵 **A** 的转置矩阵。

【例 1.4－28】 矩阵的转置。

```
>> A=[1  2  3;4  5  6;7  8  9]      % 定义矩阵 A
A =
     1     2     3
     4     5     6
     7     8     9
>> B=A'      % 矩阵转置
B =
     1     4     7
     2     5     8
     3     6     9
```

2. 矩阵的翻转

flipud 和 fliplr 函数分别可以实现矩阵的上下和左右翻转,rot90 函数可以实现将矩阵按逆时针 90°旋转。

【例 1.4-29】 矩阵的翻转。

```
>> A=[1  2  3;4  5  6;7  8  9];      % 定义矩阵 A
>> B1=flipud(A)      % 矩阵上下翻转
B1 =
     7     8     9
     4     5     6
     1     2     3
>> B2=fliplr(A)      %矩阵左右翻转
B2 =
     3     2     1
     6     5     4
     9     8     7
>> B3=rot90(A)      % 矩阵按逆时针旋转 90 度
B3 =
     3     6     9
     2     5     8
     1     4     7
```

3. 方阵的行列式

MATLAB 中提供了 det 函数,用来求方阵的行列式,这里的方阵可以是数值矩阵,也可以是符号矩阵,因为 MATLAB 符号工具箱也有 det 函数。

【例 1.4-30】 方阵的行列式。

```
>> A=[1  2;3  4];          % 定义矩阵 A
>> d1 = det(A)             % 求数值矩阵 A 的行列式
d1 =
    -2
>> syms a b c d            % 定义符号变量
>> B=[a  b;c  d];          % 定义符号矩阵 B
>> d2=det(B)               % 求符号矩阵 B 的行列式
d2 =
    a*d-b*c
```

4. 逆矩阵与广义伪逆矩阵

利用 inv 函数可以求方阵 **A** 的逆矩阵 $\mathbf{A}^{-1}$,这里的矩阵 **A** 可以是数值矩阵,也可以是符号矩阵。pinv 函数被用来求一般矩阵(可以不是方阵)的广义伪逆矩阵,关于广义伪逆矩阵的定

义请查看 pinv 函数的帮助。

【例 1.4-31】 逆矩阵与广义伪逆矩阵。

```
>> A=[1  2; 3  4];              % 定义矩阵 A
>> Ai=inv(A)                    % 求 A 的逆矩阵
Ai =
   -2.0000    1.0000
    1.5000   -0.5000
>> syms a b c d                 % 定义符号变量
>> B=[a  b; c  d];              % 定义符号矩阵 B
>> Bi=inv(B)                    % 求符号矩阵 B 的逆矩阵
Bi =
[  d/(a*d-b*c), -b/(a*d-b*c)]
[ -c/(a*d-b*c),  a/(a*d-b*c)]
>> C=[1  2  3; 4  5  6];        % 定义矩阵 C
>> Cpi=pinv(C)                  % 求 C 的广义逆矩阵
Cpi =
   -0.9444    0.4444
   -0.1111    0.1111
    0.7222   -0.2222
>> D=C * Cpi * C                % 验证广义逆矩阵
D =
    1.0000    2.0000    3.0000
    4.0000    5.0000    6.0000
```

5. 方阵的特征值与特征向量

MATLAB 中求方阵的特征值与特征向量的函数是 eig 函数，这里的方阵同样可以是数值矩阵，也可以是符号矩阵。

求数值矩阵的特征值与特征向量的 eig 函数的调用格式为：

1) **d=eig(A)**

求方阵 A 的特征值。

2) **d=eig(A,B)**

求方阵 A,B 的广义特征值。

3) **[V,D]=eig(A)**

求方阵 A 的特征值矩阵 D 与特征向量矩阵 V，满足 AV=VD。

4) **[V,D]=eig(A,'nobalance')**

若矩阵 A 中有较小元素，其值接近舍入误差时，'nobalance' 参数可使结果更精确。

5) **[V,D]=eig(A,B)**

求广义特征值矩阵 D 与广义特征向量矩阵 V，满足 AV=BVD。

6) **[V,D]=eig(A,B,flag)**

用给定算法求广义特征值矩阵 D 与广义特征向量矩阵 V，flag 参数用来指定算法，其值可为 'chol' 和 'qz'。'chol' 表示对 B 使用 Cholesky 分解算法，这里要求 A 为对称 Hermitian 矩阵，B 为正定阵；'qz' 表示忽略 A、B 的对称性，使用 QZ 算法。

〖说明〗

一般特征值问题是求解方程 $Ax=\lambda x$ 解的问题,而广义特征值问题是求解方程 $Ax=\lambda Bx$ 解的问题。具体请参考 eig 函数的帮助。

求符号矩阵的特征值与特征向量的 eig 函数的调用格式为:

```
lambda = eig(A)         % 求符号矩阵 A 的特征值
[V,D] = eig(A)          % 求符号矩阵 A 的特征值矩阵 D 与特征向量矩阵 V,满足 AV = VD
[V,D,P] = eig(A)        % 返回线性无关特征向量对应的标号向量 P,满足 AV = VD(P,P)
lambda = eig(vpa(A))    % 求数值特征值
[V,D] = eig(vpa(A))     % 求数值特征值矩阵 D 与特征向量矩阵 V
```

【例 1.4-32】 方阵的特征值与特征向量。

```
>> A = [5   0   4; 3   1   6; 0   2   3];      % 定义矩阵 A
>> d = eig(A)          % 求数值矩阵 A 的特征值向量 d
d =
   -1.0000
    3.0000
    7.0000
>> [V, D] = eig(A)     % 求数值矩阵 A 的特征值矩阵 D 与特征向量矩阵 V
V =
   -0.2857    0.8944    0.6667
   -0.8571    0.0000    0.6667
    0.4286   -0.4472    0.3333
D =
   -1.0000         0         0
         0    3.0000         0
         0         0    7.0000
>> [Vs, Ds] = eig(sym(A))     % 求符号矩阵的特征值矩阵 Ds 与特征向量矩阵 Vs
Vs  =
[    2,     1,    -2]
[    2,     3,     0]
[    1,  -3/2,     1]
Ds  =
[  7,   0,  0]
[  0,  -1,  0]
[  0,   0,  3]
```

6. 矩阵的迹和矩阵的秩

【例 1.4-33】 矩阵的迹和矩阵的秩。

```
>> A = [1   2   3; 4   5   6; 7   8   9];      % 定义矩阵 A
>> t = trace(A)     % 求矩阵的迹
t =
    15
>> r = rank(A)     % 求矩阵的秩
r =
     2
```

有关数组运算的函数还有很多,限于篇幅这里不再赘述。

1.5 MATLAB 语言的流程结构

MATLAB 作为一种程序设计语言，提供了多种流程控制结构，包括条件控制结构、循环结构和 try - catch 试探结构，其中条件控制结构又包括：if - else - end 条件转移结构，switch - case 开关结构；循环结构包括：for 循环和 while 循环。除此之外，MATLAB 还提供了 input、keyboard、break、continue、return 和 pause 等流程控制函数。下面将结合具体例子进行介绍。

1.5.1 条件控制结构

1. if - else - end 条件转移结构

if - else - end 条件转移结构的一般形式如下：

```
if   条件 1
    语句组 1
elseif   条件 2
    语句组 2
  ……
elseif   条件 m
    语句组 m
else
    语句组 m + 1
end
```

根据实际需要，可以对上述一般形式作灵活改动，例如可以用 if - end 形式，也可以用 if - else - end 形式，还可做成嵌套形式。

【例 1.5 - 1】 交互式输入 3 个实数，判断以这 3 个数为边长能否构成三角形，若构成三角形，利用海伦公式求其面积。MATLAB 代码如下：

```
A = input('请输入三角形的三条边:');        % 交互式输入一个包含三个元素的向量
if A(1) + A(2) > A(3) & A(1) + A(3) > A(2) & A(2) + A(3) > A(1)
    p = (A(1) + A(2) + A(3)) / 2;
    s = sqrt(p * (p - A(1)) * (p - A(2)) * (p - A(3)));     % 用海伦公式求三角形面积
    disp(['该三角形面积为:' num2str(s)]);                    % 显示计算结果
else
    disp('不能构成一个三角形。')
end
```

将上面的代码复制粘贴到 MATLAB 命令窗口，运行后出现提示信息"请输入三角形的三条边:"，在光标闪动的地方输入[3, 4, 5]，按"Enter"键后出现信息"该三角形面积为:6"。

〖说明〗

代码中的 input 函数是交互式输入函数，可以实现交互式输入，disp 函数用来在 MATLAB 命令窗口显示信息，num2str 函数可以将数字转换成字符串，类似的函数还有 str2num，int2str，mat2str，str2mat，str2double 等(参见表 1.4 - 2)。

2. switch - case 开关结构

switch - case 开关结构的一般形式如下：

```
switch  表达式
    case  值1
        语句组1
    case  值2
        语句组2
    ......
    case  值m
        语句组m
    otherwise
        语句组m+1
end
```

【例1.5-2】 交互式输入一个数,根据输入的值来决定在屏幕上显示的内容,代码如下:

```
num = input('请输入一个数:');      % 交互式输入一个数
switch num      % 根据num的不同取值显示不同的信息
    case -1
        disp('I am a teacher.');
    case 0
        disp('I am a student.');
    case 1
        disp('You are a teacher.');
    otherwise
        disp('You are a student.');
end
```

1.5.2 循环结构

1. for循环

for循环的一般形式如下:

```
for  循环变量 = Vector
    循环体语句
end
```

在for循环语句结构中,Vector为一个向量,循环变量每次从Vector向量中取一个值,执行一次循环体语句,如此反复,直到执行完Vector向量中最后一个元素所对应的最后一次循环,然后循环结束。

2. while循环

while循环的一般形式如下:

```
while  条件
    循环体语句
end
```

while循环先判断某一条件是否成立,若成立,执行一次循环体语句,然后接着判断,如此反复,直到条件不成立而结束循环。

3. 循环嵌套

如果一个循环结构的循环体又包括另一个循环结构,就称为循环的嵌套,或称为多重循环结构。多重循环的嵌套层数可以是任意的。可以按照嵌套层数,分别叫做二重循环、三重循环等。处于内部的循环叫作内循环,处于外部的循环叫作外循环。

【例 1.5-3】 令 $y=f(n)=\sum_{i=1}^{n}i^2$,求使得 $y\leqslant 2000$ 的最大的正整数 n 和相应的 y 值。

```
% 程序 1:for 循环
y = 0;
for i = 1:inf
    y = y + i^2;
    if  y >= 2000
        break;     % 跳出循环
    end
end
n = i - 1
y = y - i^2

% 程序 2:while 循环
y = 0;
i = 0;
while  y < 2000
    i = i + 1;
    y = y + i^2;
end
n = i - 1
y = y - i^2
```

两段程序的运行结果均为:$n=17$,$y=1785$。

1.5.3 try-catch 试探结构

try-catch 试探结构的一般形式如下:

```
try
    语句组 1
catch ME
    语句组 2
end
```

该结构意义是首先执行语句组 1,如果不发生错误,则不用执行语句组 2;如果执行语句组 1 的过程中发生错误,那么语句组 2 就会被执行,同时,ME 记录了发生错误的相关信息。

【例 1.5-4】 两矩阵相乘时要求两矩阵的维数相容,即前面的列数等于后面的行数,否则会出错。下面代码实现先求两矩阵的乘积,若出错,显示出错信息。

```
A = [1,2,3;4,5,6]; B = [7,8,9;10,11,12];       % 定义矩阵 A 和 B
try
    X = A * B
catch ME
  disp(ME.message);      % 显示出错原因
end
```

运行以上代码,将在屏幕上显示如下信息:

```
Inner matrix dimensions must agree.
```

1.5.4 break、continue、return和pause函数

1. break函数

break函数只能用在for或while循环结构的循环体语句中，它的功能是跳出break函数所在层循环，通常与if语句结合使用。

2. continue函数

continue函数也只能用在for或while循环结构的循环体语句中，它的功能是跳过当步循环直接执行下一次循环，通常与if语句结合使用。

3. return函数

return函数的用法比较灵活，通常用在某个函数体里面，根据需要，可以用在函数体的任何地方，其功能是跳出正在调用的函数，通常与if语句结合使用。

4. pause函数

pause函数用来实现暂停功能，其调用格式和功能如下：

```
pause          %暂停程序的执行，等待用户按任意键继续
pause(n)       %暂停程序的执行，n秒后继续，n为非负实数
pause on       %开启暂停功能，使后续pause和pause(n)指令可以执行
pause off      %关闭暂停功能，不执行后续pause和pause(n)指令
```

1.6 M代码的编写与调试

在学习使用MATLAB的过程中，不可避免地要根据问题的需要编写MATLAB代码(简称M代码)，将M代码保存成扩展名为.m的文件，称之为M文件。M文件通常在程序编辑窗口(或称脚本编辑窗口)中编写，也可在记事本、写字板等文本编辑工具中编写，只需保存成M文件即可。本节介绍M代码的编写与调试。

1.6.1 脚本文件

所谓的脚本文件，就是将一些MATLAB命令简单地堆砌在一起保存成的M文件。例如将例1.5-1中的M代码复制粘贴到MATLAB程序编辑窗口，单击保存快捷按钮即可保存成脚本文件，保存路径采用默认路径即可。**注意脚本文件的文件名要以英文字母打头，否则会出现错误。**单击程序编辑窗口上的运行按钮，或者在MATLAB命令窗口输入脚本文件的文件名后按“Enter”键，均可运行脚本文件，在命令窗口查看运行结果。

1.6.2 函数文件

函数文件就是按照一定格式编写的，可由用户指定输入和输出参数进行调用的M文件。函数文件由关键字function引导，其格式为：

```
function [out1, out2, …] = funname(in1, in2, …)
注释说明部分(%号引导的行)
函数体
```

其中，out1，out2，…为输出参数列表；in1，in2，…为输入参数列表；funname为函数名。

注意：函数输出参数列表中提到的变量要在函数体中予以赋值，函数名与变量名的命名规则相同，另外函数名应与文件名相同（调用函数时是用文件名进行调用，两者不相同时会造成调用错误），并且自编函数不要与内部函数重名，否则极易引起错误。

【例1.6-1】 编写MATLAB函数，对于指定的m，求使得$y=\sum_{i=1}^{n} i^2 \leqslant m$的最大的正整数$n$和相应的$y$值。

```
function [n,y] = SumLeq(m)
%    [n,y] = SumLeq(m),令 y = 1^2 + 2^2 + ... + n^2,求使得 y <= m 的最大的 n
%                              和相应的 y
%
%    Copyright xiezhh

y = 0;        % 为 y 赋初值
i = 0;        % 为 i 赋初值
while  y < m
    i = i + 1;
    y = y + i^2;
end
n = i - 1;    % 求 n 的值
y = y - i^2;  % 求 y 的值
```

从结构上看，以上代码只是比例1.5-3中的第二段代码多了一个由关键字function引导的“函数申明行”，也就是说函数文件比相应的脚本文件多了一个外壳。将以上代码复制粘贴到MATLAB程序编辑窗口，保存为文件SumLeq.m，保存路径采用默认。现在在MATLAB命令窗口就可以调用该函数了，例如：

```
>> [n,y] = SumLeq(3000)

n =

    20

y =

        2870
```

这里把3000作为SumLeq函数的输入参数，求出了使得$y=\sum_{i=1}^{n} i^2 \leqslant 3000$的最大的正整数$n=20$和相应的$y=2870$。

1.6.3 匿名函数和内联函数

1. 匿名函数

建立匿名函数的一般格式为：

```
fun = @ (arg1, arg2, …) expr
```

其中，expr为函数表达式；arg1, arg2, …为输入参数列表；fun为返回的函数句柄。

【例1.6-2】 建立匿名函数$f(x,y)=\cos(x)\sin(y)$，并求其在$x=[0,1,2]$，$y=[-1,0,1]$处的函数值。

```
>> fun1 = @(x,y) cos(x).*sin(y)    % 创建匿名函数

fun1 =

    @(x,y)cos(x).*sin(y)

>> x = [0,1,2];        % 定义向量x
>> y = [-1,0,1];       % 定义向量y
>> z = fun1(x,y)       % 计算函数值

z =

   -0.8415         0    -0.3502
```

需要注意的是上面代码中用到了点乘,这样做是为了使得所创建的匿名函数支持向量运算。

【例1.6-3】 根据下面函数表达式编写匿名函数,并计算函数在$x=[-0.5,0,0.5]$处的函数值。

$$f(x)=\begin{cases}\sin(\pi x^2), & -1\leqslant x<0\\ e^{1-x}, & x\geqslant 0\end{cases}$$

```
>> fun2  = @(x)(x>= -1 & x<0).*sin(pi*x.^2)+(x>=0).*exp(1-x); % 创建匿名函数
>> fun2([-0.5,0,0.5])      % 计算函数值

ans =

    0.7071    2.7183    1.6487
```

该例中的函数为分段函数,在编写这类函数时,最简洁的方式是利用向量的逻辑运算。

2. 内联函数

利用inline函数可以建立内联函数,一般格式为:

```
fun = inline(expr, arg1, arg2, …)
```

其中,expr为字符串形式的函数表达式;arg1, arg2, …为输入参数列表;fun是所创建的内联函数对象。

【例1.6-4】 建立并调用内联函数$f(x,y)=\cos(x)\sin(y)$。

```
>> fun3 = inline('cos(x).*sin(y)','x','y')

fun3 =

     Inline function:
     fun3(x,y) = cos(x).*sin(y)

>> x = [0,1,2];
>> y = [-1,0,1];
>> z = fun3(x,y)

z =

   -0.8415         0    -0.3502
```

注意： 由于内联函数的运行效率比较低，故不推荐用户使用内联函数，推荐使用匿名函数。

1.6.4 子函数与嵌套函数

1. 子函数(Subfunction)

通常在一个MATLAB主函数的内部会调用一些其他的MATLAB函数，我们把被调用的函数称为该主函数的子函数。子函数可以是MATLAB自带的内部函数，也可以是自编的外部函数；可以是以Function打头的函数，也可以是匿名函数和内联函数。当子函数是自编函数时，子函数通常位于主函数函数体的后面，当然也可以把子函数放在主函数的函数体里面，做成嵌套函数的形式。

注意： 子函数内部出现的变量的作用范围仅限于该子函数内部，也就是说，子函数不能与主函数或其他子函数共享它内部出现的变量。

2. 嵌套函数(Nested Functions)

把一个或多个子函数放到同一个主函数的函数体内部而构成的函数称为嵌套函数。像循环的嵌套一样，嵌套函数可以是一层嵌套，也可以是多层嵌套，其一般形式如下。

(1) 单层嵌套

```
%一嵌一
function x = A(p1, p2)
...
   function y = B(p3)
   ...
   end
...
end

%一嵌多
function x = A(p1, p2)
...
   function y = B(p3)
   ...
   end

   function z = C(p4)
   ...
   end
...
end
```

(2) 多层嵌套

```
function x = A(p1, p2)
...
   function y = B(p3)
   ...
      function z = C(p4)
      ...
```

```
        end
    ...
    end
...
end
```

注意: 嵌套函数的各函数必须以end作结束,这与非嵌套函数的要求是不同的。在嵌套函数中不能把函数嵌套进if-else-end、switch-case、for、while和try-catch等语句结构中。

【例1.6-5】 通过嵌套函数的方式编写函数 $y=\sqrt{(x+1)^2+e^x}-1$。

```
function y = mainfun(x)
% 通过嵌套函数的方式编写函数
y = subfun1(x) + subfun2(x);
    % 子函数 1
    function y1 = subfun1(x1)
        y1 = (x1 + 1)^2;
    end
    % 子函数 2
    function y2 = subfun2(x2)
        y2 = exp(x2);
    end
y = subfun3(y);
end
% % ------------------------------------------
% %子函数 3
% % ------------------------------------------
function y = subfun3(x)
y = sqrt(x) - 1;
end
```

上述函数就是一个嵌套函数,它的主函数中自定义了3个子函数:subfun1、subfun2和subfun3,其中子函数subfun1和subfun2嵌套在主函数的函数体内,而子函数subfun3则跟在主函数的函数体后面。

将以上代码复制粘贴到MATLAB的程序编辑窗口并保存成函数文件mainfun.m,然后在MATLAB命令窗口的命令提示符">>"后面输入mainfun(1),按"Enter"键后即可看到结果(ans=1.5920)。

1.6.5 函数的递归调用

在程序设计中,函数的递归调用是充满技巧的。所谓的递归调用就是一个函数在其内部调用其自身。不是所有函数都能自己调用自己,比较经典的递归调用案例就是阶乘的计算,这里不过多讨论阶乘的计算,另举一例加以说明。

【例1.6-6】 斐波那契数列,又称黄金分割数列,在数学上,斐波那契数列是以递归的方法来定义的:

$$F_0=0,\quad F_1=1,\quad F_n=F_{n-1}+F_{n-2}\quad(n\geqslant 2)$$

根据上述定义设计斐波那契数列的递归调用函数如下:

```
function  y = fibonacci(n)
% 生成斐波那契数列的第 n 项

if (n < 0) | (round(n) ~= n) | ~isscalar(n)
    warning('输入参数应为非负整数标量');
    y = [];
    return;
elseif n < 2
    y = n;
else
    y = fibonacci(n-2) + fibonacci(n-1);
end
```

1.6.6　M 代码的调试(debug)

1. 语法错误和运行结果错误

无论是编写一个脚本文件还是编写一个函数文件，都要进行代码的调试，使其能够正常运行。M 代码的调试就是检查代码中出现的两类错误：语法错误和运行结果错误。

顾名思义，语法错误就是所书写的代码不符合 MATLAB 语法规范所造成的错误，这类错误比较常见，比如由于粗心造成的拼写错误，不十分了解某个函数的调用方法而造成的调用错误等。一般来说这类错误会造成程序的运行出现中断，不能得出结果，比如下面的错误。

```
>> x = 1:10;
>> y = x(11);        % 提取 x 的第 11 个元素，语法错误
??? Attempted to access x(11); index out of bounds because numel(x) = 10.
>> s = sun(x)        % 求 x 的所有元素之和，拼写错误
??? Undefined function or method 'sun' for input arguments of type 'double'.
>> y = 11;
>> z = 12;
>> s = sum(x, y, z)      % 求 x,y,z 的和，调用函数错误
??? Error using ==> sum
Trailing string input must be 'double' or 'native'.
```

以上错误的原因能从运行后的错误提示(??? 引导的语句)中很清晰地看出来，也便于加以纠正。

运行结果错误是一类非常难以检查的错误，程序能正常运行，只是运行结果与期望的不一样，这类错误大多是由于算法错误引起的，也可能是由 MATLAB 运算的复数结果造成的。下面给出一个典型的例子。

```
>> (-8)^(1/3)
ans =
   1.0000 + 1.7321i          % 复数结果
>> -8^(1/3)
ans =
 -2              % 实数结果
```

对于运行结果错误的检查一般可以采用以下办法：

① 将可能出错的语句后面的分号“;”去掉，让其返回结果。

② 如果是一个函数文件，可以将 function 所在的行注释掉，使其变为脚本文件，以便在命

令窗口察看运行结果。

③ 利用clear或clear all命令清除以前的运算结果,以免程序运行受以前结果的影响。

④ 在程序的适当位置添加keyboard指令,增加程序的交互性。程序运行到keyboard指令时会出现暂停,命令窗口的命令提示符“>>”前会多出一个字母K,此时用户可以很方便地查看和修改中间变量的取值。在“K >>”的后面输入return指令,按“Enter”键即可结束查看,继续向下执行原程序。

2. 设置断点进行调试

当一个MATLAB程序包含很多行代码时,单纯靠人眼观察很难找出其中的错误,此时可以在程序中设置断点进行调试。设置断点有以下几种方式。

① 如图1.6-1所示,在程序编辑窗口中编写的M代码的每一行的前面都标有行号,在可执行的命令行的行号后面都有一个小短横“-”,单击某一行的“-”,就可在该行设置一个断点,此时的“-”变成了红色的圆点,表示设置断点成功。

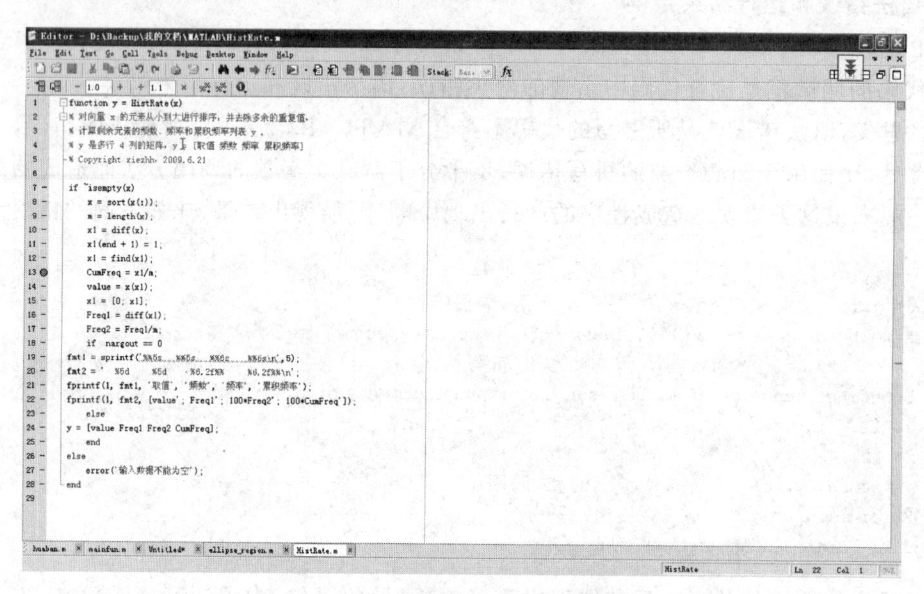

图1.6-1 设置断点进行调试界面

② 将光标放到M代码的某一行上,然后按快捷键F12,或者单击程序编辑窗口工具栏上的图标,也可以通过菜单项“Debug”→“Set/Clear Breakpoint”设置断点。

③ 用函数dbstop设置断点,该函数有多种调用格式,例如:

```
dbstop  at  13  in  HistRate.m    %在HistRate.m的第13行设置断点
%或者
dbstop in HistRate.m at 13
%或者
dbstop('HistRate.m', '13');
```

设置断点后,在命令窗口调用此程序,就进入了程序调试状态,此时程序编辑窗口工具栏上的等功能键被激活,这些功能键的说明如表1.6-1所列。

如果断点前面有错误,程序运行中断,在命令窗口给出出错信息;否则,程序运行到断点处暂停,自动跳回程序编辑窗口,设置断点的红色圆点处出现一个指向右方的绿色箭头。此时可

以单击表 1.6－1 中列出的功能键，执行不同的操作。若连续单击 ，可依次单步执行断点下面的各行命令，可以看到绿色箭头逐步下移，若遇到某行有语法错误，则程序运行中断，在命令窗口给出出错信息。

表 1.6－1　程序调试功能键说明表

功能键图标	说　明	相应菜单项	相应的 MATLAB 指令
	设置/清除断点	Debug→Set/Clear Breakpoint	dbstop/dbclear
	清除所有断点	Debug→Clear Breakpoints in All Files	dbclear all
	跳到下一步	Debug→Step	dbstep
	跳到下一步并进入所调用函数	Debug→Step In	dbstep in
	执行剩余命令并跳出程序	Debug→Step Out	dbstep out
	恢复程序调用	Debug→Continue	dbcont
	结束调试	Debug→Exit Debug Mode	dbquit

对于比较长的程序，设置断点是一种比较方便和实用的调试方法，通过设置断点，可以实现对程序分段进行调试，从而精确锁定出错的区域，避免多个错误纠结在一起而不好排除。另外通过设置断点还能帮助我们看明白别人所编的程序，以便于从别人那里得到借鉴。

1.6.7　MATLAB 常用快捷键和快捷命令

1. MATLAB 常用快捷键

MATLAB 中常用的快捷键及其说明见表 1.6－2。

表 1.6－2　MATLAB 中常用的快捷键及其说明

快捷键	说　明	用在何处
方向键↑	调出历史命令中的前一个命令	命令窗口（Command Window）
方向键↓	调出历史命令中的后一个命令	
Tab 键	输入几个字符，然后按 Tab 键，会弹出前面包含这几个字符的所有 MATLAB 函数，方便查找所需函数	
Ctrl+C	中断程序的运行，用于耗时过长程序的紧急中断	
Tab 键或 Ctrl+]	增加缩进（对多行有效）	程序编辑窗口（Editor）
Ctrl+[	减少缩进（对多行有效）	
Ctrl+I	自动缩进（即自动排版，对多行有效）	
Ctrl+R	注释（对多行有效）	
Ctrl+T	去掉注释（对多行有效）	
F12 键	设置或清除断点	
F5 键	运行程序	

〖说明〗

把光标放在命令提示符的后面，然后按方向键↑，可以调出最近用过的一条历史命令；反复按方向键↑,可以调出所有历史命令。如果先在命令提示符后输入命令的前几个字符,然后按方向键↑,可以调出最近用过的前面包含这几个字符的历史命令;反复按方向键↑,可以调出所有这样的历史命令。

方向键↑和↓配合使用可以调出上一条或下一条历史命令。

当MATLAB程序运行时间过长而不想再等待时,可以在MATLAB命令窗口按组合键Ctrl+C紧急中断程序的运行。

在程序编辑窗口使用Tab键、Ctrl+]、Ctrl+[、Ctrl+I、Ctrl+R和Ctrl+T等快捷键之前,应先选中一行或多行代码。

2. MATLAB常用快捷命令

在MATLAB命令窗口常用的快捷命令见表1.6-3。

表1.6-3 命令窗口中常用的快捷命令及其说明

快捷命令	说 明	快捷命令	说 明
help	查找MATLAB函数的帮助	cd	返回或设置当前工作路径
lookfor	按关键词查找帮助	dir	列出指定路径的文件清单
doc	查看帮助页面	whos	列出工作空间窗口的变量清单
clc	清除命令窗口中的内容	class	查看变量类型
clear	清除内存变量	which	查找文件所在路径
clf	清空当前图形窗口	what	列出当前路径下的文件清单
cla	清空当前坐标系	open	打开指定文件
edit	新建一个空白的程序编辑窗口	type	显示M文件的内容
save	保存变量	more	使显示内容分页显示
load	载入变量	exit/quit	退出MATLAB

1.7 MATLAB绘图基础

在对数据进行计算分析时,图形能非常直观地展现数据所包含的规律。MATLAB提供了非常丰富的绘图函数,并能通过多种属性设置绘制出各种各样的图形。本节将对图形对象与图形对象句柄、二维绘图和三维绘图作简要介绍。

1.7.1 图形对象与图形对象句柄

1. 句柄式图形对象

在MATLAB命令窗口通过figure命令可以新建一个图形窗口,如图1.7-1所示。

可以看到这是一个空的图形窗口,利用plot函数可在这个图形窗口中画一个线条,利用surf函数可以画一个曲面,利用text函数可以加一条注释,等等。这里的图形窗口、线条、曲面和注释等都被看作是MATLAB中的图形对象,所有这些图形对象都可以通过一个被称为"句柄值"的东西加以控制,例如可以通过一个线条的句柄值来修改线条的颜色、宽度和线型等属性。这里所谓的"句柄值"其实就是一个数值,每个图形对象都对应一个唯一的句柄值,它就

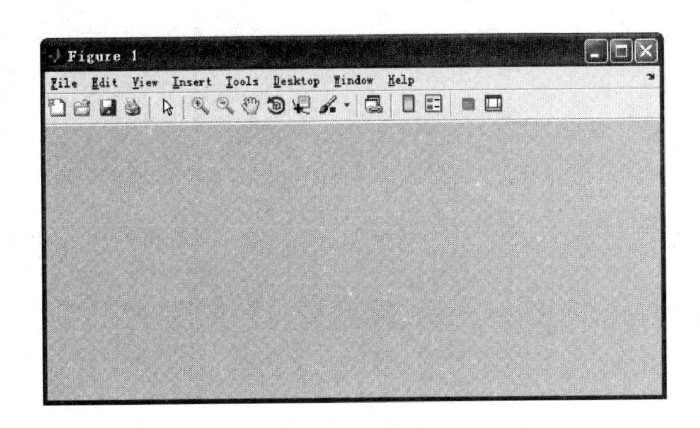

图 1.7-1 空图形窗口

像一个指针，与图形对象一一对应。例如，可以通过命令 h=figure 返回一个图形窗口的句柄值。

MATLAB 中绘制出的所有图形对象都是显示在电脑屏幕上的，电脑屏幕在 MATLAB 中被作为根对象(root 对象)，规定根对象的句柄值为 0。由 figure 命令创建的图形窗口(figure 对象)是直接显示在屏幕上的，root 对象与 figure 对象就具有父子关系，root 对象是 figure 对象的父对象(Parent)，而 figure 对象就是 root 对象的子对象(Children)。类似的，figure 对象也有子对象，例如在 figure 对象中绘制的坐标系(axes 对象)就是其子对象，而坐标系中绘制的图形对象则是 axes 对象的子对象。具有父子关系的图形对象可以互相控制。图形对象之间的继承关系如图 1.7-2 所示。

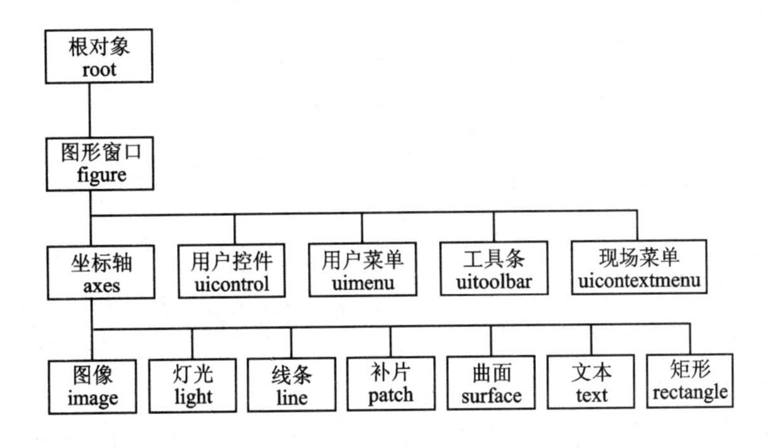

图 1.7-2 图形对象继承关系图

在同时具有多个 figure 对象时，可以用 gcf 命令控制当前图形对象；在同时具有多个 axes 对象时，可以用 gca 命令控制当前 axes 对象。还可以用 gco 命令控制当前活动对象，用 gcbo 命令控制当前调用对象。

2. 获取图形对象属性名称和属性值

get 函数用来获取图形对象的属性名称和属性值。在 MATLAB 中通过命令 get(h)可以获取句柄值为 h 的图形对象的所有属性名称和相应的属性值。例如：

```
>> h=line([0 1],[0 1])      % 绘制一条直线,并返回其句柄值赋给变量h

h =

    0.0149

>> get(h)     % 获取句柄值为h的图形对象的所有属性名及相应属性值

    DisplayName =
    Annotation = [ (1 by 1) hg.Annotation array]
    Color = [0 0 1]
    LineStyle = -
    LineWidth = [0.5]
    Marker = none
    MarkerSize = [6]
    MarkerEdgeColor = auto
    MarkerFaceColor = none
    XData = [0 1]
    YData = [0 1]
    ZData = []

    BeingDeleted = off
    ButtonDownFcn =
    Children = []
    Clipping = on
    CreateFcn =
    DeleteFcn =
    BusyAction = queue
    HandleVisibility = on
    HitTest = on
    Interruptible = on
    Parent = [171.015]
    Selected = off
    SelectionHighlight = on
    Tag =
    Type = line
    UIContextMenu = []
    UserData = []
    Visible = on
```

3. 设置图形对象属性值

在MATLAB中通过命令set(h,'属性名称','属性值')可以设置句柄值为h的图形对象的指定属性名称的属性值。例如:

```
>> subplot(1, 2, 1);                      % 绘制两个子图中的第1个
>> h1  = line([0 1],[0 1]) ;              % 绘制一条直线,并返回其句柄值赋给变量h1
>> text(0, 0.5, '未改变线宽') ;            % 在(0, 0.5)处加注释
>> subplot(1, 2, 2);                      % 绘制两个子图中的第2个
>> h2  = line([0 1],[0 1]) ;              % 绘制一条直线,并返回其句柄值赋给变量h2
>> set(h2, 'LineWidth', 3)                % 设置线宽为3
>> text(0, 0.5, '已改变线宽') ;            % 在(0, 0.5)处加注释
```

以上命令产生的图形如图1.7-3所示,可以看到图中直线的线宽得到了改变。

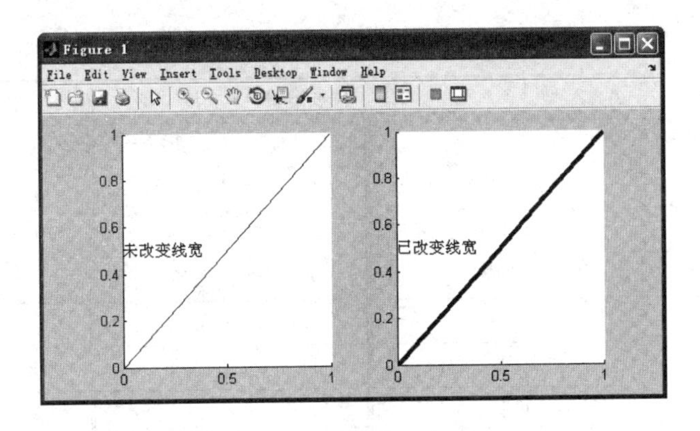

图 1.7-3 属性设置效果对比图

1.7.2 二维图形绘制

1. 基本二维绘图函数

MATLAB中提供了plot,loglog,semilogx,semilogy,polar,plotyy 6个非常实用的基本二维绘图函数。下面重点介绍plot函数的用法。

(1) plot函数

plot函数用来绘制二维线图,其调用格式如下:

1) **plot(Y)**

绘制Y的各列,每列对应一条线,如果Y是实数矩阵,横坐标为下标;如果Y是复数矩阵,横坐标为实部,纵坐标为虚部。

2) **plot(X1,Y1,…)**

绘制(Xi, Yi)对应的所有线条,自动确定线条颜色。Xi和Yi可以同为同型矩阵,同为等长向量,也可以一个是矩阵,另一个是相匹配的向量。画图时自动忽略虚部。

3) **plot(X1,Y1,LineSpec,…)**

绘制X1,Y1对应的线条,并由LineSpec参数设置线型、线宽、线条颜色、描点类型、描点大小、点的填充颜色和边缘颜色等属性。X1和Y1的描述同上。

4) **plot(…,'PropertyName',PropertyValue,…)**

利用PropertyName(属性名)和PropertyValue(属性值)设置线条属性。可用的属性名及属性值请读者自行查阅帮助。

5) **plot(axes_handle,…)**

在句柄值axes_handle所确定的坐标系内绘图。

6) **h=plot(…)**

返回line图形对象句柄的一个列向量,一个线条对应一个句柄值。

在用plot绘制二维线图时,除了用句柄值控制图形对象属性外,还可以用LineSpec参数设置线型、线宽、线条颜色、描点类型、描点大小、点的填充颜色和边缘颜色等属性。其中线型、描点类型、颜色的设置如表1.7-1所列。

表 1.7-1 线型、描点类型、颜色参数表

线 型	说 明	描点类型	说 明	描点类型	说 明	颜 色	说 明
-	实线(默认)	.	点	<	左三角形	r	红
--	虚线	o	圆	s	方形	g	绿
:	点线	x	叉号	d	菱形	b	蓝(默认)
-.	点画线	+	加号	p	五角星	c	青
		*	星号	h	六角星	m	品红
		v	下三角形			y	黄
		^	上三角形			k	黑
		>	右三角形			w	白

需要说明的是,线型、颜色、描点类型的符号应放在一对英文下的单引号中,没有顺序限制,也可以缺省,例如可以这样 plot(…,'ro--'),plot(…,'--ro'),plot(…,'ro')。当描点类型缺省时,不进行描点,当描点类型为 '.','x','+','*' 时,描出的点不具有填充效果,其余描点类型均具有填充效果,此时可以通过设置 'MarkerFaceColor' 和 'MarkerEdgeColor' 属性的取值分别设置点的填充颜色和边缘颜色,这两个属性的取值同表 1.7-1 中颜色属性的取值,也可以为包含 3 个元素(分别对应红、绿、蓝三元色的灰度值)的向量。还可以通过设置 'LineWidth' 属性的取值(实数)来更改线宽,通过设置 'MarkerSize' 属性的取值(实数)来改变描点大小。

【例 1.7-1】 画正弦函数在[0,2π]内的图像。

```
>> x=0 :0.25 :2*pi;      % 产生一个从0到2pi,步长为0.25的向量
>> y=sin(x);      % 计算x中各点处的正弦函数值
% 绘制正弦函数图像,红色实线,描点类型为圆,线宽为2,
% 描点大小为12,点的边缘颜色为黑色,填充颜色的红绿蓝灰度值为[0.49, 1, 0.63]
>> plot(x, y, '-ro',...
            'LineWidth',2,...
            'MarkerEdgeColor','k',...
            'MarkerFaceColor',[0.49, 1, 0.63],...
            'MarkerSize',12)
>> xlabel('X');      % 为X轴加标签
>> ylabel('Y');      % 为Y轴加标签
```

上面代码对应的图形如图 1.7-4 所示。

〖说明〗

plot 函数的第 4 种调用中的属性名(PropertyName)和属性值(PropertyValue)可以通过 get 函数来获取。

(2) loglog 函数:双对数坐标绘图

```
>> x=logspace(-1,2);
>> loglog(x,exp(x),'-s')
>> grid on
>> xlabel('X');  ylabel('Y');      % 为X轴,Y轴加标签
```

上面代码对应的图形如图 1.7-5 所示。

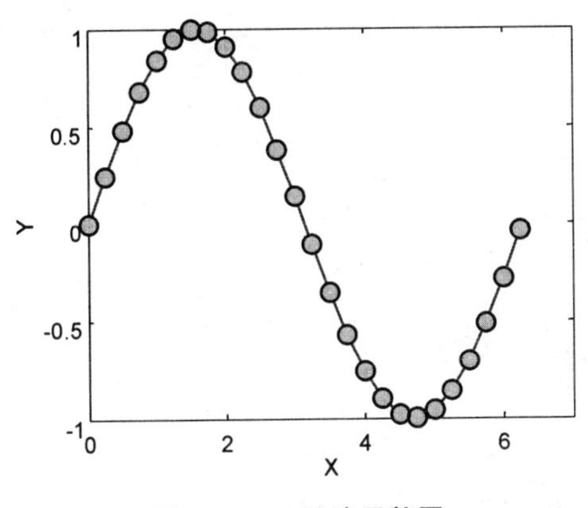

图 1.7-4　正弦函数图

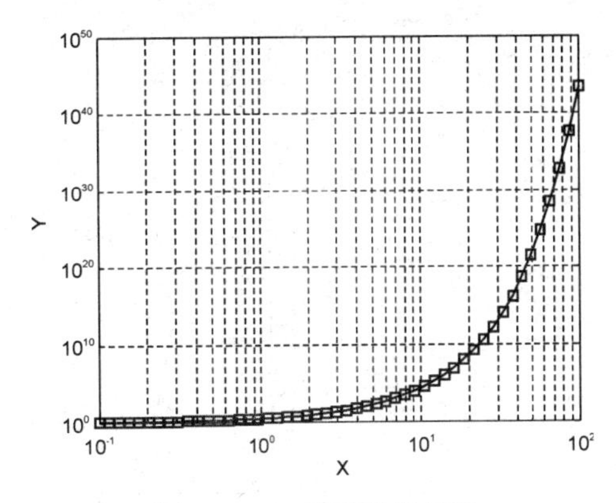

图 1.7-5　双对数坐标图

(3) semilogx、semilogy 函数：半对数坐标绘图

```
>> x = 0 : 0.1 : 10;
>> semilogy(x, 10.^x)
>> xlabel('X');  ylabel('Y');      % 为 X 轴,Y 轴加标签
```

上面代码对应的图形如图 1.7-6 所示。

(4) polar 函数：极坐标绘图

```
>> t = 0 : 0.01 : 2 * pi;
>> polar(t, sin(2 * t). * cos(2 * t),'-- r')
```

上面代码对应的图形如图 1.7-7 所示。

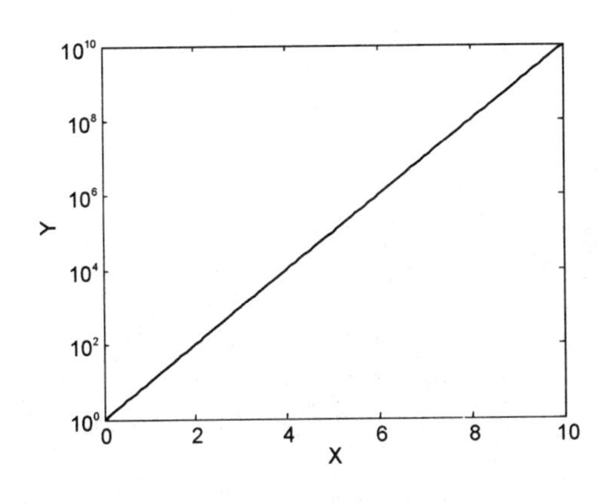

图 1.7-6　半对数坐标图

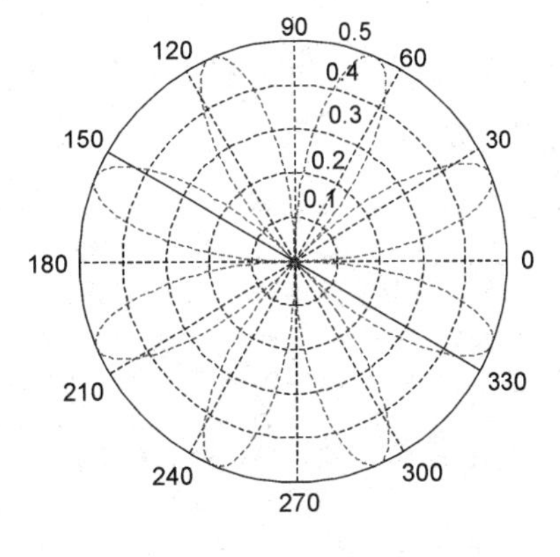

图 1.7-7　极坐标图

(5) plotyy 函数：双纵坐标绘图

```
>> x = 0:0.01:20;        % 定义横坐标向量
>> y1 = 200 * exp( - 0.05 * x). * sin(x); y2 = 0.8 * exp( - 0.5 * x). * sin(10 * x);    % 纵坐标向量
>> ax = plotyy(x,y1,x,y2,'plot');   xlabel('X');
>> set(get(ax(1),'Ylabel'),'string','Left Y');       % 左 Y 轴标签
>> set(get(ax(2),'Ylabel'),'string','Right Y');      % 右 Y 轴标签
```

上面代码对应的图形如图 1.7-8 所示。

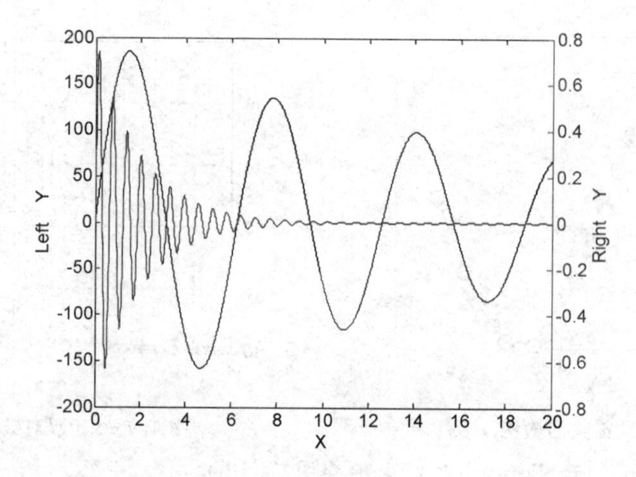

图1.7-8　双纵坐标图

2. 二维图形修饰和添加注释

现在我们已经能够绘制一些简单的二维图形了,在此基础上,还要对图形进行一些修饰,添加一些注释等。可以通过MATLAB命令对图形进行修饰和添加注释,也可以通过图形窗口的菜单项和工具栏完成这些工作。后者通过单击鼠标操作,相对比较简单,下面仅对相关命令进行介绍。

(1) hold函数:开启和关闭图形窗口的图形保持功能

调用格式:

```
hold  on     % 开启图形保持功能,可以在同一图形窗口绘制多个图形对象
hold  off    % 关闭图形保持功能
```

(2) axis函数:设置坐标系的刻度和显示方式

调用格式:

```
axis  on     % 显示坐标线、刻度线和坐标轴标签
axis  off    % 关闭坐标线、刻度线和坐标轴标签
axis([xmin xmax ymin ymax])  % 设置x轴和y轴的显示范围
axis([xmin xmax ymin ymax zmin zmax cmin cmax])  % 设置坐标轴显示范围和颜色范围
v = axis     % 返回坐标轴的显示范围
axis auto    % 设置MATLAB到它的缺省动作——自动计算当前轴的范围
axis manual  % 固定坐标轴的显示范围,当设置hold on时,后续绘图不改变坐标轴的显示范围
axis tight   % 限定坐标轴的范围为数据的范围,即坐标轴中没有多余的部分
axis fill    % 使坐标轴充满整个矩形位置
axis ij      % 使用矩阵坐标系,坐标原点在左上角
axis xy      % 使用笛卡儿坐标系(缺省),坐标原点在左下角
axis equal   % 设置坐标轴的纵横比,使在每个方向的数据单位都相同
axis image   % 效果与axis equal同,只是图形区域刚好紧紧包围图像数据
axis square  % 设置当前坐标轴区域为正方形(或立方体形,三维情形)
axis vis3d   % 固定纵横比属性,以便进行三维图形对象的旋转
axis normal  % 自动调整坐标轴的纵横比和刻度单位,使图形适合显示
axis(axes_handles,…)  % 设置句柄axes_handles所对应坐标系的刻度和显示方式
```

(3) box函数:显示或隐藏坐标边框

调用格式:

```
box on          % 显示坐标边框
box off         % 不显示坐标边框
box             % 改变坐标框的显示状态
box(axes_handle,...)     % 改变句柄值为axes_handle的坐标系的坐标框显示状态
```

(4) grid函数：为当前坐标系添加或消除网格

调用格式：

```
grid on         % 向当前坐标系内添加主网格
grid off        % 清除当前坐标系内主网格和次网格
grid            % 设置当前坐标系内主网格为可见状态
grid(axes_handle,…)   % 设置句柄值为axes_handle的坐标系的网格状态
grid minor      % 开启次网格
```

(5) title函数：为当前坐标系添加标题

调用格式：

```
title('string')          % 用string所代表的字符作为当前坐标系的标题
title(…,'PropertyName',PropertyValue,…)   % 设置标题属性
title(axes_handle,…) % 为句柄axes_handles所对应坐标系设置标题
h = title(…)             % 设置标题并返回相应text对象句柄值
```

(6) xlabel和ylabel函数：为当前坐标轴添加标签

调用格式：与title函数同。

(7) text函数：在当前坐标系中添加文本对象(text对象)

调用格式：

```
text(x,y,'string')     % 在点(x, y)处添加string所对应字符串
text(x,y,z,'string')  % 在点(x, y, z)处添加字符串(三维情形)
text(x,y,z,'string','PropertyName',PropertyValue…)  % 在(x,y,z)处添加字符,并设置属性
text('PropertyName',PropertyValue…)   % 完全忽略坐标,设置文本对象属性
h = text(…)   % 返回文本对象的句柄列向量,一个对象对应一个句柄值
```

(8) gtext函数：在当前坐标系中交互式添加文本对象

调用格式：

```
gtext('string')    % 按下鼠标左键或右键,交互式在当前坐标系中加入字符串
gtext({'string1','string2','string3',…})   % 一键加入多个字符串,位于不同行
gtext({'string1';'string2';'string3';…})   % 加入多个字符串,每次按键只加入一个字符串
h = gtext(…)      % 返回文本对象句柄值
```

(9) legend函数：在当前坐标系中添加line对象和patch对象的图形标注框

常用调用格式：

```
legend('string1','string2',…)       % 在当前坐标系中用不同字符串为每组数据进行标注
legend(…,'Location',location)    % 用location设置图形标注框的位置,其中location的取值为
% 'North','South','East','West','NorthEast','NorthWest' 等表示方向的字符串,所标注方位同地图,
% 默认位置为图形右上角
```

(10) annotation 函数:在当前图形窗口建立注释对象(annotation 对象)

调用格式:

```
annotation(annotation_type)          % 以指定的对象类型,使用默认属性值建立注释对象
annotation('line',x,y)               % 建立从(x(1), y(1))到(x(2), y(2))的线注释对象
annotation('arrow',x,y)              % 建立从(x(1), y(1))到(x(2), y(2))的箭头注释对象
annotation('doublearrow',x,y)        % 建立从(x(1), y(1))到(x(2), y(2))的双箭头注释对象
annotation('textarrow',x,y)          % 建立从(x(1),y(1))到(x(2),y(2))的带文本框的箭头注释对象
annotation('textbox',[x y w h])      % 建立文本框注释对象,左下角坐标(x,y),宽 w,高 h
annotation('ellipse',[x y w h])      % 建立椭圆形注释对象
annotation('rectangle',[x y w h])    % 建立矩形注释对象
annotation(figure_handle,…)          % 在句柄值为 figure_handle 的图形窗口建立注释对象
annotation(…,'PropertyName',PropertyValue,…)   % 建立并设置注释对象的属性
anno_obj_handle = annotation(…)      % 返回注释对象的句柄值
```

注意: annotation 对象的父对象是 figure 对象,上面提到的坐标 x,y 是标准化的坐标,即整个图形窗口(figure 对象)左下角为(0, 0),右上角为(1, 1)。宽度 w 和高度 h 也都是标准化的,其取值在[0, 1]之间。

(11) subplot 函数:绘制子图,即在当前图形窗口以平铺的方式创建多个坐标系

最常用的调用格式:

```
h = subplot(m,n,p)
```

将当前图形窗口分为 m 行 n 列个绘图子区,在第 p 个子区创建 axes 对象,作为当前 axes 对象,并返回该 axes 对象的句柄值 h。绘图子区的编号顺序从上到下,从左至右。读者可结合后面的例 1.7-7 加以理解。

【例 1.7-2】 在同一个图形窗口内绘制多条曲线,设置不同的属性,并添加标注,如图 1.7-9 所示。

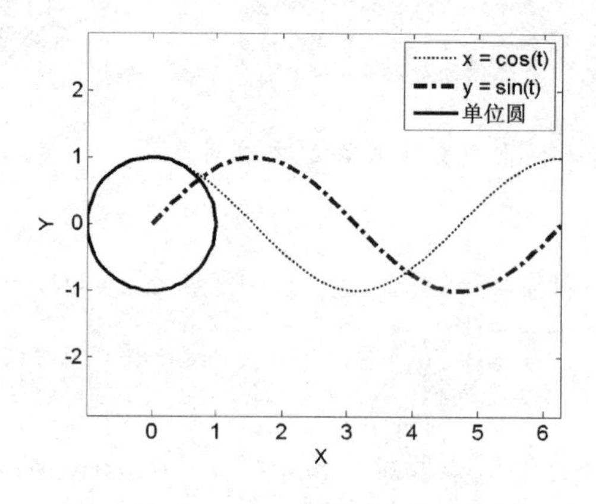

图 1.7-9 绘制多条曲线并修饰图形

```
>> t = linspace(0,2 * pi,60);         % 等间隔产生一个从 0 到 2pi 的包含 60 个元素的向量
>> x = cos(t);     % 计算 t 中各点处的余弦函数值
>> y = sin(t);     % 计算 t 中各点处的正弦函数值
>> plot(t,x,':','LineWidth',2);       % 绘制余弦曲线,蓝色虚线,线宽为 2
```

```
>> hold on;        % 开启图形保持功能
>> plot(t,y,'r-.','LineWidth',3);  % 绘制正弦曲线,红色点画线,线宽为 3
>> plot(x,y,'k','LineWidth',2.5);   % 绘制单位圆,黑色实线,线宽为 2.5
>> axis equal;     % 设置坐标轴的纵横比相同
>> xlabel('X');    % 为 X 轴加标签
>> ylabel('Y');    % 为 Y 轴加标签
% 为图形添加标注框,标注框的位置在图形右上角(默认位置)
>> legend('x = cos(t)','y = sin(t)',' 单位圆 ','Location','NorthEast');
```

【例 1.7-3】 根据椭圆方程$(x \quad y)\begin{pmatrix}3 & 1\\1 & 4\end{pmatrix}\begin{pmatrix}x\\y\end{pmatrix}=5$绘制椭圆曲线,并修饰图形,如图 1.7-10 所示。

```
>> P = [3 1; 1 4];
>> r = 5;
>> [V, D] = eig(P);        % 求特征值,将椭圆化为标准方程
>> a = sqrt(r/D(1));       % 椭圆长半轴
>> b = sqrt(r/D(4));       % 椭圆短半轴
>> t = linspace(0, 2 * pi, 60);      % 等间隔产生一个从 0 到 2pi 的包含 60 个元素的向量
>> xy = V * [a * cos(t); b * sin(t)];     % 根据椭圆的极坐标方程计算椭圆上点的坐标
>> plot(xy(1,:),xy(2,:), 'k', 'linewidth', 3);      % 绘制椭圆曲线,线宽为 3,颜色为黑色
% 在当前图形窗口加入带箭头的文本标注框
>> h = annotation('textarrow',[0.606 0.65],[0.55 0.65]);
% 设置文本标注框中显示的字符串,并设字号为 15
>> set(h, 'string','3x^2 + 2xy + 4y^2 = 5', 'fontsize', 15);
% 为图形加标题,设字号为 18,字体加粗
>> h = title(' 这是一个椭圆曲线 ', 'fontsize', 18, 'fontweight', 'bold');
>> set(h, 'position', [-0.00345622 1.35769 1.00011]);      % 设置标题的位置
>> axis([-1.5 1.5 -1.2 1.7]);      % 设置坐标轴的显示范围
>> xlabel('X');      % 为 X 轴加标签
>> ylabel('Y');      % 为 Y 轴加标签
```

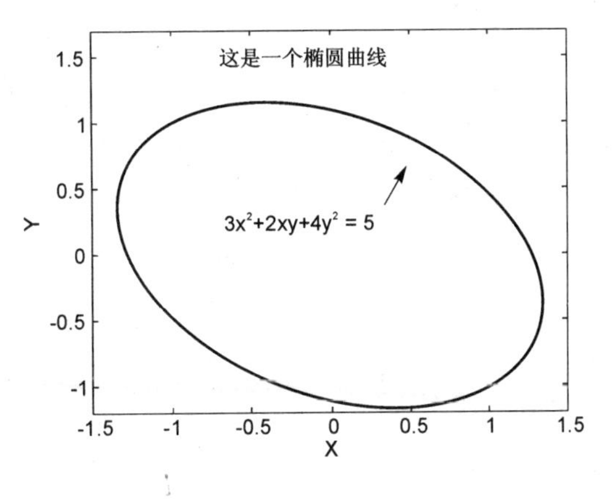

图 1.7-10　绘制椭圆曲线

【例 1.7-4】 绘制曲线 $y=-19.6749+\frac{22.2118}{2}(x-0.17)^2+\frac{5.0905}{4}(x-0.17)^4$,并添加曲线方程,如图 1.7-11 所示。

```
>> a=[-19.6749    22.2118     5.0905];      % 定义向量a
>> x=0:0.01:1;         % 定义横坐标向量
% 计算x中各点对应的纵坐标的值
>> y=a(1)+a(2)/2*(x-0.17).^2+a(3)/4*(x-0.17).^4;
>> plot(x,y);      % 绘制曲线图形
>> xlabel('X');          % 为X轴加标签
>> ylabel('Y=f(X)'); % 为Y轴加标签
% 在图形上点(0.05,-12)处添加曲线方程
>> text('Interpreter','latex',...
   'String',['$ $ -19.6749+\frac{22.2118}{2}(x-0.17)^2'...
            '+\frac{5.0905}{4}(x-0.17)^4 $ $'],'Position',[0.05, -12],...
   'FontSize',12);
```

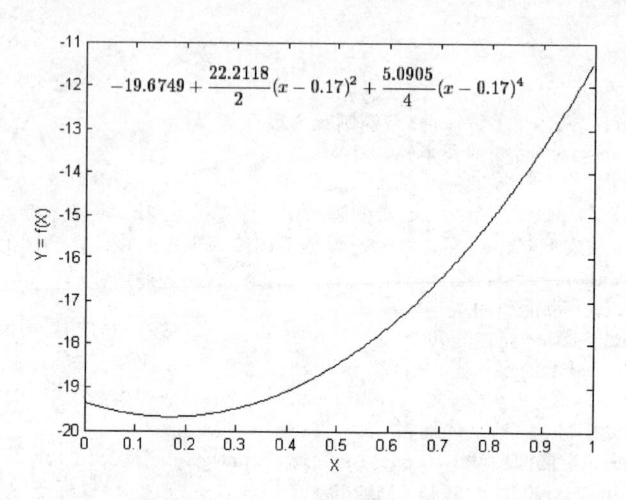

图1.7-11 带有公式的图形

由例1.7-3和1.7-4可以看到，在对图形进行修饰时，可以在图形中加入箭头、文字等，这里的文字可以是普通的文本字符，也可以是数学公式。在插入数学公式时，需要用LATEX的格式来描述数学公式。LATEX是一个著名的科学文档排版系统，在编辑数学公式时，具有Word排版系统无可比拟的优越性，它会以特定格式把数学公式作为字符进行输入，经过编译之后即可得到想要的数学公式。也就是说在LATEX中，各种数学符号对应不同的LATEX命令，这些命令多是由\引导，上下标分别用^和_表示。例如\frac{22.2118}{2}表示分数$\frac{22.2118}{2}$；\alpha表示α；\beta表示β；(x-0.17)^2表示$(x-0.17)^2$。用户只需在MATLAB帮助中以“Text Properties”为关键词进行搜索，即可找到MATLAB支持的所有LATEX命令和字符。更多LATEX的相关知识，请读者参阅文献《LATEX入门与提高(第二版)》(陈志杰等编著，高等教育出版社出版)。

(12) 利用图形对象属性修饰图形

前面已经介绍过get函数和set函数的用法，实际上通过set函数设置图形对象属性可以更为灵活地对图形进行修饰。

【例1.7-5】 通过axes对象属性修改坐标轴的刻度。

```
>> x=linspace(0,2*pi,60);      % 等间隔产生一个从0到2pi的包含60个元素的向量
>> y=sin(x);      % 计算t中各点处的正弦函数值
```

```
>> h = plot(x,y);        % 绘制正弦函数图像
>> grid on;              % 添加参考网格
>> set(h,'Color','k','LineWidth',2);     % 设置线条颜色为黑色,线宽为 2
% 自定义 X 轴坐标刻度 XtickLabel,它是一个元胞数组
>> XTickLabel = {'0','pi/2','pi','3pi/2','2pi'};
% 通过 axes 对象属性修改当前坐标轴的刻度
>> set(gca,'XTick',[0:pi/2:2 * pi],...   % 标记 X 轴刻度位置
        'XTickLabel',XTickLabel,...      % 标记 X 轴自定义刻度
        'TickDir','out');                % 设置刻度短线在坐标框外面
>> xlabel('0 \leq \Theta \leq 2\pi');    % 为 X 轴加标签
>> ylabel('sin(\Theta)');                % 为 Y 轴加标签
% 在指定位置处添加文本信息
>> text(8 * pi/9,sin(8 * pi/9),'\leftarrow sin(8\pi \div 9)',...
     'HorizontalAlignment','left')
>> axis([0 2 * pi  - 1 1]);              % 设置坐标轴的显示范围
```

以上命令绘制的图形如图 1.7 - 12 所示。上述命令中 gca 用来返回当前 axes 对象的句柄,然后调用 set 函数设置当前 axes 对象的相关属性。其中 'XTick' 属性用来设置 X 轴标记刻度的具体位置,其属性值是一个向量;'XTickLabel' 属性用来设置 X 轴标记刻度的符号,其属性值可以是元胞数组(每个元素表示一个刻度符号),也可以是字符串,形如 '0|pi/2|pi|3pi/2|2pi',即各刻度符号之间用竖线隔开。上述命令中还用到了很多 LATEX 命令,结合图 1.7 - 12 所显示的效果,读者应该不难明白其意义,这里不再详述。

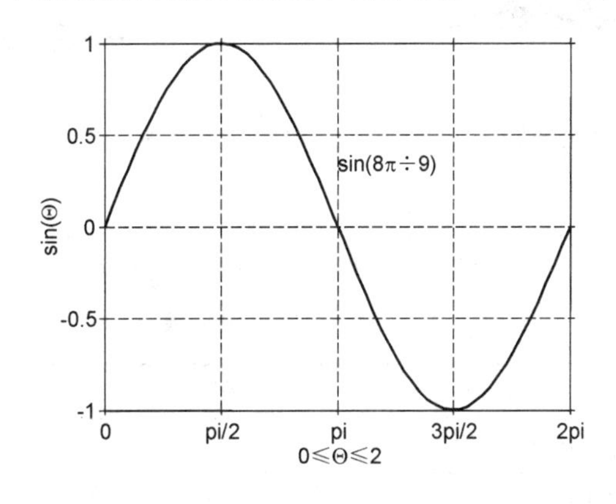

图 1.7 - 12　自定义坐标轴的刻度

3. 常用统计绘图函数

MATLAB 的统计工具箱提供了一些统计绘图函数,如表 1.7 - 2 所列。

表 1.7 - 2　常用统计绘图函数

函数名	功能说明	函数名	功能说明
hist / hist3	二维/三维频数直方图	cdfplot	经验累积分布图
histfit	直方图的正态拟合	ecdfhist	经验分布直方图
boxplot	箱线图	lsline	为散点图添加最小二乘线
probplot	概率图	refline	添加参考直线
qqplot	q - q 图(分位数图)	refcurve	添加参考多项式曲线
normplot	正态概率图	gline	交互式添加一条直线
ksdensity	核密度图	scatterhist	绘制边缘直方图

【例1.7-6】 用normrnd函数产生1000个标准正态分布随机数,并做出频数直方图和经验分布函数图。

```
>> x = normrnd(0, 1, 1000, 1);        % 产生1000个标准正态分布随机数
>> hist(x, 20);                       % 绘制直方图
>> xlabel('样本数据');                 % 为x轴加标签
>> ylabel('频数');                     % 为y轴加标签
>> figure;                            % 新建一个图形窗口
>> cdfplot(x);                        % 绘制经验分布函数图
```

产生的图形如图1.7-13,1.7-14所示。

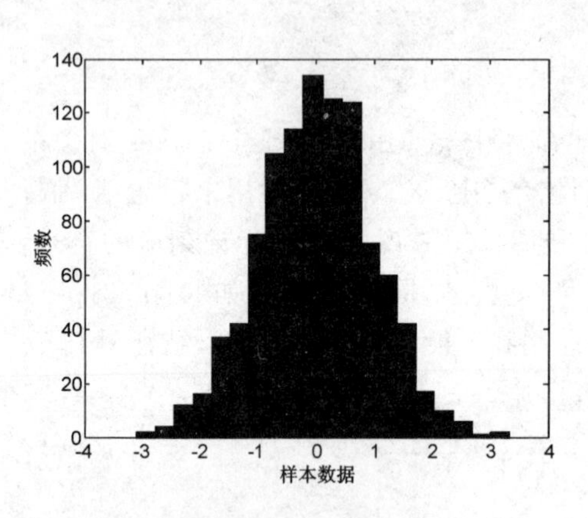

图1.7-13 频数直方图

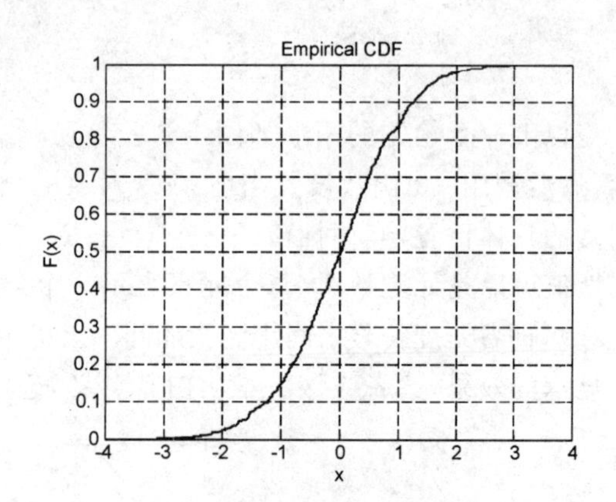

图1.7-14 经验分布函数图

4. 特殊二维绘图函数

MATLAB中还提供了一些二维图形绘制的特殊函数,如表1.7-3所列。

表1.7-3 特殊绘图函数

函数名	功能说明	函数名	功能说明
area	二维填充图	comet	彗星图
fplot	绘制函数图	compass	罗盘图
ezplot	隐函数直角坐标绘图	feather	羽毛图
ezpolar	隐函数极坐标绘图	rose	玫瑰图
pie	饼图	errorbar	误差柱图
stairs	楼梯图	pareto	Pareto(帕累托)图
stem	火柴杆图	fill	多边形填充图
bar	柱状图	patch	生成patch图形对象
barh	水平柱状图	quiver	二维箭头

【例1.7-7】 特殊二维绘图函数举例,绘制的自定义函数图、单位圆、极坐标图、二维饼图、楼梯图、火柴杆图、罗盘图、羽毛图和填充八边形如图1.7-15所示。

```
>> subplot(3, 3, 1);                          % 绘制3行3列子图中的第1个
>> f = @(x)200 * sin(x)./x;                   % 定义匿名函数
>> fplot(f, [-20 20]);                        % 绘制函数图像,设置横坐标范围为[-20, 20]
>> title('y = 200 * sin(x)/x');               % 设置标题

>> subplot(3, 3, 2);                          % 绘制3行3列子图中的第2个
>> ezplot('x^2 + y^2 = 1', [-1.1 1.1]);       % 绘制单位圆,横坐标从-1.1到1.1
>> axis equal;                                % 设置坐标系的显示方式
>> title('单位圆');

>> subplot(3, 3, 3);                          % 绘制3行3列子图中的第3个
>> ezpolar('1 + cos(t)');                     % 绘制心形图
>> title('心形图');

>> subplot(3, 3, 4);                          % 绘制3行3列子图中的第4个
>> x = [10  10  20  25  35];                  % 制定各部分所占比例
>> name = {'赵','钱','孙','李','谢'};          %指定各部分名称
>> explode = [0 0 0 0 1];                     % 设置第5部分分离出来
>> pie(x, explode, name)                      % 绘制饼图
>> title('饼图');

>> subplot(3, 3, 5);                          % 绘制3行3列子图中的第5个
>> stairs(-2 * pi:0.5:2 * pi,sin(-2 * pi:0.5:2 * pi));     %绘制楼梯图
>> title('楼梯图');

>> subplot(3, 3, 6);                          % 绘制3行3列子图中的第6个
>> stem(-2 * pi:0.5:2 * pi,sin(-2 * pi:0.5:2 * pi));       %绘制火柴杆图
>> title('火柴杆图');

>> subplot(3, 3, 7);                          % 绘制3行3列子图中的第7个
>> Z = eig(randn(20,20));                     % 求20×20的标准正态分布随机数矩阵的特征值
>> compass(Z);                                % 绘制罗盘图
>> title('罗盘图');

>> subplot(3, 3, 8);                          % 绘制3行3列子图中的第8个
>> theta = (-90:10:90) * pi/180;
>> r = 2 * ones(size(theta));                 % 产生与theta等长的向量,元素全是2
>> [u,v] = pol2cart(theta,r);                 % 将极坐标转成直角坐标
>> feather(u,v);                              % 绘制羽毛图
>> title('羽毛图');

>> subplot(3, 3, 9);                          % 绘制3行3列子图中的第9个
>> t = (1/16:1/8:1)' * 2 * pi;
>> fill(sin(t), cos(t),'r');                  % 绘制填充多边形
>> axis square;    title('八边形');
```

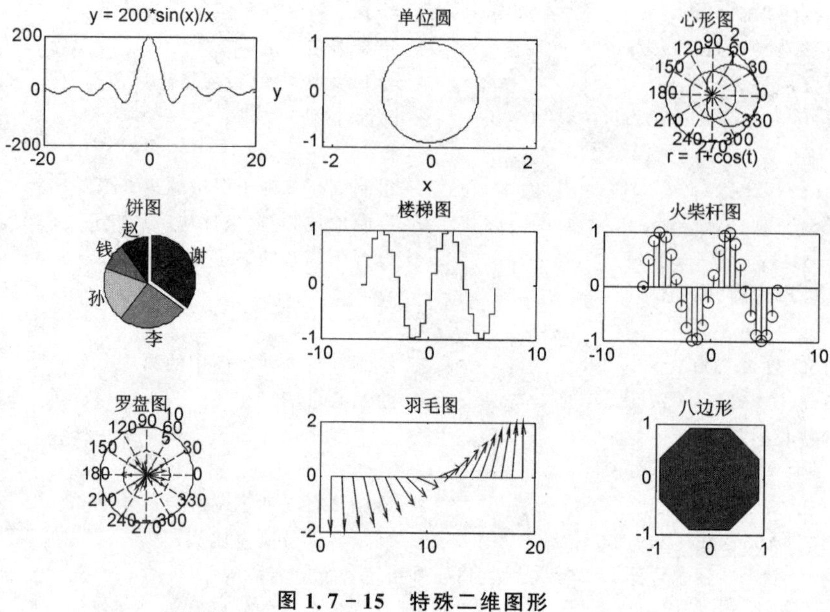

图1.7-15　特殊二维图形

1.7.3　三维图形绘制

1. 常用三维绘图函数

就像二维绘图一样,MATLAB中还提供了很多三维绘图函数,一些三维绘图函数的函数名只是在二维绘图函数的函数名后加了一个3,调用方法也很类似。常用的三维绘图函数如表1.7-4所列。

表1.7-4　常用三维绘图函数

函数名	功能说明	函数名	功能说明
plot3	三维线图	sphere	单位球面
mesh	三维网格图	ellipsoid	椭球面
surf	三维表面图	quiver3	三维箭头
fill3	三维填充图	pie3	三维饼图
trimesh	三角网格图	bar3	竖直三维柱状图
trisurf	三角表面图	bar3h	水平三维柱状图
ezmesh	易用的三维网格绘图	stem3	三维火柴杆图
ezsurf	易用的三维彩色面绘图	contour	矩阵等高线图
meshc	带等高线的网格图	contour3	三维等高线图
surfc	带等高线的面图	contourf	填充二维等高线图
surfl	具有亮度的三维表面图	waterfall	瀑布图
hist3	三维直方图	pcolor	伪色彩图
slice	立体切片图	hidden	设置网格图的透明度
cylinder	圆柱面	alpha	设置图形对象的透明度

【例 1.7-8】　调用 plot3 函数绘制三维螺旋线，如图 1.7-16 所示。

```
>> t = linspace(0, 10 * pi, 300);                                  % 产生一个行向量
>> plot3(20 * sin(t), 20 * cos(t), t, 'r', 'linewidth', 2);        % 绘制螺旋线
>> hold on                                                         % 图形保持
>> quiver3(0,0,0,1,0,0,25,'k','filled','LineWidth',2);             % 添加箭头作为 x 轴
>> quiver3(0,0,0,0,1,0,25,'k','filled','LineWidth',2);             % 添加箭头作为 y 轴
>> quiver3(0,0,0,0,0,1,40,'k','filled','LineWidth',2);             % 添加箭头作为 z 轴
>> grid on                                                         % 添加网格
>> xlabel('X'); ylabel('Y'); zlabel('Z');                          % 添加坐标轴标签
>> axis([-25 25 -25 25 0 40]);                                     % 设置坐标轴范围
>> view(-210,30);                                                  % 设置视角
```

利用 mesh 和 surf 函数绘制三维网格图和表面图之前，应先产生图形对象的网格数据。MATLAB 中提供的 meshgrid 函数可以进行网格划分，产生用于三维绘图的网格数据，其调用格式如下：

```
[X,Y] = meshgrid(x,y)    % 用向量 x 和 y 分别对 x 轴和 y 轴方向进行划分，产生网格矩阵 X 和 Y
[X,Y] = meshgrid(x)      % 用同一个向量 x 分别对 x 轴和 y 轴方向进行划分，产生网格矩阵 X 和 Y
[X,Y,Z] = meshgrid(x,y,z) % 用向量 x,y,z 分别对 x,y,z 轴方向进行划分，产生三维网格数组 X,Y,Z
```

【例 1.7-9】　调用 meshgrid 函数生成网格矩阵，并用 plot 函数画出平面网格图形，如图 1.7-17 所示。

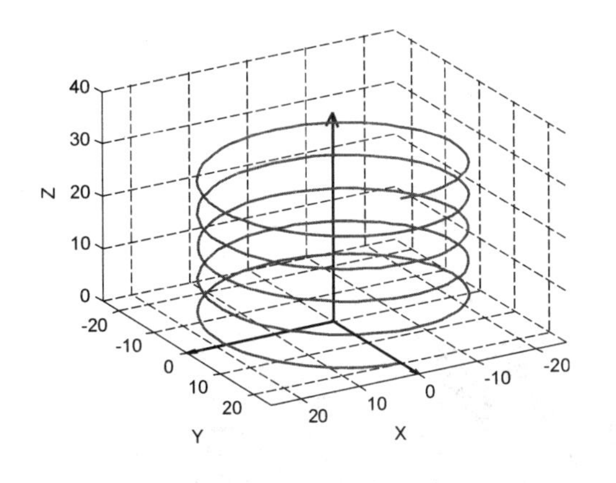

图 1.7-16　三维螺旋线

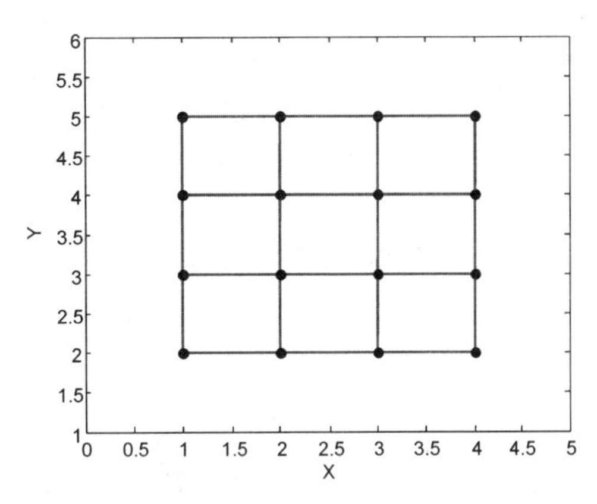

图 1.7-17　平面网格图

```
% 根据 x 轴的划分(1:4)和 y 轴的划分(2:5)产生网格数据 x 和 y
>> [x,y] = meshgrid(1:4, 2:5)

x =

     1     2     3     4
     1     2     3     4
     1     2     3     4
     1     2     3     4


y =

     2     2     2     2
     3     3     3     3
```

若您对此书内容有任何疑问，可以凭在线交流卡登录MATLAB中文论坛与作者交流。

```
    4       4       4       4
    5       5       5       5
>> plot(x, y, 'r',x', y', 'r', x, y, 'k.','markersize',18);     % 绘制平面网格
>> axis([0 5 1 6]);     % 设置坐标轴的范围
>> xlabel('X');  ylabel('Y');     % 为X轴、Y轴加标签
```

【例 1.7-10】 分别调用 mesh,surf,surfl,surfc 函数绘制曲面 $z=\cos x\sin y, -\pi\leqslant x, y\leqslant\pi$的图像。

```
>> t  = linspace( - pi,pi,20);        % 等间隔产生从 - pi 到 pi 包含 20 个元素的向量 x
>> [X, Y] = meshgrid(t);              % 产生网格矩阵 X 和 Y
>> Z = cos(X). * sin(Y);              % 计算网格点处曲面上的 Z 值

>> subplot(2, 2, 1);                  % 绘制 2 行 2 列子图中的第 1 个
>> mesh(X, Y, Z);                     % 绘制网格图
>> title('mesh');                     % 添加标题

>> subplot(2, 2, 2);                  % 绘制 2 行 2 列子图中的第 2 个
>> surf(X, Y, Z);                     % 绘制面图
>> alpha(0.5);                        % 设置透明度为半透明
>> title('surf');                     % 添加标题

>> subplot(2, 2, 3);                  % 绘制 2 行 2 列子图中的第 3 个
>> surfl(X, Y, Z);                    % 绘制带有灯光效果的面图
>> title('surfl');                    % 添加标题

>> subplot(2, 2, 4);                  % 绘制 2 行 2 列子图中的第 4 个
>> surfc(X, Y, Z);                    % 绘制带有等高线的面图
>> title('surfc');                    % 添加标题
```

运行以上代码产生图形如图 1.7-18 所示。

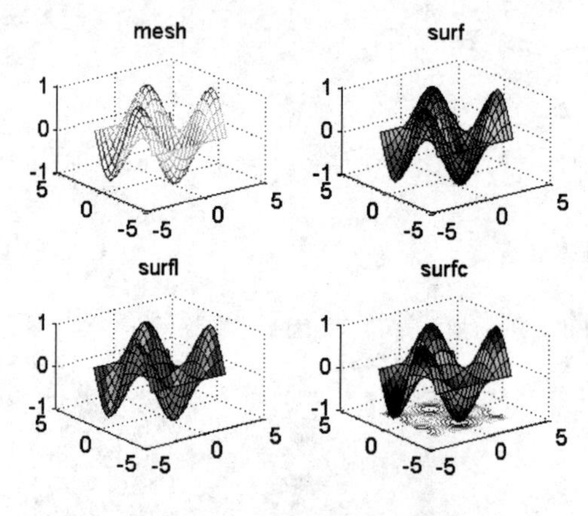

图 1.7-18　三维网格图和面图

〖说明〗

mesh 函数用来绘制三维网格图,而 surf 函数用来绘制三维面图。网格图和面图是有区别的,网格图只绘制带有颜色的网格曲线,每一个小网格面都不着色,而面图的网格线和网格面都是着色的。

【例 1.7-11】 绘制三维曲面 $z=xe^{-(x^2+y^2)}$的等高线图和梯度场,如图 1.7-19 所示。

```
>> [X,Y] = meshgrid( - 2:.2:2);              % 产生网格数据 X 和 Y
>> Z = X. * exp( - X.^2 - Y.^2);             % 计算网格点处曲面上的 Z 值
>> [DX,DY] = gradient(Z,0.2,0.2);            % 计算曲面上各点处的梯度
>> contour(X,Y,Z);                           % 绘制等高线
>> hold on;                                  % 开启图形保持
>> quiver(X,Y,DX,DY);                        % 绘制梯度场
>> h = get(gca,'Children');                  % 获取当前 axes 对象的所有子对象的句柄
>> set(h, 'Color','k');                      % 设置当前 axes 对象的所有子对象的颜色为黑色
```

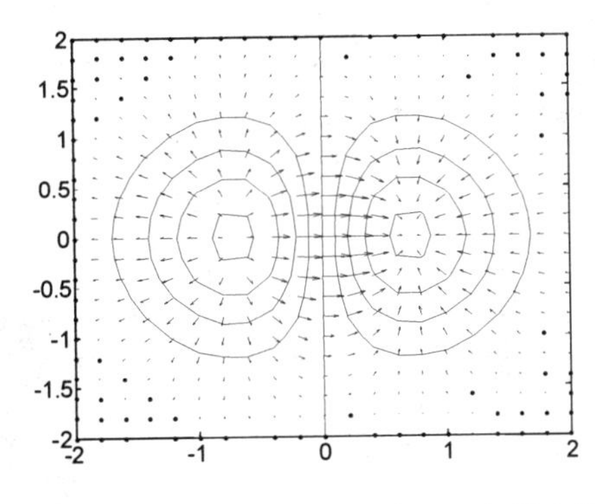

图 1.7 - 19　三维曲面的等高线图和梯度场

【例 1.7 - 12】 调用 cylinder 和 sphere 函数绘制柱面、球面和椭球面，如图 1.7 - 20 所示。

```
% 绘制圆柱面
>> subplot(2,2,1);                           % 绘制 2 行 2 列子图中的第 1 个
>> [x,y,z] = cylinder;                       % 产生柱面网格数据
>> surf(x,y,z);                              % 绘制柱面
>> title(' 圆柱面 ')                          % 添加标题

% 绘制哑铃面
>> subplot(2,2,2);                           % 绘制 2 行 2 列子图中的第 2 个
>> t = 0:pi/10:2 * pi;                       % 定义从 0 到 2pi,步长为 pi/10 的向量
>> [X,Y,Z] = cylinder(2 + cos(t));           % 产生哑铃面网格数据
>> surf(X,Y,Z);                              % 绘制哑铃面
>> title(' 哑铃面 ')                          % 添加标题

% 绘制球面,半径为 10,球心 (1,1,1)
>> subplot(2,2,3);                           % 绘制 2 行 2 列子图中的第 3 个
>> [x,y,z] = sphere;                         % 产生球面网格数据
>> surf(10 * x + 1,10 * y + 1,10 * z + 1);   % 绘制球面
>> axis equal;                               % 设置坐标轴显示比例相同
>> title(' 球面 ')                            % 添加标题

% 绘制椭球面
>> subplot(2,2,4);                           % 绘制 2 行 2 列子图中的第 4 个
>> a = 4;                                    % 定义标量 a
```

```
>> b = 3;                                        % 定义标量 b
>> t = - b:b/10:b;                               % 定义向量 t
>> [x,y,z] = cylinder(a * sqrt(1 - t.^2/b^2),30);    % 产生椭球面网格数据
>> surf(x,y,z);                                  % 绘制椭球面
>> title('椭球面')                                % 添加标题
```

【例 1.7-13】 调用 ezsurf 函数绘制螺旋面 $\begin{cases} x=u\sin v \\ y=u\cos v \\ z=4v \end{cases}$,如图 1.7-21 所示。

```
% 调用 ezsurf 函数绘制参数方程形式的螺旋面,并设置参数取值范围
>> ezsurf('u * sin(v)','u * cos(v)', '4 * v',[- 2 * pi,2 * pi, - 2 * pi,2 * pi])
>> axis([ - 7,7, - 7,7, - 30,30]);     % 设置坐标轴显示范围
```

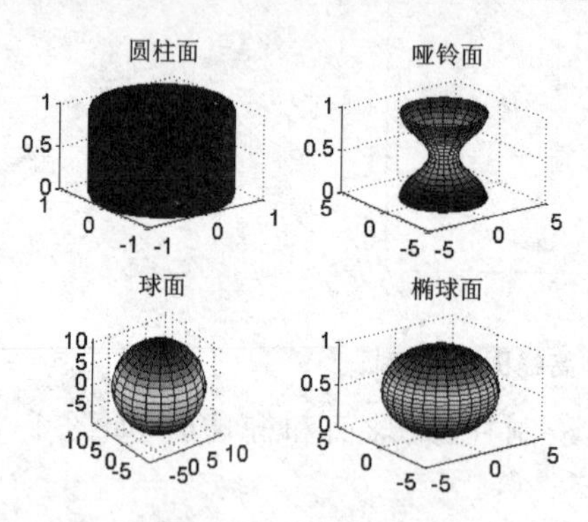

图 1.7-20 柱面、球面和椭球面

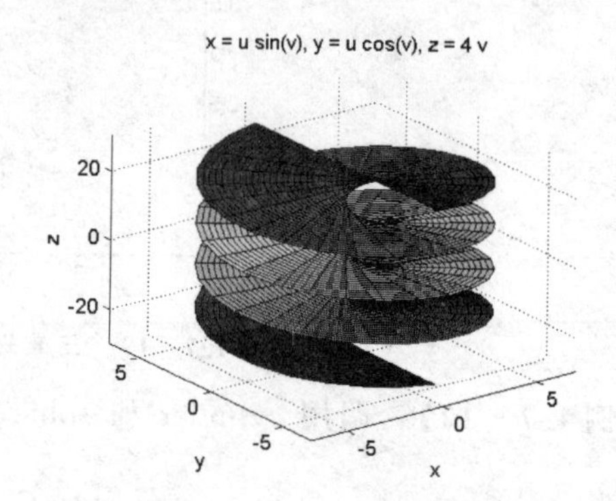

图 1.7-21 螺旋面

〖说明〗

ezmesh,ezsurf 和 ezsurfc 函数用来根据曲面方程进行绘图,这里的方程可以是显式方程,也可以是参数方程。

【例 1.7-14】 绘制三维饼图、三维柱状图、三维火柴杆图、三维填充图、三维向量场图和立体切片图(四维图),如图 1.7-22 所示。

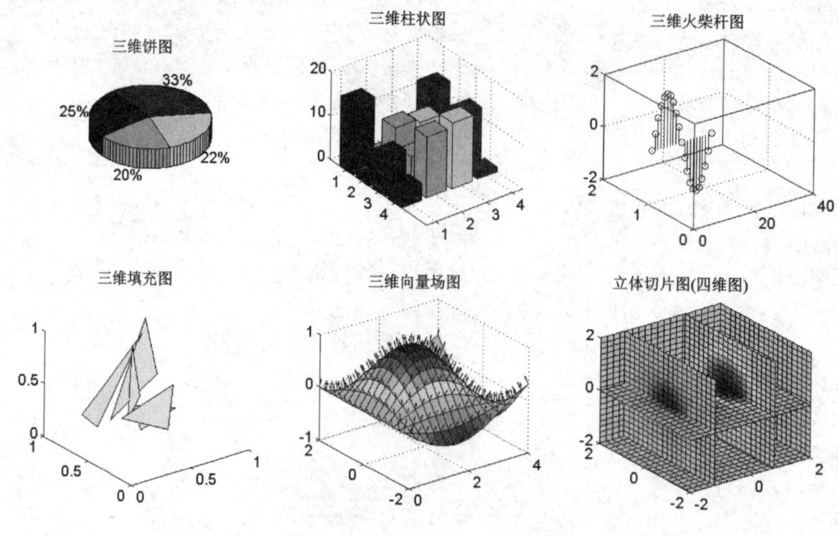

图 1.7-22 三维特殊图形

```
% 饼图
>> subplot(2,3,1);                              % 绘制2行2列子图中的第1个
>> pie3([2347,1827,2043,3025]);                 % 绘制饼图
>> title('三维饼图');                            % 添加标题

% 柱状图
>> subplot(2,3,2);                              % 绘制2行2列子图中的第2个
>> bar3(magic(4));                              % 绘制柱状图
>> title('三维柱状图');                          % 添加标题

% 火柴杆图
>> subplot(2,3,3);                              % 绘制2行2列子图中的第3个
>> y = 2 * sin(0:pi/10:2 * pi);                 % 计算正弦函数值
>> stem3(y);                                    % 绘制火柴杆图
>> title('三维火柴杆图');                        % 添加标题

% 填充图
>> subplot(2,3,4);                              % 绘制2行2列子图中的第4个
>> fill3(rand(3,5),rand(3,5),rand(3,5), 'y' );       % 绘制填充图
>> title('三维填充图');                          % 添加标题

% 三维向量场图
>> subplot(2,3,5);                              % 绘制2行2列子图中的第4个
>> [X,Y] = meshgrid(0:0.25:4, - 2:0.25:2);      % 产生网格矩阵
>> Z = sin(X). * cos(Y);                        % 计算曲面上Z轴坐标
>> [Nx,Ny,Nz] = surfnorm(X,Y,Z);                % 计算曲面网格点处法线方向
>> surf(X,Y,Z);                                 % 绘制曲面
>> hold on;                                     % 开启图形保持
>> quiver3(X,Y,Z,Nx,Ny,Nz,0.5);                 % 绘制曲面网格点处法线
>> title('三维向量场图');                        % 添加标题
>> axis([0,4, - 2,2, - 1,1]);                   % 设置坐标轴显示范围

% 立体切片图(四维图)
>> subplot(2,3,6);                              % 绘制2行2列子图中的第4个
>> t = linspace( - 2,2,20);                     % 定义向量t
>> [X,Y,Z] = meshgrid(t,t,t);                   % 产生三维网格数组X,Y和Z
>> V = X. * exp( - X.^2 - Y.^2 - Z.^2);
>> xslice = [ - 1.2,.8,2];                      % 设置X轴切片位置
>> yslice = 2;                                  % 设置Y轴切片位置
>> zslice = [ - 2,0];                           % 设置Z轴切片位置
>> slice(X,Y,Z,V,xslice,yslice,zslice);         % 绘制立体切片图
>> title('立体切片图(四维图)');                  % 添加标题
```

2. 三维图形的修饰和添加注释

前面提到的二维图形的修饰和添加注释方法对于三维图形同样适用,除此之外,还可以对三维图形的绘图色彩、渲染效果、透明度、灯光和视角等进行设置。

(1) 绘图色彩的调整

MATLAB中提供了colormap函数,可以根据颜色映像矩阵对图形对象的色彩进行调整。所谓的颜色映像矩阵就是一个 $k\times3$ 的矩阵,k 行表示有 k 种颜色,每行3个元素分别代表红、绿、蓝三元色的灰度值,取值均在[0,1]之间。colormap函数的调用格式如下:

1) **colormap(map)**

设置 map 为当前颜色映像矩阵,map 的设置有两种,可以人为指定一个元素值均在[0,1]之间的 $k\times3$ 的矩阵,也可以用 MATLAB 自带的 17 种颜色映像矩阵。在 MATLAB 命令窗口分别运行 autumn、bone、colorcube、cool、copper、flag、gray、hot、hsv、jet、lines、pink、prism、spring、summer、white 和 winter 函数,就可得到这 17 种颜色映像矩阵,这 17 个矩阵都是 64×3 的矩阵,也就是说每一个自带的颜色映像矩阵可以设置 64 种不同的颜色,如果觉得颜色过多或过少,还可以通过类似 autumn(m)的命令产生 $m\times3$ 的颜色映像矩阵。若 map 取 MATLAB 自带的颜色映像矩阵,colormap(autumn)和 colormap autumn 都是合法的命令,其他类似。

2) **colormap('default')**

恢复当前颜色映像矩阵为默认值。

3) **cmap = colormap**

获取当前颜色映像矩阵。

4) **colormap(ax,…)**

设置当前 axes 对象的颜色映像矩阵。

需要注意的是在同一个坐标系内绘制多个图形对象时,利用 colormap 命令会使得多个图形对象共用一个颜色映像矩阵,不能为每一个图形对象设置不同的颜色。此时可以利用图形对象的"FaceColor"属性为不同的对象设置不同的颜色,后面有相关例子。

(2) 着色方式调整

有了颜色之后,颜色的着色效果可以通过 shading 函数来调整。shading 函数的调用格式如下:

1) **shading flat**

平面着色,同一个小网格面和相应的线段用同一种颜色着色。

2) **shading faceted**

类似于 shading flat,平面着色,只是网格线都用黑色,这是默认着色方式。

3) **shading interp**

通过颜色插值方式着色。

4) **shading(axes_handle,…)**

为句柄值为 axes_handle 的坐标系内的图形对象设置着色方式。

(3) 透明度调整

可以通过 alpha 函数调整图形对象的透明度,其最简单的调用格式为:alpha(alpha_data),其中 alpha_data 是一个介于 0~1 之间的数,alpha_data=0 表示完全透明,alpha_data=1 表示完全不透明,alpha_data 的值越接近于 0,透明度越高。

通过设置图形对象的"FaceAlpha"属性的属性值,可以单独调整某个图形对象的透明度。"FaceAlpha"属性的属性值的说明同上面的 alpha_data。

除了可以如上调整图形对象的透明度之外,在绘制三维网格图时,还可以通过 hidden 函数调整网格图的透视效果，其调用格式如下：

```
hidden off       % 透视被网格图遮挡的图形
hidden on        % 消隐被网格图遮挡的图形
```

〖说明〗

hidden 函数只能用来设置三维网格图的透视效果，不能用来设置三维面图的透视效果，可以通过透明度调整的办法设置三维面图的透视效果。

【例 1.7－15】 三维图形的透视效果，如图 1.7－23 所示。

```
>> figure;                                % 创建新的图形窗口
>> [X,Y,Z] = sphere;                      % 产生单位球面的三维网格数据
>> surf(X,Y,Z);                           % 绘制单位球面
>> colormap(lines);                       % 根据颜色映像矩阵对图形对象的色彩进行调整
>> shading interp                         % 调整颜色的渲染效果
>> hold on;                               % 开启图形保持
>> mesh(2 * X,2 * Y,2 * Z)                % 绘制半径为 2 的球面网格图
>> hidden off                             % 调整网格图的透视效果,使其透明
>> axis equal                             % 设置坐标轴显示比例相同
>> axis off                               % 隐藏坐标轴

>> figure;                                % 创建新的图形窗口
>> surf(X,Y,Z,'FaceColor','r');           % 绘制红色单位球面
>> hold on;                               % 开启图形保持
>> surf(2 * X,2 * Y,2 * Z,'FaceAlpha',0.4);% 绘制半径为 2 的球面
>> axis equal                             % 设置坐标轴显示比例相同
>> axis off                               % 隐藏坐标轴
```

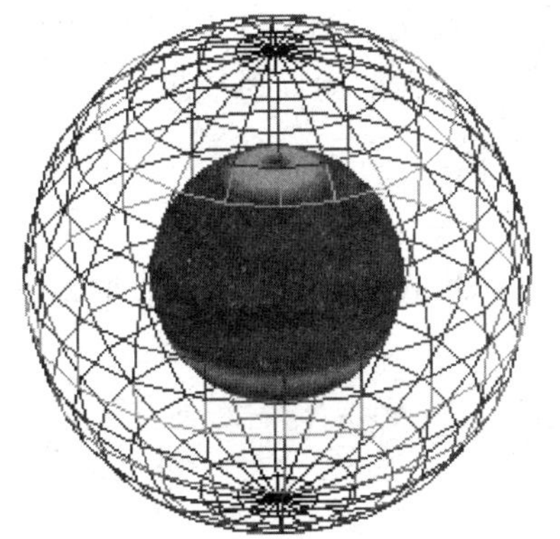

(a) 网格图的透视效果图

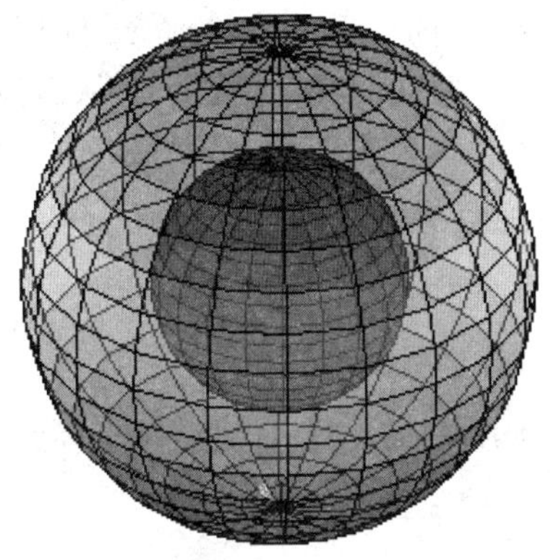

(b) 面图的透视效果图

图 1.7－23　网格图和面图的透视效果图

(4) 光源设置与属性调整

用 light 函数可在当前坐标系中建立一个光源，该函数的调用格式如下：

1) **light('PropertyName',propertyvalue,…)**

建立一个光源，并设置光源属性和属性值。光源对象的主要属性有：'Position'、'Color' 和 'Style'，'Position' 是位置属性，设置光源位置，其属性值为三个元素的向量[x, y, z]，即光源

的三维坐标；'Color' 是颜色属性，设置光源颜色，其属性值可以是代表颜色的字符（如表1.7-1所列），也可以是由红、绿、蓝三元色的灰度值组成的向量；'Style' 是光源类型属性，设置光源类型，其取值为字符串 'infinite' 或 'local'，分别表示平行光源和点光源。

2）**handle = light(…)**

建立一个光源，并获取其句柄值 handle，之后可以通过 get(handle)查看光源的所有属性，也可以通过 set(handle,'PropertyName',propertyvalue,…)设置光源的属性值。

(5) 调整光照模式

建立光源之后，可使用 lighting 函数调整光照模式，使用方法如下。

1）**lighting flat**

产生均匀光照，选择此方法，以查看面对象，是光照模式的默认设置。

2）**lighting gouraud**

计算顶点法线并作线性插值修改表面颜色，选择此方法，以查看曲面对象。

3）**lighting phong**

做线性插值并计算每个像素的反射率来修改表面颜色，选择此方法，以查看曲面对象。此方法比 lighting gouraud 的效果好，但是用于渲染的时间较长。

4）**lighting none**

关掉照明。

(6) 图形表面对光照反射属性设置

众所周知，不同材质的物体对光照的反射效果是不同的。MATLAB 中提供了 material 函数，用来设置图形表面的材质属性，从而控制图形表面对光照的反射效果。material 函数的调用格式如下：

1）**material shiny**

镜面效果，使图形对象有相对较高的镜面反射，镜面光的颜色仅取决于光源颜色。

2）**material dull**

类似于木质表面效果，使图形对象有更多的漫反射，反射光的颜色仅取决于光源颜色。

3）**material metal**

金属表面效果，使图形对象有非常高的镜面反射和非常低的环境光及漫反射，反射光的颜色取决于光源颜色和图形表面的颜色。

4）**material([ka kd ks])**

5）**material([ka kd ks n])**

6）**material([ka kd ks n sc])**

用 ka、kd 和 ks 分别设置图形对象的环境光、漫反射和镜面反射的强度，用镜面指数 n 控制镜面亮点的大小，用 sc 设置镜面颜色的反射系数。ka、kd、ks、n 和 sc 均为标量，sc 的取值介于 0～1 之间。

7) **material default**

恢复 ka、kd、ks、n 和 sc 的默认值。

(7) 调整视点位置

如图 1.7－24 所示，在绘制三维图形时，视点的位置决定了坐标轴的方向，从不同的视点来看，图形对象之间也可能有不同的遮挡关系。

在 MATLAB 中可利用 view 函数调整视点位置，view 函数的调用格式如下：

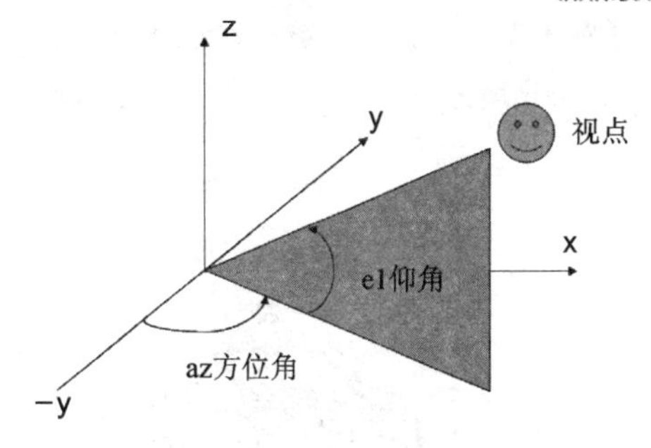

图 1.7－24　视点位置示意图

1) **view(az,el)**

设置三维绘图的视角，方位角 az 表示从 y 轴负向开始绕 z 轴旋转的度数，逆时针旋转时 az 取正值，el 表示相对于 xoy 平面的仰角，在 xoy 平面的上方取正值，在 xoy 平面的下方取负值。

2) **view([x,y,z])**

设置视点的三维直角坐标[x, y, z]。

3) **view(2)**

设置默认的二维视角，az＝0，el＝90。

4) **view(3)**

设置默认的三维视角，az＝－37.5，el＝30。

5) **view(ax,…)**

设置句柄值为 ax 的坐标系的视角。

6) **[az,el] = view**

返回当前方向角和仰角。

【例 1.7－16】 绘制一个花瓶，并进行修饰，产生的花瓶效果如图 1.7－25 所示。

```
>> t = 0:pi/20:2 * pi;       % 产生一个向量
>> [x,y,z] = cylinder(2 + sin(t),100);      % 产生花瓶的三维网格数据
>> surf(x,y,z);      % 绘制三维面图
>> xlabel('X'); ylabel('Y'); zlabel('Z');      % 为坐标轴加标签
>> set(gca,'color','none');      % 设置坐标面的颜色为无色
>> set(gca,'XColor',[0.5 0.5 0.5]);      % 设置 x 轴的颜色为灰色
>> set(gca,'YColor',[0.5 0.5 0.5]);      % 设置 x 轴的颜色为灰色
>> set(gca,'ZColor',[0.5 0.5 0.5]);      % 设置 x 轴的颜色为灰色
>> shading interp;      % 设置渲染属性
>> colormap(copper);      % 设置色彩属性
>> light('Posi',[-4 -1 0]);      % 在(-4, -1, 0)点处建立一个光源
>> lighting phong;      % 设置光照模式
>> material metal;      % 设置面的反射属性
>> hold on;
>> plot3(-4,-1,0,'p','markersize', 18);      % 在光源位置画一个五角星,大小为 18
% 添加文本注释,14 号字,粗体
>> text(-4,-1,0,' 光源 ','fontsize',14,'fontweight','bold');
```

【例1.7-17】 绘制一个透明的立方体盒子,里面放红色、蓝色和黄色三个球,效果如图1.7-26所示。

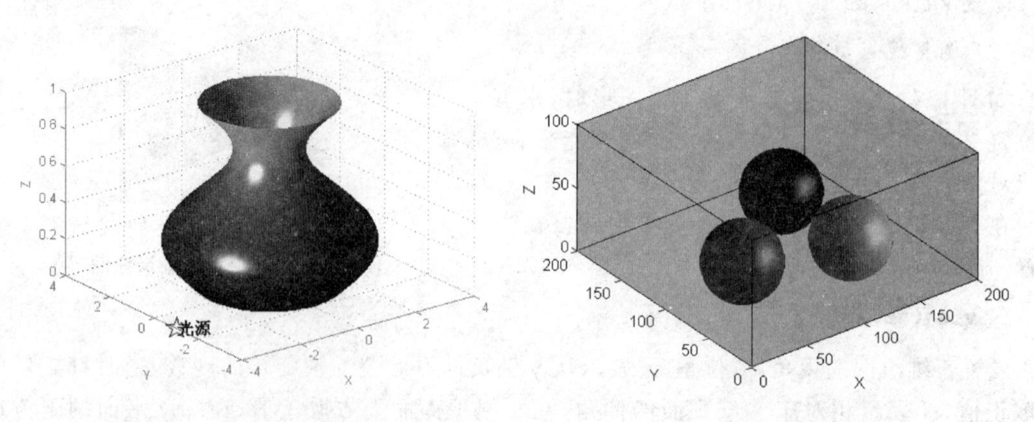

图1.7-25 美丽的花瓶　　　　图1.7-26 盒子与彩球

```
% 立方体顶点坐标
>> vert = [0 0 0;0 200 0;200 200 0;200 0 0;0 0 100;...
         0 200 100;200 200 100;200 0 100];
>> fac = [1 2 3 4;2 6 7 3;4 3 7 8;1 5 8 4;1 2 6 5;5 6 7 8];      % 规定顶点顺序
>> view(3);     % 设置视角
% 通过patch对象生成绿色的立方体盒子
>> h = patch('faces',fac,'vertices',vert,'FaceColor','g');
>> set(h,'FaceAlpha',0.25);      % 设置立方体盒子透明度
>> hold on;
>> [x0,y0,z0] = sphere;            % 产生单位球面的网格数据
% 产生球心在(30,50,50),半径为30的球面网格数据
>> x = 30  +  30 * x0; y = 50  +  30 * y0; z = 50  +  30 * z0;
% 绘制红色球面
>> h1 = surf(x,y,z,'linestyle','none','FaceColor','r','EdgeColor','none');
% 产生球心在(110,110,50),半径为30的球面网格数据
>> x = 110  +  30 * x0; y = 110  +  30 * y0; z = 50  +  30 * z0;
% 绘制蓝色球面
>> h2 = surf(x,y,z,'linestyle','none','FaceColor','b','EdgeColor','none');
% 产生球心在(110,30,50),半径为30的球面网格数据
>> x = 110  +  30 * x0; y = 30  +  30 * y0; z = 50  +  30 * z0;
% 绘制黄色球面
>> h3 = surf(x,y,z,'linestyle','none','FaceColor','y','EdgeColor','none');
>> lightangle(45,30);        % 建立光源并设置光源视角
>> lighting phong;           % 设置光照模式
>> axis equal;               % 设置坐标轴显示方式
>> xlabel('X'); ylabel('Y'); zlabel('Z');      % 为坐标轴加标签
```

1.7.4 图形的打印和输出

用户在MATLAB中绘制出所需图形之后,通常需要将图形打印出来,或者导出到文件,复制到剪贴板,以便在其他应用程序中使用。本节介绍MATLAB中图形的打印和输出。

1. 把图形复制到剪贴板

(1) 界面操作

如图 1.7－27 所示，图形窗口的 Edit 菜单下有 Copy Figure 和 Copy Options 选项，选择 Copy Figure 选项，可将图形窗口中的图形复制到剪贴板。

1) 复制选项设置

实际上在将图形窗口中的图形复制到剪贴板之前，还可以通过界面操作对复制选项进行设置。选择“Edit”菜单下的“Copy Options”选项，弹出复制选项界面，如图 1.7－28 所示。本界面用来设置图形复制到剪贴板的格式(Clipboard format)、背景颜色(Figure background color)和图形尺寸(Size)。

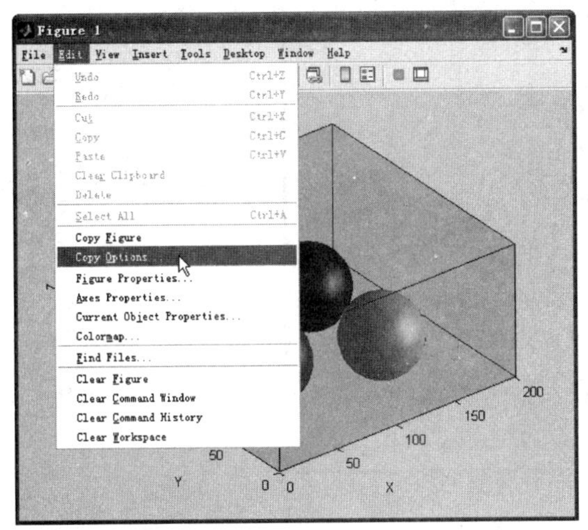

图 1.7－27　盒子与彩球

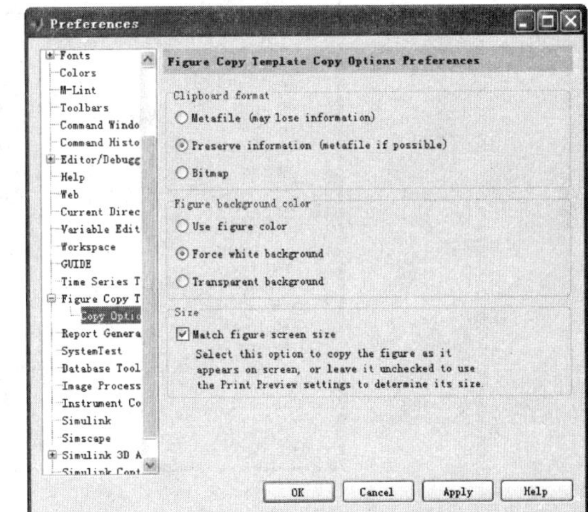

图 1.7－28　复制选项界面

MATLAB 把图形复制到 Windows 剪贴板时只支持两种图像格式：Metafile 和 Bitmap。其中 Metafile 是指彩色增强型图元文件(EMF 格式)，它是向量图；Bitmap 是指 8 位彩色 BMP 格式点阵图(BMP 格式)，它是位图。向量图和位图的最大区别就在于向量图放大或缩小之后不会失真，位图则不然。这是因为向量图储存的是一连串的绘图指令码，这些指令一般用于绘制直线、曲线、填入的区域和文字等。

图 1.7－28 所示界面中剪贴板的格式对应 3 个选项：Metafile、Preserve information 和 Bitmap，通常 MATLAB 会根据图像格式自动做出选择。实际上图像格式取决于显示图形时所采用的渲染方法，MATLAB 支持的渲染方法有 3 种：Painter's、Z－buffer 和 OpenGL。对于点、线、区域和简单表面图，MATLAB 采用 Painter's 进行渲染；对于非真彩色显示，或者 OpenGL 被设为不可调用时，MATLAB 会采用 Z－buffer 进行渲染；对于应用了光影效果的复杂图形，MATLAB 采用 OpenGL 进行渲染。当采用 OpenGL 或 Z－buffer 进行渲染时，MATLAB 选择图像格式为 BMP 格式；当采用 Painter's 进行渲染时，MATLAB 选择图像格式为 EMF 格式。

图 1.7－28 所示界面中背景颜色有 3 个选项：User figure color(用图形窗口的颜色作为背景色)、Force white background(强制为白色背景)和 Transparent background(透明背景)，

用户可以从3个选项中做出自己的选择。

图1.7-28所示界面中图形尺寸只对应一个选项:Match figure screen size。若勾选此选项,则复制到剪贴板的图形尺寸为屏幕上实际显示的尺寸;不勾选此选项时,将由打印预览中的设置来确定复制图形的尺寸。

2) 复制模板设置

在图1.7-28所示界面的左方浏览树中选中Figure Copy Template节点,将弹出复制模板界面,如图1.7-29所示。

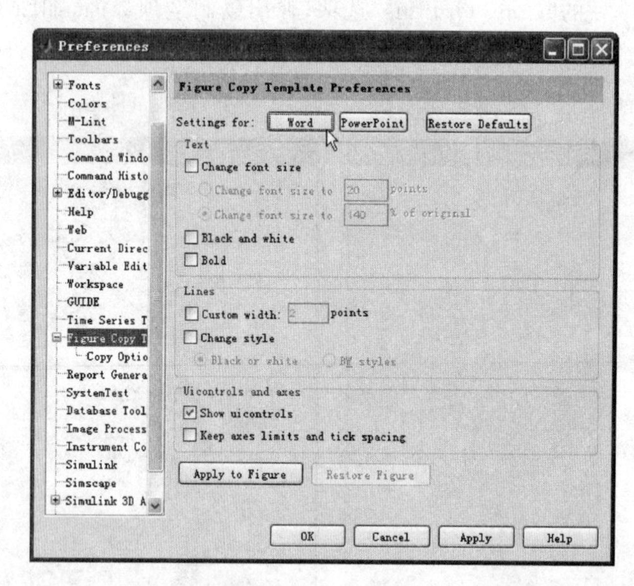

图1.7-29 复制模板界面

复制模板界面中给出了3个模板选项:Word、PowerPoint和Restore Defaults。当需要把MATLAB图形窗口中的图形复制粘贴到Microsoft Word和Microsoft PowerPoint应用程序时,分别可以用前两个模板,最后一个选项用来恢复默认设置。

在每一个复制模板中,还可以对文本字符(Text)、线条(Lines)、GUI控件和坐标系(Uicontrols and axes)进行设置。Text下的三个选项分别用来设置文本字符大小、字体颜色和字体粗度,Lines下的两个选项用来设置线条样式,Uicontrols and axes下的两个选项用来设置是否显示GUI控件以及是否保持坐标刻度。

选中某个模板之后,单击Apply to Figure按钮,即可将该模板套用到当前图形窗口,然后单击"OK"按钮关掉复制模板界面。

(2) 利用MATLAB命令进行复制操作

除了利用界面操作之外,还可以利用MATLAB命令把图形窗口中的图形复制到剪贴板,这要用到print函数或hgexport函数,后者的调用格式如下:

1) **hgexport(h,filename)**

把句柄值为h的图形窗口中的图形写入默认的eps格式文件。filename为字符串,用来指明文件名和保存路径,如果不指明保存路径,图形默认保存到MATLAB当前文件夹。

2) **hgexport(h,'-clipboard')**

把句柄值为h的图形窗口中的图形复制到Windows剪贴板。

〖说明〗

以上两种调用中的句柄h必须是Figure对象的句柄。实际上hgexport函数内部调用了print函数来实现将图形窗口中的图形写入文件或复制到剪贴板，hgexport函数使用更为方便。hgexport函数导出的图像格式取决于图形渲染方式，Painter's渲染对应Metafile格式，OpenGL或Z-buffer渲染对应Bitmap格式。

【例1.7-18】 绘制正弦函数在[0,2π]内的图形，并将图像复制到剪贴板。

```
>> x = 0 : 0.25 : 2 * pi;                % 产生一个从0到2pi,步长为0.25的向量
>> y = sin(x);                           % 计算x中各点处的正弦函数值
>> plot(x, y);                           % 绘制正弦函数图形,蓝色实线
>> hgexport(gcf,'-clipboard');           % 把当前图形窗口中的图形复制到剪贴板
```

运行以上命令后即可将所绘制的正弦函数图形复制到剪贴板，进而可以将剪贴板上的图形粘贴到其他应用程序中。

2. 把图形导出到文件

(1) 界面操作

在MATLAB中，通过界面操作可以很方便地把图形窗口中的图形保存为各种标准格式的图像文件。图形窗口的“File”菜单下有“Save”、“Save As”和“Export Setup”三个选项，均可用来将图形窗口中的图形导出到文件。

图形首次保存时，选择“File”菜单下的“Save”或“Save As”选项，弹出图形保存界面，如图1.7-30所示。在图形保存界面中，用户可以设定文件名，选择保存路径和保存类型。设置完毕后单击“保存”按钮即可。

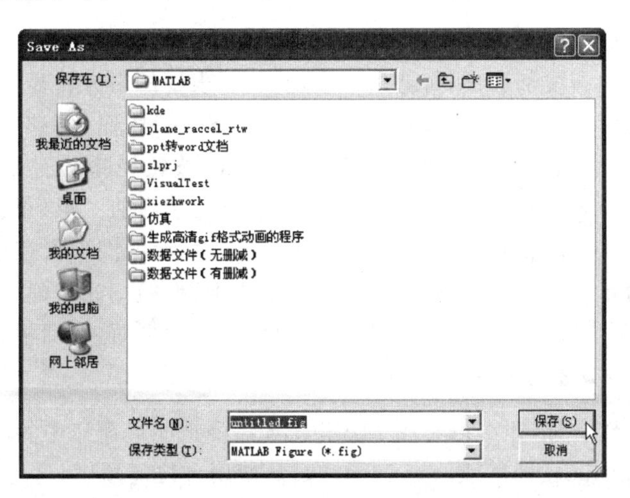

图1.7-30 图形保存界面

〖说明〗

图形默认被保存成扩展名为.fig的文件，它是MATLAB所支持的独特的文件类型，可以理解为图形窗口文件，也就是将整个图形窗口保存成一个文件。在安装有相同或更高版本

MATLAB 的机器中双击保存后的文件还可以打开原始图形窗口,此时不会丢失原始绘图数据。当图形窗口中 axes 对象只有一个子对象时,可以通过命令 x=get(get(gca,'Children'),'XData')获取该子对象的 X 轴坐标数据,类似可以获取其他轴的坐标数据;当图形窗口中 axes 对象有多个子对象时,则可以通过如下命令获取其第 i 个子对象的绘图数据,这里的 i 为正整数。

```
>> axeschild = get(gca,'Children');      % 获取当前 axes 对象的所有子对象的句柄
>> x = get(axeschild(i),'XData');        % 获取第 i 个子对象的 X 轴坐标数据
>> y = get(axeschild(i),'YData');        % 获取第 i 个子对象的 Y 轴坐标数据
>> z = get(axeschild(i),'ZData');        % 获取第 i 个子对象的 Z 轴坐标数据
```

若选择"File"菜单下的"Export Setup"选项,则弹出图形导出设置界面,如图 1.7-31 所示。该界面提供了把 MATLAB 图形导出到文件的各种设置选项,包括属性设置选项(Properties)和导出样式设置选项(Export Styles)。

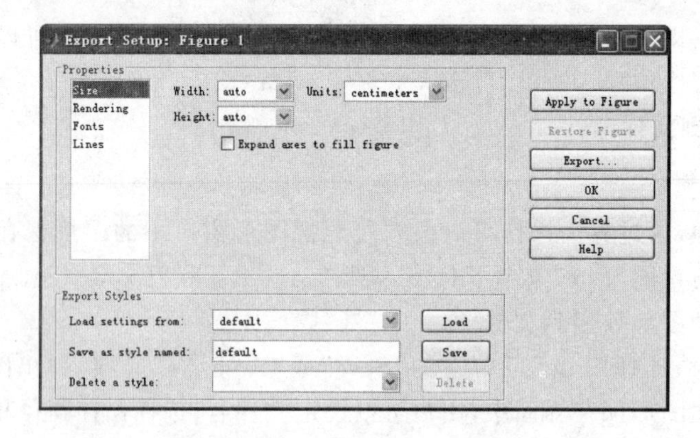

图 1.7-31　图形导出设置界面

界面上方的列表框中有 4 个选项:Size、Rendering、Fonts 和 Lines,分别用来设置图形尺寸、渲染方法、字体属性和线条属性,每选中一个选项,列表框的右方将显示相应的属性设置对话框。在界面下方的导出样式设置部分,用户可单击"Save"按钮,保存当前设置,也可单击"Load"按钮重新载入已保存的设置,还可以单击"Delete"按钮删除已保存的设置。界面右方有一组按钮,单击"Apply to Figure"按钮,把当前设置应用于当前图形;单击"Restore Figure"按钮恢复默认设置;单击"Export"按钮将弹出图 1.7-30 所示的图形保存界面,从而可将图形窗口中的图形保存为各种标准格式的图像文件;单击"OK"按钮则完成确认并关闭图形导出设置界面;单击 Cancel 按钮取消设置;单击 Help 按钮打开帮助页面,查询相关的帮助。

(2) 利用 MATLAB 命令把图形导出到文件

除了利用界面操作之外,还可以利用 MATLAB 命令把图形窗口中的图形导出到文件,这要用到 print 函数、hgexport 函数或 saveas 函数。从使用方便的角度,这里只介绍 saveas 函数的用法,它的调用格式如下:

1) **saveas(h,'filename.ext')**

把句柄值为 h 的图形或句柄值为 h 的 Simulink 模块图保存为文件 filename.ext。文件格式取决于文件的扩展名 ext,可用的扩展名如表 1.7-5 所列。

表 1.7-5 saveas 函数支持的文件格式

扩展名	格式说明	扩展名	格式说明
ai	Adobe Illustrator 软件支持的矢量图文件	pbm	便携式位图文件
bmp	Windows 位图文件	pcx	24 位画笔文件
emf	彩色增强型图元文件	pdf	便携式文档格式文件
eps	封装的 PostScript 格式文件	pgm	便携式灰度图
fig	MATLAB 图形窗口文件	png	便携式网络图形
jpg	JPEG 格式文件	ppm	便携式像素图
m	MATLAB M 文件	tif	压缩的 TIFF 格式文件

2) **saveas(h,'filename','format')**

把句柄值为 h 的图形或句柄值为 h 的 Simulink 模块图按指定格式保存为文件 filename。参数 'format' 是字符串，用来指明文件扩展名，可用的扩展名如表 1.7-5 所列。

需要注意的是以上两种调用中的 h 可以是任何图形对象的句柄，这一点与 hgexport 函数不同。

【例 1.7-19】 绘制正弦函数在[0,2π]内的图形，并将图形保存为 JPEG 格式的图像文件。

```
>> x = 0  : 0.25 : 2 * pi;                % 产生一个从 0 到 2pi,步长为 0.25 的向量
>> y = sin(x);                            % 计算 x 中各点处的正弦函数值
>> h = plot(x, y);                        % 绘制正弦函数图形,并返回句柄值 h
>> saveas(h,'xiezhh.jpg');                % 把正弦函数图形保存为图像文件 xiezhh.jpg
```

运行以上命令即可将正弦函数图形保存为图像文件 xiezhh.jpg，默认保存到 MATLAB 当前路径下，用户也可在文件名中指定保存路径。

3. 打印图形

(1) 界面操作

在 MATLAB 中绘制好图形之后，单击图形窗口"File"菜单下的"Print Preview"选项，打开打印预览界面，如图 1.7-32 所示。本界面用来设置打印相关属性，界面左上方有 4 个选项标签：Layout、Lines/Text、Color 和 Advanced，分别用来进行页面设置、线条和文本属性设置、颜色属性设置、坐标限和坐标刻度及其他杂项设置。单击某个选项标签，界面左方将显示相应的属性设置对话框，当用户对属性做出修改时，界面右方空白区域将出现相应的打印预览图。该预览图的左边和上边各有一个刻度条，用鼠标拖动刻度条上的黑色小短线，可以快捷调整要打印的图形在整个页面中的位置和大小。界面上方的 Zoom 下拉菜单用来调整显示比例。

设置好打印属性之后，单击界面左上方的"Save As"按钮可将用户设置保存下来以备以后使用。单击界面右上方的"Print"按钮开始打印，此时弹出打印机属性设置界面，如图 1.7-33 所示。

在打印机属性设置界面中选择合适的打印机，设置好打印机属性和打印份数之后单击"确定"按钮即完成打印。如果在打印机属性设置界面中勾选了"打印到文件"选项，则可将图形导出到文件。

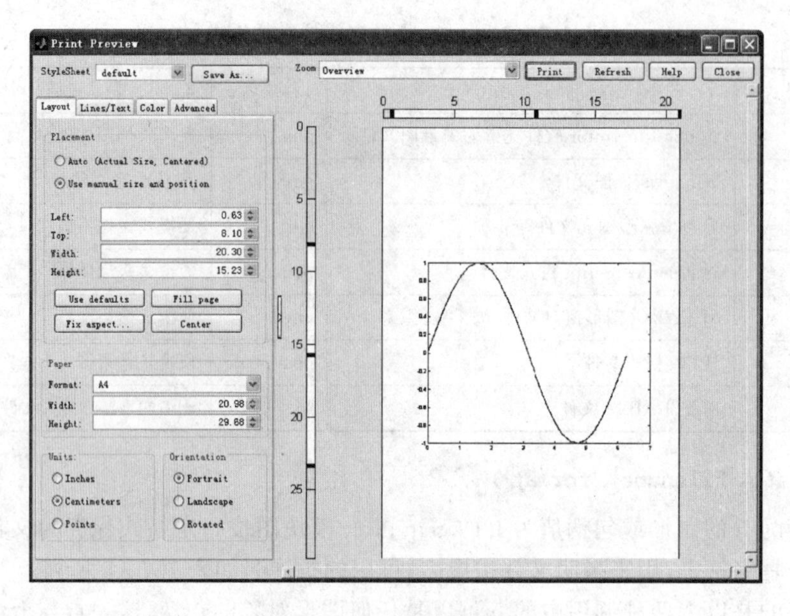

图 1.7-32　打印预览界面

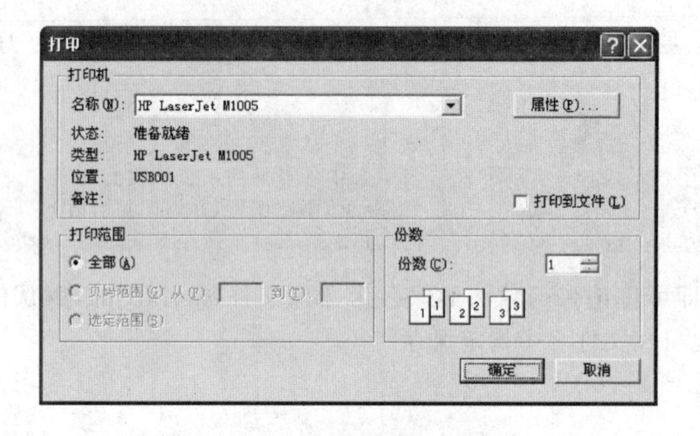

图 1.7-33　打印机属性设置界面

图形窗口“File”菜单下还有一个“Print”选项，若单击此选项，则直接弹出图 1.7-33 所示的打印机属性设置界面，此时采用默认的打印设置进行打印。

(2) 利用 MATLAB 命令进行打印操作

除了利用界面操作之外，还可以利用 MATLAB 命令把图形窗口中的图形打印到纸张或文件，这要用到 print 函数，它的调用格式如下：

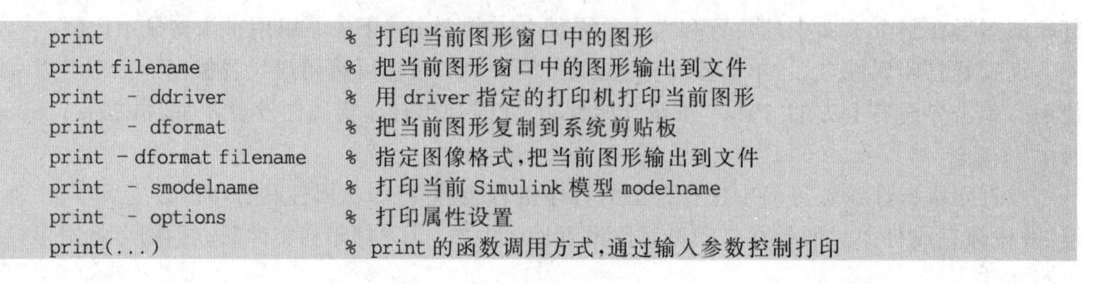

```
print                        % 打印当前图形窗口中的图形
print filename               % 把当前图形窗口中的图形输出到文件
print  - ddriver             % 用 driver 指定的打印机打印当前图形
print  - dformat             % 把当前图形复制到系统剪贴板
print  - dformat filename    % 指定图像格式,把当前图形输出到文件
print  - smodelname          % 打印当前 Simulink 模型 modelname
print  - options             % 打印属性设置
print(...)                   % print 的函数调用方式,通过输入参数控制打印
```

print 函数的以上调用格式中前 7 种是命令行方式调用，控制打印的参数可以直接放到 print 的后面，中间用空格隔开即可，而最后一种是函数方式调用，需要传递输入参数。print 函数涉及的控制打印的参数有很多，这里不再详述，请读者在 MATLAB 帮助中搜索关键词"print"，查阅相关帮助。

【例 1.7-20】 绘制正弦函数在[0,2π]内的图形，并打印图形。

```
>> x = 0  : 0.25 : 2 * pi;          % 产生一个从 0 到 2pi,步长为 0.25 的向量
>> y = sin(x);                      % 计算 x 中各点处的正弦函数值
>> h = plot(x, y);                  % 绘制正弦函数图形,并返回句柄值 h
>> print;                           % 利用默认设置打印当前图形到纸张
>> print  - dmeta                   % 把当前图形复制到剪贴板
>> print  - djpeg heping.jpg        % 把当前图形保存为.jpg 格式的图像文件 heping.jpg
```

〖说明〗

当 MATLAB 中同时打开多个图形窗口(Figure 对象)时，还可利用如下命令对第 i 个图形窗口中的图形进行打印操作，这里的 i 为正整数。

```
>> print  - dmeta  - fi             % 把第 i(具体数字)个图形窗口中的图形复制到剪贴板
>> print  - djpeg  - fi filename    % 把第 i 个图形窗口中的图形保存为.jpg 格式的图像文件
>> print  - fi                      % 把第 i 个图形窗口中的图形打印到纸张
```

第 2 章

数据的导入与导出

在用 MATLAB 进行编程计算时，不可避免地要涉及数据的导入导出问题。如果数据量比较小，还可以通过定义数组的形式直接把数据写在程序中，或把数据直接输出到 MATLAB 命令窗口；可是当数据量比较大时，这种方法就行不通了，此时应从包含数据的外部文件中读取数据到 MATLAB 应用程序中，结果的输出也应该直接写入到数据文件。

MATLAB 提供了很多文件读写函数，用来读写文本文件和二进制文件。利用这些函数可以从文本文件和二进制文件中读取数据，赋给变量，也可以把变量的值写入文本文件或二进制文件。

通常情况下，用户总是习惯于把数据存入记事本文件(TXT 文件)和 Excel 文件。本章通过案例介绍 MATLAB 与这两种类型文件之间的数据交换，包括从这些文件中读取数据和往这些文件中写入数据。

本章主要内容包括：从 TXT 文件中读取数据，把数据写入 TXT 文件；从 Excel 文件中读取数据，把数据写入 Excel 文件。

2.1 案例 1:从 TXT 文件中读取数据

TXT 文件是纯文本文件。本节以 TXT 文件为例，介绍从文本文件中读取数据的方法。MATLAB 中用于读取文本文件的常用函数如表 2.1-1 所列。

表 2.1-1 MATLAB 中读取文本文件的常用函数

高级函数		低级函数	
函数名	说　明	函数名	说　明
load	从文本文件导入数据到 MATLAB 工作空间	fopen	打开文件，获取打开文件的信息
importdata	从文本文件或特殊格式二进制文件(如图片，avi 视频等)读取数据	fclose	关掉一个或多个打开的文件
dlmread	从文本文件中读取数据	fgets	读取文件中的下一行，包括换行符
csvread	调用了 dlmread 函数，从文本文件读取数据。过期函数，不推荐使用	fgetl	调用 fgets 函数，读取文件中的下一行，不包括换行符
textread	按指定格式从文本文件或字符串中读取数据	fscanf	按指定格式从文本文件中读取数据
strread	按指定格式从字符串中读取数据。不推荐使用此函数，推荐使用 textread 函数	textscan	按指定格式从文本文件或字符串中读取数据

表中高级函数和低级函数的区别就在于低级函数调用语法比较复杂，其好处是能按照各种格式读取文件，具有很好的灵活性，并且多数低级函数都是 built - in 函数(fgetl 函数除外)，即内建函数，它们的核心技术不对外公开。而高级函数大多通过调用一些低级函数读取数据，具有调用语法简单、方便使用的特点，缺点是可定制性差，只适用于某些特殊格式的文件类型，

缺乏灵活性。

除了以上函数外，MATLAB 界面“File”菜单里有一个“Import Data”选项，可以打开数据导入向导，通过界面操作的方式从外部文件把数据导入到 MATLAB 工作空间。

下面通过具体的例子介绍 MATLAB 与 TXT 文件的数据交换，并总结以上函数的具体用法。

2.1.1　利用数据导入向导导入 TXT 文件

【例 2.1-1】　TXT 文件 examp02_01.txt 中包含以下内容：

```
3.1110   9.7975   5.9490   1.1742   0.8552   7.3033   9.6309   6.2406
9.2338   4.3887   2.6221   2.9668   2.6248   4.8861   5.4681   6.7914
4.3021   1.1112   6.0284   3.1878   8.0101   5.7853   5.2114   3.9552
1.8482   2.5806   7.1122   4.2417   0.2922   2.3728   2.3159   3.6744
9.0488   4.0872   2.2175   5.0786   9.2885   4.5885   4.8890   9.8798
```

TXT 文件 examp02_02.txt 中包含以下内容：

```
1.6218e-005  6.0198e-005  4.5054e-005  8.2582e-005  1.0665e-005  8.6869e-005
7.9428e-005  2.6297e-005  8.3821e-006  5.3834e-005  9.6190e-005  8.4436e-006
3.1122e-005  6.5408e-005  2.2898e-005  9.9613e-005  4.6342e-007  3.9978e-005
5.2853e-005  6.8921e-005  9.1334e-005  7.8176e-006  7.7491e-005  2.5987e-005
1.6565e-005  7.4815e-005  1.5238e-005  4.4268e-005  8.1730e-005  8.0007e-005
```

这种格式的数据文件是最理想的，数据比较整齐，数据间以空格作为分隔符，除了用于科学计数法的字母 e、E、d 和 D 外，不含有其他字母和文字说明。对于这样的 TXT 数据文件，可以用 MATLAB 界面“File”菜单里的“Import Data”选项（或者在 MATLAB 命令窗口调用 uiimport 函数），通过数据导入向导导入数据。如图 2.1-1 所示，单击“File”→“Import Data”选项，弹出如图 2.1-2 所示界面。

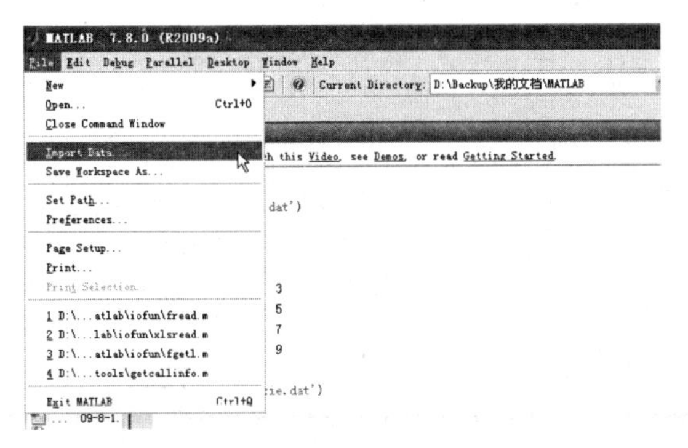

图 2.1-1　Import Data 选项界面

图 2.1-2　数据文件选择界面

选择数据文件，然后单击“打开”按钮，弹出如图 2.1-3 所示界面。该界面左侧空白区域为文件预览区，导入的数据文件的全部内容在这里显示。界面右侧空白区域为数据预览区，根据用户所选择的操作显示相应的数据。界面的左上部有“Select Column Separator”选项，用来选择数据列与列之间的分隔符，其中“Comma”表示逗号，“Space”表示空格，“Semicolon”表示分号，“Tab”表示制表符，“Other”表示自定义分隔符，选中“Other”选项后，可在“Other”右边的编辑框中输入自定义分隔符。用户选择不同的列分隔符,数据预览区里的内容会作相应的变化。MATLAB 会根据导入的数据文件中数据格式自动选择分隔符,一般不需要改动。界面右上部有一个带上下箭头的编辑框,用来输入从文件开头算起需要忽略的行数,可以直接通过键盘输入数字(非负整数),也可以单击上下箭头选择数字,该数字的变动会使得数据预览区里的内容作相应的变化。MATLAB 也会根据导入的数据文件的内容自动选择需要忽略的行数,一般不需要改动。界面左下角的“Help”按钮链接到数据导入向导的帮助信息。界面下方的“Back”按钮用来返回上一步,“Next”按钮用来进入下一步。选中“Generate MATLAB code”选项可在导入数据结束后自动生成相应的导入数据的 M 代码。“Cancel”(取消)按钮用来提前结束,退出数据导入向导。

用户设置完成后,单击数据导入向导界面 1 中的“Next”按钮,进入数据导入向导界面 2,如图 2.1-4 所示。在这个界面中,默认会选中一个要导入的变量,变量名与文件名相同(不包括扩展名)。用户可以在变量名上单击以选中该变量,此时界面右侧空白区域出现变量数据的预览,再次单击变量名即可修改变量名。修改完成后,单击界面下方的“Finish”按钮,若 MATLAB 工作空间不存在此变量,则导入数据完成;若已存在此变量,会弹出一个询问用户是否覆盖已存在变量的界面,用户根据需要选择相应的操作就可以了。

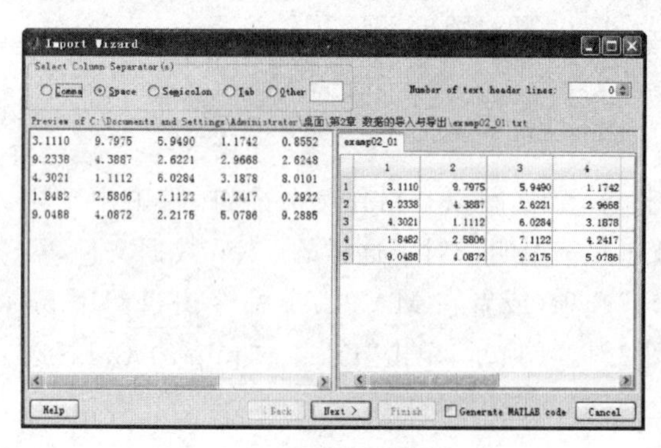

图 2.1-3 数据导入向导界面 1

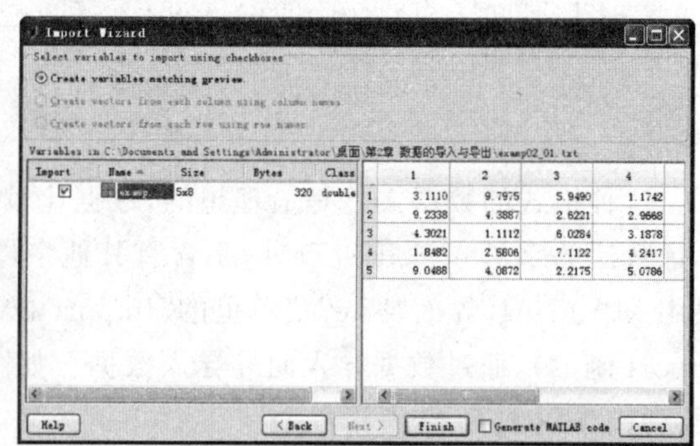

图 2.1-4 数据导入向导界面 2

【例 2.1-2】 TXT 文件 examp02_03.txt 中包含以下内容:

```
5.307976,7.791672,9.340107,1.299062,5.688237,4.693906,0.119021,3.371226,1.621823
7.942845,3.112150,5.285331,1.656487,6.019819,2.629713,6.540791,6.892145,7.481516
4.505416,0.838214,2.289770,9.133374,1.523780,8.258170,5.383424,9.961347,0.781755
4.426783,1.066528,9.618981,0.046342,7.749105,8.173032,8.686947,0.844358,3.997826
```

该 TXT 数据文件中没有文字说明,数据间均用逗号分隔,每行数据个数相同,对于这样格式的数据,同样可用数据导入向导导入数据。

【例 2.1-3】 TXT 文件 examp02_04.txt 中包含以下内容:

```
9.5550    2.7027,    8.6014;    5.6154 *    3.4532
0.9223    0.9284,    1.4644;    3.6703 *    2.2134
5.5557    7.2288,    4.3811;    6.4703 *    4.7856
4.7271    9.9686,    6.1993;    9.6416 *    0.6866
```

可以看出 examp02_04.txt 中只包含数据,没有文字说明,每行数据个数相同,只是有多种数据分隔符,此时数据导入向导同样适用。

【例 2.1-4】 TXT 文件 examp02_05.txt 中包含以下内容：

```
1.758744    7.217580    4.734860    1.527212
3.411246    6.073892    1.917453
7.384268    2.428496
9.174243
```

TXT 文件 examp02_06.txt 中包含以下内容：

```
2.690616    7.655000    1.886620
2.874982    0.911135    5.762094    6.833632    5.465931
4.257288    6.444428    6.476176    6.790168
```

两文件中都没有文字说明，但各行数据不等长，examp02_05.txt 中第 1 行最长，examp02_06.txt 中第 1 行最短。用数据导入向导导入数据时会出现如下情况：

```
>> examp02_05

examp02_05 =

    1.7587    7.2176    4.7349    1.5272
    3.4112    6.0739    1.9175       NaN
    7.3843    2.4285       NaN       NaN
    9.1742       NaN       NaN       NaN

>> examp02_06

examp02_06 =

    2.6906    7.6550    1.8866
    2.8750    0.9111    5.7621
    6.8336    5.4659       NaN
    4.2573    6.4444    6.4762
    6.7902       NaN       NaN
```

从此例可以看到导入的数据是以第 1 行的长度为基准，后面各行长度不足的自动以 NaN（不确定数）补齐，长度超标的自动截断，截断后长度不足的部分仍以 NaN 补齐。

【例 2.1-5】 TXT 文件 examp02_07.txt 中包含以下内容：

```
这是 2 行头文件，
你可以选择跳过，读取后面的数据。
1.096975,   0.635914,   4.045800,   4.483729,   3.658162,   7.635046
6.278964,   7.719804,   9.328536,   9.727409,   1.920283,   1.388742
6.962663,   0.938200,   5.254044,   5.303442,   8.611398,   4.848533
```

TXT 文件 examp02_08.txt 中包含以下内容：

```
这是 2 行头文件，
你可以选择跳过，读取后面的数据。
1.096975    0.635914    4.045800    4.483729    3.658162    7.635046
6.278964    7.719804    9.328536    9.727409    1.920283    1.388742
6.962663    0.938200    5.254044    5.303442    8.611398    4.848533
这里还有两行文字说明和两行数据，
```

```
看你还有没有办法!
5.472155    1.386244    1.492940
8.142848    2.435250    9.292636
```

当文字说明出现在数据的前面、后面和中间时,可以在图 2.1-3 所示界面中设置文件头的行数(Number of text header lines),即读取数据时需跳过的行数。对于本例,MATLAB 会自动设置文件头的行数为 2,从而正确读到第 1 段数据。此时 MATLAB 工作空间会导入 2 个变量,分别如下:

```
>> data      % 查看导入的变量 data

data =

    1.0970    0.6359    4.0458    4.4837    3.6582    7.6350
    6.2790    7.7198    9.3285    9.7274    1.9203    1.3887
    6.9627    0.9382    5.2540    5.3034    8.6114    4.8485

>> textdata     % 查看导入的变量 textdata

textdata =

    '这是 2 行头文件,'
    '你可以选择跳过,读取后面的数据。'
```

可以看到第 1 段数据后面的文字和文字后面的第 2 段数据均被忽略了。

【例 2.1-6】 TXT 文件 examp02_09.txt 中包含以下内容:

```
1.455390+1.360686i, 8.692922+5.797046i, 5.498602+1.449548i, 8.530311+6.220551i
3.509524+5.132495i, 4.018080+0.759667i, 2.399162+1.233189i, 1.839078+2.399525i
4.172671+0.496544i, 9.027161+9.447872i, 4.908641+4.892526i, 3.377194+9.000538i
```

当数据文件中含有复数数据,并且“+”号的两侧没有空格或其他分隔符时,用数据导入向导只能导入复数的实部,如下所示:

```
>> examp02_09     % 查看导入的变量 examp02_09

examp02_09 =

    1.4554    8.6929    5.4986    8.5303
    3.5095    4.0181    2.3992    1.8391
    4.1727    9.0272    4.9086    3.3772
```

当加号的两侧有空格或其他分隔符时,数据导入向导连实部也不能导入了,也就是说数据导入向导不能用来导入复数。后面还会介绍利用其他函数读取这种类型的数据。

【例 2.1-7】 TXT 文件 examp02_10.txt 中包含以下内容:

```
2009-8-19,  10:39:56.171 AM
2009-8-20,  10:39:56.171 AM
2009-8-21,  10:39:56.171 AM
2009-8-22,  10:39:56.171 AM
```

文件 examp02_10.txt 中含有年、月、日、时、分、秒和毫秒的数据,还含有字符。利用数据导入向导不能读取其中的时间数据。后面还会介绍利用其他函数读取这种类型的数据。

【例 2.1-8】 TXT 文件 examp02_11.txt 中包含以下内容：

```
Name: xiezh Age: 18 Height: 170 Weight: 65 kg
Name: molih Age: 16 Height: 160 Weight: 52 kg
Name: liaoj Age: 15 Height: 160 Weight: 50 kg
Name: lijun Age: 20 Height: 175 Weight: 70 kg
Name: xiagk Age: 15 Height: 172 Weight: 56 kg
```

对于文字与数据交替出现的数据文件，数据导入向导也不能读取其中的数据，后面也会介绍利用其他函数读取这种类型的数据。

2.1.2 调用高级函数读取数据

1. 调用 importdata 函数读取数据

导入数据向导调用了 uiimport 函数，而 uiimport 函数调用了 importdata 函数，importdata 函数的调用格式如下：

1) **importdata(filename)**

把数据从文件导入 MATLAB 工作空间，filename 为字符串，用来指明文件名，若文件名中不指定文件完整路径，则数据文件一定得在当前目录或 MATLAB 搜索路径下才行，利用其他函数读取数据也应满足这个基本要求。在这种调用格式下，importdata 函数自动识别数据间分隔符，读取的数据赋给变量 ans。例如：

```
% 调用 importdata 函数读取文件 examp02_04.txt 中的数据
>> importdata('examp02_04.txt')

ans =

    9.5550    2.7027    8.6014    5.6154    3.4532
    0.9223    0.9284    1.4644    3.6703    2.2134
    5.5557    7.2288    4.3811    6.4703    4.7856
    4.7271    9.9686    6.1993    9.6416    0.6866
```

2) **A = importdata(filename)**

把数据从文件 filename 导入 MATLAB 工作空间，这种调用自动识别数据间分隔符，读取的数据赋给变量 A，A 可能是结构体数组。例如：

```
% 调用 importdata 函数读取文件 examp02_07.txt 中的数据，返回结构体变量 x
>> x = importdata('examp02_07.txt')

x =

        data: [3x6 double]
    textdata: {2x1 cell}

>> x.data       % 查看读取的数值型数据

ans =
```

```
    1.0970    0.6359    4.0458    4.4837    3.6582    7.6350
    6.2790    7.7198    9.3285    9.7274    1.9203    1.3887
    6.9627    0.9382    5.2540    5.3034    8.6114    4.8485

>> x.textdata      % 查看读取的文本数据

ans =

    '这是2行头文件,'
    '你可以选择跳过,读取后面的数据。'
```

3) **A = importdata(filename,delimiter)**

用 delimiter 指定数据列之间的分隔符(如 '\t' 表示 Tab 制表符),把数据从文件 filename 导入 MATLAB 工作空间,读取的数据赋给变量 A。例如:

```
% 调用importdata函数读取文件examp02_03.txt中的数据,用';'作分隔符,返回字符串元胞数组x
>> x = importdata('examp02_03.txt',';')

x =

    [1x80 char]
    [1x80 char]
    [1x80 char]
    [1x80 char]

>> x{1}      % 查看x的第1个元胞中的字符

ans =

5.307976,7.791672,9.340107,1.299062,5.688237,4.693906,0.119021,3.371226,1.621823
```

可以看到当分隔符选择不当时,可能无法正确读入数据。examp02_03.txt 中数据间以逗号分隔,这里选择分号作为分隔符,得到的 x 是一个元胞数组,每一个元胞都是字符型的,显然没有正确读取数据。

4) **A = importdata(filename,delimiter,headerline)**

filename 和 delimiter 的说明同上,headerline 是一个数字,用来指明文件头的行数。例如:

```
% 调用importdata函数读取文件examp02_08.txt中的数据,用空格作分隔符,设置头文件行数为2
>> x = importdata('examp02_08.txt',' ',2)      % 返回结构体变量x

x =

        data: [3x6 double]
    textdata: {2x1 cell}
```

这里以空格为分隔符,设置头文件行数为2,能正确读取第1段数据,与2)中读取的数据相同。

5) **[A D] = importdata(…)**

返回结构体数组赋给变量 A,返回分隔符赋给变量 D。

6) **[A D H] = importdata(…)**

A 和 D 的说明同 5),返回的头文件行数赋给变量 H。例如:

```
% 调用 importdata 函数读取文件 examp02_07.txt 中的数据
% 返回结构体变量 x,分隔符 s,头文件行数 h
>> [x, s, h] = importdata('examp02_07.txt')

x =

        data: [3x6 double]
    textdata: {2x1 cell}


s =
,

h =

     2
```

7) **[…] = importdata('-pastespecial', …)**

从粘贴缓冲区(即剪贴板)载入数据,而不是从文件读取数据。例如将文件 examp02_07.txt 中的内容全部选中,复制选中内容,然后在 MATLAB 命令窗口运行 importdata('-pastespecial'),即可载入 examp02_07.txt 中的数据。

注意: importdata 函数不能正确读取例 2.1-6、例 2.1-7 和例 2.1-8 中 TXT 文件里的数据,但是可以先把整个文件内容当成字符读进来,然后根据数据所在的列提取出其中的数据。例如:

```
% 调用 importdata 函数读取文件 examp02_10.txt 中的数据
>> FileContent = importdata('examp02_10.txt')      % 返回字符串元胞数组 FileContent

FileContent =

    '2009-8-19,  10:39:56.171 AM'
    '2009-8-20,  10:39:56.171 AM'
    '2009-8-21,  10:39:56.171 AM'
    '2009-8-22,  10:39:56.171 AM'
```

读进来的 FileContent 是 4×1 的元胞数组,每一个元胞都是字符型数组。下面的命令将 FileContent 转换成 4×27 的字符型矩阵。

```
>> FileContent = char(FileContent)      % 将字符串元胞数组转为字符矩阵

FileContent =

2009-8-19,  10:39:56.171 AM
2009-8-20,  10:39:56.171 AM
2009-8-21,  10:39:56.171 AM
2009-8-22,  10:39:56.171 AM
```

FileContent 矩阵的第 8～9 列是日期数据,把它提取出来,然后通过 str2num 函数将字符串转为数字即可得到日期的数据,其他数据也可类似得到。

```
>> t = str2num(FileContent(:, 8:9))     % 提取字符矩阵的第 8～9 列,并转为数字

t =

    19
    20
    21
    22
```

需要说明的是,当数据文件比较大时,这种字符串转换数字的方式不可取。应利用其他函数读取数据。

2. 调用 load 函数读取数据

对于例 2.1-1 中的数据格式,除了前面提到的两种方式外,还可用高级函数 load,dlmread,textread 读取数据。请看以下调用:

```
>> load examp02_01.txt      % 用 load 函数载入文件 examp02_01.txt 中的数据
>> load  - ascii examp02_01.txt      % 用 - ascii 选项强制以文本文件方式读取数据
>> x1  = load('examp02_02.txt')      % 用 load 函数载入文件 examp02_02.txt 中的数据

x1  =

  1.0e - 004 *

    0.1622    0.6020    0.4505    0.8258    0.1066    0.8687
    0.7943    0.2630    0.0838    0.5383    0.9619    0.0844
    0.3112    0.6541    0.2290    0.9961    0.0046    0.3998
    0.5285    0.6892    0.9133    0.0782    0.7749    0.2599
    0.1657    0.7481    0.1524    0.4427    0.8173    0.8001
>> x1 = load('examp02_02.txt', '- ascii'); % 用 - ascii 选项强制以文本文件方式读取数据
% 调用 dlmread 函数读取文件 examp02_01.txt 中的数据
>> x2  = dlmread('examp02_01.txt');
% 调用 textread 函数读取文件 examp02_01.txt 中的数据
>> x3  = textread('examp02_01.txt');
```

对这样整齐的不含文字说明的数据文件,以上调用均能自动识别数据间的分隔符,从而正确读取数据。对于数据量比较小的数据文件,以上函数中 dlmread 和 load 所用时间相当(都比较短),textread 函数次之,importdata 函数用时最长。而对于比较大型的数据,dlmread 函数用时最短,textread 函数次之,load 和 importdata 函数用时相当(都比较长)。

以上调用中,列出了 load 函数读取文本文件的 4 种调用格式,其中前 2 种调用是命令行方式调用,后 2 种调用是函数方式调用。对于命令行方式调用,文件名中不能有空格。对于 TXT 数据文件,命令行方式调用不能指定变量名,读取成功后,MATLAB 工作空间会自动产生一个变量,变量名是数据文件的文件名(不包括扩展名),读入的数据自动赋给该变量,例如前 2 条命令读取的数据自动赋给变量 examp02_01。对于函数方式调用,可以将读取的数据赋给指定的变量,若不指明变量名,同样以文件名作为变量名。命令行和函数方式调用都通过-ascii选项强制以文本文件方式读取数据。

load 函数适合读取全是数据的文件，若数据文件中有文字说明，可能会出现错误，即使对全是数据的文件，若各行数据不等长，也会出现错误。例如：

```
>> load examp02_03.txt      % 用 load 函数载入文件 examp02_03.txt 中的数据
>> load examp02_04.txt      % 用 load 函数载入文件 examp02_04.txt 中的数据

% 用 load 函数载入文件 examp02_05.txt 中的数据，出现错误
>> load examp02_05.txt
??? Error using ==> load
Number of columns on line 1 of ASCII file D:\Backup\我的文档\MATLAB\examp02_05.txt
must be the same as previous lines.

% 用 load 函数载入文件 examp02_07.txt 中的数据，出现错误
>> load examp02_07.txt
??? Error using ==> load
Number of columns on line 2 of ASCII file D:\Backup\我的文档\MATLAB\examp02_07.txt
must be the same as previous lines.

% 用 load 函数载入文件 examp02_10.txt 中的数据，出现错误
>> load examp02_10.txt
??? Error using ==> load
Unknown text on line number 1 of ASCII file D:\Backup\…\MATLAB\examp02_10.txt
"AM".

% 用 load 函数载入文件 examp02_11.txt 中的数据，出现错误
>> load examp02_11.txt
??? Error using ==> load
Unknown text on line number 1 of ASCII file D:\Backup\…\MATLAB\examp02_11.txt
"Name:".
```

load 函数能正确读取 examp02_03.txt 和 examp02_04.txt 中的数据，不能正确读取 examp02_05.txt 至 examp02_11.txt。因为 examp02_05.txt 和 examp02_06.txt 中各行数据不等长，examp02_09.txt 中含有复数，只能读取实部，examp02_07.txt、examp02_08.txt、examp02_10.txt 和 examp02_11.txt 中含有文字说明。但也不是所有含有文字说明的文件都不能读取，请看例 2.1-9。

【例 2.1-9】 TXT 文件 examp02_12.txt 中包含以下内容：

```
6.1604    3.5166    5.8526    9.1719
4.7329    8.3083    5.4972    2.8584 这是多余的字符
```

该 TXT 数据文件中的文字说明与数据同行，出现在数据之后，而数据是等长的，可以调用 load 函数读取数据。

```
>> x = load('examp02_12.txt')      % 用 load 函数载入文件 examp02_12.txt 中的数据

x =

    6.1604    3.5166    5.8526    9.1719
    4.7329    8.3083    5.4972    2.8584
```

3. 调用 dlmread 函数读取数据

dlmread 函数的调用格式如下：

```
M = dlmread(filename)
M = dlmread(filename, delimiter)
M = dlmread(filename, delimiter, R, C)
M = dlmread(filename, delimiter, range)
```

filename 和 delimiter 的说明同 importdata 函数,逗号为默认分隔符,分隔符只能是单个字符,不能用字符串作为分隔符。参数 R 和 C 分别指定读取数据时的起始行和列,即用 R 指定读取的数据矩阵的左上角在整个文件中所处的行,用 C 指定所处的列。R 和 C 的取值都是从 0 开始,R=0 和 C=0 分别表示文件的第 1 行和第 1 列。

参数 range=[R1, C1, R2, C2]用来指定读取数据的范围,(R1, C1)表示读取的数据矩阵的左上角在整个文件中所处的位置(行和列),(R2, C2)表示右下角位置。请看下面的调用:

```
% 调用 dlmread 函数读取文件 examp02_03.txt 中的数据
>> x = dlmread('examp02_03.txt')      % 返回读取的数据矩阵 x

x =

    5.3080    7.7917    9.3401    1.2991    5.6882    4.6939    0.1190    3.3712    1.6218
    7.9428    3.1122    5.2853    1.6565    6.0198    2.6297    6.5408    6.8921    7.4815
    4.5054    0.8382    2.2898    9.1334    1.5238    8.2582    5.3834    9.9613    0.7818
    4.4268    1.0665    9.6190    0.0463    7.7491    8.1730    8.6869    0.8444    3.9978

% 调用 dlmread 函数读取文件 examp02_03.txt 中的数据,用逗号(',')作分隔符,设定读取的初始位置
>> x = dlmread('examp02_03.txt', ',', 2, 3)      % 返回读取的数据矩阵 x

x =

    9.1334    1.5238    8.2582    5.3834    9.9613    0.7818
    0.0463    7.7491    8.1730    8.6869    0.8444    3.9978

% 调用 dlmread 函数读取文件 examp02_03.txt 中的数据,用逗号(',')作分隔符,设定读取的范围
>> x = dlmread('examp02_03.txt', ',', [1, 2, 2, 5])      % 返回读取的数据矩阵 x

x =

    5.2853    1.6565    6.0198    2.6297
    2.2898    9.1334    1.5238    8.2582
```

dlmread 函数适合读取全是数据的文件,数据间可以用空格、逗号、分号分隔,也可用其他字符分隔(不要用%分隔),但是当同一数据文件中有多种分隔符时,dlmread 不能正确读取。例如:

```
% 调用 dlmread 函数读取文件 examp02_04.txt 中的数据,出现错误
>> x = dlmread('examp02_04.txt')
??? Error using ==> dlmread at 145
Mismatch between file and format string.
Trouble reading number from file (row 2, field 2) ==> ;
```

dlmread 函数读取不等长数据时,会自动以 0 补齐。例如:

```
% 调用 dlmread 函数读取文件 examp02_05.txt 中的数据
>> x = dlmread('examp02_05.txt')      % 返回读取的数据矩阵 x

x =

    1.7587    7.2176    4.7349    1.5272
    3.4112    6.0739    1.9175         0
    7.3843    2.4285         0         0
    9.1742         0         0         0

% 调用 dlmread 函数读取文件 examp02_06.txt 中的数据
>> x = dlmread('examp02_06.txt')      % 返回读取的数据矩阵 x

x =

    2.6906    7.6550    1.8866         0         0
    2.8750    0.9111    5.7621    6.8336    5.4659
    4.2573    6.4444    6.4762    6.7902         0
```

当数据文件中含有文字说明,并且文字说明只出现在数据前面时,dlmread 函数的前两种调用会出错,此时可通过后两种调用读取数据。当数据的前后都有文字说明时,可以通过 dlmread 函数的最后一种调用读取数据。例如:

```
% 调用 dlmread 函数读取文件 examp02_07.txt 中的数据,出现错误
>> x = dlmread('examp02_07.txt')
??? Error using ==> dlmread at 145
Mismatch between file and format string.
Trouble reading number from file (row 1, field 1) ==> 这是 2

% 调用 dlmread 函数读取文件 examp02_07.txt 中的数据,用逗号(',')作分隔符,设定读取的初始位置
>> x = dlmread('examp02_07.txt', ',', 2,0)      % 返回读取的数据矩阵 x

x =

    1.0970    0.6359    4.0458    4.4837    3.6582    7.6350
    6.2790    7.7198    9.3285    9.7274    1.9203    1.3887
    6.9627    0.9382    5.2540    5.3034    8.6114    4.8485

% 调用 dlmread 函数读取文件 examp02_08.txt 中的数据,用空格(' ')作分隔符,设定读取的范围
>> x = dlmread('examp02_08.txt', ' ', [7,0,8,8])

x =

    5.4722         0         0         0    1.3862         0         0         0    1.4929
    8.1428         0         0         0    2.4352         0         0         0    9.2926

>> x = x(:, 1:4:end)      % 提取矩阵 x 的第 1,5,9 列

x =

    5.4722    1.3862    1.4929
    8.1428    2.4352    9.2926
```

文件 examp02_08.txt 中有两段数据,相邻数据间有 4 个空格,文件中还有两段文字说明,

利用 dlmread 函数的最后一种调用格式可读取两段数据。上面用空格作为分隔符,设定读取数据范围为[7, 0, 8, 8],即从文件第8行第1列到第9行第9列。从读取的结果看,每个数据占用一列,数据间多余的3个空格也各占一列,因此读取的相邻数据间多了3列0,提取数据矩阵的第1、5、9列即得到所要的数据。

例2.1-6中文件 examp02_09.txt 包含复数数据,并且复数中"+"号的两侧没有空格或其他分隔符,这样的数据可以用 dlmread 函数读取,命令如下:

```
% 调用 dlmread 函数读取文件 examp02_09.txt 中的数据
>> x = dlmread('examp02_09.txt')      % 返回读取的复数矩阵 x

x =

   1.4554 + 1.3607i   8.6929 + 5.7970i   5.4986 + 1.4495i   8.5303 + 6.2206i
   3.5095 + 5.1325i   4.0181 + 0.7597i   2.3992 + 1.2332i   1.8391 + 2.3995i
   4.1727 + 0.4965i   9.0272 + 9.4479i   4.9086 + 4.8925i   3.3772 + 9.0005i
```

若复数中"+"号的两侧有空格或其他分隔符,则不能用 dlmread 函数读取。对于文件 examp02_10.txt 和 examp02_11.txt 中的数据,也不能用 dlmread 函数读取。

4. 调用 textread 函数读取数据

textread 函数可按用户指定格式读取文本文件中的数据,还可以同时指定多种数据分隔符。textread 函数的调用格式如下:

1) **[A,B,C, …] = textread('filename','format')**

以用户指定格式从数据文件中读取数据,赋给变量 A,B,C 等。filename 为数据文件的文件名,format 用来指定读取数据的格式,它确定了输出变量的个数和类型。可用的 format 字符串如表2.1-2所列。

表 2.1-2 textread 函数支持的 format 字符串

格式字符串	说 明	输 出
普通字符串	忽略与 format 字符串相同的内容。例如 xie%f 表示忽略字符串 xie,读取其后的浮点数	无
%d	读取一个无符号整数。例如%5d 指定读取的无符号整数的宽度为5	双精度数组
%u	读取一个整数。例如%5u 指定读取的整数的宽度为5	双精度数组
%f	读取一个浮点数。例如%5.2f 指定浮点数宽度为5(小数点也算),有2位小数	双精度数组
%s	读取一个包含空格或其他分隔符的字符串。例如%10s 表示读取长度为10的字符串	字符串元胞数组
%q	读取一个双引号里的字符串,不包括引号	字符串元胞数组
%c	读取多个字符,包括空格符。例如%6c 表示读取6个字符	字符数组
%[…]	读取包含方括号中字符的最长字符串	字符串元胞数组
%[^…]	读取不包含方括号中字符的非空最长字符串	字符串元胞数组
%*…	忽略与*号后字符相匹配的内容。例如%*f 表示忽略浮点数	无
%w…	指定读取内容的宽度。例如%w.pf 指定浮点数宽度为w,精度为p	

2) **[A,B,C, …] = textread('filename','format',N)**

若 N 为正整数，则重复使用 N 次由 format 指定的格式读取数据；若 N < 0，则读取整个文件。filename 和 format 的说明同上。

3) **[…] = textread(…,'param','value', …)**

设定成对形式出现的参数名和参数值，可以更为灵活地读取数据。字符串 param 用来指定参数名，value 用来指定参数的取值。可用的参数名与参数值如表 2.1-3 所列。

表 2.1-3　textread 函数支持的参数名与参数值列表

参数名	参数值		说　明
bufsize	正整数		设定最大字符串长度，默认值为 4095，单位是 byte
commentstyle	matlab		忽略 % 后的内容
	shell		忽略 # 后的内容
	c		忽略 /* 和 */ 之间的内容
	c++		忽略 // 后的内容
delimiter	一个或多个字符		元素之间的分隔符。默认没有分隔符
emptyvalue	一个双精度数		设定在读取有分隔符的文件时在空白单元填入的值。默认值为 0
endofline	单个字符或 '\r\n'		设定行尾字符。默认从文件中自动识别
expchars	指数标记字符		设定科学计数法中标记指数部分的字符。默认值为 eEdD
headerlines	正整数		设定从文件开头算起需要忽略的行数
whitespace	' '	空格	把字符向量作为空格。默认值为 ' \b\t'
	\b	后退	
	\n	换行	
	\r	回车	
	\t	水平 tab 键	

下面调用 textread 函数读取文件 examp02_01.txt～examp02_11.txt 中的数据。

例 2.1-1 中数据整齐，数据间以空格分隔，读取比较简单，例如：

```
% 调用 textread 函数读取文件 examp02_01.txt 中的数据，返回读取的数据矩阵 x1
>> x1 = textread('examp02_01.txt');
% 调用 textread 函数读取文件 examp02_02.txt 中的数据，返回读取的数据矩阵 x2
>> x2 = textread('examp02_02.txt');
```

例 2.1-2 中数据以逗号分隔，可以这样读取：

```
% 调用 textread 函数读取文件 examp02_03.txt 中的数据，用逗号(',')作分隔符
>> x3 = textread('examp02_03.txt','','delimiter',',');      % 返回读取的数据矩阵 x3
```

例 2.1-3 中数据有多种分隔符，只需设定 delimiter 参数的参数值为 ',;*' 即可。如下命令通过设定 format 参数将 5 列数据赋给 5 个变量。

```
% 调用 textread 函数读取文件 examp02_04.txt 中的数据,指定读取格式,
% 同时用逗号、分号和星号(',;*')作分隔符
>> [c1,c2,c3,c4,c5] = textread('examp02_04.txt','%f %f %f %f %f','delimiter',',;*');
>> c5      % 查看 c5 的数据

c5 =

    3.4532
    2.2134
    4.7856
    0.6866
```

例 2.1-4 中数据不等长,可以通过 emptyvalue 参数设定不足部分用-1补齐,命令如下:

```
% 调用 textread 函数读取文件 examp02_05.txt 中的数据,不等长部分用-1补齐
>> x5 = textread('examp02_05.txt','','emptyvalue',-1)      % 返回读取的数据矩阵 x5

x5 =

    1.7587    7.2176    4.7349    1.5272
    3.4112    6.0739    1.9175   -1.0000
    7.3843    2.4285   -1.0000   -1.0000
    9.1742   -1.0000   -1.0000   -1.0000

% 调用 textread 函数读取文件 examp02_06.txt 中的数据,不等长部分用-1补齐
>> x6 = textread('examp02_06.txt','','emptyvalue',-1)      % 返回读取的数据矩阵 x6

x6 =

    2.6906    7.6550    1.8866   -1.0000   -1.0000
    2.8750    0.9111    5.7621    6.8336    5.4659
    4.2573    6.4444    6.4762    6.7902   -1.0000
```

例 2.1-5 数据文件中有文字说明也有数据,可以通过 headerlines 参数设置跳过的行数,命令如下:

```
% 调用 textread 函数读取文件 examp02_08.txt 中的数据,设置头文件行数为 7
>> x8  = textread('examp02_08.txt','','headerlines',7)      % 返回读取的数据矩阵 x8

x8  =

    5.4722    1.3862    1.4929
    8.1428    2.4352    9.2926
```

例 2.1-6 中包含复数,复数中的+号和i都被作为字符,可以通过 whitespace 参数把加号和i作为空格,从而读取复数的实部和虚部。下面的命令中同时用逗号和空格作为分隔符,读取的数据多了一列0。

```
% 调用 textread 函数读取文件 examp02_09.txt 中的数据,
% 用逗号和空格(', ')作为分隔符,把加号和 i 作为空格,返回读取的数据矩阵 x9
>> x9 = textread('examp02_09.txt','','delimiter',', ','whitespace','+i')

x9 =
```

```
    1.4554    1.3607    8.6929    5.7970    5.4986    1.4495    8.5303    6.2206         0
    3.5095    5.1325    4.0181    0.7597    2.3992    1.2332    1.8391    2.3995         0
    4.1727    0.4965    9.0272    9.4479    4.9086    4.8925    3.3772    9.0005         0
```

若同时用加号、i 和逗号作为分隔符，有下面的结果：

```
% 调用 textread 函数读取文件 examp02_09.txt 中的数据，同时用加号、i 和逗号('+i,')作为分隔符
>> x9 = textread('examp02_09.txt','','delimiter','+i,')

x9 =

    1.4554    1.3607    0    8.6929    5.7970    0    5.4986    1.4495    0    8.5303    6.2206    0
    3.5095    5.1325    0    4.0181    0.7597    0    2.3992    1.2332    0    1.8391    2.3995    0
    4.1727    0.4965    0    9.0272    9.4479    0    4.9086    4.8925    0    3.3772    9.0005    0
```

也可以设定 format 参数，将复数的实部和虚部对应的数据赋给 8 个变量。

```
% 调用 textread 函数读取文件 examp02_09.txt 中的数据，设定读取格式
% 用逗号和空格(', ')作为分隔符，把加号和 i 作为空格，返回读取的数据
>> [c1,c2,c3,c4,c5,c6,c7,c8] = textread('examp02_09.txt',...
'%f %f %f %f %f %f %f %f','delimiter',', ','whitespace','+i');
>> x9 = [c1,c2,c3,c4,c5,c6,c7,c8]      % 查看读取的数据

x9 =

    1.4554    1.3607    8.6929    5.7970    5.4986    1.4495    8.5303    6.2206
    3.5095    5.1325    4.0181    0.7597    2.3992    1.2332    1.8391    2.3995
    4.1727    0.4965    9.0272    9.4479    4.9086    4.8925    3.3772    9.0005
```

例 2.1-7 中的时间数据可以这样读取：

```
% 调用 textread 函数读取文件 examp02_10.txt 中的数据，设定读取格式
% 同时用减号、逗号和冒号('-,:')作为分隔符，返回读取的数据
>>  [c1,c2,c3,c4,c5,c6,c7] = textread('examp02_10.txt',...
'%4d %d %2d %d %d %6.3f %s','delimiter','-,:');
>> [c1,c2,c3,c4,c5,c6]     % 查看读取的数据

ans =

  1.0e+003 *

    2.0090    0.0080    0.0190    0.0100    0.0390    0.0562
    2.0090    0.0080    0.0200    0.0100    0.0390    0.0562
    2.0090    0.0080    0.0210    0.0100    0.0390    0.0562
    2.0090    0.0080    0.0220    0.0100    0.0390    0.0562
```

例 2.1-8 中文字与数据交替出现，通过设置 format 参数，用冒号和空格(': ')作为分隔符，可以读取其中的文字和数据，命令如下：

```
% 设定读取格式
>> format = '%s %s %s %d %s %d %s %d %s';
% 调用 textread 函数读取文件 examp02_11.txt 中的数据，
% 用冒号和空格 ': ' 作为分隔符，返回读取的数据
>> [c1,c2,c3,c4,c5,c6,c7,c8,c9] = textread('examp02_11.txt',format,...
```

```
'delimiter',': ');
>> [c4 c6 c8]       % 查看读取的数据

ans =

    18    170    65
    16    160    52
    15    160    50
    20    175    70
    15    172    56
```

2.1.3 调用低级函数读取数据

调用低级函数读取数据的一般步骤是:按指定格式打开文件,并获取文件标识符,读取文件内容,然后关闭文件。

1. 调用 fopen 函数打开文件

fopen 函数用于打开一个文件,也可用于获取已打开文件的信息。默认情况下,fopen 函数以读写二进制文件方式打开文件。fopen 函数用于打开文本文件时的调用格式如下:

1) **fid = fopen(filename, permission)**

以指定方式打开一个文件。参数 filename 是一个字符串,用来指定文件名,可以包含完整路径,也可以只包含部分路径(在 MATLAB 搜索路径下)。permission 也是一个字符串,用来指定打开文件的方式,可用的方式如表 2.1-4 所列。

表 2.1-4 打开文本文件的方式列表

允许的打开方式(permission)	说 明
'rt'	以只读方式打开文件。这是默认情况
'wt'	以写入方式打开文件,若文件不存在,则创建新文件并打开。原文件内容会被清除
'at'	以写入方式打开文件或创建新文件。在原文件内容后续写新内容
'r+t'	以同时支持读、写方式打开文件
'w+t'	以同时支持读、写方式打开文件或创建新文件。原文件内容会被清除
'a+t'	以同时支持读、写方式打开文件或创建新文件。在原文件内容后续写新内容
'At'	以续写方式打开文件或创建新文件。写入过程中不自动刷新文件内容,适合于对磁带介质文件的操作
'Wt'	以写入方式打开文件或创建新文件,原文件内容会被清除。写入过程中不自动刷新文件内容,适合于对磁带介质文件的操作

输出值 fid 是文件标识符(file identifier),它作为其他低级 I/O(Input/Output)函数的输入参数。文件打开成功时,fid 为正整数,不成功时 fid 为-1。

输出值 message 为命令执行相关信息,打开文件成功时,message 为空字符串,不成功时,message 为操作失败的相关信息。例如打开一个不存在的文件 xiezhh.txt,会有如下结果:

```
% 调用 fopen 函数打开一个不存在的文件 xiezhh.txt
>> [fid, message] = fopen('xiezhh.txt')       % 返回文件标识符 fid 和相关信息 message

fid =
```

```
    -1

message =

No such file or directory
```

fid 的值为－1,表明文件没能成功打开,操作失败的原因是该文件不存在。

注意： 若文件打开方式里含有“＋”号,则在读和写操作之间必须调用 fseek 或 frewind 函数。fseek 和 frewind 函数的用法将在后面介绍。

2）**[filename, permission] = fopen(fid)**

返回被打开文件的信息。文件标识符 fid 作为 fopen 函数的输出值,还能再作为它的输入值而得到被打开文件的信息。当打开文件成功后,返回的 filename 是与 fid 对应的函数名,permission 是文件打开方式;当文件打开不成功时,filename 和 permission 都是空字符串。例如：

```
>> fid = fopen('xiezhh.txt')        % 调用 fopen 函数打开一个不存在的文件 xiezhh.txt

fid =
    -1

>> [filename, permission] = fopen(fid)        % 得到被打开文件的信息

filename =
    ''

permission =
    ''
```

2. 调用 fcolse 函数关闭文件

对 fopen 函数打开的文件操作结束后,应将其关闭,否则会影响其他操作。fcolse 函数用于关闭文件,其调用格式如下：

```
status = fclose(fid)
status = fclose('all')
```

第 1 种调用用来关闭文件标识符 fid 指定的文件,第 2 种调用用来关闭所有被打开的文件。若操作成功,返回 status 为 0,否则为 －1。

3. 调用 fseek、ftell、frewind 和 feof 函数控制读写位置

低级 I/O 函数在读写文件时,通过内部指针来控制读写位置。文件被成功打开后,内部指针就指向文件的第 1 个字节,随着对文件的读、写操作,这个指针会在文件中移动,指向文件的不同位置。

MATLAB 中提供了 fseek、ftell、frewind 和 feof 4 个函数控制内部指针位置,实际上是 3 个,因为 frewind 调用了 fseek 函数,fseek、ftell 和 feof 都是内建函数。下面介绍这些函数的用法。

(1) fseek 函数

fseek 函数用来设定文件指针位置。调用格式为：

```
status = fseek(fid, offset, origin)
```

其中,参数 fid 为 fopen 函数返回的文件标识符。参数 offset 是整型变量,表示相对于指定的参考位置移动指针的方向和字节数。offset 参数的取值情况如表 2.1-5 所列。

参数 origin 用来指定指针的参考位置,其取值可以为特殊字符串或整数,如表 2.1-6 所列。

表 2.1-5 offset(偏移量)参数取值情况表

offset(偏移量)参数取值	说 明
offset>0	从参考位置向文件末尾移动 offset 字节
offset=0	不移动
offset<0	从参考位置向文件开头移动 offset 字节

表 2.1-6 origin 参数的取值情况表

origin 参数取值	说 明
'bof' 或 -1	文件的开头
'cof' 或 0	文件中的当前位置
'eof' 或 1	文件末尾

若 fseek 函数操作成功,则函数返回值 status 为 0,否则为 -1。

(2) ftell 函数

ftell 函数用来获取文件指针位置。调用格式为:

```
position = ftell(fid)
```

输入参数 fid 为文件标识符,输出参数 position 为当前文件指针位置距离文件开头的字节数。若返回的 position 为 -1,则表示未能成功调用。

(3) frewind 函数

frewind 函数调用了 fseek 函数,用来移动当前文件指针到文件的开头。调用格式为:

```
frewind(fid)
```

输入参数 fid 为文件标识符。frewind 函数的源代码里的关键命令为:status=fseek(fid,0,-1)。

(4) feof 函数

feof 函数用来判断是否到达文件末尾。调用格式为:

```
eofstat = feof(fid)
```

输入参数 fid 为文件标识符。当到达文件末尾时,输出 eofstat=1,否则 eofstat 为 0。

4. 调用 fgets、fgetl 函数读取文件的下一行

fgets、fgetl 函数用来读取文件的下一行,fgetl 函数调用了 fgets 函数。它们的区别是 fgets 函数读取文件的一行,包括该行换行符,fgetl 不包括换行符。

fgets 函数的调用格式如下:

```
tline = fgets(fid)
tline = fgets(fid, nchar)
```

输入参数 fid 为文件标识符,nchar 用来设定读取的最长字符数。输出 tline 为读取的内容。对于第 2 种调用,若某一行内容超过 nchar 个字符,则只读取该行的前 nchar 个字符,其余的内容会被丢掉。例如:

```
% 调用 fopen 函数以只读方式打开文件 examp02_01.txt
>> fid = fopen('examp02_01.txt','rt');      % 返回文件标识符 fid
>> tline = fgets(fid, 32)      % 读取文件 examp02_01.txt 的一行上的 32 个字符

tline =

3.1110    9.7975    5.9490    1.

>> fclose(fid);     % 关闭文件
```

fgetl 函数的调用格式为：

```
tline = fgetl(fid)
```

5. 调用 textscan 函数读取数据

textscan 函数用来以指定格式从文本文件或字符串中读取数据。它与 textread 函数类似，但是 textscan 函数更为灵活和高效，它提供了更多数据转换格式，能从文件的任何地方开始读取数据，能更好地处理大型数据。笔者做了一项测试，用 textread 和 textscan 函数读取同一个 TXT 数据文件，文件中数据量为 1000000×8，文件大小为 69.6 MB。textread 函数用时 30.7771 s，textscan 函数用时 3.3632 s，可以看出 textscan 函数比 textread 函数效率高了很多。

表 2.1-7　textscan 函数支持的基本转换指示符

字段类型	指示符	说　明
有符号整型	%d	32 - bit
	%d8	8 - bit
	%d16	16 - bit
	%d32	32 - bit
	%d64	64 - bit
无符号整型	%u	32 - bit
	%u8	8 - bit
	%u16	16 - bit
	%u32	32 - bit
	%u64	64 - bit
浮点数	%f	64 - bit（双精度）
	%f32	32 - bit（单精度）
	%f64	64 - bit（双精度）
	%n	64 - bit（双精度）
字符串	%s	字符串
	%q	字符串，可能是由双引号括起来的字符串
	%c	任何单个字符，可以是分隔符
模式匹配字符串	%[…]	读取和方括号中字符相匹配的字符，直到首次遇到不匹配的字符或空格时停止。若要包括]自身，可用%[]…] 例如，%[mus]会把 'summer ' 读作 'summ'
	%[^…]	读取和方括号中字符不匹配的字符，直到首次遇到匹配的字符或空格时停止。若要排除]自身，可用%[^]…] 例如，%[^xrg]会把 'summer ' 读作 'summe'

textscan 函数的调用格式如下:

1) **C = textscan(fid, 'format')**

输入参数 fid 为 fopen 函数返回的文件标识符。format 用来指定数据转换格式,它是一个字符串,包含一个或多个转换指示符。返回值 C 是一个元胞数组,format 中包含的转换指示符的个数决定了 C 中元胞的数目。

转换指示符是由%号引导的特殊字符串,基本的转换指示符如表 2.1-7 所列。用户还可以在%号和指示符之间插入数字,用来指定数据的位数或字符的长度。对于浮点数(%n,%f,%f32,%f64),还可以指定小数点右边的位数。textscan 函数支持的字段宽度设置如表 2.1-8 所列。

表 2.1-8 textscan 函数支持的字段宽度设置

<table>
<tr><th colspan="2">指示符</th><th>说 明</th></tr>
<tr><td colspan="2">%Nc</td><td>读取 N 个字符,包括分隔符
例如,%9c 会把 'Let's Go! ' 读作 'Let's Go! '</td></tr>
<tr><td>%Ns
%Nq
%N[…]
%N[^…]</td><td>%Nn
%Nd…
%Nu…
%Nf…</td><td>读取 N 个字符或数字(小数点也算一个数字),直到遇到第 1 个分隔符,不论是什么分隔符。
例如,%5f32 会把 '473.238' 读作 473.2</td></tr>
<tr><td colspan="2">%N.Dn
%N.Df…</td><td>读取 N 个数字(小数点也算一个数字),直到遇到第 1 个分隔符,不论是什么分隔符。返回的数字有 D 位小数。
例如,%7.2f 会把 '473.238' 读作 473.23</td></tr>
</table>

对于每一个数字转换指示符(例如%f),textscan 函数返回一个 K×1 的数值型向量作为 C 的一个元胞,这里的 K 为读取指定文件时该转换指示符被使用的次数。对于每一个字符转换指示符(例如%s),textscan 函数返回一个 K×1 的字符元胞数组作为 C 的一个元胞。%Nc 会返回一个 K×N 的字符数组作为 C 的一个元胞。

【例 2.1-10】 文件 examp02_13.txt 中含有以下内容:

```
Sally  Level1  12.34  45  1.23e10   inf    NaN   Yes
Joe    Level2  23.54  60  9e19      -inf   0.001 No
Bill   Level3  34.90  12  2e5       10     100   No
```

用 fopen 函数打开文件,然后调用 textscan 函数可以读取其中不同类型的数据,命令如下:

```
>> fid = fopen('examp02_13.txt');      % 打开文件 examp02_13.txt,返回文件标识符 fid
>> C = textscan(fid, '%s %s %f32 %d8 %u %f %f %s')     % 以指定格式读取文件中数据

C =

  Columns 1 through 6

    {3x1 cell}  {3x1 cell}  [3x1 single]  [3x1 int8]  [3x1 uint32]  [3x1 double]

  Columns 7 through 8
```

```
    [3x1 double]  {3x1 cell}

>> fclose(fid);      % 关闭文件
```

返回的 C 是一个 1×8 的元胞数组，其各列元素分别为：

```
C{1} = {'Sally'; 'Joe'; 'Bill'}                  class cell
C{2} = {'Level1'; 'Level2'; 'Level3'}            class cell
C{3} = [12.34; 23.54; 34.9]                      class single
C{4} = [45; 60; 12]                              class int8
C{5} = [4294967295; 4294967295; 200000]          class uint32
C{6} = [Inf; - Inf; 10]                          class double
C{7} = [NaN; 0.001; 100]                         class double
C{8} = {'Yes'; 'No'; 'No'}                       class cell
```

可以看到原始文件中第 5 列的前两个数据 1.23×10^{10} 和 9×10^{19} 均被读成 4294967295，这是因为 format 参数中的第 5 个转换符是%u，1.23×10^{10} 和 9×10^{19} 均被转换成无符号 32 位整型，而无符号 32 位整型所能表示的最大数为 $2^{32}-1=4294967295$，它们就被转换成这个最大数了。

通常情况下，textscan 函数按照用户设定的转换指示符来读取文件中的相应类型字段的全部内容。用户还可设置需要跳过的字段和部分字段，用来忽略某些类型的字段或字段的一部分，可用的设置如表 2.1-9 所列。

表 2.1-9　跳过某些字段或部分字段的转换指示符

指示符	说　明
% * …	跳过某些字段，不生成这些字段的输出。 例如，'%s % * s %s %s % * s % * s %s' 把字符串 'Blackbird singing in the dead of night' 转换成具有 4 个元胞的输出，元胞中字符串分别为：'Blackbird'　'in'　'the'　'night'
% * n…	忽略字段中的前 n 个字符，n 为整数，其值小于或等于字段中字符个数。 例如，% * 4s 把 'summer ' 读作 'er'
字面上的(literal)	忽略字段中指定的字符。 例如，Level%u8 把 'Level1' 读作 1，%u8Step 把 '2Step' 读作 2

2) **C = textscan(fid, 'format', N)**

重复使用 N 次由 format 指定的转换指示符，从文件中读取数据。fid 和 format 的说明同上。N 为整数，当 N 为正整数时，表示重复次数；当 N 为 -1 时，表示读取全部文件。

3) **C = textscan(fid, 'format', param, value, …)**

利用可选的成对出现的参数名与参数值来控制读取文件的方式。fid 和 format 的说明同上。字符串 param 用来指定参数名，value 用来指定参数的取值。可用的参数名与参数值如表 2.1-10 所列。

4) **C = textscan(fid, 'format', N, param, value, …)**

结合了第 2 种和第 3 种调用格式，可以同时设定读取格式的重复使用次数和某些特定的参数。

表2.1-10 textscan函数支持的参数名与参数值列表

参数名	参数值(设定值)	默认值
BufSize	最大字符串长度,单位是byte	4095
CollectOutput	取值为整数,若不等于0(即为真),则将具有相同数据类型的连续元胞连接成一个数组	0(假)
CommentStyle	忽略文本内容的标识符号,可以是单个字符串(比如'%'),也可以是由两个字符串构成的元胞数组(比如{'/*','*/'})。若为单个字符串,则该字符串后面的在同一行上的内容会被忽略。若为元胞数组,则两个字符串中间的内容会被忽略	无
Delimiter	分隔符	空格
EmptyValue	空缺数字字段的填补值	NaN
EndOfLine	行结尾符号	从文件中识别:\n, \r, or \r\n
ExpChars	指数标记字符	'eEdD'
HeaderLines	跳过的行数(包括剩余的当前行)	0
MultipleDelimsAsOne	取值为整数,若不等于0(即为真),则将连在一起的分隔符作为一个单一的分隔符。只有设定了delimiter选项它才是有效的	0(假)
ReturnOnError	取值为整数,用来确定读取或转换失败时的行为。若非0(即为真),则直接退出,不返回错误信息,输出读取的字段。若为0(即为假),则退出并返回错误信息,此时没有输出	1(真)
TreatAsEmpty	在数据文件中被作为空值的字符串,可以是单个字符串或字符串元胞数组。只能用于数字字段	无
Whitespace	作为空格的字符	' \b\t'

5) **C = textscan(str, …)**

从字符串str中读取数据。第1个输入参数str是普通字符串,不再是文件标识符,除此之外,其余参数的用法与读取文本文件时相同。

6) **[C, position] = textscan(…)**

读取文件或字符串中的数据C,并返回扫描到的最后位置position。若读取的是文件,position就是读取结束后文件指针的当前位置,等于ftell(fid)的返回值。若读取的是字符串,position就是已经扫描过的字符的个数。

【例2.1-11】 调用textscan函数读取文件examp02_08.txt~examp02_11.txt中的数据。

```
>> fid = fopen('examp02_08.txt','r');      % 以只读方式打开文件 examp02_08.txt
>> fgets(fid);     % 读取文件的第 1 行
>> fgets(fid);     % 读取文件的第 2 行
% 调用 textscan 函数以指定格式从文件 examp02_08.txt 的第 3 行开始读取数据,
```

```
% 并将读取的具有相同数据类型的连续元胞连接成一个元胞数组 A
>> A = textscan(fid, '%f %f %f %f %f %f', 'CollectOutput', 1)

A =

    [3x6 double]

>> fgets(fid);     % 读取文件的第 6 行
>> fgets(fid);     % 读取文件的第 7 行

% 调用 textscan 函数以指定格式从文件 examp02_08.txt 的第 8 行开始读取数据,
% 并将读取的具有相同数据类型的连续元胞连接成一个元胞数组 B
>> B = textscan(fid, '%f %f %f', 'CollectOutput', 1)

B =

    [2x3 double]

>> fclose(fid);     % 关闭文件

>> fid = fopen('examp02_09.txt','r');     % 以只读方式打开文件 examp02_09.txt
% 调用 textscan 函数以指定格式从文件 examp02_09.txt 中读取数据,用空格(' ')作分隔符
% 并将读取的具有相同数据类型的连续元胞连接成一个元胞数组 A
>> A = textscan(fid, '%f %*s %f %*s %f %*s %f %*s','delimiter',...
' ', 'CollectOutput', 1)

A =

    [3x4 double]

>> A{:}     % 查看 A 中的数据

ans =

   1.4554 + 1.3607i   8.6929 + 5.7970i   5.4986 + 1.4495i   8.5303 + 6.2206i
   3.5095 + 5.1325i   4.0181 + 0.7597i   2.3992 + 1.2332i   1.8391 + 2.3995i
   4.1727 + 0.4965i   9.0272 + 9.4479i   4.9086 + 4.8925i   3.3772 + 9.0005i

>> fclose(fid);     % 关闭文件

>> fid = fopen('examp02_10.txt','r');     % 以只读方式打开文件 examp02_10.txt
% 调用 textscan 函数以指定格式从文件 examp02_10.txt 中读取数据,用 '-,:' 作分隔符
% 并将读取的具有相同数据类型的连续元胞连接成一个元胞数组 A
>> A = textscan(fid, '%d %d %d %d %d %f %*s','delimiter','-,:','CollectOutput',1)

A =

    [4x5 int32]    [4x1 double]

>> A{1,1}     % 查看 A 的第 1 行、第 1 列的元胞中的数据

ans =
```

```
        2009         8          19          10          39
        2009         8          20          10          39
        2009         8          21          10          39
        2009         8          22          10          39

>> fclose(fid);      % 关闭文件

>> fid = fopen('examp02_11.txt','r');      % 以只读方式打开文件 examp02_11.txt
% 调用 textscan 函数以指定格式从文件 examp02_11.txt 中读取数据,用空格(' ')作分隔符
% 并将读取的具有相同数据类型的连续元胞连接成一个元胞数组 A
>> A = textscan(fid, '% *s %s % *s %d % *s %d % *s %d % *s',...
'delimiter', ' ', 'CollectOutput',1)

A =

    {5x1 cell}    [5x3 int32]

>> A{1,1}      % 查看 A 的第 1 行、第 1 列的元胞中的数据

ans =

    'xiezh'
    'molih'
    'liaoj'
    'lijun'
    'xiagk'

>> A{1,2}      % 查看 A 的第 1 行、第 2 列的元胞中的数据

ans =

          18          170          65
          16          160          52
          15          160          50
          20          175          70
          15          172          56

>> fclose(fid);      % 关闭文件
```

2.2 案例 2:把数据写入 TXT 文件

MATLAB 中用于写数据到文本文件的函数如表 2.2-1 所列。

表 2.2-1 MATLAB 中读写文本文件的常用函数

高级函数		低级函数	
函数名	说 明	函数名	说 明
save	将工作空间中的变量写入文件	fprintf	按指定格式把数据写入文件
dlmwrite	按指定格式将数据写入文件		

"File"菜单里还有一个"Save Workspace As"选项，可将 MATLAB 工作空间里的所有变量导出到 MAT 文件。下面介绍 dlmwrite 和 fprintf 函数的用法。

2.2.1 调用 dlmwrite 函数写入数据

dlmwrite 函数用来将矩阵数据写入文本文件。调用格式如下：

1) **dlmwrite(filename, M)**

默认用逗号作分隔符，将 M 矩阵的数据写入 filename 指定的文件中。filename 为字符串变量，用来指定目标文件的文件名，可以包含路径，若不指定路径，则自动保存到 MATLAB 当前文件夹。M 为一矩阵。

2) **dlmwrite(filename, M, 'D')**

指定分隔符，将 M 矩阵的数据写入 filename 指定的文件中。filename 和 M 的说明同上，D 为单个字符，用来指定数据间分隔符。例如 ' ' 表示空格，'\t' 表示制表符。

3) **dlmwrite(filename, M, 'D', R, C)**

允许用户从目标文件的第 R 行、第 C 列开始写入数据。R 表示 M 矩阵的左上角在目标文件中所处的行，C 表示所处的列。R 和 C 都是从 0 开始，即 R=0 和 C=0 分别表示第 1 行和第 1 列。

4) **dlmwrite(filename, M, 'attrib1', value1, 'attrib2', value2, …)**

利用可选的成对出现的参数名与参数值来控制写入文件的方式。可用的参数名(attribute)与参数值(value)如表 2.2-2 所列。

表 2.2-2　dlmwrite 函数支持的参数名与参数值列表

参数名	参数值	说　明
delimiter	单个字符，如 ','，' '，'\t' 等	设定数据间分隔符
newline	'pc'	设定换行符为 '\r\n'
	'unix'	设定换行符为 '\n'
roffset	通常为非负整数	M 矩阵的左上角在目标文件中所处的行
coffset	通常为非负整数	M 矩阵的左上角在目标文件中所处的列
precision	以%号引导的精度控制符，如 '%10.5f'	和 C 语言类似的精度控制符，用来指定有效位数

5) **dlmwrite(filename, M, '-append')**

若指定文件存在，则从原文件内容的后面续写数据，当不设定 '-append' 选项时，将清除原文件内容，重新写入数据。若指定文件不存在，则创建一个新文件并写入矩阵数据。

6) **dlmwrite(filename, M, '-append', attribute-value list)**

前 2 种调用的结合。'-append' 选项可以放在各参数名与参数值对之间，但不能放在参数名和参数值之间。

【例 2.2-1】用逗号作为分隔符，调用 dlmwrite 函数将如下复数矩阵写入文件 examp02_09.txt。

```
1.455390 + 1.360686i   8.692922 + 5.797046i   5.498602 + 1.449548i   8.530311 + 6.220551i
3.509524 + 5.132495i   4.018080 + 0.759667i   2.399162 + 1.233189i   1.839078 + 2.399525i
4.172671 + 0.496544i   9.027161 + 9.447872i   4.908641 + 4.892526i   3.377194 + 9.000538i
```

相关命令如下:

```
% 定义复数矩阵
>> x = [1.455390 + 1.360686i 8.692922 + 5.797046i 5.498602 + 1.449548i 8.530311 + 6.220551i
3.509524 + 5.132495i 4.018080 + 0.759667i 2.399162 + 1.233189i 1.839078 + 2.399525i
4.172671 + 0.496544i 9.027161 + 9.447872i 4.908641 + 4.892526i 3.377194 + 9.000538i];
% 将复数矩阵 x 写入文件 examp02_09.txt,用逗号(',')作分隔符,用 '\r\n' 作换行符
>> dlmwrite('examp02_09.txt', x, 'delimiter', ',', 'newline', 'pc')
```

2.2.2 调用 fprintf 函数写入数据

fprintf 函数用来以指定格式把数据写入文件或显示在电脑屏幕上。调用格式为:

```
count = fprintf(fid, format, A, …)
```

输出参数 count 为写入文件或显示在电脑屏幕上的字节数。当输入参数 fid 为 fopen 函数返回的文件标识符时,上述调用以字符串 format 指定的格式把数据写入文件。当 fid 取整数 1 时,对应的是标准输出,会以字符串 format 指定的格式把数据显示在屏幕上。当 fid 取整数 2 时,对应的是标准错误输出,此时用红色字体在屏幕上显示信息。输入参数 format 是字符串变量,由普通字符和 C 语言转换指示符构成。例如:

```
>> y = fprintf(1, '祝福我们伟大的新中国 %d 周岁生日快乐!!! ', 60)     % 在屏幕上显示一句话
祝福我们伟大的新中国 60 周岁生日快乐!!!
y =

    38
```

转换指示符用来控制符号表示法、对齐方式、有效位数、字段宽度和输出格式的其他方面。format 字符串能包含不可打印的控制符(即转义符),例如换行符和制表符。如图 2.2-1 所示,转换指示符以%引导,除了%号必需外,还包括以下可选项和必需项:

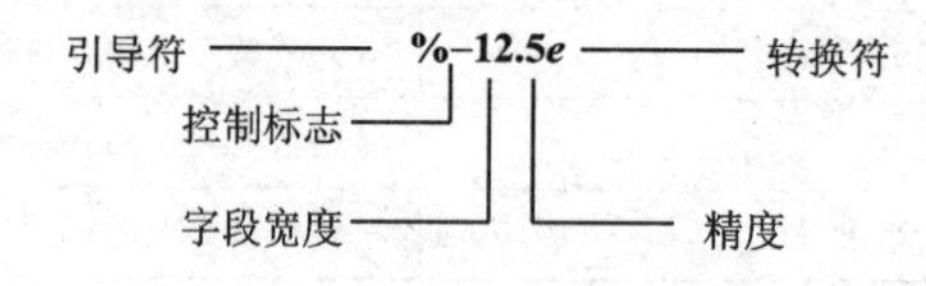

图 2.2-1 转换指示符示意图

① 控制标志(可选)。

图 2.2-1 中的“-”为控制标志,表示左对齐。例如可用如表 2.2-3 所列的控制标志来控制对齐方式。

② 字段宽度(可选)。

③ 精度(可选)。

④ 转换符(必需)。

例如%-6.2f 表示以左对齐方式输出一个浮点数,数据宽度为 6 个字符(包括小数点),

小数点后有 2 个有效数字。

format 参数中可用的转义符如表 2.2-4 所列。

表 2.2-3　控制标志

字　符	说　明	例　子
减号(-)	左对齐	%-5.2d
加号(+)	总是显示一个加号	%+5.2d
空格	在值前插入一个空格	% 5.2d　　(%号和 5 之间有一个空格)
0	在值前插入一个 0	%05.2d

表 2.2-4　format 参数中可用的转义符

符　号	说　明	符　号	说　明
\b	后退	\t	水平制表符
\f	进纸	\\	反斜杠
\n	换行	\'' 或 ''	单引号
\r	回车	%%	%号

这里不再一一列举 format 参数中可用的转换符，请读者自行查阅 MATLAB 帮助或 C 语言手册。下面给出用 fprintf 函数将数据写入文件 examp02_01.txt 至 examp02_11.txt 的代码。

```
>> x = 10 * rand(8,5);      % 产生一个 8 行 5 列的随机矩阵,其元素服从[0,10]上的均匀分布
>> fid = fopen('examp02_01.txt','wt');      % 以写入方式打开文件,返回文件标识符
% 把矩阵 x 以指定格式写入文件 examp02_01.txt
>> fprintf(fid,'% - f    % - f    % - f    % - f    % - f    % - f    % - f    % - f\n', x);
>> fclose(fid);      % 关闭文件

>> x = rand(6,5)/10000;     % 产生一个 6 行 5 列的随机矩阵,其元素服从[0,1/10000]上的均匀分布
>> fid = fopen('examp02_02.txt','wt');      % 以写入方式打开文件,返回文件标识符
% 把矩阵 x 以指定格式写入文件 examp02_02.txt
>> fprintf(fid,'% - e    % - e    % - e    % - e    % - e    % - e\n', x);
>> fclose(fid);      % 关闭文件

>> x = 10 * rand(9,4);      % 产生一个 9 行 4 列的随机矩阵,其元素服从[0,10]上的均匀分布
>> fid = fopen('examp02_03.txt','wt');      % 以写入方式打开文件,返回文件标识符
% 把矩阵 x 以指定格式写入文件 examp02_03.txt
>> fprintf(fid,'% f, % f, % f, % f, % f, % f, % f, % f, % f\n',x);
>> fclose(fid);      % 关闭文件

>> x = 10 * rand(5,4);      % 产生一个 5 行 4 列的随机矩阵,其元素服从[0,10]上的均匀分布
>> fid = fopen('examp02_04.txt','wt');      % 以写入方式打开文件,返回文件标识符
% 把矩阵 x 以指定格式写入文件 examp02_04.txt
>> fprintf(fid,'% - f    % - f,    % - f;    % - f *    % - f\n',x);
>> fclose(fid);      % 关闭文件

>> w = 10 * rand(1,4);      % 产生一个 1 行 4 列的随机向量,其元素服从[0,10]上的均匀分布
>> x = 10 * rand(1,3);      % 产生一个 1 行 3 列的随机向量,其元素服从[0,10]上的均匀分布
```

```
>> y = 10 * rand(1,2);      % 产生一个1行2列的随机向量,其元素服从[0,10]上的均匀分布
>> z = 10 * rand;           % 产生一个服从[0,10]上均匀分布的随机数
>> fid = fopen('examp02_05.txt','at');      % 以续写方式打开文件,返回文件标识符
% 把向量w,x,y,z分别以指定格式写入文件examp02_05.txt
>> fprintf(fid,'% - f     % - f     % - f     % - f\n', w);
>> fprintf(fid,'% - f     % - f     % - f\n', x);
>> fprintf(fid,'% - f     % - f\n', y);
>> fprintf(fid,'% - f\n', z);
>> fclose(fid);     % 关闭文件

>> x = 10 * rand(1,3);      % 产生一个1行3列的随机向量,其元素服从[0,10]上的均匀分布
>> y = 10 * rand(1,5);      % 产生一个1行5列的随机向量,其元素服从[0,10]上的均匀分布
>> z = 10 * rand(1,4);      % 产生一个1行4列的随机向量,其元素服从[0,10]上的均匀分布
>> fid = fopen('examp02_06.txt','at');      % 以续写方式打开文件,返回文件标识符
% 把向量x,y,z分别以指定格式写入文件examp02_06.txt
>> fprintf(fid,'% - f     % - f     % - f\n', x);
>> fprintf(fid,'% - f     % - f     % - f     % - f     % - f\n', y);
>> fprintf(fid,'% - f     % - f     % - f     % - f\n', z);
>> fclose(fid);     % 关闭文件

>> x = 10 * rand(6,3);      % 产生一个6行3列的随机矩阵,其元素服从[0,10]上的均匀分布
>> fid = fopen('examp02_07.txt','at');      % 以续写方式打开文件,返回文件标识符
% 往文件examp02_07.txt中写入两行文字
>> fprintf(fid,'这是%d行头文件,\n你可以选择跳过,读取后面的数据。\n', 2);
% 把矩阵x以指定格式写入文件examp02_07.txt
>> fprintf(fid,'% - f,     % - f,     % - f,     % - f,     % - f,     %f\n', x);
>> fclose(fid);     % 关闭文件

>> x = 10 * rand(6,3);      % 产生一个6行3列的随机矩阵,其元素服从[0,10]上的均匀分布
>> y = 10 * rand(3,2);      % 产生一个3行2列的随机矩阵,其元素服从[0,10]上的均匀分布
>> fid = fopen('examp02_08.txt','at');      % 以续写方式打开文件,返回文件标识符
% 往文件examp02_08.txt中写入两行文字
>> fprintf(fid,'这是%d行头文件,\n你可以选择跳过,读取后面的数据。\n', 2);
% 把矩阵x以指定格式写入文件examp02_08.txt
>> fprintf(fid,'% - f     % - f     % - f     % - f     % - f     %f\n', x);
% 往文件examp02_08.txt中再写入两行文字
>> fprintf(fid,'这里还有两行文字说明和两行数据,\n看你还有没有办法!\n');
% 把矩阵y以指定格式写入文件examp02_08.txt
>> fprintf(fid,'% - f     % - f     % - f     % - f     % - f     %f\n', y);
>> fclose(fid);     % 关闭文件

>> x = 10 * rand(2,12);     % 产生一个2行12列的随机矩阵,其元素服从[0,10]上的均匀分布
>> fid = fopen('examp02_09.txt','wt');      % 以写入方式打开文件,返回文件标识符
% 把矩阵x以指定格式写入文件examp02_09.txt
>> fprintf(fid,'%f + %fi, %f + %fi, %f + %fi, %f + %fi\n', x);
>> fclose(fid);     % 关闭文件

>> dt = [2009 08 19 10 39 56.171
         2009 08 20 10 39 56.171
         2009 08 21 10 39 56.171
         2009 08 22 10 39 56.171]';          % 定义一个4行6列的矩阵
>> fid = fopen('examp02_10.txt','wt');      % 以写入方式打开文件,返回文件标识符
% 把矩阵dt以指定格式写入文件examp02_10.txt
>> fprintf(fid,'%d - %d - %d,   %d:%d:%5.3f AM\n', dt);
```

```
>> fclose(fid);     % 关闭文件

>> x = ['xiezh'; 'molih'; 'liaoj'; 'lijun'; 'xiagk'];     % 定义一个字符矩阵
>> y = [18 16 15 20 15]';     % 定义一个列向量
>> z = [170 160 160 175 172]';     % 定义一个列向量
>> w = [65 52 50 70 56]';     % 定义一个列向量
>> fid = fopen('examp02_11.txt','at');     % 以续写方式打开文件,返回文件标识符
>> fm = 'Name: %s Age: %d Height: %d Weight: %d kg\n';     % 定义写入格式
% 通过循环将 x,y,z 和 w 按指定格式写入文件 examp02_11.txt
>> for i = 1:5
       fprintf(fid, fm, x(i,:),y(i),z(i),w(i));
   end
>> fclose(fid);     % 关闭文件
```

注意: 调用 fprintf 函数写入数据或在屏幕上显示数据时,format 参数指定的格式循环作用在矩阵的列上,原始矩阵的列在文件中或屏幕上就变成了行。例如:

```
>> x = [1 2 3; 4 5 6; 7 8 9; 10 11 12]     % 定义一个 4 行 3 列的矩阵

x =

     1     2     3
     4     5     6
     7     8     9
    10    11    12

% 把矩阵 x 以指定格式显示在屏幕上
>> fprintf(1, '     %-d     %-d     %-d     %d\n', x);
  1     4     7     10
  2     5     8     11
  3     6     9     12
```

2.3　案例 3:从 Excel 文件中读取数据

2.3.1　利用数据导入向导导入 Excel 文件

1. 旧的导入方法

可以利用数据导入向导把 Excel 文件中的数据导入到 MATLAB 工作空间,在 MATLAB R2011a 及其以前版本中的操作步骤与 2.1.1 节中的基本相同。

【例 2.3-1】 把 Excel 文件 examp02_14.xls 中的数据导入到 MATLAB 工作空间。examp02_14.xls 中的数据格式如图 2.3-1 所示。

可以看出文件 examp02_14.xls 中包含了某两个班的某门课的考试成绩,有序号、班级名称、学号、姓名、平时成绩、期末成绩、总成绩和备注等数据,有数字也有文字说明。用数据导入向导会在 MATLAB 工作空间生成两个变量:data 和 textdata,data 为数值矩阵,textdata 为字符串元胞数组,它们的数据格式如下(部分数据):

	A	B	C	D	E	F	G	H
1	序号	班名	学号	姓名	平时成绩	期末成绩	总成绩	备注
2	1	60101	6010101	陈亮	21	42	63	
3	2	60101	6010102	李旭	25	48	73	
4	3	60101	6010103	刘鹏飞	0	0	0	缺考
5	4	60101	6010104	任时迁	27	55	82	
6	5	60101	6010105	苏宏宇	26	54	80	
7	6	60101	6010106	王海涛	21	49	70	
8	7	60101	6010107	王洋	27	61	88	
9	8	60101	6010108	徐靖磊	26	54	80	
10	9	60101	6010109	阎世杰	30	62	92	
11	10	60101	6010110	姚前树	28	56	84	
12	11	60101	6010111	张金铭	29	66	95	
13	12	60101	6010112	朱星宇	28	54	82	
14	13	60101	6010113	韩宏浩	25	50	75	
15	14	60101	6010114	刘菲	23	48	71	
16	15	60101	6010115	苗艳红	23	47	70	
17	16	60101	6010116	宋佳艺	24	56	80	
18	17	60101	6010117	王峥瑶	25	53	78	

图 2.3-1　Excel 数据表格

```
>> data      % 查看导入的变量 data

data =

     1      60101     6010101        NaN        21        42        63
     2      60101     6010102        NaN        25        48        73
     3      60101     6010103        NaN         0         0         0
     4      60101     6010104        NaN        27        55        82
     5      60101     6010105        NaN        26        54        80
    ...

>> textdata      % 查看导入的变量 textdata

textdata =

    '序号'    '班名'    '学号'    '姓名'    '平时成绩'    '期末成绩'    '总成绩'    '备注'
    ''        ''        ''        '陈亮'    ''            ''            ''          ''
    ''        ''        ''        '李旭'    ''            ''            ''          ''
    ''        ''        ''        '刘鹏飞'  ''            ''            ''          '缺考'
    ''        ''        ''        '任时迁'  ''            ''            ''          ''
    ''        ''        ''        '苏宏宇'  ''            ''            ''          ''
    ...
```

2. 新的导入方法

在 MATLAB R2011b 及其以后版本中,利用数据导入向导导入 Excel 文件的操作步骤发生了变化,这里仅介绍 MATLAB R2012a 中的操作步骤。如图 2.1-1 所示,单击“File”→“Import Data”选项,弹出如图 2.3-2 所示界面。选择数据文件 examp02_14.xls,然后单击“打开”按钮,弹出如图 2.1-3 所示界面。

该界面用来导入 Excel 电子表格,一切操作都是可视化的。当用户的 Excel 文件中有多个非空工作表时,可通过单击工作表标签来选择要导入的工作表,数据预览区会显示相应的数据。导入类型下拉菜单中有 3 个选项:“Matrix”、“Column vectors”和“Cell Array”,分别表示矩阵、列向量和元胞数组。在导入范围编辑框中,用户可以指定数据所在的单元格区域,形如

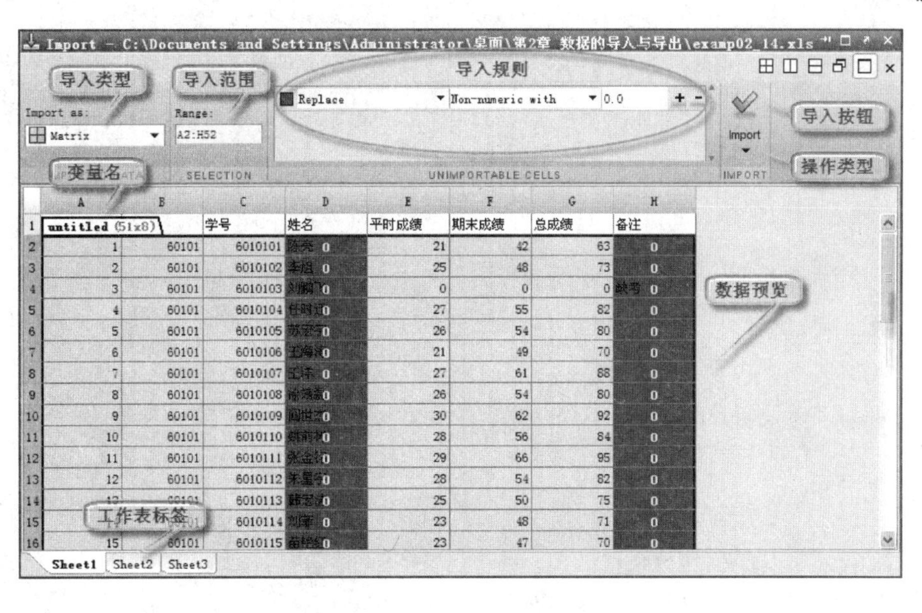

图 2.3-2　数据导入向导界面 3

“A2:H52”。界面的中上部是导入规则编辑区，通过单击规则条目后面的“+”或“−”，可增加或删除一个规则条目。图 2.3-2 中显示的默认规则条目为“Replace non−numeric with 0.0”，表示在导入数据时将非数值型数据用 0 代替。用户可通过“Replace”和“Non−numeric with”后面的下拉菜单查看可用的规则条目，并通过设置适当的规则条目来替换或过滤某些行和列。当用户设置好导入类型、导入范围和导入规则后，只需单击导入按钮即可将数据导入到 MATLAB 工作空间，默认的变量名为 untitled，用户也可在变量名编辑区输入自定义变量名。

在用户通过图 2.3-2 所示界面导入数据的同时，MATLAB 在执行一系列读取数据的代码，这些代码也是可视化的。单击操作类型下拉菜单，可以看到 3 个选项：“Import Data”、“Generate Script”和“Generate Function”，其中“Import Data”选项用来导入数据，其功能相当于单击导入按钮，“Generate Script”选项用来生成与界面操作相关的脚本文件，“Generate Function”选项用来生成与界面操作相关的函数文件，这些文件中均包含了与界面操作相对应的 MATLAB 代码。这里以文件 examp02_14.xls 的导入为例，生成相应的函数文件如下：

```
function data = importfile(workbookFile, sheetName, range)
%IMPORTFILE Import numeric data from a spreadsheet
%   DATA = IMPORTFILE(FILE) reads all numeric data from the first worksheet
%   in the Microsoft Excel spreadsheet file named FILE and returns the
%   numeric data.
%
%   DATA = IMPORTFILE(FILE,SHEET) reads from the specified worksheet.
%
%   DATA = IMPORTFILE(FILE,SHEET,RANGE) reads from the specified worksheet
%   and from the specified RANGE. Specify RANGE using the syntax
%   'C1:C2',where C1 and C2 are opposing corners of the region.
%
%    Non - numeric cells are replaced with: 0.0
%
% Example:
```

```
%    untitled = importfile('examp02_14.xls','Sheet1','A2:H52');
%
%    See also XLSREAD.

% Auto - generated by MATLAB on 2012/07/19 16:07:25

% % Input handling

% If no sheet is specified, read first sheet
if nargin == 1 || isempty(sheetName)
    sheetName = 1;
end

% If no range is specified, read all data
if nargin <= 2 || isempty(range)
    range = '';
end

% % Import the data
[~, ~, raw] = xlsread(workbookFile, sheetName, range);

% % Replace non - numeric cells with 0.0
R = cellfun(@(x) ~isnumeric(x) || isnan(x),raw); % Find non - numeric cells
raw(R) = {0.0}; % Replace non - numeric cells

% % Create output variable
data = cell2mat(raw);
```

此函数的注释部分给出了函数的3种调用方法,用户可将此函数作为读取Excel文件的标准函数使用。

2.3.2 调用xlsread函数读取数据

数据导入向导在导入Excel文件时调用了xlsread函数,xlsread函数用来读取Excel工作表中的数据。原理是这样的,当用户系统安装有Excel时,MATLAB创建Excel服务器(请参考第14章内容),通过服务器接口读取数据。当用户系统没有安装Excel或MATLAB不能访问COM服务器时,MATLAB利用基本模式(basic mode)读取数据,即把Excel文件作为二进制映像文件读取进来,然后读取其中的数据。xlsread函数的调用格式如下:

1) **num = xlsread(filename)**

读取由filename指定的Excel文件中第1个工作表中的数据,返回一个双精度矩阵num。输入参数filename是由单引号括起来的字符串。

当Excel工作表的顶部或底部有一个或多个非数字行(如图2.3-1中的第1行),左边或右边有一个或多个非数字列(如图2.3-1中的第H列)时,在输出中不包括这些行和列。例如,xlsread会忽略一个电子表格顶部的文字说明。

如图2.3-1中的第D列,它是一个处于内部的列。对于内部的行或列,即使它有部分非数字单元格,甚至全部都是非数字单元格,xlsread也不会忽略这样的行或列。在读取的矩阵num中,非数字单元格位置用NaN代替。

2) **num = xlsread(filename, -1)**

在 Excel 界面中打开数据文件，允许用户交互式选取要读取的工作表以及工作表中需要导入的数据区域。这种调用会弹出一个提示界面，提示用户选择 Excel 工作表中的数据区域。在某个工作表上单击并拖动鼠标即可选择数据区域，然后单击提示界面上的"确定"按钮即可导入所选区域的数据。

3) **num = xlsread(filename, sheet)**

用参数 sheet 指定读取的工作表。sheet 可以是单引号括起来的字符串，也可以是正整数，当是字符串时，用来指定工作表的名字；当是正整数时，用来指定工作表的序号。

4) **num = xlsread(filename, range)**

用参数 range 指定读取的单元格区域。range 是字符串，为了区分 sheet 和 range 参数，range 参数必需是包含冒号，形如 'C1:C2' 的表示区域的字符串。若 range 参数中没有冒号，xlsread 就会把它作为工作表的名字或序号，这就可能导致错误。

5) **num = xlsread(filename, sheet, range)**

同时指定工作表和工作表区域。此时 range 参数可以是 Excel 文件中定义的区域的名字。

【例 2.3-2】 用 xlsread 函数读取文件 examp02_14.xls 第 1 个工作表中区域 A2:H4 的数据。命令及结果如下：

```
% 读取文件 examp02_14.xls 第 1 个工作表中单元格 A2:H4 中的数据
% 第一种方式：
>> num1  = xlsread('examp02_14.xls', 'A2:H4')      % 返回读取的数据矩阵 num1

num1  =

         1     60101     6010101      NaN      21      42      63
         2     60101     6010102      NaN      25      48      73
         3     60101     6010103      NaN       0       0       0
% 第二种方式：
>> num2 = xlsread('examp02_14.xls', 1, 'A2:H4')      % 返回读取的数据矩阵 num2

num2  =

         1     60101     6010101      NaN      21      42      63
         2     60101     6010102      NaN      25      48      73
         3     60101     6010103      NaN       0       0       0
% 第三种方式：
>> num3 = xlsread('examp02_14.xls', 'Sheet1', 'A2:H4')      % 返回读取的数据矩阵 num3

num3 =

         1     60101     6010101      NaN      21      42      63
         2     60101     6010102      NaN      25      48      73
         3     60101     6010103      NaN       0       0       0
```

6) **num = xlsread(filename, sheet, range, 'basic')**

用基本模式(Basic mode)读取数据。当用户系统没有安装 Excel 时，用这种模式导入数据,此时导入功能受限,range 参数的值会被忽略,可以设定 range 参数的值为空字符串(''),而 sheet 参数必须是字符串,此时读取的是整个工作表中的数据。

7) **num = xlsread(filename, …, functionhandle)**

在读取电子表格里的数据之前,先调用由函数句柄 functionhandle 指定的函数。它允许用户在读取数据之前对数据进行一些操作,例如在读取之前变换数据类型。

用户可以编写自己的函数,把函数句柄传递给 xlsread 函数。当调用 xlsread 函数时,它从电子表格读取数据,把用户函数作用在这些数据上,然后返回最终结果。xlsread 函数在调用用户函数时,它通过 Excel 服务器 Range 对象的接口访问电子表格的数据,所以用户函数必须包括作为输入输出的接口。

【例 2.3-3】 将文件 examp02_14.xls 第 1 个工作表中 A2 至 C3 单元格中的数据加 1,并读取变换后的数据。

首先编写用户函数如下:

```
function DataRange = setplusone1(DataRange)
for k = 1:DataRange.Count
   DataRange.Value{k} = DataRange.Value{k} + 1;      % 将单元格取值加 1
end
```

用户函数中的输入和输出均为 DataRange,其实它就是一个变量名,用户可以随便指定。当 xlsread 函数调用用户函数时,会通过 DataRange 参数传递 Range 对象的接口,默认情况下传递的是第 1 个工作表对象的 UsedRange 接口,用户函数通过这个接口访问工作表中的数据。

把用户函数句柄作为 xlsread 函数的最后一个输入,可以如下调用:

```
% 读取文件 examp02_14.xls 第 1 个工作表中单元格 A2:C3 中的数据,将数据分别加 1 后返回
>> convertdata = xlsread('examp02_14.xls', '', 'A2:C3', '', @setplusone1)

convertdata =

          2         60102        6010102
          3         60102        6010103
```

8) **[num, txt] = xlsread(filename, …)**

返回数字矩阵 num 和文本数据 txt。txt 是一个元胞数组,如同例 2.3-1 中的 textdata,txt 中与数字对应位置的元胞为空字符串('')。

9) **[num, txt, raw] = xlsread(filename, …)**

num 和 txt 的解释同上,返回的 raw 为未经处理的元胞数组,既包含数字,又包含文本数据。

10) **[num, txt, raw, X] = xlsread(filename, …, functionhandle)**

返回用户函数的额外的输出 X。此时的用户函数应有两个输出,第 1 个输出为 Range 对象的接口,第 2 个输出为这里的 X。

例如,可以将例 2.3-3 中的用户函数增加一个输出,变为如下形式:

```
function [DataRange, customdata] = setplusone2(DataRange)
for k = 1:DataRange.Count
    DataRange.Value{k} = DataRange.Value{k} + 1;      % 将单元格取值加 1
    customdata(k) = DataRange.Value{k};       % 把单元格取值赋给变量 customdata
end
% 按照所选区域中单元格行数和列数把向量 customdata 变为矩阵
customdata = reshape(customdata, DataRange.Rows.Count, DataRange.Columns.Count);
```

把函数句柄作为 xlsread 函数的最后一个输入，读取文件 examp02_14.xls 第 1 个工作表中 A2～H2 单元格中的数据，命令如下：

```
% 读取文件 examp02_14.xls 第 1 个工作表中单元格 A2:H2 中的数据，将读取到的数据分别加 1
% 返回数值矩阵 num，文本矩阵 txt，元胞数组 raw，变换后数值矩阵 X
>> [num, txt, raw, X] = xlsread('examp02_14.xls', '', 'A2:H2', '', @setplusone2)

num =

     2     60102     6010102     NaN     22     43     64

txt =

     {}

raw =

    [2]    [60102]    [6010102]    [NaN]    [22]    [43]    [64]    [NaN]

X =

     2    60102    6010102     NaN     22     43     64     NaN
```

11）**xlsread filename sheet range basic**

命令行方式调用的一个例子。此时 sheet 参数必须是字符串（例如 Sheet4），当 sheet 参数中有空格时，必须用单引号括起来（例如 'Income 2002'）。

2.4　案例 4：把数据写入 Excel 文件

xlswrite 函数用来将数据矩阵 M 写入 Excel 文件，它有以下 7 种调用格式：

```
xlswrite(filename, M)
xlswrite(filename, M, sheet)
xlswrite(filename, M, range)
xlswrite(filename, M, sheet, range)
status = xlswrite(filename, …)
[status, message] = xlswrite(filename, …)
xlswrite filename M sheet range
```

其中前 6 种为函数方式调用，最后一种为命令行方式调用。参数 filename 为字符串变量，用来指定文件名和文件路径。若 filename 指定的文件不存在,则创建一个新文件,文件的扩展名决定了 Excel 文件的格式。若扩展名为". xls",则创建一个 Excel 97－2003 下的文件;若扩展名为". xlsx"、". xlsb"或". xlsm",则创建一个 Excel 2007 格式的文件。

M 可以是一个 m×n 的数值型矩阵或字符型矩阵,也可以是一个 m×n 的元胞数组,此时每一个元胞只包含一个元素。由于不同版本的 Excel 所能支持的最大行数和列数是不一样的,所以能写入的最大矩阵的大小取决于 Excel 的版本。

Sheet 用来指定工作表,可以是代表工作表序号的正整数,也可以是代表工作表名称的字符串。需要注意的是,Sheet 参数中不能有冒号。若由 Sheet 指定名称的工作表不存在,则在所有工作表的后面插入一个新的工作表。若 Sheet 为正整数,并且大于工作表的总数,则追加多个空的工作表直到工作表的总数等于 Sheet。这两种情况都会产生一个警告信息,表明增加了新的工作表。

range 用来指定单元格区域。对于 xlswrite 函数的第 3 种调用,range 参数必需是包含冒号,形如 'C1:C2' 的表示单元格区域的字符串。当同时指定 sheet 和 range 参数时(如第 4 种调用),range 可以是形如 'A2' 的形式。xlswrite 函数不能识别已命名区域的名称。range 指定的单元格区域的大小应与 M 的大小相匹配,若单元格区域超过了 M 的大小,则多余的单元格用 # N/A 填充,若单元格区域比 M 的大小还要小,则只写入与单元格区域相匹配的部分数据。

输出 status 反映了写操作完成的情况,若成功完成,则 status 等于 1(真),否则,status 等于 0(假)。只有在指定输出参数的情况下,xlswrite 函数才返回 status 的值。

输出 message 中包含了写操作过程中的警告和错误信息,它是一个结构体变量,有两个字段:message 和 identifier。其中,message 是包含警告和错误信息的字符串,identifier 也是字符串,包含了警告和错误信息的标识符。

【例 2.4-1】 生成一个 10×10 的随机数矩阵,将它写入 Excel 文件 examp02_15. xls 的第 2 个工作表的指定区域。

```
>> x = rand(10);     % 生成一个 10 行 10 列的随机矩阵,其元素服从[0,1]上的均匀分布
% 把矩阵 x 写入文件 examp02_15.xls 的第 2 个工作表中的单元格区域 D6:M15,并返回操作信息
>> [s,t] = xlswrite('examp02_15.xls', x, 2, 'D6:M15')

s =

     1


t =

       message: ''
    identifier: ''
```

上面返回的操作信息变量 s=1,变量 t 的 message 字段为空,说明操作成功,没有出现任何警告,数据被写入文件 examp02_15. xls 的指定位置。

【例 2.4-2】 定义一个元胞数组,将它写入 Excel 文件 examp02_15. xls 的自命名工作表的指定区域。

```
>> x = {1,60101,6010101,'陈亮',63,'';2,60101,6010102,'李旭',73,'';3,60101,...
6010103,'刘鹏飞',0,'缺考'}      % 定义一个元胞数组

x =

    [1]    [60101]    [6010101]    '陈亮'      [63]        ''
    [2]    [60101]    [6010102]    '李旭'      [73]        ''
    [3]    [60101]    [6010103]    '刘鹏飞'    [ 0]    '缺考'

% 把元胞数组 x 写入文件 examp02_15.xls 的指定工作表(xiezhh)中的单元格区域 A3:F5
>> xlswrite('examp02_15.xls', x, 'xiezhh', 'A3:F5')
Warning: Added specified worksheet.
> In xlswrite>activate_sheet at 285
  In xlswrite>ExecuteWrite at 249
  In xlswrite at 207
```

上面写入数据的操作返回了一个警告信息："Warning: Added specified worksheet"，说明文件 examp02_15. xls 中指定的工作表 xiezhh 不存在，此时新插入一个名称为 xiezhh 的工作表。

【例 2.4－3】 读取文件 examp02_14. xls 中的数值型数据，并将读取的数据写入文件 examp02_15. xls 的自命名工作表的默认区域。

```
>> num = xlsread('examp02_14.xls');      % 读取文件 examp02_14.xls 中的数值型数据
% 把读取的数据 num 写入文件 examp02_15.xls 中的名称为'成绩'的工作表的默认区域
>> xlswrite('examp02_15.xls', num, '成绩')
```

第3章 数据的预处理

数据导入到 MATLAB之后，通常需要对数据进行一些预处理，例如平滑处理(或去噪)、标准化变换和极差归一化变换等。本章以案例形式介绍数据预处理的 MATLAB 实现。

3.1 案例5：数据的平滑处理

在对时间序列数据(如信号数据或股票价格数据)进行统计分析时，往往需要对数据进行平滑处理，本节介绍基于 MATLAB 的数据平滑方法，主要介绍 smooth 函数、smoothts 函数和 medfilt1 函数的用法。

3.1.1 smooth 函数

MATLAB 曲线拟合工具箱中提供了 smooth 函数，用来对数据进行平滑处理，其调用格式如下：

1) **yy = smooth(y)**

利用移动平均滤波器对列向量 y 进行平滑处理，返回与 y 等长的列向量 yy。移动平均滤波器的默认窗宽为 5，yy 中元素的计算方法如下：

```
yy(1)=y(1)
yy(2)=(y(1) + y(2) + y(3))/3
yy(3)=(y(1) + y(2) + y(3) + y(4) + y(5))/5
yy(4)=(y(2) + y(3) + y(4) + y(5) + y(6))/5
yy(5)=(y(3) + y(4) + y(5) + y(6) +y(7))/5
...
```

2) **yy = smooth(y,span)**

用 span 参数指定移动平均滤波器的窗宽，函数内部会强制将 span 变为奇数。

3) **yy = smooth(y,method)**

用 method 参数指定平滑数据的方法，method 是字符串变量，可用的字符串如表 3.1-1 所列。

4) **yy = smooth(y,span,method)**

对于由 method 参数指定的平滑方法，用 span 参数指定滤波器的窗宽。对于 loess 和 lowess 方法，span 是一个小于或等于 1 的数，表示占全体数据点总数的比例；对于移动平均法和 Savitzky - Golay 法，span 必须是一个正的奇数，只要用户输入的 span 是一个正数，smooth 函数内部会自动把 span 转为正的奇数。

表 3.1-1　smooth 函数支持的 method 参数值列表

method 参数值	说　明
'moving'	移动平均法（默认情况）。一个低通滤波器，滤波系数为窗宽的倒数
'lowess'	局部回归（加权线性最小二乘和一个一阶多项式模型）
'loess'	局部回归（加权线性最小二乘和一个二阶多项式模型）
'sgolay'	Savitzky-Golay 滤波。一种广义移动平均法，滤波系数由不加权线性最小二乘回归和一个多项式模型确定，多项式模型的阶数可以指定（默认为 2）
'rlowess'	'lowess' 方法的稳健形式。异常值被赋予较小的权重，6 倍的平均绝对偏差以外的数据的权重为 0
'rloess'	'loess' 方法的稳健形式。异常值被赋予较小的权重，6 倍的平均绝对偏差以外的数据的权重为 0

5）**yy = smooth(y,'sgolay',degree)**

利用 Savitzky-Golay 方法平滑数据，此时用 degree 参数指定多项式模型的阶数。degree 是一个整数，取值介于 0～(span－1)之间。

6）**yy = smooth(y,span,'sgolay',degree)**

用 span 参数指定 Savitzky-Golay 滤波器的窗宽。span 必须是一个正的奇数，degree 是一个整数，取值介于 0～(span－1)之间。

7）**yy = smooth(x,y,…)**

同时指定 x 数据。如果没有指定 x，smooth 函数中自动令 x=1:length(y)。当 x 是非均匀数据或经过排序的数据时，用户应指定 x 数据。如果 x 是非均匀数据而用户没有指定 method 参数，smooth 函数自动用 lowess 方法。如果数据平滑方法要求 x 是经过排序的数据，smooth 函数自动对 x 进行排序。

【例 3.1-1】　产生一列正弦波信号，加入噪声信号，然后调用 smooth 函数对加入噪声的正弦波进行滤波（平滑处理）。

```
>> t = linspace(0,2 * pi,500)';          % 产生一个从 0 到 2 * pi 的向量，长度为 500
>> y = 100 * sin(t);                     % 产生正弦波信号
% 产生 500 行 1 列的服从 N(0,15²)分布的随机数，作为噪声信号
>> noise = normrnd(0,15,500,1);
>> y = y + noise;                        % 将正弦波信号加入噪声信号
>> figure;                               % 新建一个图形窗口
>> plot(t,y);                            % 绘制加噪波形图
>> xlabel('t');                          % 为 X 轴加标签
>> ylabel('y = sin(t) + 噪声 ');          % 为 Y 轴加标签

>> yy1 = smooth(y,30);                   % 利用移动平均法对 y 进行平滑处理
>> figure;                               % 新建一个图形窗口
>> plot(t,y,'k:');                       % 绘制加噪波形图
>> hold on;
>> plot(t,yy1,'k','linewidth',3);        % 绘制平滑后波形图
```

```
>> xlabel('t');                        % 为X轴加标签
>> ylabel('moving');                   % 为Y轴加标签
>> legend('加噪波形','平滑后波形');

>> yy2 = smooth(y,30,'lowess');        % 利用lowess方法对y进行平滑处理
>> figure;                             % 新建一个图形窗口
>> plot(t,y,'k:');                     % 绘制加噪波形图
>> hold on;
>> plot(t,yy2,'k','linewidth',3);      % 绘制平滑后波形图
>> xlabel('t');                        % 为X轴加标签
>> ylabel('lowess');                   % 为Y轴加标签
>> legend('加噪波形','平滑后波形');

>> yy3 = smooth(y,30,'rlowess');       % 利用rlowess方法对y进行平滑处理
>> figure;                             % 新建一个图形窗口
>> plot(t,y,'k:');                     % 绘制加噪波形图
>> hold on;
>> plot(t,yy3,'k','linewidth',3);      % 绘制平滑后波形图
>> xlabel('t');                        % 为X轴加标签
>> ylabel('rlowess');                  % 为Y轴加标签
>> legend('加噪波形','平滑后波形');

>> yy4  = smooth(y,30,'loess');        % 利用loess方法对y进行平滑处理
>> figure;                             % 新建一个图形窗口
>> plot(t,y,'k:');                     % 绘制加噪波形图
>> hold on;
>> plot(t,yy4,'k','linewidth',3);      % 绘制平滑后波形图
>> xlabel('t');                        % 为X轴加标签
>> ylabel('loess');                    % 为Y轴加标签
>> legend('加噪波形','平滑后波形');

>> yy5  = smooth(y,30,'sgolay',3);     % 利用sgolay方法对y进行平滑处理
>> figure;                             % 新建一个图形窗口
>> plot(t,y,'k:');                     % 绘制加噪波形图
>> hold on;
>> plot(t,yy5,'k','linewidth',3);      % 绘制平滑后波形图
>> xlabel('t');                        % 为X轴加标签
>> ylabel('sgolay');                   % 为Y轴加标签
>> legend('加噪波形','平滑后波形');
```

上面命令产生了一个周期上的正弦波信号,并加上了正态分布随机数作为噪声信号,然后调用smooth函数,设置相同的窗宽,用5种方法对加噪后信号进行了平滑处理,做出的加噪波形图和平滑后波形图如图3.1-1所示,从图3.1-1(b)～图3.1-1(f)可以清楚地看出各种方法的平滑效果。总的来说,5种方法的平滑效果都还不错,比较好地滤除了噪声,反映了数据的总体规律。实际上随着窗宽的增大,平滑后的曲线会越来越光滑,但过于光滑也可能造成失真。

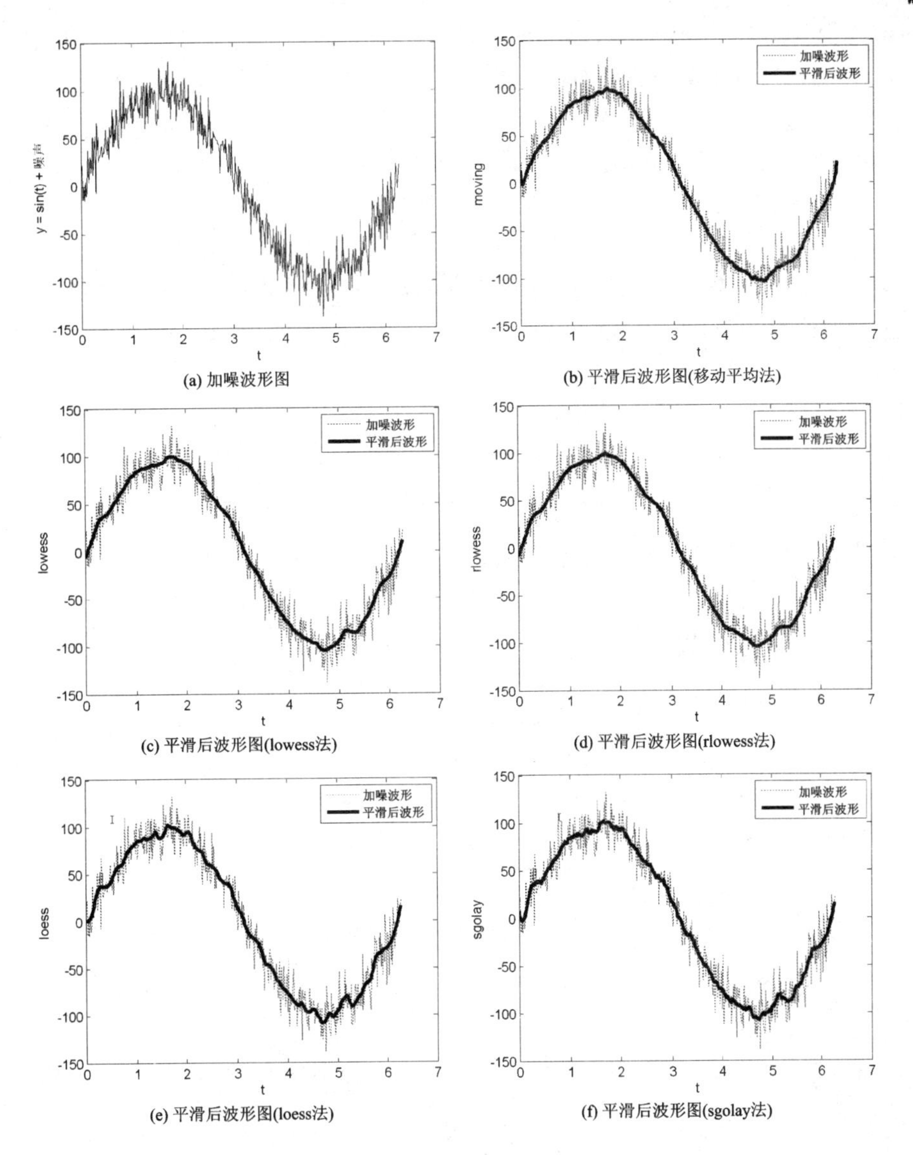

(a) 加噪波形图　(b) 平滑后波形图(移动平均法)

(c) 平滑后波形图(lowess法)　(d) 平滑后波形图(rlowess法)

(e) 平滑后波形图(loess法)　(f) 平滑后波形图(sgolay法)

图 3.1-1　数据平滑示意图(smooth 函数)

3.1.2　smoothts 函数

MATLAB 金融工具箱中提供了 smoothts 函数，也可用来对数据进行平滑处理，其调用格式如下：

```
output = smoothts(input)
output = smoothts(input, 'b', wsize)
output = smoothts(input, 'g', wsize, stdev)
output = smoothts(input, 'e', n)
```

smoothts 函数的输入参数 input 是一个金融时间序列对象或行导向矩阵，其中金融时间序列对象是 MATLAB 中由 ascii2fts 或 fints 函数所创建的一种对象，行导向矩阵是指用行表示观测数据集的矩阵，若 input 是一个行导向矩阵，input 的每一行都是一个单独的观测集。

以上调用格式中的 'b','g',或 'e' 表示不同的数据平滑方法,其中 'b' 表示盒子法(Box method,默认情况),'g' 表示高斯窗方法(Gaussian window method),'e' 表示指数法(Exponential method)。输入参数 wsize 是一个标量,用来指定各种数据平滑方法的窗宽,默认窗宽为 5。输入参数 stdev 也是一个标量,用来指定高斯窗方法的标准差,默认值为 0.65。对于指数法,输入参数 n 用来指定窗宽(wsize,默认值为 5)或指数因子(alpha,默认值为 0.3333),当 n > 1 时,n 是窗宽;当 0 < n < 1 时,n 是指数因子;当 n = 1 时,n 即是窗宽,又是指数因子。smoothts 函数的输出参数 output 是平滑后数据,若 input 是一个金融时间序列对象,output 也是一个金融时间序列对象;若 input 是一个行导向矩阵,output 也是一个同样长度的行导向矩阵。

【例 3.1-2】 现有上海股市日开盘价、最高价、最低价、收盘价、收益率等数据,时间跨度为 2005 年 1 月 4 日至 2007 年 4 月 3 日,共 510 组数据。完整数据保存在文件 examp03_02.xls 中,其中部分数据如图 3.1-2 所示,日收盘价曲线如图 3.1-3(a)所示。试调用 smoothts 函数对日收盘价数据进行平滑处理。

	A	B	C	D	E	F	G
1	日期	开盘价	最高价	最低价	收盘价	收益率	
2	2005-1-4	1260.78	1260.78	1238.18	1242.77	-0.01428	
3	2005-1-5	1241.68	1258.58	1235.75	1251.94	0.008263	
4	2005-1-6	1252.49	1252.74	1234.24	1239.43	-0.01043	
5	2005-1-7	1239.32	1256.31	1235.51	1244.75	0.004381	
6	2005-1-10	1243.58	1252.72	1236.09	1252.4	0.007092	
7	2005-1-11	1252.71	1260.87	1247.84	1257.46	0.003792	
8	2005-1-12	1257.17	1257.19	1246.42	1256.92	-0.0002	
9	2005-1-13	1255.72	1259.5	1251.02	1256.31	0.00047	
10	2005-1-14	1255.87	1268.86	1243.87	1245.62	-0.00816	
11	2005-1-17	1235.57	1236.4	1214.07	1216.65	-0.01531	
12	2005-1-18	1215.78	1226.04	1207.05	1225.45	0.007954	
13	2005-1-19	1225.08	1225.08	1214.64	1218.11	-0.00569	
14	2005-1-20	1213.37	1213.96	1199.17	1204.39	-0.0074	

图 3.1-2　上海股市日开盘价、最高价、最低价、收盘价、收益率等部分数据

```
>> x = xlsread('examp03_02.xls');                 % 从文件 examp03_02.xls 中读取数据
>> price = x(:,4)';                               % 提取矩阵 x 的第 4 列数据,即收盘价数据
>> figure;                                        % 新建一个图形窗口
>> plot(price,'k','LineWidth',2);                 % 绘制日收盘价曲线图,黑色实线,线宽为 2

>> xlabel('观测序号'); ylabel('上海股市日收盘价');   % 为 X 轴和 Y 轴加标签

>> output1 = smoothts(price,'b',30);              % 用盒子法平滑数据,窗宽为 30
>> output2 = smoothts(price,'b',100);             % 用盒子法平滑数据,窗宽为 100
>> figure;                                        % 新建一个图形窗口
>> plot(price,'.');                               % 绘制日收盘价散点图
>> hold on
>> plot(output1,'k','LineWidth',2);               % 绘制平滑后曲线图,黑色实线,线宽为 2
>> plot(output2,'k-.','LineWidth',2);             % 绘制平滑后曲线图,黑色点画线,线宽为 2
>> xlabel('观测序号'); ylabel('Box method');       % 为 X 轴和 Y 轴加标签
% 为图形加标注框
>> legend('原始散点','平滑曲线(窗宽 30)','平滑曲线(窗宽 100)','location','northwest');

% 用高斯窗方法平滑数据
>> output3 = smoothts(price,'g',30);              % 窗宽为 30,标准差为默认值 0.65
>> output4 = smoothts(price,'g',100,100);         % 窗宽为 100,标准差为 100
>> figure;                                        % 新建一个图形窗口
```

```
>> plot(price,'.');                                % 绘制日收盘价散点图
>> hold on
>> plot(output3,'k','LineWidth',2);                % 绘制平滑后曲线图,黑色实线,线宽为 2
>> plot(output4,'k-.','LineWidth',2);              % 绘制平滑后曲线图,黑色点画线,线宽为 2
>> xlabel('观测序号'); ylabel('Gaussian window method');   % 为 X 轴和 Y 轴加标签
>> legend('原始散点','平滑曲线(窗宽 30,标准差 0.65)',...
        '平滑曲线(窗宽 100,标准差 100)','location','northwest');

>> output5 = smoothts(price,'e',30);               % 用指数法平滑数据,窗宽为 30
>> output6 = smoothts(price,'e',100);              % 用指数法平滑数据,窗宽为 100
>> figure;                                         % 新建一个图形窗口
>> plot(price,'.');                                % 绘制日收盘价散点图
>> hold on
>> plot(output5,'k','LineWidth',2);                % 绘制平滑后曲线图,黑色实线,线宽为 2
>> plot(output6,'k-.','LineWidth',2);              % 绘制平滑后曲线图,黑色点画线,线宽为 2
>> xlabel('观测序号'); ylabel('Exponential method');   % 为 X 轴和 Y 轴加标签
>> legend('原始散点','平滑曲线(窗宽 30)','平滑曲线(窗宽 100)','location','northwest');
```

上面命令调用 smoothts 函数,用 3 种不同的方法(Box method、Gaussian window method 和 Exponential method),每种方法设定两种不同的窗宽,对上海股市日收盘价数据进行了平滑处理,作出的平滑曲线如图 3.1-3(b)至图 3.1-3(d)所示。如图 3.1-3(a)所示,上海股市日收盘价曲线比较曲折,不够光滑。从图 3.1-3 可以看出,前两种方法在端点处的平滑效果不是很好,最后一种方法在右尾部的处理有些失真。总的来说,在数据的中段,3 种方法的平滑效果都比较好,并且随着窗宽的增大,平滑后的曲线的光滑性也在增强,但光滑性增强的同时也造成了失真。

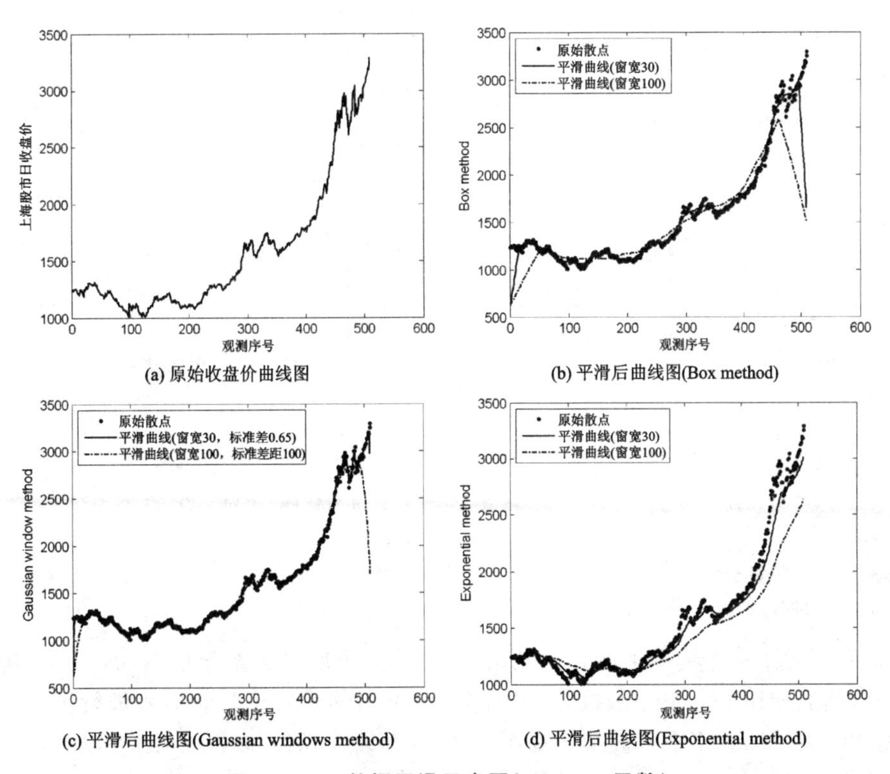

(a) 原始收盘价曲线图　(b) 平滑后曲线图(Box method)

(c) 平滑后曲线图(Gaussian windows method)　(d) 平滑后曲线图(Exponential method)

图 3.1-3　数据平滑示意图(smoothts 函数)

3.1.3 medfilt1 函数

MATLAB 信号处理工具箱中提供了 medfilt1 函数,用来对信号数据进行一维中值滤波,其调用格式如下:

1) **y = medfilt1(x,n)**

对向量 x 进行一维中值滤波,返回与 x 等长的向量 y。这里的 n 是窗宽参数,当 n 是奇数时,y 的第 k 个元素等于 x 的第 $k-\frac{n-1}{2}$ 个元素至第 $k+\frac{n-1}{2}$ 个元素的中位数;当 n 是偶数时,y 的第 k 个元素等于 x 的第 $k-\frac{n}{2}$ 个元素至第 $k+\frac{n}{2}-1$ 个元素的中位数。n 的默认值为 3。

2) **y = medfilt1(x,n,blksz)**

用 for 循环,每次循环输出 blksz 个计算值,默认情况下,blksz=length(x)。当 x 是一个矩阵时,通过循环对 x 的各列进行一维中值滤波,返回与 x 具有相同行数和列数的矩阵 y。

3) **y = medfilt1(x,n,blksz,dim)**

用 dim 参数指定沿 x 的哪个维进行滤波。

【例 3.1-3】 产生一列正弦波信号,加入噪声信号,然后调用 medfilt1 函数对加入噪声的正弦波进行滤波(平滑处理)。

```
>> t = linspace(0,2 * pi,500)';              % 产生一个从 0 到 2 * pi 的向量,长度为 500
>> y = 100 * sin(t);                          % 产生正弦波信号
% 产生 500 行 1 列的服从 N(0,15²)分布的随机数,作为噪声信号
>> noise = normrnd(0,15,500,1);
>> y = y + noise;                             % 将正弦波信号加入噪声信号
>> figure;                                    % 新建一个图形窗口
>> plot(t,y);                                 % 绘制加噪波形图
>> xlabel('t');                               % 为 X 轴加标签
>> ylabel('y = sin(t) + 噪声');               % 为 Y 轴加标签

% 调用 medfilt1 对加噪正弦波信号 y 进行中值滤波,并绘制波形图
>> yy = medfilt1(y,30);                       % 指定窗宽为 30,对 y 进行中值滤波
>> figure;                                    % 新建一个图形窗口
>> plot(t,y,'k:');                            % 绘制加噪波形图
>> hold on
>> plot(t,yy,'k','LineWidth',3);              % 绘制平滑后曲线图,黑色实线,线宽为 3
>> xlabel('t');                               % 为 X 轴加标签
>> ylabel('中值滤波');                        % 为 Y 轴加标签
>> legend('加噪波形','平滑后波形');
```

上面命令产生了一个周期上的正弦波信号,并加上了取自正态分布 $N(0,15^2)$ 的随机数作为噪声信号,然后调用 medfilt1 函数,设置窗宽为 30,对加噪后正弦波信号进行了一维中值滤波,作出的加噪波形图和平滑后波形图如图 3.1-4 所示。从图 3.1-4(b)可以看出中值滤波比较好地滤除了噪声,反映了数据的总体规律。

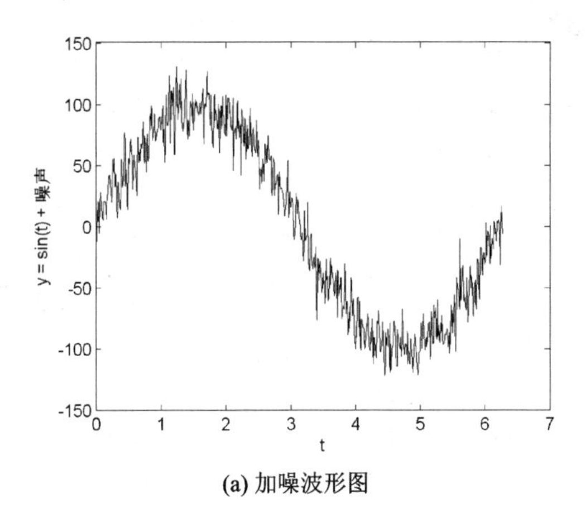

(a) 加噪波形图

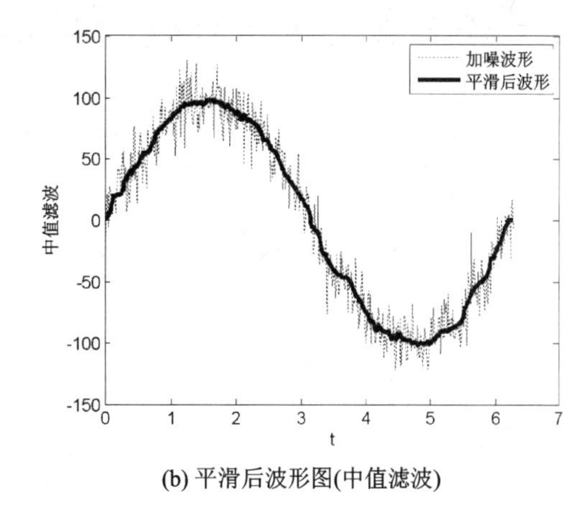

(b) 平滑后波形图(中值滤波)

图 3.1－4　数据平滑示意图(medfilt1 函数)

3.2　案例 6:数据的标准化变换

对于多元数据,当各变量的量纲和数量级不一致时,往往需要对数据进行变换处理,以消除量纲和数量级的限制,以便进行后续的统计分析。本节和 3.3 节将介绍两种常用的数据变换方法:标准化变换和极差归一化变换。

3.2.1　标准化变换公式

设 p 维向量 $\boldsymbol{X}=(X_1,X_2,\cdots,X_p)$ 的观测值矩阵为

$$\boldsymbol{X}=\begin{bmatrix} x_{11} & x_{12} & \cdots & x_{1p} \\ x_{21} & x_{22} & \cdots & x_{2p} \\ \vdots & \vdots & & \vdots \\ x_{n1} & x_{n2} & \cdots & x_{np} \end{bmatrix} \tag{3.2-1}$$

标准化变换后的观测值矩阵为

$$\boldsymbol{X}^*=\begin{bmatrix} x_{11}^* & x_{12}^* & \cdots & x_{1p}^* \\ x_{21}^* & x_{22}^* & \cdots & x_{2p}^* \\ \vdots & \vdots & & \vdots \\ x_{n1}^* & x_{n2}^* & \cdots & x_{np}^* \end{bmatrix}$$

其中

$$x_{ij}^*=\frac{x_{ij}-\bar{x}_j}{\sqrt{s_{jj}}},\qquad i=1,2,\cdots,n;j=1,2,\cdots,p$$

$$\bar{x}_j=\frac{1}{n}\sum_{i=1}^{n}x_{ij},\sqrt{s_{jj}}=\sqrt{\frac{1}{n-1}\sum_{i=1}^{n}(x_{ij}-\bar{x}_j)^2},\quad j=1,2,\cdots,p \tag{3.2-2}$$

式中,$\bar{x}_j$ 为变量 X_j 的观测值的平均值;s_{jj} 为变量 X_j 的观测值的方差;$\sqrt{s_{jj}}$ 为标准差。经过标准化变换后,矩阵 $\boldsymbol{X}^*$ 的各列的均值均为 0,标准差均为 1。

3.2.2 标准化变换的MATLAB实现

MATLAB统计工具箱中提供了zscore函数,用来作数据的标准化变换,其调用格式如下:

1) **Z = zscore(X)**

对X进行标准化变换,这里X可以是一个向量、矩阵或高维数组。若X是一个向量,返回变换后结果向量Z=(X - mean(X))./std(X);若X是一个矩阵,则用X的每一列的均值和标准差对该列进行标准化变换,返回变换后矩阵Z;若X是一个高维数组,则沿X的首个非单一维方向计算均值和标准差,然后对X进行标准化变换,返回变换后高维数组Z。例如X是一个1×1×1×10的4维数组,由于X的前3维均为单一维,于是计算X的第4维方向上的均值和标准差,对X进行标准化变换,返回的Z也是一个1×1×1×10的4维数组。

2) **[Z,mu,sigma] = zscore(X)**

返回X的均值mu=mean(X)和标准差sigma=std(X)。

3) **[…] = zscore(X,1)**

计算标准差时除以样本容量n而不是$n-1$,即

$$\sqrt{s_{jj}} = \sqrt{\frac{1}{n}\sum_{i=1}^{n}(x_{ij} - \bar{x}_j)^2} \tag{3.2-3}$$

zscore(X,0)等价于zscore(X)。

4) **[…] = zscore(X,flag,dim)**

用flag参数指定标准差的计算公式,若flag=0,用式(3.2-2);若flag=1,用式(3.2-3)。用dim参数指定沿X的哪个维进行标准化变换,例如dim=1,表示对X的各列进行标准化变换;dim=2,表示对X的各行进行标准化变换。

【例3.2-1】 调用rand函数产生一个随机矩阵,调用zscore函数对其按列进行标准化变换,然后作逆变换。

```
>> rand('seed',1);      % 设置随机数生成器的初始种子为1
% 调用rand函数产生一个5行、4列的随机矩阵,每列服从不同的均匀分布
>> x = [rand(5,1), 5 * rand(5,1), 10 * rand(5,1), 500 * rand(5,1)]

x =

    0.5129    3.5462    1.9215    215.9352
    0.4605    0.5798    4.7136    223.0174
    0.3504    0.3904    1.4492    254.1658
    0.0950    1.8463    7.1784    264.0439
    0.4337    0.1681    6.6171    286.4390

% 调用zscore函数对x进行标准化变换(按列标准化),
% 返回变换后矩阵xz,以及矩阵x各列的均值构成的向量mu,各列的标准差构成的向量sigma
>> [xz,mu,sigma] = zscore(x)

xz =
```

```
     0.8641     1.5868    -0.9347    -1.1208
     0.5460    -0.5145     0.1286    -0.8787
    -0.1220    -0.6487    -1.1146     0.1862
    -1.6714     0.3826     1.0672     0.5239
     0.3833    -0.8062     0.8535     1.2895

mu =

    0.3705    1.3062    4.3760  248.7203

sigma =

    0.1648    1.4116    2.6259   29.2518

>> mean(xz)      % 求标准化后矩阵xz的各列的均值

ans =

   1.0e-15 *

    0.0222   -0.0666    0.0666   -0.5773

>> std(xz)      % 求标准化后矩阵xz的各列的标准差

ans =

    1.0000    1.0000    1.0000    1.0000

>> x0 = bsxfun(@plus, bsxfun(@times, xz, sigma), mu)      % 逆标准化变换

x0 =

    0.5129    3.5462    1.9215  215.9352
    0.4605    0.5798    4.7136  223.0174
    0.3504    0.3904    1.4492  254.1658
    0.0950    1.8463    7.1784  264.0439
    0.4337    0.1681    6.6171  286.4390
```

3.3 案例7:数据的极差归一化变换

3.3.1 极差归一化变换公式

对于式(3.2-1)所示的观测值矩阵 $\boldsymbol{X}$,极差归一化变换后的矩阵为

$$\boldsymbol{X}^R = \begin{pmatrix} x_{11}^R & x_{12}^R & \cdots & x_{1p}^R \\ x_{21}^R & x_{22}^R & \cdots & x_{2p}^R \\ \vdots & \vdots & & \vdots \\ x_{n1}^R & x_{n2}^R & \cdots & x_{np}^R \end{pmatrix}$$

其中

$$x_{ij}^R = \frac{x_{ij} - \min\limits_{1\leqslant k\leqslant n} x_{kj}}{\max\limits_{1\leqslant k\leqslant n} x_{kj} - \min\limits_{1\leqslant k\leqslant n} x_{kj}}, \qquad i = 1,2,\cdots,n;\ j = 1,2,\cdots,p$$

这里 $\min\limits_{1\leqslant k\leqslant n} x_{kj}$ 为变量 X_j 的观测值的最小值,$\max\limits_{1\leqslant k\leqslant n} x_{kj} - \min\limits_{1\leqslant k\leqslant n} x_{kj}$ 为变量 X_j 的观测值的极差。经过极差归一化变换后,矩阵 $\boldsymbol{X}^R$ 的每个元素的取值均在 0～1 之间。

3.3.2 极差归一化变换的MATLAB实现

1. rscore函数

MATLAB统计工具箱中没有提供用来进行极差归一化变换的函数,作者根据极差归一化变换的原理编写了rscore函数,代码如下:

```
function [R,xmin,xrange] = rscore(x,dim)
%极差归一化变换
%    R = rscore(X) 对 X 进行极差归一化变换,这里 X 可以是一个向量、矩阵或高维数组。
%    若 X 是一个向量,返回变换后结果向量 R = (X - min(X))./range(X);若 X 是一个矩阵,
%    则用 X 的每一列的最小值和极差对该列进行极差归一化变换,返回变换后矩阵 R;若 X 是
%    一个高维数组,则沿 X 的首个非单一维方向计算最小值和极差,然后对 X 进行极差归一化
%    变换,返回变换后高维数组 R.  例如 X 是一个 1×1×1×4 的 4 维数组,由于 X 的前三维均
%    为单一维,于是计算 X 的第 4 维方向上的最小值和极差,对 X 进行极差归一化变换,返回
%    的 R 也是一个 1×1×1×4 的 4 维数组。
%
%    [R,xmin,xrange] = rscore(X) 还返回 X 的最小值 xmin = min(X)和极差 xrange = range(X)。
%
%    [...] = rscore(X,dim) 用 dim 参数指定沿 X 的哪个维进行极差归一化变换,例如 dim = 1,
%    表示对 X 的各列进行极差归一化变换;dim = 2,表示对 X 的各行进行极差归一化变换。
%
%    请参考 zscore, min 和 range  函数的用法
%
%    Copyright xiezhh.
%     $ Revision: 1.0.0.0 $    $ Date: 2009/12/2 15:58:36 $

if isequal(x,[]), R  = []; return; end

if nargin < 2
    % Figure out which dimension to work along.
    dim = find(size(x) ~= 1, 1);
    if isempty(dim), dim = 1; end
end

% Compute X's min and range, and standardize it
xmin = min(x,[],dim);
xrange = range(x,dim);
xrange0 = xrange;
xrange0(xrange0 == 0) = 1;
R = bsxfun(@minus,x, xmin);
R = bsxfun(@rdivide, R, xrange0);
```

以上代码的注释部分列出了rscore函数的3种调用方法,这里不再重述。

【例3.3-1】 调用rand函数产生一个随机矩阵,调用rscore函数对其按列进行极差归一化变换,然后作逆变换。

```
>> rand('seed',1);      % 设置随机数生成器的初始种子为 1
% 调用 rand 函数产生一个 5 行,4 列的随机矩阵,每列服从不同的均匀分布
>> x = [rand(5,1), 5 * rand(5,1), 10 * rand(5,1), 500 * rand(5,1)]

x =

    0.5129    3.5462    1.9215  215.9352
    0.4605    0.5798    4.7136  223.0174
    0.3504    0.3904    1.4492  254.1658
    0.0950    1.8463    7.1784  264.0439
    0.4337    0.1681    6.6171  286.4390

% 调用 rscore 函数对 x 按列进行极差归一化变换,
% 返回变换后矩阵 R,以及矩阵 x 各列的最小值构成的向量 xmin,各列的极差构成的向量 xrange
>> [R,xmin,xrange] = rscore(x)

R =

    1.0000    1.0000    0.0824         0
    0.8745    0.1219    0.5698    0.1005
    0.6111    0.0658         0    0.5422
         0    0.4968    1.0000    0.6824
    0.8104         0    0.9020    1.0000

xmin =

    0.0950    0.1681    1.4492  215.9352

xrange =

    0.4179    3.3780    5.7291   70.5038

>> x0 = bsxfun(@plus, bsxfun(@times, R, xrange), xmin)     % 逆极差归一化变换

x0 =

    0.5129    3.5462    1.9215  215.9352
    0.4605    0.5798    4.7136  223.0174
    0.3504    0.3904    1.4492  254.1658
    0.0950    1.8463    7.1784  264.0439
    0.4337    0.1681    6.6171  286.4390
```

从以上结果可以看到,矩阵 x 经过极差归一化变换后得到了矩阵 R,以及矩阵 x 各列的最小值构成的向量 xmin,各列的极差构成的向量 xrange。矩阵 x 的各列的最小值变为 0,最大值变为 1,因此变换后的矩阵 R 的每个元素的取值均在 0～1 之间,经过逆变换后又恢复回原始数据。

2. mapminmax 函数

MATLAB 神经网络工具箱中提供了 mapminmax 函数,用来作数据的映射变换,其常用调用格式如下:

```
[Y,PS] = mapminmax(X,YMIN,YMAX)    % 对矩阵 X 按行作映射变换
X = mapminmax('reverse',Y,PS)      % 对矩阵 Y 按行作逆映射变换
```

mapminmax 函数能将矩阵 X 中的每行数据均映射到区间[YMIN, YMAX]内,每行最小

值映射为 YMIN,最大值映射为 YMAX。mapminmax 函数还能对变换后矩阵 Y 作逆映射变换,恢复为原始数据矩阵 X。

【例 3.3-2】 调用 rand 函数产生一个随机矩阵,调用 mapminmax 函数对其按列进行极差归一化变换,然后作逆变换。

```
>> rand('seed',1);      % 设置随机数生成器的初始种子为 1
% 调用 rand 函数产生一个 5 行,4 列的随机矩阵,每列服从不同的均匀分布
>> x = [rand(5,1), 5 * rand(5,1), 10 * rand(5,1), 500 * rand(5,1)]

x =

    0.5129    3.5462    1.9215  215.9352
    0.4605    0.5798    4.7136  223.0174
    0.3504    0.3904    1.4492  254.1658
    0.0950    1.8463    7.1784  264.0439
    0.4337    0.1681    6.6171  286.4390

% 调用 mapminmax 函数对转置后的 x 按行进行极差归一化变换
>> [y,Ps] = mapminmax(x', 0, 1);
>> y'      % 查看变换后矩阵

ans =

    1.0000    1.0000    0.0824         0
    0.8745    0.1219    0.5698    0.1005
    0.6111    0.0658         0    0.5422
         0    0.4968    1.0000    0.6824
    0.8104         0    0.9020    1.0000

>> x0 = mapminmax('reverse',y,Ps)'      % 逆变换

x0 =

    0.5129    3.5462    1.9215  215.9352
    0.4605    0.5798    4.7136  223.0174
    0.3504    0.3904    1.4492  254.1658
    0.0950    1.8463    7.1784  264.0439
    0.4337    0.1681    6.6171  286.4390
```

第 4 章

概率分布与随机数

随着计算机技术的快速发展,随机数在越来越多的领域得到广泛应用,例如信息安全、网络游戏、计算机仿真和模拟计算等。本章将介绍常用概率分布及概率计算、利用 MATLAB 生成常见一元分布随机数、任意一元分布随机数、多元正态分布随机数和多元 t 分布随机数,以及基于随机数的蒙特卡洛方法。

真正的随机数是使用物理现象产生的:比如掷钱币、骰子、转轮、使用电子元件的噪音、核裂变等等。本章介绍的是由计算机按照一定数学方法生成的伪随机数,伪随机数并不是假随机数,这里的"伪"是有规律的意思。因为用数学方法产生的随机数列是根据确定的算法推算出来的,严格说来并不是随机的,因此一般称用数学方法产生的随机数列为伪随机数列。不过只要用数学公式产生出来的伪随机数列通过统计检验符合一些统计要求,如均匀性、抽样的随机性等,也就是说只要具有真正随机数列的一些统计特征,就可以把伪随机数列当作真正的随机数列使用。

4.1 案例 8:概率分布及概率计算

4.1.1 概率分布的定义

设 X 为一随机变量,对任意实数 x,定义

$$F(x) = P(X \leqslant x)$$

为 X 的**分布函数**。根据随机变量取值的特点,随机变量分为离散型和连续型两种。

若 X 为离散随机变量,其可能的取值为 $x_1, x_2, \cdots, x_n, \cdots$,称 $P(X=x_i)(i=1,2,\cdots,n,\cdots)$ 为 X 的**概率函数**(也称为**分布列**)。定义 $E(X) = \sum_i x_i P(X = x_i)$(若存在)为 X 的**数学期望**(也称**均值**)。

若随机变量 X 的分布函数可以表示为一个非负函数 $f(x)$ 的积分,即 $F(x) = \int_{-\infty}^{x} f(x)\mathrm{d}x$,则称 X 为连续型随机变量,称 $f(x)$ 为 X 的**概率密度函数**(简称密度函数)。定义 $E(X) = \int_{-\infty}^{+\infty} xf(x)\mathrm{d}x$(若存在) 为 X 的数学期望。

定义 $\mathrm{var}(X) = E\{[X - E(X)]^2\}$(若存在)为随机变量 X 的**方差**。

4.1.2 几种常用概率分布

1. 二项分布

若随机变量 X 的概率函数为

$$P(X = k) = C_n^k p^k (1-p)^{n-k}, \quad k = 0,1,\cdots,n; 0 < p < 1$$

则称 X 服从**二项分布**，记为 $X \sim B(n,p)$。其期望 $E(X) = np$，方差 $\mathrm{var}(X) = np(1-p)$。

这样一个实例就对应了一个二项分布，在 n 次独立重复试验中，若每次试验仅有两个结果，记为事件 A 和 $\overline{A}$（A 的对立事件），设 A 发生的概率为 p，n 次试验中 A 发生的次数为 X，则 $X \sim B(n, p)$。

2. 泊松分布

若随机变量 X 的概率函数为

$$P(X = k) = \frac{\lambda^k \mathrm{e}^{-\lambda}}{k!}, \quad k = 0,1,2,\cdots; \lambda > 0$$

则称 X 服从参数为 λ 的**泊松分布**，记为 $X \sim P(\lambda)$。其期望 $E(X)=\lambda$，方差 $\mathrm{var}(X)=\lambda$。

在生物学、医学、工业统计、保险科学及公用事业的排队等问题中，泊松分布是常见的。例如纺织厂生产的一批布匹上的疵点个数、电话总机在一段时间内收到的呼唤次数等都服从泊松分布。

3. 离散均匀分布

若随机变量 X 的概率函数为

$$P(X = x_i) = \frac{1}{n}, \quad i = 1,2,\cdots,n$$

则称 X 服从**离散的均匀分布**。

投掷一枚质地均匀的骰子，出现的点数服从离散均匀分布。

4. 连续均匀分布

若随机变量 X 的概率密度函数为

$$f(x) = \begin{cases} \dfrac{1}{b-a}, & a \leqslant x \leqslant b \\ 0, & \text{其他} \end{cases}$$

则称 X 服从区间 $[a, b]$ 上的连续均匀分布，记为 $X \sim U(a,b)$。其期望 $E(X)=\dfrac{a+b}{2}$，方差 $\mathrm{var}(X)=\dfrac{(b-a)^2}{12}$。

通常四舍五入取整所产生的误差服从 $(-0.5, 0.5)$ 上的均匀分布。在没指明分布的情况下，我们常说的随机数是指 $[0, 1]$ 上的均匀分布随机数。

5. 指数分布

若随机变量 X 的概率密度函数为

$$f(x) = \begin{cases} \dfrac{1}{\lambda}\mathrm{e}^{-\frac{x}{\lambda}}, & x > 0 \\ 0, & x \leqslant 0 \end{cases}$$

其中，$\lambda > 0$ 为参数，则称 X 服从**指数分布**，记为 $X \sim \mathrm{Exp}(\lambda)$。其期望 $E(X)=\lambda$，方差 $\mathrm{var}(X)=\lambda^2$。

某些元件或设备的寿命通常服从指数分布。例如无线电元件的寿命 、电力设备的寿命、动物的寿命等都服从指数分布。

6. 正态分布

若随机变量 X 的概率密度函数为

$$f(x)=\frac{1}{\sqrt{2\pi}\sigma}\mathrm{e}^{-\frac{(x-\mu)^2}{2\sigma^2}},\quad -\infty<x<+\infty$$

其中，$\sigma>0$，μ 为分布的参数，则称 X 服从**正态分布**，记为 $X\sim N(\mu,\sigma^2)$。其期望 $E(X)=\mu$，方差 $\mathrm{var}(X)=\sigma^2$。特别地，当 $\mu=0$，$=1$ 时，称 X 服从标准正态分布，记为 $X\sim N(0,1)$。

正态分布是最重要最为常见的一种分布，自然界中的很多随机现象都对应着正态分布，例如考试成绩近似服从正态分布，人的身高、体重、产品的尺寸等均近似服从正态分布。

正态分布具有以下几个重要特征：

① 密度函数关于 $x=\mu$ 对称，呈现出中间高，两边低的现象，在 $x=\mu$ 处取得最大值，如图 4.1-1 所示。

② 当 μ 的取值变动时，密度函数图像沿 x 轴平移，当 σ 的取值变大或变小时，密度函数图像变得平缓或陡峭。

③ 若 $X\sim N(\mu,\sigma^2)$，则

$$X*=\frac{X-\mu}{\sigma}\sim N(0,\ 1),\quad F(x)=\Phi\left(\frac{x-\mu}{\sigma}\right)$$

这里 $F(x)$为 X 的分布函数，$\Phi(x)$为标准正态分布的分布函数，在一般的概率论与数理统计课本中都提供 $\Phi(x)$的函数值表。

7. χ^2(卡方)分布

设随机变量 $X_1,X_2,\cdots,X_k$ 相互独立，且均服从 $N(0,\ 1)$分布，则称随机变量 $\chi^2=\sum_{i=1}^{k}X_i^2$ 所服从的分布是自由度为 k 的 χ^2 **分布**，记作 $\chi^2\sim\chi^2(k)$。卡方分布的密度函数图像如图 4.1-2 所示。

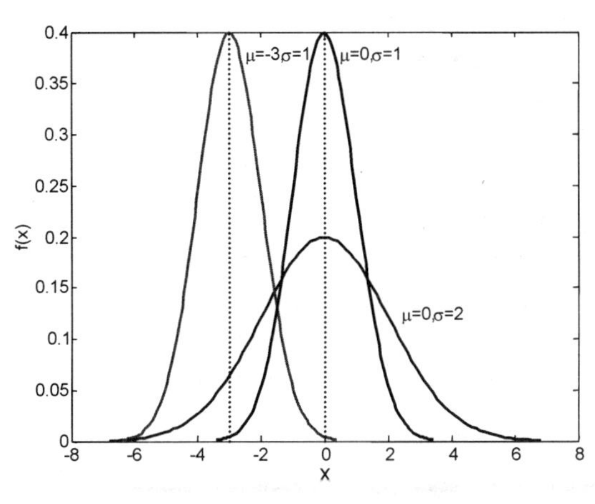

图 4.1-1　正态分布密度函数图

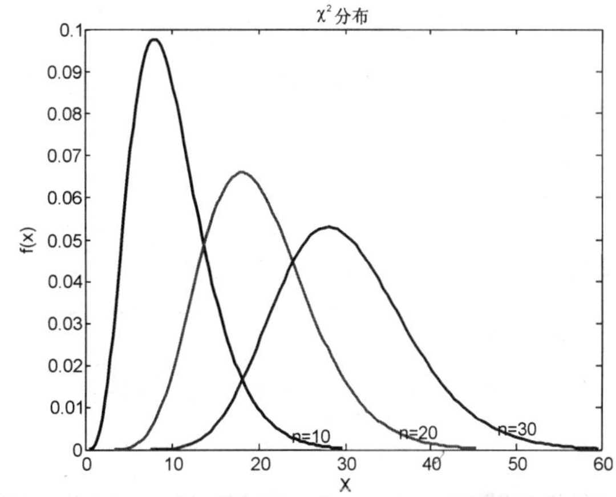

图 4.1-2　卡方分布密度函数图

8. t 分布

设随机变量 X 与 Y 相互独立，X 服从 $N(0,1)$分布，Y 服从自由度为 k 的 χ^2 分布，则称随机变量 $t=\frac{X}{\sqrt{Y/k}}$所服从的分布是自由度为 k 的 **t 分布**，记作 $t\sim t(k)$。t 分布的密度函数图像如图 4.1-3 所示。

9. *F* 分布

设随机变量 X 与 Y 相互独立,分别服从自由度为 k_1 与 k_2 的 χ^2 分布,则称随机变量 $F=\dfrac{X/k_1}{Y/k_2}$ 所服从的分布是自由度为 (k_1,k_2) 的 ***F* 分布**,记作 $F\sim F(k_1,k_2)$。其中,k_1 称为第一自由度,k_2 称为第二自由度。F 分布的密度函数图像如图 4.1-4 所示。

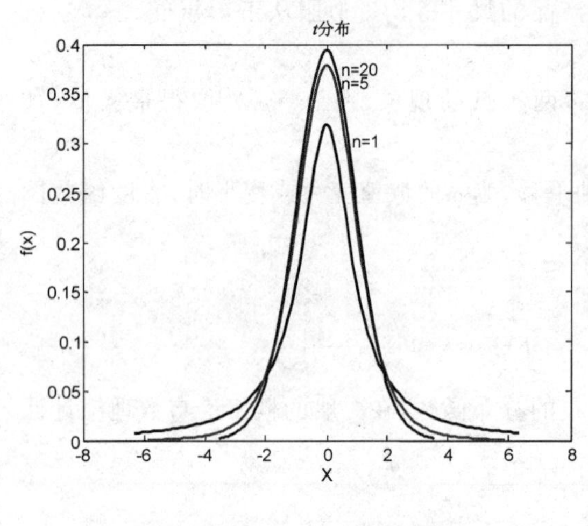

图 4.1-3 *t* 分布密度函数图

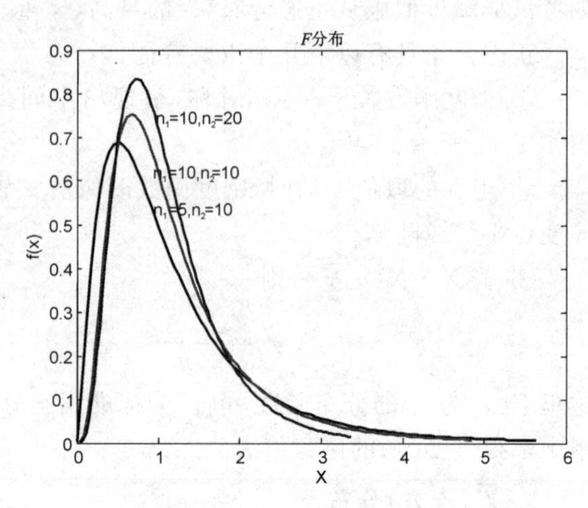

图 4.1-4 *F* 分布密度函数图

4.1.3 概率密度、分布和逆概率分布函数值的计算

MATLAB统计工具箱中有这样一系列函数,函数名以 pdf 三个字符结尾的函数用来计算常见连续分布的密度函数值或离散分布的概率函数值,函数名以 cdf 三个字符结尾的函数用来计算常见分布的分布函数值,函数名以 inv 三个字符结尾的函数用来计算常见分布的逆概率分布函数值。

MATLAB 中提到的常见分布如表 4.1-1 所列。

表 4.1-1 常见分布列表

离散分布	连续分布		
二项分布(bino)	正态分布(norm)	*t* 分布(t)	威布尔分布(wbl)
负二项分布(nbin)	对数正态分布(logn)	非中心 *t* 分布(nct)	瑞利分布(rayl)
几何分布(geo)	多元正态分布(mvn)	多元 *t* 分布(mvt)	极值分布(ev)
超几何分布(hyge)	连续均匀分布(unif)	*F* 分布(F)	广义极值分布(gev)
泊松分布(poiss)	指数分布(exp)	非中心 *F* 分布(ncf)	广义 Pareto 分布(gp)
离散均匀分布(unid)	卡方分布(chi2)	β 分布(beta)	
多项分布(mn)	非中心卡方分布(ncx2)	Γ 分布(gam)	

在表 4.1-1 中列出的一些常见分布名英文缩写的后面分别加上 pdf、cdf、inv,就可得到计算常见分布的概率密度、分布和逆概率分布函数值的 MATLAB 函数,如附录 B 中表 B.2、B.3 和 B.4 所列。

MATLAB 中还提供了 pdf、cdf 和 icdf 三个公共函数，如表 4.1－2 所列，它们分别通过调用附录 B 中表 B.2、B.3 和 B.4 中的其他函数来计算常见分布的概率密度、分布和逆概率分布函数值。

表 4.1－2　计算概率密度、分布和逆概率分布函数值的公用函数

密度函数		分布函数		逆概率分布函数	
函数名	调用格式	函数名	调用格式	函数名	调用格式
pdf	Y=pdf(name,X,A) Y=pdf(name,X,A,B) Y=pdf(name,X,A,B,C)	cdf	Y=cdf(name,X,A) Y=cdf(name,X,A,B) Y=cdf(name,X,A,B,C)	icdf	Y=icdf(name,X,A) Y=icdf(name,X,A,B) Y=icdf(name,X,A,B,C)

【例 4.1－1】　求服从均值为 1.2345，标准差(方差的算术平方根)为 6 的正态分布随机变量 X 在 $x=0,1,2,\cdots,10$ 处的密度函数值与分布函数值，并求概率 $P(-2<X\leqslant 5)$。

```
>> x  = 0:10;                          % 定义一个向量
>> Y = normpdf(x, 1.2345, 6)           % 求密度函数值

Y =

    0.0651 0.0664 0.0660 0.0637 0.0598 0.0546 0.0485 0.0419 0.0352 0.0288 0.0229

>> F  = normcdf(x, 1.2345, 6)          % 求分布函数值

F  =

    0.4185 0.4844 0.5508 0.6157 0.6776 0.7349 0.7865 0.8317 0.8703 0.9022 0.9280

>> P = normcdf(5, 1.2345, 6) - normcdf(-2, 1.2345, 6)     % 求概率

P =

    0.4399
```

【例 4.1－2】　求标准正态分布、t 分布、χ^2 分布和 F 分布的上侧分位数。

① 标准正态分布的上侧 0.05 分位数 $u_{0.05}$；

② 自由度为 50 的 t 分布的上侧 0.05 分位数 $t_{0.05}(50)$；

③ 自由度为 8 的 χ^2 分布的上侧 0.025 分位数 $\chi^2_{0.025}(8)$；

④ 第一自由度为 7，第二自由度为 13 的 F 分布的上侧 0.01 分位数 $F_{0.01}(7,13)$；

⑤ 第一自由度为 13，第二自由度为 7 的 F 分布的上侧 0.99 分位数 $F_{0.99}(13,7)$。

这里先对上侧分位数的概念作一点说明。设随机变量 $\chi^2\sim\chi^2(n)$，对于给定的 $0<\alpha<1$，称满足 $P(\chi^2\geqslant\chi^2_\alpha)=\alpha$ 的数 χ^2_α 为 $\chi^2(n)$分布的上侧 α 分位数。其他分布的上侧分位数的定义与之类似。利用逆概率分布函数可以求上侧分位数，例 4.1－2 的程序及结果如下。

```
>> u = norminv(1 - 0.05, 0, 1)          % 求正态分布的上侧 0.05 分位数

u =

    1.6449
```

```
>> t = tinv(1 - 0.05, 50)              % 求 t 分布的上侧 0.05 分位数

t =

    1.6759

>> chi2 = chi2inv(1 - 0.025, 8)        % 求卡方分布的上侧 0.025 分位数

chi2 =

   17.5345

>> f1 = finv(1 - 0.01, 7, 13)          % 求 F 分布的上侧 0.01 分位数

f1 =

    4.4410

>> f2 = finv(1 - 0.99, 13, 7)          % 求 F 分布的上侧 0.99 分位数

f2 =

    0.2252
```

从上面的结果可以验证 F 分布的分位数满足的性质:$F_{\alpha}(k_1,k_2)=\dfrac{1}{F_{1-\alpha}(k_2,k_1)}$。

4.2 案例 9:生成一元分布随机数

4.2.1 均匀分布随机数和标准正态分布随机数

MATLAB 7.7 以前的版本中提供了两个基本的生成伪随机数的函数:rand 和 randn,其中 rand 函数用来生成[0, 1]上均匀分布随机数,randn 函数用来生成标准正态分布随机数。由[0, 1]上均匀分布随机数可以生成其他分布的随机数,由标准正态分布随机数可以生成一般正态分布随机数。在不指明分布的情况下,通常所说的随机数是指[0, 1]上均匀分布随机数。在不同版本的 MATLAB 中,rand 函数有几种通用的调用格式(randn 函数的调用与之类似),如表 4.2-1 所列。

表 4.2-1 rand 函数的调用格式

调用格式	说 明
Y=rand	生成一个服从[0, 1]上均匀分布的随机数
Y=rand(n)	生成 n×n 的随机数矩阵
Y=rand(m,n)	生成 m×n 的随机数矩阵
Y=rand([m n])	生成 m×n 的随机数矩阵
Y=rand(m,n,p,…)	生成 m×n×p×…的随机数矩阵或数组
Y=rand([m n p…])	生成 m×n×p×…的随机数矩阵或数组
Y=rand(size(A))	生成与矩阵或数组 A 具有相同大小的随机数矩阵或数组

其中，输入参数 m，n，p，…应为正整数，若输入负整数，则被视为 0，此时输出一个空矩阵。

【例 4.2-1】 调用 rand 函数生成 10×10 的随机数矩阵，并将矩阵按列拉长，然后调用 hist 函数画出频数直方图(相关概念参见 5.4.2 节)，做出的图如图 4.2-1 所示。

```
>> x = rand(10)      % 生成 10 行 10 列的随机数矩阵，其元素服从[0,1]上均匀分布

x =

   0.1622   0.4505   0.1067   0.4314   0.8530   0.4173   0.7803   0.2348   0.5470   0.9294
   0.7943   0.0838   0.9619   0.9106   0.6221   0.0497   0.3897   0.3532   0.2963   0.7757
   0.3112   0.2290   0.0046   0.1818   0.3510   0.9027   0.2417   0.8212   0.7447   0.4868
   0.5285   0.9133   0.7749   0.2638   0.5132   0.9448   0.4039   0.0154   0.1890   0.4359
   0.1656   0.1524   0.8173   0.1455   0.4018   0.4909   0.0965   0.0430   0.6868   0.4468
   0.6020   0.8258   0.8687   0.1361   0.0760   0.4893   0.1320   0.1690   0.1835   0.3063
   0.2630   0.5383   0.0844   0.8693   0.2399   0.3377   0.9421   0.6491   0.3685   0.5085
   0.6541   0.9961   0.3998   0.5797   0.1233   0.9001   0.9561   0.7317   0.6256   0.5108
   0.6892   0.0782   0.2599   0.5499   0.1839   0.3692   0.5752   0.6477   0.7802   0.8176
   0.7482   0.4427   0.8001   0.1450   0.2400   0.1112   0.0598   0.4509   0.0811   0.7948

>> y = x(:);                            % 将 x 按列拉长成一个列向量
>> hist(y)                              % 绘制频数直方图
>> xlabel('[0,1]上均匀分布随机数');     % 为 X 轴加标签
>> ylabel('频数');                      % 为 Y 轴加标签
```

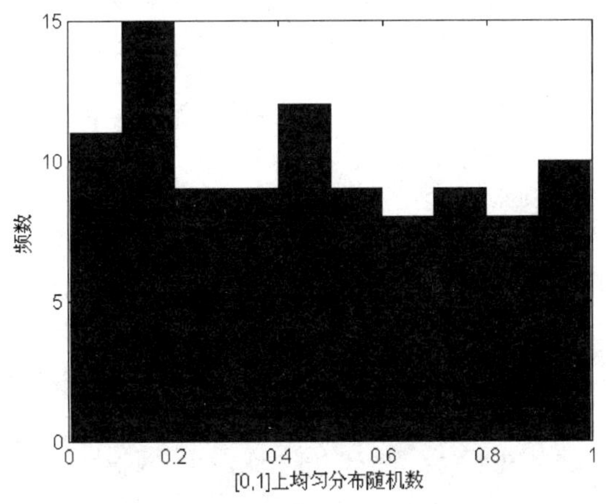

图 4.2-1　均匀分布随机数频数直方图

在 MATLAB 7.7 以前的版本中，rand 函数还可以这样调用：

1) **rand(method, s)**

用 method 确定的随机数生成器生成随机数，此时用 s 的值初始化随机数生成器的状态。其中输入参数 method 用来指定随机数生成器所采用的算法，method 是字符串变量，它的可能取值如表 4.2-2 所列。

参数 s 可理解为生成随机数序列的初始种子，它的值依赖于所选择的 method 参数。如果 method 设定为 'state' 或 'twister'，则 s 的值必须是一个 0～($2^{32}-1$)之间的整数或 rand(method)的输出；若 method 设定为 'seed'，则 s 必须是一个 0～($2^{31}-2$)之间的整数或 rand(method)的输出。

表4.2-2 method参数的取值及说明

method参数的取值	说明
'twister'	利用Mersenne Twister算法(梅森旋转算法),在MATLAB 7.4及以后版本中默认采用这个算法。它是由Makoto Matsumoto(松本)和Takuji Nishimura(西村)于1997年开发的。此算法产生闭区间$[2^{-53},1-2^{-53}]$上的双精度值,周期为$(2^{19937}-1)/2$
'state'	利用Marsaglia's subtract with borrow算法,在MATLAB 5至7.3中默认采用这个算法。此算法能产生闭区间$[2^{-53},1-2^{-53}]$上的所有双精度值,理论上能产生2^{1492}个不重复值
'seed'	利用乘同余算法(multiplicative congruential algorithm),是MATLAB 4中的默认算法。此算法产生闭区间$[1/(2^{31}-1),1-1/(2^{31}-1)]$上的双精度值,周期为$2^{31}-2$

2) **s = rand(method)**

返回method指定的随机数生成器的当前内部状态,并不改变所用的生成器。

注意: 随机数生成器的初始状态决定了所产生的随机数序列,设置随机数生成器为相同的初始状态,可以生成相同的随机数。例如:

```
>> rand('twister',1);      % 设置随机数生成器的算法为Mersenne Twister算法,初始种子为1
>> x1 = rand(2,6)          % 生成2行6列的随机数矩阵,其元素服从[0,1]上均匀分布

x1 =

    0.4170    0.0001    0.1468    0.1863    0.3968    0.4192
    0.7203    0.3023    0.0923    0.3456    0.5388    0.6852

>> x2 = rand(2,6)       % 生成2行6列的随机数矩阵,其元素服从[0,1]上均匀分布

x2 =

    0.2045    0.0274    0.4173    0.1404    0.8007    0.3134
    0.8781    0.6705    0.5587    0.1981    0.9683    0.6923

>> rand('twister',1)       % 重新设置随机数生成器的算法为Mersenne Twister算法,初始种子为1
>> x3 = rand(2,6)          % 生成2行6列的随机数矩阵,其元素服从[0,1]上均匀分布

x3 =

    0.4170    0.0001    0.1468    0.1863    0.3968    0.4192
    0.7203    0.3023    0.0923    0.3456    0.5388    0.6852
```

可以看到x1和x3是相同的随机数矩阵,这也正是称其为伪随机数的原因所在。

MATLAB每次启动时,都会重置rand函数的状态,所以在改变输入状态值之前,每次与MATLAB的会话中rand函数都会生成相同的随机数序列。

4.2.2 RandStream类

1. 创建RandStream类对象

MATLAB 7.7及以后的版本中,依然支持rand函数的上述两种调用格式,但已经是过时

的调用格式了，因为 MATLAB 7.7 中对生成随机数作了重大调整，给出了 RandStream（随机数流）类，通过调用类的构造函数并传递合适的参数可以创建类对象，然后调用类对象的 rand 方法生成[0, 1]上均匀分布伪随机数，也可以把类对象作为 rand 函数的第 1 个输入。例如：

```
% 创建一个 RandStream 类对象 s,其随机数生成器的算法为 'mt19937ar',初始种子为 1,
% 对象 s 的 randn 方法的算法为 'Polar'
>> s = RandStream('mt19937ar', 'seed', 1, 'Normal Transform', 'Polar')

s =

mt19937ar random stream
             Seed: 1
     Normal Transform: Polar

% 利用对象 s 的 rand 方法生成 2 行 6 列的随机数矩阵,其元素服从[0,1]上均匀分布
>> s.rand(2, 6)

ans =

    0.4170    0.0001    0.1468    0.1863    0.3968    0.4192
    0.7203    0.3023    0.0923    0.3456    0.5388    0.6852

% 把对象 s 作为 rand 函数的第 1 个输入,生成 2 行 6 列的随机数矩阵,其元素服从[0,1]上均匀分布
>> rand(s, 2, 6)

ans =
    0.2045    0.0274    0.4173    0.1404    0.8007    0.3134
    0.8781    0.6705    0.5587    0.1981    0.9683    0.6923
```

从上例可以看出 RandStream 函数是 RandStream 类的一个方法，用于创建一个 RandStream 类对象。用户可以在 matlabroot\toolbox\matlab\randfun\@RandStream 路径下查看 RandStream 类的所有方法，其中 matlabroot 为 MATLAB 根目录，即在命令窗口运行 matlabroot 命令所返回的结果。RandStream 类的所有方法如表 4.2-3 所列。

表 4.2-3　RandStream 类方法列表

方　法	说　明	方　法	说　明
RandStream	创建一个随机数流	reset	重置一个流到它的初始内部状态
create	创建多个独立的随机数流	rand	生成均匀分布伪随机数
get	获取 RandStream 类对象的属性	randn	生成标准正态分布伪随机数
list	列出可用的随机数生成算法	randi	生成离散均匀分布伪随机整数
getGLobalStream	获取全局随机数流	randperm	生成一个随机排列
setGLobalStream	设置全局随机数流	set	设置 RandStream 类对象的属性

RandStream 函数的调用方法如下：

1) **s = RandStream('gentype')**

创建一个随机数流 s，它是一个 RandStream 类对象，输入参数 gentype 是一个字符串，用来指定随机数生成器所采用的算法。gentype 的可能取值通过如下命令查看：

```
>> RandStream.list      % 查看随机数生成器可用的算法

The following random number generator algorithms are available:

mcg16807:      Multiplicative congruential generator, …
mlfg6331_64:   Multiplicative lagged Fibonacci generator, …
mrg32k3a:      Combined multiple recursive generator (supports parallel streams)…
mt19937ar:     Mersenne Twister with Mersenne prime 2^19937 - 1
shr3cong:      SHR3 shift - register generator summed with CONG linear congruential…
swb2712:       Modified Subtract - with - Borrow generator, with lags 27 and 12
```

可以看出 gentype 有 6 个可能的取值:mcg16807、mlfg6331_64、mrg32k3a、mt19937ar、shr3cong 和 swb2712,对应随机数生成器的 6 个不同算法,默认值为 mt19937ar。

2) **[…] = RandStream('gentype','param1',val1,'param2',val2,…)**

允许用户设定可选的成对出现的参数名(param)和参数值(val)来控制所创建的 RandStream 类对象。'param1',val1,'param2',val2,…为参数名和参数值列表,可用的参数名和参数值如表 4.2-4 所列。

表 4.2-4 RandStream 函数支持的参数和参数值列表

参数名	参数值	说 明
Seed	非负整数,默认值为 0	设定随机数种子,用来初始化随机数生成器
NormalTransform	'Ziggurat'、'Polar' 或 'Inversion',默认值为 'Ziggurat'	设定标准正态分布随机数函数 randn 所用算法

另外利用 create 函数(或方法)可以同时创建多个独立的 RandStream 类对象,例如:

```
% 设定随机数生成器的初始种子为 1,同时创建 3 个独立的 RandStream 类对象 s1,s2 和 s3
>> [s1, s2, s3] = RandStream.create('mlfg6331_64', 'NumStreams', 3, 'seed', 1)

s1 =

mlfg6331_64 random stream
      StreamIndex: 1
       NumStreams: 3
             Seed: 1
  NormalTransform: Ziggurat

s2 =

mlfg6331_64 random stream
      StreamIndex: 2
       NumStreams: 3
             Seed: 1
  NormalTransform: Ziggurat

s3 =

mlfg6331_64 random stream
      StreamIndex: 3
       NumStreams: 3
             Seed: 1
  NormalTransform: Ziggurat
```

create 函数的调用方法与 RandStream 函数类似，只是比 RandStream 函数多了几对控制参数/参数值，其中参数 'NumStreams' 的值（上例中为 3）用来指定生成的 RandStream 类对象的个数，输出参数的个数不能超过 'NumStreams' 的值。其余参数不再详述，请读者自行查阅帮助。

2. 查询 RandStream 类对象的属性

创建一个或多个 RandStream 类对象后，可以通过 RandStream 类的 get 方法查看对象属性。例如：

```
% 创建一个 RandStream 类对象 s，其随机数生成器的算法为 'mt19937ar'，初始种子为 1
>> s = RandStream('mt19937ar', 'seed', 1);
>> s.get      % 查看对象 s 的所有属性
             Type: 'mt19937ar'
       NumStreams: 1
      StreamIndex: 1
        Substream: 1
             Seed: 1
            State: [625x1 uint32]
  NormalTransform: 'Ziggurat'
       Antithetic: 0
    FullPrecision: 1
```

可以看出 RandStream 类对象有 9 个属性，其中 Type、NumStreams、StreamIndex 和 Seed 为只读属性，其余属性可通过"s. 属性名＝属性值"方式修改属性值，例如：

```
>> s.NormalTransform = 'Polar';       % 修改对象 s 的 NormalTransform 属性的值
>> s.FullPrecision = 0;               % 修改对象 s 的 FullPrecision 属性的值
```

在 MATLAB 7.7 及以后的版本中，rand 函数还可如下调用：

```
r = rand(s,n)
rand(s,m,n)
rand(s,[m,n])
rand(s,m,n,p,…)
rand(s,[m,n,p,…])
rand(s)
rand(s,size(A))
r = rand(…, 'double')
r = rand(…, 'single')
```

以上调用格式中第 1 个输入参数 s 就是由 RandStream 或 create 函数所创建的 RandStream 类对象。randn 和 randi 函数也有类似的调用格式。

【例 4.2－2】 调用 RandStream 函数创建一个指定随机数生成算法的 RandStream 类对象，然后利用对象的 randn 方法生成 10×10 的标准正态分布随机数矩阵，并将矩阵按列拉长，画出频数直方图，做出的图如图 4.2－2 所示。

```
% 创建一个 RandStream 类对象 s，其随机数生成器的算法为 'mlfg6331_64'，初始种子为 10
% 对象 s 的 randn 方法的算法为 'Inversion'
>> s = RandStream('mlfg6331_64', 'seed', 10, 'NormalTransform', 'Inversion');

% 调用对象 s 的 randn 方法生成 10 行 10 列的随机数矩阵 x，其元素服从标准正态分布
>> x = s.randn(10)
```

```
x =

   2.3604  -0.3540   0.5602  -1.6209  -1.4137  -0.1018  -0.7216  -0.7079   0.1638   0.5934
   0.6024   0.0084   1.0788  -0.2433   0.7739   1.4492  -0.0506  -0.4330   2.2829   0.5290
  -0.0034  -0.1980   0.7532  -0.6315   1.8128   0.7065   0.2297  -0.3975  -0.8295   1.0054
   0.3269   0.3097  -1.0208  -0.3163   2.3020   1.0140   0.7101   0.3629  -0.4506  -1.0401
   0.8077   1.1481   0.8142  -0.3695  -0.1420   2.7101   2.5870   1.3733  -1.5619  -1.7641
   0.8017   0.3936  -0.3985  -0.0266  -0.1909  -0.6553  -0.4387   0.4271   0.4849   0.2071
  -0.6983   0.8568   0.3664   0.4669  -0.0878  -0.0964  -1.0470  -1.5607  -1.5404  -1.0353
  -0.1638   1.4222  -0.3009   0.4551   0.1537   1.0193   0.9590   2.0284  -0.2494  -0.4004
  -0.1831   0.5667   0.4948   0.9018   2.4284   0.1696   1.2003  -1.0813   1.2613  -1.5630
  -2.1666  -1.0361   1.4181   1.8223  -0.8348   0.6011   0.4006   0.7019  -0.8525   1.1726

>> y = x(:);                        % 将x按列拉长成一个列向量
>> hist(y)                          % 绘制频数直方图
>> xlabel('标准正态分布随机数');     % 为X轴加标签
>> ylabel('频数');                  % 为Y轴加标签
```

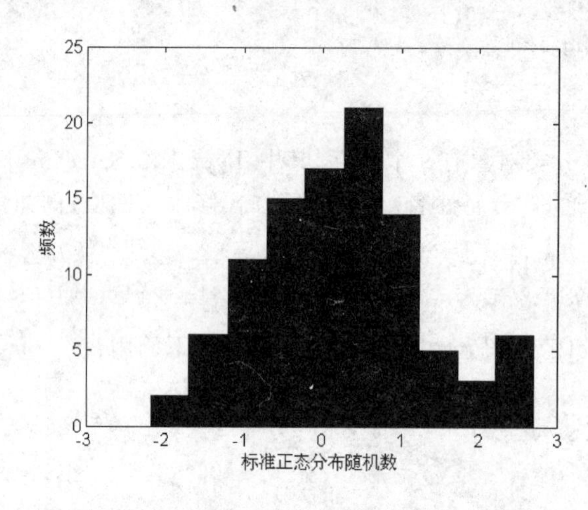

图 4.2-2 标准正态分布随机数频数直方图

4.2.3 常见一元分布随机数

MATLAB统计工具箱中函数名以rnd三个字符结尾的函数用来生成常见分布的随机数,如附录B中表B.5所列。表中函数直接或间接调用了rand函数或randn函数,下面以案例形式介绍normrnd和random函数的用法。

【例4.2-3】调用normrnd函数生成1000×3的正态分布随机数矩阵,其中均值$\mu=75$,标准差$\sigma=8$,并做出各列的频数直方图。

```
% 调用normrnd函数生成1000行3列的随机数矩阵x,其元素服从均值为75,标准差为8的正态分布
>> x = normrnd(75, 8, 1000, 3);
>> hist(x)                                   % 绘制矩阵x每列的频数直方图
>> xlabel('正态分布随机数(\mu = 75,  \sigma = 8)');   % 为X轴加标签
>> ylabel('频数');                           % 为Y轴加标签
>> legend('第一列','第二列','第三列')        % 为图形加标注框
```

以上命令生成的随机数矩阵比较长,此处略去,作出的频数直方图如图4.2-3所示。

【例 4.2-4】 调用 normrnd 函数生成 1000×3 的正态分布随机数矩阵，其中各列均值 μ 分别为 0、15、40，标准差 σ 分别为 1、2、3，并做出各列的频数直方图。

```
% 调用 normrnd 函数生成 1000 行 3 列的随机数矩阵 x，其各列元素分别服从不同的正态分布
>> x = normrnd(repmat([0 15 40], 1000, 1), repmat([1 2 3], 1000, 1), 1000, 3);
>> hist(x, 50)                       % 绘制矩阵 x 每列的频数直方图
>> xlabel('正态分布随机数');          % 为 X 轴加标签
>> ylabel('频数');                    % 为 Y 轴加标签
% 为图形加标注框
>> legend('\mu = 0,   \sigma = 1','\mu = 15,   \sigma = 2','\mu = 40,   \sigma = 3')
```

以上命令生成的随机数矩阵略去，做出的频数直方图如图 4.2-4 所示。

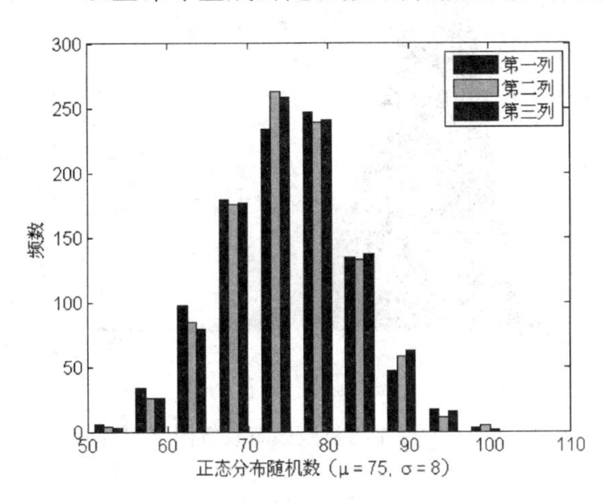

图 4.2-3　正态分布随机数频数直方图 1

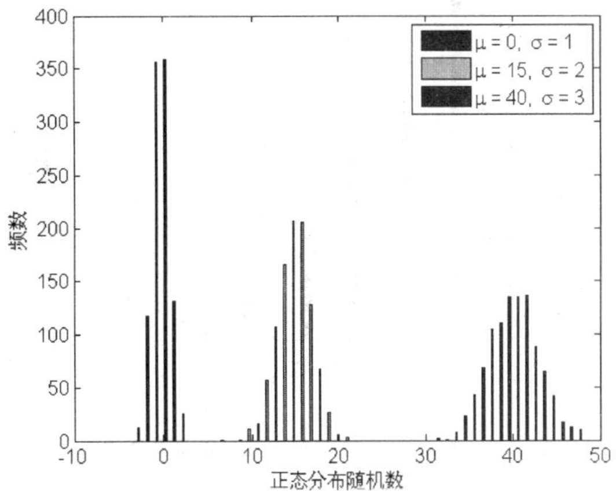

图 4.2-4　正态分布随机数频数直方图 2

【例 4.2-5】 调用 random 函数生成 10000×1 的二项分布随机数向量，然后做出频率直方图。其中二项分布的参数为 $n=10, p=0.3$。

```
% 调用 random 函数生成 10000 行 1 列的随机数向量 x，其元素服从二项分布 B(10,0.3)
>> x = random('bino', 10, 0.3, 10000, 1);
>> [fp, xp] = ecdf(x);                           % 计算经验累积概率分布函数值
>> ecdfhist(fp, xp, 50);                         % 绘制频率直方图
>> xlabel('二项分布(n = 10, p = 0.3)随机数');     % 为 X 轴加标签
>> ylabel('f(x)');                               % 为 Y 轴加标签
```

以上命令生成的随机数略去，做出的频率直方图如图 4.2-5 所示。

【例 4.2-6】 调用 random 函数生成 10000×1 的卡方分布随机数向量，然后做出频率直方图，并与自由度为 10 的卡方分布的密度函数曲线作比较。其中卡方分布的参数(自由度)为 $n=10$。

```
% 调用 random 函数生成 10000 行 1 列的随机数向量 x，其元素服从自由度为 10 的卡方分布
>> x = random('chi2', 10, 10000, 1);
>> [fp, xp] = ecdf(x);                 % 计算经验累积概率分布函数值
>> ecdfhist(fp, xp, 50);               % 绘制频率直方图
>> hold on
>> t = linspace(0, max(x), 100);       % 等间隔产生一个从 0 到 max(x)共 100 个元素的向量
>> y = chi2pdf(t, 10);                 % 计算自由度为 10 的卡方分布在 t 中各点处的概率密度函数值
% 绘制自由度为 10 的卡方分布的概率密度函数曲线图，线条颜色为红色，线宽为 3
```

```
>> plot(t, y, 'r', 'linewidth', 3)
>> xlabel('x   ( \chi^2(10) )');    % 为X轴加标签
>> ylabel('f(x)');         % 为Y轴加标签
>> legend('频率直方图','密度函数曲线')    % 为图形加标注框
```

以上命令生成的随机数略去,做出的频率直方图及自由度为10的卡方分布的密度函数曲线如图4.2-6所示。从图上可以看出,由random函数生成的卡方分布随机数的频率直方图与真正的卡方分布密度曲线附和得很好。

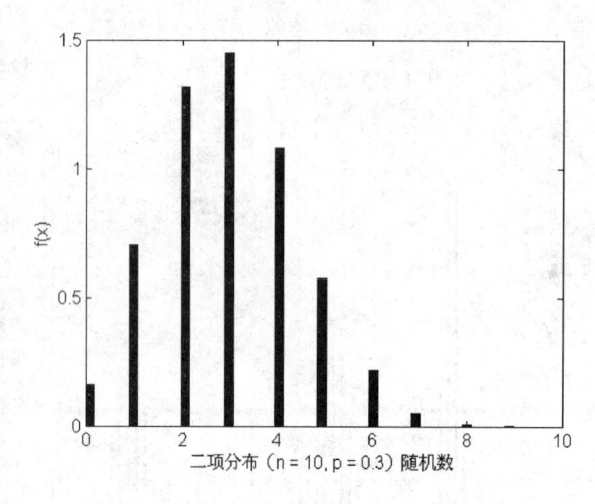

图4.2-5　二项分布随机数频率直方图

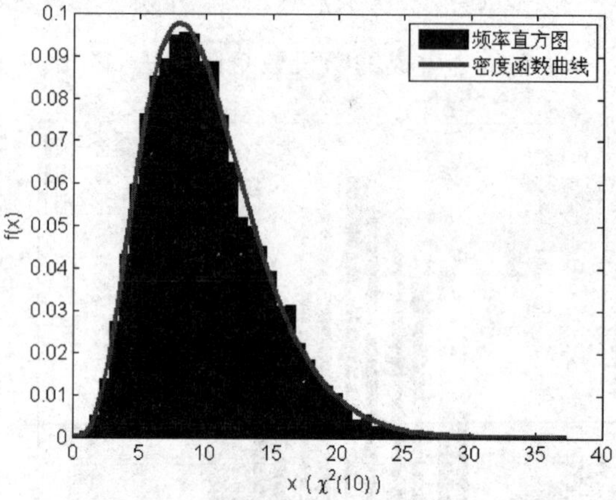

图4.2-6　卡方分布随机数频率直方图及密度曲线

4.2.4　任意一元分布随机数

1. 离散分布随机数

任给一个只取有限个值的离散总体 X 的分布列

$$
\begin{array}{c|cccc}
X & x_1 & x_2 & \cdots & x_n \\
\hline
p & p_1 & p_2 & \cdots & p_n
\end{array}
\tag{4.2-1}
$$

由randsample函数可以生成服从该分布的随机数。randsample函数生成任意一元离散分布随机数的原理如下:

定理4.2-1　设一元随机变量 X 的分布函数为 $F(x)$,令 $Y=F(x)$,则 Y 服从[0,1]上的均匀分布,记为 $Y\sim U(0,1)$。

randsample函数先根据离散总体 X 的分布列式(4.2-1)计算可能取值点的累积概率,即分布函数值,然后生成 N 个 $U(0,1)$ 分布的随机数 $y_1,y_2,\cdots,y_N$,统计这些随机数落入各区间 $[0,F(x_1))[F(x_1),F(x_2)),\cdots,[F(x_{n-1}),1)$ 的个数 $m_1,m_2,\cdots,m_n$,最后输出 m_1 个 x_1,m_2 个 x_2,$\cdots$,m_n 个 x_n 作为生成的随机数。

【例4.2-7】　设离散总体 X 的分布列为 $\begin{array}{c|ccccc} X & -2 & -1 & 0 & 1 & 2 \\ \hline p & 0.05 & 0.2 & 0.5 & 0.2 & 0.05 \end{array}$。调用randsample函数生成100个服从该分布的随机数,并调用tabulate函数统计各数字出现的频

数和频率。

```
>> xvalue = [-2 -1 0 1 2];                      % 定义取值向量 xvalue
>> xp = [0.05 0.2 0.5 0.2 0.05];                % 定义概率向量 xp
% 调用 randsample 函数生成 100 个服从指定离散分布的随机数
>> x = randsample(xvalue, 100, true, xp);        % 用 true 指定有放回抽样,false 指定不放回抽样
>> reshape(x,[10, 10])       % 把向量 x 转换成一个 10 行 10 列的矩阵,并显示出来

ans =

     0     0     1    -1     0     2    -1     0     2    -1
     2     1     0     0     0     0     0    -1     0     0
     1     0     0    -2     1    -1    -2     2     0     0
     1    -1     1    -1    -1     1     2     0     0     0
    -1     1     1     1     0     1    -1     1     1    -1
     1     1     0     0     1    -1     0    -2     0     0
     0    -1     0    -1     0     0    -2     2    -1     0
     0     0     1    -1     1     0     0     0    -1    -1
     0     0    -1     0     0     0     1    -1     1     1
     0     0    -2    -1     0     0     0    -1     0     0

>> tabulate(x)   % 调用 tabulate 函数统计各数字出现的频数(Count)和频率(Percent)
  Value    Count    Percent
     -2        5      5.00%
     -1       22     22.00%
      0       46     46.00%
      1       21     21.00%
      2        6      6.00%
```

从统计结果看,随机数的频率分布与真实分布差距不大,当生成足够多的随机数时,这个差距会进一步缩小。例如:

```
% 调用 randsample 函数生成 10000 个服从指定离散分布的随机数
>> x = randsample(xvalue, 10000, true, xp);
>> tabulate(x)   % 调用 tabulate 函数统计各数字出现的频数(Count)和频率(Percent)
  Value    Count    Percent
     -2      487      4.87%
     -1     2021     20.21%
      0     5019     50.19%
      1     1991     19.91%
      2      482      4.82%

% 调用 randsample 函数生成 100000 个服从指定离散分布的随机数
>> x = randsample(xvalue, 100000, true, xp);
>> tabulate(x)   % 调用 tabulate 函数统计各数字出现的频数(Count)和频率(Percent)
  Value    Count    Percent
     -2     4933      4.93%
     -1    20088     20.09%
      0    49898     49.90%
      1    20065     20.06%
      2     5016      5.02%
```

【例 4.2-8】 设离散总体 X 的分布列为

X	A	B	C	D	D
p	0.05	0.2	0.5	0.2	0.05

。调用 randsample 函数生成 100 个服从该分布的随机字母序列,并调用 tabulate 函数统计各字母出现的频数和频率。

```
>> xvalue = 'ABCDE';                          % 定义取值向量 xvalue
>> xp = [0.05 0.2 0.5 0.2 0.05];              % 定义概率向量 xp
% 调用 randsample 函数生成 100 个服从指定离散分布的随机字母序列
>> x = randsample(xvalue, 100, true, xp); % 用 true 指定有放回抽样,false 指定不放回抽样
>> reshape(x,[4, 25])       % 把向量 x 转换成一个 4 行 25 列的矩阵,并显示出来

ans =

CDCBBDECCCCCCBCDCCDCCCCAC
DDBDBCCCBCDCECCDCBCCCCBCC
CCCBCBBCBCACCCEDCCDBCDBBC
CCCBCDCCCBDBCCABBCDADDDEB

>> tabulate(x')    % 调用 tabulate 函数统计各字母出现的频数(Count)和频率(Percent)
  Value    Count    Percent
      C       53     53.00%
      D       18     18.00%
      B       21     21.00%
      E        4      4.00%
      A        4      4.00%
```

除了附录 B 中表 B.5 所列的生成常见一元分布随机数的 MATLAB 函数外,MATLAB 中还提供了 randsrc 和 randi 函数,其中 randsrc 函数用来根据指定的分布列生成随机数矩阵,功能类似于 randsample 函数,randi 函数用来生成服从离散均匀分布的随机整数矩阵。下面给出示例。

【例 4.2-7 续】 设离散总体 X 的分布列为

X	-2	-1	0	1	2
p	0.05	0.2	0.5	0.2	0.05

。调用 randsrc 函数生成 10×10 的服从该分布的随机数矩阵,并调用 tabulate 函数统计各数字出现的频数和频率。

```
% 定义分布列矩阵
>> DistributionList = [-2,-1,0,1,2;0.05,0.2,0.5,0.2,0.05];
% 调用 randsrc 函数生成指定离散分布的随机数矩阵
>> x = randsrc(10,10,DistributionList)

x =

     0     0     0     0     1     0     0     0     0     1
    -2     2     1    -2    -1     0     1    -1     0     1
    -1     0     1     2     0     0     0     0     0     0
     0     1    -1    -1     0     0    -1     0     1     0
    -1     0     0    -1     0     0     0    -1     2    -2
     1     0     0     0     0    -1     0     0     0     0
     1     1     0    -1     1    -1     2    -1     0     0
     0    -1     0     0     0     2    -1     0     0    -1
    -1    -1     0     0     2    -1     1     0    -1    -1
     0    -1     0     2     0    -2     0     0     1     0
```

```
>> tabulate(x(:))    % 调用tabulate函数统计各数字出现的频数和频率
  Value      Count    Percent
     -2          4      4.00%
     -1         22     22.00%
      0         53     53.00%
      1         14     14.00%
      2          7      7.00%
```

【例 4.2-9】 调用 randi 函数生成 10×10 的随机整数矩阵(取值范围为[0,10]),并调用 tabulate 函数统计各数字出现的频数和频率。

```
>> x = randi([0,10],10,10)    % 调用randi函数生成[0,10]上的随机整数矩阵

x =

     1     7     4    10     2     0     7     8     7     7
     6     4     0     7     7     5     5     2     6     8
     5     9     2    10     9     4     1     3    10     3
     7     7     1     2     3     5     3     1     2     7
     7    10     3     7     8     8     6     6     7     4
     7     5     4     3     7     3     2     7     2     9
     0     3     5     7     0     8     8     6     1     9
     0     1     5     7     6     5     2     4     6     2
     3     6     9     0     4     0    10     7     4     6
     5     8     5     2    10     1     2     7     5     6

>> tabulate(x(:))    % 调用tabulate函数统计各数字出现的频数和频率
  Value      Count    Percent
      0          7      7.00%
      1          7      7.00%
      2         11     11.00%
      3          9      9.00%
      4          8      8.00%
      5         11     11.00%
      6         10     10.00%
      7         19     19.00%
      8          7      7.00%
      9          5      5.00%
     10          6      6.00%
```

2. 连续分布随机数

设连续总体 Y 的概率密度函数为 $f(x)$,分布函数为 $F(x)$。设 $y_1,y_2,\cdots,y_n$ 为 $U(0,1)$ 分布的随机数。根据定理 4.2-1,可得

$$x_i = F^{-1}(y_i),\quad i=1,2,\cdots,n$$

它们是与总体 Y 具有相同分布的随机数,其中 $F^{-1}(x)$ 为 $F(x)$ 的反函数。

MATLAB 统计工具箱中提供了 slicesample 函数,用来生成任意指定分布随机数,下面结合具体案例介绍 slicesample 函数的用法。

【例 4.2-10】 总体 X 服从抛物线分布,其概率密度函数为 $f(x)=\begin{cases}6x(1-x), & 0<x<1\\ 0, & \text{其他}\end{cases}$。

下面调用 slicesample 生成 1000 个服从该分布的随机数,做出频率直方图,并与真实的密度函数曲线作比较。

```
>> pdffun = @(x)6 * x * (1 - x);                    % 用匿名函数方式定义密度函数
% 调用 slicesample 函数生成 1000 个服从指定一元连续分布的随机数
>> x = slicesample(0.5,1000,'pdf',pdffun);          % 0.5 是指定的初值(f(0.5)>0)
>> [fp,xp] = ecdf(x);                               % 计算经验累积概率分布函数值
>> ecdfhist(fp,xp,20);                              % 绘制频率直方图
>> hold on
>> fplot(pdffun, [0 1], 'r')                        % 绘制真实密度函数曲线
>> xlabel('x');                                     % 为 X 轴加标签
>> ylabel('f(x)');                                  % 为 Y 轴加标签
>> legend('频率直方图','密度函数曲线')                  % 为图形加标注框
```

以上命令生成的随机数略去,做出的频率直方图及真实的密度函数曲线如图 4.2-7 所示。

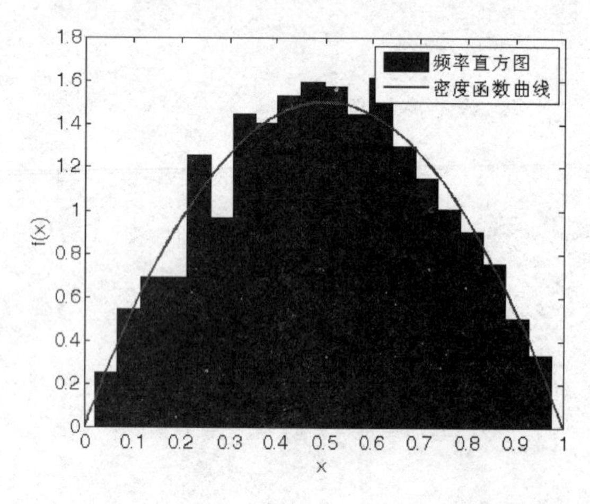

图 4.2-7　抛物线分布随机数频率直方图及密度曲线

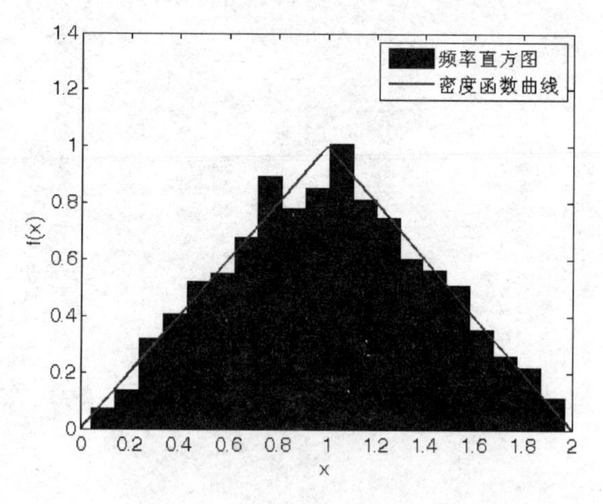

图 4.2-8　三角分布随机数频率直方图及密度曲线

【例 4.2-11】 总体 X 服从三角分布,其概率密度函数为 $f(x)=\begin{cases} x, & 0\leqslant x<1 \\ 2-x, & 1\leqslant x<2 \\ 0, & \text{其他} \end{cases}$。下面调用 slicesample 函数生成 1000 个服从该分布的随机数,做出频率直方图,并与真实的密度函数曲线作比较。

```
>> pdffun = @(x)x * (x>= 0 & x<1) + (2 - x) * (x>= 1 & x<2);  % 密度函数
% 调用 slicesample 函数生成 1000 个服从指定一元连续分布的随机数
>> x = slicesample(1.5,1000,'pdf',pdffun);
>> [fp,xp] = ecdf(x);                                        % 计算经验累积概率分布函数值
>> ecdfhist(fp, xp, 20);                                     % 绘制频率直方图
>> hold on
>> fplot(pdffun, [0 2], 'r')                                 % 绘制真实密度函数曲线
>> xlabel('x');                                              % 为 X 轴加标签
>> ylabel('f(x)');                                           % 为 Y 轴加标签
>> legend('频率直方图','密度函数曲线')                           % 为图形加标注框
```

以上命令生成的随机数略去,做出的频率直方图及真实的密度函数曲线如图 4.2-8

所示。

【例 4.2-12】　总体 X 服从柯西分布，其概率密度函数为 $f(x)=\dfrac{1}{\pi(1+x^2)}, x\in\mathbb{R}$。下面调用 slicesample 函数生成 1000 个服从柯西分布的随机数，做出频率直方图，并与真实密度曲线作比较。做出的图如图 4.2-9 所示。

```
>> pdffun = @(x)1/(pi * (1 + x^2));                  % 密度函数
% 调用 slicesample 函数生成 1000 个服从指定一元连续分布的随机数
>> x = slicesample(0,1000,'pdf',pdffun,'burnin',100);
>> [fp,xp] = ecdf(x);                                % 计算经验累积概率分布函数值
>> ecdfhist(fp, xp, 100);                            % 绘制频率直方图
>> hold on
>> fplot(pdffun, [-20 20], 'r')                      % 绘制真实密度函数曲线
>> xlabel('x');                                      % 为 X 轴加标签
>> ylabel('f(x)');                                   % 为 Y 轴加标签
>> legend('频率直方图','密度函数曲线')                 % 为图形加标注框
```

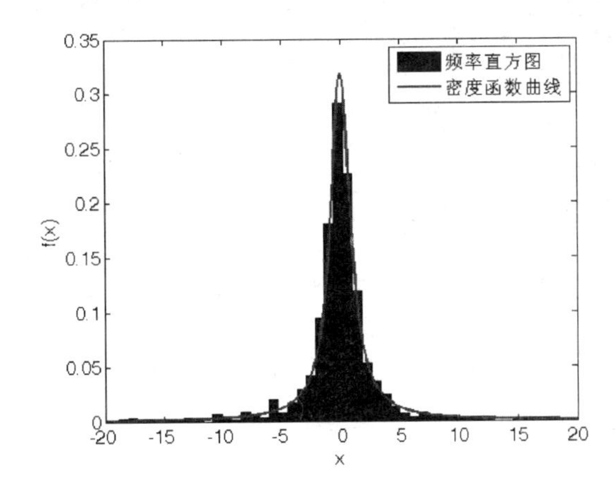

图 4.2-9　柯西分布随机数频率直方图及密度曲线图

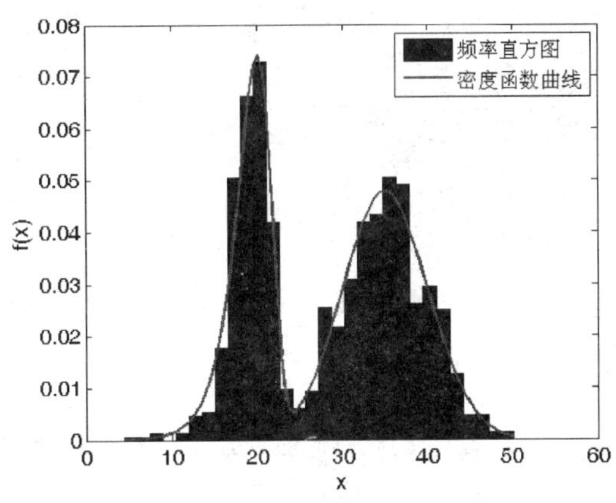

图 4.2-10　混合分布随机数频率直方图及密度曲线图

4.2.5　一元混合分布随机数

定义 4.2-1　设 $X_1,X_2,\cdots,X_n$ 是定义在同一样本空间 Ω 上的 n 个连续型随机变量，其分布函数分别为 $F_1(x),F_2(x),\cdots,F_n(x)$，称 $F(x)=\sum\limits_{i=1}^{n}p_iF_i(x)$ 是由 $F_1(x),F_2(x),\cdots,F_n(x)$ 构成的**混合分布**。其中 $p_1,p_2,\cdots,p_n\in(0,1)$，并且 $\sum\limits_{i=1}^{n}p_i=1$，这里 p_i 可理解为 $F_i(x)$ 在混合分布中的比例。若 $X_1,X_2,\cdots,X_n$ 的密度函数分别为 $f_1(x),f_2(x),\cdots,f_n(x)$，则混合分布的密度函数为 $f(x)=\sum\limits_{i=1}^{n}p_if_i(x)$。

【例 4.2-13】　设随机变量 X 服从由正态分布和 Ⅰ 型极小值分布（即 Gumbel 分布）混合而成的混合分布，其中正态分布的参数为 $\mu=35,\sigma=5$，Gumbel 分布的参数为 $\mu=20,\sigma=2$，两种分布的比例分别为 0.6 和 0.4。随机变量 X 的密度函数为

$$f(x)=\frac{0.6}{5\sqrt{2\pi}}\exp\left(\frac{-(x-35)^2}{50}\right)+\frac{0.4}{2}\exp\left(\frac{x-20}{2}\right)\exp\left(-\exp\left(\frac{x-20}{2}\right)\right)$$

试生成1000×1的服从该混合分布的随机数向量,然后做出频率直方图,并与真实密度函数曲线作比较。

```
>> rand('seed',1);                      % 设置随机数生成器的初始种子为1
>> randn('seed',1);                     % 设置随机数生成器的初始种子为1
>> x = normrnd(35,5,1000,1);            % 生成指定正态分布随机数
>> y = evrnd(20,2,1000,1);              % 生成指定Gumbel分布随机数
% 生成整数(1和2)序列,1,2出现的比例分别为0.6和0.4
>> z = randsrc(1000,1,[1,2;0.6,0.4]);
% 根据整数(1和2)序列对正态分布和Gumbel分布随机数做筛选
>> data = x.*(z == 1) + y.*(z == 2);
% 用匿名函数方式定义真实密度函数
>> pdffun = @(t,mu1,sig1,mu2,sig2)0.6*normpdf(t,mu1,sig1) + 0.4*evpdf(t,mu2,sig2);
>> xd = linspace(min(data),max(data),100);  % 根据样本数据取值范围定义向量
>> yd = pdffun(xd,35,5,20,2);           % 计算xd对应的真实密度函数值
>> [fi,xi] = ecdf(data);                % 计算经验累积概率分布函数值
>> ecdfhist(fi,xi,30);                  % 绘制频率直方图
>> hold on;
>> plot(xd,yd,'r','linewidth',2);       % 绘制真实密度函数曲线
>> xlabel('x');                         % 为X轴加标签
>> ylabel('f(x)');                      % 为Y轴加标签
>> legend('频率直方图','密度函数曲线');     % 为图形加标注框
```

以上命令生成的随机数略去,做出的频率直方图及真实的密度函数曲线如图4.2-10所示。

4.3 案例10:生成多元分布随机数

MATLAB中自带的多元分布随机数函数有iwishrnd、mnrnd、mvnrnd、mvtrnd、wishrnd,它们的用法及说明如表4.3-1所列。

表4.3-1 生成多元分布随机数的MATLAB函数

函数名	分 布	调用格式		
		方式一	方式二	方式三
iwishrnd	逆Wishart分布	W=iwishrnd(sigma,df)	W=iwishrnd(sigma,df,DI)	[W,DI]=iwishrnd(sigma,df)
mnrnd	多项分布	r=mnrnd(n,p)	R=mnrnd(n,p,m)	R=mnrnd(N,P)
mvnrnd	多元正态分布	R=mvnrnd(MU,SIGMA)	r=mvnrnd(MU,SIGMA,cases)	
mvtrnd	多元t分布	R=mvtrnd(C,df,cases)	R=mvtrnd(C,df)	
wishrnd	Wishart分布	W=wishrnd(sigma,df)	W=wishrnd(sigma,df,D)	[W,D]=wishrnd(sigma,df)

【例4.3-1】 若随机向量$\boldsymbol{X}=(X_1,X_2,\cdots,X_m)'$的分布列为

$$P(X_1=k_1,X_2=k_2,\cdots,X_m=k_m)=\frac{n!}{k_1!k_2!\cdots k_m!}p_1^{k_1}\cdots p_m^{k_m}$$

其中,$0<p_i<1,i=1,2,\cdots,m,k_1+k_2+\cdots+k_m=n,p_1+p_2+\cdots+p_m=1$。则称随机向量$\boldsymbol{X}$服

从参数为 n 和 $\boldsymbol{p}=(p_1,p_2,\cdots,p_m)$ 的**多项分布**。调用 mnrnd 函数生成 10 组 3 项分布随机数，其中 3 项分布的参数为 $n=100$，$\boldsymbol{p}=(0.2,0.3,0.5)$。

```
>> n = 100;                          % 多项分布的参数 n
>> p = [0.2   0.3   0.5];            % 多项分布的参数 p
% 调用 mnrnd 函数生成 10 组 3 项分布随机数
>> r = mnrnd(n, p, 10)

r =

      20      32      48
      19      40      41
      18      40      42
      16      28      56
      24      35      41
      25      27      48
      23      31      46
      23      27      50
      21      36      43
       9      36      55
```

生成 10000 组上述 3 项分布的随机数，并利用 hist3 函数做出前两列的频数直方图，如图 4.3-1 所示。

```
% 调用 mnrnd 函数生成 10000 组 3 项分布随机数
>> r = mnrnd(n, p, 10000);
>> hist3(r(:,1:2),[50,50])          % 绘制前两维的频数直方图
>> xlabel('X_1')                    % 为 X 轴加标签
>> ylabel('X_2')                    % 为 Y 轴加标签
>> zlabel('频数')                   % 为 Z 轴加标签
```

【例 4.3-2】 若随机向量 $\boldsymbol{X}=(X_1,X_2,\cdots,X_m)'$ 的密度函数为

$$f(\boldsymbol{x}) = (2\pi)^{-m/2}\ |\boldsymbol{\Sigma}|^{-1/2}\exp\left(-\frac{1}{2}(\boldsymbol{x}-\boldsymbol{\mu})'\boldsymbol{\Sigma}^{-1}(\boldsymbol{x}-\boldsymbol{\mu})\right),\quad \boldsymbol{x}\in\mathbb{R}^m$$

其中，$\boldsymbol{x}=(x_1,x_2,\cdots,x_m)'$；$\boldsymbol{\mu}=(\mu_1,\mu_2,\cdots,\mu_m)'$；$\Sigma$ 为 m 阶正定矩阵。则称随机向量 $\boldsymbol{X}$ 服从参数为 $\boldsymbol{\mu}$ 和 $\boldsymbol{\Sigma}$ 的非退化 m **元正态分布**，记为 $\boldsymbol{X}\sim N_m(\boldsymbol{\mu},\boldsymbol{\Sigma})$。$\boldsymbol{\mu}$ 为均值向量，$\boldsymbol{\Sigma}$ 为协方差矩阵。

利用 mvnrnd 函数生成 10000 组 2 元正态分布随机数，并利用 hist3 函数作出频数直方图。其中分布的参数为

$$\boldsymbol{\mu}=\begin{pmatrix}10\\20\end{pmatrix},\quad \boldsymbol{\Sigma}=\begin{pmatrix}1 & 3\\3 & 16\end{pmatrix}$$

命令如下：

```
>> mu = [10   20];                  % 二元正态分布的均值向量
>> sigma = [1   3; 3   16];         % 二元正态分布的协方差矩阵
% 调用 mvnrnd 函数生成 10000 组二元正态分布随机数
>> xy = mvnrnd(mu, sigma, 10000);
>> hist3(xy, [15, 15]);             % 绘制二元正态分布随机数的频数直方图
>> xlabel('X')                      % 为 X 轴加标签
>> ylabel('Y')                      % 为 Y 轴加标签
>> zlabel('频数')                   % 为 Z 轴加标签
```

生成的随机数略去,做出的频数直方图如图4.3-2所示。

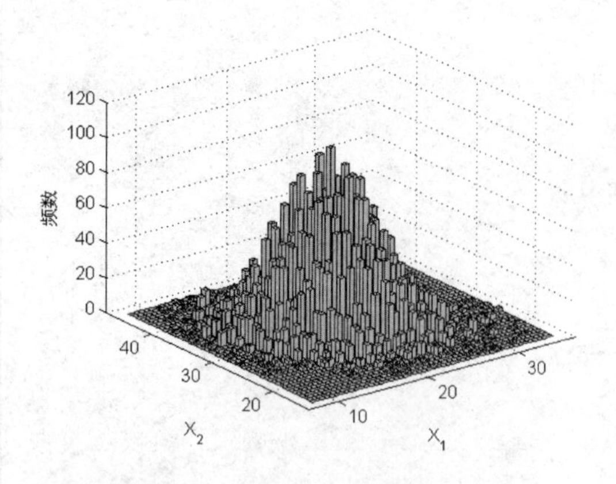

图4.3-1 多项分布随机数频数直方图

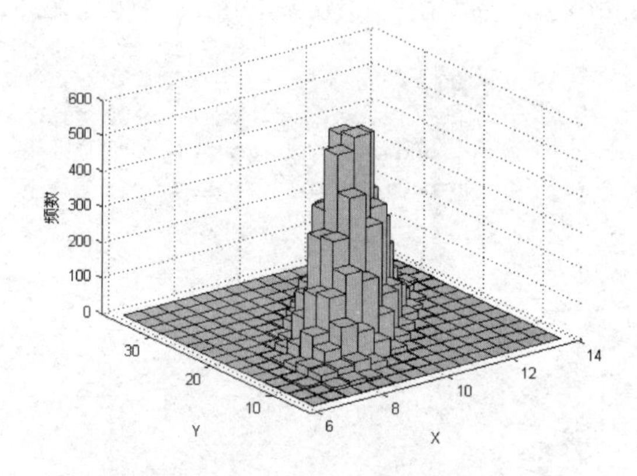

图4.3-2 二元正态分布随机数频数直方图

4.4 案例11:蒙特卡洛方法

蒙特卡洛(Monte Carlo)方法,或称计算机随机模拟方法,是一种基于"随机数"的计算方法。这一方法源于美国在第二次世界大战期间研制原子弹的"曼哈顿计划"。该计划的主持人之一,数学家冯·诺伊曼用摩纳哥驰名世界的赌城Monte Carlo来命名这种方法,因此称之为Monte Carlo方法。

蒙特卡洛方法的基本思想很早以前就被人们所发现和利用。早在17世纪,人们就知道用事件发生的"频率"来确定事件的"概率";19世纪蒲丰(Buffon)用投针试验的方法来确定圆周率π;20世纪40年代电子计算机的出现,特别是近年来高速电子计算机的出现,使得用数学方法在计算机上大量、快速地模拟这样的试验成为可能。

4.4.1 有趣的蒙提霍尔问题

【例4.4-1】 蒙提霍尔问题(Monty Hall problem),也称为三门问题,是一个源自博弈论的数学游戏问题,问题的名字来自美国的电视游戏节目:Let's Make a Deal,该节目的主持人名叫蒙提·霍尔(Monty Hall)。

这个游戏的玩法是:参赛者面前有三扇关闭的门,其中一扇门的后面藏有一辆汽车,而另外两扇门的后面则各藏有一只山羊。参赛者从三扇门中随机选取一扇,若选中后面有车的那扇门就可以赢得该汽车。当参赛者选定了一扇门,但尚未开启它的时候,节目主持人会从剩下两扇门中打开一扇藏有山羊的门,然后问参赛者要不要更换自己的选择,选取另一扇仍然关上的门。这个游戏涉及的问题是:参赛者更换自己的选择是否会增加赢得汽车的概率?

1. 理论求解

由于游戏开始时参赛者是从三扇门中随机地选取一扇门,所以在更换选择之前,参赛者赢得汽车的概率为1/3。经分析可知,若参赛者一开始选中汽车,则更换选择后一定选不到汽车;若参赛者一开始没有选中汽车,则更换选择后一定能选到汽车。为了求解参赛者更换选择之后赢得汽车的概率,这里引入两个随机事件:A="一开始选中汽车",B="更换选择后选中

汽车"。根据全概率公式可求得参赛者更换选择之后赢得汽车的概率为

$$P(B) = P(A)P(B \mid A) + P(\bar{A})P(B \mid \bar{A})$$
$$= \frac{1}{3} \times 0 + \frac{2}{3} \times 1 = \frac{2}{3}$$

也就是说参赛者更换选择后赢得汽车的概率增大了，从最初的 1/3 变为 2/3 了，显然参赛者应该更换自己的选择。

2. 蒙特卡洛方法求解

这里还可以通过蒙特卡洛方法求解参赛者更换选择之后赢得汽车的概率。为表述方便，设两只羊的编号分别为"1"和"2"，汽车的编号为"3"。现在从数字 1、2、3 中随机选取一个数字，若一开始选中 1 或 2，则更换选择后选中 3，即赢得汽车；若一开始选中 3，则更换选择后选中 1 或 2，即得不到汽车。将这样的试验重复进行 n 次，记录一开始选中 1 或 2 的次数 m(即更换选择后赢得汽车的次数)，从而可以确定更换选择后赢得汽车的频率 m/n。由大数定律可知当试验次数 n 增大时，频率 m/n 趋近于更换选择后赢得汽车的概率。

笔者根据以上原理编写了用来求解参赛者更换选择之后赢得汽车的概率的 MATLAB 函数，代码如下：

```
function  p = SheepAndCar(n)
%    p = SheepAndCar(n),利用蒙特卡洛方法求解蒙提霍尔问题,求参赛者更换选择之后
%    赢得汽车的概率 p。这里的 n 是正整数标量或向量,表示随机抽样的次数

for i = 1:length(n)
    x = randsample(3,n(i), true);  % 随机抽样
    p(i) = sum(x~ = 3)/n(i);        % 概率的模拟值
end
```

SheepAndCar 函数代码的注释部分给出了该函数的调用格式。下面调用 SheepAndCar 函数，针对不同的 n，求参赛者更换选择之后赢得汽车的概率的模拟值。

```
>> p = SheepAndCar([10,100,1000,10000,100000,1000000])  % 求概率模拟值向量

p =

    0.7000    0.6600    0.6650    0.6600    0.6663    0.6666
```

由以上结果可以看到，随着随机抽样次数的增大，所求概率的模拟值逐渐趋近于理论值 2/3。

4.4.2　抽球问题的蒙特卡洛模拟

【例 4.4-2】　一袋子中有 n 个球，从中有放回地随机抽取 $m(n \leqslant m)$ 次，求袋子中的每个球都能被抽到的概率。这个问题也可以描述为 $m(n \leqslant m)$ 个球随机地落到 n 个盒子中，求每个盒子中都有球的概率。

1. 理论求解

设 A="袋子中的每个球都能被抽到"，A_i="第 i 个球没有被抽到"$(i=1,2,\cdots,n)$，则有

$$P(A_i) = \left(\frac{n-1}{n}\right)^m, \quad i = 1,2,\cdots,n$$

$$P(A_iA_j) = \left(\frac{n-2}{n}\right)^m, \quad i \neq j,\ i,j = 1,2,\cdots,n$$

$$P(A_iA_jA_k) = \left(\frac{n-3}{n}\right)^m, \quad i \neq j \neq k,\ i,j,k = 1,2,\cdots,n$$

$$\vdots$$

$$P(A_1A_2\cdots A_n) = 0$$

从而可得袋子中的每个球都能被抽到的概率为

$$\begin{aligned} P(A) &= P(\bar{A}_1\bar{A}_2\cdots\bar{A}_n) = 1 - P(A_1 \cup A_2 \cup \cdots \cup A_n) \\ &= 1 - \left[\sum_{i=1}^{n} P(A_i) + (-1)^{2-1} \sum_{1\leqslant i<j\leqslant n} P(A_iA_j) + \cdots + (-1)^{n-1} P(A_1A_2\cdots A_n)\right] \\ &= 1 - \sum_{i=1}^{n} (-1)^{i-1} C_n^i \left(\frac{n-i}{n}\right)^m = \sum_{i=0}^{n} (-1)^i C_n^i \left(\frac{n-i}{n}\right)^m \end{aligned}$$

2. 蒙特卡洛方法求解

给 n 个球从 1 至 n 分别编号。在 MATLAB 中进行 N 次随机模拟,每次模拟用 randsample 函数(或 randi 函数)生成 m 个随机整数(取值范围从 $1\sim n$)作为 m 次有放回抽球,如果这 m 个随机整数包含了全部的 n 个编号,则将计数器的值增加 1,这样就可以计算出 N 次模拟中 n 个球都能被取到的频率。随着 N 的增大,这个频率就会越来越接近于每个球都能被抽到的概率 $P(A)$。基于这个原理编写 MATLAB 函数 probmont,函数代码如下,代码的注释部分给出了该函数的调用格式。

```
function [p0,p] = probmont(n,m,N)
%    [p0,p] = probmont(n,m,N),有 n 个球,从中有放回地随机抽取 m 次,求每个球都能
%    被取到的理论概论 p0 和蒙特卡洛模拟概率 p。输入参数 N 为随机模拟次数

% 当抽球次数 m 小于球的总数 n 时,理论概率和模拟概率均为 0
if n > m
    p0 = 0;                          % 理论概率
    p = 0;                           % 模拟概率
    return;
end
i = 0:n;                             % 定义一个向量
% 计算理论概率
p0 = sum((-1).^i * factorial(n)./(factorial(i). * factorial(n-i)). * (1-i/n).^(m));

num = 0;
x = 0;
% 计算模拟概率
for i = 1:N
    x = randsample(n,m,true);   % 有放回随机抽样
    % 如果 n 个数都被抽到,将计数器的值增加 1
    if numel(unique(x)) == n
        num = num + 1;
    end
end
p = num/N;   % 模拟概率
```

这里假设 $n=20$,$m=50$,也就是说有 20 个球,从中有放回地随机抽取 50 次,则可调用 probmont 函数计算每个球都能被抽到的理论概率和模拟概率。

```
>> [p0,p] = probmont(20,50,10)   % 模拟 10 次

p0 =            % 理论概率

    0.1642

p =             % 模拟概率

    0.2000

>> [p0,p] = probmont(20,50,1000)   % 模拟 1000 次

p0 =

    0.1642

p =

    0.1690

>> [p0,p] = probmont(20,50,10000)   % 模拟 10000 次

p0 =

    0.1642

p =

    0.1640
```

4.4.3　用蒙特卡洛方法求圆周率 π

【例 4.4-3】 用随机投点法求圆周率 π。

如图 4.4-1 所示，xoy 平面上有一个圆心在原点的单位圆和其外接正方形，可知圆的面积为 π，正方形的面积为 4。设相互独立的随机变量 X,Y 均服从[−1,1]上的均匀分布，则(X,Y)服从$\{-1\leqslant x,y\leqslant 1\}$上的二元均匀分布（即图 4.4-1 中正方形区域上的二元均匀分布）。记事件 $A=\{x^2+y^2\leqslant 1\}$，则事件 A 发生的概率等于单位圆面积除以边长为 2 的正方形的面积，即 $P(A)=\frac{\pi}{4}$，从而可得圆周率 $\pi=4P(A)$。而 $P(A)$可以通过蒙特卡洛方法求得，在图 4.4-1 中正方形内随机投点（即横坐标 X 和纵坐标 Y 都是[−1,1]上均匀分布的随机数），落在单位圆内的点的个数 m 与点的总数 n 的比值 m/n 可以作为事件 A 的概率 $P(A)$的模拟值，随着投点总数的增加，m/n 会越来越接近于 $P(A)$，从而可以得到逐渐接近于

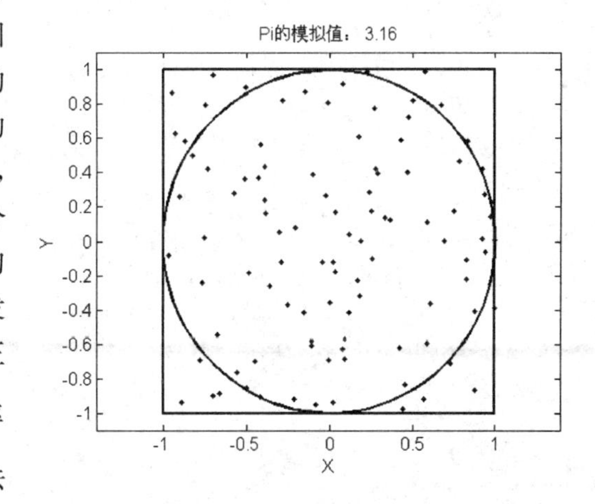

图 4.4-1　投点法模拟圆周率的示意图

π 的圆周率的模拟值。

根据以上原理编写随机投点法求圆周率 π 的 MATLAB 函数 PiMonteCarlo,函数代码如下:

```
function  piva = PiMonteCarlo(n)
%   PiMonteCarlo(n),用随机投点法模拟圆周率 pi,做出模拟图。n 为投点次数,可以是
%   非负整数标量或向量

%   piva = PiMonteCarlo(n),用随机投点法模拟圆周率 pi,返回模拟值 piva。若 n 为标量(向
%   量),则 piva 也为标量(向量)

x = 0;y = 0;d = 0;
m = length(n);                             % 求变量 n 的长度
pivalue = zeros(m,1);                      % 为变量 pivalue 赋初值
% 通过循环用投点法模拟圆周率 pi
for i = 1:m
   x = 2 * rand(n(i),1) - 1;
   y = 2 * rand(n(i),1) - 1;
   d = x.^2 + y.^2;
   pivalue(i) = 4 * sum(d <= 1)/n(i);   % 圆周率的模拟值
end

if nargout == 0
    % 不输出圆周率的模拟值,返回模拟图
    if m > 1
        % 如果 n 为向量,则返回圆周率的模拟值与投点个数的散点图
        figure;  % 新建一个图形窗口
        plot(n,pivalue,'k.');  % 绘制散点图
        h = refline(0,pi);   % 添加参考线
        set(h,'linewidth',2,'color','k');                  % 设置参考线属性
        text(1.05 * n(end),pi,'\pi','fontsize',15);        % 添加文本信息
        xlabel('投点个数');  ylabel('\pi 的模拟值');        % 添加坐标轴标签
    else
        % 如果 n 为标量,则返回投点法模拟圆周率的示意图
        figure;                                            % 新建一个图形窗口
        plot(x,y,'k.');                                    % 绘制散点图
        hold on;
        % 绘制边长为 2 的正方形
        h = rectangle('Position',[-1 -1 2 2],'LineWidth',2);
        t = linspace(0,2 * pi,100);                        % 定义一个角度向量
        plot(cos(t),sin(t),'k','linewidth',2);             % 绘制单位圆
        xlabel('X');  ylabel('Y');                         % 添加坐标轴标签
        title(['Pi 的模拟值:' num2str(pivalue)]);          % 添加标题
        axis([-1.1 1.1 -1.1 1.1]); axis equal;             % 设置坐标轴属性
    end
else
    piva = pivalue;  % 输出圆周率的模拟值
end
```

PiMonteCarlo 函数代码的注释部分给出了该函数的两种调用格式。下面调用 PiMonteCarlo 函数,求圆周率 π 的模拟值,并绘制模拟值与投点个数的散点图,如图 4.4-2 所示。

```
>> p = PiMonteCarlo([1000:5000:50000])'   % 返回圆周率 pi 的模拟值向量

p =

   3.2120  3.1433   3.1225   3.1485   3.1495   3.1372   3.1508   3.1431   3.1492   3.1412

>> PiMonteCarlo([100:50:20000])   % 绘制模拟值与投点个数的散点图
```

由以上结果可以看到，随着随机投点个数的增大，圆周率 π 的模拟值逐渐趋近于真实值，从图 4.4-2 也能直观地看出这一趋势。

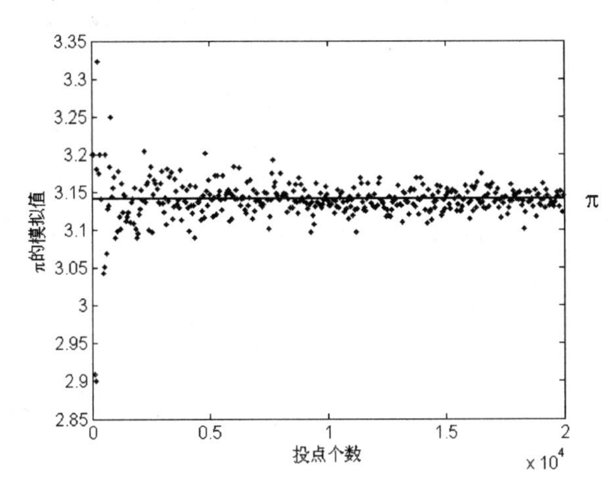

图 4.4-2 圆周率的模拟值与投点个数的散点图

4.4.4 用蒙特卡洛方法求积分

1. 原 理

在用传统方法计算数值积分时，随着积分重数的增加，计算量和求解时间迅速增加，往往令人无法接受，而蒙特卡洛方法用于计算积分时，与积分重数无关，其计算原理如下：

设 $D^n \subset R^n$ 为 n 维空间中的一个区域，$f(\boldsymbol{x})$为定义在 R^n 上的 n 元函数，f 在区域 D^n 上的 n 重积分记为

$$I = \int_{D^n} f(\boldsymbol{x})\mathrm{d}\boldsymbol{x}$$

令 $p(x)$是定义在 D^n 上的概率密度函数，则

$$\int_{D^n} p(\boldsymbol{x})\mathrm{d}\boldsymbol{x} = 1$$

并且

$$I = \int_{D^n} f(\boldsymbol{x})\mathrm{d}\boldsymbol{x} = \int_{D^n} \frac{f(\boldsymbol{x})}{p(\boldsymbol{x})} p(\boldsymbol{x})\mathrm{d}\boldsymbol{x} = E[f(\boldsymbol{x})/p(\boldsymbol{x})]$$

即 I 等于 $f(\boldsymbol{x})/p(\boldsymbol{x})$的数学期望。若记 D^n 的测度为 $M_D = \int_{D^n} 1\mathrm{d}\boldsymbol{x}$，则 $p(\boldsymbol{x}) = 1/M_D$ 是定义在 D^n 上的概率密度函数，从而

$$I = \int_{D^n} f(\boldsymbol{x})\mathrm{d}\boldsymbol{x} = M_D E[f(\boldsymbol{x})] \tag{4.4-1}$$

式(4.4-1)中的 M_D 通常是难于计算的，这里选取一个包含区域 D^n 的超立方体区域 C^n，其测度记为 M_C（即超立方体的体积，很容易计算），则

$$I = \int_{D^n} f(\boldsymbol{x})\mathrm{d}\boldsymbol{x} = M_C \frac{M_D}{M_C} E\left[f(\boldsymbol{x})\right] \tag{4.4-2}$$

式(4.4-2)中的 M_D/M_C 和 $E[f(\boldsymbol{x})]$ 均可由蒙特卡洛方法求得。在超立方体区域 C^n 内随机投入 N 个均匀分布的点，统计落入区域 D^n 内的点的个数，记为 m，则当 N 足够大时，有

$$\frac{M_D}{M_C} \approx \frac{m}{N}, \quad E[f(\boldsymbol{x})] \approx \frac{1}{m}\sum_{x_i \in D^n} f(\boldsymbol{x}_i)$$

从而

$$I = \int_{D^n} f(\boldsymbol{x})\mathrm{d}\boldsymbol{x} \approx \frac{M_C}{N}\sum_{x_i \in D^n} f(\boldsymbol{x}_i) \tag{4.4-3}$$

2. 定积分

【例 4.4-4】 如图 4.4-3 所示，求曲线 $y=\sqrt{x}$ 与直线 $y=x$ 所围成的阴影区域的面积。

记图 4.4-3 中阴影区域为 A，其面积为 S_A，则

$$S_A = \int_0^1 (\sqrt{x} - x)\mathrm{d}x = \frac{1}{6}$$

下面用随机投点法求 S_A 的近似值。如图 4.4-3 所示，由两条虚线（$x=1$，$y=1$）和坐标轴围成了一个边长为 1 的正方形。在这个正方形内随机投点，即所投点的横坐标 x 和纵坐标 y 均服从[0,1]上的均匀分布。所投点落到阴影区域内的概率等于阴影区域 A 的面积与正方形面积之比，即 $S_A/1=S_A$。当随机投点总数 n 足够大时，用落到阴影区域内点的频率 m/n 近似表示概率，则有 $S_A \approx m/n$，其中 m 表示落到阴影区域 A 内的点的个数。实现以上过程的 MATLAB 函数如下：

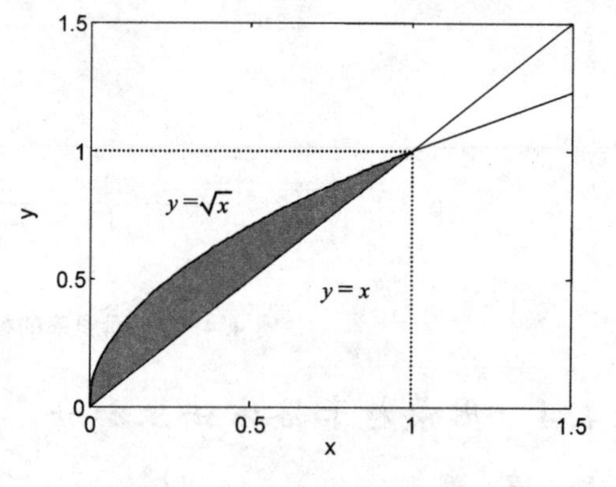

图 4.4-3　求阴影区域面积示意图

```
function [S0,Sm] = quad1mont1(n)
%    [S0,Sm] = quad1mont1(n),求曲线 y = sqrt(x)与直线 y = x 所围成的阴影区域的
%    面积的理论值 S0 与蒙特卡洛模拟值 Sm. 输入参数 n 是随机投点的个数,可以是正整数标
%    量或向量

% S0 = int('sqrt(x) - x',0,1);            % 面积的理论值(解析解)
S0 = quad(@(x)sqrt(x) - x,0,1);           % 面积的理论值(数值解)
% 计算阴影区域的面积的蒙特卡洛模拟值
for i = 1:length(n)
    x = rand(n(i),1);                     % 点的横坐标
    y = rand(n(i),1);                     % 点的纵坐标
    m = sum(sqrt(x) >= y & y >= x);       % 落到阴影区域内点的频数
    Sm(i) = m/n(i);                       % 落到阴影区域内点的频率,即概率的模拟值
end
```

针对不同的投点个数 n，调用上面的 quad1mont1 函数计算定积分 $\int_0^1 (\sqrt{x} - x)\mathrm{d}x$ 的近似

值，相应的 MATLAB 命令及结果如下：

```
% 计算定积分的蒙特卡洛模拟值
>> [S0,Sm] = quad1mont1([10, 100, 1000,10000,100000, 1000000])

S0 =            % 理论值

    0.1667

Sm =            % 模拟值

    0.3000    0.1800    0.1620    0.1659    0.1674    0.1667
```

对于本例，还可根据式(4.4-3)编写 MATLAB 函数如下：

```
function Sm = quad1mont2(n)
%    Sm = quad1mont2(n),求曲线 y = sqrt(x)与直线 y = x 所围成的阴影区域的
%    面积的蒙特卡洛模拟值 Sm。输入参数 n 是随机投点的个数,可以是正整数标量或向量

fun = @(x)sqrt(x) - x;              % 定义被积函数
% 计算阴影区域的面积的蒙特卡洛模拟值
for i = 1:length(n)
    x = rand(n(i),1);               % 随机投点
    Sm(i) = mean(fun(x));           % 积分的模拟值
end
```

调用上面的 quad1mont2 函数计算 $\int_0^1(\sqrt{x}-x)\mathrm{d}x$ 的近似值，相应的 MATLAB 命令及结果如下：

```
>> Sm = quad1mont2([10, 100, 1000,10000,100000, 1000000])

Sm =

    0.1514    0.1577    0.1685    0.1670    0.1666    0.1667
```

3. 二重积分

【例 4.4-5】 求球体 $x^2+y^2+z^2\leqslant 4$ 被圆柱面 $x^2+y^2=2x$ 所截得的(含在圆柱面内的部分)立体的体积。

如图 4.4-4 所示，记 D 为半圆周 $y=\sqrt{2x-x^2}$ 及 x 轴所围成的闭区域，则所求体积为

$$V=4\iint_D\sqrt{4-x^2-y^2}\mathrm{d}x\mathrm{d}y$$

在极坐标系中，闭区域 D 可用不等式

$$0\leqslant\rho\leqslant 2\cos\theta,\quad 0\leqslant\theta\leqslant\pi/2$$

来表示。于是

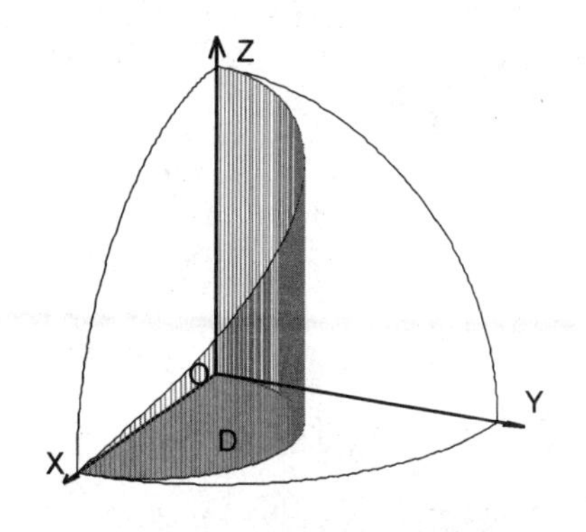

图 4.4-4　求体积示意图

$$V=4\iint_D\sqrt{4-\rho^2}\rho\mathrm{d}\rho\mathrm{d}\theta=4\int_0^{\pi/2}\mathrm{d}\theta\int_0^{2\cos\theta}\sqrt{4-\rho^2}\rho\mathrm{d}\rho=\frac{32}{3}\times\left(\frac{\pi}{2}-\frac{2}{3}\right)\approx 9.6440$$

下面用随机投点法求 V 的近似值。记

$$\Omega=\{(x,y,z)\mid 0\leqslant x\leqslant 2,\quad 0\leqslant y\leqslant 1,\quad 0\leqslant z\leqslant 2\}$$

可知 Ω 是三维空间中的一个长方体区域。记球体 $x^2+y^2+z^2\leqslant 4$ 被圆柱面 $x^2+y^2=2x$ 所截得的立体在第一卦限中的部分为 T,则 T 包含在区域 Ω 中,并且 $V=4V_T$,这里 V_T 为 T 的体积。在 Ω 内随机投点,即所投点的坐标 x、y 和 z 分别服从[0,2]、[0,1]和[0,2]上的均匀分布。所投点落到 T 内的概率等于 T 的体积与 Ω 的体积之比,即 $V_T/4$。当随机投点总数 n 足够大时,用落到 T 内点的频率 m/n 近似表示概率,则有 $V_T/4\approx m/n$,其中 m 表示落到 T 内的点的个数,从而可得 $V=4V_T\approx 16m/n$。实现以上过程的 MATLAB 函数如下:

```
function [V0,Vm] = quad2mont1(n)
%   [V0,Vm] = quad2mont1(n),求球面 x^2 + y^2 + z^2 = 4  被圆柱面 x^2 + y^2 = 2 * x 所截得
%   的(含在圆柱面内的部分)立体的体积的理论值 V0 与蒙特卡洛模拟值 Vm。输入参数 n 是
%   随机投点的个数,可以是正整数标量或向量

% V0 = 32 * (pi/2 - 2/3)/3;                    % 体积的理论值
% V0 = 4 * quadl(@(x)arrayfun(@(xx)quadl(@(y)sqrt(4 - xx.^2 - y.^2),...
%     0,sqrt(1 - (1 - xx).^2)),x),0,2);  % 体积的理论值(数值解)

% 调用 quad2d 函数(matlab2009a 中出现的新函数)求体积的理论值(数值解)
V0 = 4 * quad2d(@(x,y)sqrt(4 - x.^2 - y.^2),0,2,0,@(x)sqrt(1 - (1 - x).^2));
% 求体积的蒙特卡洛模拟值
for i = 1:length(n)
    x = 2 * rand(n(i),1);                    % 点的 x 坐标
    y = rand(n(i),1);                        % 点的 y 坐标
    z = 2 * rand(n(i),1);                    % 点的 z 坐标
    % 落到区域 T 内的点的频数
    m = sum((x.^2 + y.^2 + z.^2 <= 4) & ((x - 1).^2 + y.^2 <= 1));
    Vm(i) = 16 * m/n(i);                     %落到所求立体内的点的频率,即概率的模拟值
end
```

针对不同的投点个数 n,调用上面的 quad2mont1 函数求解本例的 MATLAB 命令及结果如下:

```
% 计算二重积分的蒙特卡洛模拟值
>> [V0,Vm] = quad2mont1([10, 100, 1000,10000,100000, 1000000])

V0 =          % 理论值

    9.6440

Vm =          % 模拟值

   11.2000    7.8400    9.6000    9.6736    9.6674    9.6441
```

对于本例,还可根据式(4.4-3)编写 MATLAB 函数如下:

```
function Vm = quad2mont2(n)
%   Vm = quad2mont(n),求球面 x^2 + y^2 + z^2 = 4 被圆柱面 x^2 + y^2 = 2 * x 所截得
%   的(含在圆柱面内的部分)立体的体积的蒙特卡洛模拟值 Vm.输入参数 n 是随机投点
%   的个数,可以是正整数标量或向量

fun = @(x,y)sqrt(4 - x.^2 - y.^2);      % 定义被积函数
```

```
% 求体积的蒙特卡洛模拟值
for i = 1:length(n)
    % 在矩形区域(0<= x<= 2, -1<= y<= 1)内随机投 n(i)个点
    x = 2 * rand(n(i),1);                    % 点的 x 坐标
    y = 2 * rand(n(i),1) - 1;                % 点的 y 坐标
    id = (x - 1).^2 + y.^2 <= 1;             % 落到区域 x^2 + y^2 = 2 * x 内的点的坐标索引
    Vm(i) = 8 * sum(fun(x(id),y(id)))/n(i);  % 求积分的模拟值
end
```

调用上面的 quad2mont2 函数求解本例的 MATLAB 命令及结果如下：

```
>> Vm = quad2mont2([10, 100, 1000,10000,100000, 1000000])

Vm =

   10.5502    9.7680    9.6060    9.6868    9.6496    9.6443
```

4. 多重积分

【例 4.4-6】 计算 3 重积分 $\int_1^2\left(\int_x^{2x}\left(\int_{xy}^{2xy} xyz\,\mathrm{d}z\right)\mathrm{d}y\right)\mathrm{d}x$。

对于本例，根据式(4.4-3)编写 MATLAB 函数如下：

```
function [V0,Vm] = quad3mont(n)
%    [V0,Vm] = quad3mont(n),蒙特卡洛方法计算 3 重积分,返回理论值 V0 和模拟值 Vm
%    输入参数 n 是随机投点的个数,可以是正整数标量或向量

% 计算理论积分值(传统数值算法),integral3 是 MATLAB R2012a 才有的函数
fun = @(x,y,z)x. * y. * z;
ymin = @(x)x;
ymax = @(x)2 * x;
zmin = @(x,y)x. * y;
zmax = @(x,y)2 * x. * y;
V0 = integral3(fun,1,2,ymin,ymax,zmin,zmax);

% 构造被积函数,x 是长为 3 的列向量或矩阵(行数为 3),x 的每一列表示 3 维空间中的一个点
fun = @(x)prod(x);
% 求体积的蒙特卡洛模拟值
for i = 1:length(n)
    % 在立方体(1<= x<= 1, 1<= y<= 4, 1<= z<= 16)内随机投 n(i)个点
    x = unifrnd(1,2,1,n(i));                                 % x 坐标
    y = unifrnd(1,4,1,n(i));                                 % y 坐标
    z = unifrnd(1,16,1,n(i));                                % z 坐标
    X = [x;y;z];
    id = (y>= x)&(y<= 2 * x)&(z>= x. * y)&(z<= 2 * x. * y);  % 落入积分区域内点的坐标索引
    Vm(i) = (4 - 1) * (16 - 1) * sum(fun(X(:,id)))/n(i);     % 求积分的模拟值
end
```

针对不同的投点个数 n，调用上面的 quad3mont 函数求解本例的 MATLAB 命令及结果如下：

```
>> [V0,Vm] = quad3mont([10, 100, 1000,10000,100000, 1000000])

V0 =                    % 理论值
```

```
  179.2969


Vm =                   % 模拟值


   75.2028    93.8887   172.2928   176.7803   178.2888   179.4922
```

【例 4.4-7】 计算4重积分 $\int_0^1\left(\int_0^1\left(\int_0^1\left(\int_0^1 e^{x_1x_2x_3x_4}\,dx_4\right)dx_3\right)dx_2\right)dx_1$。

对于本例,根据式(4.4-3)编写MATLAB函数如下:

```
function [V0,Vm] = quad4mont(n)
%   [V0,Vm] = quad4mont(n), 蒙特卡洛方法计算4重积分,返回理论值V0和模拟值Vm.
%   输入参数n是随机投点的个数,可以是正整数标量或向量.

% 计算理论积分值(传统数值算法),integral和integral3是MATLAB R2012a才有的函数
fun = @(x1,x2,x3,x4)exp(x1.*x2.*x3.*x4);
fun = @(x)arrayfun(@(x1)integral3(@(x2,x3,x4)fun(x1,x2,x3,x4),0,1,0,1,0,1),x);
V0 = integral(fun,0,1);

fun = @(x)exp(prod(x,2));  % 定义被积函数
% 求体积的蒙特卡洛模拟值
for i = 1:length(n)
    x = rand(n(i),4);          % 随机生成n(i)个4维单位超立方体内的点
    Vm(i) = mean(fun(x));      % 求积分的模拟值
end
```

针对不同的投点个数 n,调用上面的quad4mont函数求解本例的MATLAB命令及结果如下:

```
>> [V0,Vm] = quad4mont([10, 100, 1000,10000,100000, 1000000])

V0 =                   % 理论值

    1.0694

Vm =                   % 模拟值

    1.0445    1.0635    1.0678    1.0698    1.0697    1.0693
```

由以上结果可以看到,随着投点个数的增大,积分模拟值逐渐趋近于理论值。

4.4.5 街头骗局揭秘

【例 4.4-8】 街头常见一类"摸球游戏",游戏规则是这样的:一袋中装有16个大小、形状相同的玻璃球,其中8个红色、8个白色。游戏者从中一次摸出8个,8个球中,当两种颜色出现以下比数时,摸球者可得到相应的"奖励"或"惩罚",如表4.4-1所列。

表 4.4-1 摸球游戏的5种可能结果及奖金(罚金)

可能的结果	A	B	C	D	E
	8:0	7:1	6:2	5:3	4:4
奖金(罚金)/元	10	1	0.5	0.2	−3

注:表中−3表示受罚3元。

此游戏从表面上看非常有吸引力，5 种可能出现的结果有 4 种可得到奖金，且最高奖金达 10 元，而只有一种情况受罚，罚金只有 3 元。试分析此游戏中谁是真正的赢家？

1. 理论求解

设摸球者在一次游戏中得到的奖金(罚金)为 X，则

$$P(X=10)=P(A)=\frac{2}{C_{16}^8}=0.0001554,\quad P(X=1)=P(B)=\frac{2C_8^7C_8^1}{C_{16}^8}=0.009946,$$

$$P(X=0.5)=P(C)=\frac{2C_8^6C_8^2}{C_{16}^8}=0.1218,\quad P(X=0.2)=P(D)=\frac{2C_8^5C_8^3}{C_{16}^8}=0.4873,$$

$$P(X=-3)=P(E)=\frac{C_8^4C_8^4}{C_{16}^8}=0.3807。$$

于是可得 X 的分布列如表 4.4-2 所列。

表 4.4-2　X 的分布列

X	10	1	0.5	0.2	−3
P	0.0001554	0.009946	0.1218	0.4873	0.3807

所以可得 X 的数学期望(均值)为

$$\begin{aligned}E(X)&=10\times P(X=10)+1\times P(X=1)+0.5\times P(X=0.5)+0.2\\&\quad\times P(X=0.2)-3\times P(X=-3)\\&=-0.9723(\text{元})\end{aligned}$$

即从平均意义上来说摸球者在一次游戏中要赔掉 0.9723 元，故此游戏中庄家(游戏经营者)才是真正的赢家。

2. 蒙特卡洛方法求解

给 16 个球分别从 1～16 进行编号，假设 8 个红球的编号为 1～8，而 8 个白球的编号为 9～16。在 MATLAB 中进行 n 次随机模拟，每次模拟用 randsample 函数生成 8 个随机整数(取值范围从 1～16)作为一次抽取的 8 个球。统计 n 次模拟中各种可能的结果(如表 4.4-1 所列)出现的频数 n_A,n_B,n_C,n_D,n_E，从而可得摸球者在一次游戏中得到的奖金(罚金)的数学期望的模拟值为

$$E_m=\frac{10n_A+n_B+0.5n_C+0.2n_D-3n_E}{n}$$

根据以上原理编写 MATLAB 函数 GameMont1，其代码如下，代码的注释部分给出了该函数的调用格式。

```
function  [Em,E0] = GameMont1(n)
% 摸球游戏揭秘
%   [Em,E0] = GameMont1(n)，求摸球者在一次摸球游戏中得到的奖金(罚金)的数学期
%   望(均值)的理论值 E0 和蒙特卡洛模拟值 Em. 输入参数 n 为游戏的次数，它是一个正整数

a = nchoosek(16,8);                  % 组合数(16 选 8)
p = 0;
% 通过循环计算每种可能结果的理论概率
for i = 4:8
    p(i - 3) = 2^(i~ = 4) * nchoosek(8,i) * nchoosek(8,8 - i)/a;
end
```

若您对此书内容有任何疑问，可以凭在线交流卡登录MATLAB中文论坛与作者交流。

```
E0 = p * [-3, 0.2, 0.5, 1, 10]';        % 数学期望的理论值
Freq0 = zeros(1,5);
% 做n次摸球游戏,计算各种可能的结果出现的频数
for i = 1:n
    x = randsample(16,8,'false');       % 不放回随机抽样
    x(x<=8) = 1;                         % 将x中取值为1~8的元素改为1,用来标记红球
    x(x>8) = 2;                          % 将x中取值为9~16的元素改为2,用来标记白球
    % 统计x中1和2出现的次数,整理成[4 4],[3 5],[2 6],[1 7],[0 8]的形式
    x = sort(x);                         % 将x从小到大排序
    x1 = diff(x);                        % 求差分
    x1(end + 1) = 1;                     % 在x1的最后补上一个1
    x1 = find(x1);                       % 查找x1中非零元素的下标
    x1 = [0; x1];                        % 在x1的前面补上一个0
    Freq = sort(diff(x1));               % 对x1求差分,然后排序
    % 统计[4 4],[3 5],[2 6],[1 7],[0 8]各自出现的频数
    if Freq == 8
        Freq = [0; 8];
    end
    if isequal(Freq,[4; 4])
        Freq0 = Freq0 + [1 0 0 0 0];   % 计算4:4出现的频数
    elseif isequal(Freq,[3; 5])
        Freq0 = Freq0 + [0 1 0 0 0];   % 计算3:5出现的频数
    elseif isequal(Freq,[2; 6])
        Freq0 = Freq0 + [0 0 1 0 0];   % 计算2:6出现的频数
    elseif isequal(Freq,[1; 7])
        Freq0 = Freq0 + [0 0 0 1 0];   % 计算1:7出现的频数
    else
        Freq0 = Freq0 + [0 0 0 0 1];   % 计算0:8出现的频数
    end
end
Em = Freq0 * [-3, 0.2, 0.5, 1, 10]'/n;  % 计算数学期望的模拟值
```

针对不同的模拟次数 n,调用上面的GameMont1函数求摸球者在一次游戏中得到的奖金(罚金)的数学期望的模拟值,相应的MATLAB命令及结果如下:

```
>> [Em,E0] = GameMont1(100000)    % 模拟100000次

Em =           % 模拟值

   -0.9713

E0 =           % 理论值

   -0.9723

% 针对不同的模拟次数,调用arrayfun函数计算模拟值
>> arrayfun(@GameMont1,[10 100 1000 10000 100000])

ans =

   -1.3400    -0.9460    -0.9439    -0.9489    -0.9716
```

如表4.4-2所列,在计算出摸球者在一次游戏中得到的奖金(罚金) X 的分布列之后,可以根据这个分布列,用randsample函数进行随机抽样,进而还可将GameMont1函数改写为如

下的 GameMont2 函数。

```
function  [E0,Em] = GameMont2(n)
% 摸球游戏揭秘
%    [E0,Em] = GameMont2(n),求摸球者在一次摸球游戏中得到的奖金(罚金)的数学期
%    望(均值)的理论值 E0 和蒙特卡洛模拟值 Em。输入参数 n 为游戏的次数,它是一个正整
%    数标量或向量

a = nchoosek(16,8);                              % 组合数(16 选 8)
p = 0;
% 通过循环计算每种可能结果的理论概率
for i = 4:8
    p(i - 3) = 2^(i~ = 4) * nchoosek(8,i) * nchoosek(8,8 - i)/a;
end
Award = [ - 3, 0.2, 0.5, 1, 10];                 % 定义奖金(罚金)向量
E0 = p * Award';                                 % 数学期望的理论值

x = 0;
pm = 0;
Em = 0;
% 通过循环计算期望的模拟值
 for i = 1:length(n)
     x = randsample(Award,n(i),'true',p);        % 根据表 4.4 - 2 中分布列进行有放回随机抽样
     pm = tabulate(x);                           % 计算 x 对应的频数频率表
     Em(i) = pm(:,1)' * pm(:,end)/100;           % 计算模拟值
 end
```

针对不同的模拟次数 n,也可调用 GameMont2 函数求摸球者在一次游戏中得到的奖金(罚金)的数学期望的模拟值,相应的 MATLAB 命令及结果如下:

```
% 针对不同的模拟次数,调用 GameMont2 函数计算模拟值
>> [E0,Em] = GameMont2([10, 100, 1000,10000,100000, 1000000])

E0 =          % 理论值

   - 0.9723

Em =          % 模拟值

   - 1.3700    - 1.1030    - 1.0142    - 0.9812    - 0.9656    - 0.9724
```

注意: 受随机数影响,本章涉及的计算结果可能不唯一,若与读者所得结果不一致,亦属正常。

第5章 描述性统计量和统计图

5.1 案例背景

在网上看到过这样的一封情书：

亲爱的莲：

我们的感情，在组织的亲切关怀下、在领导的亲自过问下，一年来正沿着健康的道路蓬勃发展。这主要表现在：

（一）我们共通信121封，平均3.01天一封。其中你给我的信51封，占42.1%；我给你的信70封，占57.9%。每封信平均1502字，最长的达5215字，最短的也有624字。

（二）约会共98次，平均3.7天一次。其中你主动约我38次，占38.7%；我主动约你60次，占61.3%。每次约会平均3.8小时，最长达6.4小时，最短的也有1.6小时。

（三）我到你家看望你父母38次，平均每9.4天一次；你到我家看望我父母36次，平均10天一次。以上充分证明一年来的交往我们已形成了恋爱的共识，我们爱情的主流是互相了解、互相关心、互相帮助，是平等互利的。

当然，任何事物都是一分为二的，缺点的存在是不可避免的。我们二人虽然都是积极的，但从以上的数据看，发展还不太平衡，积极性还存在一定的差距，这是前进中的缺点。

相信在新的一年里，我们一定会发扬成绩、克服缺点、携手前进，开创我们爱情的新局面。因此，我提出三点意见供你参考：

（一）要围绕一个"爱"字；

（二）要狠抓一个"亲"字；

（三）要落实一个"合"字。

让我们弘扬团结拼搏的精神，共同振兴我们的爱情，争取达到一个新高度，登上一个新台阶。本着"我们的婚事我们办，办好婚事为我们"的精神，共创辉煌。

你的憨哥

这是一封充满统计味道和革命意味的情书，信中的描述性统计数据揭示了两个人之间的恋爱经历。在很多统计问题中，诸如均值、方差、标准差、最大值、最小值、极差、中位数、分位数、众数、变异系数、中心矩、原点矩、偏度、峰度、协方差和相关系数等描述性统计量，以及箱线图、直方图、经验分布函数图、正态概率图、P－P图和Q－Q图等都有着非常重要的应用。本章以案例的形式介绍描述性统计量和统计图。

5.2 案例描述

现有某两个班的某门课程的考试成绩，如表5.2－1所列。

表 5.2-1　某两个班的某门课程的考试成绩

序　号	班　名	学　号	姓　名	平时成绩	期末成绩	总成绩	备　注
1	60101	6010101	陈亮	21	42	63	
2	60101	6010102	李旭	25	48	73	
3	60101	6010103	刘鹏飞	0	0	0	缺考
4	60101	6010104	任时迁	27	55	82	
5	60101	6010105	苏宏宇	26	54	80	
6	60101	6010106	王海涛	21	49	70	
7	60101	6010107	王洋	27	61	88	
8	60101	6010108	徐靖磊	26	54	80	
9	60101	6010109	阎世杰	30	62	92	
10	60101	6010110	姚前树	28	56	84	
11	60101	6010111	张金铭	29	66	95	
12	60101	6010112	朱星宇	28	54	82	
13	60101	6010113	韩宏洁	25	50	75	
14	60101	6010114	刘菲	23	48	71	
15	60101	6010115	苗艳红	23	47	70	
16	60101	6010116	宋佳艺	24	56	80	
17	60101	6010117	王峥瑶	25	53	78	
18	60101	6010118	肖君扬	27	53	80	
19	60101	6010119	徐欣露	23	46	69	
20	60101	6010120	杨姗姗	27	54	81	
21	60101	6010121	姚丽娜	17	32	49	
22	60101	6010122	张萌	27	64	91	
23	60101	6010123	张婷婷	25	51	76	
24	60101	6010124	褚子贞	26	50	76	
25	60102	6010201	曹不凡	24	48	72	
26	60102	6010202	付程远	29	60	89	
27	60102	6010203	李林森	25	52	77	
28	60102	6010204	李强	20	44	64	
29	60102	6010205	林志远	30	64	94	
30	60102	6010206	盛世	23	51	74	
31	60102	6010207	宋天清	30	68	98	
32	60102	6010208	王润泽	27	62	89	
33	60102	6010209	吴鹏辉	16	33	49	
34	60102	6010210	徐佳	24	56	80	
35	60102	6010211	尹浩天	27	63	90	
36	60102	6010212	曾松涛	26	54	80	
37	60102	6010213	张小兵	26	54	80	

续表5.2-1

序 号	班 名	学 号	姓 名	平时成绩	期末成绩	总成绩	备 注
38	60102	6010214	奚才	23	50	73	
39	60102	6010215	郭以纯	25	48	73	
40	60102	6010216	黄惠雯	22	50	72	
41	60102	6010217	刘丽	25	54	79	
42	60102	6010218	聂茜茜	25	55	80	
43	60102	6010219	苏红妹	27	54	81	
44	60102	6010220	唐芸	27	55	82	
45	60102	6010221	王飞燕	22	51	73	
46	60102	6010222	徐思漫	26	57	83	
47	60102	6010223	许佳慧	27	60	87	
48	60102	6010224	杨雨婷	0	0	0	缺考
49	60102	6010225	曾亦可	29	61	90	
50	60102	6010226	张阳	28	57	85	
51	60102	6010227	张梓涵	28	64	92	

从表5.2-1可以看出,两个班共51人,实际参加考试49人。以上数据保存在文件examp02_14.xls中,数据保存格式如表5.2-1所列。本章结合表5.2-1中数据,介绍常用的描述性统计量和统计图。

5.3 案例12:描述性统计量

在跟样本观测数据“亲密接触”之前,我们先从几个特征数字上认识一下它们,也就是说计算几个描述性统计量,包括均值、方差、标准差、最大值、最小值、极差、中位数、分位数、众数、变异系数、中心矩、原点矩、偏度、峰度、协方差和相关系数。

5.3.1 均 值

mean函数用来计算样本均值,样本均值描述了样本观测数据取值相对集中的中心位置。下面用mean函数计算平均成绩。

```
% 读取文件examp02_14.xls的第1个工作表中的G2:G52中的数据,即总成绩数据
>> score = xlsread('examp02_14.xls','Sheet1','G2:G52');
>> score = score(score > 0);      % 去掉总成绩中的0,即缺考成绩
>> score_mean = mean(score)       % 计算平均成绩
score_mean =

    79
```

有时候样本均值会掩盖很多信息,例如有一个网友创作了这样的打油诗:“张村有个张千万,隔壁九个穷光蛋,平均起来算一算,人人都是张百万。”一个张千万掩盖了九个穷光蛋,这形象地说明了样本均值受异常值的影响比较大,有一定的不合理性。

5.3.2　方差和标准差

样本方差有如下两种形式的定义：

$$S^2 = \frac{1}{n-1}\sum_{i=1}^{n}(X_i - \overline{X})^2 \tag{5.3-1}$$

$$S^2 = \frac{1}{n}\sum_{i=1}^{n}(X_i - \overline{X})^2 \tag{5.3-2}$$

样本标准差是样本方差的算术平方根,相应的它也有两种形式的定义：

$$S = \sqrt{\frac{1}{n-1}\sum_{i=1}^{n}(X_i - \overline{X})^2} \tag{5.3-3}$$

$$S = \sqrt{\frac{1}{n}\sum_{i=1}^{n}(X_i - \overline{X})^2} \tag{5.3-4}$$

样本方差或标准差描述了样本观测数据变异程度的大小。MATLAB 统计工具箱中提供了 var 和 std 函数,分别用来计算样本方差和标准差。

```
>> SS1 = var(score)          % 计算(5.3-1)式的方差

SS1 =

   103

>> SS1 = var(score,0)        % 也是计算(5.3-1)式的方差

SS1 =

   103

>> SS2 = var(score,1)        % 计算(5.3-2)式的方差

SS2 =

  100.8980

>> s1 = std(score)           % 计算(5.3-3)式的标准差

s1 =

   10.1489

>> s1 = std(score,0)         % 也是计算(5.3-3)式的标准差

s1 =

   10.1489

>> s2 = std(score,1)         % 计算(5.3-4)式的标准差

s2 =

   10.0448
```

5.3.3 最大值和最小值

max函数用来计算样本最大值。

```
>> score_max = max(score)     % 计算样本最大值

score_max =

    98
```

min函数用来计算样本最小值。

```
>> score_min = min(score)     % 计算样本最小值

score_min =

    49
```

5.3.4 极 差

range函数用来计算样本的极差(最大值与最小值之差),极差可以作为样本观测数据变异程度大小的一个简单度量。

```
>> score_range = range(score)     % 计算样本极差

score_range  =

    49
```

5.3.5 中位数

将样本观测值从小到大依次排列,位于中间的那个观测值,称为样本中位数,它描述了样本观测数据的中间位置。median函数用来计算样本的中位数。

```
>> score_median = median(score)     % 计算样本中位数

score_median =

    80
```

与样本均值相比,中位数基本不受异常值的影响,具有较强的稳定性。在中位数标准下,一个张千万就无法掩盖九个穷光蛋了。

5.3.6 分位数

设 $X_1,X_2,\cdots,X_n$ 为取自总体 X 的样本,将 $X_1,X_2,\cdots,X_n$ 从小到大进行排序,记第 i 个为 $X_{(i)}$,定义样本的 p 分位数如下:

$$m_p=\begin{cases}X_{([np+1])}, & np\text{ 不是整数}\\ \frac{1}{2}(X_{(np)}+X_{(np+1)}), & np\text{ 是整数}\end{cases}$$

其中$[np+1]$表示不超过$np+1$的整数。特别地，样本 0.5 分位数即为样本中位数。

MATLAB 统计工具箱中提供了 quantile 和 prctile，均可用来计算样本的分位数。

```
>> score_m1 = quantile(score,[0.25,0.5,0.75])   % 求样本的 0.25,0.5 和 0.75 分位数

score_m1 =

   73.0000   80.0000   85.5000

>> score_m2 = prctile(score,[25, 50, 75])       % 求样本的 25 %,50 % 和 75 % 分位数

score_m2 =

   73.0000   80.0000   85.5000
```

5.3.7 众　数

mode 函数用来计算样本的众数，众数描述了样本观测数据中出现次数最多的数。

```
>> score_mode = mode(score)     % 计算样本众数

score_mode =

    80
```

5.3.8 变异系数

变异系数是衡量数据资料中各变量观测值变异程度的一个统计量。当进行两个或多个变量变异程度的比较时，如果单位与平均值均相同，可以直接利用标准差来比较；如果单位和(或)平均值不同，比较其变异程度就不能采用标准差，而需采用标准差与平均数的比值(相对值)来比较。标准差与平均值的比值称为**变异系数**。MATLAB 统计工具箱中没有专门计算变异系数的函数，可以利用 std 和 mean 函数的比值来计算。

```
>> score_cvar = std(score)/mean(score)      % 计算变异系数

score_cvar =

    0.1285
```

5.3.9 原点矩

定义样本的 k 阶原点矩为 $A_k = \frac{1}{n}\sum_{i=1}^{n} X_i^k$，显然样本的 1 阶原点矩就是样本均值。

```
>> A2 = mean(score.^2)      % 计算样本的 2 阶原点矩

A2 =

   6.3419e+003
```

5.3.10 中心矩

定义样本的k阶中心矩为$B_k=\frac{1}{n}\sum_{i=1}^{n}(X_i-\bar{X})^k$,显然样本的1阶中心矩为0,样本的2阶中心矩为式(5.3-2)定义的样本方差。moment函数用来计算样本的k阶中心矩。

```
>> B1 = moment(score,1)      % 计算样本的1阶中心矩

B1 =

     0

>> B2 = moment(score,2)      % 计算样本的2阶中心矩

B2 =

  100.8980
```

5.3.11 偏 度

skewness函数用来计算样本的偏度$\gamma_1=B_3/B_2^{1.5}$,其中B_2和B_3分别为样本的2阶和3阶中心矩。样本偏度反映了总体分布的对称性信息,偏度越接近于0,说明分布越对称,否则分布越偏斜。若偏度为负,说明样本服从左偏分布(概率密度的左尾巴长,顶点偏向右边);若偏度为正,样本服从右偏分布(概率密度的右尾巴长,顶点偏向左边)。

```
>> score_skewness = skewness(score)      % 计算样本偏度

score_skewness =

   -0.7929
```

5.3.12 峰 度

kurtosis函数按$\gamma_2=B_4/B_2^2$来计算样本的峰度,其中B_2和B_4分别为样本的2阶和4阶中心矩。样本峰度反映了总体分布密度曲线在其峰值附近的陡峭程度。正态分布的峰度为3,若样本峰度大于3,说明总体分布密度曲线在其峰值附近比正态分布来得陡;若样本峰度小于3,说明总体分布密度曲线在其峰值附近比正态分布来得平缓。也有一些统计教材中定义峰度为$\gamma_2=\frac{B_4}{B_2^2}-3$,在这种定义下,正态分布的峰度为0。

```
>> score_kurtosis = kurtosis(score)      % 计算样本峰度

score_kurtosis =

    4.3324
```

5.3.13 协方差

两随机变量X,Y间的协方差定义为$\mathrm{cov}(X,Y)=E[(X-E(X))(Y-E(Y))]$,这里的$E$表示数学期望。从定义不难看出协方差是描述变量间相关程度的统计量。cov函数用来根

据样本数据计算变量间协方差矩阵。

```
% 计算平时成绩和期末成绩间的协方差
% 读取文件 examp02_14.xls 的第 1 个工作表中的 E2:F52 中的数据,即平时成绩和期末成绩
>> XY = xlsread('examp02_14.xls','Sheet1','E2:F52');
>> XY = XY(all(XY>0,2),:);        % 去掉平时成绩和期末成绩均为 0 的成绩,即缺考成绩
>> covXY = cov(XY)                % 计算平时成绩和期末成绩间的协方差

covXY =

    9.2245   19.8588
   19.8588   54.0578
```

上述命令中 cov 函数返回的 covXY 是一个 2×2 的对称矩阵,即平时成绩和期末成绩的协方差矩阵。其中,主对角线上的 9.2245 是平时成绩的方差,54.0578 是期末成绩的方差,副对角线上的 19.8588 是平时成绩和期末成绩的协方差。

5.3.14　相关系数

用协方差描述变量间的相关程度会受到变量的量纲和数量级的影响,即使对于同样的一组变量,当变量的量纲和数量级发生变化时,协方差也会随之改变。为此,应先对变量做标准化变换,然后再计算协方差,把标准化变量间的协方差定义为变量间的相关系数。相关系数是一个无单位的量,其绝对值不超过 1,它描述了变量间的线性相关程度。当变量间相关系数为 0 时,变量间不存在线性趋势关系,但可能存在非线性趋势关系;当变量间相关系数的绝对值为 1 时,一个变量是另一变量的线性函数;当变量间相关系数的绝对值越接近于 1 时,变量间线性趋势越明显。corrcoef 函数用来根据样本数据计算变量间相关系数矩阵。

```
>> Rxy = corrcoef(XY)        % 计算平时成绩和期末成绩间的相关系数

Rxy =

    1.0000    0.8893
    0.8893    1.0000
```

由以上结果可知平时成绩和期末成绩间的相关系数为 0.8893,说明平时成绩和期末成绩间存在明显的线性递增趋势,这与人们的经验是相符的。

5.4　案例 13:统计图

5.4.1　箱线图

箱线图的做法如下:

① 画一个箱子,其左侧线为样本 0.25 分位数 $m_{0.25}$ 位置,其右侧线为样本 0.75 分位数 $m_{0.75}$ 位置,在样本中位数(即 0.5 分位数 $m_{0.5}$)位置上画一条竖线,画在箱子内。这个箱子包含了样本中 50%的数据。

② 在箱子左右两侧各引出一条水平线,左侧线画至 $\max\{\min x,\ m_{0.25}-1.5(m_{0.75}-m_{0.25})\}$,右侧线画至 $\min\{\max x,\ m_{0.25}+1.5(m_{0.75}-m_{0.25})\}$,其中 $\min x$ 和 $\max x$ 分别表示样

本最小值和最大值,这样每条线段大约包含了样本25%的数据。落在左右边界之外的样本点被作为异常点(或称离群点),用红色的"+"号标出。

以上两步得到的图形就是样本数据的水平**箱线图**,当然箱线图也可以做成竖直的形式。箱线图非常直观地反映了样本数据的分散程度以及总体分布的对称性和尾重,利用箱线图还可以直观地识别样本数据中的异常值。

MATLAB统计工具箱中提供了boxplot函数,用来绘制箱线图。

```
>> figure;                              % 新建图形窗口
>> boxlabel = {'考试成绩箱线图'};       % 箱线图的标签
% 绘制带有刻槽的水平箱线图
>> boxplot(score,boxlabel,'notch','on','orientation','horizontal')
>> xlabel('考试成绩');                  % 为X轴加标签
```

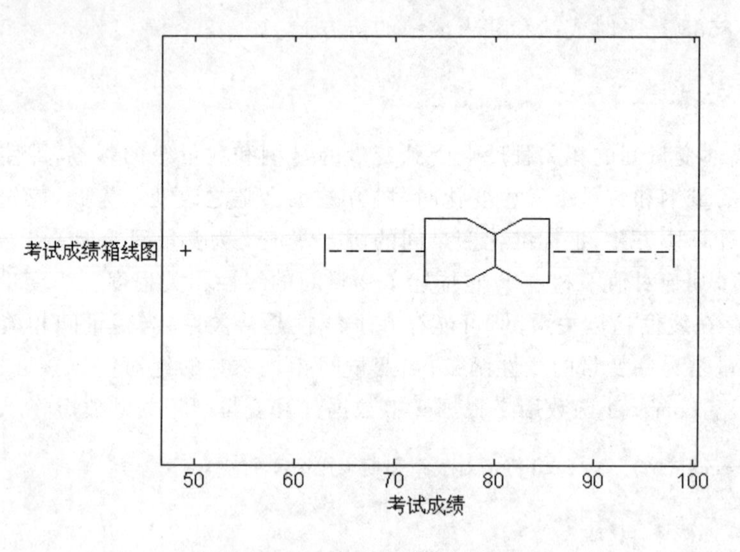

图5.4-1 考试成绩的箱线图

以上命令做出的箱线图如图5.4-1所示。图中箱子的左右边界分别是样本0.25分位数$m_{0.25}$和0.75分位数$m_{0.75}$,箱子中间刻槽处的标记线位置是样本中位数$m_{0.5}$。从图5.4-1可以看出,在箱线图的标签"考试成绩"附近有一个用红色"+"号标出的异常点,除此之外,有50%的样本观测值落入区间[73, 85]内,中位数位置在箱子的正中间稍稍偏右,箱子两侧的虚线长度近似相等,可认为总体分布为对称分布。

5.4.2 频数(率)直方图

频数(率)直方图的做法如下:

① 将样本观测值$x_1,x_2,\cdots,x_n$从小到大排序并去除多余的重复值,得到$x_{(1)}<x_{(2)}<\cdots<x_{(l)}$。

② 适当选取略小于$x_{(1)}$的数a与略大于$x_{(l)}$的数b,将区间(a,b)随意分为k个不相交的小区间,记第i个小区间为I_i,其长度为h_i。

③ 把样本观测值逐个分到各区间内,并计算样本观测值落在各区间内的频数n_i及频率$f_i=\frac{n_i}{n}$。

④ 在 x 轴上截取各区间，并以各区间为底，以 n_i 为高作小矩形，就得到**频数直方图**；若以 $\frac{f_i}{h_i}$ 为高作小矩形，就得到**频率直方图**。

MATLAB 统计工具箱中提供了 hist 函数，用来绘制频数直方图，还提供了 ecdf 和 ecdfhist 函数，用来绘制频率直方图。

```
>> figure;                          % 新建图形窗口
>> [f, xc] = ecdf(score);           % 调用 ecdf 函数计算 xc 处的经验分布函数值 f
>> ecdfhist(f, xc, 7);              % 绘制频率直方图
>> xlabel('考试成绩');               % 为 X 轴加标签
>> ylabel('f(x)');                  % 为 Y 轴加标签
% 产生一个新的横坐标向量 x
>> x = 40:0.5:100;
% 计算均值为 mean(score),标准差为 std(score)的正态分布在向量 x 处的密度函数值
>> y = normpdf(x,mean(score),std(score));
>> hold on
>> plot(x,y,'k','LineWidth',2)  % 绘制正态分布的密度函数曲线,并设置线条为黑色实线,线宽为 2
% 添加标注框,并设置标注框的位置在图形窗口的左上角
>> legend('频率直方图','正态分布密度曲线','Location','NorthWest');
```

以上命令做出的频率直方图如图 5.4-2 所示，可以看出频率直方图与均值为 79、标准差为 10.1489 的正态分布的密度函数图附和得比较好。

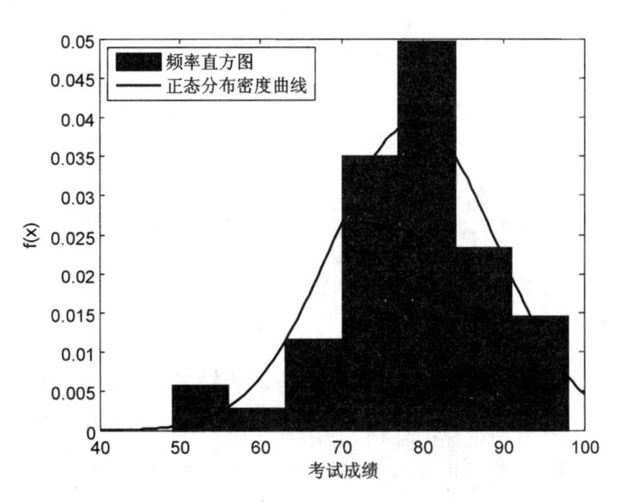

图 5.4-2　频率直方图和理论正态分布密度函数图

5.4.3　经验分布函数图

根据直方图的作法，可以得到样本频数和频率分布表如表 5.4-1 所列。

表 5.4-1　样本频数和频率分布表

观测值	$x_{(1)}$	$x_{(2)}$	…	$x_{(l)}$	总　计
频数	n_1	n_2	…	n_l	n
频率	f_1	f_2	…	f_l	1

称函数

$$F_n(x)=\begin{cases}0, & x<x_{(1)},\\ \sum_{k=1}^{i} f_k, & x_{(i)}\leqslant x<x_{(i+1)}, \quad i=1,2,\cdots,l-1\\ 1, & x\geqslant x_{(l)},\end{cases}$$

为**样本分布函数**(或**经验分布函数**)。经验分布函数图是阶梯状图,反映了样本观测数据的分布情况。

MATLAB统计工具箱中提供了cdfplot和ecdf函数,用来绘制样本经验分布函数图。可以把经验分布函数图和某种理论分布的分布函数图叠放在一起,以对比它们之间的区别。

```
>> figure;     % 新建图形窗口
% 绘制经验分布函数图,并返回图形句柄h和结构体变量stats,
% 结构体变量stats有5个字段,分别对应最小值、最大值、平均值、中位数和标准差
>> [h,stats] = cdfplot(score)

h =

  171.0057


stats =

       min: 49
       max: 98
      mean: 79
    median: 80
       std: 10.1489

>> set(h,'color','k','LineWidth',2);      % 设置线条颜色为黑色,线宽为2
>> x = 40:0.5:100;      % 产生一个新的横坐标向量x
% 计算均值为stats.mean,标准差为stats.std的正态分布在向量x处的分布函数值
>> y = normcdf(x,stats.mean,stats.std);
>> hold on
% 绘制正态分布的分布函数曲线,并设置线条为品红色虚线,线宽为2
>> plot(x,y,':k','LineWidth',2);
% 添加标注框,并设置标注框的位置在图形窗口的左上角
>> legend('经验分布函数','理论正态分布','Location','NorthWest');
```

如图5.4-3所示,将经验分布函数图和均值为79、标准差为10.1489的正态分布的分布函数图叠放在一起,可以看出它们附和地比较好,也就是说表5.2-1中的成绩数据近似服从正态分布$N(79,10.1489^2)$。

5.4.4 正态概率图

正态概率图用于正态分布的检验,实际上就是纵坐标经过变换后的正态分布的分布函数图,正常情况下,正态分布的分布函数曲线是一条S形曲线,而在正态概率图上描绘的则是一条直线。

如果采用手工绘制正态概率图的话,可以在正态概率纸上描绘,正态概率纸上有根据正态分布构造的坐标系,其横坐标是均匀的,纵坐标是不均匀的,以保证正态分布的分布函数图形

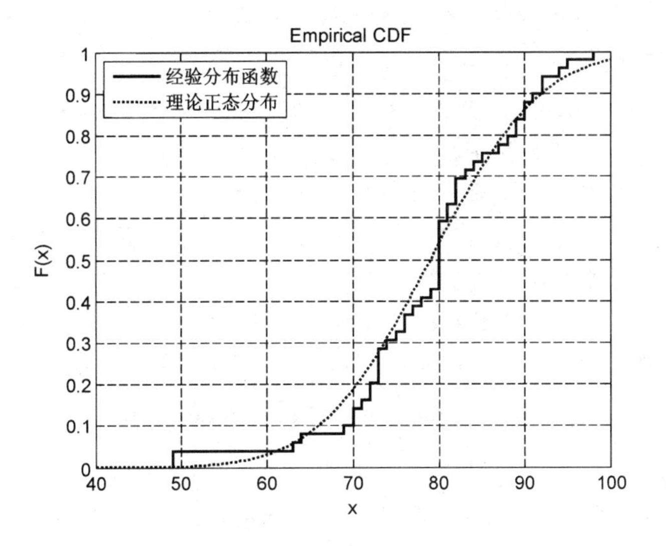

图 5.4-3　经验分布函数和理论正态分布函数图

是一条直线。

MATLAB 统计工具箱中提供了 normplot 函数，用来绘制正态概率图。每一个样本观测值对应图上一个"＋"号，图上给出了一条红色的参考线（点画线），若图中的"＋"号都集中在这条参考线附近，说明样本观测数据近似服从正态分布；偏离参考线的"＋"号越多，说明样本观测数据越不服从正态分布。MATLAB 统计工具箱中还提供了 probplot 函数，用来绘制指定分布的概率图。

```
>> figure;                  % 新建图形窗口
>> normplot(score);         % 绘制正态概率图
```

从图 5.4-4 所示的正态概率图可以看出，除了图形窗口的左下角有两个异常点之外，其余"＋"号均在一条红色直线附近，同样说明了表 5.2-1 中的成绩数据近似服从正态分布。

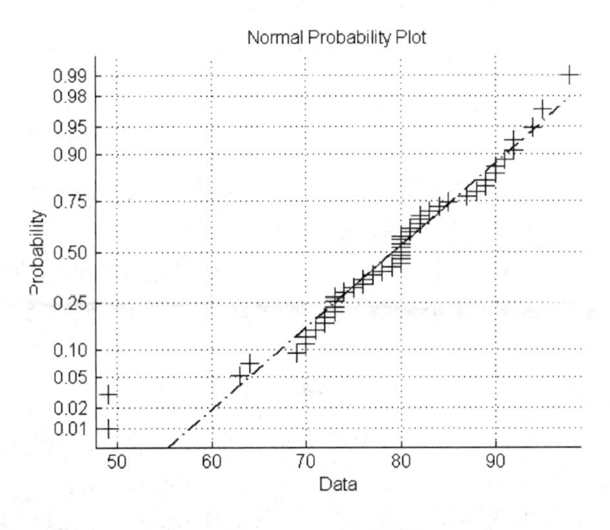

图 5.4-4　正态概率图

5.4.5 p－p 图

p－p 图用来检验样本观测数据是否服从指定的分布,是样本经验分布函数与指定分布的分布函数的关系曲线图。通常情况下,一个坐标轴表示样本经验分布,另一个坐标轴表示指定分布的分布函数。每一个样本观测数据对应图上的一个"＋"号,图中有一条参考直线,若图中的"＋"号都集中在这条参考线附近,说明样本观测数据近似服从指定分布;偏离参考线的"＋"号越多,说明样本观测数据越不服从指定分布。

MATLAB 统计工具箱中提供了 probplot 函数,用来绘制 p－p 图。下面调用 probplot 函数绘制成绩数据的对数正态概率图,观察成绩数据是否服从对数正态分布。

```
>> probplot('lognormal',score)     % 绘制对数正态概率图(p-p图)
```

上面命令做出的图形如图 5.4－5 所示。相对于图 5.4－4 来说,偏离参考线的"＋"号比较多,也就是说成绩数据所服从的分布与对数正态分布的偏离比较大。

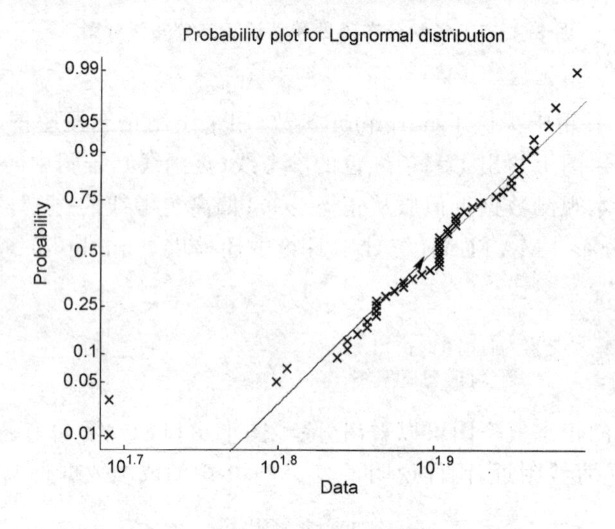

图 5.4－5　对数正态概率图

5.4.6 q－q 图

q－q 图也可用来检验样本观测数据是否服从指定的分布,是样本分位数与指定分布的分位数的关系曲线图。通常情况下,一个坐标轴表示样本分位数,另一个坐标轴表示指定分布的分位数。每一个样本观测数据对应图上的一个"＋"号,图中有一条参考直线,若图中的"＋"号都集中在这条参考线附近,说明样本观测数据近似服从指定分布;偏离参考线的"＋"号越多,说明样本观测数据越不服从指定分布。

MATLAB 统计工具箱中提供了 qqplot 函数,用来绘制 q－q 图。qqplot 函数不仅可以绘制一个样本的 q－q 图,用来检验样本是否服从指定分布,还可以绘制两个样本的 q－q 图,检验两个样本是否服从相同的分布。

下面调用 qqplot 函数绘制两个班成绩数据的 q－q 图,观察两个班的成绩数据是否服从相同的分布。

```
% 读取文件 examp02_14.xls 的第 1 个工作表中的 B2:B52 中的数据,即班级数据
>> banji = xlsread('examp02_14.xls','Sheet1','B2:B52');
% 读取文件 examp02_14.xls 的第 1 个工作表中的 G2:G52 中的数据,即总成绩数据
>> score = xlsread('examp02_14.xls','Sheet1','G2:G52');
% 去除缺考数据
>> banji = banji(score > 0);
>> score = score(score > 0);
% 分别提取 60101 和 60102 班的总成绩
>> score1 = score(banji == 60101);
>> score2 = score(banji == 60102);
>> qqplot(score1,score2)     % 绘制两个班成绩数据的 q-q 图
```

上面命令做出的图形如图 5.4-6 所示。可以看出图中偏离参考线的"+"号比较多,单纯从 q-q 图来看,可认为两个班的成绩数据不服从相同的分布。

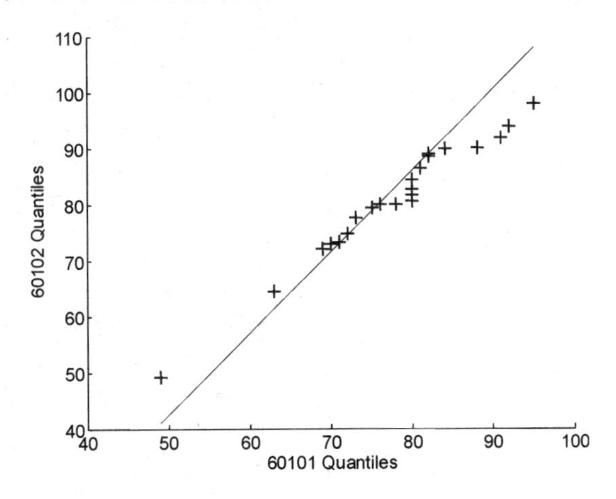

图 5.4-6　两个班成绩数据的 q-q 图

5.5　案例扩展:频数和频率分布表

前面介绍的常用统计量和统计图从不同侧面反映了样本观测数据的分布特征,其中频数(率)直方图是表 5.4-1 所列的频数(率)分布表的直观表现,本节介绍利用 MATLAB 生成样本频数和频率分布表。

5.5.1　调用 tabulate 函数作频数和频率分布表

MATLAB 统计工具箱中提供了 tabulate 函数,用来统计一个数组中各数字(元素)出现的频数、频率。其调用格式如下:

1) **TABLE = tabulate(x)**

生成样本观测数据 x 的频数和频率分布表。输入参数 x 可以是数值型数组、字符串、字符型数组、字符串元胞数组和名义尺度数组。输出参数 TABLE 是包含 3 列的数组,其第一列是 x 中不重复的元素,第二列是这些元素出现的频数,第三列是这些元素出现的频率。当 x 是数值型数组时,TABLE 是数值型矩阵;当 x 是字符串、字符型数组、字符串元胞数组和名义尺度(categorical)数组时,TABLE 是元胞数组。

2) **tabulate(x)**

直接在MATLAB命令窗口显示样本观测数据x的频数和频率分布表。此时没有输出变量。

【例5.5-1】 统计数值型数组中各元素出现的频数、频率。

```
>> x=[2  2  6  5  2  3  2  4  3  4  3  4  4  4  4  2  2
     6  0  4  7  2  5  8  3  1  3  2  5  3  6  2  3  5
     4  3  1  4  2  2  2  3  1  5  2  6  3  4  1  2  5];
>> tabulate(x(:))
  Value    Count   Percent
      0        1      1.96%
      1        4      7.84%
      2       14     27.45%
      3       10     19.61%
      4       10     19.61%
      5        6     11.76%
      6        4      7.84%
      7        1      1.96%
      8        1      1.96%
```

【例5.5-2】 统计字符串中各字符出现的频数、频率。

```
>> x=['If x is a numeric array, TABLE is a numeric matrix.']';
>> tabulate(x)
  Value    Count   Percent
      I        1      2.44%
      f        1      2.44%
      x        2      4.88%
      i        5     12.20%
      s        2      4.88%
      a        5     12.20%
      n        2      4.88%
      u        2      4.88%
      m        3      7.32%
      e        2      4.88%
      r        5     12.20%
      c        2      4.88%
      y        1      2.44%
      ,       1     2.44%
      T        1      2.44%
      A        1      2.44%
      B        1      2.44%
      L        1      2.44%
      E        1      2.44%
      t        1      2.44%
      .       1     2.44%
```

【例5.5-3】 统计字符型数组中各行元素出现的频数、频率。

```
>> x=['崔家峰';'孙乃喆';'安立群';'王洪武';'王玉杰';'高纯静';'崔家峰';
      '叶  鹏';'关泽满';'谢中华';'王宏志';'孙乃喆';'崔家峰';'谢中华'];
>> tabulate(x)
    Value      Count     Percent
```

```
    崔家峰          3       21.43 %
    孙乃喆          2       14.29 %
    安立群          1        7.14 %
    王洪武          1        7.14 %
    王玉杰          1        7.14 %
    高纯静          1        7.14 %
    叶  鹏          1        7.14 %
    关泽满          1        7.14 %
    谢中华          2       14.29 %
    王宏志          1        7.14 %
```

【例 5.5-4】 统计字符串元胞数组中各字符串出现的频数、频率。

```
>> x = {'崔家峰';'孙乃喆';'安立群';'王洪武';'王玉杰';'高纯静';'崔家峰';
'叶  鹏';'关泽满';'谢中华';'王宏志';'孙乃喆';'崔家峰';'谢中华'};
>> tabulate(x)
    Value       Count     Percent
    崔家峰          3       21.43 %
    孙乃喆          2       14.29 %
    安立群          1        7.14 %
    王洪武          1        7.14 %
    王玉杰          1        7.14 %
    高纯静          1        7.14 %
    叶  鹏          1        7.14 %
    关泽满          1        7.14 %
    谢中华          2       14.29 %
    王宏志          1        7.14 %
```

【例 5.5-5】 统计名义尺度(如性别,职业,产品型号等)数组中各元素出现的频数、频率。

```
>> load fisheriris                        % 载入 MATLAB 自带的鸢尾花数据
>> species = nominal(species);            % 将字符串元胞数组 species 转为名义尺度数组
>> tabulate(species)
        Value     Count      Percent
       setosa        50      33.33 %
   versicolor        50      33.33 %
    virginica        50      33.33 %
```

5.5.2 调用自编 HistRate 函数作频数和频率分布表

tabulate 函数返回的结果中不包含累积频率,笔者编写了效率更高的函数 HistRate,用来统计数组中各数字(元素)出现的频数、频率和累积频率。HistRate 函数的代码如下,代码的注释部分给出了该函数的两种调用格式。

```
function result = HistRate(x)
%   HistRate(x),统计数组 x 中的元素出现的频数、频率和累积频率,以表格形式显示在屏幕上。
%   x 可以是数值型数组、字符串、字符型数组、字符串元胞数组和名义尺度数组
%
%   result = HistRate(x),返回矩阵或元胞数组 result,它是多行 4 列的矩阵或元胞数组,
%   四列分别对应不重复元素、频数、频率、累积频率。当 x 是数值型数组时,result 为矩阵;当 x
%   是字符串、字符型数组、字符串元胞数组和名义尺度数组时,result 为元胞数组
%
```

```
%    用户还可参考 tabulate 函数,该函数比 tabulate 函数的效率高。
%
%    Copyright xiezhh

if isnumeric(x)
    x = x(:);
    x = x(~isnan(x));
    xid = [];
else
    [x,xid] = grp2idx(x);
    x = x(~isnan(x));
end

x = sort(x(:));      % 排序
m = length(x);
x1 = diff(x);        % 求差分
x1(end + 1) = 1;
x1 = find(x1);
CumFreq = x1/m;
value = x(x1);
x1 = [0; x1];
Freq1 = diff(x1);
Freq2 = Freq1/m;
if  nargout == 0
    if isempty(xid)
        fmt1 = '%11s    %8s    %6s      %6s\n';
        fmt2 = '  %10d       %8d       %6.2f%%       %6.2f%%\n';
        fprintf(1, fmt1, '取值', '频数', '频率', '累积频率');
        fprintf(1, fmt2, [value'; Freq1'; 100 * Freq2'; 100 * CumFreq']);
    else
        head = {'取值', '频数', '频率(%)', '累积频率(%)'};
        [head;xid,num2cell([Freq1, 100 * Freq2, 100 * CumFreq])]
    end
else
    if isempty(xid)
        result = [value Freq1 Freq2 CumFreq];
    else
        result = [xid,num2cell([Freq1, Freq2, CumFreq])];
    end
end
```

下面调用 HistRate 函数对例 5.5-1 至例 5.5-5 进行分析。

【例 5.5-1 续】 统计数值型数组中各元素出现的频数、频率和累积频率。

```
>> x = [2  2  6  5  2  3  2  4  3  4  3  4  4  4  4  2  2
        6  0  4  7  2  5  8  3  1  3  2  5  3  6  2  3  5
        4  3  1  4  2  2  2  3  1  5  2  6  3  4  1  2  5];
>> HistRate(x)
        取值          频数         频率       累积频率
          0              1         1.96%         1.96%
          1              4         7.84%         9.80%
          2             14        27.45%        37.25%
          3             10        19.61%        56.86%
          4             10        19.61%        76.47%
```

```
        5             6          11.76%          88.24%
        6             4           7.84%          96.08%
        7             1           1.96%          98.04%
        8             1           1.96%         100.00%
```

【例 5.5-2 续】　统计字符串中各字符出现的频数、频率和累积频率。

```
>> x=['If x is a numeric array, TABLE is a numeric matrix.']';
>> HistRate(x)

ans =

    '取值'    '频数'    '频率(%)'    '累积频率(%)'
    'I'       [   1]    [ 2.4390]    [      2.4390]
    'f'       [   1]    [ 2.4390]    [      4.8780]
    'x'       [   2]    [ 4.8780]    [      9.7561]
    'i'       [   5]    [12.1951]    [     21.9512]
    's'       [   2]    [ 4.8780]    [     26.8293]
    'a'       [   5]    [12.1951]    [     39.0244]
    'n'       [   2]    [ 4.8780]    [     43.9024]
    'u'       [   2]    [ 4.8780]    [     48.7805]
    'm'       [   3]    [ 7.3171]    [     56.0976]
    'e'       [   2]    [ 4.8780]    [     60.9756]
    'r'       [   5]    [12.1951]    [     73.1707]
    'c'       [   2]    [ 4.8780]    [     78.0488]
    'y'       [   1]    [ 2.4390]    [     80.4878]
    ','       [   1]    [ 2.4390]    [     82.9268]
    'T'       [   1]    [ 2.4390]    [     85.3659]
    'A'       [   1]    [ 2.4390]    [     87.8049]
    'B'       [   1]    [ 2.4390]    [     90.2439]
    'L'       [   1]    [ 2.4390]    [     92.6829]
    'E'       [   1]    [ 2.4390]    [     95.1220]
    't'       [   1]    [ 2.4390]    [     97.5610]
    '.'       [   1]    [ 2.4390]    [         100]
```

【例 5.5-3 续】　统计字符型数组中各行元素出现的频数、频率和累积频率。

```
>> x=['崔家峰';'孙乃喆';'安立群';'王洪武';'王玉杰';'高纯静';'崔家峰';
      '叶 鹏';'关泽满';'谢中华';'王宏志';'孙乃喆';'崔家峰';'谢中华'];
>> HistRate(x)

ans =

    '取值'     '频数'    '频率(%)'    '累积频率(%)'
    '崔家峰'   [   3]    [21.4286]    [     21.4286]
    '孙乃喆'   [   2]    [14.2857]    [     35.7143]
    '安立群'   [   1]    [ 7.1429]    [     42.8571]
    '王洪武'   [   1]    [ 7.1429]    [          50]
    '王玉杰'   [   1]    [ 7.1429]    [     57.1429]
    '高纯静'   [   1]    [ 7.1429]    [     64.2857]
    '叶 鹏'    [   1]    [ 7.1429]    [     71.4286]
    '关泽满'   [   1]    [ 7.1429]    [     78.5714]
    '谢中华'   [   2]    [14.2857]    [     92.8571]
    '王宏志'   [   1]    [ 7.1429]    [         100]
```

【例5.5-4续】 统计字符串元胞数组中各字符串出现的频数、频率和累积频率。

```
>> x={'崔家峰';'孙乃喆';'安立群';'王洪武';'王玉杰';'高纯静';'崔家峰';
'叶 鹏';'关泽满';'谢中华';'王宏志';'孙乃喆';'崔家峰';'谢中华'};
>> HistRate(x)

ans =

    '取值'      '频数'     '频率(%)'       '累积频率(%)'
    '崔家峰'    [   3]    [21.4286]    [     21.4286]
    '孙乃喆'    [   2]    [14.2857]    [     35.7143]
    '安立群'    [   1]    [ 7.1429]    [     42.8571]
    '王洪武'    [   1]    [ 7.1429]    [          50]
    '王玉杰'    [   1]    [ 7.1429]    [     57.1429]
    '高纯静'    [   1]    [ 7.1429]    [     64.2857]
    '叶 鹏'     [   1]    [ 7.1429]    [     71.4286]
    '关泽满'    [   1]    [ 7.1429]    [     78.5714]
    '谢中华'    [   2]    [14.2857]    [     92.8571]
    '王宏志'    [   1]    [ 7.1429]    [         100]
```

【例5.5-5续】 统计名义尺度(如性别,职业,产品型号等)数组中各元素出现的频数、频率和累积频率。

```
>> load fisheriris                      % 载入MATLAB自带的鸢尾花数据
>> species = nominal(species);          % 将字符串元胞数组species转为名义尺度数组
>> HistRate(species)

ans =

    '取值'          '频数'     '频率(%)'     '累积频率(%)'
    'setosa'        [  50]    [33.3333]    [   33.3333]
    'versicolor'    [  50]    [33.3333]    [   66.6667]
    'virginica'     [  50]    [33.3333]    [       100]
```

第 6 章 参数估计与假设检验

在很多实际问题中，为了进行某些统计推断，需要确定总体所服从的分布，通常根据问题的实际背景或适当的统计方法可以判断总体分布的类型，但是总体分布中往往含有未知参数，需要用样本观测数据进行估计。例如，学生的某门课程的考试成绩通常服从正态分布 $N(\mu,\sigma^2)$，其中 μ 和 σ 是未知参数，就需要用样本观测数据进行估计，这就是所谓的参数估计，它是统计推断的一种重要形式。

假设检验是统计推断的另一个重要内容，同参数估计一样，在统计学的理论和实际应用中都占有重要地位。假设检验的基本任务是根据样本所提供的信息，对总体的某些方面（如总体的分布类型、参数的性质等）作出判断。

本章以案例形式介绍参数估计和假设检验这两种重要的统计推断形式。主要内容包括：常见分布的参数估计，正态总体参数的检验，常用非参数检验，核密度（kernel density）估计。

6.1 案例 14：参数估计

6.1.1 常见分布的参数估计

MATLAB 统计工具箱中有这样一系列函数，函数名以 fit 三个字符结尾，如附录 B 中表 B.1 所列，这些函数用来求常见分布的参数的最大似然估计和置信区间估计。

【例 6.1-1】 从某厂生产的滚珠中随机抽取 10 个，测得滚珠的直径（单位：mm）如下：

15.14　14.81　15.11　15.26　15.08　15.17　15.12　14.95　15.05　14.87

若滚珠直径服从正态分布 $N(\mu,\sigma^2)$，其中 μ,σ 未知，求 μ,σ 的最大似然估计和置信水平为 90% 的置信区间。

MATLAB 统计工具箱中的 normfit 函数用来根据样本观测值求正态总体均值 μ 和标准差 σ 的最大似然估计和置信区间，对于本例，调用方法如下：

```
% 定义样本观测值向量
>> x = [15.14   14.81   15.11   15.26   15.08   15.17   15.12   14.95   15.05   14.87];
% 调用 normfit 函数求正态总体参数的最大似然估计和置信区间
% 返回总体均值的最大似然估计 muhat 和 90 % 置信区间 muci,
% 还返回总体标准差的最大似然估计 sigmahat 和 90 % 置信区间 sigmaci
>> [muhat,sigmahat,muci,sigmaci] = normfit(x,0.1)

muhat =

   15.0560

sigmahat =

    0.1397
```

```
muci =

   14.9750
   15.1370

sigmaci =

    0.1019
    0.2298
```

上面调用 normfit 函数时,它的第 1 个输入是样本观测值向量 x,第 2 个输入是 $\alpha=1-0.9=0.1$。得到总体均值 μ 的最大似然估计为 $\hat{\mu}=15.0560$,总体标准差 σ 的最大似然估计为 $\hat{\sigma}=0.1397$,总体均值 μ 的 90%置信区间为[14.9750,15.1370],总体标准差 σ 的 90%置信区间为[0.1019,0.2298]。

MATLAB 统计工具箱中的 mle 函数可用来根据样本观测值求指定分布参数的最大似然估计和置信区间,对于本例,可如下调用:

```
% 定义样本观测值向量
>> x = [15.14   14.81   15.11   15.26   15.08   15.17   15.12   14.95   15.05   14.87];
% 调用 mle 函数求正态总体参数的最大似然估计和置信区间
% 返回参数的最大似然估计 mu_sigma 及 90 % 置信区间 mu_sigma_ci
>> [mu_sigma,mu_sigma_ci] = mle(x,'distribution','norm','alpha',0.1)

mu_sigma =

   15.0560    0.1325


mu_sigma_ci =

   14.9750    0.1019
   15.1370    0.2298
```

上面调用 mle 函数时,它的第 1 个输入是样本观测值向量 x,第 2 和第 3 个输入用来指定分布类型为正态分布(Normal Distribution),第 4 和第 5 个输入用来指定 $\alpha=0.1$。得到总体均值 μ 的最大似然估计为 $\hat{\mu}=15.0560$,总体标准差 σ 的最大似然估计为 $\hat{\sigma}=0.1325$,总体均值 μ 的 90% 置信区间为[14.9750,15.1370],总体标准差 σ 的 90% 置信区间为[0.1019,0.2298]。很显然,normfit 和 mle 函数求出的估计结果是不完全相同的,这是因为它们采用了不同的算法,normfit 函数用式(5.3-3)中的样本标准差作为总体标准差 σ 的估计,mle 函数用式(5.3-4)中的样本标准差作为总体标准差 σ 的估计。小样本(样本容量不超过 30)情况下,可认为 normfit 函数的结果更可靠。

6.1.2 自定义分布的参数估计

1. 单参数情形

【例 6.1-2】 已知总体 X 的密度函数为 $f(x;\theta)=\begin{cases}\theta x^{\theta-1}, & 0<x<1 \\ 0, & \text{其他}\end{cases}$,其中 $\theta>0$ 是未知

参数。现从总体 X 中随机抽取容量为 20 的样本，得样本观测值如下：

0.7917　0.8448　0.9802　0.8481　0.7627　0.9013　0.9037　0.7399

0.7843　0.8424　0.9842　0.7134　0.9959　0.6444　0.8362　0.7651

0.9341　0.6515　0.7956　0.8733

试根据以上样本观测值求参数 θ 的最大似然估计和置信水平为 95%的置信区间。

本例中给出的分布不是常见分布，无法调用表 B.1 中以 fit 三个字符结尾的函数进行求解，下面调用 mle 函数求参数 θ 的最大似然估计和置信区间。

```
% 定义样本观测值矩阵
>> x = [0.7917,0.8448,0.9802,0.8481,0.7627
        0.9013,0.9037,0.7399,0.7843,0.8424
        0.9842,0.7134,0.9959,0.6444,0.8362
        0.7651,0.9341,0.6515,0.7956,0.8733];
% 以匿名函数方式定义密度函数，返回函数句柄 PdfFun
>> PdfFun = @(x,theta) theta * x.^(theta - 1). * (x>0 & x<1);
% 调用 mle 函数求参数最大似然估计值和置信区间
>> [phat,pci] = mle(x(:),'pdf',PdfFun,'start',1)

phat =

    5.1502

pci =

    2.8931
    7.4073
```

上面调用 mle 函数时，它的第 1 个输入是样本观测值向量 x，第 2 和第 3 个输入用来传递总体密度函数对应的函数句柄，这里采用匿名函数的方式定义密度函数，需要将函数句柄 PdfFun传递给 mle 函数。针对用户传递的密度函数，mle 函数利用迭代算法求参数估计值，需要指定参数初值，mle 函数的第 4 和第 5 个输入用来指定参数初值。

运行上述命令得到总体参数 θ 的最大似然估计为 $\hat{\theta}=5.1502$，95%置信区间为[2.8931, 7.4073]。

2. 多参数情形

【例 6.1-3】 仍考虑 4.2.5 节中的例 4.2-13，设总体 X 服从由正态分布和Ⅰ型极小值分布（即 Gumbel 分布）混合而成的混合分布，两种分布的比例分别为 0.6 和 0.4。总体 X 的密度函数为

$$f(x)=\frac{0.6}{\sqrt{2\pi}\sigma_1}\exp\left(\frac{-(x-\mu_1)^2}{2\sigma_1^2}\right)+\frac{0.4}{\sigma_2}\exp\left(\frac{x-\mu_2}{\sigma_2}\right)\exp\left(-\exp\left(\frac{x-\mu_2}{\sigma_2}\right)\right)$$

试根据例 4.2-13 中生成的随机数求参数 $\mu_1,\sigma_1,\mu_2,\sigma_2$ 的最大似然估计和置信水平为 95%的置信区间。

```
>> rand('seed',1);                  % 设置随机数生成器的初始种子为 1
>> randn('seed',1);                 % 设置随机数生成器的初始种子为 1
>> x = normrnd(35,5,1000,1);        % 生成指定正态分布随机数
```

```
>> y = evrnd(20,2,1000,1);          % 生成指定 Gumbel 分布随机数
% 生成整数(1 和 2)序列,1,2 出现的比例分别为 0.6 和 0.4
>> z = randsrc(1000,1,[1,2;0.6,0.4]);
% 根据整数(1 和 2)序列对正态分布和 Gumbel 分布随机数做筛选
>> data = x. * (z == 1) + y. * (z == 2);
% 用匿名函数方式定义真实密度函数
>> pdffun = @(t,mu1,sig1,mu2,sig2)0.6 * normpdf(t,mu1,sig1) + 0.4 * evpdf(t,mu2,sig2);
% 设定初值为[10,10,10,10],并设定参数的上下界,调用 mle 函数求解参数估计
>> [phat,pci] = mle(data,'pdf',pdffun,'start',[10,10,10,10],...
    'lowerbound',[ - inf,0, - inf,0],'upperbound',[inf,inf,inf,inf])

phat =

   34.9612    5.3067    19.9334    1.9779

pci =

   34.5003    4.9163    19.7157    1.8007
   35.4221    5.6972    20.1510    2.1550
```

运行上述命令得到总体参数 $\mu_1,\sigma_1,\mu_2,\sigma_2$ 的最大似然估计分别为 $\hat{\mu}_1=34.9612,\hat{\sigma}_1=5.3067,\hat{\mu}_2=19.9334,\hat{\sigma}_2=1.9779$,95%置信区间分别为[34.5003,35.4221],[4.9163,5.6972],[19.7157,20.1510],[1.8007,2.1550]。

〖说明〗

当总体密度中含有多个待估参数时,用户编写的密度函数应该有多个输入,每个待估参数作为一个输入,在调用 mle 函数求参数的最大似然估计时,参数的初值应设为向量,其长度与待估参数的个数保持一致。

6.2 案例15:正态总体参数的检验

6.2.1 总体标准差已知时的单个正态总体均值的 U 检验

【例 6.2-1】 某切割机正常工作时,切割的金属棒的长度服从正态分布 $N(100,4)$。从该切割机切割的一批金属棒中随机抽取 15 根,测得它们的长度(单位:mm)如下:

97　102　105　112　99　103　102　94　100　95　105　98
102　100　103

假设总体方差不变,试检验该切割机工作是否正常,即总体均值是否等于 100mm? 取显著性水平 $\alpha=0.05$。

分析:这是总体标准差已知时的单个正态总体均值的检验,根据题目要求可写出如下假设:

$$H_0: \mu=\mu_0=100,\quad H_1: \mu\neq\mu_0$$

这里的 $H_0: \mu=\mu_0=100$ 称为原假设,$H_1: \mu\neq\mu_0$ 称为备择假设(或对立假设)。MATLAB 统计工具箱中的 ztest 函数可用来作总体标准差已知时的单个正态总体均值的检验,对于本例,调用方法如下:

```
% 定义样本观测值向量
>> x = [97  102 105  112   99  103  102   94  100   95  105   98  102  100  103];
>> mu0 = 100;            % 原假设中的 mu0
>> Sigma = 2;            % 总体标准差 Sigma(已知)
>> Alpha = 0.05;         % 显著性水平 alpha
% 调用 ztest 函数作总体均值的双侧检验,
% 返回变量 h,检验的 p 值,均值的置信区间 muci,检验统计量的观测值 zval
>> [h,p,muci,zval] = ztest(x,mu0,Sigma,Alpha)

h =                      % h = 1 时拒绝原假设,h = 0 时,接受原假设

     1


p =

    0.0282


muci =

  100.1212   102.1455


zval =

    2.1947
```

在上述命令中,ztest 函数的 4 个输入分别为样本观测值向量 x、原假设中的 μ_0、总体标准差 σ 和显著性水平 α(默认的显著性水平为 0.05),ztest 函数的 4 个输出分别为变量 h、检验的 p 值 p、总体均值 μ 的置信水平为 $1-\alpha$ 的置信区间 muci 和检验统计量的观测值 zval。当 h=0 或 p>α 时,接受原假设 H_0;当 h=1 或 p≤α 时,拒绝原假设 H_0。

由于 ztest 函数返回的检验的 p 值 p=0.0282<0.05,所以在显著性水平 $\alpha=0.05$ 下拒绝原假设 $H_0:\mu=\mu_0=100$,认为该切割机工作不正常。注意到 ztest 函数返回的总体均值的置信水平为 95%的置信区间为[100.1212,102.1455],它的两个置信限均大于 100,因此还需作如下的检验:

$$H_0:\mu \leqslant \mu_0 = 100, \qquad H_1:\mu > \mu_0$$

```
% 定义样本观测值向量
>> x = [97  102 105  112   99  103  102   94  100   95  105   98  102  100  103];
>> mu0 = 100;            % 原假设中的 mu0
>> Sigma = 2;            % 总体标准差 Sigma(已知)
>> Alpha = 0.05;         % 显著性水平 alpha
>> tail = 'right';       % 尾部类型为单侧(右尾检验)
% 调用 ztest 函数作总体均值的单侧检验,
% 返回变量 h,检验的 p 值,均值的置信区间 muci,检验统计量的观测值 zval
>> [h,p,muci,zval] = ztest(x,mu0,Sigma,Alpha,tail)

h =                      % h = 1 时拒绝原假设,h = 0 时,接受原假设

     1


p =

    0.0141
```

```
muci =

  100.2839       Inf

zval =

    2.1947
```

在上述命令中,ztest函数的5个输入分别为样本观测值向量x、原假设中的μ_0、总体标准差σ、显著性水平α(默认的显著性水平为0.05)和尾部类型变量tail。其中尾部类型变量tail用来指定备择假设H_1的形式,它的可能取值为字符串'both'、'right'和'left',对应的备择假设分别为$H_1:\mu\neq\mu_0$(双侧检验)、$H_1:\mu>\mu_0$(右尾检验)和$H_1:\mu<\mu_0$(左尾检验)。由于ztest函数返回的检验的p值p=0.0141<0.05,所以在显著性水平$\alpha=0.05$下拒绝原假设$H_0:\mu\leqslant\mu_0=100$,认为总体均值$\mu$大于100。此时$\mu$的置信水平为95%的单侧置信下限为100.2839。

6.2.2 总体标准差未知时的单个正态总体均值的t检验

【例6.2-2】 化肥厂用自动包装机包装化肥,某日测得9包化肥的质量(单位:kg)如下:

49.4　50.5　50.7　51.7　49.8　47.9　49.2　51.4　48.9

设每包化肥的质量服从正态分布,是否可以认为每包化肥的平均质量为50 kg? 取显著性水平$\alpha=0.05$。

分析:这是总体标准差未知时的单个正态总体均值的检验,根据题目要求可写出如下假设:

$$H_0:\mu=\mu_0=50,\qquad H_1:\mu\neq\mu_0$$

MATLAB统计工具箱中的ttest函数可用来作总体标准差未知时的正态总体均值的检验。对于本例,做如下调用:

```
% 定义样本观测值向量
>> x = [49.4  50.5  50.7  51.7  49.8  47.9  49.2  51.4  48.9];
>> mu0 = 50;            % 原假设中的mu0
>> Alpha = 0.05;        % 显著性水平alpha
% 调用ttest函数作总体均值的双侧检验,
% 返回变量h,检验的p值,均值的置信区间muci,结构体变量stats
>> [h,p,muci,stats] = ttest(x,mu0,Alpha)

h =

     0

p =

    0.8961

muci =

   48.9943   50.8945

stats =
```

```
tstat: - 0.1348      % t检验统计量的观测值
   df: 8             % t检验统计量的自由度
   sd: 1.2360        % 样本标准差
```

在上述命令中，ttest 函数的 3 个输入分别为样本观测值向量 x、原假设中的 μ_0 和显著性水平 α(默认的显著性水平为 0.05)，ttest 函数的 4 个输出分别为变量 h、检验的 p 值 p、总体均值 μ 的置信水平为 $1-\alpha$ 的置信区间 muci 和结构体变量 stats(其字段及说明见命令中的注释)。当 h=0 或 p>α 时，接受原假设 H_0；当 $h=1$ 或 p$\leqslant\alpha$ 时，拒绝原假设 H_0。

由于 ttest 函数返回的检验的 p 值 p=0.8961>0.05，所以在显著性水平 $\alpha=0.05$ 下接受原假设 $H_0:\mu=\mu_0=50$，认为每包化肥的平均质量为 50 kg。此时总体均值 μ 的置信水平为 95%的置信区间为[48.9943,50.8945]。

6.2.3　总体标准差未知时的两个正态总体均值的比较 t 检验

1. 两独立样本的 t 检验

【例 6.2-3】 甲、乙两台机床加工同一种产品，从这两台机床加工的产品中随机抽取若干件，测得产品直径(单位:mm)为

甲机床:20.1　20.0　19.3　20.6　20.2　19.9　20.0　19.9　19.1　19.9

乙机床:18.6　19.1　20.0　20.0　20.0　19.7　19.9　19.6　20.2

设甲、乙两机床加工的产品的直径分别服从正态分布 $N(\mu_1,\sigma_1^2)$ 和 $N(\mu_2,\sigma_2^2)$，试比较甲、乙两台机床加工的产品的直径是否有显著差异？取显著性水平 $\alpha=0.05$。

分析:这是总体标准差未知，并且两样本独立时的两个正态总体均值的比较检验，根据题目要求可写出如下假设：

$$H_0: \mu_1 = \mu_2, \qquad H_1: \mu_1 \neq \mu_2$$

MATLAB 统计工具箱中的 ttest2 函数可用来作总体标准差未知时的两个正态总体均值的比较检验，对于本例，做如下调用：

```
% 定义甲机床对应的样本观测值向量
>> x=[20.1, 20.0, 19.3, 20.6, 20.2, 19.9, 20.0, 19.9, 19.1, 19.9];
% 定义乙机床对应的样本观测值向量
>> y=[18.6, 19.1, 20.0, 20.0, 20.0, 19.7, 19.9, 19.6, 20.2];
>> Alpha = 0.05;              % 显著性水平为 0.05
>> tail = 'both';             % 尾部类型为双侧
>> vartype = 'equal';         % 方差类型为等方差
% 调用 ttest2 函数作两个正态总体均值的比较检验，
% 返回变量 h,检验的 p 值,均值差的置信区间 muci,结构体变量 stats
>> [h,p,muci,stats] = ttest2(x,y,Alpha,tail,vartype)

h =

     0


p =

    0.3191
```

```
muci =

   -0.2346    0.6791

stats =
    tstat: 1.0263      % t 检验统计量的观测值
       df: 17          % t 检验统计量的自由度
       sd: 0.4713      % 样本的联合标准差(双侧检验)或样本的标准差向量(单侧检验)
```

在上述命令中,ttest2 函数的 5 个输入分别为样本观测值向量 x、样本观测值向量 y、显著性水平 α(默认的显著性水平为 0.05)、尾部类型变量 tail 和方差类型变量 vartype。其中尾部类型变量 tail 用来指定备择假设 H_1 的形式,它的可能取值为字符串 'both'、'right' 和 'left',对应的备择假设分别为 $H_1: \mu_1 \neq \mu_2$(双侧检验)、$H_1: \mu_1 > \mu_2$(右尾检验)和 $H_1: \mu_1 < \mu_2$(左尾检验)。方差类型变量 vartype 用来指定两总体方差是否相等,它的可能取值为字符串 'equal' 和 'unequal',分别表示等方差和异方差。ttest2 函数的 4 个输出分别为变量 h、检验的 p 值 p、总体均值之差 $\mu_1 - \mu_2$ 的置信水平为 $1-\alpha$ 的置信区间 muci 和结构体变量 stats(其字段及说明见命令中的注释)。当 h=0 或 p>α 时,接受原假设 H_0;当 h=1 或 p≤α 时,拒绝原假设 H_0。

上面假定两个总体的方差相同并未知,调用 ttest2 函数进行了两正态总体均值的比较检验,返回的检验的 p 值 p=0.3191>0.05,所以在显著性水平 α=0.05 下接受原假设 $H_0: \mu_1 = \mu_2$,认为甲、乙两台机床加工的产品的直径没有显著差异。此时 $\mu_1 - \mu_2$ 的置信水平为 95% 的置信区间为[-0.2346,0.6791]。

2. 配对样本的 t 检验

【例 6.2-4】 两组(各 10 名)有资质的评酒员分别对 12 个不同的红葡萄酒样品进行品评,每个评酒员在品尝后进行评分(百分制),然后对每组的每个样品计算其平均分,结果如表 6.2-1 所列。

表 6.2-1 两组评酒员对 12 个不同的红葡萄酒样品的评分

	样品 1	样品 2	样品 3	样品 4	样品 5	样品 6	样品 7	样品 8	样品 9	样品 10	样品 11	样品 12
第一组	80.3	68.6	72.2	71.5	72.3	70.1	74.6	73.0	58.7	78.6	85.6	78.0
第二组	74.0	71.2	66.3	65.3	66.0	61.6	68.8	72.6	65.7	72.6	77.1	71.5

设两组评酒员的评分分别服从正态分布 $N(\mu_1, \sigma_1^2)$ 和 $N(\mu_2, \sigma_2^2)$,试比较两组评酒员的评分是否有显著差异?取显著性水平 α=0.05。

分析:由于每个红葡萄酒样品都对应两个评分,显然两样本等长,并且两样本不独立,这是配对样本的比较检验问题。根据题目要求可写出如下假设:

$$H_0: \mu_1 = \mu_2, \qquad H_1: \mu_1 \neq \mu_2 \tag{6.2-1}$$

由于两样本不独立,通常的做法是将两样本对应数据作差,把两个正态总体均值的比较检验化为单个正态总体均值的检验。此时可将式(6.2-1)中的假设改写为如下假设:

$$H_0: \mu = \mu_1 - \mu_2 = 0, \qquad H_1: \mu \neq 0$$

MATLAB 统计工具箱中的 ttest 函数还可用来作配对样本的比较 t 检验,对于本例,可如下调用:

```
>> x = [80.3,68.6,72.2,71.5,72.3,70.1,74.6,73.0,58.7,78.6,85.6,78.0];  % 样本1
>> y = [74.0,71.2,66.3,65.3,66.0,61.6,68.8,72.6,65.7,72.6,77.1,71.5];  % 样本2
>> Alpha = 0.05;            % 显著性水平为0.05
>> tail = 'both';           % 尾部类型为双侧
% 调用ttest函数作配对样本的比较t检验,
% 返回变量h,检验的p值,均值差的置信区间muci,结构体变量stats
>> [h,p,muci,stats] = ttest(x,y,Alpha,tail)

h =

     1


p =

    0.0105

muci =

    1.2050    7.2617

stats =

    tstat: 3.0768       % t检验统计量的观测值
       df: 11           % t检验统计量的自由度
       sd: 4.7662       % 样本标准差
```

在上述命令中,ttest函数的4个输入分别为样本观测值向量x和y、显著性水平α(默认的显著性水平为0.05)和尾部类型变量tail。其中尾部类型变量tail用来指定备择假设H_1的形式,它的可能取值为字符串'both'、'right'和'left',对应的备择假设分别为$H_1: \mu=\mu_1-\mu_2\neq 0$(双侧检验)、$H_1: \mu>0$(右尾检验)和$H_1: \mu<0$(左尾检验)。ttest函数的4个输出分别为变量h、检验的p值p、总体均值差μ的置信水平为$1-\alpha$的置信区间muci和结构体变量stats(其字段及说明见命令中的注释)。当h=0或p>α时,接受原假设H_0;当h=1或p≤α时,拒绝原假设H_0。

由于ttest函数返回的检验的p值p=0.0105<0.05,所以在显著性水平$\alpha=0.05$下拒绝原假设$H_0: \mu=\mu_1-\mu_2=0$,认为两组评酒员的评分有显著差异。此时两总体均值差的置信水平为95%的置信区间为[1.2050,7.2617],该区间不包含0,说明第一组评酒员的评分明显高于第二组评酒员的评分。

6.2.4 总体均值未知时的单个正态总体方差的χ^2检验

【例6.2-5】 根据例6.2-2中的样本观测数据检验每包化肥的质量的方差是否等于1.5?取显著性水平$\alpha=0.05$。

分析:这是总体均值未知时的单个正态总体方差的检验,根据题目要求可写出如下假设:

$$H_0: \sigma^2=\sigma_0^2=1.5, \qquad H_1: \sigma^2\neq\sigma_0^2$$

MATLAB统计工具箱中的vartest函数可用来作总体均值未知时的单个正态总体方差的检验,对于本例,作如下调用:

```
% 定义样本观测值向量
>> x = [49.4  50.5  50.7  51.7  49.8  47.9  49.2  51.4  48.9];
>> var0  = 1.5;      % 原假设中的常数
>> Alpha = 0.05;     % 显著性水平为 0.05
>> tail = 'both';    % 尾部类型为双侧
% 调用 vartest 函数作单个正态总体方差的双侧检验,
% 返回变量 h,检验的 p 值,方差的置信区间 varci,结构体变量 stats
>> [h,p,varci,stats] = vartest(x,var0,Alpha,tail)

h =

     0


p =

    0.8383

varci =

    0.6970    5.6072

stats =

    chisqstat: 8.1481       % 卡方检验统计量的观测值
           df: 8            % 卡方检验统计量的自由度
```

在上述命令中,vartest函数的4个输入分别为样本观测值向量x、原假设中的σ_0^2、显著性水平α(默认的显著性水平为0.05)和尾部类型变量tail。其中尾部类型变量tail用来指定备择假设H_1的形式,它的可能取值为字符串'both'、'right'和'left',对应的备择假设分别为$H_1:\sigma^2\neq\sigma_0^2$(双侧检验)、$H_1:\sigma^2>\sigma_0^2$(右尾检验)和$H_1:\sigma^2<\sigma_0^2$(左尾检验)。vartest函数的4个输出分别为变量h、检验的p值p、总体方差σ^2的置信水平为$1-\alpha$的置信区间varci和结构体变量stats(其字段及说明见命令中的注释)。当h=0或p>α时,接受原假设H_0;当h=1或p≤α时,拒绝原假设H_0。

由于vartest函数返回的检验的p值p=0.8383>0.05,所以在显著性水平$\alpha=0.05$下接受原假设$H_0:\sigma^2=\sigma_0^2=1.5$,认为每包化肥的质量的方差等于1.5。此时总体方差σ^2的置信水平为95%的置信区间为[0.6970,5.6072]。

6.2.5 总体均值未知时的两个正态总体方差的比较*F*检验

【例6.2-6】 根据例6.2-3中的样本观测数据检验甲、乙两台机床加工产品直径的方差是否相等?取显著性水平$\alpha=0.05$。

分析:这是总体均值未知时的两个正态总体方差的比较检验,根据题目要求可写出如下假设:

$$H_0:\sigma_1^2=\sigma_2^2,\qquad H_1:\sigma_1^2\neq\sigma_2^2$$

MATLAB统计工具箱中的vartest2函数可用来作总体均值未知时的两个正态总体方差的比较检验,对于本例,作如下调用:

```
% 定义甲机床对应的样本观测值向量
>> x=[20.1,  20.0,  19.3,  20.6,  20.2,  19.9,  20.0,  19.9,  19.1,  19.9];
% 定义乙机床对应的样本观测值向量
>> y=[18.6,  19.1,  20.0,  20.0,  20.0,  19.7,  19.9,  19.6,  20.2];
>> Alpha=0.05;     % 显著性水平为 0.05
>> tail='both';     % 尾部类型为双侧
% 调用 vartest2 函数作两个正态总体方差的比较检验,
% 返回变量 h,检验的 p 值,方差之比的置信区间 varci,结构体变量 stats
>> [h,p,varci,stats]=vartest2(x,y,Alpha,tail)

h=

     0

p=

    0.5798

varci=

    0.1567    2.8001

stats=

    fstat: 0.6826        % F 检验统计量的观测值
      df1: 9             % F 检验统计量的分子自由度
      df2: 8             % F 检验统计量的分母自由度
```

在上述命令中,vartest2 函数的 4 个输入分别为样本观测值向量 x、样本观测值向量 y、显著性水平 α(默认的显著性水平为 0.05)和尾部类型变量 tail。其中尾部类型变量 tail 用来指定备择假设 H_1 的形式,它的可能取值为字符串 'both'、'right' 和 'left',对应的备择假设分别为 $H_1:\sigma_1^2\neq\sigma_2^2$(双侧检验)、$H_1:\sigma_1^2>\sigma_2^2$(右尾检验)和 $H_1:\sigma_1^2<\sigma_2^2$(左尾检验)。vartest2 函数的 4 个输出分别为变量 h、检验的 p 值 p、总体方差之比 σ_1^2/σ_2^2 的置信水平为 $1-\alpha$ 的置信区间 varci 和结构体变量 stats(其字段及说明见命令中的注释)。当 h=0 或 p$>\alpha$ 时,接受原假设 H_0;当 h=1 或 p$\leqslant\alpha$ 时,拒绝原假设 H_0。

由于 vartest2 函数返回的检验的 p 值 p=0.5798>0.05,所以在显著性水平 $\alpha=0.05$ 下接受原假设 $H_0:\sigma_1^2=\sigma_2^2$,认为甲、乙两台机床加工产品的直径的方差相等。此时 σ_1^2/σ_2^2 的置信水平为 95%的置信区间为[0.1567,2.8001]。

6.2.6 检验功效与样本容量的计算

1. 假设检验的两类错误

假设检验可能会犯两类错误:第一类错误是本来原假设 H_0 正确,却由于抽样的原因拒绝了 H_0,这类错误又称为**"拒真"**错误,犯第一类错误的概率记为 α;第二类错误是本来 H_0 不正确,却由于抽样的原因接受了 H_0,这类错误又称为**"取伪"**错误,犯第二类错误的概率记为 β。假设检验需要控制犯两类错误的概率均在一个较低的水平,而实际上在样本容量固定的前提下,降低 α 的同时 β 会增加,降低 β 的同时 α 也会增加。为了平衡这一矛盾,英国统计学家 Neyman 和 Pearson 提出显著性检验的概念,也就是在控制犯第一类错误的概率不超过某一水平(即显著性水平)的前提下去制约 β。

2. 检验功效与样本容量的关系

原假设不成立的条件下,拒绝原假设的概率(即 $1-\beta$)称为**检验的功效**,它反映了一个显著性检验能够区分原假设和备择假设的能力,通常情况下应使得检验功效达到一个较高的水平(例如 90%以上)。下面以一种特殊情况来说明检验功效与样本容量之间的关系。

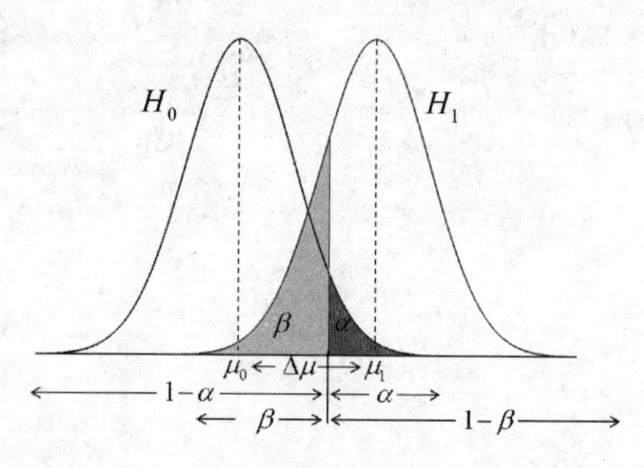

图 6.2-1 两类错误概率及检验功效示意图

设总体 $X \sim N(\mu,\sigma^2)$,σ 已知,$X_1, X_2, \cdots, X_n$ 为取自 X 的样本,考虑如下形式的检验:

$$H_0: \mu = \mu_0, \qquad H_1: \mu = \mu_1 > \mu_0$$

当原假设 H_0 为真时,样本均值 $\overline{X} \sim N(\mu_0, \sigma^2/n)$,当备择假设 H_1 为真时,$\overline{X} \sim N(\mu_1, \sigma^2/n)$,做出两种情况下样本均值 $\overline{X}$ 的密度函数图像,如图 6.2-1 所示。

图 6.2-1 中两部分阴影区域的面积分别是犯两类错误的概率,由此可算得检验功效为

$$1-\beta = 1-P(\text{接受 } H_0 \mid H_1 \text{ 为真}) = 1-P\left(\frac{\overline{X}-\mu_0}{\sigma/\sqrt{n}} < u_\alpha\right) = 1-P\left(\frac{\overline{X}-\mu_1}{\sigma/\sqrt{n}} < u_\alpha - \frac{\mu_1-\mu_0}{\sigma/\sqrt{n}}\right)$$

当 H_1 为真时,$\dfrac{\overline{X}-\mu_1}{\sigma/\sqrt{n}} \sim N(0,1)$,于是可得

$$1-\beta = \Phi\left(\frac{\Delta\mu}{\sigma/\sqrt{n}} - u_\alpha\right) \tag{6.2-2}$$

其中,$\Delta\mu = \mu_1 - \mu_0$;$\Phi$ 是标准正态分布的分布函数;u_α 是标准正态分布的上侧 α 分位数。

由式(6.2-2)可知检验功效 $1-\beta$ 是样本容量 n 和参数改变量 $\Delta\mu$ 的函数。$\Delta\mu$ 固定时,给定样本容量,可求得检验功效,样本容量越大,检验功效越高,即区分原假设和备择假设的能力越强,这与人们的经验是吻合的;反之给定检验功效,可求得样本容量。

3. 调用 sampsizepwr 函数求样本容量和检验功效

MATLAB 统计工具箱中提供了 sampsizepwr 函数,用来求样本容量和检验功效,其调用格式如下:

1) **`n = sampsizepwr(testtype,p0,p1)`**

对于不同类型的双侧检验,在显著性水平 0.05 下,求使得检验功效不低于 90%的最小的样本容量 n。输入参数 p0 和 p1 分别用来指定原假设和备择假设中的参数值。testtype 用来指定检验类型,是字符串变量,其可能取值及说明如表 6.2-2 所列。

表 6.2-2 sampsizepwr 函数支持的检验类型

testtype 参数取值	说 明	备 注
'z'	标准差已知时正态总体均值的检验	p0 是形如$[\mu_0, \sigma_0]$的向量,其元素分别为原假设对应的总体均值和标准差。p1 是备择假设对应的总体均值
't'	标准差未知时正态总体均值的检验	p0 是形如$[\mu_0, \sigma_0]$的向量,其元素分别为原假设对应的总体均值和样本标准差。p1 是备择假设对应的总体均值
'var'	正态总体的方差检验	p0 和 p1 分别是原假设和备择假设对应的总体方差
'p'	二项分布的比率(成功概率)检验	p0 和 p1 分别是原假设和备择假设对应的参数值

当参数 p1 为向量时，输出参数 n 是与 p1 等长的向量。

2）**n = sampsizepwr(testtype,p0,p1,power)**

求样本容量 n。用 power 参数指定检验功效，其值介于 0～1 之间。

3）**power = sampsizepwr(testtype,p0,p1,[],n)**

给定样本容量 n，求检验功效 power。

4）**p1 = sampsizepwr(testtype,p0,[],power,n)**

给定样本容量 n 和检验功效 power，求备择假设中的参数 p1。

5）**[…] = sampsizepwr(…,n,param1,val1,param2,val2,…)**

用可选的成对出现的参数名和参数值控制计算结果。可用的参数名与参数值如表 6.2-3 所列。

表 6.2-3　sampsizepwr 函数支持的参数名与参数值列表

参数名	参数值及说明
'alpha'	检验的显著性水平，取值介于 0～1 之间，默认值为 0.05
'tail'	尾部类型变量，用来指定备择假设的形式，可能的取值情况如下： 'both'：双侧检验，此时的备择假设为 H_1：p≠p0 'right'：右尾检验，此时的备择假设为 H_1：p>p0 'left'：左尾检验，此时的备择假设为 H_1：p<p0

【例 6.2-7】　设需要对某一正态总体的均值进行如下检验：

$$H_0: \mu = 100, \qquad H_1: \mu > 104$$

已知总体标准差 $\sigma = 6.58$。取显著性水平 $\alpha = 0.05$，同时要求检验功效达到 90%。求所需的样本容量。

调用 sampsizepwr 函数求解本例的 MATLAB 命令如下：

```
>> mu0 = 100;           % 原假设对应的总体均值
>> sigma0 = 6.58;       % 原假设对应的标准差
>> mu1 = 104;           % 备择假设对应的总体均值
>> pow = 0.9;           % 检验功效
% 调用 sampsizepwr 函数求样本容量 n
>> n = sampsizepwr('z',[mu0,sigma0],mu1,pow,[],'tail','right')

n =

    24
```

由 sampsizepwr 函数返回的结果可知所需的样本容量为 24。若指定不同的样本容量，还可求得相应的检验功效，例如：

```
>> n = 1:60;                    % 指定不同的样本容量
% 调用 sampsizepwr 函数求不同的样本容量对应的检验功效
>> pow = sampsizepwr('z',[mu0,sigma0],mu1,[],n,'tail','right');
>> plot(n,pow,'k');             % 绘制检验功效与样本容量关系曲线
>> xlabel('样本容量');          % 为 X 轴加标签
>> ylabel('检验功效');          % 为 Y 轴加标签
```

运行以上命令得到检验功效与样本容量关系曲线,如图6.2-2所示。可知随着样本容量的增大,检验功效逐渐趋向于1。

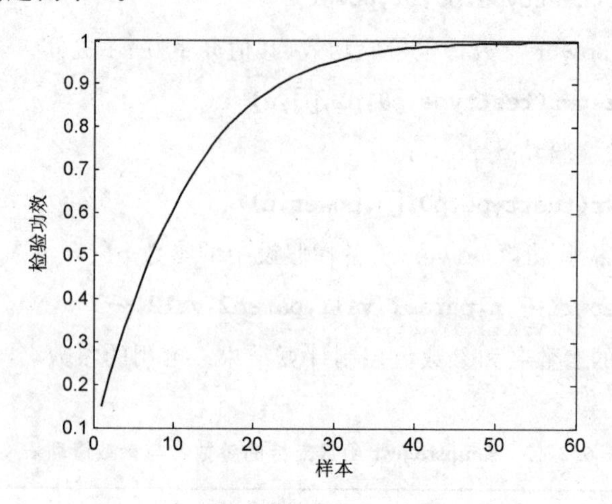

图6.2-2 检验功效与样本容量关系曲线

6.3 案例16:常用非参数检验

在用样本数据对总体信息做出统计推断时,通常要求抽样应满足随机性和独立性,因为几乎所有的抽样定理都是建立在数据独立的基础之上的。而在用样本数据对正态总体参数做出统计推断(例如参数估计和假设检验)时,还要附加上一个要求:样本数据应服从正态分布,这种数据分布类型已知的总体参数的假设检验称为参数假设检验。与参数假设检验相对应的还有非参数假设检验,例如分布的正态性检验,样本的随机性检验等,这类检验通常只假定分布是连续的或对称的,并不要求数据服从正态分布。

6.3.1 游程检验

在实际应用中,需要对样本数据的随机性和独立性做出检验,这要用到游程检验,它是一种非参数检验,用来检验样本数据的随机性,通常人们认为满足随机性的样本数据也满足独立性。

在以一定顺序(如时间)排列的有序数列中,具有相同属性(如符号)的连续部分称为一个游程,一个游程中所包含数据的个数称为游程的长度,通常用R表示一个数列中的游程总数。

【例6.3-1】 某日9:00~10:00到某银行办理业务的人员性别依次如下:

男 男 女 女 女 男 女 女 男 男 男 女

不难看出以上性别序列中男性对应游程数为3,女性对应游程数为3,游程总数为6。

【例6.3-2】 一个包含12个数的有序数列如下:

6 13 9 16 6 8 4 8 11 10 5 1

这是一个数值型数列,可以采用以下两种方法计算游程总数:

① 以某一数值(例如数据的平均值)为界,将数列中大于该值的数记为“+”号,小于该值的数记为“-”号,等于该值的数去除,从而确定游程总数。对于例6.3-2,以数据的平均值为

界，可得游程总数为 5。

② 根据数列中出现的连续增和连续减的子序列数确定游程总数。对于例 6.3－2，数列中各有 4 个连续增和连续减的子序列，因此游程总数为 8。

在游程检验中，数据序列的游程总数偏少或偏多都是数据不满足随机性的表现，因此，检验的拒绝域形如 $W=\{R\leqslant r_1$ 或 $R\geqslant r_2\}$。临界值或 p 值的计算比较复杂，小样本（样本容量不超过 50）情况下，可用精确方法进行计算；大样本情况下，可用正态近似进行计算。

MATLAB 统计工具箱中提供了 runstest 函数，用来作游程检验，其调用格式如下：

1）**h = runstest(x)**

对样本数据序列 x（一个实值向量）进行游程检验，原假设为 H_0：数据出现顺序随机，备择假设为 H_1：数据出现顺序不随机。此时以 x 的均值为界计算游程。输出参数 h 等于 0 或 1，若为 0，则在显著性水平 0.05 下接受原假设，认为样本数据满足随机性；若为 1，则拒绝原假设，认为样本数据不满足随机性。runstest 函数会把 x 中的 NaN 作为缺失数据而忽略它们。

2）**h = runstest(x,v)**

以数值 v 为界进行游程检验。v 的默认值为数据序列 x 的均值。

3）**h = runstest(x,'ud')**

根据数列中出现的连续增和连续减的子序列数确定游程总数，从而进行游程检验。此时，数列 x 中与前一元素相同的数将被去除。

4）**h = runstest(…,param1,val1,param2,val2,…)**

用可选的成对出现的参数名和参数值控制计算结果。可用的参数名与参数值如表 6.3－1 所列。

表 6.3－1　runstest 函数支持的参数名与参数值列表

参数名	参数值及说明
'alpha'	检验的显著性水平，取值介于 0～1 之间，默认值为 0.05
'method'	指定计算 p 值的方法，可能的取值情况如下： 'exact'：利用精确方法计算 p 值，适用于小样本（样本容量不超过 50）情形 'approximate'：利用正态近似计算 p 值，适用于大样本情形
'tail'	尾部类型变量，用来指定备择假设的形式，可能的取值情况如下： 'both'：双侧检验，此时的备择假设为 H_1：数据出现顺序不随机 'right'：右尾检验，当以某一数值为界计算游程数时，备择假设为 H_1：高值和低值交替出现 当用连续增和减的子序列数确定游程数时，备择假设为 H_1：数据序列具有震荡特性 'left'：左尾检验，当以某一数值为界计算游程数时，备择假设为 $H1$：高值和低值集群出现 当用连续增和减的子序列数确定游程数时，备择假设为 $H1$：数据序列具有某种趋势

注意： 当样本容量超过 50，并且用连续增和减的子序列数确定游程数时，精确方法是不适用的。

5）**[h,p] = runstest(…)**

返回检验的 p 值。当 p 值小于或等于显著性水平 α 时，拒绝原假设，否则接受原假设。

6) **[h,p,stats] = runstest(…)**

返回一个结构体变量 stats,它包含以下字段:

- nruns :游程总数;
- n1:数据序列中大于 v 的数据个数;
- n0:数据序列中小于 v 的数据个数;
- z :检验统计量的值。

【例 6.3-3】 中国福利彩票"双色球"开奖号码由 6 个红色球号码和 1 个蓝色球号码组成。红色球号码从 1～33 中随机选择;蓝色球号码从 1～16 中随机选择。现收集了 2012-1-1～2012-8-19 共 97 期双色球开奖数据。完整数据保存在文件"2012 双色球开奖数据.xls"中,部分数据如表 6.3-2 所列。

表 6.3-2 2012 年 1～8 月间 97 期双色球开奖数据(部分)

开奖日期	期 号	红色球号码						蓝色球号码
2012-1-1	2012001	1	4	5	9	15	17	6
2012-1-3	2012002	2	3	7	9	10	32	13
2012-1-5	2012003	3	6	8	24	29	31	9
2012-1-8	2012004	1	5	10	11	21	23	16
2012-1-10	2012005	7	9	18	27	31	33	6
⋮	⋮	⋮	⋮	⋮	⋮	⋮	⋮	⋮
2012-8-9	2012093	3	5	19	21	24	33	13
2012-8-12	2012094	6	9	14	16	23	33	15
2012-8-14	2012095	17	24	27	28	29	30	2
2012-8-16	2012096	4	7	11	16	29	33	7
2012-8-19	2012097	5	8	13	14	19	22	6

试根据收集到的 97 组数据研究蓝色球号码出现顺序是否随机。

```
% 读取文件"2012 双色球开奖数据.xls"第 1 个工作表中的 I2:I98 中的数据,即蓝色球号码
>> x = xlsread('2012 双色球开奖数据.xls',1,'I2:I98');
>> [h,p,stats] = runstest(x,[],'method','approximate')    % 对蓝色球号码进行游程检验

h =

     0

p =

    0.4192

stats =

    nruns: 45
       n1: 50
       n0: 47
        z: -0.8079
```

由于 runstest 函数返回的检验的 p 值 p=0.4192>0.05，所以在显著性水平 $\alpha=0.05$ 下接受原假设 H_0：蓝色球号码出现顺序随机。

6.3.2　符号检验

1. 符号检验的原理

设 X 为连续总体，其中位数记为 M_e，考虑假设检验问题：

$$H_0: M_e = M_0, \qquad H_1: M_e \neq M_0$$

记 $p_+ = P(X>M_0)$，$p_- = P(X<M_0)$，由于 M_e 是总体 X 的中位数，可知当 H_0 成立时，$p_+ = p_- = 0.5$，因此上述假设检验问题等价于：

$$H_0: p_+ = p_- = 0.5, \qquad H_1: p_+ \neq p_-$$

从总体 X 中抽取容量为 n 的样本 $X_1, X_2, \cdots, X_n$。当 $X_i>M_0$ 时，记为(+)号；当 $X_i<M_0$ 时，记为(−)号；当 $X_i=M_0$ 时，记为(0)。用 n_+ 和 n_- 分别表示(+)号和(−)号的个数，令 $m=n_++n_-$。

若 H_0 成立，则$\{X_i>M_0\}$和$\{X_i<M_0\}$应该有相同的概率，(+)号和(−)号的个数应该相差不大，换句话说，当 m 固定时，$\min(n_+, n_-)$不应太小，否则应认为 H_0 不成立。选取检验统计量

$$S = \min(n_+, n_-)$$

对于固定的 m 和给定的显著性水平 α，根据 S 的分布计算临界值 S_α，当 $S \leqslant S_\alpha$ 时，拒绝原假设 H_0，即认为总体中位数 M_e 与 M_0 有显著差异；当 $S>S_\alpha$ 时，接受 H_0，即认为总体中位数 M_e 与 M_0 无显著差异。

符号检验还可用于配对样本的比较检验，只需将两样本对应数据作差，即可把两个总体中位数(或分布)的比较检验化为单个总体中位数的检验。

2. 符号检验的 MATLAB 实现

MATLAB 统计工具箱中提供了 signtest 函数，用来作符号检验，其调用格式如下：

1) **[p,h,stats] = signtest(x)**

根据样本观测值向量 x 作双侧符号检验，原假设是 x 来自于中位数为 0 的连续分布，备择假设是 x 来自于中位数不为 0 的连续分布。输出参数分别为检验的 p 值、变量 h 和包含检验统计量信息的结构体变量 stats。当 p>α 或 h=0 时，接受原假设；当 p≤α 或 h=1 时，拒绝原假设。

2) **[p,h,stats] = signtest(x,m,param1,val1,…)**

双侧符号检验，原假设是 x 来自于中位数为 m 的连续分布，备择假设是 x 来自于中位数不为 m 的连续分布。此时用可选的成对出现的参数名和参数值来控制计算结果。可用的参数名与参数值如表 6.3-3 所列。

〖说明〗

默认情况下(即不指定 'method' 参数及参数值)，当样本容量不超过 100 时，signtest 函数用精确方法计算 p 值，当样本容量不低于 100 时，signtest 函数用正态近似计算 p 值。

3) **[p,h,stats] = signtest(x,y,param1,val1,…)**

配对样本 x 和 y 的双侧符号检验，原假设是 x−y 来自于中位数为 0 的连续分布，备择假设

设是 x-y 来自于中位数不为0的连续分布。此时 x 和 y 是等长的向量。其他参数说明同上。

表 6.3-3 signtest 函数支持的参数名与参数值列表

参数名	参数值及说明
'alpha'	检验的显著性水平,取值介于0~1之间,默认值为0.05
'method'	指定计算 p 值的方法,可能的取值情况如下: 'exact':利用精确方法计算 p 值,适用于小样本(样本容量不超过100)情形 'approximate':利用正态近似计算 p 值,适用于大样本情形

【例 6.3-4】 在某国总统选举的民意调查中,随机询问了200名选民,结果显示,69人支持甲候选人,108人支持乙候选人,23人弃权,试分析甲、乙两位候选人的支持率是否有显著差异。取显著性水平 $\alpha=0.01$。

分析:用 p_1 和 p_2 分别表示甲、乙两位候选人的支持率,根据题目要求可写出如下假设:

$$H_0: p_1 = p_2 = 0.5, \qquad H_1: p_1 \neq p_2$$

调用 signtest 函数求解本例的 MATLAB 命令如下:

```
% 定义样本观测值向量,-1表示支持甲候选人,0表示弃权,1表示支持乙候选人
>> x=[-ones(69,1);zeros(23,1);ones(108,1)];
>> p=signtest(x)      % 符号检验,检验x的中位数是否为0

p=

    0.0043
```

由于 signtest 函数返回的检验的 p 值 p=0.0043<0.01,所以在显著性水平 $\alpha=0.01$ 下拒绝原假设 H_0,认为甲、乙两位候选人的支持率有非常显著的差异。

【例 6.3-5】 根据例6.2-4中的配对样本数据,利用符号检验方法比较两组评酒员的评分是否有显著差异?取显著性水平 $\alpha=0.05$。

```
>> x=[80.3,68.6,72.2,71.5,72.3,70.1,74.6,73.0,58.7,78.6,85.6,78.0];   % 样本1
>> y=[74.0,71.2,66.3,65.3,66.0,61.6,68.8,72.6,65.7,72.6,77.1,71.5];   % 样本2
>> p=signtest(x,y)    % 配对样本的符号检验

p=

    0.0386
```

由于 signtest 函数返回的检验的 p 值 p=0.0386<0.05,所以在显著性水平 $\alpha=0.05$ 下认为两组评酒员的评分有显著差异,这与例6.2-4的结果是一致的。

6.3.3 Wilcoxon 符号秩检验

符号检验只考虑了分布在中位数两侧的样本数据的个数,并没有考虑中位数两侧数据分布的疏密程度的差别,这就使得符号检验的结果比较粗糙,检验功效较低。统计学家 Wilcoxon(威尔科克森)于1945年提出了一种更为精细的"符号秩检验法",该方法是在配对样本的符号检验基础上发展起来的,比传统的单独用正负号的检验更加有效。它适用于单个样本中位数的检验,也适用于配对样本的比较检验,但并不要求样本之差服从正态分布,只要求对称分

布即可。

1. Wilcoxon 符号秩检验的原理

设连续总体 X 服从对称分布，其中位数记为 M_e，考虑假设检验问题：

$$H_0: M_e = M_0, \qquad H_1: M_e \neq M_0$$

从总体 X 中抽取容量为 n 的样本 $X_1, X_2, \cdots, X_n$，将 $|X_i - M_0|$，$i=1,\cdots,n$ 从小到大排序，并计算它们的秩（即序号，取值相同时求平均秩），根据 $X_i - M_0$ 的符号将 $|X_i - M_0|$ 分为正号组和负号组，用 W^+ 和 W^- 分别表示正号组和负号组的秩和，则 $W^+ + W^- = n(n+1)/2$。

若 H_0 成立，则 W^+ 和 W^- 取值相差不大，即 $\min(W^+, W^-)$ 不应太小，否则应认为 H_0 不成立。选取检验统计量

$$W = \min(W^+, W^-)$$

对于给定的显著性水平 α，根据 W 的分布计算临界值 W_α，当 $W \leqslant W_\alpha$ 时，拒绝原假设 H_0，即认为总体中位数 M_e 与 M_0 有显著差异；当 $W > W_\alpha$ 时，接受 H_0，即认为总体中位数 M_e 与 M_0 无显著差异。

对于配对样本的符号秩检验，只需将两样本对应数据作差，即可将其化为单样本符号秩检验。

2. Wilcoxon 符号秩检验的 MATLAB 实现

MATLAB 统计工具箱中提供了 signrank 函数，用来作 Wilcoxon 符号秩检验，其调用格式如下：

1) **[p,h,stats] = signrank(x)**

根据样本观测值向量 x 作双侧符号秩检验，原假设是 x 来自于中位数为 0 的分布，备择假设是 x 来自于中位数不为 0 的分布。该检验假定 x 的分布是连续的，并且关于其中位数对称。输出参数分别为检验的 p 值、变量 h 和包含检验统计量信息的结构体变量 stats。当 $p > \alpha$ 或 $h=0$ 时，接受原假设；当 $p \leqslant \alpha$ 或 $h=1$ 时，拒绝原假设。

2) **[p,h,stats] = signrank(x,m,param1,val1,…)**

双侧符号秩检验，检验样本观测值向量 x 是否来自于中位数为 m 的分布。此时用可选的成对出现的参数名和参数值来控制计算结果。可用的参数名与参数值如表 6.3-3 所列，只是这里的小样本要求样本容量不超过 15。

3) **[p,h,stats] = signrank(x,y,param1,val1,…)**

配对样本 x 和 y 的双侧符号秩检验，原假设是 x-y 来自于中位数为 0 的分布，备择假设是 x-y 来自于中位数不为 0 的分布。此时 x 和 y 是等长的向量。其他参数说明同上。

【例 6.3-6】 本例参考自马逢时编著的《六西格玛管理统计指南》。抽查精细面粉的装包重量，抽查了 16 包，其观测值（单位：kg）如下：

20.21　19.95　20.15　20.07　19.91　19.99　20.08　20.16　19.99　20.16
20.09　19.97　20.05　20.27　19.96　20.06

试检验平均重量与原来设定的 20 kg 是否有显著差别，取显著性水平 $\alpha=0.05$。

根据题目要求可写出如下假设：

$$H_0: M_e = 20, \qquad H_1: M_e \neq 20$$

调用 signrank 函数求解本例的 MATLAB 命令如下：

```
>> x=[20.21,19.95,20.15,20.07,19.91,19.99,20.08,20.16,...
     19.99,20.16,20.09,19.97,20.05,20.27,19.96,20.06];     % 样本观测值向量
>> [p,h,stats]=signrank(x,20)     % 符号秩检验

p =

    0.0298

h =

     1

stats =

          zval: -2.1732          % 近似正态统计量
    signedrank: 26               % Wilcoxon符号秩统计量
```

由于signrank函数返回的检验的p值p=0.0298<0.05,所以在显著性水平$\alpha=0.05$下拒绝原假设,不能认为此组面粉数据的中位数为20。

6.3.4 Mann-Whitney秩和检验

1. 秩和检验的原理

设X和Y是两个连续型总体,其分布函数分别为$F(x-\mu_1)$和$F(x-\mu_2)$均未知,即两总体分布形状相同,位置参数(例如中位数)可能不同。从两总体中分别抽取容量为n_1,n_2的样本$X_1,X_2,\cdots,X_{n_1}$和$Y_1,Y_2,\cdots,Y_{n_2}$,并且两样本独立。考虑假设检验问题:

$$H_0:\mu_1=\mu_2,\quad H_1:\mu_1\neq\mu_2$$

将样本观测数据$X_1,X_2,\cdots,X_{n_1}$和$Y_1,Y_2,\cdots,Y_{n_2}$混合在一起,从小到大排序,并计算它们的秩(即序号,取值相同时求平均秩)。记$X_1,X_2,\cdots,X_{n_1}$的秩和为W_X,$Y_1,Y_2,\cdots,Y_{n_2}$的秩和为W_Y,显然

$$W_X+W_Y=\frac{1}{2}(n_1+n_2)(n_1+n_2+1)$$

选取检验统计量

$$W=\begin{cases}W_X, & n_1\leqslant n_2\\ W_Y, & n_1>n_2\end{cases}$$

若H_0成立,W的取值不应过于偏小或偏大,否则应拒绝H_0。对于给定的显著性水平α,根据W的分布计算下临界值W_1和上临界值W_2,当$W\leqslant W_1$或$W\geqslant W_2$时,拒绝原假设H_0;当$W_1<W<W_2$时,接受H_0。通常当样本容量之一超过10时,可认为W近似服从正态分布,从而可用近似正态检验法。

2. Mann-Whitney秩和检验的MATLAB实现

MATLAB统计工具箱中提供了ranksum函数,用来作秩和检验,其调用格式如下:

```
[p,h,stats]=ranksum(x,y,param1,val1,…)
```

根据样本观测值向量x和y作双侧秩和检验,原假设是两独立样本x和y来自于具有相同中位数的连续分布,备择假设是x和y具有不同的中位数。此时用可选的成对出现的参数

名和参数值来控制计算结果。可用的参数名与参数值如表 6.3-3 所列，只是这里的小样本要求样本容量不超过 10。

输出参数分别为检验的 p 值、变量 h 和包含检验统计量信息的结构体变量 stats。当 p＞α 或 h＝0 时，接受原假设；当 p≤α 或 h＝1 时，拒绝原假设。

【例 6.3-7】 某科研团队研究两种饲料（高蛋白饲料和低蛋白饲料）对雌鼠体重的影响，用高蛋白饲料饲喂 12 只雌鼠，用低蛋白饲料饲喂 7 只雌鼠，记录两组雌鼠在 8 周内体重的增加量，得观测数据如表 6.3-4 所列。

表 6.3-4 两种饲料饲喂的雌鼠在 8 周内增加的体重

饲 料	各鼠增加的体重/g											
高蛋白	133	112	102	129	121	161	142	88	115	127	96	125
低蛋白	71	119	101	83	107	134	92					

试检验不同饲料饲喂的雌鼠的体重增加量是否有显著差异，取显著性水平 $\alpha=0.05$。

根据题目要求可写出如下假设：

$$H_0: \mu_1 = \mu_2, \qquad H_1: \mu_1 \neq \mu_2$$

调用 ranksum 函数求解本例的 MATLAB 命令如下：

```
>> x = [133,112,102,129,121,161,142,88,115,127,96,125];   % 第一组体重增加量
>> y = [71,119,101,83,107,134,92];                          % 第二组体重增加量
>> [p,h,stats] = ranksum(x,y,'method','approximate')        % 秩和检验

p =

    0.0832

h =

     0

stats =

       zval: -1.7326                                        % 近似正态统计量
    ranksum: 49                                             % 秩和统计量
```

由于 ranksum 函数返回的检验的 p 值 p＝0.0832＞0.05，所以在显著性水平 $\alpha=0.05$ 下接受原假设，认为两种饲料饲喂的雌鼠的体重增加量没有显著差异。

6.3.5 分布的拟合与检验

在某些统计推断中，通常假定总体服从一定的分布（例如正态分布），然后在这个分布的基础上，构造相应的统计量，根据统计量的分布做出一些统计推断，而统计量的分布通常依赖于总体分布的假设，也就是说总体所服从的分布在统计推断中是至关重要的，会影响到结果的可靠性。从这个意义上来说，由样本观测数据去推断总体所服从的分布是非常必要的。本节介绍根据样本观测数据拟合总体的分布，并进行分布的检验。

【例 6.3-8】 这里仍考虑 5.2 节中所描述的案例，试根据表 5.2-1 中所列数据，推断总

成绩数据所服从的分布。

在根据样本观测数据对总体所服从的分布作推断时,通常需要借助于描述性统计量和统计图,首先从直观上对分布形式作出判断,然后再进行检验。5.3 节和 5.4 节中的分析已经说明了表 5.2-1 中的总成绩数据近似服从正态分布,下面将调用 MATLAB 函数(chi2gof、jbtest、kstest、kstest2 和 lillietest)进行检验。

1. 卡方拟合优度检验

chi2gof 函数用来作分布的卡方(χ^2)拟合优度检验,检验样本是否服从指定的分布。chi2gof 函数的原理是这样的:它用若干个小区间把样本观测数据进行分组(默认情况下分成 10 个组),使得理论上每组(或区间)包含 5 个以上的观测,即每组的理论频数大于或等于 5,若不满足这个要求,可以通过合并相邻的组来达到这个要求。根据分组结果计算 χ^2 检验统计量

$$\chi^2 = \sum_{i=1}^{\mathrm{nbins}} \frac{(O_i - E_i)^2}{E_i}$$

其中,O_i 表示落入第 i 个组的样本观测值的实际频数;E_i 表示理论频数。当样本容量足够大时,该统计量近似服从自由度为 nbins−1−nparams 的 χ^2 分布,其中 nbins 为组数,nparams 为总体分布中待估参数的个数。当 χ^2 检验统计量的观测值超过临界值 χ^2_α(nbins−1−nparams)时,在显著性水平 α 下即可认为样本数据不服从指定的分布。

chi2gof 函数的调用格式如下:

1) **h = chi2gof(x)**

进行 χ^2 拟合优度检验,检验样本 x(一个实值向量)是否服从正态分布,原假设为样本 x 服从正态分布,其中分布参数由 x 进行估计。输出参数 h 等于 0 或 1,若为 0,则在显著性水平 0.05 下接受原假设,认为 x 服从正态分布;若为 1,则在显著性水平 0.05 下拒绝原假设。

2) **[h,p] = chi2gof(…)**

返回检验的 p 值。当 p 值小于或等于显著性水平 α 时,拒绝原假设,否则接受原假设。

3) **[h,p,stats] = chi2gof(…)**

返回一个结构体变量 stats,它包含以下字段:

- chi2stat:χ^2 检验统计量;
- df:自由度;
- edges:合并后各区间的边界向量;
- O:落入每个小区间内观测的个数,即实际频数;
- E:每个小区间对应的理论频数。

以表 5.2-1 中数据为例,有以下结果:

```
% 读取文件 examp02_14.xls 的第 1 个工作表中的 G2:G52 中的数据,即总成绩数据
>> score = xlsread('examp02_14.xls','Sheet1','G2:G52');
% 去掉总成绩中的 0,即缺考成绩
>> score = score(score > 0);
% 进行卡方拟合优度检验
>> [h,p,stats] = chi2gof(score)

h =
```

```
     1

p =

    0.0244

stats =

    chi2stat: 9.4038
          df: 3
       edges: [49.0000 68.6000 73.5000 78.4000 83.3000 88.2000 98.0000]
           O: [4 10 6 15 4 10]
           E: [7.4844 6.9183 8.9423 9.1961 7.5245 8.9344]
```

由于 h＝1，在显著性水平 0.05 下，可以认为总成绩数据不服从正态分布 $N(79, 10.1489^2)$。结构体变量 stats 的值表明通过合并相邻区间，初始的 10 个小区间最终被合并成 6 个小区间，从 stats.edges 的值查看区间端点，从 stats.O 的值查看每个小区间实际包含的观测的个数，从 stats.E 的值查看每个小区间对应的理论频数。

4) **[…] = chi2gof(x, name1,val1,name2,val2,…)**

通过可选的成对出现的参数名与参数值来控制初始分组、原假设中的分布、显著性水平等。控制初始分组的参数与参数值如表 6.3－5 所列。

表 6.3－5　chi2gof 函数控制初始分组的参数与参数值列表

参数名	参数值	说　明
'nbins'	正整数，默认值为 10	分组（或区间）个数
'ctrs'	向量	指定各区间的中点
'edges'	向量	指定各区间的边界

注意： 表 6.3－5 中的 3 个参数不能同时指定，一次调用最多只能指定其中的一个参数。

```
% 指定各初始小区间的中点
>> ctrs = [50 60 70 78 85 94];
% 指定 'ctrs' 参数，进行卡方拟合优度检验
>> [h,p,stats] = chi2gof(score,'ctrs',ctrs)

h =

     0

p =

    0.3747

stats =

    chi2stat: 0.7879
```

```
          df: 1
       edges: [45.0000 74.0000 81.5000 89.5000 98.5000]
           O: [15 16 10 8]
           E: [15.2451 14.0220 12.3619 7.3710]
```

以上命令通过 'ctrs' 参数控制初始分组数为6，利用 ctrs 向量指定6个初始小区间的中点。检验结果表明通过合并相邻区间，初始的6个小区间最终被合并成4个小区间，此时每个小区间所包含的观测数均在8个以上。此时的h=0，在显著性水平0.05下，可认为总成绩服从正态分布 $N(79,10.1489^2)$。如果通过 'nbins' 参数控制初始分组数为6，则有

```
>> [h,p,stats] = chi2gof(score,'nbins',6)     % 指定 'nbins' 参数，进行卡方拟合优度检验

h =

     0

p =

    0.3580

stats =

    chi2stat: 0.8449
          df: 1
       edges: [49.0000 73.5000 81.6667 89.8333 98.0000]
           O: [14 17 10 8]
           E: [14.4027 15.1752 12.4207 7.0014]
```

以上两次调用得到的h值相同，但p值及stats不相同，并且与chi2gof函数的第3种调用格式的检验结论刚好相反，说明了 χ^2 拟合优度检验对分组结果比较敏感，在使用chi2gof函数时，应使得每个小区间所包含的观测数均在5个以上。

如表6.3-6所列，chi2gof函数利用以下参数与参数值来控制原假设中的分布。

表6.3-6　chi2gof 函数控制原假设分布的参数与参数值列表

参数名	参数值	说　明
'cdf'	函数名字符串、函数句柄、由函数名字符串（或函数句柄）与函数中所含参数的参数值构成的元胞数组、ProbDistUnivParam 类对象、ProbDistUnivKernel 类对象	指定原假设中的分布，与 'expected' 参数不能同时出现。若为函数名字符串或函数句柄，则x是函数的唯一输入参数；若是由函数名字符串（或函数句柄）与函数中所含参数的参数值构成的元胞数组，则x是函数的第1个输入，其他参数为后续输入
'expected'	向量	指定各区间的理论频数，与 'cdf' 参数不能同时出现
'nparams'	正整数	指定分布中待估参数的个数，它确定了卡方分布的自由度

chi2gof 函数的以下4种调用得到的结果完全相同：

```
% 指定分布为默认的正态分布，分布参数由x进行估计
>> [h,p,stats] = chi2gof(score,'nbins',6);
% 求平均成绩ms和标准差ss
```

```
>> ms = mean(score);
>> ss = std(score);
% 参数 'cdf' 的值是由函数名字符串与函数中所含参数的参数值构成的元胞数组
>> [h,p,stats] = chi2gof(score,'nbins',6,'cdf',{'normcdf', ms, ss});
% 参数 'cdf' 的值是由函数句柄与函数中所含参数的参数值构成的元胞数组
>> [h,p,stats] = chi2gof(score,'nbins',6,'cdf',{@normcdf, ms, ss});
% 同时指定 'cdf' 和 'nparams' 参数
>> [h,p,stats] = chi2gof(score,'nbins',6,'cdf',{@normcdf,ms,ss},'nparams',2)
```

若要检验数据是否服从标准正态分布，则用如下命令：

```
>> [h,p] = chi2gof(score,'cdf',@normcdf) % 调用 chi2gof 函数检验数据是否服从标准正态分布
Warning: After pooling, some bins still have low expected counts.
The chi - square approximation may not be accurate
> In chi2gof>poolbins at 303
  In chi2gof at 246

h =

     1

p =

     0
```

由于 h=1，可见数据不服从标准正态分布，但是此时出现了一个警告信息，提示合并区间之后，仍有区间对应的理论频数过低，这样得出的结果可能不正确。

指定初始分组数为 6，检验总成绩数据是否服从参数为 ms=79 的泊松分布的命令及结果如下：

```
% 指定初始分组数为 6,检验总成绩数据是否服从参数为 ms = 79 的泊松分布
>> [h,p] = chi2gof(score,'nbins',6,'cdf',{@poisscdf, ms})

h =

     0

p =

    0.4871
```

由于 h=0，所以在显著性水平 0.05 下接受原假设，还可认为总成绩数据服从参数为 79 的泊松分布。

chi2gof 函数用来控制检验的其他方面的参数与参数值如表 6.3-7 所列。

指定初始分组数为 6，最小理论频数为 3，检验总成绩数据是否服从均值为 ms=79、标准差为 ss=10.1489 的正态分布的命令及结果如下：

```
% 指定初始分组数为 6,最小理论频数为 3,检验总成绩数据是否服从正态分布
>> h = chi2gof(score,'nbins',6,'cdf',{@normcdf, ms, ss},'emin',3)

h =

     0
```

表 6.3-7　chi2gof 函数控制检验的其他方面的参数与参数值列表

参数名	参数值	说　明
'emin'	非负整数，默认值为 5	指定一个区间对应的最小理论频数。初始分组中，理论频数小于这个值的区间将和相邻区间合并。如果指定为 0，将不进行区间合并
'frequency'	与 x 等长的向量	指定 x 中各元素出现的频数
'alpha'	(0，1)上的实数，默认值为 0.05	指定检验的显著性水平

检验的结果表明在显著性水平 0.05 下，仍认为成绩数据服从均值为 79、标准差为 10.1489 的正态分布。

2. Jarque-Bera 检验

jbtest 函数用来作 Jarque-Bera 检验，检验样本是否服从正态分布，调用该函数时不需要指定分布的均值和方差。由于正态分布的偏度为 0，峰度为 3，若样本服从正态分布，则样本偏度应接近于 0，样本峰度应接近于 3，基于此，Jarque-Bera 检验利用样本偏度和峰度构造检验统计量

$$JB=\frac{n}{6}\left[s^2+\frac{(k-3)^2}{4}\right] \tag{6.3-1}$$

其中，n 为样本容量；s 为样本偏度；k 为样本峰度。当样本容量 n 足够大时，式(6.3-1)的检验统计量近似服从自由度为 2 的 χ^2 分布。

jbtest 函数中内置了一个临界值表(33 行 17 列)，其中前 32 行是由蒙特卡洛模拟法计算得出的，对应 32 种样本容量(均在 2000 及其以下)，最后一行是自由度为 2 的 χ^2 分布的分位数表，对应的样本容量为 inf(无穷)，这个临界值表的 17 列分别对应从 0.001～0.5 的 17 种不同的显著性水平。在调用 jbtest 函数作分布的检验时，jbtest 函数会根据实际的样本容量和用户指定的显著性水平，在内置的临界值表上利用样条插值计算临界值，如果用户指定的显著性水平不在 0.001～0.5 范围内，jbtest 函数会利用蒙特卡洛模拟法计算临界值。当式(6.3-1)的检验统计量的观测值大于或等于这个临界值时，jbtest 函数会作出拒绝原假设的推断，其中原假设表示样本服从正态分布。

jbtest 函数的调用格式如下：

1) **h = jbtest(x)**

检验样本 x 是否服从均值和方差未知的正态分布，原假设是 x 服从正态分布。当输出 h 等于 1 时，表示在显著性水平 $\alpha=0.05$ 下拒绝原假设；当 h=0 时，则在显著性水平 $\alpha=0.05$ 下接受原假设。jbtest 函数会把 x 中的 NaN 作为缺失数据而忽略它们。

2) **h = jbtest(x,alpha)**

指定显著性水平 alpha 进行分布的检验，原假设和备择假设同上。alpha 的取值范围是[0.001，0.50]，若 alpha 的取值超出了这个范围，请用 jbtest 函数的最后一种调用格式。

3) **[h,p] = jbtest(…)**

返回检验的 p 值，当 p 值小于或等于给定的显著性水平 alpha 时，拒绝原假设。p 值是通过在内置的临界值表上反插值计算得到，若在区间[0.001，0.50]上找不到合适的 p 值，jbtest

函数会给出一个警告信息，并返回区间的端点，此时应该用 jbtest 函数的最后一种调用格式，计算更精确的 p 值。

4) **[h,p,jbstat] = jbtest(…)**

返回检验统计量的观测值 jbstat。

5) **[h,p,jbstat,critval] = jbtest(…)**

返回检验的临界值 critval。当 jbstat≥critval 时，在显著性水平 alpha 下拒绝原假设。

6) **[h,p,…] = jbtest(x,alpha,mctol)**

指定一个终止容限 mctol，利用蒙特卡洛模拟法计算 p 值的近似值。当 alpha 或 p 的取值不在区间[0.001, 0.50]上时，就需要利用这种调用格式。jbtest 函数会进行足够多次的蒙特卡洛模拟，使得 p 值的蒙特卡洛标准误差满足

$$\sqrt{\frac{p(1-p)}{\text{mcreps}}} < \text{mctol}$$

其中，mcreps 为重复模拟次数。

注意： jbtest 函数只是基于样本偏度和峰度进行正态性检验，结果受异常值的影响比较大，可能会出现比较大的偏差。例如：

```
>> randn('seed',0)          % 指定随机数生成器的初始种子为 0
>> x = randn(10000,1);      % 生成 10000 个服从标准正态分布的随机数
>> h = jbtest(x)            % 调用 jbtest 函数进行正态性检验

h =

     0

>> x(end) = 5;              % 将向量 x 的最后一个元素改为 5
>> h = jbtest(x)            % 再次调用 jbtest 函数进行正态性检验

h =

     1
```

从以上结果可以看出，对于一个包含 10000 个元素的标准正态分布随机数向量，只改变它的最后一个元素的取值，就导致检验的结论完全相反，这就充分反映了 jbtest 函数的局限性。

针对表 5.2-1 中的总成绩数据，调用 jbtest 函数进行正态性检验的命令与结果如下：

```
% 调用 jbtest 函数进行 Jarque-Bera 检验
>> [h,p,jbstat,critval] = jbtest(score)

h =

     1

p =

    0.0192
```

```
jbstat =

    8.7591

critval =

    4.9511
```

由于 h=1,所以在显著性水平 0.05 下拒绝原假设,认为总成绩数据不服从正态分布。鉴于 jbtest 函数的局限性,这个结论仅作为参考,还应结合其他函数的检验结果,作出综合的推断。

3. 单样本的 Kolmogorov - Smirnov 检验

kstest 函数用来作单个样本的 Kolmogorov - Smirnov 检验:它可以作双侧检验,检验样本是否服从指定的分布;也可以作单侧检验,检验样本的分布函数是否在指定的分布函数之上或之下,这里的分布是完全确定的,不含有未知参数。kstest 函数根据样本的经验分布函数 $F_n(x)$和指定的分布函数 $G(x)$构造检验统计量

$$KS = \max(|F_n(x) - G(x)|) \tag{6.3-2}$$

kstest 函数中也有内置的临界值表,这个临界值表对应 5 种不同的显著性水平。对于用户指定的显著性水平,当样本容量小于或等于 20 时,kstest 函数通过在临界值表上作线性插值来计算临界值;当样本容量大于 20 时,通过一种近似方法求临界值。如果用户指定的显著性水平超出了某个范围(双侧检验是 0.01~0.2,单侧检验是 0.005~0.1)时,计算出的临界值为 NaN。kstest 函数把计算出的检验的 p 值与用户指定的显著性水平 α 作比较,从而作出拒绝或接受原假设的判断。对于双侧检验,当 $p \leqslant \frac{\alpha}{2}$时,拒绝原假设;对于单侧检验,当 $p \leqslant \alpha$ 时,拒绝原假设。

kstest 函数的调用格式如下:

1) **h = kstest(x)**

检验样本 x 是否服从标准正态分布,原假设是 x 服从标准正态分布,备择假设是 x 不服从标准正态分布。当输出 h=1 时,在显著性水平 $\alpha=0.05$ 下拒绝原假设;当 h=0 时,则在显著性水平 $\alpha=0.05$ 下接受原假设。

2) **h = kstest(x,CDF)**

检验样本 x 是否服从由 CDF 定义的连续分布。这里的 CDF 可以是包含两列元素的矩阵,也可以是概率分布对象,如 ProbDistUnivParam 类对象或 ProbDistUnivKernel 类对象。当 CDF 是包含两列元素的矩阵时,它的第 1 列表示随机变量的可能取值,可以是样本 x 中的值,也可以不是,但是样本 x 中的所有值必须在 CDF 的第 1 列元素的最小值与最大值之间。CDF 的第 2 列是指定分布函数 $G(x)$的取值。如果 CDF 为空(即[]),则检验样本 x 是否服从标准正态分布。

3) **h = kstest(x,CDF,alpha)**

指定检验的显著性水平 alpha,默认值为 0.05。

4) **h=kstest(x,CDF,alpha,type)**

用 type 参数指定检验的类型(双侧或单侧)。type 参数的可能取值为

- 'unequal':双侧检验,备择假设是总体分布函数不等于指定的分布函数;
- 'larger':单侧检验,备择假设是总体分布函数大于指定的分布函数;
- 'smaller':单侧检验,备择假设是总体分布函数小于指定的分布函数。

其中,后两种情况下算出的检验统计量不用绝对值。

5) **[h,p,ksstat,cv]=kstest(…)**

返回检验的 p 值、检验统计量的观测值 ksstat 和临界值 cv。

针对表 5.2-1 中的总成绩数据,调用 kstest 函数检验总成绩是否服从均值为 79、标准差为 10.1489 的正态分布的命令和结果如下:

```
% 生成 cdf 矩阵,用来指定分布:均值为 79,标准差为 10.1489 的正态分布
>> cdf = [score, normcdf(score, 79, 10.1489)];
% 调用 kstest 函数,检验总成绩是否服从由 cdf 指定的分布
>> [h,p,ksstat,cv] = kstest(score,cdf)

h =

     0

p =

    0.5486

ksstat =

    0.1107

cv =

    0.1903
```

由于 h=0,所以在显著性水平 0.05 下接受原假设,认为总成绩数据服从均值为 79、标准差为 10.1489 的正态分布。

4. 双样本的 Kolmogorov-Smirnov 检验

kstest2 函数用来作两个样本的 Kolmogorov-Smirnov 检验,它可以作双侧检验,检验两个样本是否服从相同的分布,也可以作单侧检验,检验一个样本的分布函数是否在另一个样本的分布函数之上或之下,这里的分布是完全确定的,不含有未知参数。kstest2 函数对比两样本的经验分布函数,构造检验统计量

$$KS = \max(|F_1(x) - F_2(x)|) \tag{6.3-3}$$

其中,$F_1(x)$和 $F_2(x)$分别为两样本的经验分布函数。kstest2 函数把计算出的检验的 p 值与用户指定的显著性水平 α 作比较,从而做出拒绝或接受原假设的判断,具体见函数的调用说明。

kstest2 函数的调用格式如下:

1) **h=kstest2(x1,x2)**

检验样本 x1 与 x2 是否具有相同的分布,原假设是 x1 与 x2 来自相同的连续分布,备择假设是来自于不同的连续分布。当输出 h=1 时,在显著性水平 $\alpha=0.05$ 下拒绝原假设;当 h=0 时,则在显著性水平 $\alpha=0.05$ 下接受原假设。这里并不要求 x1 与 x2 具有相同的长度。

2) **h=kstest2(x1,x2,alpha)**

指定检验的显著性水平 alpha,默认值为 0.05。

3) **h=kstest2(x1,x2,alpha,type)**

用 type 参数指定检验的类型(双侧或单侧)。type 参数的可能取值为

- 'unequal':双侧检验,备择假设是两个总体的分布函数不相等;
- 'larger' :单侧检验,备择假设是第 1 个总体的分布函数大于第 2 个总体的分布函数;
- 'smaller':单侧检验,备择假设是第 1 个总体的分布函数小于第 2 个总体的分布函数。

其中,后两种情况下算出的检验统计量不用绝对值。

4) **[h,p]=kstest2(…)**

返回检验的渐近 p 值 p,当 p 值小于或等于给定的显著性水平 alpha 时,拒绝原假设。样本容量越大,p 值越精确,通常要求

$$\frac{n_1 n_2}{n_1+n_2}\geqslant 4$$

其中,n_1,n_2 分别为样本 x1 和 x2 的样本容量。

5) **[h,p,ks2stat]=kstest2(…)**

还返回检验统计量的观测值 ks2stat。

针对表 5.2-1 中的数据,调用 kstest2 函数检验 60101 和 60102 两个班的总成绩是否服从相同的分布,命令和结果如下:

```
% 读取文件 examp02_14.xls 的第 1 个工作表中的 B2:B52 中的数据,即班级数据
>> banji = xlsread('examp02_14.xls','Sheet1','B2:B52');
% 读取文件 examp02_14.xls 的第 1 个工作表中的 G2:G52 中的数据,即总成绩数据
>> score = xlsread('examp02_14.xls','Sheet1','G2:G52');
% 去除缺考数据
>> banji = banji(score > 0);
>> score = score(score > 0);
% 分别提取 60101 和 60102 班的总成绩
>> score1 = score(banji == 60101);
>> score2 = score(banji == 60102);
% 调用 kstest2 函数检验两个班的总成绩是否服从相同的分布
>> [h,p,ks2stat] = kstest2(score1,score2)

h =

     0


p =

    0.7597
```

```
ks2stat =

    0.1839
```

由于 h=0,所以在显著性水平 0.05 下接受原假设,认为 60101 和 60102 两个班的总成绩服从相同的分布。下面做出两个班的总成绩的经验分布函数图 6.3-1,从图上也可直观地看出分布的异同。

```
>> figure;     % 新建图形窗口
% 绘制 60101 班总成绩的经验分布函数图
>> F1 = cdfplot(score1);
% 设置线宽为 2,颜色为红色
>> set(F1,'LineWidth',2,'Color','r')
>> hold on
% 绘制 60102 班总成绩的经验分布函数图
>> F2 = cdfplot(score2);
% 设置线型为点画线,线宽为 2,颜色为黑色
>> set(F2,'LineStyle','-.','LineWidth',2,'Color','k')
% 为图形加标注框,标注框的位置在坐标系的左上角
>> legend('60101 班总成绩的经验分布函数','60102 班总成绩的经验分布函数',...
        'Location','NorthWest')
```

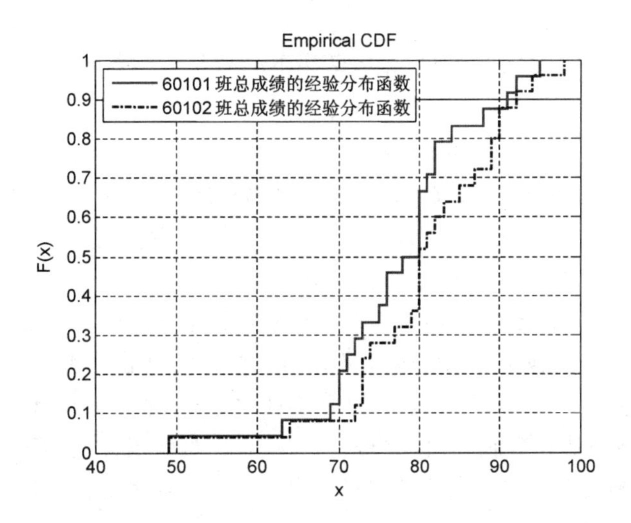

图 6.3-1　两个班的总成绩的经验分布函数图

从图 6.3-1 可以看出,两个班的总成绩的经验分布函数图形的位置与走势基本一致,直观地验证了调用 kstest2 函数得出的检验结果,可认为两个班的总成绩服从相同的分布。

注意: 利用 kstest2 函数还能检验单个样本是否服从指定的分布。将要检验分布的样本作为第 1 个样本,然后产生足够多的服从指定分布的随机数作为第 2 个样本,最后调用 kstest2 函数检验两样本是否服从相同的分布即可。

下面调用 kstest2 函数检验表 5.2-1 中的总成绩是否服从均值为 79、标准差为 10.1489 的正态分布。

```
>> randn('seed',0)   % 指定随机数生成器的初始种子为 0
% 产生 10000 个服从均值为 79,标准差为 10.1489 的正态分布的随机数,构成一个列向量 x
>> x = normrnd(mean(score),std(score),10000,1);
% 调用 kstest2 函数检验总成绩数据 score 与随机数向量 x 是否服从相同的分布
>> [h,p] = kstest2(score,x,0.05)

h =

     0


p =

    0.5138
```

检验的结果表明总成绩服从均值为 79、标准差为 10.1489 的正态分布。

5. Lilliefors 检验

当总体均值和方差未知时,Lilliefor(1967)提出用样本均值 $\bar{x}$ 和标准差 s 代替总体的均值 μ 和标准差 σ,然后使用 Kolmogorov-Smirnov 检验,这就是所谓的 Lilliefors 检验。

lillietest 函数用来作 Lilliefors 检验,检验样本是否服从指定的分布,这里分布的参数都是未知的,需根据样本做出估计。可用的分布有正态分布、指数分布和极值分布,它们都属于位置尺度分布族(分布中包含位置参数和尺度参数),lillietest 函数不能用于非位置尺度分布族分布的检验。

Lilliefors 检验是双侧拟合优度检验,它根据样本经验分布函数和指定分布的分布函数构造检验统计量

$$KS = \max_{x} \mid SCDF(x) - CDF(x) \mid \tag{6.3-4}$$

其中,$SCDF(x)$是样本经验分布函数;$CDF(x)$是指定分布的分布函数。

针对正态分布、指数分布和极值分布,lillietest 函数中分别内置了一个临界值表,是由蒙特卡洛模拟法计算得出的,这个临界值表的各列分别对应从 0.001～0.5 的 12 种不同的显著性水平,各行对应 4～20 以及 20 以上共 18 种不同的样本容量。在调用 lillietest 函数作分布的检验时,lillietest 函数会根据实际的样本容量和用户指定的显著性水平,在内置的临界值表上利用样条插值计算临界值,如果用户指定的显著性水平不在 0.001～0.5 范围内,lillietest 函数会利用蒙特卡洛模拟法计算临界值。当式(6.3-4)的检验统计量的观测值大于或等于这个临界值时,lillietest 函数会做出拒绝原假设的推断,其中原假设表示样本服从指定的分布。

lillietest 函数的调用格式如下:

1) **h = lillietest(x)**

检验样本 x 是否服从均值和方差未知的正态分布,原假设是 x 服从正态分布。当输出 h 等于 1 时,表示在显著性水平 $\alpha=0.05$ 下拒绝原假设;当 h=0 时,则在显著性水平 $\alpha=0.05$ 下接受原假设。lillietest 函数会把 x 中的 NaN 作为缺失数据而忽略它们。

2) **h = lillietest(x,alpha)**

指定显著性水平 alpha 进行分布的检验,原假设和备择假设同上。alpha 的取值范围是[0.001, 0.50],若 alpha 的取值超出了这个范围,请用 lillietest 函数的最后一种调用格式。

3) **h = lillietest(x,alpha,distr)**

检验样本 x 是否服从参数 distr 指定的分布，distr 为字符串变量，可能的取值为 'norm'（正态分布，默认情况）、'exp'（指数分布）、'ev'（极值分布）。

4) **[h,p] = lillietest(…)**

返回检验的 p 值，当 p 值小于或等于给定的显著性水平 alpha 时，拒绝原假设。p 值是通过在内置的临界值表上反插值计算得到，若在区间[0.001, 0.50]上找不到合适的 p 值，lillietest 函数会给出一个警告信息，并返回区间的端点，此时应该用 lillietest 函数的最后一种调用格式，计算更精确的 p 值。

5) **[h,p,kstat] = lillietest(…)**

返回检验统计量的观测值 kstat。

6) **[h,p,kstat,critval] = lillietest(…)**

返回检验的临界值 critval。当 kstat≥critval 时，在显著性水平 alpha 下拒绝原假设。

7) **[h,p,…] = lillietest(x,alpha,distr,mctol)**

指定一个终止容限 mctol，直接利用蒙特卡洛模拟法计算 p 值的近似值，而不是插值法。当 alpha 或 p 的取值不在区间[0.001, 0.50]上时，就需要利用这种调用格式。lillietest 函数会进行足够多次的蒙特卡洛模拟，使得 p 值的蒙特卡洛标准误差满足

$$\sqrt{\frac{p(1-p)}{\text{mcreps}}} < \text{mctol}$$

其中，mcreps 为重复模拟次数。

针对表 5.2-1 中的总成绩数据，调用 lillietest 函数进行正态性检验的命令与结果如下：

```
% 调用 lillietest 函数进行 Lilliefors 检验，检验总成绩数据是否服从正态分布
>> [h,p,kstat,critval] = lillietest(score)

h =

     0

p =

    0.1346

kstat =

    0.1107

critval =

    0.1257
```

由于 h=0，所以在显著性水平 0.05 下接受原假设，认为总成绩数据服从正态分布，由于 Lilliefors 检验用样本均值 $\bar{x}$ 和标准差 s 代替总体的均值 μ 和标准差 σ，故正态分布的均值为 79、标准差为 10.1489。

调用 lillietest 函数检验总成绩数据是否服从指数分布的命令与结果如下:

```
% 调用 lillietest 函数进行 Lilliefors 检验,检验总成绩数据是否服从指数分布
>> [h, p] = lillietest(score,0.05,'exp')
Warning: P is less than the smallest tabulated value, returning 0.001.
> In lillietest at 170

h =

     1


p =

   1.0000e-003
```

这里 h=1,故在显著性水平 0.05 下拒绝原假设,认为总成绩数据不服从指数分布。此时还出现了一个警告信息,说明检验的 p 值过小,超出了区间[0.001, 0.50]的范围,lillietest 函数返回 p=0.001(区间左端点)。

6. 最终的结论

前面介绍了 chi2gof、jbtest、kstest、kstest2、lillietest 等函数的用法,并分别调用这些函数对表 5.2-1 中的总成绩数据进行了正态性检验,原假设是总成绩数据服从均值为 79、标准差为 10.1489 的正态分布,备择假设是不服从这样的正态分布。这里将前面的部分检验结果加以整理,如表 6.3-8 所列。

表 6.3-8 正态性检验的结果(显著性水平为 0.05)

函数名	检验结论	检验的 p 值
chi2gof	接受原假设	0.3580
jbtest	拒绝原假设	0.0192
kstest	接受原假设	0.5486
kstest2	接受原假设	0.5138
lillietest	接受原假设	0.1346

从表 6.3-8 可以看出,在显著性水平 $\alpha=0.05$ 下,只有 jbtest 函数的检验结论是拒绝原假设,其余四个函数的检验结论都是接受原假设。考虑到 jbtest 函数只是基于样本偏度和峰度进行正态性检验,结果易受异常值的影响,所以可以认为总成绩数据服从均值为 79、标准差为 10.1489 的正态分布。

6.4 案例 17:核密度估计

在很多统计问题中,需要由样本去估计总体的概率分布密度,常用的估计方法有参数法和非参数法。参数法是假定总体服从某种已知的分布,即密度函数的形式是已知的,需要由样本估计其中的参数,这种方法依赖于事先对总体分布的假设,而做出这种假设往往是非常困难的。非参数法则不存在这样的"假设"困难,本节介绍一种非参数密度估计法——核密度估计。

6.4.1 经验密度函数

1. 经验密度函数

设 $X_1, X_2, \cdots, X_n$ 是取自总体 X 的样本，$x_1, x_2, \cdots, x_n$ 表示样本观测值。回顾 5.4.2 节中频率直方图的做法，令

$$\hat{f}_n(x) = \begin{cases} \dfrac{f_i}{h_i} = \dfrac{n_i}{nh_i}, & x \in I_i, i = 1,2,\cdots,k \\ 0, & \text{其他} \end{cases} \tag{6.4-1}$$

称 $\hat{f}_n(x)$ 为样本的**经验密度函数**，它可以作为总体密度函数的一个非参数估计，它所对应的函数图形就是频率直方图。$\hat{f}_n(x)$ 中的 $h_i, i=1,\cdots,k$ 表示每个区间的长度，称为**窗宽**或**带宽**(bandwidth)，它决定了经验密度函数的形状。若令

$$\phi(x, x_i) = \begin{cases} \dfrac{1}{nh_j}, & x \in I_j, x_i \in I_j \\ 0, & x \in I_j, x_i \notin I_j \end{cases}, i = 1, \cdots, n; j = 1, \cdots, k$$

则

$$\hat{f}_n(x) = \sum_{i=1}^{n} \phi(x, x_i)$$

6.4.2 核密度估计

1. Parzen 窗密度估计法

从经验密度函数的定义可以看出，某一点 x 处的密度函数估计值的大小与该点附近所包含的样本点的个数有关，若 x 附近样本点比较稠密，则密度函数的估计值应比较大，反之应比较小。虽然 $\hat{f}_n(x)$ 满足这一点，但是它依赖于区间的划分，并且在每一个小区间上，$\hat{f}_n(x)$ 的值是一个常数，也就是说 $\hat{f}_n(x)$ 是不连续的阶梯函数。为了克服受区间划分的限制，可以考虑一个以 x 为中心，以 $\frac{h}{2}$ 为半径的邻域，当 x 变动时，这个邻域的位置也在变动，用落在这个邻域内的样本点的个数去估计点 x 处的密度函数值。为此，定义以原点为中心，半径为 $\frac{1}{2}$ 的**邻域函数(或 Parzen 窗函数)**为

$$H(u) = \begin{cases} 1, & |u| \leqslant \dfrac{1}{2} \\ 0, & \text{其他} \end{cases}$$

则当第 i 个样本点 x_i 落入以 x 为中心、以 $\frac{h}{2}$ 为半径的邻域内时，$H\left(\frac{x-x_i}{h}\right)=1$；否则 $H\left(\frac{x-x_i}{h}\right)=0$。因此落入这个邻域内总的样本点数为 $\sum_{i=1}^{n} H\left(\frac{x-x_i}{h}\right)$，于是点 x 处的密度函数的估计值为

$$\hat{f}_h(x) = \frac{1}{nh} \sum_{i=1}^{n} H\left(\frac{x-x_i}{h}\right) \tag{6.4-2}$$

式(6.4-2)最初是由 Parzen(1962)提出的，它是最简单的核密度估计，又称为 **Parzen 窗**

密度估计,其中 h 为窗宽(把邻域看成是一个窗口,h 就是窗口的宽度)。

2. 核密度估计的一般定义

Parzen 窗密度估计把 x 邻域(或窗口)内的所有点看成是同等重要的,即邻域内所有点对 $\hat{f}_h(x)$ 的贡献是一样的,这有些不太合理,实际上应该按照邻域内各点距离 x 的远近来确定它们的贡献大小。下面将 Parzen 窗密度估计法加以推广,给出核密度估计的一般定义。

定义 6.4-1(核密度估计) 设 $X_1,X_2,\cdots,X_n$ 是取自一元连续总体的样本,在任意点 x 处的总体密度函数 $f(x)$ 的核密度估计定义为

$$\hat{f}_h(x)=\frac{1}{nh}\sum_{i=1}^{n}K\left(\frac{x-X_i}{h}\right) \tag{6.4-3}$$

其中,$K()$称为核函数(kernel function);h 称为窗宽。

为了保证 $\hat{f}_h(x)$作为密度函数估计的合理性,要求核函数 $K()$满足

$$K(x)\geqslant 0,\qquad \int_{-\infty}^{+\infty}K(x)\mathrm{d}x=1$$

即要求核函数 $K()$是某个分布的密度函数。

3. 常用核函数

核函数可以有多种不同的表示形式,常用核函数如表 6.4-1 所列。取不同的核函数,对核密度估计影响不大。

表 6.4-1 常用核函数

核函数名称	核函数表达式
Uniform(或 Box)	$\frac{1}{2}I(\lvert u\rvert\leqslant 1)$
Triangle	$(1-\lvert u\rvert)I(\lvert u\rvert\leqslant 1)$
Epanechnikov	$\frac{3}{4}(1-u^2)I(\lvert u\rvert\leqslant 1)$
Quaritic	$\frac{15}{16}(1-u^2)^2I(\lvert u\rvert\leqslant 1)$
Triweight	$\frac{35}{32}(1-u^2)^3I(\lvert u\rvert\leqslant 1)$
Gaussian	$\frac{1}{\sqrt{2\pi}}\exp\left(-\frac{1}{2}u^2\right)$
Cosinus	$\frac{\pi}{4}\cos\left(\frac{\pi}{2}u\right)I(\lvert u\rvert\leqslant 1)$

其中,$I()$为示性函数,当$|u|\leqslant 1$时,$I(|u|\leqslant 1)=1$,否则 $I(|u|\leqslant 1)=0$。

4. 窗宽对核密度估计的影响

核密度估计 $\hat{f}_h(x)$中窗宽 h 的取值会影响到 $\hat{f}_h(x)$的光滑程度。如果 h 取较大的值,将有较多的样本点对 x 处的密度估计产生影响,并且距 x 较近的点与较远的点对应的核函数值差距不大,此时 $\hat{f}_h(x)$的图像是较为光滑的曲线,但同时也丢失了数据所包含的一些信息;如果 h 取较小的值,只有很少的样本点对 x 处的密度估计产生影响,并且距 x 较近的点与较远的点对应的核函数值差距比较大,此时 $\hat{f}_h(x)$的图像是不光滑的折线,但它能反映出每个数据所包含的信息。

由此可见，选择合适的窗宽是至关重要的。下面介绍一种求最佳窗宽的方法，令

$$\mathrm{MISE}(\hat{f}_h) = E\left[\int \{\hat{f}_h(x) - f(x)\}^2 \mathrm{d}x\right], \tag{6.4-4}$$

其中，$f(x)$为总体的真实分布密度。MISE(mean integrated squared error)是关于窗宽 h 的函数，求它的最小值点，可以得出最佳窗宽的估计值。下面考虑大样本情况下 MISE 的近似。

定理 6.4-1 若 $K(x)$满足下面的条件

① $K(x)$ 定义在$[-1,1]$上，并且是对称的；

② $\int K(x)\mathrm{d}x = 1$，即 $K(x)$ 是一个密度函数；

③ $\int xK(x)\mathrm{d}x = 0$；

④ $\int x^2K(x)\mathrm{d}x = \sigma_k^2 > 0$。

则当 $h \to 0$，$nh \to +\infty$ 时

$$\mathrm{MISE}(\hat{f}_h) \approx \frac{1}{4}\sigma_k{}^4 h^4 \int [f''(x)]^2 \mathrm{d}x + \frac{1}{nh}\int [K(x)]^2 \mathrm{d}x \tag{6.4-5}$$

解$\min\limits_h \mathrm{MISE}(\hat{f}_h)$可得

$$\hat{h} = \left\{\frac{\int [K(x)]^2 \mathrm{d}x}{\sigma_k^4 \int [f''(x)]^2 \mathrm{d}x}\right\}^{\frac{1}{5}} n^{-\frac{1}{5}} \tag{6.4-6}$$

特别地，当总体服从 $N(0,\sigma^2)$分布，核函数 $K(x)$为 Gaussian（高斯或正态）核函数时，最佳窗宽为

$$\hat{h} = \left(\frac{4}{3}\right)^{\frac{1}{5}} \sigma n^{-\frac{1}{5}} \approx 1.06\sigma n^{-\frac{1}{5}} \tag{6.4-7}$$

在实际应用中，式(6.4-7)中的 σ 应由样本标准差 S 来替代。

最佳窗宽的估计方法还有很多，另外还可以将一元核密度估计推广到多元上去，除了求密度函数的核估计外，还可以求累积分布函数的核估计、逆概率分布的核估计等，这里不再做过多的介绍。

6.4.3 核密度估计的 MATLAB 实现

MATLAB 统计工具箱中提供了 ksdensity 函数，用来求核密度估计，其调用格式如下：

1) **[f,xi] = ksdensity(x)**

求样本观测值向量 x 的核密度估计。xi 是在 x 的取值范围内等间隔选取的 100 个点构成的向量，f 是与 xi 相应的核密度估计值向量。这里所用的核函数为 Gaussian 核函数，所用的窗宽是样本容量的函数，如式(6.4-7)所示。

2) **f = ksdensity(x,xi)**

根据样本观测值向量 x 计算 xi 处的核密度估计值 f，xi 和 f 是等长的向量。

3) **ksdensity(…)**

不返回任何输出，此时在当前坐标系中绘制出核密度函数图。

4) **ksdensity(ax,…)**

不返回任何输出,此时在句柄值ax对应的坐标系中绘制出核密度函数图。

5) **[f,xi,u] = ksdensity(…)**

还返回窗宽u。

6) **[…] = ksdensity(…,param1,val1,param2,val2,…)**

通过可选的成对出现的参数名与参数值来控制核密度估计。可用的参数名与参数值如表6.4-2所列。

表6.4-2 ksdensity函数支持的参数名与参数值列表

参数名	参数值	说 明
'censoring'	与x等长的逻辑向量	指定哪些项是截尾观测,默认是没有截尾
'kernel'	'normal'	指定用Gaussian(高斯或正态)核函数,是默认情况
	'box'	指定用Uniform核函数
	'triangle'	指定用Triangle核函数
	'epanechnikov'	指定用Epanechnikov核函数
	函数句柄或函数名,如@normpdf或'normpdf'	自定义核函数
'npoints'	正整数	指定xi中包含的等间隔点的个数,默认值为100
'support'	'unbounded'	指定密度函数的支撑集为全体实数集,是默认情况
	'positive'	指定密度函数的支撑集为正实数集
	包含两个元素的向量	指定密度函数的支撑集的上下限
'weights'	与x等长的向量	指定x中元素的权重
'width'	正实数	指定窗宽,默认值是由式(6.4-7)得到的最佳窗宽。取较小的窗宽,能反映较多的细节
'function'	'pdf'	指定对密度函数进行估计
	'cdf'	指定对累积分布函数进行估计
	'icdf'	指定对逆概率分布函数进行估计
	'survivor'	指定对生存函数进行估计
	'cumhazard'	指定对累积危险函数进行估计

6.4.4 核密度估计的案例分析

【例6.4-1】 这里仍然考虑表5.2-1中的总成绩数据,调用ksdensity函数对密度函数和累积分布函数进行估计,并通过改变窗宽和核函数类型,来观察窗宽参数对函数光滑程度的影响,观察核函数类型对估计结果的影响。

1. 总成绩数据的核密度估计

下面采用默认的最佳窗宽和默认的Gaussian核函数,调用ksdensity函数进行核密度估计,并将核密度估计图、频率直方图和$N(79,10.1489^2)$分布的密度函数图放在一起加以对比。

MATLAB 命令如下：

```
% 读取文件 examp02_14.xls 的第 1 个工作表中的 G2:G52 中的数据，即总成绩数据
>> score = xlsread('examp02_14.xls','Sheet1','G2:G52');
% 去掉总成绩中的 0，即缺考成绩
>> score = score(score > 0);

% 调用 ecdf 函数计算 xc 处的经验分布函数值 f_ecdf
>> [f_ecdf, xc] = ecdf(score);
% 新建图形窗口，然后绘制频率直方图，直方图对应 7 个小区间
>> figure;
>> ecdfhist(f_ecdf, xc, 7);
>> hold on;
>> xlabel('考试成绩');                    % 为 X 轴加标签
>> ylabel('f(x)');                       % 为 Y 轴加标签

% 调用 ksdensity 函数进行核密度估计
>> [f_ks1,xi1,u1] = ksdensity(score);
% 绘制核密度估计图，并设置线条为黑色实线，线宽为 3
>> plot(xi1,f_ks1,'k','linewidth',3)

>> ms = mean(score);                      % 计算平均成绩
>> ss = std(score);                       % 计算成绩的标准差
% 计算 xi1 处的正态分布密度函数值，正态分布的均值为 ms，标准差为 ss
>> f_norm = normpdf(xi1,ms,ss);
% 绘制正态分布密度函数图，并设置线条为红色点画线，线宽为 3
>> plot(xi1,f_norm,'r-.','linewidth',3)

% 为图形加标注框，标注框的位置在坐标系的左上角
>> legend('频率直方图','核密度估计图','正态分布密度图', 'Location','NorthWest')
>> u1                                     %查看默认窗宽

u1 =

    5.0474
```

以上命令做出的图形如图 6.4-1 所示，可以看出在默认窗宽 5.0474 下，利用 Gaussian

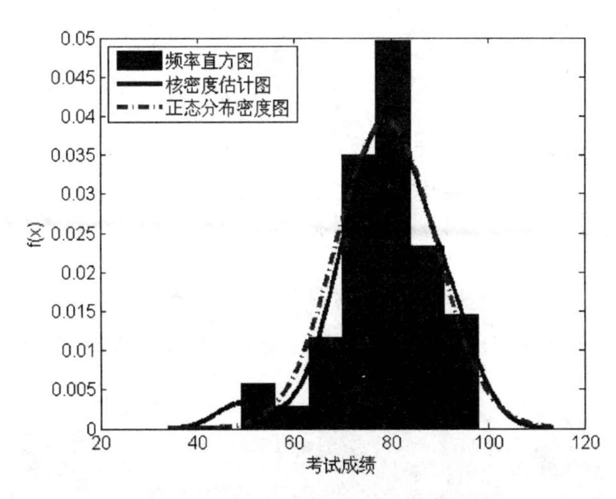

图 6.4-1　频率直方图、核密度估计图和正态分布密度图

核函数求出的核密度曲线与 $N(79,101.489^2)$ 分布的密度曲线非常接近，与总成绩数据的频率直方图(7个小区间)附和地也很好。

下面固定核函数为Gaussian核函数，让窗宽变动，观察不同的窗宽对核密度估计的影响。

```
% 设置窗宽分别为0.1,1,5和9,调用ksdensity函数进行核密度估计
>> [f_ks1,xi1] = ksdensity(score,'width',0.1);
>> [f_ks2,xi2] = ksdensity(score,'width',1);
>> [f_ks3,xi3] = ksdensity(score,'width',5);
>> [f_ks4,xi4] = ksdensity(score,'width',9);
>> figure;                    % 新建图形窗口

% 分别绘制不同窗宽对应的核密度估计图,它们对应不同的线型和颜色
>> plot(xi1,f_ks1,'c-.','linewidth',2);
>> hold on;
>> xlabel('考试成绩');      % 为X轴加标签
>> ylabel('核密度估计');    % 为Y轴加标签
>> plot(xi2,f_ks2,'r:','linewidth',2);
>> plot(xi3,f_ks3,'k','linewidth',2);
>> plot(xi4,f_ks4,'b--','linewidth',2);

% 为图形加标注框,标注框的位置在坐标系的左上角
>> legend('窗宽为0.1','窗宽为1','窗宽为5','窗宽为9','Location','NorthWest');
```

从做出的图6.4-2可以看出，不同窗宽下，核密度估计值以及曲线形状差距比较大。对于比较小的窗宽值，核密度估计曲线比较曲折，光滑性很差，反映了较多的细节；对于比较大的窗宽值，核密度估计曲线比较平滑，但是掩盖了较多的细节。通常情况下，由样本求出的核密度估计会被用在后续的统计推断中，这就说明了选取合适的窗宽是非常必要的。

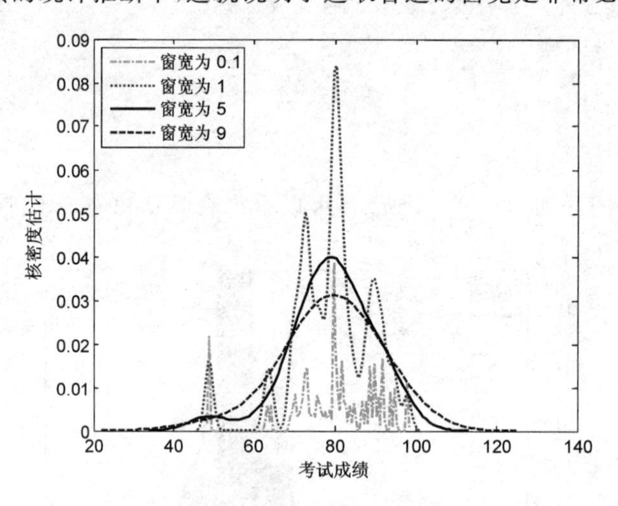

图6.4-2　不同窗宽下的核密度估计图

下面固定窗宽为默认的最佳窗宽，让核函数变动，观察不同的核函数对核密度估计的影响。

```
% 设置核函数分别为Gaussian、Uniform、Triangle和Epanechnikov核函数
% 调用ksdensity函数进行核密度估计
>> [f_ks1,xi1] = ksdensity(score,'kernel','normal');
```

```
>> [f_ks2,xi2] = ksdensity(score,'kernel','box');
>> [f_ks3,xi3] = ksdensity(score,'kernel','triangle');
>> [f_ks4,xi4] = ksdensity(score,'kernel','epanechnikov');
>> figure;                    % 新建图形窗口

% 分别绘制不同核函数对应的核密度估计图,它们对应不同的线型和颜色
>> plot(xi1,f_ks1,'k','linewidth',2)
>> hold on
>> xlabel('考试成绩');       % 为 X 轴加标签
>> ylabel('核密度估计');     % 为 Y 轴加标签
>> plot(xi2,f_ks2,'r:','linewidth',2)
>> plot(xi3,f_ks3,'b-.','linewidth',2)
>> plot(xi4,f_ks4,'c--','linewidth',2)

% 为图形加标注框,标注框的位置在坐标系的左上角
>> legend('Gaussian','Uniform','Triangle','Epanechnikov','Location','NorthWest');
```

以上命令做出的图形如图 6.4-3 所示,可以看出不同的核函数对核密度估计的影响不大,当然影响还是有的。就光滑性来讲,Gaussian 和 Epanechnikov 核函数对应的光滑性较好,Triangle 核函数次之,Uniform 核函数最差。在实际应用中,通常选取 Gaussian 核函数。

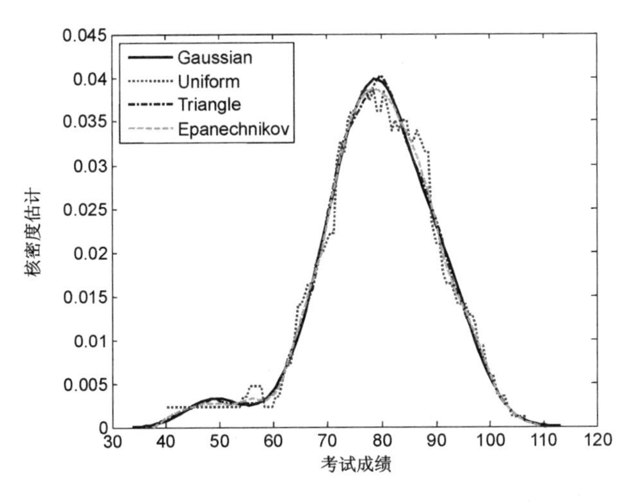

图 6.4-3　不同核函数下的核密度估计图

2. 总成绩数据的累积分布的核估计

下面采用默认的最佳窗宽和默认的 Gaussian 核函数,调用 ksdensity 函数对累积分布函数进行估计,并将估计的分布函数图、样本经验分布函数图和 $N(79,101.489^2)$ 分布的分布函数图放在一起加以对比。MATLAB 命令如下:

```
>> figure;     % 新建图形窗口

% 绘制经验分布函数图,并返回图形句柄 h 和结构体变量 stats
% 结构体变量 stats 有 5 个字段,分别对应最小值、最大值、平均值、中位数和标准差
>> [h,stats] = cdfplot(score);

% 设置线条为红色虚线,线宽为 2
>> set(h,'color','r', 'LineStyle', ':','LineWidth',2);
>> hold on
```

```
>> title ('');             % 去掉图中标题
>> xlabel('考试成绩');%  为X轴加标签
>> ylabel('F(x)');         % 为Y轴加标签

% 调用ksdensity函数对累积分布函数进行估计
>> [f_ks, xi] = ksdensity(score,'function','cdf');
% 绘制估计的分布函数图,并设置线条为黑色实线,线宽为2
>> plot(xi,f_ks,'k','linewidth',2);

% 计算均值为stats.mean,标准差为stats.std的正态分布在向量xi处的分布函数值
>> y = normcdf(xi,stats.mean,stats.std);
% 绘制正态分布的分布函数曲线,并设置线条为蓝色点画线,线宽为2
>> plot(xi,y,'b-.','LineWidth',2);

% 添加标注框,并设置标注框的位置在图形窗口的左上角
>> legend('经验分布函数','估计的分布函数','理论正态分布','Location','NorthWest');
```

以上命令做出的图形如图6.4-4所示,可以看出在默认窗宽5.0474下,利用Gaussian核函数估计出的分布函数曲线与$N(79,10.1489^2)$分布的分布函数曲线非常接近,与总成绩数据的经验分布函数折线附和得也很好。

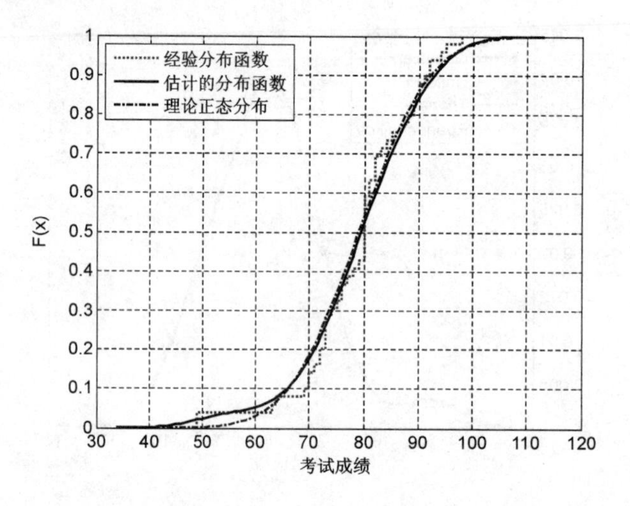

图6.4-4　经验分布函数、估计的分布函数和理论正态分布的分布函数图

第 7 章

Copula 理论及应用实例

通常由随机变量的联合分布可以确定各自的边缘分布,然而由边缘分布却很难确定联合分布。在给定几个随机变量的边缘分布的情况下,如何确定它们的联合分布便成了一个非常重要的问题。Copula 概念的提出及其理论的完善,使得这一问题得到了一定的解决。

本章主要介绍 Copula 函数的定义与基本性质、常用的 Copula 函数、Copula 函数与相关性度量,最后结合具体案例介绍 Copula 模型的构建方法。

7.1　Copula 函数的定义与基本性质

Copula 理论最早可追溯到 1959 年,Sklar 提出可以将一个 N 维联合分布函数分解为 N 个边缘分布函数和一个 Copula 函数,这个 Copula 函数描述了变量间的相关性。Copula 一词是法语,原意是连接、交换。Nelsen(1999)给出了 Copula 函数的严格定义,Copula 函数是把随机向量 $X_1,X_2,\cdots,X_N$ 的联合分布函数 $F(x_1,x_2,\cdots,x_N)$ 与各自的边缘分布函数 $F_{X_1}(x_1),\cdots,F_{X_N}(x_N)$ 相连接的连接函数,即函数 $C(u_1,u_2,\cdots,u_N)$,使

$$F(x_1,x_2,\cdots,x_N)=C[F_{X_1}(x_1),F_{X_2}(x_2),\cdots,F_{X_N}(x_N)]$$

7.1.1　二元 Copula 函数的定义及性质

1. 二元 Copula 函数的定义

定义 7.1-1　二元 Copula 函数是指满足以下性质的函数 $C(u,v)$:

① $C(u,v)$ 的定义域为 $[0,1]\times[0,1]$;

② $C(u,v)$ 有零基面,并且是二维递增的;

③ 对任意 $u,v\in[0,1]$,满足 $C(u,1)=u,C(1,v)=v$。

所谓的有零基面是指:至少存在一个 $u_0\in[0,1]$ 和一个 $v_0\in[0,1]$,使得 $C(u_0,v)=0=C(u,v_0)$。二维递增是指:对任意 $0\leqslant u_1\leqslant u_2\leqslant 1$ 和 $0\leqslant v_1\leqslant v_2\leqslant 1$,有

$$C(u_2,v_2)-C(u_2,v_1)-C(u_1,v_2)+C(u_1,v_1)\geqslant 0$$

假定 $F(x)$ 和 $G(y)$ 是连续的一元分布函数,令 $U=F(x),V=G(y)$,可知 U,V 均服从 $[0,1]$ 上的均匀分布,则 $C(u,v)$ 是一个边缘分布均为 $[0,1]$ 上均匀分布的二元联合分布函数,对于定义域内任意一点 (u,v),有 $0\leqslant C(u,v)\leqslant 1$。

2. 二元分布的 Sklar 定理

定理 7.1-1(二元分布的 Sklar 定理)　令 $H(x,y)$ 为具有边缘分布 $F(x)$ 和 $G(y)$ 的二元联合分布函数,则存在一个 Copula 函数 $C(u,v)$,满足

$$H(x,y)=C(F(x),G(y))\tag{7.1-1}$$

若 $F(x)$ 和 $G(y)$ 是连续函数,则 (u,v) 唯一确定;反之,若 $F(x)$ 和 $G(y)$ 为一元分布函数,$C(u,v)$ 是一个 Copula 函数,则由式(7.1-1)确定的 $H(x,y)$ 是具有边缘分布 $F(x)$ 和 $G(y)$ 的二元

联合分布函数。

3. 二元 Copula 函数的性质

二元 Copula 函数满足以下性质:

① $C(u,v)$关于每一个变量都是单调非降的,即若保持一个变量不变,$C(u,v)$将随着另一个变量的增大而增大(或不变)。

② 对任意 $u,v\in[0,1]$,$C(u,0)=C(0,v)=0$,$C(u,1)=u$,$C(1,v)=v$,即只要有一个变量为0,相应的 Copula 函数值就为0;若有一个变量为1,则 Copula 函数值由另一个变量确定。

③ 对任意 $0\leqslant u_1\leqslant u_2\leqslant 1$ 和 $0\leqslant v_1\leqslant v_2\leqslant 1$,有

$$C(u_2,v_2)-C(u_2,v_1)-C(u_1,v_2)+C(u_1,v_1)\geqslant 0$$

④ 对任意的 $u_1,u_2,v_1,v_2\in[0,1]$,有 $|C(u_2,v_2)-C(u_1,v_1)|\leqslant|u_2-u_1|+|v_2-v_1|$。

⑤ 对任意 $u,v\in[0,1]$,$\max(u+v-1,0)\leqslant C(u,v)\leqslant\min(u,v)$。令 $C^-(u,v)=\max(u+v-1,0)$,$C^+(u,v)=\min(u,v)$,称 $C^-(u,v)$和 $C^+(u,v)$分别为 **Fréchet 下界和上界**,它们给出了任意一个二元 Copula 函数 $C(u,v)$的边界。

⑥ 若 U,V 独立且同服从$[0,1]$上的均匀分布,则 $C(u,v)=uv$。

7.1.2 多元 Copula 函数的定义及性质

1. 多元 Copula 函数的定义

定义 7.1-2 N 元 Copula 函数是指满足以下性质的函数 $C(u_1,u_2,\cdots,u_N)$:

① 定义域为$[0,1]^N$;

② $C(u_1,u_2,\cdots,u_N)$有零基面,并且是 N 维递增的;

③ $C(u_1,u_2,\cdots,u_N)$有边缘分布函数 $C_i(u_i)$,$i=1,2,\cdots,N$,且满足

$$C_i(u_i)=C(1,\cdots,1,u_i,1,\cdots,1)=u_i$$

其中,$u_i\in[0,1]$,$i=1,2,\cdots,N$。

2. 多元分布的 Sklar 定理

定理 7.1-2(多元分布的 Sklar 定理) 令 $F(x_1,x_2,\cdots,x_N)$为具有边缘分布 $F_1(x_1),\cdots,F_N(x_N)$的 N 元联合分布函数,则存在一个 Copula 函数 $C(u_1,u_2,\cdots,u_N)$,满足

$$F(x_1,x_2,\cdots,x_N)=C(F_1(x_1),F_2(x_2),\cdots,F_N(x_N)) \tag{7.1-2}$$

若 $F_1(x_1),\cdots,F_N(x_N)$是连续函数,则 $C(u_1,u_2,\cdots,u_N)$唯一确定;反之,若 $F_1(x_1),\cdots,F_N(x_N)$为一元分布函数,$C(u_1,u_2,\cdots,u_N)$是一个 Copula 函数,则由式(7.1-2)确定的 $F(x_1,x_2,\cdots,x_N)$是具有边缘分布 $F_1(x_1),\cdots,F_N(x_N)$的 N 元联合分布函数。

3. 多元 Copula 函数的性质

多元 Copula 函数满足以下性质:

① $C(u_1,u_2,\cdots,u_N)$关于每一个变量都是单调非降的。

② $C(u_1,u_2\cdots,0,\cdots,u_N)=0$,$C(1,\cdots,1,u_i,1,\cdots,1)=u_i$。

③ 对任意的 $u_i,v_i\in[0,1]$,$i=1,2,\cdots,N$,有

$$|C(u_1,u_2,\cdots,u_N)-C(v_1,v_2,\cdots,v_N)|\leqslant\sum_{i=1}^{N}|u_i-v_i|$$

④ 令 $C^-(u_1,u_2,\cdots,u_N)=\max\left(\sum_{i=1}^{N}u_i-N+1,0\right)$,$C^+(u_1,u_2,\cdots,u_N)=\min(u_1,u_2,\cdots,$

u_N)，则对任意的 $u_i \in [0,1]$，$i=1,2,\cdots,N$，有

$$C^-(u_1,u_2,\cdots,u_N) \leqslant C(u_1,u_2,\cdots,u_N) \leqslant C^+(u_1,u_2,\cdots,u_N)$$

记为 $C^- < C < C^+$。称 C^- 和 C^+ 分别为 Fréchet 下界和上界，当 $N \geqslant 2$ 时，C^+ 是一个 N 元 Copula 函数，但是当 $N>2$ 时，C^- 并不是一个 Copula 函数。

⑤ 若 $U_i \sim U(0,1)$，$i=1,2,\cdots,N$ 相互独立，则 $C(u_1,u_2,\cdots,u_N)=\prod_{i=1}^{N} u_i$。

7.2　常用的 Copula 函数

7.2.1　正态 Copula 函数

N 元正态（或高斯）Copula 分布函数和密度函数的表达式分别为

$$C(u_1,u_2,\cdots,u_N;\boldsymbol{\rho}) = \Phi_\rho(\Phi^{-1}(u_1),\Phi^{-1}(u_2),\cdots,\Phi^{-1}(u_N)) \tag{7.2-1}$$

$$c(u_1,u_2,\cdots,u_N;\boldsymbol{\rho}) = \frac{\partial^N C(u_1,u_2,\cdots,u_N;\boldsymbol{\rho})}{\partial u_1 \partial u_2 \cdots \partial u_N} = |\boldsymbol{\rho}|^{-\frac{1}{2}} \exp\left(-\frac{1}{2}\zeta'(\boldsymbol{\rho}^{-1}-\boldsymbol{I})\zeta\right) \tag{7.2-2}$$

其中，$\boldsymbol{\rho}$ 为对角线上元素全为 1 的 N 阶对称正定矩阵，$|\boldsymbol{\rho}|$ 表示方阵 $\boldsymbol{\rho}$ 的行列式；Φ_ρ 表示相关系数矩阵为 $\boldsymbol{\rho}$ 的 N 元标准正态分布的分布函数，它的边缘分布均为标准正态分布，Φ^{-1} 表示标准正态分布的分布函数的逆函数；$\zeta'=(\Phi^{-1}(u_1),\Phi^{-1}(u_2),\cdots\Phi^{-1}(u_N))$；$\boldsymbol{I}$ 为单位矩阵。

对于二元情形，设变量间线性相关系数为 ρ，则二元正态 copula 可以表示为

$$C^{Ga}(u,v;\rho) = \int_{-\infty}^{\Phi^{-1}(u)}\int_{-\infty}^{\Phi^{-1}(v)} \frac{1}{2\pi\sqrt{1-\rho^2}} \exp\left\{-\frac{s^2-2\rho st+t^2}{2(1-\rho^2)}\right\} \mathrm{d}s\mathrm{d}t \tag{7.2-3}$$

7.2.2　t－Copula 函数

N 元 t－Copula 分布函数和密度函数的表达式分别为

$$C(u_1,u_2,\cdots,u_N;\boldsymbol{\rho},k) = t_{\rho,k}(t_k^{-1}(u_1),t_k^{-1}(u_2),\cdots,t_k^{-1}(u_N)) \tag{7.2-4}$$

$$c(u_1,u_2,\cdots,u_N;\boldsymbol{\rho},k) = |\boldsymbol{\rho}|^{-\frac{1}{2}} \frac{\Gamma\left(\frac{k+N}{2}\right)\left[\Gamma\left(\frac{k}{2}\right)\right]^{N-1}}{\left[\Gamma\left(\frac{k+1}{2}\right)\right]^{N}} \frac{\left(1+\frac{1}{k}\zeta'\rho^{-1}\zeta\right)^{-\frac{k+N}{2}}}{\prod_{i=1}^{N}\left(1+\frac{\zeta_i^2}{k}\right)^{-\frac{k+1}{2}}} \tag{7.2-5}$$

其中，$\boldsymbol{\rho}$ 为对角线上的元素全为 1 的 N 阶对称正定矩阵，$|\boldsymbol{\rho}|$ 表示方阵 $\boldsymbol{\rho}$ 的行列式；$t_{\rho,k}$ 表示相关系数矩阵为 $\boldsymbol{\rho}$、自由度为 k 的标准 N 元 t 分布的分布函数，t_k^{-1} 表示自由度为 k 的一元 t 分布的分布函数的逆函数；$\zeta'=(t_k^{-1}(u_1),t_k^{-1}(u_2),\cdots,t_k^{-1}(u_N))$。

对于二元情形，设变量间线性相关系数为 ρ，则自由度为 k 的二元 t－copula 可以表示为

$$C^t(u,v;\rho,k) = \int_{-\infty}^{t_k^{-1}(u)}\int_{-\infty}^{t_k^{-1}(v)} \frac{1}{2\pi\sqrt{1-\rho^2}} \left[1+\frac{s^2-2\rho st+t^2}{k(1-\rho^2)}\right]^{-(k+2)/2} \mathrm{d}s\mathrm{d}t \tag{7.2-6}$$

7.2.3　阿基米德 copula 函数

Genest 和 Mackay(1986)给出了阿基米德 copula(Archimedean Copula)分布函数的定义，其表达式为

$$C(u_1,u_2,\cdots,u_N)=\begin{cases}\varphi^{-1}(\varphi(u_1),\varphi(u_2),\cdots,\varphi(u_N)), & \sum_{i=1}^{N}\varphi(u_i)\leqslant\varphi(0)\\ 0, & \text{其他}\end{cases} \quad (7.2-7)$$

其中,函数 $\varphi(u)$ 称为阿基米德 Copula 函数 $C(u_1,u_2,\cdots,u_N)$ 的**生成元**,满足:$\varphi(1)=0$,对任意 $u\in[0,1]$,有 $\varphi'(u)<0,\varphi''(u)>0$,即生成元 $\varphi(u)$ 是一个凸的减函数。$\varphi^{-1}(u)$ 是 $\varphi(u)$ 的反函数,在区间 $[0,+\infty)$ 上连续并且单调非增。阿基米德 Copula 函数由其生成元唯一确定。表 7.2-1中列出了一些常用的单参数二元阿基米德 Copula 函数及其生成元。

表 7.2-1　常用的单参数二元阿基米德 Copula 函数列表

序　号	单参数二元阿基米德 Copula 函数 $C(u,v;\alpha)$	生成元	参数取值范围
1	$\exp(-[(-\ln u)^\alpha+(-\ln v)^\alpha]^{1/\alpha})$	$(-\ln t)^\alpha$	$[1,\infty)$
2	$\max([u^{-\alpha}+v^{-\alpha}-1]^{-1/\alpha},0)$	$\frac{1}{\theta}(t^{-\alpha}-1)$	$[-1,\infty)\backslash\{0\}$
3	$-\frac{1}{\alpha}\ln\left(1+\frac{(e^{-\alpha u}-1)(e^{-\alpha v}-1)}{e^{-\alpha}-1}\right)$	$-\ln\frac{e^{-\alpha t}-1}{e^{-\alpha}-1}$	$(-\infty,\infty)\backslash\{0\}$
4	$\max(1-[(1-u)^\alpha+(1-v)^\alpha]^{1/\alpha},0)$	$(1-t)^\alpha$	$[1,\infty)$
5	$\frac{uv}{1-\alpha(1-u)(1-v)}$	$\ln\frac{1-\alpha(1-t)}{t}$	$[-1,1)$
6	$1-[(1-u)^\alpha+(1-v)^\alpha-(1-u)^\alpha(1-v)^\alpha]^{1/\alpha}$	$-\ln[1-(1-t)^\alpha]$	$[1,\infty)$
7	$\max(uv+(1-\alpha)(u+v-1),0)$	$-\ln[\alpha t+(1-\alpha)]$	$(0,1]$
8	$\max\left(\frac{\alpha^2uv-(1-u)(1-v)}{\alpha^2-(\alpha-1)^2(1-u)(1-v)},0\right)$	$\frac{1-t}{1+(\alpha-1)t}$	$[1,\infty)$
9	$uv\exp(-\alpha\ln u\ln v)$	$\ln(1-\alpha\ln t)$	$(0,1]$
10	$uv/[1+(1-u^\alpha)(1-v^\alpha)]^{1/\alpha}$	$\ln(2t^{-\alpha}-1)$	$(0,1]$
11	$\max([u^\alpha v^\alpha-2(1-u^\alpha)(1-v^\alpha)]^{1/\alpha},0)$	$\ln(2-t^\alpha)$	$(0,1/2]$
12	$(1+[(u^{-1}-1)^\alpha+(v^{-1}-1)^\alpha]^{1/\alpha})^{-1}$	$(1/t-1)^\alpha$	$[1,\infty)$
13	$\exp(1-[(1-\ln u)^\alpha+(1-\ln v)^\alpha-1]^{1/\alpha})$	$(1-\ln t)^\alpha-1$	$(0,\infty)$
14	$(1+[(u^{-1/\alpha}-1)^\alpha+(v^{-1/\alpha}-1)^\alpha]^{1/\alpha})^{-\alpha}$	$(t^{-1/\alpha}-1)^\alpha$	$[1,\infty)$
15	$\max((1-[(1-u^{1/\alpha})^\alpha+(1-v^{1/\alpha})^\alpha]^{1/\alpha})^\alpha,0)$	$(1-t^{1/\alpha})^\alpha$	$[1,\infty)$
16	$\frac{1}{2}(S+\sqrt{S^2+4\alpha}),S=u+v-1-\alpha\left(\frac{1}{u}+\frac{1}{v}-1\right)$	$\left(\frac{\alpha}{t}+1\right)(1-t)$	$[0,\infty)$
17	$\left(1+\frac{[(1+u)^{-\alpha}-1][(1+v)^{-\alpha}-1]}{2^{-\alpha}-1}\right)^{-1/\alpha}-1$	$-\ln\frac{(1+t)^{-\alpha}-1}{2^{-\alpha}-1}$	$(-\infty,\infty)\backslash\{0\}$
18	$\max(1+\alpha/\ln[\exp(\alpha/(u-1))+\exp(\alpha/(v-1))],0)$	$\exp(\alpha/(t-1))$	$[2,\infty)$
19	$\alpha/\ln(e^{\alpha/u}+e^{\alpha/v}-e^\alpha)$	$e^{\alpha/t}-e^\alpha$	$(0,\infty)$
20	$[\ln(\exp(u^{-\alpha})+\exp(v^{-\alpha})-e)]^{-1/\alpha}$	$\exp(t^{-\alpha})-e$	$(0,\infty)$
21	$1-(1-\max\{([1-(1-u)^\alpha]^{1/\alpha}+[1-(1-v)^\alpha]^{1/\alpha}-1)^\alpha,0\})^{1/\alpha}$	$1-[1-(1-t)^\alpha]^{1/\alpha}$	$[1,\infty)$
22	$\max([1-(1-u^\alpha)\sqrt{1-(1-v^\alpha)^2}-(1-v^\alpha)\sqrt{1-(1-u^\alpha)^2}]^{1/\alpha},0)$	$\arcsin(1-t^\alpha)$	$(0,1]$

表 7.2-1 中的前三个 Copula 函数依次称为 Gumbel Copula 函数、Clayton Copula 函数

和 Frank Copula 函数，它们是比较常用的二元 Copula 函数。

7.3 Copula 函数与相关性度量

随机变量间相关性的度量方法有很多，如 Pearson 线性相关系数 ρ、Kendall 秩相关系数 τ、Spearman 秩相关系数 ρ_s 和尾部相关系数 λ 等，下面逐一介绍。

7.3.1 Pearson 线性相关系数 ρ

定义 7.3-1 设随机变量 X 和 Y 的数学期望 $E(X)$，$E(Y)$ 和方差 $\text{var}(X)>0$，$\text{var}(Y)>0$ 均存在，则称

$$\rho = \frac{\text{cov}(X,Y)}{\sqrt{\text{var}(X)}\ \sqrt{\text{var}(Y)}} = \frac{E(XY)-E(X)E(Y)}{\sqrt{\text{var}(X)}\ \sqrt{\text{var}(Y)}} \tag{7.3-1}$$

为 X 与 Y 的 **Pearson 线性相关系数**。

设 (X_i,Y_i)，$i=1,2,\cdots,n$ 为取自总体 (X,Y) 的样本，则样本的 Pearson 线性相关系数为

$$\hat{\rho} = \frac{\sum_{i=1}^{n}(X_i-\overline{X})(Y_i-\overline{Y})}{\sqrt{\sum_{i=1}^{n}(X_i-\overline{X})^2}\ \sqrt{\sum_{i=1}^{n}(Y_i-\overline{Y})^2}}$$

其中，$\overline{X}=\frac{1}{n}\sum_{i=1}^{n}X_i$；$\overline{Y}=\frac{1}{n}\sum_{i=1}^{n}Y_i$。

实际上，Pearson 线性相关系数 ρ 仅反映了 X，Y 之间的线性相关性，$|\rho|$ 的值越接近于 1，说明 X，Y 间的线性相关性越强。当 $\rho=0$ 时，称 X 与 Y 不相关，即不存在线性相关性。但实际上 X，Y 间可能存在某种非线性相关性，例如 $X\sim N(0,1)$，$Y=X^2$，虽然 X 与 Y 有非线性函数关系，但是 X 与 Y 的 Pearson 线性相关系数 $\rho=0$。当 (X,Y) 服从二元正态分布时，$\rho=0$ 等价于 X 与 Y 相互独立，即在正态性假定下，ρ 描述了 X 与 Y 的线性和非线性相关性。在很多实际应用中，为了保证数据的正态性，需要对数据进行一些变换（如对数变换）。若对 X 和 Y 同时进行单调性相同的线性变换，则 X 与 Y 的线性相关系数保持不变；若对 X 或 Y 进行单调的非线性变换，则 X 与 Y 的线性相关系数将会改变，也就是说，在随机变量的单调变换下，线性相关系数不具有不变性。

7.3.2 Kendall 秩相关系数 τ

设 (x_1,y_1)，(x_2,y_2) 是二维随机向量 (X,Y) 的二个观测值，如果 $(x_1-x_2)(y_1-y_2)>0$，称 (x_1,y_1) 和 (x_2,y_2) 是**和谐的**(concordant)；若 $(x_1-x_2)(y_1-y_2)<0$，称它们是**不和谐的**(discordant)。

定义 7.3-2 设 (X_1,Y_1)，(X_2,Y_2) 是相互独立并且与 (X,Y) 具有相同分布的二维随机向量，用 $P((X_1-X_2)(Y_1-Y_2)>0)$ 表示它们的和谐概率，用 $P((X_1-X_2)(Y_1-Y_2)<0)$ 表示它们的不和谐概率，这两个概率的差称为 X 与 Y 的 **Kendall 秩相关系数 τ**，即

$$\tau = P((X_1-X_2)(Y_1-Y_2)>0) - P((X_1-X_2)(Y_1-Y_2)<0) \tag{7.3-2}$$

设 (X_i,Y_i) $(i=1,2,\cdots,n)$ 为取自总体 (X,Y) 的样本，c 表示其中和谐的观测对数，d 为不

和谐的观测对数,则样本的 Kendall 秩相关系数为

$$\hat{\tau}=\frac{c-d}{c+d}=\frac{c-d}{C_n^2}$$

从 Kendall 秩相关系数的定义不难看出,若对随机变量 X 和 Y 进行严格单调并且单调性相同的变换,X 与 Y 的 Kendall 秩相关系数 τ 保持不变。

7.3.3 Spearman 秩相关系数 ρ_s

定义 7.3-3 设(X_1,Y_1),(X_2,Y_2),(X_3,Y_3)是相互独立并且与(X,Y)具有相同分布的二维随机向量,定义 X 与 Y 的 **Spearman 秩相关系数**如下:

$$\rho_s=3\{P((X_1-X_2)(Y_1-Y_3)>0)-P((X_1-X_2)(Y_1-Y_3)<0)\} \quad (7.3-3)$$

从上述定义可以看出,Spearman 秩相关系数就是(X_1,Y_1)和(X_2,Y_3)的和谐与不和谐概率之差的倍数,这里 X_2 和 Y_3 相互独立,也可用(X_3,Y_2)代替(X_2,Y_3)。若对随机变量 X 和 Y 进行严格单调并且单调性相同的变换,X 与 Y 的 Spearman 秩相关系数 ρ_s 保持不变。

设(X_i,Y_i),$i=1,2,\cdots,n$ 为取自总体(X,Y)的样本,用 R_i 表示 X_i 在$(X_1,X_2,\cdots,X_n)$中的秩,用 Q_i 表示 Y_i 在$(Y_1,Y_2,\cdots,Y_n)$中的秩,则样本的 Spearman 秩相关系数为

$$\hat{\rho}_s=\frac{\sum_{i=1}^{n}(R_i-\overline{R})(Q_i-\overline{Q})}{\sqrt{\sum_{i=1}^{n}(R_i-\overline{R})^2}\sqrt{\sum_{i=1}^{n}(Q_i-\overline{Q})^2}}$$

其中,$\overline{R}=\frac{1}{n}\sum_{i=1}^{n}R_i$;$\overline{Q}=\frac{1}{n}\sum_{i=1}^{n}Q_i$。注意到

$$\sum_{i=1}^{n}R_i=\sum_{i=1}^{n}Q_i=\frac{n(n+1)}{2},\quad \sum_{i=1}^{n}R_i^2=\sum_{i=1}^{n}Q_i^2=\frac{n(n+1)(2n+1)}{6}$$

样本的 Spearman 秩相关系数可以简化为

$$\hat{\rho}_s=1-\frac{6}{n(n^2-1)}\sum_{i=1}^{n}(R_i-Q_i)^2$$

7.3.4 尾部相关系数 λ

在金融风险分析中,人们更关心的是随机变量的尾部相关性,也就是当一个随机变量取较大的值或者较小的值时,它对另一个随机变量的取值是否有影响。尾部相关包括上尾相关和下尾相关。下面给出尾部相关系数的定义。

定义 7.3-4 设连续随机向量(X,Y)的边缘分布分别为 $F(x)$和 $G(y)$,分别定义

$$\lambda^{up}=\lim_{u\to 1^-}P[Y>G^{-1}(u)\mid X>F^{-1}(u)] \quad (7.3-4)$$

$$\lambda^{lo}=\lim_{u\to 0^+}P[Y<G^{-1}(u)\mid X<F^{-1}(u)] \quad (7.3-5)$$

为 X 与 Y 的**上尾相关系数和下尾相关系数**。

若 λ^{up}(或 λ^{lo})存在且为正,则随机变量 X,Y 是上尾(或下尾)相关的;若 λ^{up}(或 λ^{lo})为 0,则 X,Y 是上尾(或下尾)渐近独立的。

7.3.5 基于 Copula 函数的相关性度量

定理 7.3-1 (Nelson,2006)对随机变量 $X_1,X_2\cdots,X_N$ 做严格单调增变换 $Y_k=h_k(X_k)$,

$k=1,\cdots,N$，相应的Copula函数不变，即

$$C_{X_1,X_2,\cdots,X_N}=C_{Y_1,Y_2,\cdots,Y_N}$$

这里 $y=h_k(x)$，$k=1,\cdots,N$ 均为严格单调的增函数；$C_{X_1,X_2,\cdots,X_N}$ 表示连接 $X_1,X_2\cdots,X_N$ 的Copula函数；$C_{Y_1,Y_2,\cdots,Y_N}$ 表示连接 $Y_1,Y_2\cdots,Y_N$ 的Copula函数。

Copula函数可用来度量连续随机变量之间的相关性，并且根据定理7.3-1，基于Copula函数的相关性度量还具有单调变换不变性，即对随机变量进行严格单调增变换，由Copula函数得出的相关性测度的值不变。

若连续随机向量 (X,Y) 的边缘分布分别为 $F(x)$ 和 $G(y)$，相应的Copula函数为 $C(u,v)$，则Copula函数 $C(u,v)$ 与Kendall秩相关系数 τ、Spearman秩相关系数 ρ_s、尾部相关系数 λ 有如下关系：

$$\tau=4\int_0^1\int_0^1 C(u,v)\mathrm{d}C(u,v)-1 \tag{7.3-6}$$

$$\rho_s=12\int_0^1\int_0^1 uv\mathrm{d}C(u,v)-3=12\int_0^1\int_0^1 C(u,v)\mathrm{d}u\mathrm{d}v-3 \tag{7.3-7}$$

$$\lambda^{\mathrm{up}}=\lim_{u\to 1^-}\frac{1-2u+C(u,u)}{1-u}=\lim_{u\to 1^-}\frac{\hat{C}(1-u,1-u)}{1-u} \tag{7.3-8}$$

$$\lambda^{\mathrm{lo}}=\lim_{u\to 0^+}\frac{C(u,u)}{u} \tag{7.3-9}$$

其中

$$U=F(x)\sim U(0,1),V=G(y)\sim U(0,1)$$

$$\hat{C}(1-u,1-v)=P(U>u,V>v)=1-u-v+C(u,v)$$

称 $\hat{C}(u,v)=u+v-1+C(1-u,1-v)$ 为 X 和 Y 的**生存Copula函数**。可以证明 X 与 Y 的Spearman秩相关系数 ρ_s 等于 U 与 V 的线性相关系数。

7.3.6 基于常用二元Copula函数的相关性度量

对于二元正态Copula、t-Copula、Gumbel Copula、Clayton Copula和Frank Copula等常用二元Copula函数，可以得到Kendall秩相关系数 τ、Spearman秩相关系数 ρ_s、尾部相关系数 λ 的解析表达式如表7.3-1所列。

表7.3-1 Kendall秩相关系数 τ、Spearman秩相关系数 ρ_s 和尾部相关系数 λ 的解析表达式

Copula函数	Kendall秩相关系数 τ	Spearman秩相关系数 ρ_s	下尾相关系数 λ^{lo}	上尾相关系数 λ^{up}
正态Copula	$\frac{2\arcsin\rho}{\pi}$	$\frac{6\arcsin\frac{\rho}{2}}{\pi}$	0	0
t-Copula	$\frac{2\arcsin\rho}{\pi}$	$\frac{6\arcsin\frac{\rho}{2}}{\pi}$	$2-2t_{k+1}\left(\frac{\sqrt{k+1}\sqrt{1-\rho}}{\sqrt{1+\rho}}\right)$	
Gumbel	$1-\frac{1}{\alpha}$	无	0	$2-2^{1/\alpha}$
Clayton	$\frac{\alpha}{2+\alpha}$	无	$2^{-1/\alpha}$	0
Frank	$1+\frac{4(D_1(\alpha)-1)}{\alpha}$	$1+\frac{12(D_2(\alpha)-D_1(\alpha))}{\alpha}$	0	0

其中，$D_m(x)=\frac{m}{x^m}\int_0^x \frac{t^m}{e^t-1}dt$ 为Debye函数；$t_{k+1}\left(\frac{\sqrt{k+1}\sqrt{1-\rho}}{\sqrt{1+\rho}}\right)$表示自由度为$k+1$的 t 分布的分布函数在$\frac{\sqrt{k+1}\sqrt{1-\rho}}{\sqrt{1+\rho}}$处的函数值；二元正态 Copula 函数的表达式如式(7.2-3)所示，二元 t-Copula 函数的表达式如式(7.2-6)所示，单参数二元 Gumbel Copula、Clayton Copula 和 Frank Copula 的表达式如表 7.2-1 所列(表中前三个)；ρ 和 α 是 Copula 函数中的参数。

为了分析表 7.3-1 中的 5 个二元 Copula 函数的特点以及它们所反映出的相关结构，分别做出它们的分布密度图和密度函数等高线图，如图 7.3-1～图 7.3-5 所示。

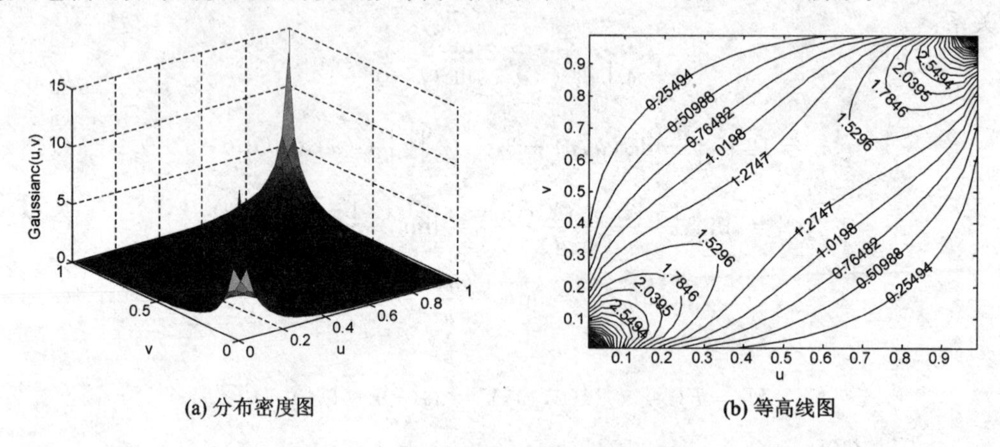

(a) 分布密度图　　(b) 等高线图

图 7.3-1　二元正态 Copula 函数的分布密度图和等高线图($\rho=0.7$)

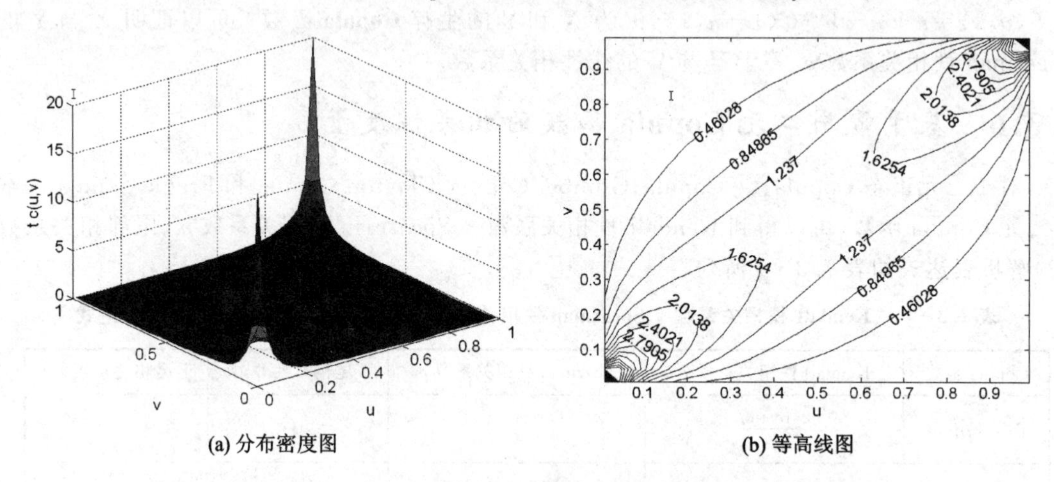

(a) 分布密度图　　(b) 等高线图

图 7.3-2　二元 t-Copula 函数的分布密度图和等高线图($\rho=0.7,k=5$)

从表 7.3-1、图 7.3-1～图 7.3-5 可以看出：二元正态 Copula 函数、t-Copula 函数和 Frank Copula 函数具有对称的尾部，它们无法捕捉到随机变量之间的非对称的尾部相关关系，其中二元 t-Copula 函数具有较厚的尾部，对随机变量之间的尾部相关的变化较为敏感，能更好地捕捉到随机变量之间的对称的尾部相关关系；二元正态 Copula 函数和 Frank Copula 函数的尾部相关系数均为 0，说明在分布的尾部，变量间是渐近独立的。二元 Gumbel Copula 函数和二元 Clayton Copula 函数具有不对称的尾部，能捕捉到随机变量之间的非对称的尾部

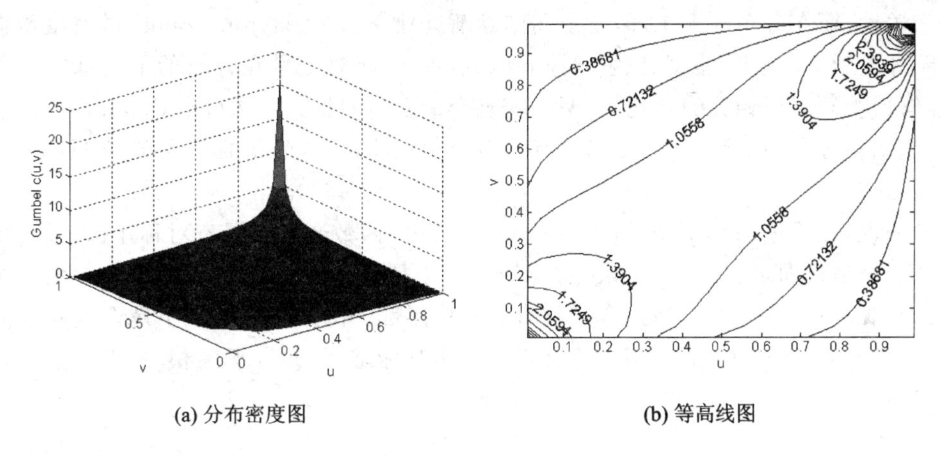

图 7.3-3　二元 Gumbel Copula 函数的分布密度图和等高线图(α=1.5)

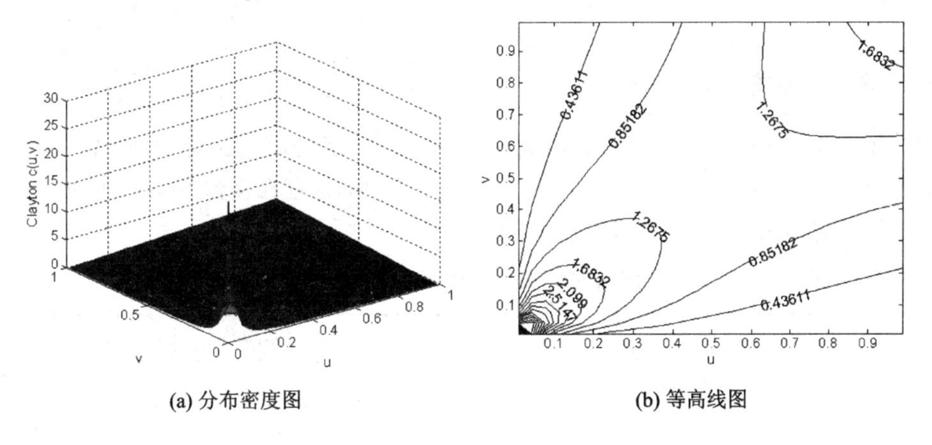

图 7.3-4　二元 Clayton Copula 函数的分布密度图和等高线图(α=1)

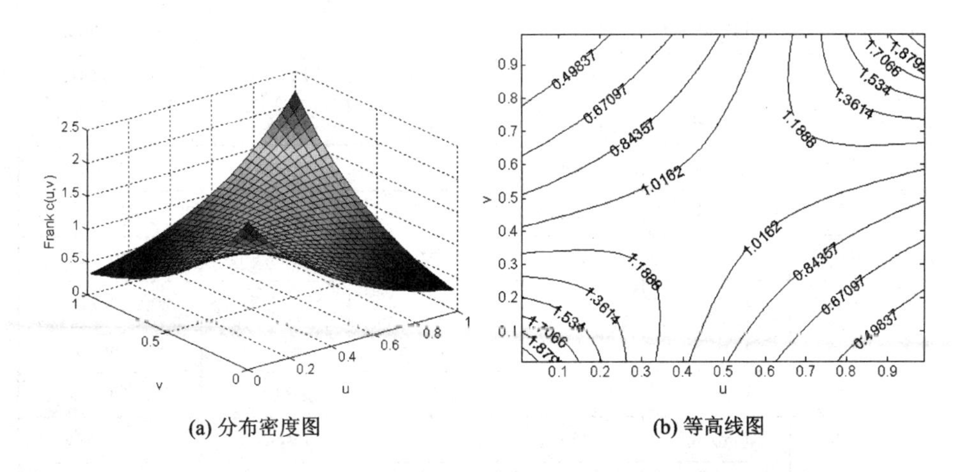

图 7.3-5　二元 Frank Copula 函数的分布密度图和等高线图(α=2)

相关关系，其中 Gumbel Copula 的密度函数图像呈"J"字形，上尾高，下尾低，也就是说 Gumbel Copula 函数对变量在分布的上尾部的变化比较敏感，能够捕捉到上尾相关的变化，若两个随机变量之间的相关结构可由 Gumbel Copula 函数来描述，说明在分布的上尾部，变量间具有较强的相关性,而在分布的下尾部,变量间则是渐近独立的。Clayton Copula 的密度函数图像呈"L"形,下尾高,上尾低,也就是说 Clayton Copula 函数对变量在分布的下尾部的变化比较敏感,能够捕捉到下尾相关的变化,若两个随机变量之间的相关结构可由 Clayton Copula 函数来描述,说明在分布的下尾部,变量间具有较强的相关性,而在分布的上尾部,变量间则是渐近独立的。

总的来说,二元正态 Copula 函数和 Frank Copula 函数适合于具有对称尾部,并且尾部渐近独立的二维随机向量;二元 t-Copula 函数适合于具有对称尾部,并且尾部相关的二维随机向量;二元 Gumbel Copula 函数适合于具有非对称尾部,并且上尾相关、下尾渐近独立的二维随机向量;二元 Clayton Copula 函数适合于具有非对称尾部,并且下尾相关、上尾渐近独立的二维随机向量。

7.4 案例18:沪深股市日收益率的二元 Copula 模型

7.4.1 案例描述

【例 7.4-1】 现有上海和深圳股市同时期日开盘价、最高价、最低价、收盘价、收益率等数据,跨度为 2000-1—2007-4,各 1696 组数据。完整数据保存在文件 hushi.xls 和 shenshi.xls 中,其中部分数据如表 7.4-1 和表 7.4-2 所列。

表 7.4-1 沪市日开盘价、最高价、最低价、收盘价、收益率等部分数据

日 期	开盘价	最高价	最低价	收盘价	收益率
2000-1-4	1368.69	1407.52	1361.21	1406.37	0.02752997
2000-1-5	1407.83	1433.78	1398.32	1409.68	0.00131408
2000-1-6	1406.04	1463.96	1400.25	1463.94	0.04117948
2000-1-7	1477.15	1522.83	1477.15	1516.6	0.02670683
2000-1-10	1531.71	1546.72	1506.4	1545.11	0.00874839
2000-1-11	1547.68	1547.71	1468.76	1479.78	−0.0438721
2000-1-12	1473.76	1489.28	1435	1438.02	−0.0242509
2000-1-13	1437.45	1444.07	1418.81	1424.44	−0.0090507
2000-1-14	1426.22	1433.47	1401.71	1408.85	−0.012179
2000-1-17	1408.99	1433.38	1402.66	1433.33	0.01727479
2000-1-18	1436.89	1443.59	1421.64	1426.62	−0.0071474
2000-1-19	1425.87	1443.67	1425.14	1440.72	0.01041469
2000-1-20	1443.09	1466.9	1443.09	1466.86	0.0164716
2000-1-21	1471.91	1476.46	1458.93	1465.09	−0.0046334
2000-1-24	1465.86	1477.41	1449.47	1477.34	0.00783158
⋮	⋮	⋮	⋮	⋮	⋮

表 7.4-2　深市日开盘价、最高价、最低价、收盘价、收益率等部分数据

日　期	开盘价	最高价	最低价	收盘价	收益率
2000-1-4	3374.11	3512.3	3360.21	3497.06	0.03643924
2000-1-5	3500.13	3589.18	3468.69	3486.28	−0.003957
2000-1-6	3475.46	3663.22	3454.35	3655.2	0.0517169
2000-1-7	3701.48	3848.06	3701.48	3828.04	0.03419173
2000-1-10	3881.75	3929.06	3832.2	3921.48	0.01023507
2000-1-11	3924.71	3931.08	3691.56	3716.78	−0.0529797
2000-1-12	3699.29	3768.14	3585.47	3605.82	−0.025267
2000-1-13	3604.28	3637.68	3552.05	3580.98	−0.0064645
2000-1-14	3582.16	3609.19	3524.51	3542.82	−0.0109822
2000-1-17	3535.51	3597.77	3496	3594.65	0.01672743
2000-1-18	3601.88	3633.11	3558.86	3571.97	−0.008304
2000-1-19	3560.59	3640.09	3559.94	3603.86	0.01215248
2000-1-20	3608.17	3670.19	3603.99	3668.84	0.01681462
2000-1-21	3687.19	3744.27	3644.08	3702.09	0.00404102
2000-1-24	3709.19	3736.43	3646.17	3734.73	0.0068856
⋮	⋮	⋮	⋮	⋮	⋮

其中，收益率＝(收盘价－开盘价)/开盘价。根据收集到的 1696 组数据研究沪、深两市日收益率之间的关系，构建二元 Copula 模型，描述沪、深两市日收益率的相关结构。

根据前面介绍的 Copula 理论，可以按照以下步骤构建 Copula 模型：

- 确定随机变量的边缘分布；
- 选取适当的，能够描述随机变量间相关结构的 Copula 函数；
- 估计 Copula 模型中的未知参数。

7.4.2　确定边缘分布

令 X,Y 分别表示沪、深两市的日收益率，先来确定随机变量 X,Y 的分布，根据第 6 章的内容，确定随机变量分布的方法有两种，一种是参数法，另一种是非参数法。所谓的参数法，就是假定随机变量服从某种含有参数的分布，例如正态分布、t 分布等常见分布，然后根据样本观测值估计分布中的参数，最后做出检验。非参数法基于经验分布和核光滑方法(核密度估计)，把样本的经验分布函数作为总体随机变量的分布的近似，也可以根据样本观测数据，利用核密度估计的方法确定总体的分布。

1. 参数法

为了确定随机变量 X,Y 的分布类型，首先做出它们的频率直方图，如图 7.4-1 所示。

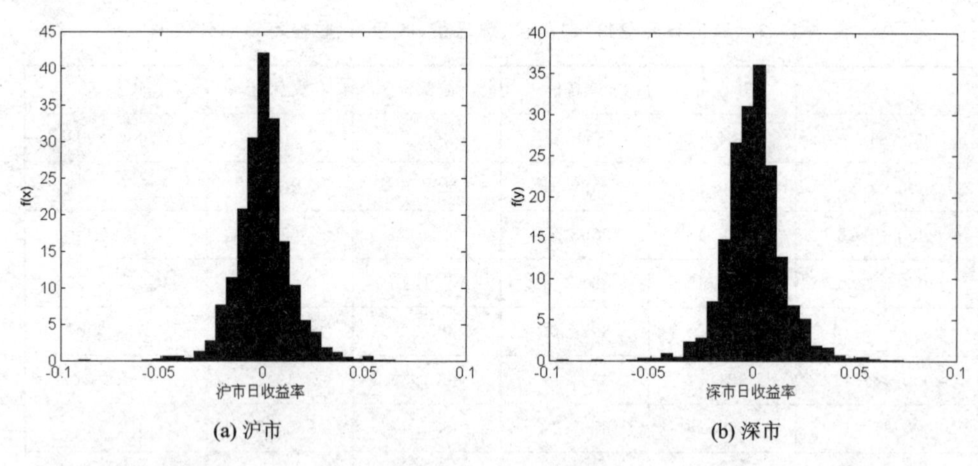

(a) 沪市　　(b) 深市

图 7.4-1　沪、深两市的日收益率的频率直方图

```
% 从文件 hushi.xls 中读取数据
>> hushi = xlsread('hushi.xls');
% 提取矩阵 hushi 的第 5 列数据,即沪市的日收益率数据
>> X = hushi(:,5);
% 从文件 shenshi.xls 中读取数据
>> shenshi = xlsread('shenshi.xls');
% 提取矩阵 shenshi 的第 5 列数据,即深市的日收益率数据
>> Y = shenshi(:,5);
% 调用 ecdf 函数和 ecdfhist 函数绘制沪、深两市日收益率的频率直方图
>> [fx, xc] = ecdf(X);
>> figure;
>> ecdfhist(fx, xc, 30);
>> xlabel('沪市日收益率');   % 为 X 轴加标签
>> ylabel('f(x)');   % 为 Y 轴加标签
>> [fy, yc] = ecdf(Y);
>> figure;
>> ecdfhist(fy, yc, 30);
>> xlabel('深市日收益率');   % 为 X 轴加标签
>> ylabel('f(y)');   % 为 Y 轴加标签
% 计算 X 和 Y 的偏度
>> xs = skewness(X)

xs =
   -0.0253

>> ys = skewness(Y)

ys =
   -0.0036

% 计算 X 和 Y 的峰度
>> kx = kurtosis(X)

kx =
    6.3774
```

```
>> ky = kurtosis(Y)

ky =
    6.6339
```

图 7.4-1 以及 X,Y 的偏度、峰度反映出的信息是这样的:随机变量 X,Y 的分布均是比较对称的,并且呈现出尖峰厚尾(或重尾)的特点。正态分布是轻尾(或薄尾)分布,可以初步断定 X,Y 不服从正态分布。下面调用 jbtest、kstest 和 lillietest 函数分别对 X 和 Y 进行正态性检验。

```
% 分别调用 jbtest、kstest 和 lillietest 函数对 X 进行正态性检验
>> [h,p] = jbtest(X)   % Jarque - Bera 检验

h =
     1

p =
   1.0000e-003

>> [h,p] = kstest(X,[X,normcdf(X,mean(X),std(X))])   % Kolmogorov - Smirnov 检验

h =
     1

p =
   9.2802e-007

>> [h, p] = lillietest(X)   % Lilliefors 检验

h =
     1

p =
   1.0000e-003

% 分别调用 jbtest、kstest 和 lillietest 函数对 Y 进行正态性检验
>> [h,p] = jbtest(Y)   % Jarque - Bera 检验

h =
     1

p =
   1.0000e-003

>> [h,p] = kstest(Y,[Y,normcdf(Y,mean(Y),std(Y))])   % Kolmogorov - Smirnov 检验

h =
     1

p =
   4.8467e-006

>> [h, p] = lillietest(Y)   % Lilliefors 检验
```

```
h =
     1


p =
   1.0000e-003
```

三种检验的h值均为1,p值均小于0.01,说明X和Y都不服从正态分布,而是服从某种对称的尖峰厚尾分布。遗憾的是,常见分布中难以找到这种类型的分布。下面利用非参数法确定X,Y的分布。

2. 非参数法

当总体的分布不好确定时,可以调用ecdf函数求样本经验分布函数,作为总体分布函数的近似;或调用ksdensity函数,用核光滑方法估计总体的分布。

(1) 调用ecdf函数求样本经验分布函数

```
% 调用ecdf函数求X和Y的经验分布函数
>> [fx, Xsort] = ecdf(X);
>> [fy, Ysort] = ecdf(Y);
% 调用spline函数,利用样条插值法求原始样本点处的经验分布函数值
>> U1 = spline(Xsort(2:end),fx(2:end),X);
>> V1 = spline(Ysort(2:end),fy(2:end),Y);
```

ecdf函数返回的向量Xsort和Ysort是各自经过排序后的样本数据,fx和fy是分别与向量Xsort和Ysort对应的经验分布函数值向量。为了求原始样本(未经排序的样本)观测值所对应的经验分布函数值,上面用到了样条插值法。

(2) 调用ksdensity函数进行总体分布的估计

```
% 调用ksdensity函数分别计算原始样本X和Y处的核分布估计值
>> U2  = ksdensity(X,X,'function','cdf');
>> V2  = ksdensity(Y,Y,'function','cdf');
```

调用ecdf函数得到的U1和调用ksdensity函数得到的U2不完全相同,V1和V2也不完全相同,但是U1和U2、V1和V2的差别都非常微小,如图7.4-2所示,经验分布函数图和核分布估计图几乎重合。

```
% 绘制经验分布函数图和核分布估计图
>> [Xsort,id] = sort(X);                    % 为了作图的需要,对X进行排序
>> figure;                                  % 新建一个图形窗口
>> plot(Xsort,U1(id),'c','LineWidth',5);    % 绘制沪市日收益率的经验分布函数图
>> hold on
>> plot(Xsort,U2(id),'k-.','LineWidth',2);  % 绘制沪市日收益率的核分布估计图
>> legend('经验分布函数','核分布估计', 'Location','NorthWest'); % 加标注框
>> xlabel('沪市日收益率');                  % 为X轴加标签
>> ylabel('F(x)');                          % 为Y轴加标签

>> [Ysort,id] = sort(Y);                    % 为了作图的需要,对Y进行排序
>> figure;                                  % 新建一个图形窗口
>> plot(Ysort,V1(id),'c','LineWidth',5);    % 绘制深市日收益率的经验分布函数图
>> hold on
>> plot(Ysort,V2(id),'k-.','LineWidth',2);  % 绘制深市日收益率的核分布估计图
```

```
>> legend('经验分布函数','核分布估计','Location','NorthWest'); % 加标注框
>> xlabel('深市日收益率');                   % 为 X 轴加标签
>> ylabel('F(x)');                            % 为 Y 轴加标签
```

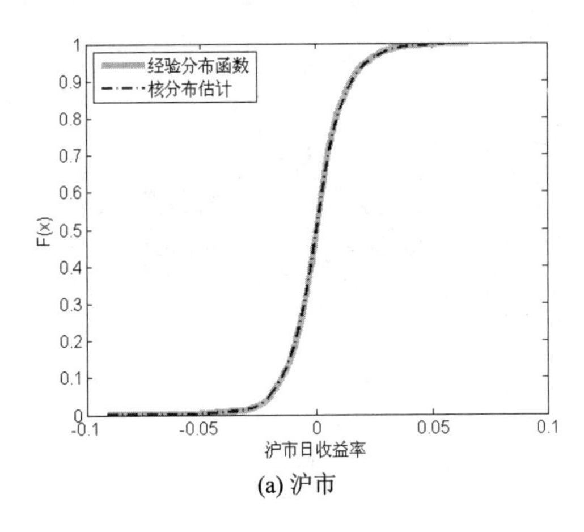

(a) 沪市

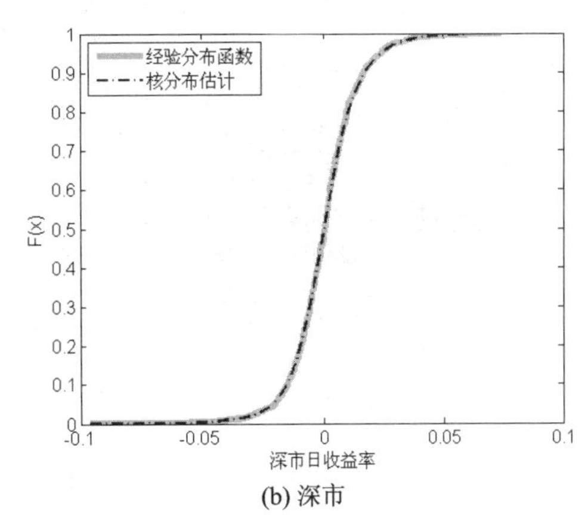

(b) 深市

图 7.4-2 沪、深两市日收益率的经验分布函数图和核分布估计图

7.4.3 选取适当的 Copula 函数

在确定 X 的边缘分布 $U=F(x)$ 和 Y 的边缘分布 $V=G(x)$ 之后，就可以根据 $(U_i, V_i)(i=1,\cdots,n)$ 的二元直方图的形状选取适当的 Copula 函数。绘制二元频数直方图的命令如下：

```
% 调用 ksdensity 函数分别计算原始样本 X 和 Y 处的核分布估计值
>> U = ksdensity(X,X,'function','cdf');
>> V = ksdensity(Y,Y,'function','cdf');
>> figure;                    % 新建一个图形窗口
% 绘制边缘分布的二元频数直方图，
>> hist3([U(:) V(:)],[30,30]);
>> xlabel('U(沪市)');         % 为 X 轴加标签
>> ylabel('V(深市)');         % 为 Y 轴加标签
>> zlabel('频数');            % 为 z 轴加标签
```

以上命令做出的频数直方图如图 7.4-3 (a)所示，在频数直方图的基础上还可以绘制频率直方图，并且频率直方图可以作为 (U,V) 的联合密度函数（即 Copula 密度函数）的估计。由频数直方图绘制频率直方图的命令如下：

```
>> figure;                                   % 新建一个图形窗口
% 将边缘分布的二元频数直方图改造为频率直方图
>> hist3([U(:) V(:)],[30,30]);               % 首先绘制边缘分布的二元频数直方图
>> h = get(gca, 'Children');                 % 获取频数直方图的句柄值
>> cuv = get(h, 'ZData');                    % 获取频数直方图的 Z 轴坐标
>> set(h,'ZData',cuv * 30 * 30/length(X));   % 对频数直方图的 Z 轴坐标作变换
>> xlabel('U(沪市)');                        % 为 X 轴加标签
>> ylabel('V(深市)');                        % 为 Y 轴加标签
>> zlabel('c(u,v)');                         % 为 z 轴加标签
```

作出的二元频率直方图如图 7.4-3 (b)所示，可以看出，频率直方图具有基本对称的尾部，也就是说 (U,V) 的联合密度函数（即 Copula 密度函数）具有对称的尾部，因此可以选取二

元正态 Copula 函数或二元 t - Copula 函数来描述原始数据的相关结构。

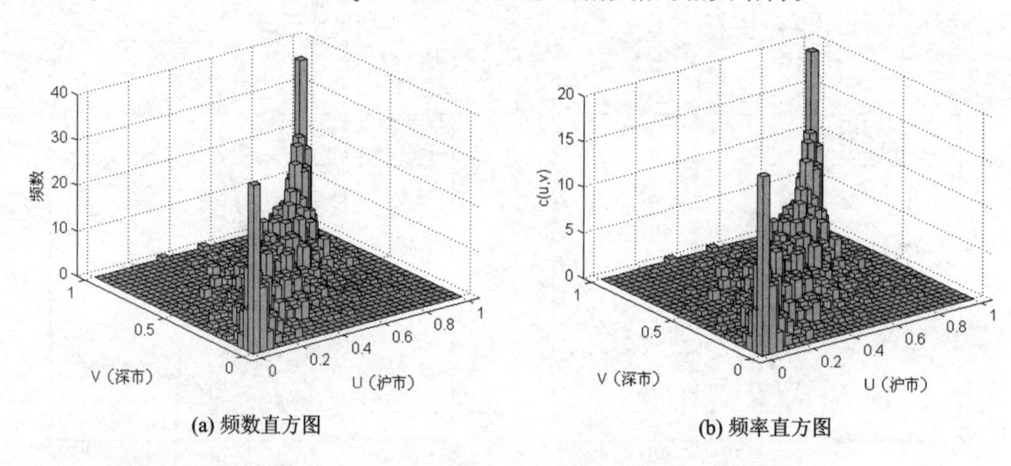

(a) 频数直方图　　(b) 频率直方图

图 7.4-3　沪、深两市日收益率的边缘分布的二元直方图

7.4.4　参数估计

先抛开前面的案例,考虑一般情况,边缘分布中可能含有未知参数,并且选取的 Copula 函数中也含有未知参数,因此需要进行参数估计,常用的参数估计方法有最大似然估计、分步估计和半参数估计,下面分别进行介绍。

1. 最大似然估计(ML 估计)

考虑一般情况,设连续随机变量 X,Y 的边缘分布函数分别为 $F(x;\theta_1)$ 和 $G(y;\theta_2)$,边缘密度函数分别为 $f(x;\theta_1)$ 和 $g(y;\theta_2)$,其中 θ_1,θ_2 为边缘分布中的未知参数。设选取的 Copula 分布函数为 $C(u,v;\alpha)$, Copula 密度函数为 $c(u,v;\alpha)=\dfrac{\partial^2 C(u,v;\alpha)}{\partial u\partial v}$,其中 α 为 Copula 函数中的未知参数。则 (X,Y) 的联合分布函数为

$$H(x,y;\theta_1,\theta_2,\alpha)=C(F(x;\theta_1),G(y;\theta_2);\alpha)$$

(X,Y) 的联合密度函数为

$$h(x,y;\theta_1,\theta_2,\alpha)=\frac{\partial^2 H}{\partial x\partial y}=c(F(x;\theta_1),G(y;\theta_2);\alpha)f(x;\theta_1)g(y;\theta_2)$$

可得样本 $(X_i,Y_i),i=1,2,\cdots,n$ 的似然函数为

$$L(\theta_1,\theta_2,\alpha)=\prod_{i=1}^{n}h(x_i,y_i;\theta_1,\theta_2,\alpha)=\prod_{i=1}^{n}c(F(x_i;\theta_1),G(y_i;\theta_2);\alpha)f(x_i;\theta_1)g(y_i;\theta_2)$$

于是得对数似然函数

$$\ln L(\theta_1,\theta_2,\alpha)=\sum_{i=1}^{n}\ln c(F(x_i;\theta_1),G(y_i;\theta_2);\alpha)+\sum_{i=1}^{n}\ln f(x_i;\theta_1)+\sum_{i=1}^{n}\ln g(y_i;\theta_2)$$

(7.4-1)

求解对数似然函数的最大值点,即可得边缘分布和 Copula 函数中未知参数 θ_1,θ_2,α 的**最大似然估计**(ML 估计)

$$\hat{\theta}_1,\hat{\theta}_2,\hat{\alpha}=\mathrm{argmax}\ln L(\theta_1,\theta_2,\alpha)$$

2. 分步估计(IFM 估计)

由式(7.4-1)不难看出,边缘分布中的参数 θ_1,θ_2 和 Copula 函数中的未知参数 α 可以分

开进行估计，先由边缘分布利用最大似然估计法求出 θ_1，θ_2 的估计

$$\hat{\theta}_1 = \operatorname{argmax}\sum_{i=1}^{n}\ln f(x_i;\theta_1)$$

$$\hat{\theta}_2 = \operatorname{argmax}\sum_{i=1}^{n}\ln g(y_i;\theta_2)$$

然后把 $\hat{\theta}_1$，$\hat{\theta}_2$ 代入式(7.4-1)的第1项中，求出Copula函数中未知参数 α 的估计

$$\hat{\alpha} = \operatorname{argmax}\sum_{i=1}^{n}\ln c(F(x_i;\hat{\theta}_1),G(y_i;\hat{\theta}_2);\alpha)$$

这种参数估计方法称为**分步估计**(the Method of Inference Functions for Margins)，简称为**IFM估计**。

3. 半参数估计(CML估计)

如果用样本经验分布函数 $F_n(x)$ 和 $G_n(y)$ 分别来代替边缘分布函数 $F(x;\theta_1)$ 和 $G(y;\theta_2)$，则可以不用估计边缘分布中的参数，只需估计Copula函数中的参数 α

$$\hat{\alpha} = \operatorname{argmax}\sum_{i=1}^{n}\ln c(u_i,v_i;\alpha)$$

其中，$u_i=F_n(x_i)$；$v_i=G_n(y_i)$；$i=1,2,\cdots,n$。把这种参数估计方法称为**半参数估计**(Canonical Maximum Likelihood Method)，简称为**CML估计**。

7.4.5 与Copula有关的MATLAB函数

MATLAB统计工具箱中提供了copulafit、copulastat、copulaparam、copulapdf、copulacdf和copularnd 6个与Copula有关的MATLAB函数，它们支持的Copula函数包括：多元正态Copula、多元t-Copula、二元Gumbel Copula、二元Clayton Copula和二元Frank Copula。下面介绍它们的用法。

1. copulafit函数

copulafit函数用来根据样本观测数据估计Copula函数中的未知参数，其调用格式如下：

1) **RHOHAT = copulafit('Gaussian',U)**

估计正态Copula中的线性相关参数 ρ，返回 ρ 的估计值矩阵RHOHAT。输入变量U是由边缘分布函数值构成的 $n\times p$ 的矩阵，表示 p 个变量，n 组观测，其元素的取值范围为[0,1]。输出变量RHOHAT是 $p\times p$ 的矩阵。

2) **[RHOHAT,nuhat] = copulafit('t',U)**

估计t-Copula中的线性相关参数 ρ 和自由度 k，返回 ρ 的估计值矩阵RHOHAT和自由度 k 的估计值nuhat。输入变量U的说明同上。

3) **[RHOHAT,nuhat,nuci] = copulafit('t',U)**

还返回t-Copula中自由度参数 k 的估计值nuhat的近似95%置信区间nuci，它是包含2个元素的向量，它的2个元素分别为置信下限和置信上限。

4) **paramhat = copulafit(family,U)**

估计由family参数指定的二元阿基米德Copula中的参数 α，返回 α 的估计值paramhat。其中family参数为字符串，可用的字符串为'Clayton'、'Frank'或'Gumbel'，分别表示3个二

元阿基米德 Copula 函数。输入变量 U 是由边缘分布函数值构成的 $n\times2$ 的矩阵,表示 2 个变量,n 组观测。

5) **[paramhat,paramci] = copulafit(family,U)**

返回二元阿基米德 Copula 中参数 α 的估计值 paramhat 的近似 95%置信区间 paramci,它是包含 2 个元素的向量,它的 2 个元素分别为置信下限和置信上限。

6) **[…] = copulafit(…,'alpha',alpha)**

返回 Copula 函数中参数的估计值及估计值的 100 * (1-alpha)%置信区间。

7) **[…] = copulafit('t',U,'Method','ApproximateML')**

大样本情况下,估计 t-Copula 中的参数。此时采用一种近似方法,比最大似然估计速度要快,但是对于小样本情况,估计的结果可能不够准确。

8) **[…] = copulafit(…,'Options',options)**

用结构体变量 options 控制迭代算法的参数。options 是由命令 options = statset('copulafit')生成的结构体变量,这个输入参数对正态 Copula 函数是无用的。

2. copulastat 函数

copulastat 函数用来根据表 7.3-1 中的计算公式计算 Kendall 秩相关系数或 Spearman 秩相关系数。对于二元 Gumbel Copula 和 Clayton Copula,由于没有求 Spearman 秩相关系数的解析表达式,copulastat 函数在蒙特卡洛模拟的基础上,利用多项式拟合计算 Spearman 秩相关系数。copulastat 函数的调用格式如下:

1) **R = copulastat('Gaussian',rho)**

计算正态 Copula 对应的 Kendall 秩相关系数 R。输入参数 rho 是正态 Copula 中的线性相关参数 ρ 的值,若 rho 是一个标量,则 R 也是一个标量,它是二元正态 Copula 对应的 Kendall 秩相关系数;若 rho 是一个 $p\times p$ 的矩阵,则 R 也是一个 $p\times p$ 的矩阵。

2) **R = copulastat('t',rho,NU)**

计算 t-Copula 对应的 Kendall 秩相关系数 R。输入参数 rho 是 t-Copula 中的线性相关参数 ρ 的值,NU 是 t-Copula 的自由度。若 rho 是一个标量,则 R 也是一个标量,它是二元 t-Copula 对应的 Kendall 秩相关系数;若 rho 是一个 $p\times p$ 的矩阵,则 R 也是一个 $p\times p$ 的矩阵。

3) **R = copulastat(family,alpha)**

计算二元阿基米德 Copula 对应的 Kendall 秩相关系数 R。输入参数 family 为字符串,可用的字符串为 'Clayton'、'Frank' 或 'Gumbel',分别表示 3 个二元阿基米德 Copula 函数,alpha 是二元阿基米德 Copula 中参数 α 的值。

4) **R = copulastat(…,'type',type)**

计算由 type 参数指定类型的秩相关系数 R。输入参数 type 为字符串,可用的字符串为 'Kendall' 或 'Spearman':若为 'Kendall',计算 Kendall 秩相关系数;若为 'Spearman',计算 Spearman 秩相关系数。

3. copulaparam 函数

copulaparam 函数用来根据 Kendall 秩相关系数或 Spearman 秩相关系数求 Copula 中的

参数 ρ 或 α，计算原理如表 7.3-1 所列，对于没有解析表达式的情况，copulaparam 函数在蒙特卡洛模拟的基础上，利用多项式拟合进行计算。copulaparam 函数的调用格式如下：

1）**rho = copulaparam('Gaussian',R)**

计算正态 Copula 中的线性相关参数 ρ，返回 ρ 的计算值 rho。输入参数 R 是正态 Copula 对应的 Kendall 秩相关系数。若 R 是一个标量，则 rho 也是一个标量；若 R 是一个 $p \times p$ 的矩阵，则 rho 也是一个 $p \times p$ 的矩阵。

2）**rho = copulaparam('t',R,NU)**

计算 t－Copula 中的线性相关参数 ρ，返回 ρ 的计算值 rho。输入参数 R 是 t－Copula 对应的 Kendall 秩相关系数，NU 是 t－Copula 的自由度。若 R 是一个标量，则 rho 也是一个标量；若 R 是一个 $p \times p$ 的矩阵，则 rho 也是一个 $p \times p$ 的矩阵。

3）**alpha = copulaparam(family,R)**

计算二元阿基米德 Copula 中的参数 α，返回 α 的计算值 alpha。输入参数 family 为字符串，可用的字符串为 'Clayton'、'Frank' 或 'Gumbel'，分别表示 3 个二元阿基米德 Copula 函数，R 是一个标量，表示二元阿基米德 Copula 对应的 Kendall 秩相关系数。

4）**[…] = copulaparam(…,'type',type)**

用 type 参数指定秩相关系数的类型，输入参数 type 为字符串，可用的字符串为 'Kendall' 或 'Spearman'。

4. copulapdf 函数

copulapdf 函数用来计算 Copula 密度函数值，其调用格式如下：

1）**Y = copulapdf('Gaussian',U,rho)**

计算线性相关参数为 rho 的正态 Copula 的密度函数值 Y。输入参数 U 是由边缘分布函数值构成的 $n \times p$ 的矩阵，U 的每一列是一个变量的边缘分布函数值，U 的每一行对应一个观测，U 中元素的取值范围是[0,1]。rho 是 $p \times p$ 的线性相关系数矩阵，当 U 是一个 $n \times 2$ 的矩阵时，rho 还可以是一个标量。

2）**Y = copulapdf('t',U,rho,NU)**

计算线性相关参数为 rho、自由度为 NU 的 t－Copula 的密度函数值 Y。输入参数 U 和 rho 的说明同上。

3）**Y = copulapdf(family,U,alpha)**

计算参数值为 alpha 的二元阿基米德 Copula 的密度函数值 Y。输入参数 family 为字符串，可用的字符串为 'Clayton'、'Frank' 或 'Gumbel'，分别表示 3 个二元阿基米德 Copula 函数。U 是由边缘分布函数值构成的 $n \times 2$ 的矩阵，其元素的取值范围是[0,1]。

5. copulacdf 函数

copulacdf 函数用来计算 Copula 分布函数值，其调用格式如下：

1）**Y = copulacdf('Gaussian',U,rho)**

计算线性相关参数为 rho 的正态 Copula 的分布函数值 Y。输入参数 U 是由边缘分布函数值构成的 $n \times p$ 的矩阵，U 的每一列是一个变量的边缘分布函数值，U 的每一行对应一个观测,U中元素的取值范围是[0,1]。rho是$p \times p$的线性相关系数矩阵,当U是一个$n \times 2$的矩阵时,rho还可以是一个标量。

2) **Y = copulacdf('t',U,rho,NU)**

计算线性相关参数为rho,自由度为NU的t-Copula的分布函数值Y。输入参数U和rho的说明同上。

3) **Y = copulacdf(family,U,alpha)**

计算参数值为alpha的二元阿基米德Copula的分布函数值Y。输入参数family为字符串,可用的字符串为'Clayton'、'Frank'或'Gumbel',分别表示3个二元阿基米德Copula函数。U是由边缘分布函数值构成的$n \times 2$的矩阵,其元素的取值范围是[0,1]。

6. copularnd 函数

copularnd函数用来生成Copula随机数,其调用格式如下:

1) **U = copularnd('Gaussian',rho,N)**

从一个正态Copula生成随机数矩阵U。输入参数rho是正态Copula中的线性相关参数,N是正整数。如果rho是一个$p \times p$的矩阵,则U是一个$N \times p$的矩阵;如果rho是一个标量,则U是一个$N \times 2$的矩阵。U的每一列是一个取自[0,1]上均匀分布(即边缘分布)的样本。

2) **U = copularnd('t',rho,NU,N)**

从一个t-Copula生成随机数矩阵U。输入参数rho是t-Copula中的线性相关参数,NU是自由度,N是正整数。如果rho是一个$p \times p$的矩阵,则U是一个$N \times p$的矩阵;如果rho是一个标量,则U是一个$N \times 2$的矩阵。U的每一列是一个取自[0,1]上均匀分布(即边缘分布)的样本。

3) **U = copularnd(family,alpha,N)**

从一个二元阿基米德Copula生成随机数矩阵U。输入参数family为字符串,可用的字符串为'Clayton'、'Frank'或'Gumbel',分别表示3个二元阿基米德Copula函数,alpha是二元阿基米德Copula中的参数,N是正整数。输出参数U是一个$n \times 2$的矩阵,U的每一列是一个取自[0,1]上均匀分布(即边缘分布)的样本。

7.4.6 案例的计算与分析

1. 参数估计

再回到前面的案例,对于选取的二元正态Copula和二元t-copula,用核分布估计求随机变量X,Y的边缘分布,然后调用copulafit函数估计Copula中的参数,命令如下:

```
% 从文件 hushi.xls 中读取数据
>> hushi = xlsread('hushi.xls');
% 提取矩阵 hushi 的第 5 列数据,即沪市的日收益率数据
>> X = hushi(:,5);
% 从文件 shenshi.xls 中读取数据
>> shenshi = xlsread('shenshi.xls');
% 提取矩阵 shenshi 的第 5 列数据,即深市的日收益率数据
>> Y = shenshi(:,5);
```

```
% 调用 ksdensity 函数分别计算原始样本 X 和 Y 处的核分布估计值
>> U = ksdensity(X,X,'function','cdf');
>> V = ksdensity(Y,Y,'function','cdf');
% 调用 copulafit 函数估计二元正态 Copula 中的线性相关参数
>> rho_norm = copulafit('Gaussian',[U(:), V(:)])

rho_norm =

    1.0000    0.9264
    0.9264    1.0000

% 调用 copulafit 函数估计二元 t-Copula 中的线性相关参数和自由度
>> [rho_t,nuhat,nuci] = copulafit('t',[U(:), V(:)])

rho_t =

    1.0000    0.9325
    0.9325    1.0000

nuhat =

    4.0089

nuci =

    2.9839    5.0340
```

以上命令求出的二元正态 Copula 中的线性相关参数 ρ 的估计值为

$$\hat{\rho}_{\text{norm}} = \begin{pmatrix} 1.0000 & 0.9264 \\ 0.9264 & 1.0000 \end{pmatrix}$$

将 $\hat{\rho}_{\text{norm}}$ 代入式(7.2-3),得到估计的二元正态 Copula

$$\hat{C}^{Ga}(\hat{u},\hat{v}) = \int_{-\infty}^{\Phi^{-1}(\hat{u})}\int_{-\infty}^{\Phi^{-1}(\hat{v})} \frac{1}{2\pi\sqrt{1-0.9264^2}} \exp\left\{-\frac{s^2-2\times 0.9264st+t^2}{2\times(1-0.9264^2)}\right\} \mathrm{d}s\mathrm{d}t \tag{7.4-2}$$

二元 t-Copula 中的线性相关参数 ρ 和自由度 k 的估计值分别为

$$\hat{\rho}_t = \begin{pmatrix} 1.0000 & 0.9325 \\ 0.9325 & 1.0000 \end{pmatrix}, \quad \hat{k} = 4.0089 \approx 4$$

将 $\hat{\rho}_t$,$\hat{k}$ 代入式(7.2-6),得到估计的二元 t-Copula

$$\hat{C}^t(\hat{u},\hat{v}) = \int_{-\infty}^{t_4^{-1}(\hat{u})}\int_{-\infty}^{t_4^{-1}(\hat{v})} \frac{1}{2\pi\sqrt{1-0.9325^2}} \left[1+\frac{s^2-2\times 0.9325st+t^2}{4\times(1-0.9325^2)}\right]^{-(4+2)/2} \mathrm{d}s\mathrm{d}t \tag{7.4-3}$$

2. 绘制 Copula 密度函数和分布函数图

估计出 Copula 中的参数之后,可以调用 copulapdf 函数和 copulacdf 函数分别计算 Copula 密度函数和分布函数值,然后绘制 Copula 密度函数和分布函数图,相应的 MATLAB 命令如下:

```
>> [Udata,Vdata] = meshgrid(linspace(0,1,31));   % 为绘图需要,产生新的网格数据
% 调用 copulapdf 函数计算网格点上的二元正态 Copula 密度函数值
>> Cpdf_norm = copulapdf('Gaussian',[Udata(:), Vdata(:)],rho_norm);
% 调用 copulacdf 函数计算网格点上的二元正态 Copula 分布函数值
>> Ccdf_norm = copulacdf('Gaussian',[Udata(:), Vdata(:)],rho_norm);
% 调用 copulapdf 函数计算网格点上的二元 t - Copula 密度函数值
>> Cpdf_t = copulapdf('t',[Udata(:), Vdata(:)],rho_t,nuhat);
% 调用 copulacdf 函数计算网格点上的二元 t - Copula 分布函数值
>> Ccdf_t = copulacdf('t',[Udata(:), Vdata(:)],rho_t,nuhat);
% 绘制二元正态 Copula 的密度函数和分布函数图
>> figure;                                                % 新建图形窗口
>> surf(Udata,Vdata,reshape(Cpdf_norm,size(Udata)));      % 绘制二元正态 Copula 密度函数图
>> xlabel('U');                                           % 为 X 轴加标签
>> ylabel('V');                                           % 为 Y 轴加标签
>> zlabel('c(u,v)');                                      % 为 Z 轴加标签
>> figure;                                                % 新建图形窗口
>> surf(Udata,Vdata,reshape(Ccdf_norm,size(Udata)));      % 绘制二元正态 Copula 分布函数图
>> xlabel('U');                                           % 为 X 轴加标签
>> ylabel('V');                                           % 为 Y 轴加标签
>> zlabel('C(u,v)');                                      % 为 Z 轴加标签

% 绘制二元 t - Copula 的密度函数和分布函数图
>> figure;                                                % 新建图形窗口
>> surf(Udata,Vdata,reshape(Cpdf_t,size(Udata)));         % 绘制二元 t - Copula 密度函数图
>> xlabel('U');                                           % 为 X 轴加标签
>> ylabel('V');                                           % 为 Y 轴加标签
>> zlabel('c(u,v)');                                      % 为 Z 轴加标签
>> figure;                                                % 新建图形窗口
>> surf(Udata,Vdata,reshape(Ccdf_t,size(Udata)));         % 绘制二元 t - Copula 分布函数图
>> xlabel('U');                                           % 为 X 轴加标签
>> ylabel('V');                                           % 为 Y 轴加标签
>> zlabel('C(u,v)');                                      % 为 Z 轴加标签
```

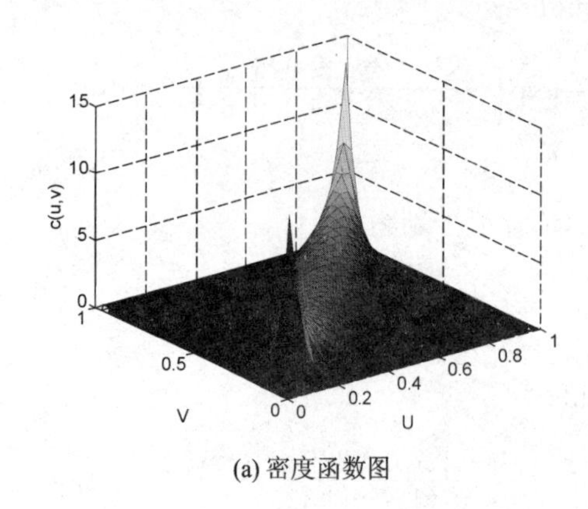

(a) 密度函数图

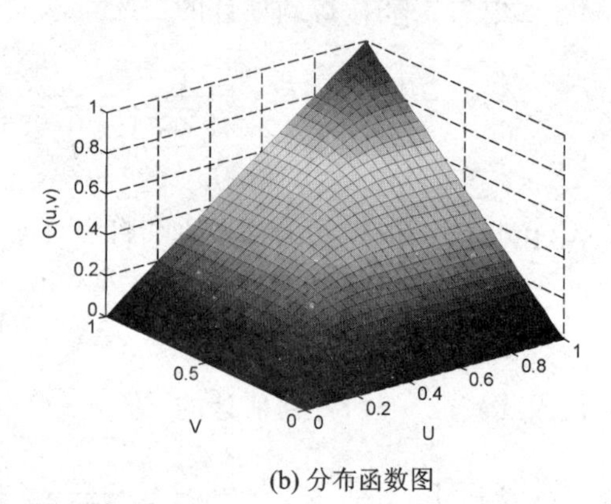

(b) 分布函数图

图 7.4-4　二元正态 Copula 密度函数和分布函数图($\hat{\rho}=0.9264$)

以上命令绘制的图形如图 7.4-4 和图 7.4-5 所示,可以看出,与线性相关参数为 $\hat{\rho}=0.9264$ 的二元正态 Copula 相比,线性相关参数为 $\hat{\rho}=0.9325$、自由度为 $\hat{k}=4$ 的二元 t-Copula 的密度函数具有更厚的尾部,更能反映变量之间的尾部相关性。从图 7.4-3 (b)可以看出沪、深两市日收益率之间有较强的尾部相关性,再将图 7.4-3 (b)、图 7.4-4 (a)和图 7.4-5 (a)

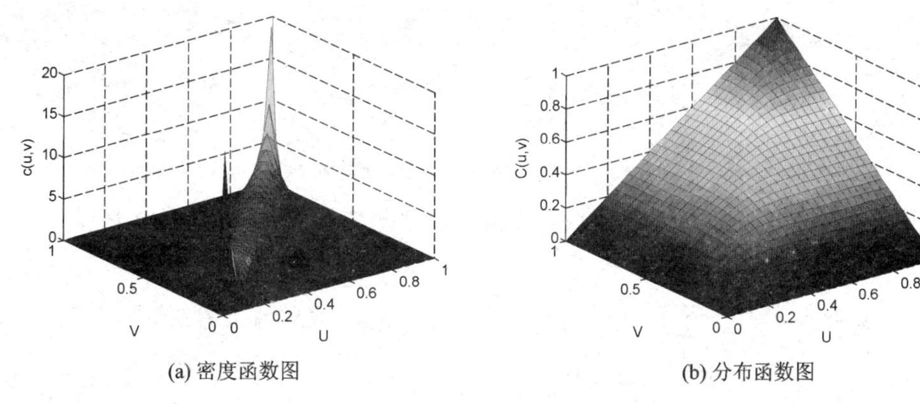

(a) 密度函数图　　(b) 分布函数图

图7.4-5　二元t-Copula密度函数和分布函数图($\hat{\rho}=0.9325$,$\hat{k}=4$)

加以对比,可知线性相关参数为 $\hat{\rho}=0.9325$,自由度为 $\hat{k}=4$ 的二元t-Copula较好地反映了沪、深两市日收益率之间的尾部相关性,计算出的尾部相关系数为

$$\hat{\lambda}^{\mathrm{up}}=\hat{\lambda}^{\mathrm{lo}}=2-2t_{\hat{k}+1}\left(\frac{\sqrt{\hat{k}+1}\sqrt{1-\hat{\rho}}}{\sqrt{1+\hat{\rho}}}\right)=0.6932$$

3. 秩相关系数的估计

估计出Copula中的参数之后,还可以调用copulastat函数求Kendall秩相关系数、Spearman秩相关系数的估计。

```
% 调用 copulastat 函数求二元正态 Copula 对应的 Kendall 秩相关系数
>> Kendall_norm = copulastat('Gaussian',rho_norm)

Kendall_norm =

    1.0000    0.7543
    0.7543    1.0000

% 调用 copulastat 函数求二元正态 Copula 对应的 Spearman 秩相关系数
>> Spearman_norm = copulastat('Gaussian',rho_norm,'type','Spearman')

Spearman_norm =

    1.0000    0.9198
    0.9198    1.0000

% 调用 copulastat 函数求二元 t  Copula 对应的 Kendall 秩相关系数
>> Kendall_t = copulastat('t',rho_t)

Kendall_t =

    1.0000    0.7648
    0.7648    1.0000

% 调用 copulastat 函数求二元 t-Copula 对应的 Spearman 秩相关系数
>> Spearman_t = copulastat('t',rho_t,'type','Spearman')
```

```
Spearman_t =

    1.0000    0.9264
    0.9264    1.0000
% MATLAB R2014a 版本新用法
% Spearman_t = copulastat('t',rho_t,nuhat,'type','Spearman')
```

当然也可以直接根据沪、深两市日收益率的原始观测数据,调用 corr 函数求 Kendall 秩相关系数、Spearman 秩相关系数。

```
% 直接根据沪、深两市日收益率的原始观测数据,调用 corr 函数求 Kendall 秩相关系数
>> Kendall = corr([X,Y],'type','Kendall')

Kendall =

    1.0000    0.7572
    0.7572    1.0000

% 直接根据沪、深两市日收益率的原始观测数据,调用 corr 函数求 Spearman 秩相关系数
>> Spearman = corr([X,Y],'type','Spearman')

Spearman =

    1.0000    0.9126
    0.9126    1.0000
```

将以上求出的 Kendall 秩相关系数 Kendall_norm、Kendall_t 和 Kendall 加以对比,将求出的 Spearman 秩相关系数 Spearman_norm、Spearman_t 和 Spearman 加以对比,可以看出,Kendall_norm 更接近 Kendall,Spearman_norm 更接近 Spearman,说明了线性相关参数为 $\hat{\rho}=0.9264$ 的二元正态 Copula 较好地反映了沪、深两市日收益率之间的秩相关性。

4. 模型评价

对于沪、深两市日收益率的观测数据,我们构建了二元正态 Copula 模型和二元 t-Copula 模型,为了评价两个模型的优劣,下面引入经验 Copula 的概念。

定义 7.4-1(经验 Copula) 设$(x_i,y_i)(i=1,2,\cdots,n)$为取自二维总体$(X,Y)$的样本,记 X,Y 的经验分布函数分别为 $F_n(x)$和 $G_n(y)$,定义样本的经验 Copula 如下

$$\hat{C}_n(u,v)=\frac{1}{n}\sum_{i=1}^{n}I_{[F_n(x_i)\leqslant u]}I_{[G_n(y_i)\leqslant v]},\qquad u,v\in[0,1] \tag{7.4-4}$$

其中,$I_{[.]}$为示性函数,当 $F_n(x_i)\leqslant u$ 时,$I_{[F_n(x_i)\leqslant u]}=1$;否则 $I_{[F_n(x_i)\leqslant u]}=0$。

有了经验 Copula 函数 $\hat{C}_n(u,v)$之后,考察式(7.4-2)式和式(7.4-3)式的二元正态 Copula $\hat{C}^{Ga}(u,v)$和二元 t-Copula $\hat{C}^{t}(u,v)$与经验 Copula 的平方欧氏距离

$$d_{Ga}^2=\sum_{i=1}^{n}\left|\hat{C}_n(u_i,v_i)-\hat{C}^{Ga}(u_i,v_i)\right|^2$$

$$d_t^2=\sum_{i=1}^{n}\left|\hat{C}_n(u_i,v_i)-\hat{C}^{t}(u_i,v_i)\right|^2$$

其中,$u_i=F_n(x_i),v_i=G_n(y_i)(i=1,2,\cdots,n)$。这里的 d_{Ga}^2 和 d_t^2 分别反映了二元正态 Copula $\hat{C}^{Ga}(u,v)$和二元 t-Copula $\hat{C}^{t}(u,v)$拟合原始数据的情况,若 $d_{Ga}^2<d_t^2$,说明用二元正态 Copula

$\hat{C}^{Ga}(u,v)$模型能更好地拟合原始数据，反之则说明二元 t - Copula $\hat{C}^{t}(u,v)$模型更为适合。

下面绘制经验 Copula $\hat{C}_n(u,v)$的图形，并计算平方欧氏距离 d_{Ga}^2 和 d_t^2，MATLAB 命令如下：

```
% 从文件 hushi.xls 中读取数据
>> hushi = xlsread('hushi.xls');
% 提取矩阵 hushi 的第 5 列数据,即沪市的日收益率数据
>> X = hushi(:,5);
% 从文件 shenshi.xls 中读取数据
>> shenshi = xlsread('shenshi.xls');
% 提取矩阵 shenshi 的第 5 列数据,即深市的日收益率数据
>> Y = shenshi(:,5);
% 调用 ecdf 函数求 X 和 Y 的经验分布函数
>> [fx, Xsort] = ecdf(X);
>> [fy, Ysort] = ecdf(Y);
% 调用 spline 函数,利用样条插值法求原始样本点处的经验分布函数值
>> U = spline(Xsort(2:end),fx(2:end),X);
>> V = spline(Ysort(2:end),fy(2:end),Y);
% 定义经验 Copula 函数 C(u,v)
>> C = @(u,v)mean((U <= u). * (V <= v));
% 为作图的需要,产生新的网格数据
>> [Udata,Vdata] = meshgrid(linspace(0,1,31));
% 通过循环计算经验 Copula 函数在新产生的网格点处的函数值
>> for i = 1:numel(Udata)
       CopulaEmpirical(i) = C(Udata(i),Vdata(i));
   end
% 绘制经验 Copula 分布函数图像
>> surf(Udata,Vdata,reshape(CopulaEmpirical,size(Udata)))
>> xlabel('U');                              % 为 X 轴加标签
>> ylabel('V');                              % 为 Y 轴加标签
>> zlabel('Empirical Copula C(u,v)');        % 为 Z 轴加标签
% 通过循环计算经验 Copula 函数在原始样本点处的函数值
>> CUV = zeros(size(U(:)));
>> for i = 1:numel(U)
       CUV(i) = C(U(i),V(i));
   end
% 计算线性相关参数为 0.9264 的二元正态 Copula 函数在原始样本点处的函数值
>> rho_norm = 0.9264;
>> Cgau = copulacdf('Gaussian',[U(:), V(:)],rho_norm);
% 计算线性相关参数为 0.9325、自由度为 4 的二元 t - Copula 函数在原始样本点处的函数值
>> rho_t = 0.9325;
>> k = 4.0089;
>> Ct = copulacdf('t',[U(:), V(:)],rho_t,k);
% 计算平方欧氏距离
>> dgau2 = (CUV - Cgau)' * (CUV - Cgau)

dgau2 =
     0.0186

>> dt2 = (CUV - Ct)' * (CUV - Ct)

dt2 =
     0.0145
```

以上命令绘制出的经验 Copula 分布函数图如图 7.4-6 所示。由计算出的平方欧氏距离可知,线性相关参数为 0.9264 的二元正态 Copula 与经验 Copula 的平方欧氏距离 $d_{Ga}^2 = 0.0186$,线性相关参数为 0.9325,自由度为 4 的二元 t-Copula 与经验 Copula 的平方欧氏距离 $d_t^2 = 0.0145$,因此在平方欧氏距离标准下,可以认为二元 t-Copula 模型能更好地拟合沪、深两市的日收益率观测数据。

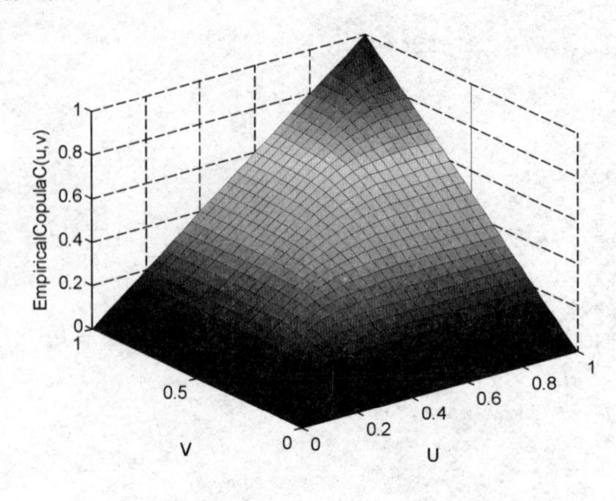

图 7.4-6 经验 Copula 分布函数图

第 8 章 方差分析

方差分析是英国统计学家 R. A. Fisher 于 20 世纪 20 年代提出的一种统计方法，它有着非常广泛的应用。具体来说，在生产实践和科学研究中，经常要研究生产条件或试验条件的改变对产品的质量和产量有无影响。如在农业生产中，需要考虑品种、施肥量、种植密度等因素对农作物收获量的影响；又如某产品在不同的地区、不同的时期，采用不同的销售方式，其销售量是否有差异。在诸影响因素中哪些因素是主要的，哪些因素是次要的，以及主要因素处于何种状态时，才能使农作物的产量和产品的销售量达到一个较高的水平，这就是方差分析所要解决的问题。

本章以案例形式介绍方差分析的 MATLAB 实现，主要内容包括：单因素一元方差分析案例，双因素一元方差分析案例，多因素一元方差分析案例，单因素多元方差分析案例，Kruskal－Wallis 单因素方差分析案例，Friedman 秩方差分析案例。其中后两个是非参数方差分析案例，结合这些案例，本章介绍 anova1、anova2、anovan、multcompare、kruskalwallis、friedman 和 manova1 等函数的用法。

8.1 案例 19：单因素一元方差分析

8.1.1 单因素一元方差分析的 MATLAB 实现

1. anova1 函数

MATLAB 统计工具箱中提供了 anova1 函数，用来作单因素一元方差分析，其调用格式如下：

1) **p = anova1(X)**

根据样本观测值矩阵 X 进行均衡试验的单因素一元方差分析，检验矩阵 X 的各列所对应的总体是否具有相同的均值，原假设是 X 的各列所对应的总体具有相同的均值。矩阵 X 的列数表示因素的水平数，X 的每一列对应因素的一个水平，矩阵 X 的行数表示因素的每个水平下重复试验的次数（即样本容量），所谓均衡试验是指因素的每个水平下重复试验次数相同的试验。anova1 函数的输出参数 p 是检验的 p 值，对于给定的显著性水平 α，若 $p \leqslant \alpha$，则拒绝原假设，认为 X 的各列所对应的总体具有不完全相同的均值，否则接受原假设，认为 X 的各列所对应的总体具有相同的均值。

anova1 函数还生成 2 个图形：标准的单因素一元方差分析表和箱线图。其中方差分析表把数据之间的差异分为两部分：

- 由于列均值之间的差异引起的变差（即组间变差）；
- 由于每列数据与该列数据均值之间的差异引起的变差（即组内变差）。

标准的单因素一元方差分析表有 6 列：

- 第1列为方差来源,方差来源有组间(Columns)、组内(Error)和总计(Total)3种;
- 第2列为各方差来源所对应的平方和(SS);
- 第3列为各方差来源所对应的自由度(df);
- 第4列为各方差来源所对应的均方(MS),MS=SS/df;
- 第5列为F检验统计量的观测值,它是组间均方与组内均方的比值;
- 第6列为检验的p值,是根据F检验统计量的分布得出的。

在箱线图上,X的每一列对应一个箱线图,从各个箱子中线(0.5分位线)之间的差异可以看出F检验统计量和检验的p值的大小,较大的差异意味着较大的F值和较小的p值。

2) **p = anova1(X,group)**

当X是一个矩阵时,这种调用适用于均衡试验,anova1函数把X的每一列作为一个独立的组,检验各组所对应总体是否具有相同的均值。输入参数group可以是字符数组或字符串元胞数组,用来指定每组的组名,X的每一列对应一个组名字符串,在箱线图中,组名字符串被作为箱线图的标签。如果不需要指定组名,可以输入空数组([])或忽略group这个输入。

如果X是一个向量,这种调用不仅适用于均衡试验,还适用于非均衡试验。此时group必须是一个分类变量、向量、字符数组或字符串元胞数组,group与X具有相同的长度,用来指定X中每个元素所在的组,X中具有相同group值的元素是同组元素,另外,group中各组的标签也被作为箱线图的标签。如果group中包含空字符串、空的元胞或NaN,则X中相应的观测将被忽略。

3) **p = anova1(X,group,displayopt)**

通过displayopt参数设定是否显示方差分析表和箱线图,当displayopt参数设定为'on'(默认情况)时,显示方差分析表和箱线图;当displayopt参数设定为'off'时,不显示方差分析表和箱线图。

4) **[p,table] = anova1(…)**

还返回元胞数组形式的方差分析表table(包含列标签和行标签)。通过带有标准单因素一元方差分析表的图形窗口的"Edit"菜单下的"Copy Text"选项,还可将方差分析表以文本形式复制到剪贴板。

5) **[p,table,stats] = anova1(…)**

还返回一个结构体变量stats,用于进行后续的多重比较。anova1函数用来检验各总体是否具有相同的均值,当拒绝了原假设,认为各总体的均值不完全相同时,通常还需要进行两两的比较检验,以确定哪些总体均值间的差异是显著的,这就是所谓的多重比较。

当anova1函数给出的结果拒绝了原假设,则在后续的分析中,可以调用multcompare函数,把stats作为它的输入,进行多重比较。

注意: 样本X应满足方差分析的几个基本假定:

- 所有样本均来自于正态总体;
- 这些正态总体具有相同的方差;
- 所有观测相互独立,即独立抽样。

在前两个假定基本满足的情况下,一般认为方差分析检验(ANOVA test)是稳健的。、

2. multcompare 函数

MATLAB 统计工具箱中提供了 multcompare 函数，用来作多重比较，其调用格式如下：

1) **c = multcompare(stats)**

根据结构体变量 stats 中的信息进行多重比较，返回两两比较的结果矩阵 c。c 是一个多行 5 列的矩阵，它的每一行对应一次两两比较的检验，每一行上的元素包括作比较的两个组的组标号、两个组的均值差、均值差的置信区间。例如 c 的某行元素为

2.0000　5.0000　1.9442　8.0625　14.4971

表示对第 2 组和第 5 组进行两两比较的检验，两组的均值差（第 2 组的均值减去第 5 组的均值）为 8.0625，均值差的 95％置信区间为[1.9442, 14.4971]，这个区间不包含 0，说明在显著性水平 0.05 下，两组间均值的差异是显著的。

multcompare 函数还生成一个交互式图形，可以通过鼠标单击的方式进行两两比较检验。该交互式图形上用一个符号（圆圈）标出了每一组的组均值，用一条线段标出了每个组的组均值的置信区间。如果某两条线段不相交，即没有重叠部分，则说明这两个组的组均值之间的差异是显著的；如果某两条线段有重叠部分，则说明这两个组的组均值之间的差异是不显著的。用户也可以用鼠标在图上任意选一个组，选中的组以及与选中的组差异显著的其他组均用高亮显示，选中的组用蓝色显示，与选中的组差异显著的其他组用红色显示。

2) **c = multcompare(stats,param1,val1,param2,val2,…)**

指定一个或多个成对出现的参数名与参数值来控制多重比较。可用的参数名与参数值如表 8.1－1 所列。

表 8.1－1　multcompare 函数支持的参数名与参数值列表

参数名	参数值	说　明
'alpha'	(0, 1)内的标量	用来指定输出矩阵 c 中的置信区间和交互式图形上的置信区间的置信水平：100(1－alpha)％。'alpha' 的默认值是 0.05
'display'	'on' 'off'	用来指定是否显示交互式图形，若为 'on'（默认情况），则显示图形；若为 'off'，则不显示图形
'ctype'	'hsd' 或 'tukey－kramer' 'lsd' 'bonferroni' 'dunn－sidak' 'scheffe'	用来指定多重比较中临界值的类型，实际上就是指定多重比较的方法。可用的方法有 Tukey－Kramer 法（默认情形）、最小显著差数法（LSD 法）、Bonferroni　t 检验法、Dunn－Sidak 检验法和 Scheffe 法
'dimension'	正整数向量	对于多因素方差分析的比较检验，用来指定要比较的因素（分组变量）的序号，默认值为 1，表示第 1 个分组变量。仅适用于 stats 是 anovan 函数的输出的情形
'estimate'	依赖于生成结构体变量 stats 所用的函数	指定要比较的估计，其可能取值依赖于生成结构体变量 stats 所用的函数。对于 anova1、anovan（多因素方差分析）、friedman（Friedman 秩方差分析）和 kruskalwallis（Kruskal－Wallis 单因素方差分析）函数，该参数将被忽略；对于 anova2（双因素方差分析）函数，'estimate' 参数的可能取值为 'column'（默认）或 'row'，表示对列均值或行均值进行比较；对于 aoctool（交互式协方差分析）函数，'estimate' 参数的可能取值为 'slope'、'intercept' 或 'pmm'，分别表示对斜率、截距或总体边缘均值进行比较。后面会陆续介绍这些函数的用法

3) **[c,m] = multcompare(…)**

返回一个多行2列的矩阵m,第1列为每一组组均值的估计值,第2列为相应的标准误差。

4) **[c,m,h] = multcompare(…)**

返回交互式多重比较的图形的句柄值h,可通过h修改图形属性,如图形标题和X轴标签等。

5) **[c,m,h,gnames] = multcompare(…)**

返回组名变量gnames,它是一个元胞数组,每一行对应一个组名。

8.1.2 案例分析

1. 案例描述

【例8.1-1】 现有某高校2005—2006学年第1学期2077名同学的"高等数学"课程的考试成绩,共涉及6个学院的69个班级,部分数据如表8.1-2所列。

表8.1-2 2077名同学的"高等数学"课程的考试成绩(部分数据)

学 号	姓 名	班 级	学 院	学院编号	总成绩
05010101	郭强	050101	机械	1	87
05010102	张旭鹏	050101	机械	1	71
05010103	李桂艳	050101	机械	1	75
05010104	杨功	050101	机械	1	78
05010105	禹善强	050101	机械	1	76
05010106	刘达	050101	机械	1	66
05010107	刘中晗	050101	机械	1	61
05010108	王振波	050101	机械	1	67
05010109	赵长亮	050101	机械	1	82

表8.1-2中只列出了部分数据,完整数据保存在文件examp8_1_1.xls中,数据保存格式如表8.1-2所列。试根据全部2077名同学的考试成绩,分析不同学院的学生的考试成绩有无显著差别。

2. 正态性检验

在调用anova1函数作方差分析之前,应先检验样本数据是否满足方差分析的基本假定,即检验正态性和方差齐性。下面首先调用lillietest函数检验6个学院的学生的考试成绩是否服从正态分布,原假设是6个学院的学生的考试成绩服从正态分布,备择假设是不服从正态分布。

```
% 读取文件examp8_1_1.xls的第1个工作表中的数据
>> [x,y] = xlsread('examp8_1_1.xls');
% 提取矩阵x的第2列数据,即2077名同学的考试成绩数据
```

```
>> score = x(:,2);
% 提取元胞数组 y 的第 4 列的第 2 行至最后一行数据,即 2077 名同学所在学院的名称数据
>> college = y(2:end,4);
% 提取矩阵 x 的第 1 列数据,即 2077 名同学所在学院的编号数据
>> college_id  = x(:,1);
% 调用 lillietest 函数分别对 6 个学院的考试成绩进行正态性检验
>> for i = 1:6
       scorei = score(college_id == i);    % 提取第 i 个学院的成绩数据
       [h,p] = lillietest(scorei);         % 正态性检验
       result(i,:) = p;                    % 把检验的 p 值赋给 result 变量
   end
% 查看正态性检验的 p 值
>> result

result =

    0.0734
    0.1790
    0.1590
    0.1493
    0.4640
    0.0728
```

对 6 个学院的学生的考试成绩进行的正态性检验的 p 值均大于 0.05,说明在显著性水平 0.05 下均接受原假设,认为 6 个学院的学生的考试成绩都服从正态分布。

3. 方差齐性检验

下面调用 vartestn 函数检验 6 个学院的学生的考试成绩是否服从方差相同的正态分布,原假设是 6 个学院的学生的考试成绩服从方差相同的正态分布,备择假设是服从方差不同的正态分布。

```
% 调用 vartestn 函数进行方差齐性检验
>> [p,stats] = vartestn(score,college)

p =

    0.7138

stats =

    chisqstat: 2.9104
           df: 5
```

从上面的结果可以看出,检验的 p 值 $p=0.7138>0.05$,说明在显著性水平 0.05 下接受原假设,认为 6 个学院的学生的考试成绩服从方差相同的正态分布,即满足方差分析的基本假定。vartestn 函数还生成两个图形:分组汇总表(Group Summary Table)和箱线图,通过带有分组汇总表的图形窗口上的"Edit"菜单下的"Copy Text"选项,将分组汇总表以文本形式复制到剪贴板,并粘贴如下:

```
Group Summary Table
Group    Count    Mean        Std Dev
机械     510      72.5608     9.0924
```

```
电信      404     74.4703      8.6516
化工      349     79.8968      8.5377
环境      206     73.1068      8.5018
经管      303     69.4323      8.7735
计算机    305     67.9508      8.4849
Pooled   2077     73.0857      8.7224

Bartlett's statistic          2.9104
Degrees of freedom       5
p - value          0.71379
```

分组汇总表中包含了分组的一些信息,有组名(即学院名称)Group,各组所包含的样本容量 Count,各组的平均成绩 Mean,各组成绩的标准差 Std Dev。Pooled 所在的行表示样本的联合信息,包括总人数、总平均成绩和样本联合标准差。分组汇总表的最后一部分是方差齐性检验的相关信息,包括 Bartlett 检验统计量的观测值、自由度和检验的 p 值。

vartestn 函数生成的箱线图如图 8.1-1(a)所示。

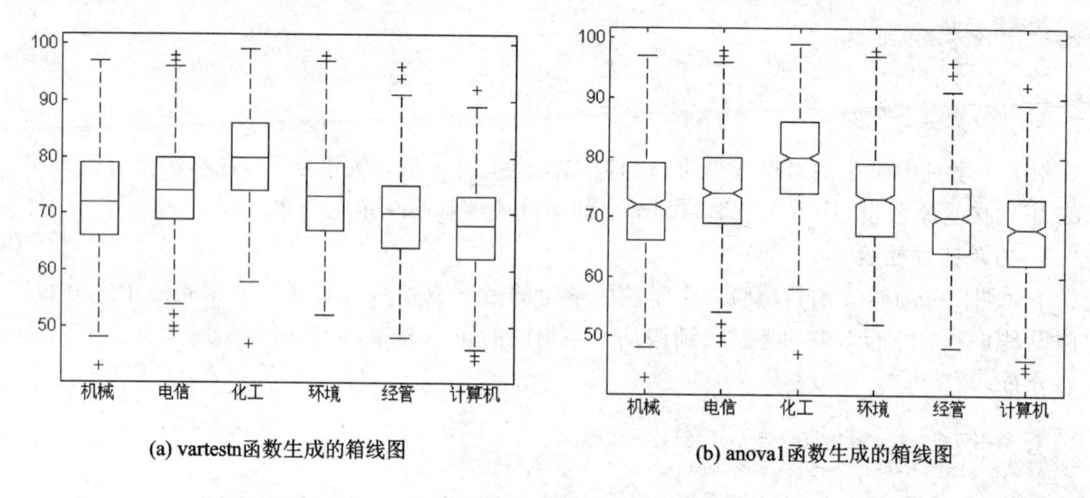

(a) vartestn函数生成的箱线图　　(b) anova1函数生成的箱线图

图 8.1-1　6 个学院"高等数学"课程考试成绩的箱线图

4. 方差分析

经过正态性和方差齐性检验之后,认为 6 个学院学生的考试成绩服从方差相同的正态分布,下面就可以调用 anova1 函数进行单因素一元方差分析,检验不同学院的学生的考试成绩有无显著差别,原假设是没有显著差别,备择假设是有显著差别。

```
>> [p,table,stats] = anova1(score,college)   % 单因素一元方差分析

p =
     0

table =
    'Source'    'SS'               'df'      'MS'               'F'           'Prob>F'
    'Groups'    [2.9192e+004]      [   5]    [5.8384e+003]      [76.7405]     [     0]
    'Error'     [1.5756e+005]      [2071]    [     76.0796]     []            []
    'Total'     [1.8675e+005]      [2076]    []                 []            []

stats =
```

```
gnames: {6x1 cell}
     n: [510 404 349 206 303 305]
source: 'anova1'
 means: [72.5608 74.4703 79.8968 73.1068 69.4323 67.9508]
    df: 2071
     s: 8.7224
```

anova1 函数返回的 p 值为 0，故拒绝原假设，认为不同学院的学生的考试成绩有非常显著的差别。anova1 函数返回的 table 是一个标准的单因素一元方差分析表，它的各列依次是方差来源、平方和、自由度、均方、F 值和 p 值。方差来源中的 Groups 表示组间，Error 表示组内，Total 表示总计。根据 p 值和显著性水平 α 的大小关系可做出拒绝或接受的结论：若 $p \leqslant \alpha$，则拒绝原假设；反之，则接受原假设。

anova1 函数还生成两个图形：标准的单因素一元方差分析表和箱线图，其中箱线图如图 8.1－1(b)所示，方差分析表如图 8.1－2 所示。

Source	SS	df	MS	F	Prob>F
Groups	29191.9	5	5838.38	76.74	0
Error	157560.8	2071	76.08		
Total	186752.7	2076			

图 8.1－2　单因素一元方差分析表

5. 多重比较

方差分析的结果已表明不同学院的学生的考试成绩有非常显著的差别，但这并不意味着任意两个学院学生的考试成绩都有显著的差别，因此还需要进行两两的比较检验，即多重比较，找出考试成绩存在显著差别的学院。下面调用 multcompare 函数，把 anova1 函数返回的结构体变量 stats 作为它的输入，进行多重比较。

```
>> [c,m,h,gnames] = multcompare(stats);   % 多重比较
% 设置表头，以元胞数组形式显示矩阵 c
>> head = {'组序号','组序号','置信下限','组均值差','置信上限'};
>> [head; num2cell(c)]   % 将矩阵 c 转为元胞数组，并与 head 一起显示

ans =

    '组序号'    '组序号'    '置信下限'     '组均值差'     '置信上限'
    [     1]    [     2]    [ -3.5650]    [ -1.9095]    [ -0.2540]
    [     1]    [     3]    [ -9.0628]    [ -7.3361]    [ -5.6093]
    [     1]    [     4]    [ -2.5980]    [ -0.5460]    [  1.5060]
    [     1]    [     5]    [  1.3255]    [  3.1284]    [  4.9313]
    [     1]    [     6]    [  2.8108]    [  4.6100]    [  6.4092]
    [     2]    [     3]    [ -7.2430]    [ -5.4266]    [ -3.6101]
    [     2]    [     4]    [ -0.7645]    [  1.3635]    [  3.4915]
    [     2]    [     5]    [  3.1490]    [  5.0380]    [  6.9270]
    [     2]    [     6]    [  4.6340]    [  6.5195]    [  8.4049]
    [     3]    [     4]    [  4.6061]    [  6.7901]    [  8.9740]
    [     3]    [     5]    [  8.5128]    [ 10.4645]    [ 12.4163]
    [     3]    [     6]    [  9.9977]    [ 11.9460]    [ 13.8943]
    [     4]    [     5]    [  1.4299]    [  3.6745]    [  5.9190]
    [     4]    [     6]    [  2.9144]    [  5.1560]    [  7.3976]
    [     5]    [     6]    [ -0.5346]    [  1.4815]    [  3.4976]
```

```
>> [gnames num2cell(m)]   % 将 m 转为元胞数组,并与 gnames 一起显示

ans =

    '机械'       [72.5608]    [0.3862]
    '电信'       [74.4703]    [0.4340]
    '化工'       [79.8968]    [0.4669]
    '环境'       [73.1068]    [0.6077]
    '经管'       [69.4323]    [0.5011]
    '计算机'     [67.9508]    [0.4994]
```

上面调用 multcompare 函数返回了 4 个输出。其中 c 是一个多行 5 列的矩阵,它的前 2 列是作比较的两个组的组序号,也就是两个学院的编号,c 的第 4 列是两个组的组均值差,也就是两个学院的平均成绩之差,c 的第 3 列是两组均值差的 95%置信区间的下限,c 的第 5 列是两组均值差的 95%置信区间的上限。若两组均值差的置信区间不包含 0,则在显著性水平 0.05 下,作比较的两个组的组均值之间的差异是显著的,否则差异是不显著的,从 c 矩阵的值可以清楚地看出哪些学院考试成绩之间的差异是显著的。multcompare 函数返回的 m 是一个多行 2 列的矩阵,其第 1 列是各组的平均值(即各学院平均成绩),第 2 列为各组的标准误差。multcompare 函数返回的 gnames 是一个元胞数组,包含了各组的组名(即各学院的名称)。

为了直观,multcompare 函数还生成了一个交互式图形窗口,用来进行交互式的多重比较,如图 8.1-3 所示。

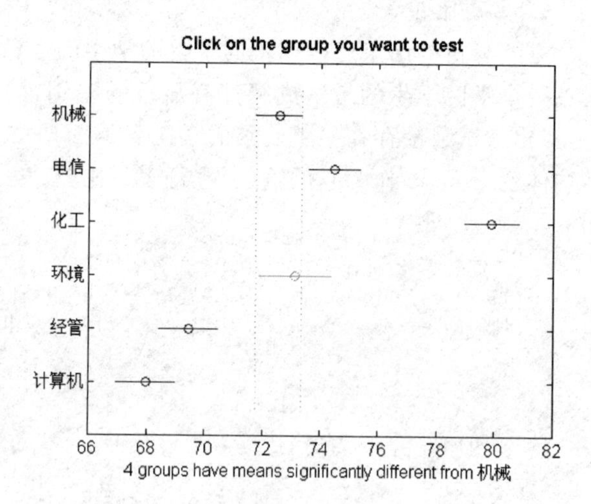

图 8.1-3　交互式多重比较的图形窗口

从图 8.1-3 可以看出,图中有一些圆圈和线段,圆圈用来表示各组的组均值(即各学院的平均成绩),线段则表示组均值的置信区间(默认情况下置信水平为 95%),通过查看各线段的位置关系,可以判断两个组的组均值之间的差异是否显著。将两条线段投影到 X 轴上,若它们的投影位置有所重叠,则说明这两个组的组均值之间的差异不显著(默认显著性水平为 0.05);若它们的投影位置不重叠,则说明这两个组的组均值之间的差异是显著的。在图 8.1-3 上,还可以通过鼠标单击的方式任意选中一条线段(即选取一个组),被选中的线段变成蓝色,线段的两侧各出现一条竖直的参考线(灰色虚线),与参考线不相交的其他线段均用红色显示,与参考线相交的线段为灰色非高亮显示,这样就清晰地表明了哪些组与选中组的差异是显著的。如图 8.1-3 所示,默认情况下,第 1 个组(机械学院)被选中,与机械学院的考试成绩差异显著的电信学院、化工学院、经管学院和计算机学院均用红色高亮显示。另外,从图 8.1-1 或图 8.1-3 还可以看出各学院平均成绩的大小关系。

8.2 案例 20:双因素一元方差分析

8.2.1 双因素一元方差分析的 MATLAB 实现

MATLAB 统计工具箱中提供了 anova2 函数,用来作双因素一元方差分析,其调用格式如下:

1) **p = anova2(X,reps)**

根据样本观测值矩阵 X 进行均衡试验的双因素一元方差分析。X 的每一列对应因素 A 的一个水平,每行对应因素 B 的一个水平,X 还应满足方差分析的基本假定。reps 表示因素 A 和 B 的每一个水平组合下重复试验的次数。例如因素 A 取 2 个水平,因素 B 取 3 个水平,A 和 B 的每一个水平组合下做 2 次试验(reps = 2),则 X 是如下形式的矩阵

$$\begin{matrix} & A=1 & A=2 & \\ \boldsymbol{X} = & \left[\begin{matrix} x_{111} & x_{121} \\ x_{112} & x_{122} \\ x_{211} & x_{221} \\ x_{212} & x_{222} \\ x_{311} & x_{321} \\ x_{312} & x_{322} \end{matrix}\right] & & \begin{matrix} \left.\begin{matrix} \\ \\ \end{matrix}\right\} B=1 \\ \left.\begin{matrix} \\ \\ \end{matrix}\right\} B=2 \\ \left.\begin{matrix} \\ \\ \end{matrix}\right\} B=3 \end{matrix} \end{matrix}$$

anova2 函数检验矩阵 X 的各列是否具有相同的均值,即检验因素 A 对试验指标的影响是否显著,原假设为

H_{0A}:X 的各列有相同的均值(或因素 A 对试验指标的影响不显著)

anova2 函数还检验矩阵 X 的各行是否具有相同的均值,即检验因素 B 对试验指标的影响是否显著,原假设为

H_{0B}:X 的各行有相同的均值(或因素 B 对试验指标的影响不显著)

若参数 reps 的取值大于 1(默认值为 1),anova2 函数还检验因素 A 和 B 的交互作用是否显著,原假设为

H_{0AB}:A 和 B 的交互作用不显著

anova2 函数返回检验的 p 值 p,若参数 reps 的取值等于 1,则 p 是一个包含 2 个元素的行向量;若参数 reps 的取值大于 1,则 p 是一个包含 3 个元素的行向量,其元素分别是与 H_{0A}、H_{0B} 和 H_{0AB} 对应的检验的 p 值。当检验的 p 值小于或等于给定的显著性水平时,应拒绝原假设。

anova2 函数还生成 1 个图形,用来显示一个标准的双因素一元方差分析表。方差分析表把数据之间的差异分为三部分(当 reps = 1 时)或四部分(当 reps > 1 时):

- 由于列均值之间的差异引起的变差(即因素 A 引起的变差);
- 由于行均值之间的差异引起的变差(即因素 B 引起的变差);
- 由于行和列之间的交互作用引起的变差(即因素 A 和 B 的交互作用引起的变差);
- 非系统误差,不能被任何系统来源所解释的剩余变差(可理解为随机误差)。

标准的双因素一元方差分析表有6列：

- 第1列为方差来源,方差来源有列间(Columns)、行间(Rows)、交互(Interaction)、误差(Error)和总计(Total)；
- 第2列为各方差来源所对应的平方和(SS)；
- 第3列为各方差来源所对应的自由度(df)；
- 第4列为各方差来源所对应的均方(MS),MS = SS/df；
- 第5列为 F 检验统计量的观测值,它是均方的比值；
- 第6列为检验的 p 值,是根据 F 检验统计量的分布得出的。

2) **p = anova2(X,reps,displayopt)**

通过displayopt参数设定是否显示带有标准双因素一元方差分析表的图形窗口,当displayopt参数设定为 'on' (默认情况)时,显示方差分析表;当displayopt参数设定为 'off' 时,不显示方差分析表。

3) **[p,table] = anova2(…)**

返回元胞数组形式的方差分析表table(包含列标签和行标签)。通过带有标准双因素一元方差分析表的图形窗口的“Edit”菜单下的“Copy Text”选项,还可将方差分析表以文本形式复制到剪贴板。

4) **[p,table,stats] = anova2(…)**

返回一个结构体变量stats,用于进行后续的多重比较。当因素 A 或因素 B 对试验指标的影响显著时,在后续的分析中,可以调用multcompare函数,把stats作为它的输入,进行多重比较。

8.2.2 案例分析

1. 案例描述

【例8.2-1】 为了研究肥料施用量对水稻产量的影响,某研究所作了氮(因素 A)、磷(因素 B)两种肥料施用量的二因素试验。氮肥用量设低、中、高3个水平,分别用 N_1、N_2 和 N_3 表示;磷肥用量设低、高2个水平,分别用 P_1 和 P_2 表示。共3×2=6个处理,重复4次,随机区组设计,测得水稻小区产量(单位:kg)结果列于表8.2-1。

表8.2-1 水稻氮、磷肥料施用量随机区组试验产量表

处理	区组				处理	区组			
	1	2	3	4		1	2	3	4
N_1P_1	38	29	36	40	N_2P_2	67	70	65	71
N_1P_2	45	42	37	43	N_3P_1	62	64	61	70
N_2P_1	58	46	52	51	N_3P_2	58	63	71	69

试根据表8.2-1中的数据,不考虑区组因素,分析氮、磷两种肥料的施用量对水稻的产量是否有显著影响,并分析交互作用是否显著。这里取显著性水平 $\alpha=0.01$。

2. 方差分析

这里不再进行正态性和方差齐性检验,直接调用anova2函数作双因素一元方差分析。

```
% 定义一个矩阵,输入原始数据
>> yield = [38    29    36    40
            45    42    37    43
            58    46    52    51
            67    70    65    71
            62    64    61    70
            58    63    71    69];
>> yield = yield';  % 矩阵转置
% 将数据矩阵 yield 转换成 8 行 3 列的矩阵,列对应因素 A(氮),行对应因素 B(磷)
>> yield = [yield(:,[1,3,5]);yield(:,[2,4,6])];
% 定义元胞数组,以元胞数组形式显示转换后的数据
>> top = {'因素','N1','N2','N3'};
>> left = {'P1';'P1';'P1';'P1';'P2';'P2';'P2';'P2'};
>> [top;left,num2cell(yield)]  % 显示数据

ans =

    '因素'    'N1'    'N2'    'N3'
    'P1'      [38]    [58]    [62]
    'P1'      [29]    [46]    [64]
    'P1'      [36]    [52]    [61]
    'P1'      [40]    [51]    [70]
    'P2'      [45]    [67]    [58]
    'P2'      [42]    [70]    [63]
    'P2'      [37]    [65]    [71]
    'P2'      [43]    [71]    [69]

% 调用 anova2 函数作双因素方差分析,返回检验的 p 值向量,方差分析表 table,结构体变量 stats
>> [p,table,stats] = anova2(yield, 4)

p =

    0.0000    0.0004    0.0080

table =

    'Source'         'SS'          'df'    'MS'                'F'          'Prob>F'
    'Columns'        [     3067]   [ 2]    [1.5335e+003]       [78.3064]    [1.3145e-009]
    'Rows'           [368.1667]    [ 1]    [    368.1667]      [18.8000]    [3.9813e-004]
    'Interaction'    [250.3333]    [ 2]    [    125.1667]      [ 6.3915]    [     0.0080]
    'Error'          [352.5000]    [18]    [     19.5833]             []               []
    'Total'          [     4038]   [23]                 []            []               []

stats =
       source: 'anova2'
      sigmasq: 19.5833
     colmeans: [38.7500 60 64.7500]
         coln: 8
     rowmeans: [50.5833 58.4167]
         rown: 12
        inter: 1
         pval: 0.0080
           df: 18
```

anova2函数还生成一个带有方差分析表的图形,如图8.2-1所示。

ANOVA Table

Source	SS	df	MS	F	Prob>F
Columns	3067	2	1533.5	78.31	0
Rows	368.167	1	368.17	18.8	0.0004
Interaction	250.333	2	125.17	6.39	0.008
Error	352.5	18	19.58		
Total	4038	23			

图8.2-1 双因素一元方差分析表

以上命令首先将表8.2-1中的数据作了一下转换,将样本观测值矩阵转换成8行3列的矩阵,矩阵的3列分别对应因素A(氮)的3个水平,8行中前4行对应因素B(磷)的第1个水平,后4行对应B的第2个水平。从anova2函数返回的结果以及图8.2-1可以看出,因素A、因素B以及它们的交互作用所对应的检验的p值均小于给定的显著性水平$\alpha = 0.01$,所以可以认为氮、磷两种肥料的施用量对水稻的产量均有非常显著的影响,并且它们之间的交互作用也是非常显著的。正是由于氮、磷两种肥料的施用量对水稻的产量均有非常显著的影响,下面还可作进一步的分析,例如进行多重比较,找出在因素A,B的哪种水平组合下水稻的平均产量最高。

3. 多重比较

下面调用multcompare函数,把anova2函数返回的结构体变量stats作为它的输入,进行多重比较。

```
% 对列(因素A)进行多重比较
>> [c_A,m_A] = multcompare(stats,'estimate','column')
Note:  Your model includes an interaction term that is significant
at the level you specified.  Testing main effects under these
conditions is questionable.

c_A =

    1.0000    2.0000   -26.8971   -21.2500   -15.6029
    1.0000    3.0000   -31.6471   -26.0000   -20.3529
    2.0000    3.0000   -10.3971    -4.7500     0.8971

m_A =

   38.7500    1.5646
   60.0000    1.5646
   64.7500    1.5646
% 对行(因素B)进行多重比较
>> [c_B,m_B] = multcompare(stats,'estimate','row')
Note:  Your model includes an interaction term that is significant
at the level you specified.  Testing main effects under these
conditions is questionable.

c_B =

    1.0000    2.0000   -11.6289    -7.8333    -4.0378
```

```
m_B =

   50.5833    1.2775
   58.4167    1.2775
```

以上命令调用 multcompare 函数对列(因素 A)和行(因素 B)分别进行了多重比较。由以上结果可以看出,若单独考虑 A 因素,它的第 1 个水平与后两个水平差异显著,它的第 2 个水平与第 3 个水平差异不显著,并且当 A 取第 3 个水平(N_3)时,水稻产量的均值达到最大(64.75);若单独考虑 B 因素,它的两个水平差异显著,并且当 B 取第 2 个水平(P_2)时,水稻产量的均值达到最大(58.4167)。按照这样的推理,在因素 A,B 的水平组合 N_3P_2 下,水稻的平均产量达到最高,实际上这是错误的。multcompare 函数给出的"Note:……"信息表明因素 A,B 之间存在非常显著的交互作用,在这种情况下对主效应进行检验可能存在问题,此时应对各处理(因素 A,B 的每种水平组合)进行多重比较,找出所要的水平组合,后面还会对此进行讨论。

8.3 案例 21:多因素一元方差分析

8.3.1 多因素一元方差分析的 MATLAB 实现

MATLAB 统计工具箱中提供了 anovan 函数,用来根据样本观测值向量进行均衡或非均衡试验的多因素一元方差分析,检验多个(如 N 个)因素的主效应或交互效应是否显著,其调用格式如下:

1) **p = anovan(y,group)**

根据样本观测值向量 y 进行均衡或非均衡试验的多因素一元方差分析,检验多个因素的主效应是否显著。输入参数 group 是一个元胞数组,它的每一个元胞对应一个因素,是该因素的水平列表,与 y 等长,用来标记 y 中每个观测所对应的因素的水平。每个元胞中因素的水平列表可以是一个分类(categorical)数组、数值向量、字符矩阵或单列的字符串元胞数组。输出参数 p 是检验的 p 值向量,p 中的每个元素对应一个主效应。

anovan 函数还生成 1 个图形,用来显示一个标准的多因素一元方差分析表。默认情况下,方差分析表把数据之间的差异分为:

- 模型中主效应引起的变差;
- 非系统误差,不能被任何系统来源所解释的剩余变差(可理解为随机误差)。

标准的多因素一元方差分析表有 6 列:

- 第 1 列为方差来源;
- 第 2 列为各方差来源所对应的平方和(SS);
- 第 3 列为各方差来源所对应的自由度(df);
- 第 4 列为各方差来源所对应的均方(MS),MS=SS/df;
- 第 5 列为 F 检验统计量的观测值,它是均方的比值;
- 第 6 列为检验的 p 值,是根据 F 检验统计量的分布得出的。

2) **p = anovan(y,group,param1,val1,param2,val2,…)**

通过指定一个或多个成对出现的参数名与参数值来控制多因素一元方差分析。可用的参数名与参数值如表8.3-1所列。

表8.3-1 anovan函数支持的参数名与参数值列表

参数名	参数值	说明
'alpha'	(0,1)内的标量	用来指定置信区间的置信水平:100(1-alpha)%,'alpha'的默认值是0.05
'continuous'	下标向量	用来指明哪些分组变量被作为连续变量,而不是离散的分类变量
'display'	'on' 'off'	用来指定是否显示方差分析表。若为'on'(默认情况),则显示;若为'off',则不显示
'model'	可能的取值如表8.3-2所列	用来指定所用模型的类型
'nested'	由0和1构成的矩阵M	指定分组变量之间的嵌套关系。若第i个变量嵌套于第j个变量,则M(i,j)=1
'random'	下标向量	用来指明哪些分组变量是随机变量。默认情况下,所有分组变量的取值是固定的,而不是随机的
'sstype'	1,2或3	指定平方和的类型。默认值为3,表示第3型平方和
'varnames'	字符矩阵或字符串元胞数组	指定分组变量的名称。当没有指定'varnames'参数值,用'X1','X2','X3',…,'XN'作为默认的标签

表8.3-2 多因素一元方差分析模型的类型

'model'参数取值	模型说明
'linear'	只对N个主效应进行检验,不考虑交互效应,这是默认情况。例如考虑三因素(A,B,C)的试验,此模型对主效应A,B,C进行检验
'interaction'	对N个主效应和C_N^2个两因素交互效应进行检验。例如考虑三因素(A,B,C)的试验,此模型对主效应A,B,C和两因素交互效应AB,AC,BC进行检验
'full'	对N个主效应和全部的交互效应进行检验。例如考虑三因素(A,B,C)的试验,此模型对主效应(A,B,C)、两因素交互效应(AB,AC,BC)和三因素交互效应ABC进行检验
正整数k (k≤N)	当k=1时,此模型相当于'linear'模型;当k=2时,此模型相当于'interaction'模型;当2<k<N时,对N个主效应和2至k因素交互效应进行检验;当k=N时,此模型相当于'full'模型
由0和1构成的矩阵	用矩阵精确控制模型中的效应项。例如考虑三因素(A,B,C)的试验,有以下对应关系: [1 0 0] 主效应A; [0 1 0] 主效应B; [0 0 1] 主效应C; [1 1 0] 交互效应AB; [1 0 1] 交互效应AC; [0 1 1] 交互效应BC; [1 1 1] 交互效应ABC 若矩阵为[0 1 0;0 0 1;0 1 1],则表示模型中有主效应项B,C以及交互效应项BC

3) **[p,table] = anovan(…)**

返回元胞数组形式的方差分析表table(包含列标签和行标签)。通过带有标准多因素一元方差分析表的图形窗口的"Edit"菜单下的"Copy Text"选项,还可将方差分析表以文本形式复制到剪贴板。

4) **[p,table,stats] = anovan(…)**

返回一个结构体变量 stats,用于进行后续的多重比较。当某因素对试验指标的影响显著时,在后续的分析中,可以调用 multcompare 函数,把 stats 作为它的输入,进行多重比较。

5) **[p,table,stats,terms] = anovan(…)**

返回方差分析计算中的主效应项和交互效应项矩阵 terms。terms 的格式与 'model' 参数的最后一种取值的格式相同。当 'model' 参数的取值为一个矩阵时,anovan 函数返回的 terms 就是这个矩阵。

8.3.2 案例分析一

【例 8.3-1】 这里仍考虑 8.2 节中的例 8.2-1,根据表 8.2-1 中的数据,调用 anovan 函数进行分析,在不考虑区组因素的情况下,分析氮、磷两种肥料的施用量对水稻的产量是否有显著影响,并分析交互作用是否显著,然后找出在因素 A,B 的哪种水平组合下水稻的平均产量最高。取显著性水平 $\alpha=0.01$。

1. 方差分析

调用 anovan 函数作双因素一元方差分析。

```
% 定义一个矩阵,输入原始数据
>> yield = [38     29     36     40
            45     42     37     43
            58     46     52     51
            67     70     65     71
            62     64     61     70
            58     63     71     69];
>> yield = yield';   % 矩阵转置
% 将数据矩阵 yield 按列拉长成 24 行 1 列的向量
>> yield = yield(:);
% 定义因素 A(氮)的水平列表向量
>> A = strcat({'N'},num2str([ones(8,1);2 * ones(8,1);3 * ones(8,1)]));
% 定义因素 B(磷)的水平列表向量
>> B = strcat({'P'},num2str([ones(4,1);2 * ones(4,1)]));
>> B = [B;B;B];
% 将因素 A,B 的水平列表向量与 yield 向量放在一起构成一个元胞数组,以元胞数组形式显示出来
>> [A, B, num2cell(yield)]

ans =

    'N1'    'P1'    [38]
    'N1'    'P1'    [29]
    'N1'    'P1'    [36]
    'N1'    'P1'    [40]
    'N1'    'P2'    [45]
    'N1'    'P2'    [42]
    'N1'    'P2'    [37]
    'N1'    'P2'    [43]
    'N2'    'P1'    [58]
    'N2'    'P1'    [46]
```

```
    'N2'    'P1'    [52]
    'N2'    'P1'    [51]
    'N2'    'P2'    [67]
    'N2'    'P2'    [70]
    'N2'    'P2'    [65]
    'N2'    'P2'    [71]
    'N3'    'P1'    [62]
    'N3'    'P1'    [64]
    'N3'    'P1'    [61]
    'N3'    'P1'    [70]
    'N3'    'P2'    [58]
    'N3'    'P2'    [63]
    'N3'    'P2'    [71]
    'N3'    'P2'    [69]

>> varnames = {'A','B'};   % 指定因素名称,A 表示氮肥施用量,B 表示磷肥施用量
% 调用 anovan 函数作双因素一元方差分析,返回主效应 A,B 和交互效应 AB 所对应的 p 值向量 p,
% 还返回方差分析表 table,结构体变量 stats,标识模型效应项的矩阵 term
>> [p,table,stats,term] = anovan(yield,{A,B},'model','full','varnames',varnames)

p =

    0.0000
    0.0004
    0.0080

table =

    'Source'    'Sum Sq.'         'd.f.'    'Mean Sq.'        'F'          'Prob>F'
    'A'         [3.0670e+003]     [ 2]      [1.5335e+003]     [78.3064]    [1.3145e-009]
    'B'         [   368.1667]     [ 1]      [   368.1667]     [18.8000]    [3.9813e-004]
    'A*B'       [   250.3333]     [ 2]      [   125.1667]     [ 6.3915]    [     0.0080]
    'Error'     [   352.5000]     [18]      [    19.5833]            []               []
    'Total'     [       4038]     [23]                 []            []               []

stats =

         source: 'anovan'
          resid: [24x1 double]
         coeffs: [12x1 double]
            Rtr: [6x6 double]
       rowbasis: [6x12 double]
            dfe: 18
            mse: 19.5833
    nullproject: [12x6 double]
          terms: [3x2 double]
        nlevels: [2x1 double]
     continuous: [0 0]
         vmeans: [2x1 double]
       termcols: [4x1 double]
     coeffnames: {12x1 cell}
           vars: [12x2 double]
       varnames: {2x1 cell}
       grpnames: {2x1 cell}
```

```
          vnested: []
              ems: []
            denom: []
          dfdenom: []
          msdenom: []
           varest: []
            varci: []
         txtdenom: []
           txtems: []
          rtnames: []

term =

     1     0
     0     1
     1     1
```

以上返回的向量 p 是主效应 A,B 和交互效应 AB 所对应的检验的 p 值,table 是元胞数组形式的方差分析表,stats 是一个结构体变量,包括了很多字段,可用于后续的分析(如多重比较)中,矩阵 term 的 3 行分别表示了 3 个效应项:主效应项 A 、主效应项 B 和交互效应项 AB。另外 anovan 函数还生成一个图形,如图 8.3－1 所示。

Analysis of Variance

Source	Sum Sq.	d.f.	Mean Sq.	F	Prob>F
A	3067	2	1533.5	78.31	0
B	368.167	1	368.17	18.8	0.0004
A*B	250.333	2	125.17	6.39	0.008
Error	352.5	18	19.58		
Total	4038	23			

Constrained (Type III) sums of squares.

图 8.3－1　双因素一元方差分析表

图 8.3－1 是一个双因素一元方差分析表。可以看到,这里的结果与 8.2 节中调用 anova2 函数得出的结果是一致的,因素 A、因素 B 以及它们的交互作用所对应的检验的 p 值均小于给定的显著性水平 $\alpha = 0.01$,所以可以认为氮、磷两种肥料的施用量对水稻的产量均有非常显著的影响,并且它们之间的交互作用也是非常显著的。

2. 多重比较

下面调用 multcompare 函数,把 anovan 函数返回的结构体变量 stats 作为它的输入,对各处理(因素 A,B 的每种水平组合)进行多重比较,找出在因素 A,B 的哪种水平组合下水稻的平均产量最高。

```
% 调用 multcompare 对各处理进行多重比较
>> [c,m,h,gnames] = multcompare(stats,'dimension',[1 2]);
>> c   % 查看多重比较结果矩阵 c

c =

    1.0000    2.0000   -25.9446   -16.0000    -6.0554
    1.0000    3.0000   -38.4446   -28.5000   -18.5554
    1.0000    4.0000   -15.9446    -6.0000     3.9446
    1.0000    5.0000   -42.4446   -32.5000   -22.5554
```

```
    1.0000    6.0000  -39.4446  -29.5000  -19.5554
    2.0000    3.0000  -22.4446  -12.5000   -2.5554
    2.0000    4.0000    0.0554   10.0000   19.9446
    2.0000    5.0000  -26.4446  -16.5000   -6.5554
    2.0000    6.0000  -23.4446  -13.5000   -3.5554
    3.0000    4.0000   12.5554   22.5000   32.4446
    3.0000    5.0000  -13.9446   -4.0000    5.9446
    3.0000    6.0000  -10.9446   -1.0000    8.9446
    4.0000    5.0000  -36.4446  -26.5000  -16.5554
    4.0000    6.0000  -33.4446  -23.5000  -13.5554
    5.0000    6.0000   -6.9446    3.0000   12.9446

>> [gnames, num2cell(m)]   % 查看各处理的均值

ans =
    'A = N1,B = P1'    [35.7500]    [2.2127]
    'A = N2,B = P1'    [51.7500]    [2.2127]
    'A = N3,B = P1'    [64.2500]    [2.2127]
    'A = N1,B = P2'    [41.7500]    [2.2127]
    'A = N2,B = P2'    [68.2500]    [2.2127]
    'A = N3,B = P2'    [65.2500]    [2.2127]
```

multcompare 函数还生成一个交互式多重比较的图形,如图 8.3-2 所示。

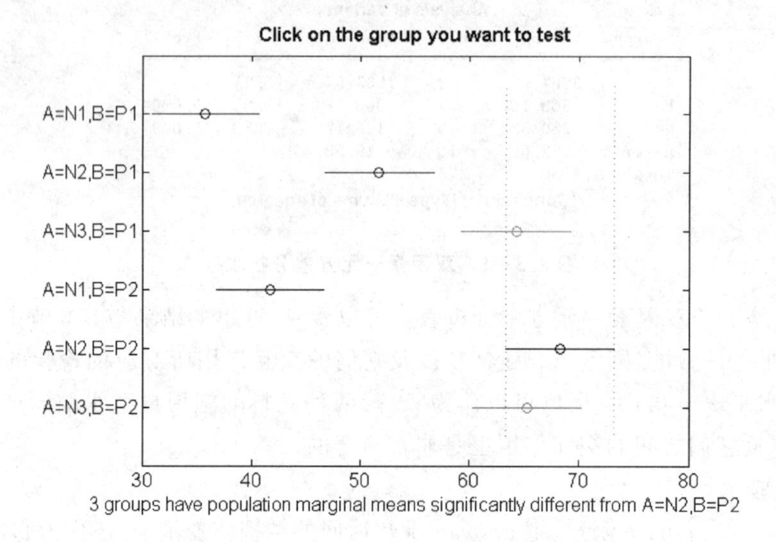

图 8.3-2　交互式多重比较的图形窗口

上面返回的矩阵 c 是 6 个处理($N_1P_1,N_2P_1,N_3P_1,N_1P_2,N_2P_2,N_3P_2$,注意其顺序与表 8.2-1 中的不同)间多重比较的结果矩阵,每一行的前两列是进行比较的两个处理的编号,第 4 列是两个处理的均值之差,第 3 列是两个处理均值差的 95%置信下限,第 5 列是两个处理均值差的 95%置信上限,当两个处理均值差的 95%置信区间不包含 0 时,说明在显著性水平 0.05 下,这两个处理均值间差异是显著的。给 6 个处理 $N_1P_1,N_2P_1,N_3P_1,N_1P_2,N_2P_2,N_3P_2$ 分别从 1~6 编号,从 c 矩阵的各行和图 8.3-2 可以看出,处理 1 与处理 2,3,5,6 差异显著,处理 2 与处理 1,3,4,5,6 差异显著,处理 3 与处理 1,2,4 差异显著,处理 4 与处理 2,3,5,6 差异显著,处理 5 与处理 1,2,4 差异显著,处理 6 与处理 1,2,4 差异显著。m 矩阵的第 1

列给出了 6 个处理的平均值，很明显第 5 个处理（即 N_2P_2）的平均值最大，也就是说因素 A，B 均取第 2 个水平时，水稻的平均产量最高。由于处理 5 与处理 3，6 差异不显著，所以可认为第 3 个和第 6 个处理也是不错的选择，在水稻的实际耕种过程中，应结合成本，从处理 3，5，6 中作出选择。

8.3.3 案例分析二

1. 案例描述

【例 8.3-2】 某养鸡场的蛋鸡育成期的配合饲料主要由 5 种成分（玉米、麸皮、豆饼、鱼粉和食盐）组成，分别记为 A，B，C，D，E，为了研究饲料配方对鸡产蛋效果的影响，对各成分均选取 3 个水平，进行 5 因素 3 水平的正交试验，通过试验找出饲料的最佳配方，试验要求考虑交互作用 AB、AC 和 AE。5 个因素（成分）的水平如表 8.3-3 所列。

表 8.3-3 因素与水平列表

水 平	因 素				
	A(玉米)	B(麸皮)	C(豆饼)	D(鱼粉)	D(食盐)
1	61.5	6.5	6.0	3.0	0.0
2	66.0	8.0	9.0	5.0	0.1
3	70.6	14.0	15.0	9.0	0.25

对这样的 5 因素 3 水平试验，可以选取正交表 $L_{27}(3^{13})$ 安排试验，表头设计为：将 A，B，C，E，D 依次放在第 1、2、5、8、11 列上，通过正交表的交互作用表可以查出，AB、AC 和 AE 应分别安排在(3,4)、(6,7)和(9,10)列上。按照这样的安排进行试验，得到试验数据如表 8.3-4 所列。

表 8.3-4 正交试验结果

试验号	A	B	C	E	D	产蛋量 y	试验号	A	B	C	E	D	产蛋量 y
1	1	1	1	1	1	569	15	2	2	3	1	2	617
2	1	1	2	2	2	554	16	2	3	1	3	2	599
3	1	1	3	3	3	637	17	2	3	2	1	3	613
4	1	2	1	2	3	566	18	2	3	3	2	1	580
5	1	2	2	3	1	565	19	3	1	1	1	1	569
6	1	2	3	1	2	648	20	3	1	2	2	2	615
7	1	3	1	3	2	581	21	3	1	3	3	3	591
8	1	3	2	1	3	568	22	3	2	1	2	3	586
9	1	3	3	2	1	535	23	3	2	2	3	1	616
10	2	1	1	1	1	593	24	3	2	3	1	2	630
11	2	1	2	2	2	615	25	3	3	1	3	2	566
12	2	1	3	3	3	620	26	3	3	2	1	3	638
13	2	2	1	2	3	586	27	3	3	3	2	1	573
14	2	2	2	3	1	597							

表 8.3-4 中的数据保存在文件 examp8_3_2.xls 中，试根据这些数据分析因素 A，B，C，D，E 以及交互作用 AB、AC 和 AE 对产蛋量 y 是否有显著影响，并找出饲料的最佳配方。取显著性水平 $\alpha=0.05$。

2. 方差分析

下面调用 anovan 函数做多因素一元方差分析。

```
% 从文件 examp8_3_2.xls 中读取数据
>> ydata = xlsread('examp8_3_2.xls');
>> y = ydata(:,7);    % 提取 ydata 的第 7 列数据,即产蛋量 y
>> A = ydata(:,2);    % 提取 ydata 的第 2 列数据,即因素 A 的水平列表
>> B = ydata(:,3);    % 提取 ydata 的第 3 列数据,即因素 B 的水平列表
>> C = ydata(:,4);    % 提取 ydata 的第 4 列数据,即因素 C 的水平列表
>> D = ydata(:,6);    % 提取 ydata 的第 6 列数据,即因素 D 的水平列表
>> E = ydata(:,5);    % 提取 ydata 的第 5 列数据,即因素 E 的水平列表
>> varnames = {'A','B','C','D','E'};   % 定义因素名称
% 定义模型的效应项矩阵,考虑主效应:A,B,C,D,E,交互效应:AB,AC,AE
>> model = [eye(5);1 1 0 0 0;1 0 1 0 0;1 0 0 0 1]

model =

     1     0     0     0     0
     0     1     0     0     0
     0     0     1     0     0
     0     0     0     1     0
     0     0     0     0     1
     1     1     0     0     0
     1     0     1     0     0
     1     0     0     0     1

% 调用 anovan 函数做多因素一元方差分析
>> [p,table] = anovan(y,{A,B,C,D,E},'model',model,'varnames',varnames)

p =

    0.0237
    0.0546
    0.0183
    0.0124
    0.0148
    0.1873
    0.0229
    0.1094

table =

    'Source'   'Sum Sq.'          'd.f.'    'Mean Sq.'          'F'          'Prob>F'
    'A'        [2.4454e+003]      [ 2]      [1.2227e+003]       [11.0007]    [0.0237]
    'B'        [1.4581e+003]      [ 2]      [   729.0370]       [ 6.5591]    [0.0546]
    'C'        [2.8412e+003]      [ 2]      [1.4206e+003]       [12.7811]    [0.0183]
    'D'        [3.5425e+003]      [ 2]      [1.7713e+003]       [15.9360]    [0.0124]
    'E'        [3.2147e+003]      [ 2]      [1.6074e+003]       [14.4615]    [0.0148]
    'A*B'      [1.1624e+003]      [ 4]      [   290.5926]       [ 2.6145]    [0.1873]
    'A*C'      [4.4919e+003]      [ 4]      [1.1230e+003]       [10.1035]    [0.0229]
    'A*E'      [1.7177e+003]      [ 4]      [   429.4259]       [ 3.8635]    [0.1094]
    'Error'    [   444.5926]      [ 4]      [   111.1481]              []          []
    'Total'    [2.1319e+004]      [26]                []               []          []
```

从上面返回的检验的 p 值向量 p 和方差分析表 table 可以看出，在 5 个主效应和 3 个交互效应中，主效应 B 和交互效应 AB 、AE 的 p 值均大于 0.05，即在显著性水平 0.05 下，B 、AB 和 AE 3 个效应是不显著的。下面将 2 个最不显著的交互效应项 AB 和 AE 从模型中去除，重新调用 anovan 函数作方差分析。

```
% 定义模型的效应项矩阵，考虑主效应：A,B,C,D,E，交互效应：AC
>> model = [eye(5);1 0 1 0 0]

model =

     1     0     0     0     0
     0     1     0     0     0
     0     0     1     0     0
     0     0     0     1     0
     0     0     0     0     1
     1     0     1     0     0

% 调用 anovan 函数做多因素一元方差分析
>> [p,table,stats] = anovan(y,{A,B,C,D,E},'model',model,'varnames',varnames);
>> p    % 查看 p 的值

p =

    0.0366
    0.1128
    0.0246
    0.0129
    0.0173
    0.0263

>> table    % 查看 table 的值

table =
    'Source'    'Sum Sq.'           'd.f.'    'Mean Sq.'          'F'         'Prob>F'
    'A'         [2.4454e+003]       [  2]     [1.2227e+003]       [4.4132]    [0.0366]
    'B'         [1.4581e+003]       [  2]     [     729.0370]     [2.6314]    [0.1128]
    'C'         [2.8412e+003]       [  2]     [1.4206e+003]       [5.1275]    [0.0246]
    'D'         [3.5425e+003]       [  2]     [1.7713e+003]       [6.3932]    [0.0129]
    'E'         [3.2147e+003]       [  2]     [1.6074e+003]       [5.8016]    [0.0173]
    'A*C'       [4.4919e+003]       [  4]     [1.1230e+003]       [4.0533]    [0.0263]
    'Error'     [3.3247e+003]       [ 12]     [     277.0556]           []          []
    'Total'     [2.1319e+004]       [ 26]                []           []          []
```

重新进行的检验结果中只有主效应 B 的 p 值大于 0.05，即只有主效应 B 是不显著的。下面对 5 个因素的各水平进行多重比较。

```
% 调用 multcompare 对 5 个因素的各水平进行多重比较
>> [c,m,h,gnames] = multcompare(stats,'dimension',[1 2 3 4 5]);
% 将各处理的均值从小到大进行排序
>> [mean,id] = sort(m(:,1));
% 将各处理的名称按均值从小到大进行排序
>> gnames = gnames(id);
```

```
% 显示排序后的后 20 个处理的名称及相应的均值
>> [{'处理','均值'};gnames(end-19:end),num2cell(mean(end-19:end))]

ans =
    '处理'                          '均值'
    'A=2,B=1,C=3,D=2,E=1'      [628.5556]
    'A=2,B=1,C=2,D=3,E=1'      [     629]
    'A=1,B=1,C=3,D=2,E=1'      [629.5556]
    'A=2,B=1,C=2,D=2,E=1'      [631.2222]
    'A=3,B=3,C=2,D=3,E=1'      [631.4444]
    'A=2,B=2,C=3,D=3,E=1'      [631.6667]
    'A=1,B=2,C=3,D=3,E=1'      [632.6667]
    'A=3,B=3,C=2,D=2,E=1'      [633.6667]
    'A=2,B=2,C=3,D=2,E=1'      [633.8889]
    'A=2,B=2,C=2,D=3,E=1'      [634.3333]
    'A=1,B=2,C=3,D=2,E=1'      [634.8889]
    'A=3,B=1,C=2,D=3,E=3'      [635.5556]
    'A=2,B=2,C=2,D=2,E=1'      [636.5556]
    'A=3,B=1,C=2,D=2,E=3'      [637.7778]
    'A=3,B=2,C=2,D=3,E=3'      [640.8889]
    'A=3,B=2,C=2,D=2,E=3'      [643.1111]
    'A=3,B=1,C=2,D=3,E=1'      [643.6667]
    'A=3,B=1,C=2,D=2,E=1'      [645.8889]
    'A=3,B=2,C=2,D=3,E=1'      [649.0000]
    'A=3,B=2,C=2,D=2,E=1'      [651.2222]
```

上面调用 multcompare 函数对 5 个因素 A,B,C,D,E 的全部水平组合(共 $3^5=243$ 种组合)进行了多重比较,返回的 c 是一个 $C_{243}^2=29403$ 行,5 列的矩阵;m 是一个 243 行、2 列的矩阵,m 的第 1 列是 243 个处理所对应的均值;h 是用来进行交互式多重比较的图形的句柄值;gnames 是一个 243 行,1 列的元胞数组,每个元胞都是一个处理的名称。由于返回的结果都比较长,无法做到全部显示,上面通过对各处理的均值从小到大进行排序,只显示了产蛋量的均值最大的后 20 个处理的名称及相应的均值。这 20 个处理之间没有显著差异,可以结合成本从中选择饲料的最佳配方,例如可以选取玉米 A_3 (70.6)、麸皮 B_2 (8.0)、豆饼 C_2 (9.0)、鱼粉 D_2 (5.0)和食盐 E_1 (0.0),或者选取玉米 A_3 (70.6)、麸皮 B_2 (8.0)、豆饼 C_2 (9.0)、鱼粉 D_2 (5.0)和食盐 E_3 (0.25)。

8.4 案例 22:单因素多元方差分析

8.4.1 单因素多元方差分析的 MATLAB 实现

MATLAB 统计工具箱中提供了 manova1 函数,用来作单因素多元方差分析,检验多个多元正态总体是否具有相同的均值向量,其调用格式如下:

1) **d = manova1(X,group)**

根据样本观测值矩阵 X 进行单因素多元方差分析(MANOVA),比较 X 中的各组观测是否具有相同的均值向量,原假设是各组的组均值是相同的多元向量。样本观测值矩阵 X 是一个 $m\times n$ 的矩阵,它的每一列对应一个变量,每一行对应一个观测,每一个观测都是 n 元的。

输入参数 group 是一个分组变量,用来标示 X 中每个观测所在的组,group 可以是一个分类变量(categorical variable)、向量、字符串数组或字符串元胞数组,group 的长度应与 X 的行数相同,group 中相同元素对应的 X 中的观测是来自同一个总体(组)的样本。

各组的均值向量生成了一个向量空间,输出参数 d 是这个空间的维数的估计。当 d=0 时,接受原假设;当 d=1 时,在显著性水平 0.05 下拒绝原假设,认为各组的组均值不全相同,但是不能拒绝它们共线的假设;类似地,当 d=2 时,拒绝原假设,此时各组的组均值可能共面,但是不共线。

2) **d = manova1(X,group,alpha)**

指定检验的显著性水平 alpha。返回的 d 是满足 p > alpha 的最小的维数,其中 p 是检验的 p 值,此时检验各组的均值向量是否位于一个 d 维空间。

3) **[d,p] = manova1(…)**

还返回检验的 p 值向量 p,它的第 i 个元素对应的原假设是:各组的均值向量位于一个 $i-1$ 维空间,若 p 的第 i 个元素小于或等于给定的显著性水平,则拒绝这样的原假设。

4) **[d,p,stats] = manova1(…)**

还返回一个结构体变量 stats,它所包含的字段如表 8.4-1 所列。

表 8.4-1 结构体变量 stats 的所有字段

字段名	说 明
W	组内平方和及交叉乘积和矩阵
B	组间平方和及交叉乘积和矩阵
T	总平方和及交叉乘积和矩阵
dfW	W 的自由度
dfB	B 的自由度
dfT	T 的自由度
lambda	Wilk' sΛ 检验统计量的观测值向量,第 i 个元素对应的原假设是:各组的均值向量位于一个 $i-1$ 维空间
chisq	由 Wilk's Λ 检验统计量转换得到的近似卡方检验统计量的观测值向量
chisqdf	卡方检验统计量的自由度
eigenval	$W^{-1}B$ 的特征值
eigenvec	$W^{-1}B$ 的特征向量,它们是典型变量 C 的系数向量,经过了单位化,使得典型变量的组内方差为 1
canon	典型变量 C,等于 XC * eigenvec,其中 XC 是将 X 按列中心化(每列元素减去每列的均值)后得到的矩阵
mdist	每个点到它的组均值的马氏距离(Mahalanobis 距离)向量
gmdist	各组组均值之间的马氏距离矩阵

这里的典型变量就是 11.1.3 节 Fisher 判别中的判别式(或典型变量),也就是说根据 manova1 函数的输出可以进行一些其他的分析,如判别分析,对此,这里不作过多讨论。

注意: 多元方差分析同样要求样本 X 应满足方差分析的几个基本假定:

- 所有样本均来自于正态总体;
- 这些正态总体具有相同的协方差矩阵;
- 所有观测相互独立,即独立抽样。

8.4.2 案例分析

1. 案例描述

【例8.4-1】 为研究销售方式对商品的销售额的影响，选择四种商品(甲、乙、丙和丁)按三种不同的销售方式(1,2和3)进行销售。这四种商品的销售额分别记为 x_1,x_2,x_3,x_4，其数据如表8.4-2所列。

表8.4-2 四种商品的销售额

编号	x_1	x_2	x_3	x_4	销售方式	编号	x_1	x_2	x_3	x_4	销售方式
1	125	60	338	210	1	31	94	33	260	280	2
2	119	80	233	330	1	32	60	51	429	190	2
3	63	51	260	203	1	33	55	40	390	295	2
4	65	51	429	150	1	34	65	48	481	177	2
5	130	65	403	205	1	35	69	48	442	225	2
6	69	45	350	190	1	36	125	63	312	270	2
7	46	60	585	200	1	37	120	56	416	280	2
8	146	66	273	250	1	38	70	45	468	370	2
9	87	54	585	240	1	39	62	66	416	224	2
10	110	77	507	270	1	40	69	60	377	280	2
11	107	60	364	200	1	41	65	33	480	260	3
12	130	61	391	200	1	42	100	34	468	295	3
13	80	45	429	270	1	43	65	63	416	265	3
14	60	50	442	190	1	44	117	48	468	250	3
15	81	54	260	280	1	45	114	63	395	380	3
16	135	87	507	260	1	46	55	30	546	235	3
17	57	48	400	285	1	47	64	51	507	320	3
18	75	52	520	260	1	48	110	90	442	225	3
19	76	65	403	250	1	49	60	62	440	248	3
20	55	42	411	170	1	50	110	69	377	260	3
21	66	54	455	310	2	51	88	78	299	360	3
22	82	45	403	210	2	52	73	63	390	320	3
23	65	65	312	280	2	53	114	55	494	240	3
24	40	51	477	280	2	54	103	54	416	310	3
25	67	54	481	293	2	55	100	33	273	312	3
26	38	50	468	210	2	56	140	61	312	345	3
27	42	45	351	190	2	57	80	36	286	250	3
28	113	40	390	310	2	58	135	54	468	345	3
29	80	55	520	200	2	59	130	69	325	360	3
30	76	60	507	189	2	60	60	57	273	260	3

表8.4-2中的数据保存在文件examp8_4_1.xls中，试根据这些数据分析不同销售方式对销售额是否有显著影响。取显著性水平 $\alpha=0.05$。

2. 方差分析

下面调用 manova1 函数作单因素多元方差分析。

```
% 从文件 examp8_4_1.xls 中读取数据
>> xdata = xlsread('examp8_4_1.xls');
% 提取 xdata 的第 2～5 列和第 8～11 列,即四种商品的销售额数据
>> x = [xdata(:,2:5); xdata(:,8:11)];
% 提取 xdata 的第 6 列和第 12 列,即销售方式数据
>> group = [xdata(:,6); xdata(:,12)];
% 调用 manova1 函数作多元方差分析
>> [d,p,stats] = manova1(x,group)

d =

     1


p =

    0.0040
    0.0917

stats =

           W: [4x4 double]
           B: [4x4 double]
           T: [4x4 double]
         dfW: 57
         dfB: 2
         dfT: 59
      lambda: [2x1 double]
       chisq: [2x1 double]
     chisqdf: [2x1 double]
    eigenval: [4x1 double]
    eigenvec: [4x4 double]
       canon: [60x4 double]
       mdist: [60x1 double]
      gmdist: [3x3 double]
      gnames: {3x1 cell}
```

从 manova1 函数返回的结果来看,检验的 p 值分别为 0.004 和 0.0917,说明在显著性水平 0.05 下拒绝假设:3 种销售方式所对应的销售量的均值向量都相同,接受假设:3 种销售方式所对应的销售量的均值向量位于一个 1 维空间(即共线),因此维数的估计值为 d=1。总的来说,在显著性水平 0.05 下,可认为不同销售方式对销售额有显著影响,但是究竟对四种商品中的哪种商品的销售额有显著影响,还需要对四种商品的销售额分别作一元方差分析才能知晓。

```
% 调用 anova1 函数对甲商品的销售额作一元方差分析
>> [p1,table1] = anova1(x(:,1),group)

p1 =
```

```
    0.0411

table1 =

    'Source'    'SS'              'df'    'MS'              'F'         'Prob>F'
    'Groups'    [5.2213e+003]     [ 2]    [2.6106e+003]     [3.3766]    [0.0411]
    'Error'     [4.4070e+004]     [57]    [   773.1500]           []          []
    'Total'     [4.9291e+004]     [59]               []           []          []

% 调用anova1函数对乙商品的销售额作一元方差分析
>> [p2,table2] = anova1(x(:,2),group)

p2 =

    0.2078

table2 =

    'Source'    'SS'              'df'    'MS'           'F'         'Prob>F'
    'Groups'    [   518.5333]     [ 2]    [259.2667]     [1.6154]    [0.2078]
    'Error'     [9.1480e+003]     [57]    [160.4921]           []          []
    'Total'     [9.6666e+003]     [59]            []           []          []

% 调用anova1函数对丙商品的销售额作一元方差分析
>> [p3,table3] = anova1(x(:,3),group)

p3 =

    0.8478

table3 =

    'Source'    'SS'              'df'    'MS'              'F'         'Prob>F'
    'Groups'    [2.4808e+003]     [ 2]    [1.2404e+003]     [0.1656]    [0.8478]
    'Error'     [4.2703e+005]     [57]    [7.4917e+003]           []          []
    'Total'     [4.2951e+005]     [59]               []           []          []

% 调用anova1函数对丁商品的销售额作一元方差分析
>> [p4,table4] = anova1(x(:,4),group)

p4 =

  8.6070e-004

table4 =

    'Source'    'SS'              'df'    'MS'              'F'         'Prob>F'
    'Groups'    [3.8529e+004]     [ 2]    [1.9265e+004]     [8.0085]    [8.6070e-004]
    'Error'     [1.3712e+005]     [57]    [2.4055e+003]           []               []
    'Total'     [1.7564e+005]     [59]               []           []               []
```

以上对四种商品的销售额分别作了一元方差分析,得到检验的 p 值分别为:p1=0.0411<0.05,p2=0.2078>0.05,p3=0.8478>0.05,p4=8.6070e−004<0.05,所以在显著性水

平 0.05 下，可认为不同销售方式对甲商品的销售额有显著影响，对丁商品的销售额有十分显著的影响，对乙和丙商品的销售额无显著影响。

8.5　案例 23：非参数方差分析

前面介绍的方差分析均要求样本来自于正态总体，并且这些正态总体应具有相同的方差，在这样的基本假定（正态性假定和方差齐性假定）下检验各总体均值是否相等，这属于参数检验。当数据不满足正态性和方差齐性假定时，参数检验可能会给出错误的结果，此时应采用基于秩的非参数检验。关于非参数检验的基本理论，读者可参考《非参数统计》（王星编著，中国人民大学出版社出版），本节只介绍两种非参数检验（Kruskal－Wallis 检验和 Friedman 检验）的 MATLAB 实现及案例分析。

8.5.1　非参数方差分析的 MATLAB 实现

1. kruskalwallis 函数

MATLAB 统计工具箱中提供了 kruskalwallis 函数，用来作 Kruskal－Wallis 检验（单因素非参数方差分析），检验的原假设是：k 个独立样本来自于相同的总体。当原假设成立，并且样本容量足够大时，检验统计量 H 近似服从自由度为 $k-1$ 的 χ^2 分布，即

$$H=\frac{12}{N(N+1)}\sum_{j=1}^{k}\frac{R_j^2}{n_j}-3(N+1)\overset{\text{近似}}{\sim}\chi^2(k-1)$$

其中，k 为样本数；$n_j, j=1,2,\cdots,k$ 为第 j 个样本的样本容量；$N=\sum_{j=1}^{k}n_j$；R_j 为第 j 个样本的秩和。对于给定的显著性水平 α，当 H 的观测值大于或等于 $\chi_\alpha^2(k-1)$ 时，拒绝原假设，表示 k 个独立样本来自于不同的总体，或者说 k 个处理间有显著差异，此时应进一步作多重比较，分析哪两个处理间有显著差异。

kruskalwallis 函数内部调用了 anova1 函数，其调用格式如下：

1) **p = kruskalwallis(X)**

根据样本观测值矩阵 X 进行 Kruskal－Wallis 检验，检验矩阵 X 的各列是否来自于相同的总体。X 是一个 $m\times n$ 的矩阵，X 的每一列是一个独立的样本，包含 m 个相互独立的观测。kruskalwallis 函数返回检验的 p 值 p，对于给定的显著性水平 α，若 $p\leqslant\alpha$，拒绝原假设，否则接受原假设，原假设表示 X 的各列来自于相同的总体。

kruskalwallis 函数还生成 2 个图形。第 1 个图形是根据样本的秩计算出的标准单因素一元方差分析表。将样本 X 中的所有观测从小到大排序，排序后每个观测的序号即为该观测的秩，相同观测的秩为它们的平均秩。例如样本观测值为：1.4，2.7，1.6，1.6，3.3，0.9，1.1，样本观测值的秩为 3，6，4.5，4.5，7，1，2。方差分析表中的检验统计量为 χ^2 检验统计量，检验的 p 值衡量的是 χ^2 检验统计量的显著性，是根据 χ^2 分布计算得出的。kruskalwallis 函数生成的第 2 个图形是 X 的各列（原始数据）的箱线图。

2) **p = kruskalwallis(X,group)**

当 X 是一个矩阵时，用 group 参数（一个字符数组或字符串元胞数组）设定箱线图的标

签,group 的每一行(或每个元胞)与 X 的每一列对应,也就是说 group 的长度等于 X 的列数。

如果 X 是一个向量,此时用 group 来指定 X 的每个元素(观测)所在的组。group 是一个分类变量、向量、字符数组或字符串元胞数组,group 与 X 具有相同的长度,用来指定 X 中每个元素所在的组,X 中具有相同 group 值的元素是同组元素,另外,group 中各组的标签也被作为箱线图的标签。如果 group 中包含空字符串、空的元胞或 NaN,则 X 中相应的观测将被忽略。

3) **p = kruskalwallis(X,group,displayopt)**

通过 displayopt 参数设定是否显示方差分析表和箱线图,当 displayopt 参数设定为 'on'(默认情况)时,显示方差分析表和箱线图;当 displayopt 参数设定为 'off' 时,不显示方差分析表和箱线图。

4) **[p,table] = kruskalwallis(…)**

还返回元胞数组形式的方差分析表 table(包含列标签和行标签)。通过带有方差分析表的图形窗口的"Edit"菜单下的"Copy Text"选项,还可将方差分析表以文本形式复制到剪贴板。

5) **[p,table,stats] = kruskalwallis(…)**

还返回一个结构体变量 stats,用于进行后续的多重比较。当 kruskalwallis 函数给出的结果拒绝了原假设,则在后续的分析中,可以调用 multcompare 函数,把 stats 作为它的输入,进行多重比较。

注意: Kruskal - Wallis 检验对样本 X 作如下假定:

- 所有样本均来自于连续分布的总体,这些总体的分布形式相同,位置参数可能不同;
- 所有观测相互独立,即独立抽样。

2. friedman 函数

前面提到的 Kruskal - Wallis 检验针对的是完全随机试验,不需考虑区组因素。当各处理的重复数据存在区组之间的差异时,不同区组数据之间可能不具有可比性。例如请 4 名评委对 4 名厨师做的同一道菜进行打分,以分析不同厨师做的菜是否有显著的差异,评委就是区组因素,这里不对区组因素做检验,不同评委的打分不具有可比性,要比较的是同一评委对不同厨师的打分。因此,当各处理的重复数据存在区组之间的差异时,应分别对每个区组内部的数据进行排序,计算每个观测的秩,然后构造与 Kruskal - Wallis 检验类似的检验统计量进行检验,这种检验称为 Friedman 检验,它也是一种非参数检验。

MATLAB 统计工具箱中提供了 friedman 函数,用来作非参数 Friedman 检验(双因素秩方差分析)。虽然 Friedman 检验考虑的因素也是两个,但是它不对区组因素做检验,实际上还相当于单因素方差分析。Friedman 检验的原假设是:k 个独立样本来自于相同的总体。当原假设成立,并且样本容量足够大时,检验统计量 Q 近似服从自由度为 $k-1$ 的 χ^2 分布,即

$$Q = \frac{12}{nk(k+1)}\sum_{j=1}^{k} R_j^2 - 3n(k+1) \overset{\text{近似}}{\sim} \chi^2(k-1)$$

其中,k 为样本数;n 为区组个数;$R_j, j=1,2,\cdots,k$ 为第 j 个样本的秩和。对于给定的显著性水平 α,当 Q 的观测值大于或等于 $\chi_\alpha^2(k-1)$ 时,拒绝原假设,表示 k 个独立样本来自于不同的

总体,或者说 k 个处理间有显著差异,此时应进一步作多重比较,分析哪两个处理间有显著差异。

friedman 函数内部调用了 anova2 函数,其调用格式如下:

1) **p = friedman(X,reps)**

根据样本观测值矩阵 X 进行均衡试验的非参数 Friedman 检验。X 的每一列对应因素 A 的一个水平,每行对应因素 B(区组因素)的一个水平。reps 表示因素 A 和 B 的每一个水平组合下重复试验的次数,默认值为 1。例如因素 A 取 3 个水平,因素 B 取 2 个水平,A 和 B 的每一个水平组合下做 2 次试验(reps = 2),则 X 是如下形式的矩阵

$$\begin{array}{ccccc} & A=1 & A=2 & A=3 & \\ \boldsymbol{X} = & \left[\begin{array}{ccc} x_{111} & x_{121} & x_{131} \\ x_{112} & x_{122} & x_{132} \\ x_{211} & x_{221} & x_{231} \\ x_{212} & x_{222} & x_{232} \end{array}\right] & & & \begin{array}{l} \}B=1 \\ \\ \}B=2 \end{array} \end{array}$$

friedman 函数检验矩阵 X 的各列是否来自于相同的总体,即检验因素 A 的各水平之间有无显著差异,它对区组因素 B 不感兴趣。friedman 函数返回检验的 p 值 p,当检验的 p 值小于或等于给定的显著性水平时,应拒绝原假设,原假设认为 X 的各列来自于相同的总体。

friedman 函数还生成 1 个图形,用来显示一个方差分析表。方差分析表把观测数据的秩之间的差异分为两部分(当 reps=1 时)或三部分(当 reps>1 时):

- 由于列效应引起的变差;
- 由于行和列之间的交互作用引起的变差(当 reps>1 时);
- 非系统误差,不能被任何系统来源所解释的剩余变差。

显示的方差分析表有 6 列:

- 第 1 列为方差来源;
- 第 2 列为各方差来源所对应的平方和(SS);
- 第 3 列为各方差来源所对应的自由度(df);
- 第 4 列为各方差来源所对应的均方(MS),MS = SS/df ;
- 第 5 列为 Friedman χ^2 检验统计量的观测值;
- 第 6 列为检验的 p 值,是根据 χ^2 检验统计量的分布得出的。

2) **p = friedman(X,reps,displayopt)**

通过 displayopt 参数设定是否显示带有标准双因素一元方差分析表的图形窗口,当 displayopt 参数设定为 'on'(默认情况)时,显示方差分析表;当 displayopt 参数设定为 'off' 时,不显示方差分析表。

3) **[p,table] = friedman(…)**

还返回元胞数组形式的方差分析表 table(包含列标签和行标签)。通过带有方差分析表的图形窗口的"Edit"菜单下的"Copy Text"选项,还可将方差分析表以文本形式复制到剪贴板。

4) **[p,table,stats] = friedman(…)**

还返回一个结构体变量stats,用于进行后续的多重比较。当friedman函数给出的结果拒绝了原假设,则在后续的分析中,可以调用multcompare函数,把stats作为它的输入,进行多重比较。

注意: Friedman检验对样本X作如下假定:

- 所有样本均来自于连续分布的总体,这些总体的分布形式相同,位置参数可能不同;
- 所有观测相互独立,即独立抽样。

8.5.2 Kruskal - Wallis检验的案例分析

1. 案例描述

【例8.5-1】 某灯泡厂用四种不同配料方案制成的灯丝生产四批灯泡,在每一批中随机抽取若干个做寿命试验,得寿命数据(单位:h)如表8.5-1所列。

表8.5-1 灯泡寿命数据

灯丝配料方案	灯泡寿命/h							
A_1	1600	1610	1650	1680	1700	1720	1800	
A_2	1580	1640	1600	1650	1660			
A_3	1460	1550	1600	1620	1640	1610	1540	1620
A_4	1510	1520	1530	1570	1600	1680		

试根据表8.5-1中的数据分析灯丝的不同配料方案对灯泡寿命有无显著影响。取显著性水平$\alpha=0.05$。

2. 方差分析

灯泡寿命通常不服从正态分布,不满足参数方差分析的基本假定,应该做非参数检验。下面调用kruskalwallis函数作非参数Kruskal - Wallis检验,调用anova1函数作参数检验,将两种检验的结果加以对比。检验的原假设:灯丝的不同配料方案对灯泡寿命无显著影响。

```
% 第1种配料方案的灯泡的寿命
>> A1 = [1600, 1610, 1650, 1680, 1700, 1720, 1800]';
>> g1 = repmat({'A1'},size(A1));   % 定义配料方案的第1种水平
% 第2种配料方案的灯泡的寿命
>> A2 = [1580, 1640, 1600, 1650, 1660]';
>> g2 = repmat({'A2'},size(A2));   % 定义配料方案的第2种水平
% 第3种配料方案的灯泡的寿命
>> A3 = [1460, 1550, 1600, 1620, 1640, 1610, 1540, 1620]';
>> g3 = repmat({'A3'},size(A3));   % 定义配料方案的第3种水平
% 第4种配料方案的灯泡的寿命
>> A4 = [1510, 1520, 1530, 1570, 1600, 1680]';
>> g4 = repmat({'A4'},size(A4));   % 定义配料方案的第4种水平
% 将4种配料方案的灯泡寿命放在一起构成一个向量
>> life = [A1;A2;A3;A4];
% 将配料方案的4种水平放在一起构成一个长的元胞数组
>> group = [g1;g2;g3;g4];
% 调用kruskalwallis函数作Kruskal - Wallis检验
```

```
>> [p,table,stats] = kruskalwallis(life,group)

p =

    0.0213

table =

    'Source'    'SS'           'df'    'MS'            'Chi - sq'    'Prob>Chi - sq'
    'Groups'    [564.7908]     [ 3]    [188.2636]      [9.7043]      [      0.0213]
    'Error'     [890.2092]     [22]    [ 40.4641]            []                  []
    'Total'     [      1455]   [25]                []        []                  []

stats =

       gnames: {4x1 cell}
            n: [7 5 8 6]
       source: 'kruskalwallis'
    meanranks: [20.1429 15.3000 10.5625 8.1667]
         sumt: 90

% 调用 anova1 函数作单因素一元方差分析
>> [p,table] = anova1(life,group)

p =

    0.0092

table =

    'Source'    'SS'              'df'    'MS'              'F'         'Prob>F'
    'Groups'    [5.2951e + 004]   [ 3]    [1.7650e + 004]   [4.9150]    [0.0092]
    'Error'     [7.9003e + 004]   [22]    [3.5911e + 003]         []          []
    'Total'     [1.3195e + 005]   [25]                  []        []          []
```

kruskalwallis 函数返回的检验的 p 值 p=0.0213<0.05，anova1 函数返回的 p 值 p=0.0092<0.05，说明在显著性水平 0.05 下，两种检验均拒绝原假设，认为灯丝的不同配料方案对灯泡寿命有显著影响。为了进一步分析 anova1 函数和 kruskalwallis 函数的区别，即分析参数检验和非参数检验的区别，将表 8.5-1 中数据的最大值 1800 改为 2800，其余数据均不变，然后分别调用 kruskalwallis 和 anova1 函数作单因素一元方差分析。MATLAB 命令如下：

```
% 将第 1 种配料方案的灯泡寿命数据的最后一个值由 1800 改为 2800
>> A1 = [1600, 1610, 1650, 1680, 1700, 1720, 2800]';
% 将 4 种配料方案的灯泡寿命放在一起构成一个向量
>> life = [A1;A2;A3;A4];
% 调用 kruskalwallis 函数作 Kruskal - Wallis 检验
>> [p,table] = kruskalwallis(life,group)

p =

    0.0213

table =
```

```
    'Source'   'SS'           'df'    'MS'          'Chi-sq'    'Prob>Chi-sq'
    'Groups'   [564.7908]     [ 3]    [188.2636]    [9.7043]    [     0.0213]
    'Error'    [890.2092]     [22]    [ 40.4641]          []             []
    'Total'    [    1455]     [25]            []          []             []

% 调用anova1函数作单因素一元方差分析
>> [p,table] = anova1(life,group)

p =

    0.1738

table =

    'Source'   'SS'             'df'    'MS'             'F'         'Prob>F'
    'Groups'   [2.9119e+005]    [ 3]    [9.7064e+004]    [1.8156]    [0.1738]
    'Error'    [1.1761e+006]    [22]    [5.3461e+004]          []          []
    'Total'    [1.4673e+006]    [25]               []          []          []
```

Kruskal-Wallis检验是基于秩的非参数检验,上面将样本观测数据中的最大值进一步增大,并没有改变样本的秩,所以两次调用kruskalwallis函数得出的结果是完全相同的,这说明Kruskal-Wallis检验不受个别异常值的影响。与之不同的是,改变一个数据后调用anova1函数得出的检验结果与改变前是相反的,在这里,anova1函数给出的检验的p值p=0.1738>0.05,说明在显著性水平0.05下接受了原假设,认为灯丝的不同配料方案对灯泡寿命无显著影响。这就充分反映了参数检验的局限性,当样本数据不满足参数方差分析的基本假定时,最好用非参数方差分析。

3. 多重比较

由于Kruskal-Wallis非参数检验认为灯丝的不同配料方案对灯泡寿命有显著影响,下面通过多重比较来检验在哪两种配料方案下灯泡寿命的差异是显著的。

```
% 调用multcompare对不同配料方案下灯泡的寿命进行多重比较
>> [c,m,h,gnames] = multcompare(stats);
Note: Intervals can be used for testing but are not simultaneous confidence
      intervals.
>> c   % 查看多重比较的结果矩阵c

c =

    1.0000    2.0000   -6.6331     4.8429    16.3188
    1.0000    3.0000   -0.5630     9.5804    19.7237
    1.0000    4.0000    1.0724    11.9762    22.8800
    2.0000    3.0000   -6.4356     4.7375    15.9106
    2.0000    4.0000   -4.7344     7.1333    19.0010
    3.0000    4.0000   -8.1888     2.3958    12.9804

>> [gnames,num2cell(m)]   % 把m矩阵转为元胞数组,与gnames放在一起显示

ans =

    'A1'    [20.1429]    [2.8835]
```

```
        'A2'      [15.3000]      [3.4117]
        'A3'      [10.5625]      [2.6972]
        'A4'      [ 8.1667]      [3.1145]
```

从上面结果可以看出，multcompare 返回了一个提示信息（Note：Intervals…），说明由 c 矩阵中的第 3 列和第 5 列构成的区间可用来进行多重比较检验，但不能作为第 4 列元素的置信区间。若这个区间不包含 0，说明作比较的两个组差异是显著的，否则，认为差异是不显著的。矩阵 c 和 m 的数据表明：在显著性水平 0.05 下，灯丝的第 1、4 两种配料方案所对应的灯泡寿命的差异是显著的，其余配料方案所对应的灯泡寿命的差异是不显著的，并且可知第 1 种配料方案的样本平均秩最大，即灯丝的第 1 种配料方案所对应的灯泡寿命最长。

8.5.3　Friedman 检验的案例分析

1. 案例描述

【例 8.5－2】　设有来自 A，B，C，D 四个地区的四名厨师制作名菜：京城水煮鱼，想比较它们的品质是否相同。四位美食评委对四名厨师的菜品分别做出了评分，如表 8.5－2 所列。

表 8.5－2　四名美食评委对四名厨师的菜品的评分

美食评委	地　区			
	A	B	C	D
1	85	82	82	79
2	87	75	86	82
3	90	81	80	76
4	80	75	81	75

试根据表 8.5－2 中的数据检验四个地区制作的京城水煮鱼这道菜的品质有无区别。取显著性水平 $\alpha=0.05$。

2. 方差分析与多重比较

把评委作为区组因素，在不考虑区组因素的情况下，这是一个单因素一元方差分析。下面调用 friedman 函数作非参数 Friedman 检验，检验的原假设：四个地区制作的京城水煮鱼这道菜的品质没有区别。

```
% 定义样本观测值矩阵 x
>> x = [85     82     82     79
        87     75     86     82
        90     81     80     76
        80     75     81     75];
% 调用 friedman 函数作 Friedman 检验，返回检验的 p 值、方差分析表 table 和结构体变量 stats
>> [p,table,stats] = friedman(x)

p =

    0.0434

table =
```

若您对此书内容有任何疑问，可以凭在线交流卡登录MATLAB中文论坛与作者交流。

```
     'Source'      'SS'          'df'     'MS'          'Chi - sq'    'Prob>Chi - sq'
     'Columns'     [12.8750]     [ 3]     [4.2917]      [8.1316]      [      0.0434]
     'Error'       [ 6.1250]     [ 9]     [0.6806]            []                  []
     'Total'       [      19]    [15]           []            []                  []

stats =

        source: 'friedman'
             n: 4
     meanranks: [3.7500 2 2.8750 1.3750]
         sigma: 1.2583
```

friedman 函数返回的检验的 p 值 p=0.0434<0.05,说明在显著性水平 0.05 下拒绝原假设,认为四个地区制作的京城水煮鱼这道菜的品质有显著差别。具体是哪两个地区制作的京城水煮鱼这道菜的品质有显著差别,还需要作多重比较。

```
 % 调用 multcompare 函数对四个地区制作的京城水煮鱼这道菜的品质进行多重比较
 >> [c,m] = multcompare(stats);
Note:Intervals can be used for testing but are not simultaneous confidence
     intervals.
 >> c   % 查看多重比较的结果矩阵 c

c =

     1.0000     2.0000    - 0.5358     1.7500     4.0358
     1.0000     3.0000    - 1.4108     0.8750     3.1608
     1.0000     4.0000      0.0892     2.3750     4.6608
     2.0000     3.0000    - 3.1608   - 0.8750     1.4108
     2.0000     4.0000    - 1.6608     0.6250     2.9108
     3.0000     4.0000    - 0.7858     1.5000     3.7858

 >> [{'A';'B';'C';'D'},num2cell(m)]   % 把 m 矩阵转为元胞数组,与组名放在一起显示

ans =

     'A'     [3.7500]     [0.6292]
     'B'     [     2]     [0.6292]
     'C'     [2.8750]     [0.6292]
     'D'     [1.3750]     [0.6292]
```

从以上结果可以看出,c 矩阵的第 3 行的第 3 列和第 5 列构成的区间不包含 0,说明在显著性水平 0.05 下,可认为 A,D 两个地区制作的京城水煮鱼这道菜的品质之间的差异是显著的。

第 9 章

回归分析

在自然科学、工程技术和经济活动等各种领域，经常需要根据实验观测数据 $(x_i, y_i), i = 0,1,\cdots,n$ 研究因变量 y 和自变量 x 之间的关系。一般来说，变量之间的关系分为两种，一种是确定性的**函数关系**，另一种是不确定性关系。例如物体作匀速（速度为 v）直线运动时，路程 s 和时间 t 之间有确定的函数关系 $s = v \cdot t$。又如人的身高和体重之间存在某种关系，对此我们普遍有这样的认识，身高较高的人，平均说来，体重会比较重，但是身高相同的人体重却未必相同，也就是说身高和体重之间的关系是一种不确定性关系，在控制身高的同时，体重是随机的。变量间的这种不确定性关系又称为**相关关系**，变量间存在相关关系的例子还有很多，如父亲的身高和成年儿子的身高之间的关系，粮食的施肥量与产量之间的关系，商品的广告费和销售额之间的关系等。

回归分析是研究变量之间相关关系的数学工具，主要解决以下几个方面的问题：

① 根据变量观测数据确定某些变量之间的定量关系式，即建立回归方程并估计其中的未知参数。估计参数的常用方法是最小二乘法。

② 对求得的回归方程的可信度进行统计检验。

③ 判断自变量对因变量有无影响。特别地，在许多自变量共同影响着一个因变量的关系中，需要判断哪些自变量的影响是显著的，哪些自变量的影响是不显著的，将影响显著的自变量选入模型中，剔除影响不显著的变量，通常用逐步回归、向前回归和向后回归等方法。

④ 利用所求的回归方程对某一生产过程进行预测或控制。

本章将结合具体案例介绍用回归分析方法进行数据拟合。

9.1 MATLAB 回归模型类

MATLAB R2012a（即 MATLAB 7.14）中对回归分析的实现方法作了重大调整，给出了三种回归模型类：LinearModel class（线性回归模型类）、NonLinearModel class（非线性回归模型类）和 GeneralizedLinearModel class（广义线性回归模型类），通过调用类的构造函数可以创建类对象，然后调用类对象的各种方法（例如 fit 和 predict 方法）作回归分析。MATLAB 回归模型类使得回归分析的实现变得更为方便和快捷。

9.1.1 线性回归模型类

1. p 元广义线性回归模型

对于可控变量 $x_1, x_2, \cdots, x_p$ 和随机变量 y 的 n 次独立的观测 $(x_{i1}, x_{i2}, \cdots, x_{ip}; y_i), i = 1, 2, \cdots, n$，$y$ 关于 $x_1, x_2, \cdots, x_p$ 的 **p 元广义线性回归模型**如下：

$$\underbrace{\begin{pmatrix} y_1 \\ y_2 \\ \vdots \\ y_n \end{pmatrix}}_{y} = \underbrace{\begin{pmatrix} 1 & f_1(x_{11}) & f_2(x_{12}) & \cdots & f_p(x_{1p}) \\ 1 & f_1(x_{21}) & f_2(x_{22}) & \cdots & f_p(x_{2p}) \\ \vdots & \vdots & \vdots & & \vdots \\ 1 & f_1(x_{n1}) & f_2(x_{n2}) & \cdots & f_p(x_{np}) \end{pmatrix}}_{X} \underbrace{\begin{pmatrix} \beta_0 \\ \beta_1 \\ \vdots \\ \beta_p \end{pmatrix}}_{\beta} + \underbrace{\begin{pmatrix} \varepsilon_1 \\ \varepsilon_2 \\ \vdots \\ \varepsilon_n \end{pmatrix}}_{\varepsilon} \tag{9.1-1}$$

通常假定$\varepsilon_1,\varepsilon_2,\cdots,\varepsilon_n \overset{iid}{\sim} N(0,\sigma^2)$，这里$iid$表示独立同分布。式(9.1-1)中的$y$为因变量观测值向量;**$X$为设计矩阵**;$f_1,f_2,\cdots,f_p$为$p$个函数,对应模型中的$p$项;$\boldsymbol{\beta}$为需要估计的系数向量;$\boldsymbol{\varepsilon}$为随机误差向量。

不同的函数$f_1,f_2,\cdots,f_p$对应不同类型的回归模型,特别地,当$f_1(x_{i1})=x_{i1},f_2(x_{i2})=x_{i2},\cdots,f_p(x_{ip})=x_{ip}$,$i=1,\cdots,n$时,式(9.1-1)称为**$p$元线性回归模型**。一元线性回归是多元线性回归的特殊情况。当模型中需要常数项时,设计矩阵X中应有1列1元素(通常是X的第一列)。

2. 线性回归模型类的类方法

对于一元或多元线性回归,MATLAB中提供了LinearModel类,用户可根据自己的观测数据,调用LinearModel类的类方法创建一个LinearModel类对象,用来求解回归模型。LinearModel类的类方法如表9.1-1所列。

表9.1-1 LinearModel类的类方法

方法名	功能说明	方法名	功能说明
addTerms	在线性回归模型中增加项	plotAdjustedResponse	绘制调整后的响应曲线
anova	对线性模型做方差分析	plotDiagnostics	绘制回归诊断图
coefCI	系数估计值的置信区间	plotEffects	绘制回归模型中每个自变量的主效应图
coefTest	对回归系数进行检验	plotInteraction	绘制回归模型中两个自变量的交互效应图
disp	显示线性回归分析的结果	plotResiduals	绘制线性回归模型的残差图
dwtest	对线性模型进行Durbin-Watson检验	plotSlice	绘制通过回归面的切片图
feval	利用线性回归模型进行预测	predict	利用线性回归模型进行预测
fit	创建线性回归模型	random	利用线性回归模型模拟响应值(因变量值)
plot	绘制模型拟合效果图	removeTerms	从线性回归模型中移除项
plotAdded	绘制指定项的拟合效果图	step	通过增加或移除项来改进线性回归模型
stepwise	利用逐步回归方法建立线性回归模型		

注意: MATLAB R2014a中提供了fitlm和stepwiselm函数,在未来版本中,LinearModel类的fit和stepwise方法将被移除,改由fitlm或stepwiselm函数创建LinearModel类。

【例9.1-1】 创建空的LinearModel类,并查询类方法。

```
>> mdl = LinearModel

mdl =
Linear regression model:
    y ~ 0
```

```
Coefficients:

>> methods(mdl)

类 LinearModel 的方法:
addTerms   coefTest  feval      plotAdjustedResponse  plotInteraction  predict       step
anova      disp      plot       plotDiagnostics       plotResiduals    random
coefCI     dwtest    plotAdded  plotEffects           plotSlice        removeTerms
静态方法:
fit        stepwise
```

3. 线性回归模型类的类属性

LinearModel 类对象的属性中包含了模型求解的所有结果，可通过如下方法查询 LinearModel 类对象的所有属性及指定属性的属性值。

```
>> properties(mdl)        % 查询 LinearModel 类对象 mdl 的所有属性

类 LinearModel 的属性:
    MSE                          % 均方误差(残差)
    Robust                       % 稳健回归参数
    Residuals                    % 残差
    Fitted                       % 拟合值
    Diagnostics                  % 回归诊断统计量
    RMSE                         % 均方根误差(残差)
    Steps                        % 逐步回归相关信息
    Formula                      % 回归模型公式
    LogLikelihood                % 对数似然函数值
    DFE                          % 误差(残差)的自由度
    SSE                          % 误差(残差)平方和
    SST                          % y 的总离差平方和
    SSR                          % 回归平方和
    CoefficientCovariance        % 系数估计值的协方差矩阵
    CoefficientNames             % 系数标签字符串
    NumCoefficients              % 模型中系数的个数
    NumEstimatedCoefficients     % 模型中被估计的系数的个数
    Coefficients                 % 系数估计值列表
    Rsquared                     % 判定系数
    ModelCriterion               % 模型评价准则
    VariableInfo                 % 变量信息列表
    ObservationInfo              % 观测值信息列表
    Variables                    % 变量观测值数据
    NumVariables                 % 变量个数
    VariableNames                % 变量名
    NumPredictors                % 预测变量(自变量)个数
    PredictorNames               % 自变量名称
    ResponseName                 % 响应变量(因变量)名称
    NumObservations              % 观测数据组数
    ObservationNames             % 观测序号或观测数据名称

>> mdl.指定属性          % 查询 LinearModel 类对象 mdl 的指定属性(属性名字符串)的属性值
```

〖说明〗

判定系数(也称决定系数)定义为 $R^2=1-\frac{SSE}{SST}$,其取值介于 0~1 之间。R^2 越接近于 0,模型拟合越差,R^2 越接近于 1,模型拟合越好。

9.1.2 非线性回归模型类

1. *p* 元非线性回归模型

对于可控变量 $x_1,x_2,\cdots,x_p$ 和随机变量 y 的 n 次独立的观测 $(x_{i1},x_{i2},\cdots,x_{ip};y_i)(i=1,2,\cdots,n)$,$y$ 关于 $x_1,x_2,\cdots,x_p$ 的 ***p* 元非线性回归模型**如下:

$$y_i=f(x_{i1},x_{i2},\cdots,x_{ip};\beta_1,\beta_2,\cdots)+\varepsilon_i,\quad i=1,2,\cdots,n \tag{9.1-2}$$

其中,$\beta_1,\beta_2,\cdots$ 为待估参数;ε_i 为随机误差,通常假定 $\varepsilon_1,\varepsilon_2,\cdots,\varepsilon_n\overset{iid}{\sim}N(0,\sigma^2)$。

2. 非线性回归模型类的类方法

MATLAB 中提供了 NonLinearModel 类,用来求解一元或多元非线性回归模型。NonLinearModel 类的类方法如表 9.1-2 所列。

表 9.1-2 NonLinearModel 类的类方法

方法名	功能说明
coefCI	系数估计值的置信区间
coefTest	对回归系数进行检验
disp	显示非线性回归分析的结果
feval	利用非线性回归模型进行预测
fit	利用观测数据对非线性回归模型进行拟合
plotDiagnostics	绘制回归诊断图
plotResiduals	绘制非线性回归模型的残差图
plotSlice	绘制通过回归面的切片图
predict	利用非线性回归模型进行预测
random	利用非线性回归模型模拟响应值(因变量值)

注意:MATLAB R2014a 中提供了 fitnlm 函数,在未来版本中,NonLinearModel 类的 fit 方法将被移除,改由 fitnlm 函数创建 NonLinearModel 类。

3. 非线性回归模型类的类属性

NonLinearModel 类对象的属性中包含了模型求解的所有结果,用户可通过查询 NonLinearModel 类对象的指定属性的属性值得到想要的结果。

【例 9.1-2】 创建空的 NonLinearModel 类,并查询类方法和类属性。

```
>> nlm = NonLinearModel

nlm =
Nonlinear regression model:
    y ~ 0

Coefficients:
```

```
>> methods(nlm)

类 NonLinearModel 的方法:
coefCI          coefTest    disp      feval     plotDiagnostics
plotResiduals   plotSlice   predict   random

>> properties(nlm)

类 NonLinearModel 的属性:
    MSE                              % 均方误差(残差)
    Iterative                        % 拟合过程相关信息
    Robust                           % 稳健回归参数
    Residuals                        % 残差
    Fitted                           % 拟合值
    RMSE                             % 均方根误差(残差)
    Diagnostics                      % 回归诊断统计量
    WeightedResiduals                % 加权后残差
    Formula                          % 回归模型公式
    LogLikelihood                    % 对数似然函数值
    DFE                              % 误差(残差)的自由度
    SSE                              % 误差(残差)平方和
    SST                              % y的总离差平方和
    SSR                              % 回归平方和
    CoefficientCovariance            % 系数估计值的协方差矩阵
    CoefficientNames                 % 系数标签字符串
    NumCoefficients                  % 模型中系数的个数
    NumEstimatedCoefficients         % 模型中被估计的系数的个数
    Coefficients                     % 系数估计值列表
    Rsquared                         % 判定系数
    ModelCriterion                   % 模型评价准则
    VariableInfo                     % 变量信息列表
    ObservationInfo                  % 观测值信息列表
    Variables                        % 变量观测值数据
    NumVariables                     % 变量个数
    VariableNames                    % 变量名
    NumPredictors                    % 预测变量(自变量)个数
    PredictorNames                   % 自变量名称
    ResponseName                     % 响应变量(因变量)名称
    NumObservations                  % 观测数据组数
    ObservationNames                 % 观测序号或观测数据名称

>> nlm.指定属性      % 查询 NonLinearModel 类对象 nlm 的指定属性(属性名字符串)的属性值
```

9.2 案例24:一元线性回归

【例9.2-1】 现有全国31个主要城市2007年的气候情况观测数据,如表9.2-1所列。数据来源:中华人民共和国国家统计局网站2007年环境统计数据。

以上数据保存在文件examp9_2_1.xls中,下面根据以上31组观测数据研究年平均气温和全年日照时数之间的关系。

表9.2-1 全国31个主要城市2007年的气候情况观测数据

城市	年平均气温/℃	年极端最高气温/℃	年极端最低气温/℃	年均相对湿度/%	全年日照时数/h	全年降水量/mm	序号
北京	14.0	37.3	−11.7	54	2351.1	483.9	1
天津	13.6	38.5	−10.6	61	2165.4	389.7	2
石家庄	14.9	39.7	−7.4	59	2167.7	430.4	3
太原	11.4	35.8	−13.2	55	2174.6	535.4	4
呼和浩特	9.0	35.6	−17.6	47	2647.8	261.2	5
沈阳	9.0	33.9	−23.1	68	2360.9	672.3	6
长春	7.7	35.8	−21.7	58	2533.6	534.2	7
哈尔滨	6.6	35.8	−22.6	58	2359.2	444.1	8
上海	18.5	39.6	−1.1	73	1522.2	1254.5	9
南京	17.4	38.2	−4.5	70	1680.3	1070.9	10
杭州	18.4	39.5	−1.9	71	1472.9	1378.5	11
合肥	17.4	37.2	−3.5	79	1814.6	929.7	12
福州	21.0	39.8	3.6	68	1543.8	1109.6	13
南昌	19.2	38.5	0.5	68	2102.0	1118.5	14
济南	15.0	38.5	−7.9	61	1819.8	797.1	15
郑州	16.0	39.7	−5.0	60	1747.2	596.4	16
武汉	18.6	37.2	−1.5	67	1934.2	1023.2	17
长沙	18.8	38.8	−0.5	70	1742.2	9364.0	18
广州	23.2	37.4	5.7	71	1616.0	1370.3	19
南宁	21.7	37.7	0.7	76	1614.0	1008.1	20
海口	24.1	37.9	10.7	80	1669.1	1419.3	21
重庆	19.0	37.9	3.0	81	856.2	1439.2	22
成都	16.8	34.9	−1.6	77	935.6	624.5	23
贵阳	14.9	31.0	−1.7	75	1014.8	884.9	24
昆明	15.6	30.0	0.7	72	2038.6	932.7	25
拉萨	9.8	29.0	−9.8	34	3181.0	477.3	26
西安	15.6	39.8	−5.9	58	1893.6	698.5	27
兰州	11.1	34.3	−11.9	53	2214.1	407.9	28
西宁	6.1	30.7	−21.8	57	2364.7	523.1	29
银川	10.4	35.0	−15.4	52	2529.8	214.7	30
乌鲁木齐	8.5	37.6	−24.0	56	2853.4	419.5	31

9.2.1　数据的散点图

令 x 表示年平均气温，y 表示全年日照时数。由于 x 和 y 均为一维变量，可以先从 x 和 y 的散点图上直观地观察它们之间的关系，然后再作进一步的分析。

通过以下命令从文件 examp9_2_1.xls 中读取变量 x 和 y 的数据，然后做出 x 和 y 的观测数据的散点图(如图 9.2-1 所示)，并求出 x 和 y 的线性相关系数。

```
>> ClimateData = xlsread('examp9_2_1.xls');   % 从 Excel 文件读取数据
>> x = ClimateData(:, 1);                     % 提取 ClimateData 的第 1 列，即年平均气温数据
>> y = ClimateData(:, 5);                     % 提取 ClimateData 的第 5 列，即全年日照时数数据
>> figure;
>> plot(x, y, 'k.', 'Markersize', 15);        % 绘制 x 和 y 的散点图
>> xlabel('年平均气温(x)');                    % 给 X 轴加标签
>> ylabel('全年日照时数(y)');                  % 给 Y 轴加标签

>> R   = corrcoef(x, y)                       % 计算 x 和 y 的线性相关系数矩阵 R

R  =

    1.0000    -0.7095
   -0.7095     1.0000
```

从散点图上看，有 4 组数据有些异常，它们分别是拉萨(9.8，3181)、重庆(19，856.2)、成都(16.8，935.6)和贵阳(14.9，1014.8)。其中拉萨的全年日照时数最多，重庆、成都和贵阳的全年日照时数较少。除这 4 组数据外，散点图表明 x 和 y 的线性趋势比较明显，可以用直线 $y = \beta_0 + \beta_1 x$ 进行拟合。

从相关系数来看，x 和 y 的线性相关系数为 -0.7095，表明 x 和 y 负相关，这是一个非常有意思的现象，全年日照时数越多的地方其年平均气温倒越低。

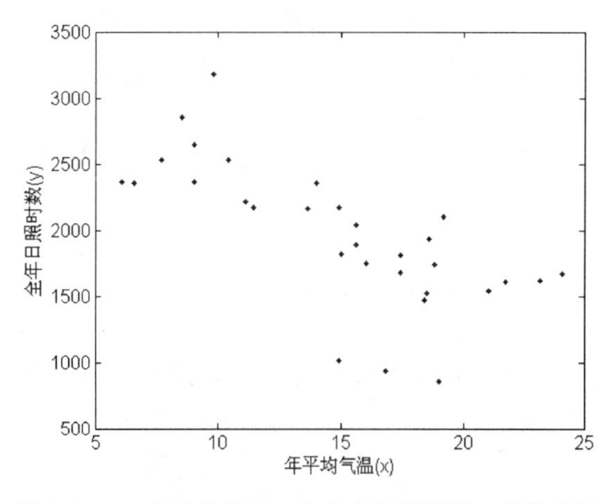

图 9.2-1　年平均气温 x 与全年日照时数 y 的散点图

9.2.2　模型的建立与求解

1. 模型的建立

建立 y 关于 x 的一元线性回归模型如下

$$\left.\begin{aligned} y_i &= \beta_0 + \beta_1 x_i + \varepsilon_i \\ \varepsilon_i &\overset{iid}{\sim} N(0,\sigma^2), i = 1,2\cdots,n \end{aligned}\right\} \tag{9.2-1}$$

式(9.2-1)中包含了模型的四个基本假定：线性假定、误差正态性假定、误差方差齐性假定、误差独立性假定。

2. 调用 LinearModel 类的 fit 方法求解模型

下面调用 LinearModel 类的 fit 方法求解模型。

```
>> mdl1 = LinearModel.fit(x,y)      % 模型求解

mdl1 =
Linear regression model:
    y ~ 1 + x1

Estimated Coefficients:
                   Estimate      SE         tStat        pValue
    (Intercept)      3115.4     223.06      13.967     2.0861e-14
    x1              -76.962     14.197     -5.4211     7.8739e-06

Number of observations: 31, Error degrees of freedom: 29
Root Mean Squared Error: 383
R-squared: 0.503,  Adjusted R-Squared 0.486
F-statistic vs. constant model: 29.4, p-value = 7.87e-06
```

从输出的结果看,常数项β_0和回归系数β_1的估计值分别为3115.4和-76.962,从而可以写出线性回归方程为

$$\hat{y} = 3115.4 - 76.962x \tag{9.2-2}$$

对回归直线进行显著性检验,原假设和备择假设分别为

$$H_0: \beta_1 = 0, \qquad H_1: \beta_1 \neq 0$$

检验的p值(p-value $= 7.87\times10^{-6}$)小于0.05,可知在显著性水平$\alpha = 0.05$下应拒绝原假设H_0,可认为y(全年日照时数)与x(年平均气温)的线性关系是显著的。

也可以通过F统计量的观测值与临界值$F_\alpha(1,n-2)$作比较得出结论。当$F\geqslant F_\alpha(1,n-2)$时,拒绝原假设,认为$y$与$x$的线性关系是显著的;否则,接受原假设,认为$y$与$x$的线性关系是不显著的。对于本例,$F$统计量的观测值为29.4,临界值$F_{0.05}(1,29) = 4.1830$,显然在显著性水平$\alpha = 0.05$下应拒绝原假设$H_0$。

从参数估计值列表可知对常数项和线性项进行的t检验的p值(常数项的p-value$=2.0861\times10^{-14}$,线性项的p-value$=7.8739\times10^{-6}$)均小于0.05,说明在回归方程中常数项和线性项均是显著的。

3. 调用LinearModel类的plot方法绘制拟合效果图

下面调用LinearModel类的plot方法绘制拟合效果图,如图9.2-2所示。

```
>> figure;
>> mdl1.plot;                                   % 绘制模型拟合效果图
>> xlabel('年平均气温(x)');                       % 给X轴加标签
>> ylabel('全年日照时数(y)');                     % 给Y轴加标签
>> title('');
>> legend('原始散点','回归直线','置信区间');        % 加图例
```

4. 预　测

给定自变量x的值,可调用LinearModel类对象的predict方法计算因变量y的预测值。例如,给定年平均气温x=5,25℃,计算全年日照时数y的预测值。命令及结果如下:

```
>> xnew = [5,25]';                 % 定义新的自变量,必须是列向量或矩阵
>> ynew = mdl1.predict(xnew)       % 计算因变量的预测值

ynew =
```

```
   1.0e+03 *

    2.7306
    1.1913
```

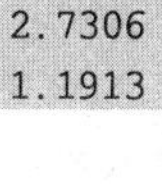

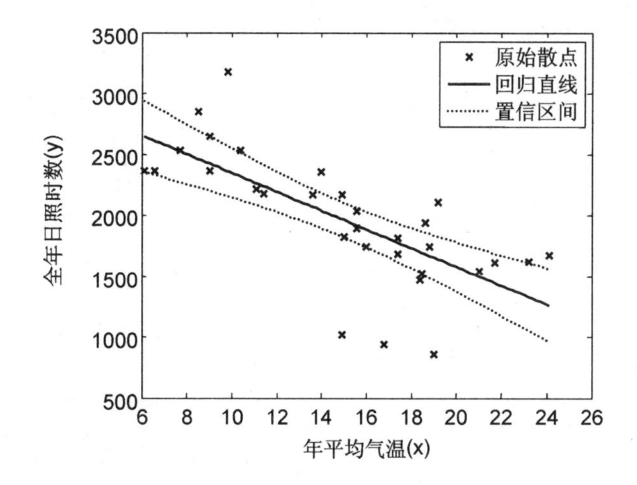

图 9.2-2 原始数据散点与回归直线图

9.2.3 回归诊断

回归诊断主要包括以下内容：

- 异常点和强影响点诊断，查找数据集中的异常点（离群点）和强影响点，对模型做出改进；
- 残差分析，用来验证模型的基本假定，包括模型线性诊断、误差正态性诊断、误差方差齐性诊断和误差独立性诊断；
- 多重共线性诊断，对于多元线性回归，检验自变量之间是否存在共线性关系。

1. 查找异常点和强影响点

数据集中的异常点是指远离数据集中心的观测点，又称离群点，强影响点是指数据集中对回归方程参数估计结果有较大影响的观测点，通过剔除异常点和某些强影响点，可对模型做出改进。查找异常点和强影响点的常用统计量及判异规则如表 9.2-2 所列。

表 9.2-2 中 n 为数据集中的观测个数，p 为回归模型中自变量的个数，$e_i = y_i - \hat{y}_i$ 为第 i 个观测对应的残差，$MSE = \dfrac{SSE}{n-1-p}$ 为均方残差，h_{ii} 为帽子矩阵 $\boldsymbol{H} = \boldsymbol{X}(\boldsymbol{X}^{\mathrm{T}}\boldsymbol{X})^{-1}\boldsymbol{X}^{\mathrm{T}}$ 对角线上的第 i 个元素，$MSE_{(i)}$ 为去掉第 i 个观测后的均方残差，b_j 为第 j 个系数估计值，$b_{j(i)}$ 为去掉第 i 个观测后的第 j 个系数估计值。

LinearModel 类对象的 Residuals 属性值中列出了标准化残差和学生化残差值，Diagnostics 属性值中包含有杠杆值、Cook 距离、Covratio 统计量、Dffits 统计量、Dfbeta 统计量等回归诊断相关结果。用户可调用 LinearModel 类对象的 plotDiagnostics 方法，绘制各统计量对应的回归诊断图，借助回归诊断图直观地查找异常点和强影响点。对于例 9.2-1，绘制回归诊断图，查找异常点和强影响点的 MATLAB 代码如下。

表 9.2-2 查找异常点和强影响点的常用统计量

统计量	定　义	判异规则	作　用
标准化残差	$Ze_i = e_i / \sqrt{MSE}$	$\lvert Ze_i \rvert > 2$	查找异常值
学生化残差	$Se_i = e_i / \sqrt{MSE(1-h_{ii})}$	$\lvert Se_i \rvert > 2$	
杠杆值	h_{ii}	$h_{ii} > 2(p+1)/n$	查找强影响点
Cook 距离	$D_i = \frac{e_i^2}{(p+1)MSE} \cdot \frac{h_{ii}}{(1-h_{ii})^2}$	$D_i > 3\overline{D}$	
Covratio 统计量	$C_i = \frac{MSE_{(i)}^{p+1}}{MSE^{p+1}} \cdot \frac{1}{1-h_{ii}}$	$\lvert C_i - 1 \rvert > 3(p+1)/n$	
Dffits 统计量	$Df_i = Se_i \sqrt{\frac{h_{ii}}{1-h_{ii}}}$	$\lvert Df_i \rvert > 2\sqrt{(p+1)/n}$	
Dfbeta 统计量	$Db_{ij} = \frac{b_j - b_{j(i)}}{\sqrt{MSE_{(i)}(1-h_{ii})}}$	$\lvert Db_{ij} \rvert > 3/\sqrt{n}$	

```
>> Res = mdl1.Residuals;                                % 查询残差值
>> Res_Stu = Res.Studentized;                           % 学生化残差
>> Res_Stan = Res.Standardized;                         % 标准残差
>> figure;
>> subplot(2,3,1);
>> plot(Res_Stu,'kx');                                  % 绘制学生化残差图
>> refline(0,-2);
>> refline(0,2);
>> title('(a) 学生化残差图');
>> xlabel('观测序号');ylabel('学生化残差');
>> subplot(2,3,2);
>> mdl1.plotDiagnostics('cookd');                       % 绘制 Cook 距离图
>> title('(b) Cook 距离图');
>> xlabel('观测序号');ylabel('Cook 距离');
>> subplot(2,3,3);
>> mdl1.plotDiagnostics('covratio');                    % 绘制 Covratio 统计量图
>> title('(c) Covratio 统计量图');
>> xlabel('观测序号');ylabel('Covratio 统计量');
>> subplot(2,3,4);
>> plot(Res_Stan,'kx');                                 % 绘制标准化残差图
>> refline(0,-2);
>> refline(0,2);
>> title('(d) 标准化残差图');
>> xlabel('观测序号');ylabel('标准化残差');
>> subplot(2,3,5);
>> mdl1.plotDiagnostics('dffits');                      % 绘制 Dffits 统计量图
>> title('(e) Dffits 统计量图');
>> xlabel('观测序号');ylabel('Dffits 统计量');
>> subplot(2,3,6);
>> mdl1.plotDiagnostics('leverage');                    % 绘制杠杆值图
>> title('(f) 杠杆值图');
>> xlabel('观测序号');ylabel('杠杆值');
```

运行以上命令得到回归诊断图,如图 9.2-3 所示。由学生化残差图和标准化残差图可知,有 4 组数据出现异常,它们的观测序号分别为 22、23、24 和 26,分别是拉萨(9.8,3181)、重

庆(19,856.2)、成都(16.8,935.6)和贵阳(14.9,1014.8),这和从散点图上直接观察的结果相吻合。不同标准下得到的强影响点是不同的,并且强影响点不一定是异常点。

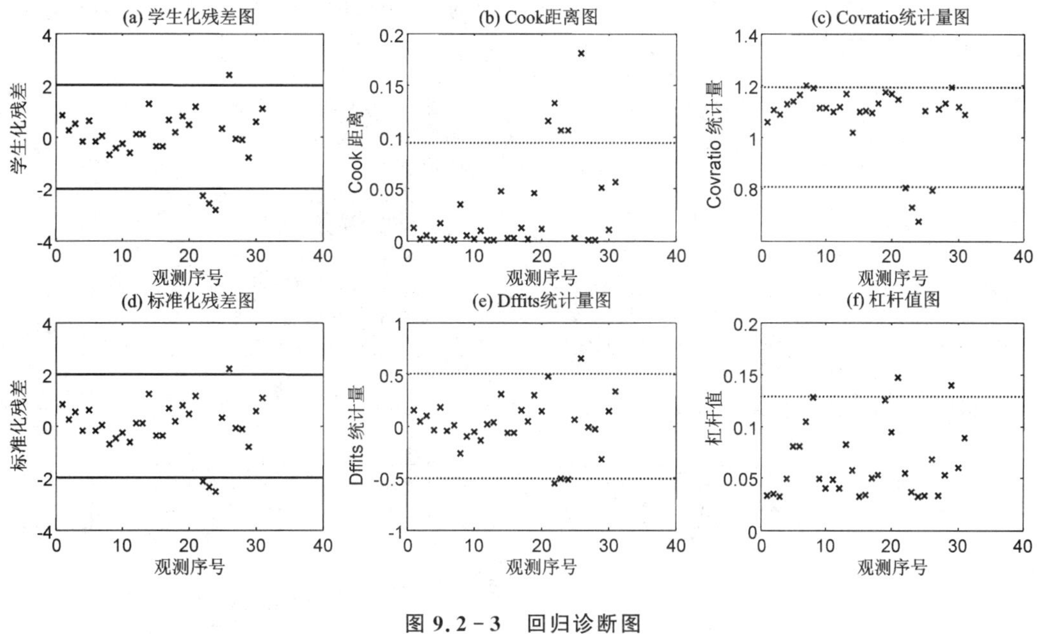

图 9.2-3 回归诊断图

2. 模型改进

下面将检测到的四组异常数据剔除后重新作一元线性回归,对模型做出改进。

```
>> id = find(abs(Res_Stu)>2);                      % 查找异常值序号
>> mdl2 = LinearModel.fit(x,y,'Exclude',id)        % 去除异常值,重新求解

mdl2 =
Linear regression model:
    y ~ 1 + x1

Estimated Coefficients:
                   Estimate    SE        tStat      pValue
    (Intercept)    2983.8      121.29    24.601     4.8701e-19
    x1             -63.628     7.7043    -8.2587    1.3088e-08

Number of observations: 27, Error degrees of freedom: 25
Root Mean Squared Error: 201
R-squared: 0.732,  Adjusted R-Squared 0.721
F-statistic vs. constant model: 68.2, p-value = 1.31e-08

>> figure;
>> mdl2.plot;                                                  % 绘制拟合效果图
>> xlabel('年平均气温(x)');                                    % x 轴标签
>> ylabel('全年日照时数(y)');                                  % y 轴标签
>> title('');                                                  % 标题
>> legend('剔除异常数据后散点','回归直线','置信区间');         % 图例
```

剔除异常数据后的回归直线方程为 $\hat{y} = 2983.8 - 63.628x$。对回归直线进行显著性检验

的 p 值为 1.31×10^{-8}，可知 y（全年日照时数）与 x（年平均气温）的线性关系更为显著。拟合效果图如图 9.2－4 所示。

为便于对比，做出原始数据散点、原始数据对应的回归直线和剔除异常数据后的回归直线图，如图 9.2－5 所示。

```
>> figure;                                          % 新建一个图形窗口
>> plot(x, y, 'ko');                                % 画原始数据散点
>> hold on;                                         % 图形叠加
>> xnew  = sort(x);                                 % 为了画图的需要将 x 从小到大排序
>> yhat1  = mdl1.predict(xnew);                     % 计算模型 1 的拟合值
>> yhat2 = mdl2.predict(xnew);                      % 计算模型 2 的拟合值
>> plot(xnew, yhat1, 'r--','linewidth',3);          % 画原始数据对应的回归直线,红色虚线
>> plot(xnew, yhat2, 'linewidth', 3);               % 画剔除异常数据后的回归直线,蓝色实线
>> legend('原始数据散点','原始数据回归直线','剔除异常数据后回归直线')  % 为图形加标注框
>> xlabel('年平均气温(x)');                          % 为 X 轴加标签
>> ylabel('全年日照时数(y)');                        % 为 Y 轴加标签
```

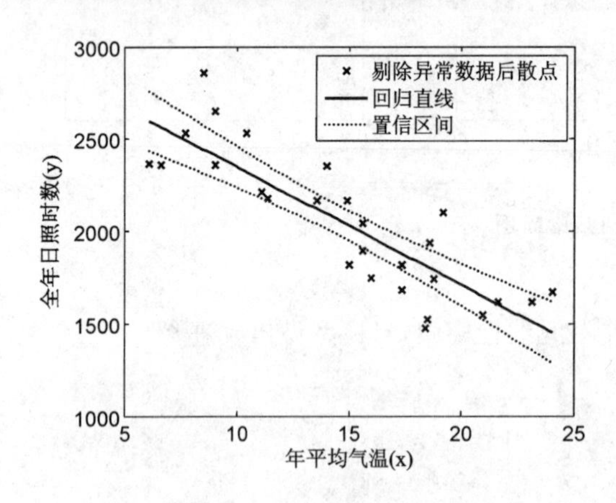

图 9.2－4　剔除异常数据后回归直线拟合效果图　　图 9.2－5　原始数据散点与两条回归直线图

图 9.2－5 中的圆圈为原始数据点，红色虚线为原始数据对应的回归直线，蓝色实线为剔除异常数据后的回归直线。由于受异常数据的影响，两次回归结果并不相同。

3. 残差分析

在回归诊断中，常借助残差图来验证模型的基本假定是否成立。常用的残差图包括残差值序列图、残差与拟合值图、残差直方图、残差正态概率图、残差与滞后残差图。用户可调用 LinearModel 类对象的 plotResiduals 方法绘制各种残差图。

```
>> figure;
>> subplot(2,3,1);
>> mdl2.plotResiduals('caseorder');     % 绘制残差值序列图
>> title('(a) 残差值序列图');
>> xlabel('观测序号');ylabel('残差');
>> subplot(2,3,2);
>> mdl2.plotResiduals('fitted');        % 绘制残差与拟合值图
>> title('(b) 残差与拟合值图');
>> xlabel('拟合值');ylabel('残差');
>> subplot(2,3,3);
>> plot(x,mdl2.Residuals.Raw,'kx');     % 绘制残差与自变量图
```

```
>> line([0,25],[0,0],'color','k','linestyle',':');
>> title('(c) 残差与自变量图');
>> xlabel('自变量值');ylabel('残差');
>> subplot(2,3,4);
>> mdl2.plotResiduals('histogram');    % 绘制残差直方图
>> title('(d) 残差直方图');
>> xlabel('残差 r');ylabel('f(r)');
>> subplot(2,3,5);
>> mdl2.plotResiduals('probability'); % 绘制残差正态概率图
>> title('(e) 残差正态概率图');
>> xlabel('残差');ylabel('概率');
>> subplot(2,3,6);
>> mdl2.plotResiduals('lagged');       % 绘制残差与滞后残差图
>> title('(f) 残差与滞后残差图');
>> xlabel('滞后残差');ylabel('残差');
```

上述命令绘制的回归诊断残差图如图 9.2-6 所示，下面分别加以解释。

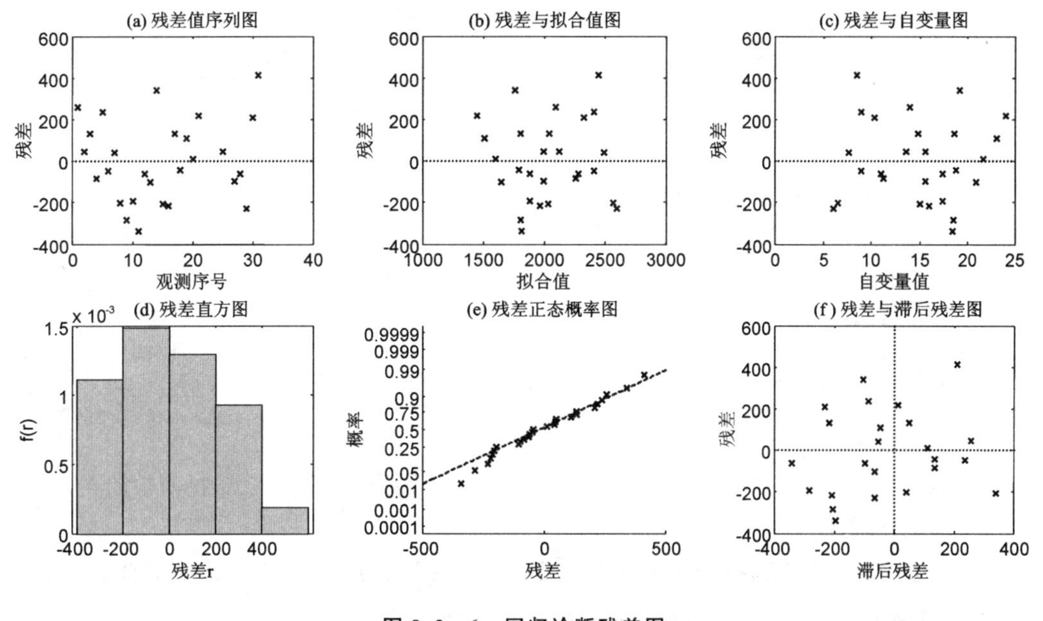

图 9.2-6　回归诊断残差图

(a) 残差值序列图，横坐标为观测序号，纵坐标为残差值，可以看出各观测对应的残差随机地在水平轴 $y=0$ 上下无规则地波动，说明残差值间是相互独立的。如果残差的分布有一定的规律性，则说明残差间不独立。

(b) 残差与拟合值图，横坐标为拟合值，纵坐标为残差值，可以看出残差基本分布在左右等宽的水平条带内，说明残差值是等方差的。如果残差分布呈现喇叭口形，则说明残差不满足方差齐性假定，此时应对因变量 y 作某种变换(如取平方根、取对数、取倒数等)，然后重新拟合。

(c) 残差与自变量图，横坐标为自变量值，纵坐标为残差值，可以看出残差基本分布在左右等宽的水平条带内，说明线性模型与数据拟合较好。如果残差分布在弯曲的条带内，则说明线性模型与数据拟合不好，此时可增加 x 的非线性项，然后重新拟合。

(d) 残差直方图，残差直方图反映了残差的分布。本例数据过少，不能根据残差直方图验证残差的正态性。

(e) 残差正态概率图,用来检验残差是否服从正态分布,其原理参见5.4.4节。从此图可以看出残差基本服从正态分布。

(f) 残差与滞后残差图,横坐标为滞后残差,纵坐标为残差,用来检验残差间是否存在自相关性。从此图可以看出散点均匀分布在四个象限内,说明残差间不存在自相关性。

9.2.4 稳健回归

默认情形下,fit函数的'RobustOpts'参数值为'off',此时fit函数利用普通最小二乘法估计模型中的参数,参数的估计值受异常值的影响比较大。若将fit函数的'RobustOpts'参数值设为'on',则可采用加权最小二乘法估计模型中的参数,结果受异常值的影响就比较小。下面给出稳健回归的MATLAB实现。

```
>> mdl3 = LinearModel.fit(x,y,'RobustOpts','on')

mdl3 =
Linear regression model (robust fit):
    y ~ 1 + x1

Estimated Coefficients:
                    Estimate    SE         tStat     pValue
    (Intercept)     3034.8      182.01     16.674    2.1276e-16
    x1              -68.3       11.584     -5.896    2.1194e-06

Number of observations: 31, Error degrees of freedom: 29
Root Mean Squared Error: 313
R-squared: 0.551,  Adjusted R-Squared 0.535
F-statistic vs. constant model: 35.5, p-value = 1.78e-06
```

稳健回归得出的回归方程为 $\hat{y}=3034.8-68.3x$。常数项和回归系数的 t 检验的p值均小于0.05,可知线性回归是显著的。

也可以通过对比非稳健拟合和稳健拟合的拟合效果,看出加权最小二乘拟合的稳健性。运行下面的命令,做出拟合效果对比图,如图9.2-7所示。

```
>> xnew = sort(x);                            % 为了后面画图的需要,将x从小到大排序
>> yhat1 = mdl1.predict(xnew);                % 计算拟合值(非稳健拟合)
>> yhat3 = mdl3.predict(xnew);                % 计算拟合值(稳健拟合)
>> plot(x, y, 'ko');                          % 画原始数据散点
>> hold on;                                   % 图形叠加
>> plot(xnew, yhat1, 'r--','linewidth',3);    % 画非稳健拟合回归直线,红色虚线
>> plot(xnew, yhat3, 'linewidth', 3);         % 画稳健拟合回归直线,蓝色实线
% 为图形加图例
>> legend('原始数据散点','非稳健拟合回归直线','稳健拟合回归直线');
>> xlabel('年平均气温(x)');                   % 为x轴加标签
>> ylabel('全年日照时数(y)');                 % 为y轴加标签
```

非稳健拟合是基于普通最小二乘拟合,而稳健拟合是基于加权最小二乘拟合。从图9.2-7可以看出通过加权可以消除异常值的影响,增强拟合的稳健性。

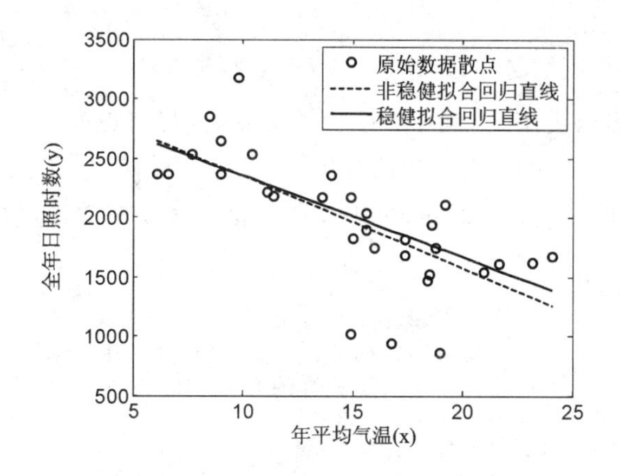

图 9.2-7　非稳健拟合和稳健拟合的拟合效果对比图

9.3　案例 25:一元非线性回归

【例 9.3-1】 头围(head circumference)是反映婴幼儿大脑和颅骨发育程度的重要指标之一,对头围的研究具有非常重要的意义。笔者研究了天津地区 1281 位儿童(700 个男孩,581 个女孩)的颅脑发育情况,测量了年龄、头宽、头长、头宽/头长、头围和颅围等指标(测量方法:读取头颅 CT 图像数据,根据自编程序自动测量)。测量得到 1281 组数据,年龄跨度从 7 个星期到 16 周岁,数据保存在文件 examp9_3_1.xls 中,数据格式如表 9.3-1 所列。

表 9.3-1　天津地区 1281 位儿童的颅脑发育情况指标数据(只列出部分数据)

序　号	性　别	年龄及标识	年龄/岁	月龄/月	头宽/mm	头长/mm	头宽/头长	头围/cm	颅围/cm
1	m	11Y	11	132	136.0476	168.7998	0.805970149	50.90952	48.3008
2	m	20M	1.666667	20	149.9043	161.2416	0.9296875	50.4282	49.01562
3	m	10Y	10	120	144.4456	156.6227	0.922252011	51.35181	48.14725
4	m	3Y	3	36	145.7053	163.761	0.88974359	50.27417	48.73305
5	m	3Y	3	36	139.8267	153.2635	0.912328767	48.52064	46.925
⋮	⋮	⋮	⋮	⋮	⋮	⋮	⋮	⋮	⋮
1277	f	17M	1.416667	17	147.8048	140.2466	1.053892216	46.52105	45.54998
1278	f	5Y	5	60	144.4456	162.0814	0.89119171	49.56883	48.48535
1279	f	3Y	3	36	150.7441	145.7053	1.034582133	47.0336	46.02226
1280	f	13M	1.083333	13	129.3292	143.1859	0.903225806	44.99825	43.32917
1281	f	5Y	5	60	146.5451	157.8824	0.928191489	49.65208	47.91818

注:年龄数据中的 Y 表示年,M 表示月,W 表示星期,D 表示天。性别数据中的 m 表示男性,f 表示女性。

下面根据这 1281 组数据建立头围关于年龄的回归方程。

9.3.1 数据的散点图

令 x 表示年龄，y 表示头围。x 和 y 均为一维变量,同样可以先从 x 和 y 的散点图上直观的观察它们之间的关系,然后再作进一步的分析。

通过以下命令从文件 examp9_3_1.xls 中读取变量 x 和 y 的数据,然后做出 x 和 y 的观测数据的散点图,如图 9.3-1 所示。

```
>> HeadData = xlsread('examp9_3_1.xls');   % 从 Excel 文件读取数据
>> x = HeadData(:, 4);       % 提取 HeadData 矩阵的第 4 列数据,即年龄数据
>> y = HeadData(:, 9);       % 提取 HeadData 矩阵的第 9 列数据,即头围数据
>> plot(x, y, 'k.')          % 绘制 x 和 y 的散点图
>> xlabel('年龄(x)')         % 为 X 轴加标签
>> ylabel('头围(y)')         % 为 Y 轴加标签
```

从图 9.3-1 可以看出 y(头围)和 x(年龄)之间呈现非线性相关关系,可以考虑作非线性回归。根据散点图的走势,可以选取以下函数作为理论回归方程:

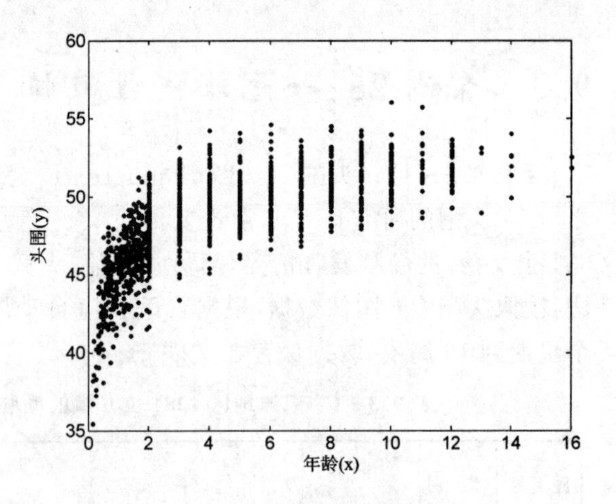

图 9.3-1 年龄与头围数据的散点图

- 负指数函数:$y=\beta_1 e^{\frac{\beta_2}{x+\beta_3}}$;
- 双曲线函数:$y=\dfrac{x+\beta_1}{\beta_2 x+\beta_3}$;
- 幂函数:$y=\beta_1(x+\beta_2)^{\beta_3}$;
- Logistic 曲线函数:$y=\dfrac{\beta_1}{1+\beta_2 e^{-(x+\beta_3)}}$;
- 对数函数:$y=\beta_1+\beta_2\ln(x+\beta_3)$。

以上函数中都包含有 3 个未知参数 β_1、β_2 和 β_3,需要由观测数据进行估计,根据需要还可以减少或增加未知参数的个数。以上函数都可以呈现出先急速增加,然后趋于平缓的趋势,比较适合头围和年龄的观测数据,均可以作为备选的理论回归方程。

9.3.2 模型的建立与求解

1. 模型的建立

建立 y 关于 x 的一元非线性回归模型如下:

$$\left.\begin{array}{l} y_i=f(x_i;\beta_1,\beta_2,\beta_3)+\varepsilon_i \\ \varepsilon_i \overset{iid}{\sim} N(0,\sigma^2), i=1,2\cdots,n \end{array}\right\} \tag{9.3-1}$$

式中,$y=f(x,\beta_1,\beta_2,\beta_3)$ 为非线性回归函数,可以是上述 5 个函数中的任意一个。

2. 调用 NonLinearModel 类的 fit 方法求解模型

在调用 NonLinearModel 类的 fit 方法求解模型之前,应根据观测数据的特点选择合适的理论回归方程,理论回归方程往往是不唯一的,可以有多种选择。9.3.1 节中列出了 5 个备选的理论回归方程,这里选择负指数函数 $y=\beta_1\exp[\beta_2/(x+\beta_3)]$ 作为理论回归方程,当然用户也可以选择其他函数。

有了理论回归方程之后，首先编写理论回归方程所对应的 M 函数。函数应有 2 个输入参数，1 个输出参数。第 1 个输入为未知参数向量，对于一元回归，第 2 个输入为自变量观测值向量，而对于多元回归，第 2 个输入为自变量观测值矩阵。函数的输出为因变量观测值向量。针对所选择的负指数函数，编写 M 函数如下：

```
function    y = HeadCir1(beta, x)
y = beta(1) * exp(beta(2) ./ (x + beta(3)));
```

将以上 2 行代码写到 MATLAB 程序编辑窗口，保存为 HeadCir1.m 文件，保存路径默认即可。在这种定义方式下，可以将@HeadCir1 传递给 fit 函数。

注意：对于比较简单的理论回归方程，还可以用@符号定义匿名函数。例如可以如下定义负指数函数：

```
HeadCir2 = @(beta, x)beta(1) * exp(beta(2)./(x + beta(3)));
```

与前面的定义不同，这里返回的 HeadCir2 直接就是函数句柄，可以把它直接传递给 fit 函数。

下面调用 NonLinearModel 类的 fit 方法对 y（头围）和 x（年龄）做稳健的一元非线性回归。

```
>> HeadCir2 = @(beta, x)beta(1) * exp(beta(2)./(x + beta(3)));   % 理论回归方程
>> beta0 = [53, - 0.2604,0.6276];   % 未知参数初值
>> opt = statset;                   % 创建一个结构体变量，用来设定迭代算法的控制参数
>> opt.Robust = 'on';               % 调用稳健拟合方法
>> nlm1 = NonLinearModel.fit(x,y,HeadCir2,beta0,'Options',opt)    % 模型求解
% 或 nlm1 = NonLinearModel.fit(x,y,@HeadCir1,beta0,'Options',opt)

nlm1 =
Nonlinear regression model (robust fit):
    y ~ beta1 * exp(beta2/(x + beta3))

Estimated Coefficients:
              Estimate      SE          tStat       pValue
    beta1       52.377      0.1449      361.46               0
    beta2     - 0.25951     0.016175    - 16.044    6.4817e - 53
    beta3       0.76038     0.072948      10.423    1.7956e - 24

Number of observations: 1281, Error degrees of freedom: 1278
Root Mean Squared Error: 1.66
R - Squared: 0.747,   Adjusted R - Squared 0.747
F - statistic vs. zero model: 4.64e + 05, p - value = 0
```

上面程序中调用 statset 函数定义了一个结构体变量 options，通过设置 options 的 Robust 字段值为 'on' 来调用稳健拟合方法。

未知参数初值的选取是一个难点。从散点图 9.3 - 1 上可以看到，随着年龄的增长，人的头围也在增长，但是头围不会一直增长，到了一定年龄之后，头围就稳定在 50～55 之间，注意到 $\lim_{x \to +\infty} \beta_1 e^{\frac{\beta_2}{x+\beta_3}} = \beta_1$，可以选取 β_1 的初值为 50～55 之间的一个数，不妨选为 53。再注意到初生婴儿的头围应在 35cm 左右，可得 $53e^{\frac{\beta_2}{\beta_3}} = 35$，从而 $\frac{\beta_2}{\beta_3} = -0.4149$。从图 9.3 - 1 还可看到 2 岁

儿童的头围在 48 cm 左右,可得 $53e^{\frac{\beta_2}{2+\beta_3}} = 48$,从而 $\frac{\beta_2}{2+\beta_3} = -0.0991$。于是可得 $\beta_2 = -0.2604, \beta_3 = 0.6276$,故选取未知参数向量 $(\beta_1, \beta_2, \beta_3)$ 的初值为[53, −0.2604, 0.6276]。实际上,在确定 β_1 的初值在 50～55 之间后,β_2 和 β_3 可以尝试随意指定,例如[50,1,1]、[50, −1,1]都是可以的,对估计结果影响非常小,也就是说初值在一定范围内都是稳定的。

由未知参数的估计值可以写出头围关于年龄的一元非线性回归方程为

$$\hat{y} = 52.377e^{-\frac{0.2595}{x+0.7604}} \tag{9.3-2}$$

对回归方程进行显著性检验,检验的 p 值(p - value=0)小于 0.05,可知回归方程式(9.3-2)是显著的。

3. 绘制一元非线性回归曲线

调用下面的命令做出年龄与头围的散点和头围关于年龄的回归曲线图。

```
>> xnew = linspace(0,16,50)';                    % 定义新的 x
>> ynew  = nlm1.predict(xnew);                   % 求 y 的估计值
>> figure;                                       % 新建一个空的图形窗口
>> plot(x, y, 'k.');                             % 绘制 x 和 y 的散点图
>> hold on;
>> plot(xnew, ynew, 'linewidth', 3);             % 绘制回归曲线,蓝色实线,线宽为 3
>> xlabel('年龄(x)');                            % 给 X 轴加标签
>> ylabel('头围(y)');                            % 给 Y 轴加标签
>> legend('原始数据散点','非线性回归曲线');      % 为图形加图例
```

以上命令做出的图形如图 9.3-2 所示,从图上可以看出拟合效果还是很不错的。

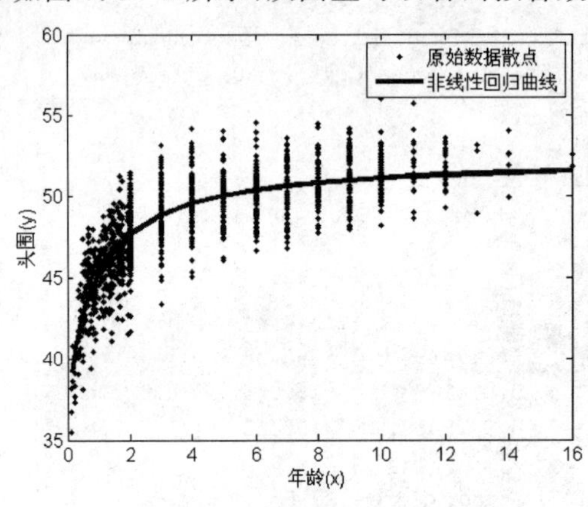

图 9.3-2　年龄与头围的散点和回归曲线图

4. 参数估计值的置信区间

NonLinearModel 类的 coefCI 方法用来计算参数估计值的置信区间。

```
% 求参数估计值的 95 % 置信区间
>> Alpha = 0.05;
>> ci1 = nlm1.coefCI(Alpha)

ci1 =

    52.0923    52.6609
    -0.2912    -0.2278
     0.6173     0.9035
```

在 Alpha 参数缺省的情况下，将返回参数估计值的95％置信区间。

5. 头围平均值的置信区间和观测值的预测区间

对于 x（年龄）的一个给定值 x_0，相应的 y（头围）是一个随机变量，具有一定的分布。x 给定时 y 的总体均值的区间估计称为**平均值（或预测值）的置信区间**，y 的观测值的区间估计称为**观测值的预测区间**。

求出头围关于年龄的回归曲线后，对于给定的年龄，可以调用 NonLinearModel 类的 predict 方法求出头围的预测值（即 x 给定时 y 的总体均值）、预测值的置信区间和观测值的预测区间。下面调用 predict 函数求 y（头围）的95％预测区间，并做出回归曲线和预测区间图。

```
% 计算给定年龄处头围预测值和预测区间
>> [yp,ypci] = nlm1.predict(xnew,'Prediction','observation');;
>> yup = ypci(:,2);                          % 预测区间上限(线)
>> ydown = ypci(:,1);                        % 预测区间下限(线)

>> figure;                                   % 新建一个空的图形窗口
>> hold on;
>> h1 = fill([xnew;flipud(xnew)],[yup;flipud(ydown)],[0.5,0.5,0.5]); % 填充预测区间
>> set(h1,'EdgeColor','none','FaceAlpha',0.5);    % 设置填充区域边界线条颜色和面板透明度

>> plot(xnew,yup,'r--','LineWidth',2);       % 画预测区间上限曲线,红色虚线
>> plot(xnew,ydown,'b-.','LineWidth',2);     % 画预测区间下限曲线,蓝色点画线
>> plot(xnew, yp, 'k','linewidth', 2)        % 画回归曲线,黑色实线

>> grid on;                                  % 添加辅助网格
>> ylim([32, 57]);                           % 设置 y 轴的显示范围为 32～57
>> xlabel('年龄(x)');                        % 给 X 轴加标签
>> ylabel('头围(y)');                        % 给 Y 轴加标签
>> h2 = legend('预测区间','预测区间上限','预测区间下限','回归曲线');   % 为图形加标注框
>> set(h2, 'Location', 'SouthEast')          % 设置标注框的放置位置为图形窗口右下角
```

以上命令做出的图如图9.3-3所示。

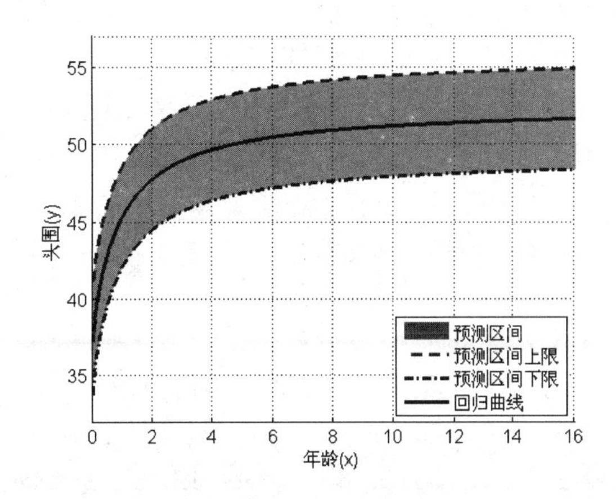

图9.3-3　头围关于年龄的回归曲线和95％预测区间

图9.3-3可以作为评价儿童颅脑发育情况的参考图，参照图中给出的各年龄段头围的95％预测区间，可以评价儿童颅脑发育是否正常。读者可以尝试对男孩和女孩的数据分别作一元非线性回归，得出更具实际意义和参考价值的结果。

9.3.3 回归诊断

1. 残差分析

下面调用 NonLinearModel 类的 plotResiduals 方法绘制残差直方图和残差正态概率图，如图 9.3-4 所示。

```
>> figure;
>> subplot(1,2,1);
>> nlm1.plotResiduals('histogram');          % 绘制残差直方图
>> title('(a) 残差直方图');
>> xlabel('残差 r');ylabel('f(r)');
>> subplot(1,2,2);
>> nlm1.plotResiduals('probability');        % 绘制残差正态概率图
>> title('(b) 残差正态概率图');
>> xlabel('残差');ylabel('概率');
```

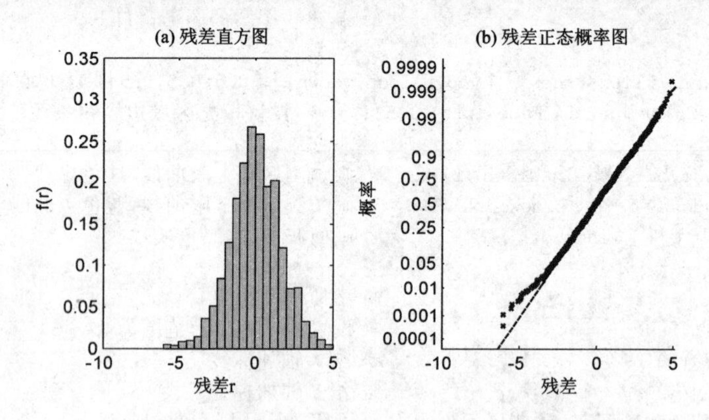

图 9.3-4 一元非线性回归残差直方图和残差正态概率图

从残差直方图和残差正态概率图可以看出，残差分布的左尾(下尾)较长，可能存在异常值，若去除这些异常值，残差基本服从正态分布。

2. 异常值诊断

NonLinearModel 类对象的 Residuals 属性值中列出了标准化残差和学生化残差值，下面通过学生化残差查找异常值。

```
>> Res2 = nlm1.Residuals;                 % 查询残差值
>> Res_Stu2 = Res2.Studentized;           % 学生化残差
>> id2 = find(abs(Res_Stu2)>2);           % 查找异常值
```

3. 模型改进

下面将检测到的异常数据剔除后重新作一元非线性回归，对模型做出改进。

```
% 剔除异常值,重新拟合
>> nlm2 = NonLinearModel.fit(x,y,HeadCir2,beta0,'Exclude',id2,'Options',opt)

nlm2 =
Nonlinear regression model (robust fit):
    y ~ beta1 * exp(beta2/(x + beta3))

Estimated Coefficients:
```

```
            Estimate      SE          tStat        pValue
    beta1      52.369     0.12693       412.6              0
    beta2    -0.26243     0.014592    -17.984     5.9309e-64
    beta3     0.78167     0.067002     11.666     8.2311e-30

Number of observations: 1159, Error degrees of freedom: 1156
Root Mean Squared Error: 1.37
R-Squared: 0.807,  Adjusted R-Squared 0.807
F-statistic vs. zero model: 6.11e+05, p-value = 0

>> xb = x;  xb(id2) = [];                        % 去除 x 的异常值
>> yb = y;  yb(id2) = [];                        % 去除 y 的异常值
>> ynew = nlm2.predict(xnew);                    % 计算拟合值
>> figure;
>> plot(xb, yb, 'k.');                           % 绘制剔除异常值后散点图
>> hold on;
>> plot(xnew, ynew, 'linewidth', 3);             % 绘制拟合曲线
>> xlabel('年龄(x)');
>> ylabel('头围(y)');
>> legend('原始数据散点','非线性回归曲线');
```

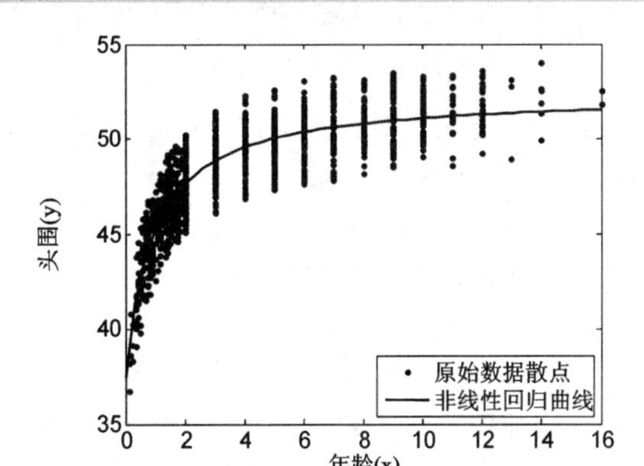

图 9.3-5　剔除异常数据后的拟合效果图

从上面结果可知，剔除异常数据后，头围关于年龄的一元非线性回归方程为 $\hat{y} = 52.369e^{-\frac{0.2624}{x+0.7817}}$，拟合效果图如图 9.3-5 所示。

9.3.4　利用曲线拟合工具 cftool 作一元非线性拟合

MATLAB 有一个功能强大的曲线拟合工具箱（Curve Fitting Toolbox），其中提供了 cftool 函数，用来通过界面操作的方式进行一元和二元数据拟合。在 MATLAB 命令窗口运行 cftool 命令将打开如图 9.3-6 所示的曲线拟合主界面。

下面结合头围与年龄数据的拟合介绍曲线拟合界面的用法。

1. cftool 函数的调用格式

cftool 函数的常用调用格式如下：

```
cftool
cftool( x, y )              % 一元数据拟合
cftool( x, y, z )           % 二元数据拟合
cftool( x, y, [], w )
cftool( x, y, z, w )
```

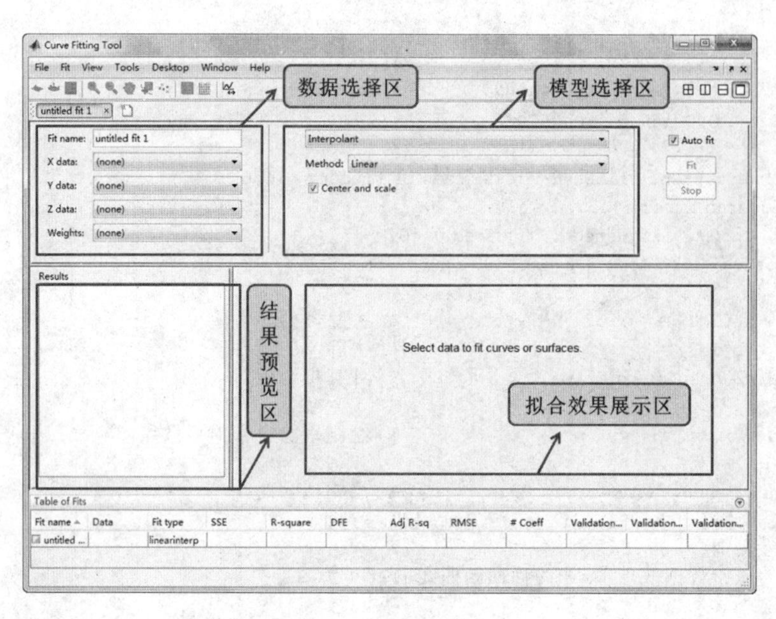

图9.3-6 曲线拟合主界面

以上5种方式均可打开曲线拟合主界面,其中输入参数x为自变量观测值向量,y为因变量观测值向量,w为权重向量,它们应为等长向量。

2. 导入数据

如果利用cftool函数的第1种方式打开曲线拟合主界面,则此时曲线拟合主界面的拟合效果展示区还是一片空白,还没有可以分析的数据,应该先从MATLAB工作空间导入变量数据。

首先运行下面的命令将变量数据从文件读入MATLAB工作空间。

```
>> HeadData = xlsread('examp9_3_1.xls'); % 从Excel文件读取数据
>> x = HeadData(:, 4);                    % 提取年龄数据
>> y = HeadData(:, 9);                    % 提取头围数据
```

现在y(头围)和x(年龄)的数据已经导入MATLAB工作空间,此时单击数据选择区"X Data:"后的下拉菜单,从MATLAB工作空间选择自变量x,同样的方式选择因变量和权重向量。

3. 数据拟合

导入头围和年龄的数据之后,拟合效果展示区里出现了相应的散点图。模型选择区里的下拉菜单用来选择拟合类型。可选的拟合类型如表9.3-2所列。

当选中某种拟合类型后,模型选择区将做出相应的调整,可通过下拉菜单选择模型表达式。特别地,当选择自定义函数类型时,可修改编辑框中的模型表达式。

单击模型选择区下面的"Fit options"按钮,在弹出的界面中可以设定拟合算法的控制参数,当然也可以不用设定,直接使用参数的默认值。勾选曲线拟合主界面上的"Auto fit"复选框或单击"Fit"按钮,将启动数据拟合程序,数据拟合结果在结果预览区显示。主要显示模型表达式、参数估计值与估计值的95%置信区间和模型的拟合优度。其中模型的拟合优度包括残差平方和(SSE)、判定系数(R-square)、调整的判定系数(Adjusted R-square)和均方根误

差(RMSE)。

表 9.3-2　可选的拟合类型列表

拟合类型	说　明	基本模型表达式
Custom Equations	自定义函数类型,可修改	$ae^{-bx}+c$
Exponential	指数函数	ae^{bx} $ae^{bx}+ce^{dx}$
Fourier	傅里叶级数	$a_0+a_1\cos(xw)+b_1\sin(xw)$ ⋮ $a_0+a_1\cos(xw)+b_1\sin(xw)+\cdots+a_8\cos(8xw)+b_8\sin(8xw)$
Gaussian	高斯函数	$a_1e^{-((x-b_1)/c_1)^2}$ ⋮ $a_1e^{-((x-b_1)/c_1)^2}+\cdots+a_8e^{-((x-b_8)/c_8)^2}$
Interpolant	插值	linear、nearest neighbor、cubic spline、shape - preserving
Polynomial	多项式函数	1～9 次多项式
Power	幂函数	ax^b,ax^b+c
Rational	有理分式函数	分子为常数、1～5 次多项式,分母为 1～5 次多项式
Smoothing Spline	光滑样条	无
Sum of Sin Functions	正弦函数之和	$a_1\sin(b_1x+c_1)$ ⋮ $a_1\sin(b_1x+c_1)+\cdots+a_8\sin(b_8x+c_8)$
Weibull	威布尔函数	$abx^{b-1}e^{-ax^b}$

在曲线拟合主界面的最下方有一个拟合列表,显示了拟合的名称(Fit name)、数据集(Data set)、拟合类型(Fit type)、残差平方和、判定系数、误差自由度(DFE)、调整的判定系数(Adj R - sq)、均方根误差、系数个数(# Coeff)等结果。如果用户创建了多个拟合,将在拟合列表中分行显示所有拟合结果,此时可通过拟合列表对比拟合效果的优劣,可以用残差平方和、调整的判定系数和均方根误差作为对比的依据。残差平方和越小,均方根误差也越小,调整的判定系数则越大,可认为拟合的效果越好。选中某个拟合,单击右键,通过右键菜单可删除该拟合,也可将拟合的相关结果导入 MATLAB 工作空间。

对于前面给出的 1281 组头围和年龄的观测数据,至少可用 5 种函数(见 9.3.1 节)进行拟合,得到的非线性回归方程分别为

$$\hat{y}=52.43e^{-\frac{0.2676}{x+0.7906}}$$

$$\hat{y}=\frac{x+0.6644}{0.01907x+0.01779}$$

$$\hat{y}=45.22\,(x+0.05)^{0.05907}$$

$$\hat{y}=\frac{50.3}{1+32.96e^{-(x+4.634)}}$$

$$\hat{y}=45.18+2.859\ln(x+0.05)$$

其中,负指数函数和双曲线函数的拟合效果较好。

9.4 案例26:多元线性和广义线性回归

【例9.4-1】 在有氧锻炼中,人的耗氧能力 y(ml/(min·kg))是衡量身体状况的重要指标,它可能与以下因素有关:年龄 x_1(岁),体重 x_2(kg),1500 m跑所用的时间 x_3(min),静止时心速 x_4(次/min),跑步后心速 x_5(次/min)。对24名40~57岁的志愿者进行了测试,结果如表9.4-1所列。表9.4-1中的数据保存在文件examp9_4_1.xls中,试根据这些数据建立耗氧能力 y 与诸因素之间的回归模型。

表9.4-1 人体耗氧能力测试相关数据

序 号	y	x_1	x_2	x_3	x_4	x_5
1	44.6	44	89.5	6.82	62	178
2	45.3	40	75.1	6.04	62	185
3	54.3	44	85.8	5.19	45	156
4	59.6	42	68.2	4.9	40	166
5	49.9	38	89	5.53	55	178
6	44.8	47	77.5	6.98	58	176
7	45.7	40	76	7.17	70	176
8	49.1	43	81.2	6.51	64	162
9	39.4	44	81.4	7.85	63	174
10	60.1	38	81.9	5.18	48	170
11	50.5	44	73	6.08	45	168
12	37.4	45	87.7	8.42	56	186
13	44.8	45	66.5	6.67	51	176
14	47.2	47	79.2	6.36	47	162
15	51.9	54	83.1	6.2	50	166
16	49.2	49	81.4	5.37	44	180
17	40.9	51	69.6	6.57	57	168
18	46.7	51	77.9	6	48	162
19	46.8	48	91.6	6.15	48	162
20	50.4	47	73.4	6.05	67	168
21	39.4	57	73.4	7.58	58	174
22	46.1	54	79.4	6.7	62	156
23	45.4	52	76.3	5.78	48	164
24	54.7	50	70.9	5.35	48	146

9.4.1　可视化相关性分析

对于多元回归,由于自变量较多,理论回归方程的选择是比较困难的。这里先计算变量间的相关系数矩阵,绘制相关系数矩阵图,分析变量间的线性相关性。

```
>> data = xlsread('examp9_4_1.xls');      % 读取数据
>> X = data(:,3:7);                       % 自变量观测值矩阵
>> y = data(:,2);                         % 因变量观测值向量
>> [R,P] = corrcoef([y,X])                % 计算相关系数矩阵

R =

    1.0000   -0.3201   -0.0777   -0.8645   -0.5130   -0.4573
   -0.3201    1.0000   -0.1809    0.1845   -0.1092   -0.3757
   -0.0777   -0.1809    1.0000    0.1121    0.0520    0.1410
   -0.8645    0.1845    0.1121    1.0000    0.6132    0.4383
   -0.5130   -0.1092    0.0520    0.6132    1.0000    0.3303
   -0.4573   -0.3757    0.1410    0.4383    0.3303    1.0000

P =

    1.0000    0.1273    0.7181    0.0000    0.0104    0.0247
    0.1273    1.0000    0.3976    0.3882    0.6116    0.0704
    0.7181    0.3976    1.0000    0.6022    0.8095    0.5111
    0.0000    0.3882    0.6022    1.0000    0.0014    0.0322
    0.0104    0.6116    0.8095    0.0014    1.0000    0.1149
    0.0247    0.0704    0.5111    0.0322    0.1149    1.0000
>> VarNames = {'y','x1','x2','x3','x4','x5'};   % 变量名
% 调用自编的 matrixplot 函数绘制相关系数矩阵图
>> matrixplot(R,'FigShap','e','FigSize','Auto', ...
     'ColorBar','on','XVar', VarNames,'YVar',VarNames);
```

〖说明〗

matrixplot 函数是笔者编写的函数,不是 MATLAB 自带的函数,其源码可从本书读者在线交流平台下载(网址:http://www.ilovematlab.cn/forum-181-1.html),也可从 MATLAB 技术论坛下载,网址如下:http://www.matlabsky.com/thread-32849-1-1.html。

运行上述命令得出变量间的相关系数矩阵 R、线性相关性检验的 p 值矩阵 P 以及相关系数矩阵图(如图 9.4-1 所示)。图 9.4-1 中用椭圆色块直观地表示变量间的线性相关程度的大小:椭圆越扁,变量间相关系数的绝对值越接近于 1;椭圆越圆,变量间相关系数的绝对值越接近于 0。若椭圆的长轴方向是从左下到右上,则变量间为正相关,反之为负相关。从检验的 p 值矩阵可以看出哪些变量间的线性相关性是显著的,若 p 值 $\leqslant 0.05$,则认为变量间的线性相关性是显著的,反之则认为变量间的线性相关性是不显著的。从上面计算的 P 矩阵可以看出 y 与 x_3, x_4, x_5 的线性相关性是显著的,x_3 与 x_4, x_5 的线性相关性是显著的。

注意: 当线性回归模型中有两个或多个自变量高度线性相关时,使用最小二乘法建立回归方程就有可能失效,甚至会把分析引向歧途,这就是所谓的多重共线性问题。在作多元线性回归分析的时候,应作多重共线性诊断,以期得到较为合理的结果。

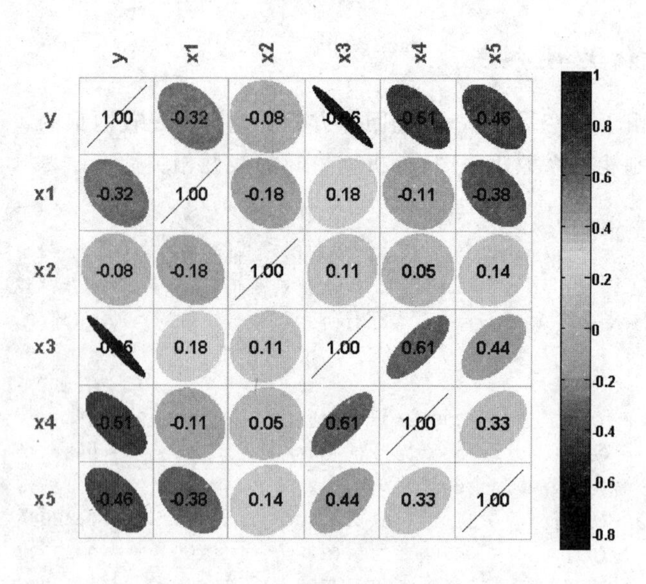

图 9.4-1　相关系数矩阵图

9.4.2　多元线性回归

1. 模型的建立

这里先尝试作5元线性回归,建立 y 关于 $x_1, x_2, \cdots, x_5$ 的回归模型如下:

$$\left.\begin{array}{l} y_i = b_0 + b_1 x_{i1} + b_2 x_{i2} + b_3 x_{i3} + b_4 x_{i4} + b_5 x_{i5} + \varepsilon_i \\ \varepsilon_i \overset{iid}{\sim} N(0, \sigma^2), i = 1, 2, \cdots, n \end{array}\right\} \tag{9.4-1}$$

2. 调用 LinearModel 类的 fit 方法求解模型

下面调用 LinearModel 类的 fit 方法作多元线性回归,返回参数估计结果和显著性检验结果。

```
>> mmdl1 = LinearModel.fit(X,y)     % 5元线性回归拟合

mmdl1 =
Linear regression model:
    y ~ 1 + x1 + x2 + x3 + x4 + x5

Estimated Coefficients:
                   Estimate       SE          tStat        pValue
    (Intercept)      121.17       17.406        6.961    1.6743e-06
    x1             -0.34712      0.14353      -2.4185      0.026406
    x2            -0.016719     0.087353     -0.19139       0.85036
    x3              -4.2903       1.0268      -4.1784    0.00056473
    x4            -0.039917     0.094237     -0.42357       0.67689
    x5             -0.15866     0.078847      -2.0122      0.059407

Number of observations: 24, Error degrees of freedom: 18
Root Mean Squared Error: 2.8
R-squared: 0.816,  Adjusted R-Squared 0.765
F-statistic vs. constant model: 16, p-value = 4.46e-06
```

根据上面的计算结果可以写出经验回归方程如下：

$$\hat{y}=121.17-0.3471x_1-0.0167x_2-4.2903x_3-0.0399x_4-0.1587x_5 \quad (9.4-2)$$

对回归方程进行显著性检验，原假设和备择假设分别为

$$H_0: b_1=b_2=\cdots=b_5=0, \qquad H_1: b_i \text{不全为} 0, i=1,2,\cdots,5$$

检验的 p 值(p-value $=4.46\times10^{-6}$)小于 0.05，可知在显著性水平 $\alpha=0.05$ 下应拒绝原假设 H_0，可认为回归方程是显著的，但是并不能说明方程中的每一项都是显著的。参数估计表中列出了对式(9.4-1)中常数项和各线性项进行的 t 检验的 p 值，可以看出，x_2，x_4 和 x_5 所对应的 p 值均大于 0.05，说明在显著性水平 0.05 下，回归方程中的线性项 x_2，x_4 和 x_5 都是不显著的，其中 x_2 最不显著，其次是 x_4，然后是 x_5。

3. 多重共线性诊断

多重共线性诊断的方法有很多，这里只介绍基于方差膨胀因子的多重共线性诊断。考虑自变量 x_i 关于其余自变量的多元线性回归，计算模型的判定系数(定义见 9.1.1 节最后的说明文字)，记为 R_i^2，定义第 i 个自变量的方差膨胀因子：

$$VIF_i=\frac{1}{1-R_i^2} \quad (9.4-3)$$

当自变量 x_i 有依赖于其他自变量的线性关系时，R_i^2 接近于 1，VIF_i 接近于无穷大；反之，R_i^2 接近于 0，VIF_i 接近于 1。VIF_i 越大说明线性依赖关系越严重，即存在共线性。通常情况下，基于方差膨胀因子的多重共线性诊断规则为：$VIF<5$，认为不存在共线性(或共线性较弱)；$5\leqslant VIF\leqslant 10$，认为存在中等程度共线性；$VIF>10$，认为共线性严重，必须设法消除共线性。常用的消除共线性的方法有：去除变量，变量变换，岭回归，主成分回归。

可根据自变量的相关系数矩阵 $\boldsymbol{R}_X$ 计算各自变量的方差膨胀因子，自变量 x_i 的方差膨胀因子 VIF_i 等于 $\boldsymbol{R}_X$ 的逆矩阵的对角线上的第 i 个元素。对于本例，计算方差膨胀因子的 MATLAB 命令如下：

```
>> Rx = corrcoef(X);
>> VIF = diag(inv(Rx))

VIF =
    1.5974
    1.0657
    2.4044
    1.7686
    1.6985
```

由以上结果可知各自变量的方差膨胀因子均小于 5，说明模型不存在多重共线性。

4. 残差分析与异常值诊断

下面绘制残差直方图和残差正态概率图，并根据学生化残差查找异常值。

```
>> figure;
>> subplot(1,2,1);
>> mmdl1.plotResiduals('histogram');      % 绘制残差直方图
>> title('(a) 残差直方图 ');
>> xlabel(' 残差 r');ylabel('f(r)');
>> subplot(1,2,2);
```

```
>> mmdl1.plotResiduals('probability');   % 绘制残差正态概率图
>> title('(b) 残差正态概率图');
>> xlabel('残差');ylabel('概率');

>> Res3 = mmdl1.Residuals;                % 查询残差值
>> Res_Stu3 = Res3.Studentized;           % 学生化残差
>> id3 = find(abs(Res_Stu3)>2)            % 查找异常值

id3 =
    10
    15
```

以上命令绘制的残差直方图和残差正态概率图如图 9.4-2 所示。

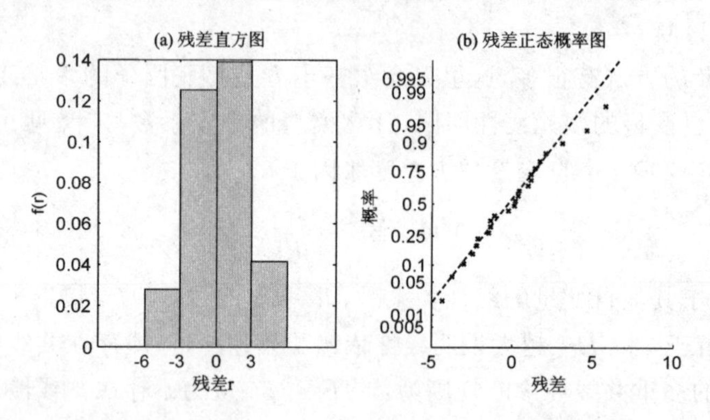

图 9.4-2　多元线性回归残差直方图和残差正态概率图

从计算结果并结合图 9.4-2 可以看出,残差基本服从正态分布,有 2 组数据出现异常,它们的观测序号分别为 10 和 15。

5. 模型改进

下面去除异常值,并将式(9.4-1)中最不显著的线性项 x_2, x_4 去掉,重新建立回归模型

$$\begin{cases} y_i = b_0 + b_1 x_{i1} + b_3 x_{i3} + b_5 x_{i5} + \varepsilon_i \\ \varepsilon_i \overset{iid}{\sim} N(0,\sigma^2), i = 1,2,\cdots,m \end{cases}$$

然后重新调用 fit 函数作 3 元线性回归,相应的 MATLAB 命令和结果如下:

```
>> Model = 'poly10101';      % 指定模型的具体形式
>> mmdl2 = LinearModel.fit(X,y,Model,'Exclude',id3)    % 去除异常值和不显著项重新拟合

mmdl2 =
Linear regression model:
    y ~ 1 + x1 + x3 + x5

Estimated Coefficients:
                     Estimate      SE          tStat        pValue
    (Intercept)        119.5       11.81       10.118      7.4559e-09
    x1              -0.36229     0.11272      -3.2141       0.0048108
    x3               -4.0411     0.62858      -6.4289      4.7386e-06
    x5              -0.17739     0.05977      -2.9678       0.0082426

Number of observations: 22, Error degrees of freedom: 18
```

```
Root Mean Squared Error: 2.11
R-squared: 0.862,  Adjusted R-Squared 0.84
F-statistic vs. constant model: 37.6, p-value = 5.81e-08
```

从以上结果可以看出,剔除异常值和线性项 x_2,x_4 后的经验回归方程为

$$\hat{y}=119.5-0.3623x_1-4.0411x_3-0.1774x_5 \tag{9.4-4}$$

对整个回归方程进行显著性检验的 p 值为 $5.81\times10^{-8}<0.05$,说明该方程是显著的,对常数项和线性项 x_1,x_3,x_5 所做的 t 检验的 p 值均小于 0.05,说明常数项和线性项也都是显著的。

9.4.3 多元多项式回归

虽然式(9.4-4)中已经剔除了最不显著的线性项 x_2,x_4,并且整个方程是显著的,但是不能认为式(9.4-4)就是最好的回归方程,还应尝试增加非线性项,作广义线性回归,例如二次多项式回归。假设 y 关于 $x_1,x_2,\cdots,x_5$ 的理论回归方程为

$$y=b_0+\sum_{i=1}^{5}b_ix_i+\sum_{i=1}^{4}\sum_{j=i+1}^{5}b_{ij}x_ix_j+\sum_{i=1}^{5}b_{ii}x_i^2 \tag{9.4-5}$$

这是一个完全二次多项式方程(包括常数项、线性项、交叉乘积项和平方项)。可调用 fit 函数求方程式(9.4-5)中未知参数 $b_0,b_1,\cdots,b_5,b_{12},b_{13},\cdots,b_{45},b_{11},\cdots,b_{55}$ 的估计值,并进行显著性检验。

```
>> Model = 'poly22222';     % 指定模型的具体形式
>> mmdl3 = LinearModel.fit(X,y,Model)    % 完全二次多项式拟合

mmdl3 =
Linear regression model:
    y ~ 1 + x1^2 + x1*x2 + x2^2 + x1*x3 + x2*x3 + x3^2 + x1*x4 + x2*x4 +
x3*x4 + x4^2 + x1*x5 + x2*x5 + x3*x5 + x4*x5 + x5^2

Estimated Coefficients:
                    Estimate       SE          tStat       pValue
    (Intercept)       1804.1       176.67      10.211      0.0020018
    x1               -26.768       3.3174      -8.069      0.0039765
    x2               -16.422       1.4725     -11.153      0.0015449
    x3               -7.2417       17.328    -0.41792        0.70412
    x4                1.7071       1.5284      1.1169        0.34543
    x5               -5.5878       1.2082     -4.6248       0.019034
    x1^2            0.034031      0.02233       1.524        0.22489
    x1:x2            0.18853     0.014842      12.702      0.0010526
    x2^2          -0.0024412    0.0030872    -0.79075        0.48684
    x1:x3            0.23808      0.21631      1.1006        0.35145
    x2:x3           -0.56157     0.087918     -6.3874      0.0077704
    x3^2             0.68822      0.63574      1.0826        0.35825
    x1:x4           0.016786     0.015763      1.0649        0.36502
    x2:x4          0.0030961    0.0058481     0.52942        0.63319
    x3:x4          -0.065623     0.071279    -0.92065        0.42513
    x4^2           -0.016381    0.0047701     -3.4342       0.041411
    x1:x5            0.03502     0.011535      3.0359       0.056047
    x2:x5           0.067888    0.0063552      10.682      0.0017537
    x3:x5            0.17506     0.063871      2.7408       0.071288
    x4:x5         -0.0016748    0.0056432    -0.29679        0.78599
    x5^2           -0.007748    0.0027112     -2.8577       0.064697
```

```
Number of observations: 24, Error degrees of freedom: 3
Root Mean Squared Error: 0.557
R - squared: 0.999,   Adjusted R - Squared 0.991
F - statistic vs. constant model: 123, p - value = 0.00104
```

由计算结果可知,对整个回归方程进行显著性检验的 p 值为 0.00104,说明在显著性水平 0.05 下,y 关于 $x_1,x_2,\cdots,x_5$ 的完全二次多项式回归方程是显著的。由参数估计值列表可写出经验回归方程,这里从略。从参数估计值列表中的显著性检验的 p 值可以看出,常数项、x_1、x_2、x_5、x_1x_2、x_2x_3、x_2x_5 和 x_4^2 所对应的 p 值均小于 0.05,说明回归方程中的这些项是显著的。读者可以尝试去除不显著项,重新作二次多项式回归。

〖说明〗

在调用 LinearModel 类对象的 fit 方法作多元多项式回归时,可通过形如 'polyijk…' 的参数指定多项式方程的具体形式,这里的 i, j, k,…为取值介于 0～9 的整数,用来指定多项式方程中各自变量的最高次数,其中 i 用来指定第一个自变量的次数,j 用来指定第二个自变量的次数,其余以此类推。

9.4.4 拟合效果图

上面调用 fit 函数作了 5 元线性回归拟合、3 元线性回归拟合和完全二次多项式拟合,得出了 3 个经验回归方程。从误差标准差 σ 的估计值(即均方根误差)可以看出 3 种拟合的准确性,均方根误差越小,说明残差越小,拟合也就越准确。当然也可以从拟合效果图上直观地看出拟合的准确性,下面做出 3 种拟合的拟合效果对比图,相关 MATLAB 命令如下:

```
>> figure;
>> plot(y,'ko');                              % 绘制因变量 y 与观测序号的散点
>> hold on
>> plot(mmdl1.predict(X),':');                % 绘制 5 元线性回归的拟合效果图,蓝色虚线
>> plot(mmdl2.predict(X),'r-.');              % 绘制 3 元线性回归的拟合效果图,红色点画线
>> plot(mmdl3.predict(X),'k');                % 绘制完全二次多项式回归的拟合效果图,黑色实线
>> legend('y 的原始散点','5 元线性回归拟合','3 元线性回归拟合','完全二次回归拟合');
                                              % 图例
>> xlabel('y 的观测序号');   ylabel('y');     % 为坐标轴加标签
```

以上命令做出的拟合效果对比图如图 9.4-3 所示,横坐标是因变量的观测序号,纵坐标是因变量的取值。单纯从拟合的准确性来看,完全二次多项式回归拟合的拟合效果较好,5 元和 3 元线性回归拟合的拟合效果差不多,相对都比较差。

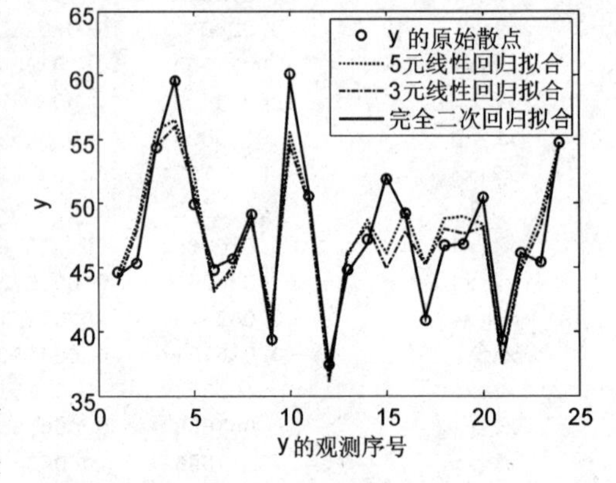

图 9.4-3 拟合效果对比图

9.4.5 逐步回归

在很多实际问题中,因变量 y 通常受到许多因素的影响,如果把所有可能产生影响的因素全部考虑进去,所建立起来的回归方程却不一定是最好的。首先由于自变量过多,使用不便,而且在

回归方程中引入无意义变量，会使误差方差 σ^2 的估计值 $\hat{\sigma}^2$ 增大，降低预测的精确性及回归方程的稳定性。但是另一方面，通常希望回归方程中包含的变量尽可能多一些，特别是对 y 有显著影响的自变量，如此能使回归平方和 SSR 增大，残差平方和 SSE 减小，一般也能使 $\hat{\sigma}^2$ 减小，从而提高预测的精度。因此，为了建立一个"最优"的回归方程，如何选择自变量是个重要问题。我们希望最优的回归方程中包含所有对 y 有显著影响的自变量，不包含对 y 影响不显著的自变量。下面介绍 4 种常用的选优方法。

（1）全部比较法

全部比较法是从所有可能的自变量组合构成的回归方程中挑选最优者，用这种方法总可以找一个"最优"回归方程，但是当自变量个数较多时，这种方法的计算量非常巨大，例如有 p 个自变量，就需要建立 $C_p^1 + C_p^2 + \cdots + C_p^p = 2^p - 1$ 个回归方程。对一个实际问题而言，这种方法有时是不实用的。

（2）只出不进法

只出不进法是从包含全部自变量的回归方程中逐个剔除不显著的自变量，直到回归方程中所包含的自变量全部都是显著的为止。当所考虑的自变量不多，特别是不显著的自变量不多时，这种方法是可行的；当自变量较大，尤其是不显著的自变量较多时，计算量仍然较大，因为每剔除一个自变量后都要重新计算回归系数。

（3）只进不出法

只进不出法是从一个自变量开始，把显著的自变量逐个引入回归方程，直到余下的自变量均不显著，没有变量还能再引入方程为止。只进不出法虽然计算量少些，但它有严重的缺点。虽然刚引入的那个自变量是显著的，但是由于自变量之间可能有相关关系，所以在引入新的变量后，有可能使已经在回归方程中的自变量变得不显著，因此不一定能得到"最优"回归方程。

（4）逐步回归法

逐步回归法是(2)和(3)相综合的一种方法，它根据自变量对因变量 y 的影响大小，将它们逐个引入回归方程，影响最显著的变量先引入回归方程，在引入一个变量的同时，对已引入的自变量逐个检验，将不显著的变量再从回归方程中剔除，最不显著的变量先被剔除，直到再也不能向回归方程中引入新的变量，同时也不能从回归方程中剔除任何一个变量为止。如此操作就保证了最终得到的回归方程是"最优"的。

LinearModel 类对象的 stepwise 方法用来作逐步回归。这里在二次多项式回归模型的基础上，利用逐步回归方法，建立耗氧能力 y 与诸因素之间的二次多项式回归模型，相应的 MATLAB 命令如下：

```
>> mmdl4  = LinearModel.stepwise(X,y, 'poly22222')      % 逐步回归

1. Removing x4:x5, FStat = 0.088084, pValue = 0.78599
2. Removing x2:x4, FStat = 0.49518, pValue = 0.52043
3. Removing x2^2, FStat = 0.55596, pValue = 0.48944
4. Removing x1:x3, FStat = 2.0233, pValue = 0.20475
5. Removing x3^2, FStat = 1.7938, pValue = 0.22232
6. Removing x3:x4, FStat = 1.7098, pValue = 0.22734
```

```
mmdl4 =
Linear regression model:
    y ~ 1 + x1^2 + x1*x2 + x2*x3 + x1*x4 + x4^2 + x1*x5 + x2*x5 + x3*x5 + x5^2

Estimated Coefficients:    % 参数估计值列表
                    Estimate        SE          tStat        pValue
    (Intercept)       1916.6       106.48       17.999     2.2957e-08
    x1               -29.485       1.6156      -18.251     2.0321e-08
    x2               -15.841      0.92505      -17.124      3.553e-08
    x3                3.3267       4.4986       0.7395        0.47845
    x4                 0.757      0.43986        1.721        0.11936
    x5                -6.547      0.69061      -9.4801     5.5705e-06
    x1^2            0.060353    0.0051667       11.681     9.6821e-07
    x1:x2            0.17622     0.010126       17.403     3.0846e-08
    x2:x3           -0.46789     0.050314      -9.2994     6.5277e-06
    x1:x4           0.034115    0.0041517       8.2173     1.7857e-05
    x4^2           -0.019258    0.0032306      -5.9612     0.00021239
    x1:x5           0.045394    0.0050247       9.0342     8.2768e-06
    x2:x5           0.063051    0.0043992       14.332     1.6742e-07
    x3:x5              0.165     0.025546       6.4588     0.00011693
    x5^2          -0.0052175    0.0016766      -3.1119        0.01248

Number of observations: 24, Error degrees of freedom: 9
Root Mean Squared Error: 0.521
R-squared: 0.997,  Adjusted R-Squared 0.992
F-statistic vs. constant model: 201, p-value = 1.82e-09

>> yfitted = mmdl4.Fitted;                       % 查询因变量的估计值
>> figure;                                       % 新建图形窗口
>> plot(y,'ko');                                 % 绘制因变量 y 与观测序号的散点
>> hold on
>> plot(yfitted,':','linewidth',2);              % 绘制逐步回归的拟合效果图,蓝色虚线
>> legend('y的原始散点','逐步回归拟合')          % 标注框
>> xlabel('y的观测序号');                        % 为 X 轴加标签
>> ylabel('y');                                  % 为 y 轴加标签
```

由以上结果可知,在二次多项式回归模型的基础上,经过6步回归,得到耗氧能力 y 与诸因素之间的二次多项式回归方程如下:

$$\begin{aligned}\hat{y} = & 1916.6 - 29.485x_1 - 15.841x_2 + 3.327x_3 + 0.757x_4 - 6.547x_5 \\ & + 0.060x_1^2 + 0.176x_1x_2 - 0.468x_2x_3 + 0.034x_1x_4 - 0.019x_4^2 \\ & + 0.045x_1x_5 + 0.063x_2x_5 + 0.165x_3x_5 - 0.005x_5^2\end{aligned}$$

对回归方程进行的显著性检验的 p 值(p-value $= 1.82\times10^{-9}$)小于0.05,说明整个回归方程是显著的。参数估计值列表中列出了对回归方程中常数项、线性项和二次项进行的 t 检验的 p 值,可以看出,除 x_3 和 x_4 外,其余所有项对应的 p 值均小于0.05,说明在显著性水平0.05下,回归方程中除 x_3,x_4 外的其余项均是显著的。模型拟合效果图如图9.4-4所示。

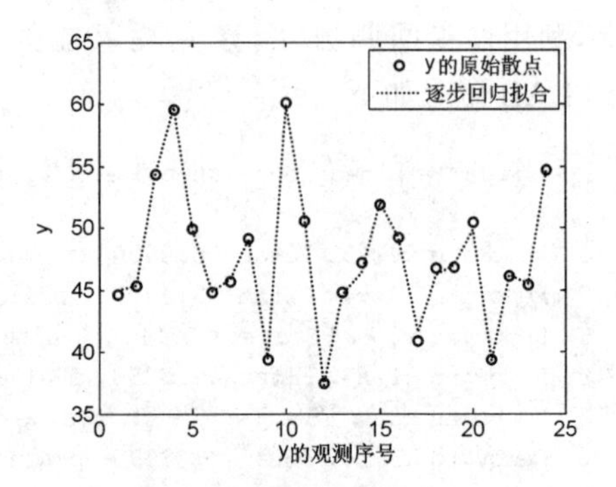

图9.4-4 逐步回归拟合效果图

在以上逐步回归结果的基础上,还可以进一

步剔除模型中的不显著项 x_3 和 x_4，命令如下：

```
% 用一个矩阵指定回归方程中的各项
>> model = [0 0 0 0 0      % 常数项
            1 0 0 0 0     % x1 项
            0 1 0 0 0     % x2 项
            0 0 0 0 1     % x5 项
            2 0 0 0 0     % x1^2 项
            1 1 0 0 0     % x1 * x2 项
            0 1 1 0 0     % x2 * x3 项
            1 0 0 1 0     % x1 * x4 项
            0 0 0 2 0     % x4^2 项
            1 0 0 0 1     % x1 * x5 项
            0 1 0 0 1     % x2 * x5 项
            0 0 1 0 1     % x3 * x5 项
            0 0 0 0 2];  % x5^2 项
>> mmdl5 = LinearModel.fit(X,y,model)     % 广义线性回归
```

以上命令的运行结果从略，请读者自行尝试，并对结果进行分析。

9.5 案例27：多元非线性回归

9.5.1 案例描述

【例9.5-1】 近些年来，世界范围内频发的一些大地震给我们每一位地球人带来了巨大的伤痛，痛定思痛，我们应该为减少震后灾害做些事情。

当地震发生时，震中位置的快速确定对第一时间展开抗震救灾起到非常重要的作用，而震中位置可以通过多个地震观测站点接收到地震波的时间推算得到。这里假定地面是一个平面，在这个平面上建立坐标系，如图9.5-1所示。图中给出了10个地震观测站点（A—J）的坐标位置。

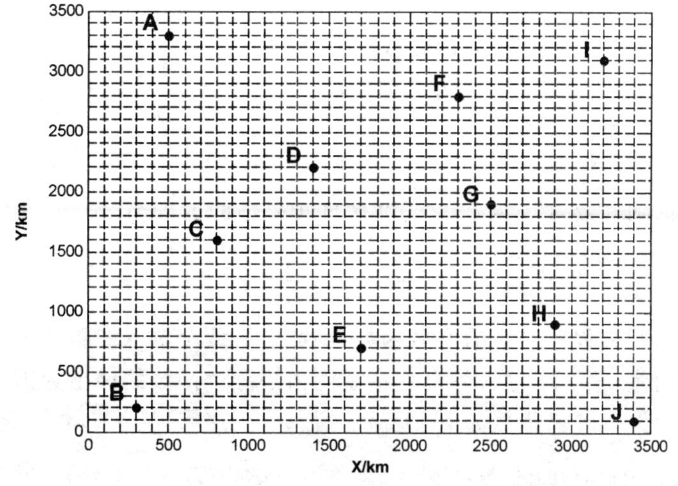

图9.5-1 地震观测站点示意图

2011年4月1日某时在某一地点发生了一次地震,图9.5-1中10个地震观测站点均接收到了地震波,观测数据如表9.5-1所列。

表9.5-1 地震观测站坐标及接收地震波时间

地震观测站	横坐标 x/km	纵坐标 y/km	接收地震波时间
A	500	3300	4月1日9时21分9秒
B	300	200	4月1日9时19分29秒
C	800	1600	4月1日9时14分51秒
D	1400	2200	4月1日9时13分17秒
E	1700	700	4月1日9时11分46秒
F	2300	2800	4月1日9时14分47秒
G	2500	1900	4月1日9时10分14秒
H	2900	900	4月1日9时11分46秒
I	3200	3100	4月1日9时17分57秒
J	3400	100	4月1日9时16分49秒

假定地震波在各种介质和各个方向的传播速度均相等,并且在传播过程中保持不变。请根据表9.5-1中的数据确定这次地震的震中位置、震源深度以及地震发生的时间(不考虑时区因素,建议时间以分为单位)。

9.5.2 模型建立

假设震源三维坐标为(x_0,y_0,z_0),这里的z_0取正值,设地震发生的时间为2011年4月1日9时t_0分,地震波传播速度为v_0(单位:km/s)。用$(x_i,y_i,0)$,$i=1,2,\cdots,10$分别表示地震观测站点A—J的三维坐标,用T_i,$i=1,2,\cdots,10$分别表示地震观测站点A—J接收到地震波的时刻,这里的T_i,$i=1,2,\cdots,10$表示9时T_i分接收到地震波。根据题设条件和以上假设建立变量T关于x,y的二元非线性回归模型如下:

$$\left.\begin{aligned} T_i &= t_0 + \frac{\sqrt{(x_i-x_0)^2+(y_i-y_0)^2+z_0^2}}{60v_0} + \varepsilon_i \\ \varepsilon_i &\overset{iid}{\sim} N(0,\sigma^2),\ i=1,2,\cdots,10 \end{aligned}\right\} \tag{9.5-1}$$

其中,ε_i为随机误差,x_0,y_0,z_0,v_0,t_0为模型参数。

9.5.3 模型求解

由式(9.5-1)可知T关于x,y的二元非线性理论回归方程为

$$T = t_0 + \frac{\sqrt{(x-x_0)^2+(y-y_0)^2+z_0^2}}{60v_0} \tag{9.5-2}$$

首先编写理论回归方程所对应的匿名函数,函数应有两个输入参数,一个输出参数。第1个输入为未知参数向量,第2个输入为自变量观测值矩阵。函数的输出为因变量观测值向量。这里根据式(9.5-2)编写匿名函数如下:

```
% 理论回归方程所对应的匿名函数
>> modelfun = @(b,x)sqrt((x(:,1) - b(1)).^2 + (x(:,2) - b(2)).^2 + b(3).^2)/(60 * b(4)) + b(5);
```

函数的第一个输入参数 b 是一个包含 5 个分量的向量，分别对应式(9.5－2)中的参数 x_0，y_0，z_0，v_0，t_0。

还可以将理论回归方程定义为字符串形式：

```
% 用字符串形式定义理论回归方程
>> modelfun = 'y ~ sqrt((x1 - b1)^2 + (x2 - b2)^2 + b3^2)/(60 * b4) + b5';
```

下面调用 NonLinearModel 类的 fit 方法求解式(9.5－1)中的参数。

```
% 定义地震观测站位置坐标及接收地震波时间数据矩阵[x,y,Minutes,Seconds]
>> xyt = [500    3300    21    9
          300     200    19   29
          800    1600    14   51
         1400    2200    13   17
         1700     700    11   46
         2300    2800    14   47
         2500    1900    10   14
         2900     900    11   46
         3200    3100    17   57
         3400     100    16   49];
% 分别提取坐标数据和时间数据
>> xy = xyt(:,1:2); Minutes = xyt(:,3); Seconds = xyt(:,4);
>> T = Minutes + Seconds/60;    % 接收地震波的时间(已转化为分)
>> b0 = [1000 100 1 1 1];       % 定义参数初值
>> mnlm = NonLinearModel.fit(xy,T,modelfun,b0)    % 多元非线性回归

mnlm =
Nonlinear regression model:
    y ~ sqrt((x1 - b1)^2 + (x2 - b2)^2 + b3^2)/(60 * b4) + b5

Estimated Coefficients:          % 参数估计值列表
          Estimate      SE           tStat       pValue
    b1    2200.5        0.53366      4123.5      1.5922e-17
    b2    1399.9        0.48183      2905.4      9.168e-17
    b3    35.144        61.893       0.56782     0.5947
    b4    2.9994        0.0041439    723.82      9.5533e-14
    b5    6.9863        0.02087      334.75      4.515e-12

Number of observations: 10, Error degrees of freedom: 5
Root Mean Squared Error: 0.00591
R-Squared: 1,  Adjusted R-Squared 1
F-statistic vs. constant model: 8.3e+05, p-value = 9.75e-15
```

由以上结果可知

$$\begin{cases} x_0 = 2200.5 \\ y_0 = 1399.9 \\ z_0 = 35.144 \\ v_0 = 2.9994 \\ t_0 = 6.9863 \end{cases}$$

也就是说地震发生的时间为 2011 年 4 月 1 日 09 时 07 分，震中位于 $x_0 = 2200.5$，$y_0 = 1399.9$ 处，震源深度 35.144 km。

9.6 案例28:多项式回归

在用回归分析方法作数据拟合时,很多情况下很难写出回归函数的解析表达式,例如股票历史价格的拟合,海岸线拟合,地形曲面拟合等。此时可借助于多项式回归,根据已给的变量观测数据,构造出一个易于计算的多项式函数来描述变量间的不确定性关系,还可以利用该函数计算非数据节点处的变量近似值。本节将结合具体案例介绍用多项式回归方法进行数据拟合。

9.6.1 多项式回归模型

对于可控变量 x 和随机变量 y 的 $m(m>n)$ 次独立的观测 $(x_i,y_i),i=1,2,\cdots,m$,若 y(因变量,也称为响应变量)和 x(自变量)之间的回归模型为

$$\left.\begin{aligned} y_i &= p_1x_i^n + p_2x_i^{n-1} + \cdots + p_nx_i + p_{n+1} + \varepsilon_i \\ \varepsilon_i &\overset{iid}{\sim} N(0,\sigma^2),i=1,2,\cdots,m \end{aligned}\right\} \tag{9.6-1}$$

其中,$p_1,p_2,\cdots,p_{n+1}$ 为未知参数,则回归函数 $E(y\mid x)=p_1x^n+p_2x^{n-1}+\cdots+p_nx+p_{n+1}$ 为 x 的 n 次多项式。称模型式(9.6-1)为**多项式回归模型**。若令 $z_{ik}=x_i^k,i=1,2,\cdots,m,k=1,2,\cdots,n$,则多项式回归模型就转化为 n 元线性回归模型

$$\begin{cases} y_i = p_{n+1} + p_nz_{i1} + \cdots + p_1z_{in} + \varepsilon_i \\ \varepsilon_i \overset{iid}{\sim} N(0,\sigma^2),i=1,2,\cdots,m \end{cases}$$

9.6.2 多项式回归的MATLAB实现

1. polyfit函数的用法

MATLAB中提供了polyfit函数,用来作多项式曲线拟合,求解式(9.6-1)中的未知参数。polyfit函数的调用格式如下:

1) **p = polyfit(x,y,n)**

返回n次(阶)多项式回归方程中系数向量的估计值p,这里的p是一个1×(n+1)的行向量,按降幂排列。输入参数x为自变量观测值向量,y为因变量观测值向量,n为正整数,用来指定多项式的阶数。

2) **[p,S] = polyfit(x,y,n)**

还返回一个结构体变量S,可作为polyval函数的输入,用来计算预测值及误差的估计值。S有一个normr字段,字段值为残差的模,其值越小,表示拟合越精确。

3) **[p,S,mu] = polyfit(x,y,n)**

首先对自变量x进行标准化变换:$\hat{x}=(x-\mu)/\sigma$,这里 μ 为x的均值,σ 为x的标准差,然后对y和标准化变换后的x作多项式回归,返回系数向量的估计值p,结构体变量S,以及 $mu=[\mu,\sigma]$。

2. polyval函数的用法

MATLAB中提供了polyval函数,用来根据多项式系数向量计算多项式的值,其调用格

式如下：

1）**y = polyval(p,x)**

计算 n 次多项式 $y=p_1x^n+p_2x^{n-1}+p_nx+p_{n+1}$ 在 x 处的值 y。输入参数 p = [p_1,p_2,…,p_{n+1}]为系数向量，按降幂排列，x 为用户指定的自变量取值向量。输出参数 y 是与 x 等长的向量。

2）**[y,delta] = polyval(p,x,S)**

根据 polyfit 函数返回的系数向量 p 和结构体变量 S 计算因变量 y 的预测值，以及误差 ε_i 的标准差 σ 的估计值 delta。若误差相互独立，服从同方差的正态分布，则[y－delta, y＋delta]可作为预测值的 50％置信区间。

3）**y = polyval(p,x,[],mu) 或 [y,delta] = polyval(p,x,S,mu)**

首先对自变量 x 进行标准化变换，然后进行相应的计算。输入参数 mu 是 polyfit 函数的第 3 个输出参数。

3. poly2sym 函数的用法

MATLAB 中提供了 poly2sym 函数，用来把多项式系数向量转为符号多项式，函数名中的 2 意为“two”，表“to”。poly2sym 函数的调用格式如下：

1）**r = poly2sym(p)**

根据多项式系数向量 p 生成多项式的符号表达式 r。输入参数 p 是按降幂排列的多项式系数向量。

2）**r = poly2sym(p,v)**

若输入参数 v 是字符串或符号变量，则根据多项式系数向量 p 生成变量为 v 的符号多项式；若输入参数 v 是数值型变量，则计算 v 处的多项式值（同 polyval(p, v)）。

9.6.3 多项式回归案例

【例 9.6－1】 现有我国 2007 年 1 月至 2011 年 11 月的食品零售价格分类指数数据，如表 9.6－1 所列。数据来源：中华人民共和国国家统计局网站月度统计数据。

表 9.6－1 食品零售价格分类指数数据

序 号	统计月度	上年同月＝100			上年同期＝100		
		全国	城市	农村	全国	城市	农村
1	2007 年 1 月	104.9	104.4	105.9	104.9	104.4	105.9
2	2007 年 2 月	105.8	105.2	106.9	105.3	104.8	106.4
3	2007 年 3 月	107.7	107.4	108.3	106.1	105.7	107
4	2007 年 4 月	106.9	106.6	107.6	106.3	105.9	107.2
5	2007 年 5 月	108.1	107.7	109.1	106.7	106.3	107.6
6	2007 年 6 月	111.3	110.6	112.7	107.4	107	108.4
7	2007 年 7 月	115.3	114.4	117.5	108.5	108	109.7
8	2007 年 8 月	118.1	117.2	120.2	109.7	109.1	111

续表 9.6-1

序　号	统计月度	上年同月＝100			上年同期＝100		
		全国	城市	农村	全国	城市	农村
9	2007年9月	116.9	116.1	118.6	110.5	109.9	111.8
10	2007年10月	117.8	117.3	119	111.2	110.6	112.5
11	2007年11月	118.4	117.9	119.5	111.9	111.3	113.2
12	2007年12月	116.9	116.5	117.6	112.3	111.7	113.6
13	2008年1月	118.3	117.9	119.3	118.3	117.9	119.3
14	2008年2月	123.5	123.3	124.1	121	120.6	121.7
15	2008年3月	121.4	120.9	122.5	121.1	120.7	122
16	2008年4月	122.1	121.7	123.1	121.4	121	122.3
17	2008年5月	119.9	119.6	120.5	121.1	120.7	121.9
18	2008年6月	117.2	117.2	117.1	120.4	120.1	121.1
19	2008年7月	114.5	115	113.4	119.5	119.4	120
20	2008年8月	110.4	110.9	109.2	118.3	118.3	118.5
21	2008年9月	109.8	110.3	108.7	117.3	117.3	117.3
22	2008年10月	108.5	109.1	107.4	116.4	116.5	116.3
23	2008年11月	105.9	106.6	104.4	115.4	115.5	115.1
24	2008年12月	104	104.6	102.8	114.4	114.5	114
25	2009年1月	104.1	104.7	102.9	104.1	104.7	102.9
26	2009年2月	98	98.5	97	101	101.5	99.9
27	2009年3月	99.4	99.9	98.2	100.4	100.9	99.3
28	2009年4月	98.7	99.2	97.8	100	100.5	98.9
29	2009年5月	99.5	100	98.4	99.9	100.4	98.8
30	2009年6月	99.1	99.6	98	99.8	100.3	98.7
31	2009年7月	98.9	99.3	98.2	99.6	100.1	98.6
32	2009年8月	100.6	101	99.9	99.8	100.2	98.8
33	2009年9月	101.7	101.9	101.2	100	100.4	99
34	2009年10月	101.7	101.6	101.8	100.1	100.5	99.3
35	2009年11月	103.4	103.1	103.9	100.4	100.8	99.7
36	2009年12月	105.7	105.5	106.1	100.9	101.1	100.2
37	2010年1月	104.2	104.2	104.3	104.2	104.2	104.3
38	2010年2月	106.7	106.6	106.8	105.5	105.4	105.6
39	2010年3月	105.6	105.6	105.8	105.5	105.5	105.7
40	2010年4月	106.4	106.3	106.5	105.7	105.7	105.9
41	2010年5月	106.4	106.3	106.7	105.9	105.8	106
42	2010年6月	105.9	105.8	106.3	105.9	105.8	106.1
43	2010年7月	107.1	107	107.4	106.1	106	106.2
44	2010年8月	107.9	107.7	108.3	106.3	106.2	106.5

续表 9.6-1

序　号	统计月度	上年同月＝100			上年同期＝100		
		全国	城市	农村	全国	城市	农村
45	2010 年 9 月	108.4	108.2	108.7	106.5	106.4	106.7
46	2010 年 10 月	110.5	110.5	110.6	106.9	106.8	107.1
47	2010 年 11 月	112.3	112.3	112.5	107.4	107.3	107.6
48	2010 年 12 月	110.1	110	110.3	107.6	107.5	107.9
49	2011 年 1 月	110.4	110.3	110.7	110.4	110.3	110.7
50	2011 年 2 月	111.4	111.2	111.9	110.9	110.7	111.3
51	2011 年 3 月	111.8	111.6	112.3	111.2	111	111.6
52	2011 年 4 月	111.5	111.4	111.9	111.3	111.1	111.7
53	2011 年 5 月	111.8	111.6	112.3	111.4	111.2	111.8
54	2011 年 6 月	114.6	114.3	115.4	111.9	111.7	112.4
55	2011 年 7 月	114.9	114.7	115.6	112.3	112.1	112.9
56	2011 年 8 月	113.5	113.3	113.9	112.5	112.3	113
57	2011 年 9 月	113.5	113.4	114	112.6	112.4	113.1
58	2011 年 10 月	111.9	111.8	112.2	112.5	112.3	113
59	2011 年 11 月	108.7	108.8	108.6	112.2	112	112.6

以上数据保存在文件 examp9_6_1.xls 中。下面根据以上 59 组统计数据研究全国食品零售价格分类指数(上年同月＝100)和时间之间的关系。

1. 数据的散点图

用序号表示时间,记为 x,用 y 表示全国食品零售价格分类指数(上年同月＝100)。由于 x 和 y 均为一维变量,可以先从 x 和 y 的散点图上直观地观察它们之间的关系,然后再作进一步的分析。

通过以下命令从文件 examp9_6_1.xls 中读取变量 x 和 y 的数据,然后作出 x 和 y 的观测数据的散点图(如图 9.6-1 所示)。

```
>> [Data,Textdata] = xlsread('examp9_6_1.xls');  % 从 Excel 文件中读取数据
>> x = Data(:,1);  % 提取 Data 的第 1 列,即时间数据(观测序号)
>> y = Data(:,3);  % 提取 Data 的第 3 列,即价格指数数据
>> timestr = Textdata(3:end,2);  % 提取 timestr 的第 2 列的第 3 至最后一行,即文本时间数据
>> figure;
>> plot(x,y,'k.','Markersize',15);  % 绘制 x 和 y 的散点图
>> set(gca,'xtick',1:2:numel(x),'xticklabel',timestr(1:2:end));  % 设置 X 轴刻度标签
>> rotateticklabel(gca,'x', - 30);  % 调用自编函数旋转 X 轴刻度标签(避免过于拥挤)
>> xlabel('时间');  % 给 X 轴加标签
>> ylabel('食品零售价格分类指数');  % 给 Y 轴加标签
```

散点图表明 x 和 y 的非线性趋势比较明显,可以用多项式曲线进行拟合。

〖说明〗

为避免 X 轴坐标刻度标签过于拥挤,上面代码中调用了自编函数 rotateticklabel 对 X 轴坐标刻度标签进行了旋转,rotateticklabel 函数的源代码可从本书读者在线交流平台或 MAT-

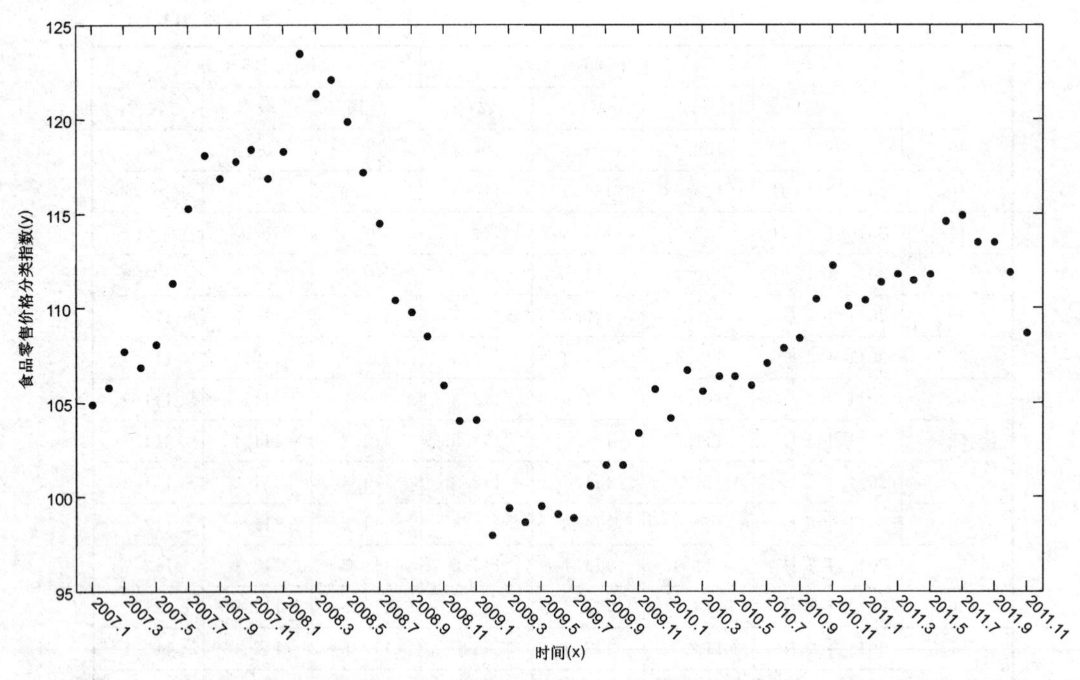

图 9.6-1 全国食品零售价格分类指数(上年同月=100)和时间的散点图

LAB技术论坛下载,网址如下:http://www.ilovematlab.cn/forum-181-1.html ,http://www.matlabsky.com/thread-20361-1-1.html。

2. 四次多项式拟合

假设 y 关于 x 的理论回归方程为

$$\hat{y} = p_1 x^4 + p_2 x^3 + p_3 x^2 + p_4 x + p_5 \tag{9.6-2}$$

其中,p_1, p_2, p_3, p_4, p_5 为未知参数。下面调用 polyfit 函数求解方程中的未知参数,调用 poly2sym 函数显示多项式的符号表达式。

```
>> [p4,S4] = polyfit(x,y,4)   % 调用polyfit函数求解方程中的未知参数

p4 =

   -0.0001    0.0096   -0.3985    5.5635   94.2769

S4 =

        R: [5x5 double]
       df: 54
    normr: 21.0375             % 残差的模

>> r = poly2sym(p4);            % 根据多项式系数向量p生成多项式的符号表达式r
>> r = vpa(r,5)                 % 将多项式的符号表达式r中的系数保留5位有效数字

r =

- 0.000074268 * x^4 + 0.0096077 * x^3 - 0.39845 * x^2 + 5.5635 * x + 94.277
```

从输出的结果看，系数向量的估计值为 $\hat{p}=[-0.0001,0.0096,-0.3985,5.5635,94.2769]$，从而可以写出 y 关于 x 的4次多项式方程如下：

$$\hat{y}=-0.0001x^4+0.0096x^3-0.3985x^2+5.5635x+94.2769 \qquad (9.6-3)$$

上述多项式方程与 poly2sym 函数得出的符号多项式不完全一致，这是由于舍入误差造成的。

3. 更高次多项式拟合

下面调用 polyfit 函数作更高次（大于4次）多项式拟合，并把多次拟合的残差的模加以对比，评价拟合的好坏。

```
>> [p5,S5] = polyfit(x,y,5);        % 5次多项式拟合
>> S5.normr                         % 查看残差的模

ans =

   21.0359

>> [p6,S6] = polyfit(x,y,6);        % 6次多项式拟合
>> S6.normr                         % 查看残差的模

ans =

   16.7662

>> [p7,S7] = polyfit(x,y,7);        % 7次多项式拟合
>> S7.normr                         % 查看残差的模

ans =

   12.3067

>> [p8,S8] = polyfit(x,y,8);        % 8次多项式拟合
>> S8.normr                         % 查看残差的模

ans =

   11.1946

>> [p9,S9] = polyfit(x,y,9);        % 9次多项式拟合
>> S9.normr                         % 查看残差的模

ans =

   10.4050
```

上述结果表明，随着多项式次数的提高，残差的模呈下降趋势，单纯从拟合的角度来说，拟合精度会随着多项式次数的提高而提高。

4. 拟合效果图

在以上拟合结果的基础上，可以调用 polyval 函数计算给定自变量 x 处的因变量 y 的预测值，从而绘制拟合效果图，从拟合效果图上直观地看出拟合的准确性。

```
>> figure;  % 新建一个图形窗口
>> plot(x,y,'k.','Markersize',15);     % 绘制 x 和 y 的散点图
>> set(gca,'xtick',1:2:numel(x),'xticklabel',timestr(1:2:end));   % 设置 X 轴刻度标签
>> rotateticklabel(gca,'x',-30);      % 旋转 X 轴刻度标签(避免过于拥挤)
>> xlabel('时间');                    % 给 X 轴加标签
>> ylabel('食品零售价格分类指数');   % 给 Y 轴加标签
>> hold on;
>> yd4 = polyval(p4,x);   % 计算 4 次多项式拟合的预测值
>> yd6 = polyval(p6,x);   % 计算 6 次多项式拟合的预测值
>> yd8 = polyval(p8,x);   % 计算 8 次多项式拟合的预测值
>> yd9 = polyval(p9,x);   % 计算 9 次多项式拟合的预测值
>> plot(x,yd4,'k:+');     % 绘制 4 次多项式拟合曲线
>> plot(x,yd6,'k--s');    % 绘制 6 次多项式拟合曲线
>> plot(x,yd8,'k-.d');    % 绘制 8 次多项式拟合曲线
>> plot(x,yd9,'k-p');     % 绘制 9 次多项式拟合曲线
% 插入图例
>> legend('原始散点','4 次多项式拟合','6 次多项式拟合','8 次多项式拟合','9 次多项式拟合')
```

以上命令做出的拟合效果图如图 9.6-2 所示,可以看出高阶多项式能很好地拟合波动比较明显的数据,但是也仅限于拟合,如果用拟合得到的高阶多项式去预测样本数据以外的值,很可能会得到不合理的结果。

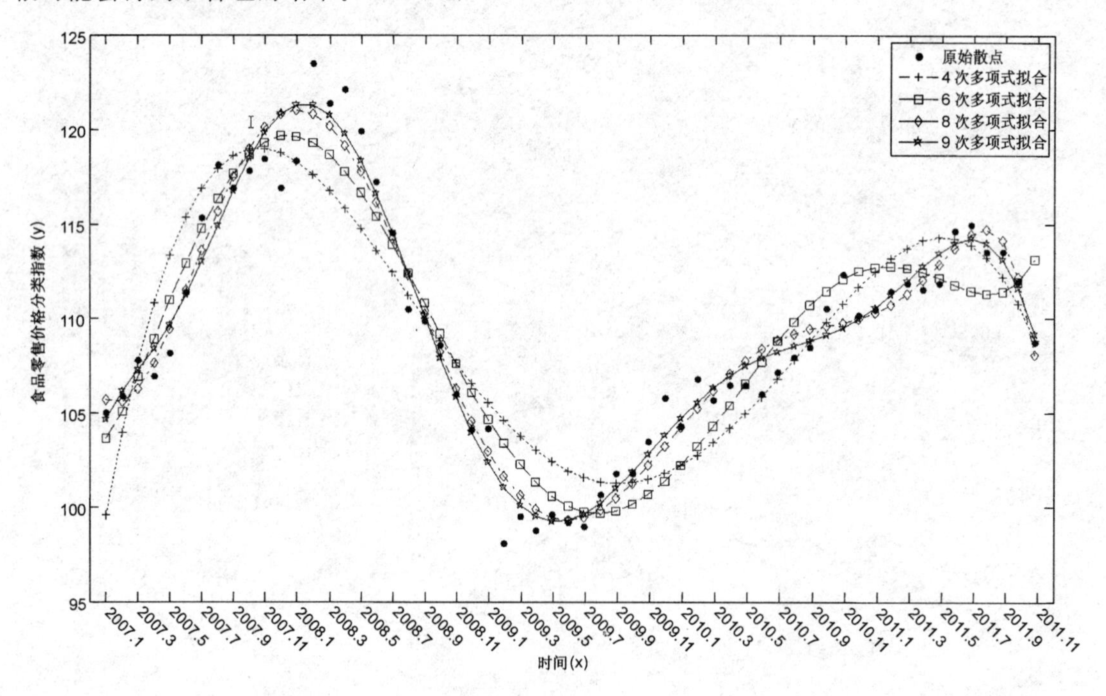

图 9.6-2　多项式拟合效果图

第10章 聚类分析

俗话说:“物以类聚,人以群分”,在现实世界中存在大量的分类问题。聚类分析是研究分类问题的一种多元统计方法,在生物学、经济学、人口学、生态学、电子商务等很多方面有着非常广泛的应用。

聚类分析的目的是把分类对象按一定规则分成若干类,这些类不是事先给定的,而是根据数据的特征确定的,对类的数目和类的结构不必做任何假定。在同一类里的这些对象在某种意义上倾向于彼此相似,而在不同类里的对象倾向于不相似。聚类分析根据分类对象不同分为 ***Q* 型聚类分析**和 ***R* 型聚类分析**。Q 型聚类是指对样品进行聚类,R 型聚类是指对变量进行聚类。

本章主要介绍系统聚类、K 均值聚类和模糊 C 均值聚类的基本原理,并结合具体案例介绍聚类分析的 MATLAB 实现。

10.1 聚类分析简介

10.1.1 距离和相似系数

本节介绍两种相似性度量:距离和相似系数。距离用来度量样品之间的相似性,相似系数用来度量变量之间的相似性。

1. 变量类型

距离和相似系数的定义与变量类型有关,通常变量按测量尺度的不同可分为以下 3 类:

① 间隔尺度变量:变量用连续的量来表示,如长度、重量、速度、温度等。

② 有序尺度变量:变量度量时不用明确的数量表示,而是用等级来表示,如产品的等级、比赛的名次等。

③ 名义尺度变量:变量用一些类表示,这些类之间既无等级关系,也无数量关系,如性别、职业、产品的型号。

2. 距 离

设 $\boldsymbol{X}_1,\boldsymbol{X}_2,\cdots,\boldsymbol{X}_n$ 为取自 p 元总体的样本,记第 i 个样品 $\boldsymbol{X}_i=\left(x_{i1},x_{i2},\cdots,x_{ip}\right)(i=1,2,\cdots,n)$。聚类分析中常用的距离有以下几种:

(1) 闵可夫斯基(Minkowski)距离

第 i 个样品 $\boldsymbol{X}_i$ 和第 j 个样品 $\boldsymbol{X}_j$ 之间的闵可夫斯基距离(也称“明氏距离”)定义为

$$d_{ij}(q)=\left[\sum_{k=1}^{p}\mid x_{ik}-x_{jk}\mid^{q}\right]^{1/q},\quad i=1,2,\cdots,n;j=1,2,\cdots,n$$

其中,q 为正整数。

特别地,

当 $q=1$ 时,$d_{ij}(1)=\sum_{k=1}^{p}|x_{ik}-x_{jk}|$ 称为绝对值距离;

当 $q=2$ 时,$d_{ij}(2)=\left[\sum_{k=1}^{p}(x_{ik}-x_{jk})^2\right]^{1/2}$ 称为欧氏距离;

当 $q\to\infty$ 时,$d_{ij}(\infty)=\max\limits_{1\leqslant k\leqslant p}|x_{ik}-x_{jk}|$ 称为切比雪夫距离。

注意:当各变量的单位不同或测量值范围相差很大时,不应直接采用闵可夫斯基距离,应先对各变量的观测数据作标准化处理。

(2) 兰氏(Lance和Williams)距离

当 $x_{ik}>0(i=1,2,\cdots,n;k=1,2,\cdots,p)$ 时,定义第 i 个样品 $\boldsymbol{X}_i$ 和第 j 个样品 $\boldsymbol{X}_j$ 之间的兰氏距离为

$$d_{ij}(L)=\sum_{k=1}^{p}\frac{|x_{ik}-x_{jk}|}{x_{ik}+x_{jk}},\quad i=1,2,\cdots,n;j=1,2,\cdots,n$$

兰氏距离与各变量的单位无关,它对大的异常值不敏感,故适用于高度偏斜的数据。

(3) 马哈拉诺比斯(Mahalanobis)距离

第 i 个样品 $\boldsymbol{X}_i$ 和第 j 个样品 $\boldsymbol{X}_j$ 之间的马哈拉诺比斯距离(简称为马氏距离)定义为

$$d_{ij}(M)=\sqrt{(\boldsymbol{X}_i-\boldsymbol{X}_j)\boldsymbol{S}^{-1}(\boldsymbol{X}_i-\boldsymbol{X}_j)'},\quad i=1,2,\cdots,n;j=1,2,\cdots,n$$

其中,$\boldsymbol{S}$ 为样本协方差矩阵。若将 $\boldsymbol{S}$ 换为对角矩阵 $\boldsymbol{D}$,其中 $\boldsymbol{D}$ 的对角线上第 k 个元素为第 k 个变量(注意不是样品)的方差,则此时的距离称为标准化欧氏距离。

(4) 斜交空间距离

第 i 个样品 $\boldsymbol{X}_i$ 和第 j 个样品 $\boldsymbol{X}_j$ 之间的斜交空间距离定义为

$$d_{ij}^{*}=\left[\frac{1}{p^2}\sum_{k=1}^{p}\sum_{l=1}^{p}(x_{ik}-x_{jk})(x_{il}-x_{jl})r_{kl}\right]^{1/2},\quad i=1,2,\cdots,n;j=1,2,\cdots,n$$

其中,r_{kl} 是变量 x_k 与变量 x_l 间的相关系数。

3. 相似系数

聚类分析中常用的相似系数有以下2种:

(1) 夹角余弦

变量 x_i 与 x_j 的夹角余弦定义为

$$C_{ij}(1)=\frac{\sum_{k=1}^{n}x_{ki}x_{kj}}{\left[\left(\sum_{k=1}^{n}x_{ki}^2\right)\left(\sum_{k=1}^{n}x_{kj}^2\right)\right]^{1/2}},\quad i=1,2,\cdots,p;j=1,2,\cdots,p$$

它是变量 x_i 的观测值向量 $(x_{1i},x_{2i},\cdots,x_{ni})'$ 和变量 x_j 的观测值向量 $(x_{1j},x_{2j},\cdots,x_{nj})'$ 间夹角的余弦。

(2) 相关系数

变量 x_i 与 x_j 的相关系数定义为

$$C_{ij}(2) = \frac{\sum_{k=1}^{n}(x_{ki}-\bar{x}_i)(x_{kj}-\bar{x}_j)}{\sqrt{\left[\sum_{k=1}^{n}(x_{ki}-\bar{x}_i)^2\right]\left[\sum_{k=1}^{n}(x_{kj}-\bar{x}_j)^2\right]}},\quad i=1,2,\cdots,p;j=1,2,\cdots,p$$

其中

$$\bar{x}_i = \frac{1}{n}\sum_{k=1}^{n}x_{ki},\bar{x}_j = \frac{1}{n}\sum_{k=1}^{n}x_{kj},\quad i=1,2,\cdots,p;j=1,2,\cdots,p$$

由相似系数还可定义变量间距离，如

$$d_{ij} = 1-C_{ij},\quad i=1,2,\cdots,p;j=1,2,\cdots,p$$

10.1.2 系统聚类法

1. 系统聚类法的基本思想

聚类开始时将 n 个样品(或 p 个变量)各自作为一类，并规定样品(或变量)之间的距离和类与类之间的距离，然后将距离最近的两类合并成一个新类(简称为并类)，计算新类与其他类之间的距离，重复进行两个最近类的合并，每次减少一类，直至所有的样品(或变量)合并为一类。最后形成一个亲疏关系图谱(聚类树形图或谱系图)，通常从图上能清晰地看出应分成几类以及每一类所包含的样品(或变量)，除此之外，也可借助统计量来确定分类结果。

在聚类分析中，通常用 G 表示类，假定 G 中有 m 个元素(即样品或变量)，为不失一般化，用列向量 $\boldsymbol{x}_i(i=1,2,\cdots,m)$ 来表示，d_{ij} 表示元素 $\boldsymbol{x}_i$ 与 $\boldsymbol{x}_j$ 间距离，D_{KL} 表示类 G_K 与类 G_L 之间的距离。类与类之间用不同的方法定义距离，就产生了以下不同的系统聚类方法。

2. 最短距离法(Single Linkage Method)

定义类与类之间的距离为两类最近样品间的距离，即

$$D_{KL} = \min\{d_{ij}:\boldsymbol{x}_i\in G_K,\boldsymbol{x}_j\in G_L\}$$

若某一步类 G_K 与类 G_L 聚成一个新类，记为 G_M，类 G_M 与任意已有类 G_J 之间的距离为

$$D_{MJ} = \min\{D_{KJ},D_{LJ}\},\qquad J\neq K,L$$

最短距离法聚类的步骤如下：

① 将初始的每个样品(或变量)各自作为一类，并规定样品(或变量)之间的距离，通常采用欧氏距离。计算 n 个样品(或 p 个变量)的距离矩阵 $\boldsymbol{D}_{(0)}$，它是一个对称矩阵。

② 寻找 $\boldsymbol{D}_{(0)}$ 中最小元素，设为 D_{KL}，将 G_K 和 G_L 聚成一个新类，记为 G_M，即 $G_M=\{G_K,G_L\}$。

③ 计算新类 G_M 与任一类 G_J 之间距离的递推公式为

$$D_{MJ} = \min_{x_i\in G_M,x_j\in G_J} d_{ij} = \min\{\min_{x_i\in G_K,x_j\in G_J} d_{ij},\min_{x_i\in G_L,x_j\in G_J} d_{ij}\} = \min\{D_{KJ},D_{LJ}\} \tag{10.1-1}$$

对距离矩阵 $\boldsymbol{D}_{(0)}$ 进行修改，将 G_K 和 G_L 所在的行和列合并成一个新行新列，对应 G_M，新行和新列上的新距离由式(10.1-1)计算，其余行列上的值不变，这样得到的新距离矩阵记为 $\boldsymbol{D}_{(1)}$。

④ 对 $\boldsymbol{D}_{(1)}$ 重复上述对 $\boldsymbol{D}_{(0)}$ 的 2 步操作，得到距离矩阵 $\boldsymbol{D}_{(2)}$。如此下去，直至所有元素合并成一类为止。

【例 10.1-1】 设有 5 个样品，每个只测量了一个指标，指标值分别是 1,2,6,8,11。若样品间采用绝对值距离，下面用最短距离法对这五个样品进行聚类，过程如下。

① 将5个样品各自作为一类,分别记为 $G_1,\cdots,G_5$,计算样品间初始距离矩阵 $\boldsymbol{D}_{(0)}$,如表10.1-1所列。

② $\boldsymbol{D}_{(0)}$ 中最小元素是 $D_{12}=1$,于是将 G_1 和 G_2 合并成 G_6,得到距离矩阵 $\boldsymbol{D}_{(1)}$,如表10.1-2所列。

③ $\boldsymbol{D}_{(1)}$ 中最小元素是 $D_{34}=2$,于是将 G_3 和 G_4 合并成 G_7,得到距离矩阵 $\boldsymbol{D}_{(2)}$,如表10.1-3所列。

④ $\boldsymbol{D}_{(2)}$ 中最小元素是 $D_{57}=3$,于是将 G_5 和 G_7 合并成 G_8,得到距离矩阵 $\boldsymbol{D}_{(3)}$,如表10.1-4所列。

⑤ 最后将 G_6 和 G_8 合并成 G_9,这时所有5个样品聚为一类,聚类结束。

表10.1-1 初始距离矩阵 $\boldsymbol{D}_{(0)}$

	G_1	G_2	G_3	G_4	G_5
G_1	0				
G_2	1	0			
G_3	5	4	0		
G_4	7	6	2	0	
G_5	10	9	5	3	0

表10.1-2 距离矩阵 $\boldsymbol{D}_{(1)}$

	G_6	G_3	G_4	G_5
G_6	0			
G_3	4	0		
G_4	6	2	0	
G_5	9	5	3	0

表10.1-3 距离矩阵 $\boldsymbol{D}_{(2)}$

	G_6	G_7	G_5
G_6	0		
G_7	4	0	
G_5	9	3	0

表10.1-4 距离矩阵 $\boldsymbol{D}_{(3)}$

	G_6	G_8
G_6	0	
G_8	4	0

根据以上聚类过程做出聚类树形图,如图10.1-1所示。

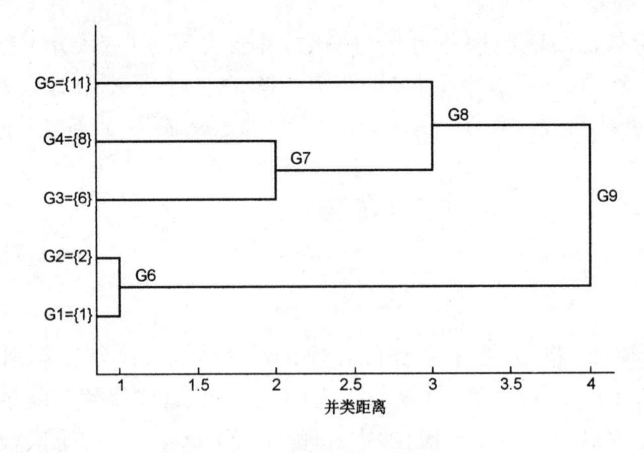

图10.1-1 最短距离法聚类树形图

从图10.1-1上可以看出,分成2类或3类较为合适。

3. 最长距离法(Complete Linkage Method)

类与类之间的距离定义为两类最远样品间的距离,即

$$D_{KL} = \max\{d_{ij} : \boldsymbol{x}_i \in G_K,\ \boldsymbol{x}_j \in G_L\}$$

类间距离的递推公式为

$$D_{MJ} = \max\{D_{KJ}, D_{LJ}\},\quad J \neq K, L \tag{10.1-2}$$

4. 中间距离法(Median Method)

类与类之间的距离采用中间距离。设某一步将类 G_K 与类 G_L 聚成一个新类,记为 G_M,对于任一类 G_J,考虑由 D_{KJ}、D_{LJ} 和 D_{KL} 为边长构成的三角形,取 D_{KL} 边的中线作为 D_{MJ}。从而得类间平方距离的递推公式为

$$D_{MJ}^2 = \frac{1}{2}D_{KJ}^2 + \frac{1}{2}D_{LJ}^2 - \frac{1}{4}D_{KL}^2 \tag{10.1-3}$$

式(10.1-3)可推广至更一般的情况

$$D_{MJ}^2 = \frac{1-\beta}{2}(D_{KJ}^2 + D_{LJ}^2) + \beta D_{KL}^2 \tag{10.1-4}$$

其中,$\beta<1$,式(10.1-4)对应的系统聚类方法称为**可变法**。

5. 重心法(Centroid Hierarchical Method)

类与类之间的距离定义为它们的重心(即类均值)之间的欧氏距离。设 G_K 中有 n_K 个元素,G_L 中有 n_L 个元素,定义类 G_K 和 G_L 的重心分别为

$$\bar{\boldsymbol{x}}_K = \frac{1}{n_K}\sum_{i=1}^{n_K}\boldsymbol{x}_i,\qquad \bar{\boldsymbol{x}}_L = \frac{1}{n_L}\sum_{i=1}^{n_L}\boldsymbol{x}_i$$

则 G_K 和 G_L 之间的平方距离为

$$D_{KL}^2 = [d(\bar{\boldsymbol{x}}_K, \bar{\boldsymbol{x}}_L)]^2 = (\bar{\boldsymbol{x}}_K - \bar{\boldsymbol{x}}_L)'(\bar{\boldsymbol{x}}_K - \bar{\boldsymbol{x}}_L)$$

类间平方距离的递推公式为

$$D_{MJ}^2 = \frac{n_K}{n_M}D_{KJ}^2 + \frac{n_L}{n_M}D_{LJ}^2 - \frac{n_K n_L}{n_M^2}D_{KL}^2 \tag{10.1-5}$$

6. 类平均法(Average Linkage Method)

类与类之间的平方距离定义为样品对之间平方距离的平均值。G_K 和 G_L 之间的平方距离为

$$D_{KL}^2 = \frac{1}{n_K n_L}\sum_{x_i \in G_K, x_j \in G_L} d_{ij}^2$$

类间平方距离的递推公式为

$$D_{MJ}^2 = \frac{n_K}{n_M}D_{KJ}^2 + \frac{n_L}{n_M}D_{LJ}^2 \tag{10.1-6}$$

类平均法很好地利用了所有样品之间的信息,在很多情况下它被认为是一种比较好的系统聚类法。

可在式(10.1-6)中增加 D_{KL}^2 项,将式(10.1-6)进行推广,得到类间平方距离的递推公式为

$$D_{MJ}^2 = (1-\beta)\left[\frac{n_K}{n_M}D_{KJ}^2 + \frac{n_L}{n_M}D_{LJ}^2\right] + \beta D_{KL}^2 \tag{10.1-7}$$

其中,$\beta<1$,称此时的系统聚类法为**可变类平均法**。

7. 离差平方和法(Ward 方法)

离差平方和法又称为 Ward 方法，它把方差分析的思想用于分类上，同一个类内的离差平方和小，而类间离差平方和应当大。类中各元素到类重心(即类均值)的平方欧氏距离之和称为类内离差平方和。设某一步 G_K 与 G_L 聚成一个新类 G_M，则 G_K、G_L 和 G_M 的类内离差平方和分别为

$$W_K = \sum_{x_i \in G_K} (\boldsymbol{x}_i - \bar{\boldsymbol{x}}_K)'(\boldsymbol{x}_i - \bar{\boldsymbol{x}}_K)$$

$$W_L = \sum_{x_i \in G_L} (\boldsymbol{x}_i - \bar{\boldsymbol{x}}_L)'(\boldsymbol{x}_i - \bar{\boldsymbol{x}}_L)$$

$$W_M = \sum_{x_i \in G_M} (\boldsymbol{x}_i - \bar{\boldsymbol{x}}_M)'(\boldsymbol{x}_i - \bar{\boldsymbol{x}}_M)$$

它们反映了类内元素的分散程度。将 G_K 与 G_L 合并成新类 G_M 时，类内离差平方和会有所增加，即 $W_M-(W_K+W_L)>0$，若 G_K 与 G_L 距离比较近，则增加的离差平方和应较小，于是定义 G_K 和 G_L 的平方距离为

$$D_{KL}^2 = W_M - (W_K + W_L) = \frac{n_K n_L}{n_M}(\bar{\boldsymbol{x}}_K - \bar{\boldsymbol{x}}_L)'(\bar{\boldsymbol{x}}_K - \bar{\boldsymbol{x}}_L)$$

类间平方距离的递推公式为

$$D_{MJ}^2 = \frac{n_J + n_K}{n_J + n_M} D_{KJ}^2 + \frac{n_J + n_L}{n_J + n_M} D_{LJ}^2 - \frac{n_J}{n_J + n_M} D_{KL}^2 \tag{10.1-8}$$

8. 系统聚类法的统一

通常有 8 种系统聚类法，它们的不同之处就在于类间距离的递推公式不一样。1967 年，Lance 和 Williams 将 8 种不同的距离计算公式统一为

$$D_{MJ}^2 = \alpha_K D_{KJ}^2 + \alpha_L D_{LJ}^2 + \beta D_{KL}^2 + \gamma \mid D_{KJ}^2 - D_{LJ}^2 \mid \tag{10.1-9}$$

其中，α_K，α_L，β，γ 为参数。不同的系统聚类法，对应参数的不同取值，具体对应关系如表 10.1-5 所列。

表 10.1-5　系统聚类法递推公式参数表

方　法	α_K	α_L	β	γ
最短距离法	$\frac{1}{2}$	$\frac{1}{2}$	0	$-\frac{1}{2}$
最长距离法	$\frac{1}{2}$	$\frac{1}{2}$	0	$\frac{1}{2}$
中间距离法	$\frac{1}{2}$	$\frac{1}{2}$	$-\frac{1}{4}$	0
可变法	$\frac{1-\beta}{2}$	$\frac{1-\beta}{2}$	$\beta(<1)$	0
重心法	$\frac{n_K}{n_M}$	$\frac{n_L}{n_M}$	$-\frac{n_K n_L}{n_M^2}$	0
类平均法	$\frac{n_K}{n_M}$	$\frac{n_L}{n_M}$	0	0
可变类平均法	$(1-\beta)\frac{n_K}{n_M}$	$(1-\beta)\frac{n_L}{n_M}$	$\beta(<1)$	0
离差平方和法	$\frac{n_J+n_K}{n_J+n_M}$	$\frac{n_J+n_L}{n_J+n_M}$	$-\frac{n_J}{n_J+n_M}$	0

9. 系统聚类法的评价

对于同样的观测数据，用不同的方法进行聚类，得到的结果可能并不完全相同，于是产生一个问题：应当选取哪一个聚类结果为好？为此，下面简要介绍系统聚类法的性质。

(1) 单调性

令 D_i 是系统聚类过程中第 i 次并类时的距离，若有 $D_1 \leqslant D_2 \leqslant \cdots$，则称此系统聚类法具有单调性。在 8 种系统聚类法中，最短距离法、最长距离法、可变法、类平均法、可变类平均法和离差平方和法具有单调性，而中间距离法和重心法不具有单调性。

(2) 空间的浓缩与扩张

针对同一问题，用不同系统聚类法进行聚类，做出的聚类树形图的横坐标（并类距离）的范围相差很大。范围小的方法区别类的灵敏度差，而范围太大的方法灵敏度又过高，范围以适中为好。

设 $\boldsymbol{A}=(a_{ij})$ 和 $\boldsymbol{B}=(b_{ij})$ 为两个元素非负的同型矩阵，若 $a_{ij} \geqslant b_{ij}$（对任意 i,j），则记作 $\boldsymbol{A} \geqslant \boldsymbol{B}$（注意与非负定矩阵区分开）。

设有甲、乙两种系统聚类方法，第 i 步的距离矩阵分别为 $\boldsymbol{A}_i$ 和 $\boldsymbol{B}_i$，若 $\boldsymbol{A}_i \geqslant \boldsymbol{B}_i, i=1,2,\cdots,n-1$，则称甲方法比乙方法更使**空间扩张**，或称乙方法比甲方法更使**空间浓缩**。与类平均法相比，最短距离法和重心法使空间浓缩，最长距离法和离差平方和法使空间扩张。太浓缩的方法不够灵敏，太扩张的方法又容易失真，而类平均法比较适中，既不太浓缩，也不太扩张，因此它被认为是一种比较理想的方法。

10.1.3 K 均值聚类法

K 均值聚类法又称为快速聚类法，是由麦奎因（MacQueen）于 1967 年提出并命名的一种聚类方法，其基本步骤为：

① 选择 k 个样品作为初始凝聚点（聚类种子），或者将所有样品分成 k 个初始类，然后将 k 个类的重心（均值）作为初始凝聚点。

② 对除凝聚点之外的所有样品逐个归类，将每个样品归入离它最近的凝聚点所在的类，该类的凝聚点更新为这一类目前的均值，直至所有样品都归了类。

③ 重复步骤②，直至所有样品都不能再分配为止。

注意： K 均值聚类的最终聚类结果在一定程度上依赖于初始凝聚点或初始分类的选择。

10.1.4 模糊 C 均值聚类法

在很多分类问题中，分类对象之间没有明确的界限，往往具有亦此亦彼的表现，例如好与坏之间没有明确的界限，我认为某个人是好人，别人未必这么认为；高与矮之间也没有明确的界限，多高的人才是高人，可能每个人都有自己的判断。诸如此类的问题，如果用传统的聚类方法（系统聚类法或 K 均值聚类法等）进行分类，把每个待分类的对象严格地划分到某个类中，这也存在一定的不合理性。为此，借助于 L. A. Zadeh（20 世纪 60 年代中期）提出的模糊集理论，人们开始用模糊的方法来处理聚类问题，并称之为**模糊聚类分析**。

给定样本观测数据矩阵

$$\boldsymbol{X}=\begin{pmatrix}\boldsymbol{x}_1\\ \boldsymbol{x}_2\\ \vdots\\ \boldsymbol{x}_n\end{pmatrix}=\begin{pmatrix}x_{11} & x_{12} & \cdots & x_{1p}\\ x_{21} & x_{22} & \cdots & x_{2p}\\ \vdots & \vdots & & \vdots\\ x_{n1} & x_{n2} & \cdots & x_{np}\end{pmatrix} \tag{10.1-10}$$

其中,$\boldsymbol{X}$ 的每一行为一个样品(或观测),每一列为一个变量的 n 个观测值,也就是说 $\boldsymbol{X}$ 是由 n 个样品($\boldsymbol{x}_1,\boldsymbol{x}_2,\cdots,\boldsymbol{x}_n$)的 p 个变量的观测值构成的矩阵。模糊聚类就是将 n 个样品划分为 c 类($2\leqslant c\leqslant n$),记 $\boldsymbol{V}=\{\boldsymbol{v}_1,\boldsymbol{v}_2,\cdots,\boldsymbol{v}_c\}$ 为 c 个类的聚类中心,其中 $\boldsymbol{v}_i=(v_{i1},v_{i2},\cdots,v_{ip})$,$i=1,\cdots,c$。在模糊划分中,每一个样品不是严格地划分为某一类,而是以一定的隶属度属于某一类。

令 u_{ik} 表示第 k 个样品 $\boldsymbol{x}_k$ 属于第 i 类的隶属度,这里 $0\leqslant u_{ik}\leqslant 1$,$\sum\limits_{i=1}^{c}u_{ik}=1$。定义目标函数

$$\boldsymbol{J}(\boldsymbol{U},\boldsymbol{V})=\sum_{k=1}^{n}\sum_{i=1}^{c}u_{ik}^{m}d_{ik}^{2} \tag{10.1-11}$$

其中,$\boldsymbol{U}=(u_{ik})_{c\times n}$ 为隶属度矩阵;$d_{ik}=\|\boldsymbol{x}_k-\boldsymbol{v}_i\|$。显然 $\boldsymbol{J}(\boldsymbol{U},\boldsymbol{V})$ 表示了各类中样品到聚类中心的加权平方距离之和,权重是样品 $\boldsymbol{x}_k$ 属于第 i 类的隶属度的 m 次方。模糊C均值聚类法的聚类准则是求 $\boldsymbol{U},\boldsymbol{V}$,使得 $\boldsymbol{J}(\boldsymbol{U},\boldsymbol{V})$ 取得最小值。模糊C均值聚类法的具体步骤如下:

① 确定类的个数 c,幂指数 $m>1$ 和初始隶属度矩阵 $\boldsymbol{U}^{(0)}=(u_{ik}^{(0)})$,通常的做法是取[0,1]上的均匀分布随机数来确定初始隶属度矩阵 $\boldsymbol{U}^{(0)}$。令 $l=1$ 表示第1步迭代。

② 通过下式计算第 l 步的聚类中心 $\boldsymbol{V}^{(l)}$:

$$\boldsymbol{v}_i^{(l)}=\frac{\sum\limits_{k=1}^{n}(u_{ik}^{(l-1)})^{m}\boldsymbol{x}_k}{\sum\limits_{k=1}^{n}(u_{ik}^{(l-1)})^{m}},i=1,2,\cdots,c$$

③ 修正隶属度矩阵 $\boldsymbol{U}^{(l)}$,计算目标函数值 $\boldsymbol{J}^{(l)}$。

$$u_{ik}^{(l)}=1\Big/\sum_{j=1}^{c}(d_{ik}^{(l)}/d_{jk}^{(l)})^{\frac{2}{m-1}},\quad i=1,2,\cdots,c;k=1,2,\cdots,n$$

$$\boldsymbol{J}^{(l)}(\boldsymbol{U}^{(l)},\boldsymbol{V}^{(l)})=\sum_{k=1}^{n}\sum_{i=1}^{c}(u_{ik}^{(l)})^{m}(d_{ik}^{(l)})^{2}$$

其中,$d_{ik}^{(l)}=\|\boldsymbol{x}_k-\boldsymbol{v}_i^{(l)}\|$。

④ 对给定的隶属度终止容限 $\varepsilon_u>0$(或目标函数终止容限 $\varepsilon_J>0$,或最大迭代步长 $L_{\max}$),当 $\max\left\{|u_{ik}^{(l)}-u_{ik}^{(l-1)}|\right\}<\varepsilon_u$(或当 $l>1$,$|\boldsymbol{J}^{(l)}-\boldsymbol{J}^{(l-1)}|<\varepsilon_J$,或 $l\geqslant L_{\max}$)时,停止迭代,否则 $l=l+1$,然后转②。

经过以上步骤的迭代之后,可以求得最终的隶属度矩阵 $\boldsymbol{U}$ 和聚类中心 $\boldsymbol{V}$,使得目标函数 $\boldsymbol{J}(\boldsymbol{U},\boldsymbol{V})$ 的值达到最小。根据最终的隶属度矩阵 $\boldsymbol{U}$ 中元素的取值可以确定所有样品的归属,当 $u_{jk}=\max\limits_{1\leqslant i\leqslant c}\{u_{ik}\}$ 时,可将样品 $\boldsymbol{x}_k$ 归为第 j 类。

10.2　案例 29:系统聚类法的案例分析

10.2.1　系统聚类法的 MATLAB 函数

与系统聚类法相关的 MATLAB 函数有:pdist、squareform、linkage、dendrogram、cophenet、inconsistent、cluster 和 clusterdata,下面分别进行介绍。

1. pdist 函数

pdist 函数用来计算构成样品对的样品之间的距离,其调用格式如下:

1) **y = pdist(X)**

计算样品对的欧氏距离。输入参数 X 是 $n \times p$ 的矩阵,如式(10.1-10)所示,矩阵的每一行对应一个观测(样品),每一列对应一个变量。输出参数 y 是一个包含 $n(n-1)/2$ 个元素的行向量,用 (i,j) 表示由第 i 个样品和第 j 个样品构成的样品对,则 y 中的元素依次是样品对 $(2,1),(3,1),\cdots,(n,1),(3,2),\cdots,(n,2),\cdots,(n,n-1)$ 的距离。

为了节省存储空间和计算时间,y 被设定成向量形式,可以用 squareform 函数将 y 转成方阵形式。例如:

```
>> x = [1, 2, 6, 8, 11]';       % 例 10.1-1 中的观测数据
>> y = pdist(x)                 % 计算样品间欧氏距离

y =

     1     5     7    10     4     6     9     2     5     3

>> D = squareform(y)            % 将距离向量转为距离矩阵

D =

     0     1     5     7    10
     1     0     4     6     9
     5     4     0     2     5
     7     6     2     0     3
    10     9     5     3     0
```

其中,D 矩阵就是表 10.1-1 中的距离矩阵。

2) **y = pdist(X,metric)**

计算样品对的距离,用输入参数 metric 指定计算距离的方法,metric 为字符串,可用的字符串如表 10.2-1 所列。

表 10.2-1　pdist 函数支持的各种距离

metric 参数取值	说　明
'euclidean'	欧氏距离,为默认情况
'seuclidean'	标准化欧氏距离

续表 10.2-1

metric 参数取值	说 明
'mahalanobis'	马哈拉诺比斯距离
'cityblock'	绝对值距离(或城市街区距离)
'minkowski'	闵可夫斯基距离
'cosine'	把样品作为向量,样品对距离为1减去样品对向量的夹角余弦
'correlation'	把样品作为数值序列,样品对距离为1减去样品对的相关系数
'spearman'	把样品作为数值序列,样品对距离为1减去样品对的 Spearman 秩相关系数
'hamming'	汉明(Hamming)距离,即不一致坐标所占的百分比
'jaccard'	1减去 Jaccard 系数,即不一致的非零坐标所占的百分比
'chebychev'	切比雪夫距离

3) **y = pdist(X,distfun)**

接受函数句柄作为第2个输入,即 distfun 为函数句柄,用来自定义计算距离的方法。distfun 对应的函数形如:

```
d = distfun(u,V)
...
```

其中,u 为 $1\times p$ 的向量,V 为 $m\times p$ 的矩阵,d 为 $m\times 1$ 的距离向量,d 的第 k 个元素是 u 与 V 的第 k 行之间的距离。

4) **y = pdist(X,'minkowski',p)**

计算样品对的闵可夫斯基距离,输入参数 p 为闵可夫斯基距离计算中的指数,默认情况下,指数为 2。

2. squareform 函数

squareform 函数用来将 pdist 函数输出的距离向量转为距离矩阵,也可将距离矩阵转为距离向量。其调用格式有以下 4 种:

```
Z = squareform(y)
Z = squareform(y,'tomatrix')
y = squareform(Z)
y = squareform(Z,'tovector')
```

其中,前两种调用是把 pdist 函数输出的距离向量 y 转为距离矩阵 Z,而后两种调用则是把距离矩阵 Z 转为 pdist 函数输出的距离向量 y。这里 y 为包含 $n(n-1)/2$ 个元素的向量,Z 为 n 阶方阵。例如:

```
>> y = [1, 2, 3, 4, 5, 6];            % 随便给一个有 n*(n-1)/2 个元素的行向量 y
>> Z = squareform(y,'tomatrix')       % 将向量 y 转为方阵 Z,方阵的对角线元素为 0

Z =

     0     1     2     3
     1     0     4     5
```

```
     2     4     0     6
     3     5     6     0

>> y = squareform(Z,'tovector')      % 再将方阵 Z 转为向量 y

y =

     1     2     3     4     5     6
```

3. linkage 函数

linkage 函数用来创建系统聚类树，其调用格式如下：

1) **Z = linkage(y)**

利用最短距离法创建一个系统聚类树。输入参数 y 是样品对距离向量，是包含 $n(n-1)/2$ 个元素的行向量，可以是 pdist 函数的输出。输出参数 Z 是一个系统聚类树矩阵，它是 $(n-1)\times 3$ 的矩阵，这里的 n 是原始数据中观测(即样品)的个数。Z 矩阵的每一行对应一次并类，第 i 行上前两个元素为第 i 次并类的 2 个类的类编号，初始类编号为 1～n，以后每聚成一个新类，类编号从 $n+1$ 开始逐次增加 1。Z 矩阵第 i 行上的第 3 个元素为第 i 次并类时的并类距离。

2) **Z = linkage(y,method)**

利用 method 参数指定的方法创建系统聚类树，method 是字符串，可用的字符串如表 10.2-2 所列。

表 10.2-2　linkage 函数支持的系统聚类方法列表

method 参数的取值	说　明
'average'	类平均法
'centroid'	重心法，重心间距离为欧氏距离
'complete'	最长距离法
'median'	中间距离法，即加权的重心法，加权的重心间距离为欧氏距离
'single'	最短距离法。默认情况下，利用最短距离法
'ward'	离差平方和法，参数 y 必须包含欧氏距离
'weighted'	可变类平均法

注意： 重心法和中间距离法不具有单调性，即并类距离可能不是单调增加的。

3) **Z = linkage(X,method,metric)**

根据原始数据创建系统聚类树。输入参数 X 为原始数据矩阵，X 的每一行对应一个观测，每一列对应一个变量。method 参数用来指定系统聚类方法，同 2)的说明。

在这种调用下，linkage 函数调用 pdist 函数计算样品对距离，输入参数 metric 用来指定计算距离的方法，具体见表 10.2-1 中的说明。

4) **Z = linkage(X,method,inputs)**

允许用户传递额外的参数给 pdist 函数，这里的 inputs 是一个包含输入参数的元胞数组。

针对例 10.1-1 中的数据，利用 linkage 函数创建系统聚类树，命令和结果如下：

```
>> x = [1, 2, 6, 8, 11]';                        % 例10.1-1中的观测数据
>> Z = linkage(x, 'single', 'cityblock')          % 利用最短距离法创建系统聚类树

Z =

     1     2     1
     3     4     2
     5     7     3
     6     8     4
```

从聚类结果可以看出,初始的5个样品被作为5个类,类编号从1～5。第1次聚类时,将第1类和第2类合并成一个新类,类编号记为6;第2次聚类时,将第3类和第4类合并成一个新类,类编号记为7;第3次聚类时,将第5类和第7类合并成一个新类,类编号记为8;第4次聚类时,将第6类和第8类合并成一个新类,类编号记为9。此时全部样品合并成一类,聚类结束。

4. dendrogram 函数

dendrogram 函数用来作聚类树形图,其调用格式如下:

1) **H = dendrogram(Z)**

由系统聚类树矩阵 Z 生成系统聚类树形图。输入参数 Z 是由 linkage 函数输出的系统聚类树矩阵,它是$(n-1)\times 3$的矩阵,这里的n是原始数据中观测(即样品)的个数。输出参数 H 是树形图中线条的句柄值向量,可用来控制线条属性。

所谓的聚类树形图是由许多倒 U 形线组成的,这些倒 U 形线用来连接聚类对象,倒 U 形线高度为并类距离。当原始数据中的观测数不多于30个时,树形图中每一个叶节点(即没有子节点的节点)对应一个观测;当原始数据中的观测数多于30个时,整个树形图会显得比较拥挤,可能会忽略某些底层节点,也就是说此时树形图中的某个叶节点可能对应多个观测。

2) **H = dendrogram(Z,p)**

生成一个树形图,通过输入参数 p 来控制显示的叶节点数,默认情况下,p 的值为30。

若 p 为正整数,并且原始数据中的观测数多于 p 个时,将通过忽略某些底层节点,使得树形图的叶节点不多于 p 个。若 p 为0,则显示全部节点,此时树形图可能会显得比较拥挤。

3) **[H,T] = dendrogram(…)**

生成一个树形图,并返回一个包含n个元素的列向量 T,其元素为各观测对应的叶节点编号,这里的n是原始数据中观测(即样品)的个数。当原始数据中的观测数过多时,树形图中可能会忽略某些底层节点,此时通过命令 find(T==k)可以查询树形图中第 k 个叶节点下所有被忽略的节点。若树形图中显示了全部节点,此时 T=[1:n]'。

4) **[H,T,perm] = dendrogram(…)**

生成一个树形图,并按顺序返回树形图中叶节点编号向量 perm。对于垂直树形图(见图10.1-1),顺序为从下至上;对于水平树形图,顺序从左至右。

5) **[…] = dendrogram(…,'colorthreshold',t)**

为聚类树形图中聚类距离小于阈值 t 的节点组分别设定不同的颜色。t 在区间[0, max(Z(:, 3))]内取值,t 还可以为字符串 'default'。若 t 取值为0,等同于没有设定

'colorthreshold' 参数；若 t 取值为 max(Z(:,3))，则树形图只有一种颜色；若 t 取值为字符串 'default'，则等同于 t 取值为 0.7(max(Z(:,3))) 的情形。

6) **[…] = dendrogram(…,'orientation','orient')**

通过设定 'orientation' 参数及参数值 'orient' 来控制聚类树形图的方向和放置叶节点标签的位置。可用的参数值如表 10.2-3 所列。

表 10.2-3 dendrogram 函数支持的 orientation 参数值列表

参数值	说 明
'top'	从上至下，叶节点标签在下方，为默认情形
'bottom'	从下至上，叶节点标签在上方
'left'	从左至右，叶节点标签在右边
'right'	从右至左，叶节点标签在左边

7) **[…] = dendrogram(…,'labels',S)**

通过一个字符串数组或字符串元胞数组设定每一个观测的标签。当树形图中显示了全部节点时，叶节点的标签即为相应观测的标签；当树形图中忽略了某些节点时，只包含单个观测的叶节点的标签即为相应观测的标签。

针对例 10.1-1 中的数据，利用 dendrogram 函数创建系统聚类树形图，代码如下：

```
x = [1 2 6 8 11]';                    % 例 10.1-1 中的观测数据
y = pdist(x,'cityblock');             % 计算样品间绝对值距离
z = linkage(y);                       % 利用最短距离法创建系统聚类树
% 设定每个观测的标签
obslabel = {'G1 = {1}';'G2 = {2}';'G3 = {6}';'G4 = {8}';'G5 = {11}'};
% 创建聚类树形图，方向为从右至左，叶节点标签在左边
[H,T] = dendrogram(z,'orientation','Right','labels',obslabel);
set(H,'LineWidth',2,'Color','k')      % 设置线宽为 2，颜色为黑色
xlabel('并类距离')                     % 设定 X 轴标签
text(1.1,1.65,'G6')                   % 在点(1.1,1.65)处放置字符串 'G6'
text(2.1,3.65,'G7')                   % 在点(2.1,3.65)处放置字符串 'G7'
text(3.1,4.4,'G8')                    % 在点(3.1,4.4)处放置字符串 'G8'
text(4.1,3,'G9')                      % 在点(4.1,3)处放置字符串 'G9'
```

以上代码生成一个系统聚类树形图，如图 10.1-1 所示。

5. cophenet 函数

cophenet 函数用来计算系统聚类树的 Cophenetic 相关系数。

对式(10.1-10)所示的样本观测矩阵 $\boldsymbol{X}$，用 $\boldsymbol{y}=(y_1,y_2,\cdots,y_{n(n-1)/2})$ 表示由 pdist 函数输出的样品对距离向量，用 (i,j) 表示由第 i 个样品和第 j 个样品构成的样品对，则 y 中的元素依次是样品对 (2,1)，(3,1)，…，$(n,1)$，(3.2)，…，$(n,2)$，…，$(n,n-1)$ 的距离。

设 $\boldsymbol{d}=(d_1,d_2,\cdots,d_{n(n-1)/2})$，其中 d_1 为第 2 个样品和第 1 个样品初次并为一类时的并类距离，d_2 为第 3 个样品和第 1 个样品初次并为一类时的并类距离，其余类似，$d_{n(n-1)/2}$ 为第 n 个样品和第 $n-1$ 个样品初次并为一类时的并类距离。也就是说 d 中元素依次是样品对 (2,1)，(3,1)，…，$(n,1)$，(3,2)，…，$(n,n-1)$ 中两样品初次并类时的并类距离，称为 **cophenetic 距离**。

所谓的 Cophenetic 相关系数是指 $\boldsymbol{y}$ 和 $\boldsymbol{d}$ 之间的线性相关系数，即

$$c=\frac{\sum_{k=1}^{n(n-1)/2}(y_k-\bar{y})(d_k-\bar{d})}{\sqrt{\left[\sum_{k=1}^{n(n-1)/2}(y_k-\bar{y})^2\right]\left[\sum_{k=1}^{n(n-1)/2}(d_k-\bar{d})^2\right]}}$$

其中

$$\bar{y}=\frac{2}{n(n-1)}\sum_{k=1}^{n(n-1)/2}y_k,\bar{d}=\frac{2}{n(n-1)}\sum_{k=1}^{n(n-1)/2}d_k$$

注意: Cophenetic相关系数反映了聚类效果的好坏,Cophenetic相关系数越接近于1,说明聚类效果越好。可通过Cophenetic相关系数对比各种不同的距离计算方法和不同的系统聚类法的聚类效果。

cophenet函数的调用方法如下:

```
c = cophenet(Z,Y)
[c,d] = cophenet(Z,Y)
```

在以上调用中,cophenet函数用pdist函数输出的Y和linkage函数输出的Z计算系统聚类树的Cophenetic相关系数。输出参数c为Cophenetic相关系数,d为cophenetic距离向量,d与Y等长,c是d与Y之间的线性相关系数。

针对例10.1-1中的数据,利用cophenet函数计算Cophenetic相关系数,命令和结果如下:

```
>> x = [1 2 6 8 11]';                  % 例10.1-1中的观测数据
>> y = pdist(x,'cityblock');           % 计算样品间绝对值距离
% 定义元胞数组method,各元胞分别对应不同系统聚类法
>> method = {'average','centroid','complete','median','single','ward','weighted'};
% 通过循环计算7种系统聚类法对应的Cophenetic相关系数
>> for i = 1:7
    Z = linkage(y,method{i});          % 利用第i种系统聚类法创建聚类树
    c(i) = cophenet(Z,y);              % 计算第i种系统聚类法对应的Cophenetic相关系数
>> end
>> c                                   % 查看Cophenetic相关系数值

c =

    0.7865    0.7865    0.7848    0.7855    0.7744    0.7806    0.7855

>> Z = linkage(y, 'average');          % 利用类平均法创建聚类树
>> [c, d] = cophenet(Z,y)              % 计算Cophenetic相关系数c和cophenetic距离向量d

c =
    0.7865

d =
   1.0000 6.8333 6.8333 6.8333 6.8333 6.8333 6.8333 2.0000 4.0000 4.0000

>> RHO = corr(y',d')                   % 计算y和d的线性相关系数

RHO =
    0.7865
```

从以上结果可以看出，针对例 10.1-1 中的数据，样品间距离采用绝对值距离，类平均法和重心法的聚类效果略好于其他系统聚类法。以上结果的最后部分验证了 Cophenetic 相关系数是初始距离向量 **y** 和 cophenetic 距离向量 **d** 之间的线性相关系数。

6. inconsistent 函数

inconsistent 函数用来计算系统聚类树矩阵 Z 中每次并类得到的链接的不一致系数，其调用格式如下：

```
Y = inconsistent(Z)
Y = inconsistent(Z,d)
```

对于以上两种调用格式，输入参数 Z 是由 linkage 函数创建的系统聚类树矩阵，它是 $(n-1)\times 3$ 的矩阵，这里的 n 是原始数据中观测(即样品)的个数。输入参数 d 为正整数，表示计算涉及的链接的层数，可以理解为计算的深度。默认情况下，计算深度为 2。

输出参数 Y 是一个 $(n-1)\times 4$ 的矩阵，它的各列的含义如表 10.2-4 所列。

表 10.2-4　inconsistent 函数输出矩阵各列的含义

列序号	说　明
1	计算涉及的所有链接长度(即并类距离)的均值
2	计算涉及的所有链接长度的标准差
3	计算涉及的链接个数
4	不一致系数

对第 k 次并类得到的链接，不一致系数的计算公式如下：

$$\boldsymbol{Y}(k,4)=\frac{\boldsymbol{Z}(k,3)-\boldsymbol{Y}(k,1)}{\boldsymbol{Y}(k,2)}$$

即 **Z** 矩阵的第 3 列元素减去 **Y** 矩阵第 1 列的相应元素，然后除以 **Y** 矩阵第 2 列的相应元素，就得到 **Y** 矩阵第 4 列的相应元素。

对于叶节点，由于它们下面没有别的节点，所以当两个叶节点并为一类时，对应的不一致系数为 0。

注意： 不一致系数可用来确定最终的分类个数。在并类过程中，若某一次并类所对应的不一致系数较上一次有大幅增加，说明该次并类的效果不好，而它上一次的并类效果是比较好的；不一致系数增加的幅度越大，说明上一次并类效果越好。在使得类的个数尽量少的前提下，可参照不一致系数的变化，确定最终的分类个数。

7. cluster 函数

cluster 函数在 linkages 函数的输出结果的基础上创建聚类，并输出聚类结果，其调用格式如下：

1) **T = cluster(Z,'cutoff',c)**

由系统聚类树矩阵创建聚类。输入参数 Z 是由 linkage 函数创建的系统聚类树矩阵，它是 $(n-1)\times 3$ 的矩阵，这里的 n 是原始数据中观测(即样品)的个数。c 用来设定聚类的阈值，当一个节点和它的所有子节点的不一致系数小于 c 时，该节点及其下面的所有节点被聚为一类。输出参数 T 是一个包含 n 个元素的列向量，其元素为相应观测所属类的类序号。

特别地,若输入参数 c 为一个向量,则输出 T 为一个 n 行多列的矩阵,c 的每个元素对应 T 的一列。

2) **T = cluster(Z,'cutoff',c,'depth',d)**

设置计算的深度为 d,默认情况下,计算深度为 2。

3) **T = cluster(Z,'cutoff',c,'criterion',criterion)**

设置聚类的标准。最后一个输入参数 criterion 为字符串,可能的取值为 'inconsistent'(默认情况)或 'distance'。若为 'distance',则用距离作为标准,把并类距离小于 c 的节点及其下方的所有子节点聚为一类。若为 'inconsistent',则等同于第 1 种调用。

4) **T = cluster(Z,'maxclust',n)**

用距离作为标准,创建一个最大类数为 n 的聚类。此时会找到一个最小距离,在该距离处断开聚类树形图,将样品聚为 n(或少于 n)类。

针对例 10.1-1 中的数据,利用 pdist、linkage 和 cluster 函数进行聚类,将原始样品聚为 3 类,命令和结果如下:

```
>> x = [1 2 6 8 11]';              % 例 10.1-1 中的观测数据
>> y = pdist(x,'cityblock');       % 计算样品间绝对值距离
>> z = linkage(y);                 % 利用最短距离法创建聚类树
>> T = cluster(z,'maxclust',3)     % 将原始样品聚为 3 类

T =

     3
     3
     2
     2
     1
```

从聚类的结果不难看出,在聚为 3 类的情况下,前两个样品为一类,第 3 个和第 4 个样品为一类,第 5 个样品单独为一类,这与图 10.1-1 是一致的。

8. clusterdata 函数

clusterdata 函数调用了 pdist、linkage 和 cluster 函数,用来由原始样本数据矩阵 X 创建系统聚类。它的调用格式如下:

1) **T = clusterdata(X,cutoff)**

输出参数 T 是一个包含 n 个元素的列向量,其元素为相应观测所属类的类序号。输入参数 X 是 $n \times p$ 的矩阵,矩阵的每一行对应一个观测(样品),每一列对应一个变量。cutoff 为阈值,当 $0 <$ cutoff < 2 时,T=clusterdata(X,cutoff)等同于如下命令

```
Y = pdist(X,'euclid');
Z = linkage(Y,'single');
T = cluster(Z,'cutoff',cutoff);
```

当 cutoff$\geqslant$2 时,T=clusterdata(X,cutoff)等同于

```
Y = pdist(X,'euclid');
Z = linkage(Y,'single');
T = cluster(Z,'maxclust',cutoff);
```

2) **T = clusterdata(X,param1,val1,param2,val2,…)**

利用可选的成对出现的参数名与参数值控制聚类,可用的参数及参数值如表 10.2-5 所列。

表 10.2-5　clusterdata 函数支持的参数及参数值列表

参数名	参数值	含　义
'distance'	pdist 函数所支持的 metric 参数的取值,如表 10.2-1 所列	指定距离的计算方法
'linkage'	linkage 函数所支持的 method 参数的取值,如表 10.2-2 所列	指定系统聚类方法
'cutoff'	正实数	指定不一致系数或距离的阈值
'maxclust'	正整数	指定最大类数
'criterion'	'inconsistent' 或 'distance'	指定聚类的标准
'depth'	正整数	指定不一致系数的计算深度

注意: 不能同时指定 'cutoff' 和 'maxclust' 参数。当 'distance' 的参数值为 'minkowski' 时,接下来还应输入明氏距离计算公式中指数 p 的值。

利用 clusterdata 函数对例 10.1-1 中的原始数据进行聚类,将原始样品聚为 3 类,命令和结果如下:

```
>> x = [1 2 6 8 11]';                    % 例 10.1-1 中的观测数据
>> T = clusterdata(x,'maxclust',3)      % 将原始样品聚为 3 类

T =

     3
     3
     2
     2
     1
```

10.2.2　样品聚类案例

【例 10.2-1】　表 10.2-6 列出了 2007 年我国 31 个省、市、自治区和直辖市的城镇居民家庭平均每人全年消费性支出的 8 个主要变量数据。数据保存在文件 examp10_2_1.xls 中,数据格式如表 10.2-6 所列。本节将根据这 8 个主要变量的观测数据,利用系统聚类法,对各地区进行聚类分析。

表 10.2-6　2007 年各地区城镇居民家庭平均每人全年消费性支出

元

地　区	食　品	衣　着	居　住	家庭设备用品及服务	医疗保健	交　通和通信	教育文化娱乐服务	杂项商品和服务
北　京	4934.05	1512.88	1246.19	981.13	1294.07	2328.51	2383.96	649.66
天　津	4249.31	1024.15	1417.45	760.56	1163.98	1309.94	1639.83	463.64
河　北	2789.85	975.94	917.19	546.75	833.51	1010.51	895.06	266.16

续表 10.2-6

地　区	食　品	衣　着	居　住	家庭设备用品及服务	医疗保健	交　通和通信	教育文化娱乐服务	杂项商品和服务
山　西	2600.37	1064.61	991.77	477.74	640.22	1027.99	1054.05	245.07
内蒙古	2824.89	1396.86	941.79	561.71	719.13	1123.82	1245.09	468.17
辽　宁	3560.21	1017.65	1047.04	439.28	879.08	1033.36	1052.94	400.16
吉　林	2842.68	1127.09	1062.46	407.35	854.8	873.88	997.75	394.29
黑龙江	2633.18	1021.45	784.51	355.67	729.55	746.03	938.21	310.67
上　海	6125.45	1330.05	1412.1	959.49	857.11	3153.72	2653.67	763.8
江　苏	3928.71	990.03	1020.09	707.31	689.37	1303.02	1699.26	377.37
浙　江	4892.58	1406.2	1168.08	666.02	859.06	2473.4	2158.32	467.52
安　徽	3384.38	906.47	850.24	465.68	554.44	891.38	1169.99	309.3
福　建	4296.22	940.72	1261.18	645.4	502.41	1606.9	1426.34	375.98
江　西	3192.61	915.09	728.76	587.4	385.91	732.97	973.38	294.6
山　东	3180.64	1238.34	1027.58	661.03	708.58	1333.63	1191.18	325.64
河　南	2707.44	1053.13	795.39	549.14	626.55	858.33	936.55	300.19
湖　北	3455.98	1046.62	856.97	550.16	525.32	903.02	1120.29	242.82
湖　南	3243.88	1017.59	869.59	603.18	668.53	986.89	1285.24	315.82
广　东	5056.68	814.57	1444.91	853.18	752.52	2966.08	1994.86	454.09
广　西	3398.09	656.69	803.04	491.03	542.07	932.87	1050.04	277.43
海　南	3546.67	452.85	819.02	519.99	503.78	1401.89	837.83	210.85
重　庆	3674.28	1171.15	968.45	706.77	749.51	1118.79	1237.35	264.01
四　川	3580.14	949.74	690.27	562.02	511.78	1074.91	1031.81	291.32
贵　州	3122.46	910.3	718.65	463.56	354.52	895.04	1035.96	258.21
云　南	3562.33	859.65	673.07	280.62	631.7	1034.71	705.51	174.23
西　藏	3836.51	880.1	628.35	271.29	272.81	866.33	441.02	335.66
陕　西	3063.69	910.29	831.27	513.08	678.38	866.76	1230.74	332.84
甘　肃	2824.42	939.89	768.28	505.16	564.25	861.47	1058.66	353.65
青　海	2803.45	898.54	641.93	484.71	613.24	785.27	953.87	331.38
宁　夏	2760.74	994.47	910.68	480.84	645.98	859.04	863.36	302.17
新　疆	2760.69	1183.69	736.99	475.23	598.78	890.3	896.79	331.8

数据来源:中华人民共和国国家统计局网站,2008年《中国统计年鉴》。

1. 数据的读取和标准化

聚类之前,应先将数据标准化。这里用zscore函数进行标准化,命令如下:

```
>> [X,textdata] = xlsread('examp10_2_1.xls');      % 从Excel文件中读取数据
>> X = zscore(X);                                  % 数据标准化(减去均值,除以标准差)
```

2. 一步聚类

直接利用clusterdata函数可进行一步聚类,命令及结果如下:

```
>> obslabel = textdata(2:end,1);    % 提取城市名称,为后面聚类做准备
% 样品间距离采用欧氏距离,利用类平均法将原始样品聚为3类,Taverage为各观测的类编号
>> Taverage = clusterdata(X,'linkage','average','maxclust',3);
>> obslabel(Taverage == 1)      % 查看第1类所包含的城市

ans =

    '北  京'
    '上  海'

>> obslabel(Taverage == 2)      % 查看第2类所包含的城市

ans =

    '天  津'
    '浙  江'
    '广  东'

>> obslabel(Taverage == 3)      % 查看第3类所包含的城市

ans =

    '河  北'
    '山  西'
    '内蒙古'
    '辽  宁'
    '吉  林'
    '黑龙江'
    '江  苏'
    '安  徽'
    '福  建'
    '江  西'
    '山  东'
    '河  南'
    '湖  北'
    '湖  南'
    '广  西'
    '海  南'
    '重  庆'
    '四  川'
    '贵  州'
    '云  南'
    '西  藏'
    '陕  西'
    '甘  肃'
    '青  海'
    '宁  夏'
    '新  疆'
```

从以上过程可以看出,通过人为指定类的个数,利用 clusterdata 函数可以很方便地将原始样品聚为几类。

3. 分步聚类

(1) 利用 pdist 函数计算距离

```
>> y = pdist(X);      % 计算样品间欧氏距离,y为距离向量
```

(2) 利用 linkage 函数创建系统聚类树

这里利用类平均法创建系统聚类树。

```
>> Z = linkage(y,'average')      % 利用类平均法创建系统聚类树

Z =

   28.0000    29.0000     0.7087
   16.0000    30.0000     0.7270
   12.0000    27.0000     0.7984
   14.0000    24.0000     0.8699
    4.0000    33.0000     0.9867
   18.0000    34.0000     0.9986
   15.0000    22.0000     1.0052
   17.0000    23.0000     1.0140
    6.0000     7.0000     1.0624
   32.0000    37.0000     1.1637
    3.0000    36.0000     1.1709
   35.0000    39.0000     1.2056
    8.0000    31.0000     1.2787
   42.0000    44.0000     1.3397
   41.0000    45.0000     1.4111
   20.0000    21.0000     1.4333
   43.0000    46.0000     1.6533
   10.0000    13.0000     1.6766
    5.0000    38.0000     2.0325
   40.0000    50.0000     2.2135
   25.0000    26.0000     2.2868
   48.0000    51.0000     2.3544
   47.0000    52.0000     2.6611
   53.0000    54.0000     2.8737
   49.0000    55.0000     3.0478
    1.0000     9.0000     3.2440
   11.0000    19.0000     3.3776
    2.0000    58.0000     3.5600
   57.0000    59.0000     4.2354
   56.0000    60.0000     6.2131
```

(3) 作出聚类树形图

```
>> obslabel = textdata(2:end,1);        % 提取城市名称,为后面聚类做准备
% 作出聚类树形图,方向从右至左,显示所有叶节点,用城市名作为叶节点标签,叶节点标签在左侧
>> H = dendrogram(Z,0,'orientation','right','labels',obslabel); % 返回线条句柄H
>> set(H,'LineWidth',2,'Color','k');    % 设置线条宽度为2,颜色为黑色
>> xlabel('标准化距离(类平均法)')         % 为X轴加标签
```

做出的聚类树形图如图 10.2-1 所示。

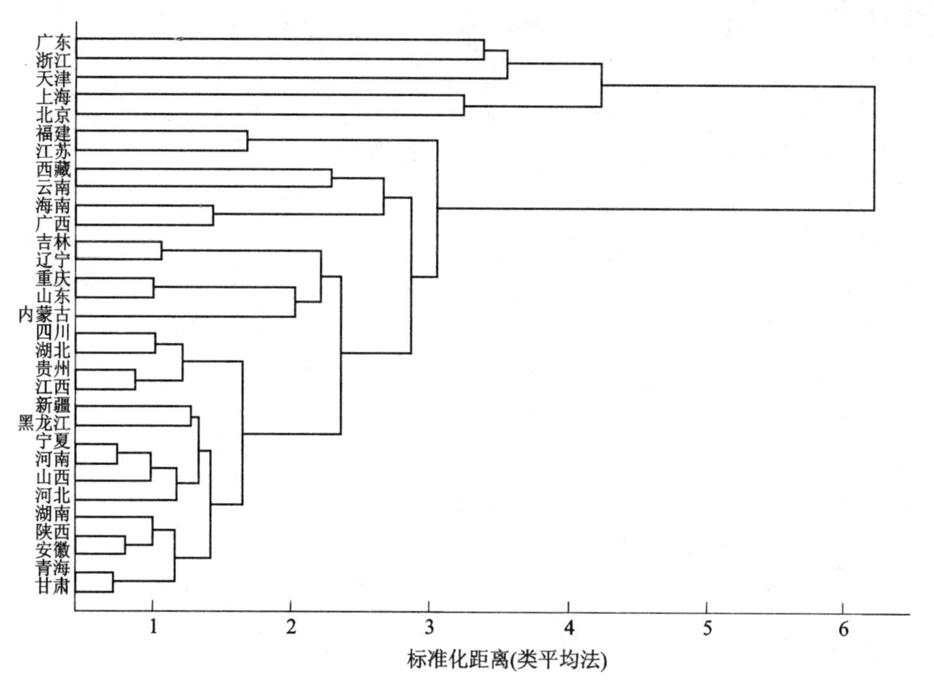

图 10.2-1 类平均法聚类树形图

(4) 确定分类个数

在系统聚类过程中,确定最终分类个数是一个难点。下面计算不一致系数,通过不一致系数来确定最终分类个数。

```
>> inconsistent0 = inconsistent(Z,40)      % 计算不一致系数,计算深度为 40

inconsistent0 =

    0.7087         0    1.0000         0
    0.7270         0    1.0000         0
    0.7984         0    1.0000         0
    0.8699         0    1.0000         0
    0.8569    0.1836    2.0000    0.7071
    0.8985    0.1416    2.0000    0.7071
    1.0052         0    1.0000         0
    1.0140         0    1.0000         0
    1.0624         0    1.0000         0
    0.9174    0.2041    4.0000    1.2070
    0.9616    0.2230    3.0000    0.9387
    1.0298    0.1684    3.0000    1.0436
    1.2787         0    1.0000         0
    1.1006    0.2482    5.0000    0.9634
    1.0584    0.2548   10.0000    1.3844
    1.4333         0    1.0000         0
    1.0947    0.2744   14.0000    2.0357
    1.6766         0    1.0000         0
    1.5188    0.7264    2.0000    0.7071
```

```
    1.5784    0.6336    4.0000    1.0024
    2.2868         0    1.0000         0
    1.2629    0.4812   19.0000    2.2682
    2.1271    0.6293    3.0000    0.8486
    1.4456    0.6406   23.0000    2.2294
    1.5189    0.6926   25.0000    2.2073
    3.2440         0    1.0000         0
    3.3776         0    1.0000         0
    3.4688    0.1290    2.0000    0.7071
    3.6042    0.4403    4.0000    1.4336
    1.9535    1.2575   30.0000    3.3873
```

inconsistent0 矩阵的第 4 列为每次并类的不一致系数。在并类过程中，若某一次并类所对应的不一致系数较上一次有大幅增加，说明该次并类的效果不好，而它上一次的并类效果是比较好的，不一致系数增加的幅度越大，说明上一次并类效果越好。在使得类的个数尽量少的前提下，可参照不一致系数的变化，确定最终的分类个数。考虑最后 3 次聚类中不一致系数的变化，不一致系数的增量依次为 0.7071、0.7265 和 1.9537，这说明倒数第 2 次并类的效果是比较好的，此时原始样品被分为 2 类，即可认为分为 2 类是合适的。

读者可以尝试用其他系统聚类法进行聚类，然后进行对比分析，找出一种比较适合本案例数据的系统聚类方法。

10.2.3 变量聚类案例

【例 10.2-2】 在全国服装标准制定中，对某地区成年女子的 14 个部位尺寸(体型尺寸)进行了测量。根据测量数据计算得到 14 个部位尺寸之间的相关系数矩阵，如表 10.2-7 所列，试对 14 个变量进行聚类分析。

表 10.2-7 成年女子 14 个部位尺寸之间的相关系数矩阵

	x_1	x_2	x_3	x_4	x_5	x_6	x_7	x_8	x_9	x_{10}	x_{11}	x_{12}	x_{13}
x_1 上体长	1												
x_2 手臂长	0.366	1											
x_3 胸围	0.242	0.233	1										
x_4 颈围	0.280	0.194	0.590	1									
x_5 总肩宽	0.360	0.324	0.476	0.435	1								
x_6 前胸宽	0.282	0.263	0.483	0.470	0.452	1							
x_7 后背宽	0.245	0.265	0.540	0.478	0.535	0.663	1						
x_8 前腰节高	0.448	0.345	0.452	0.404	0.431	0.322	0.266	1					
x_9 后腰节高	0.486	0.367	0.365	0.357	0.429	0.283	0.287	0.820	1				
x_{10} 总体长	0.648	0.662	0.216	0.316	0.429	0.283	0.263	0.527	0.547	1			
x_{11} 身高	0.679	0.681	0.243	0.313	0.430	0.302	0.294	0.520	0.558	0.957	1		
x_{12} 下体长	0.486	0.636	0.174	0.243	0.375	0.290	0.255	0.403	0.417	0.857	0.582	1	
x_{13} 腰围	0.133	0.153	0.732	0.477	0.339	0.392	0.446	0.266	0.241	0.054	0.099	0.055	1
x_{14} 臀围	0.376	0.252	0.676	0.581	0.441	0.447	0.440	0.424	0.372	0.363	0.376	0.321	0.627

表 10.2-7 中数据保存在文件 examp10_2_2.xls 中。

1. 读取数据

```
>> [X,textdata] = xlsread('examp10_2_2.xls')       % 从 Excel 文件中读取数据

X =

   1.000     NaN     NaN     NaN     NaN     NaN     NaN     NaN     NaN     NaN     NaN     NaN     NaN
   0.366   1.000     NaN     NaN     NaN     NaN     NaN     NaN     NaN     NaN     NaN     NaN     NaN
   0.242   0.233   1.000     NaN     NaN     NaN     NaN     NaN     NaN     NaN     NaN     NaN     NaN
   0.280   0.194   0.590   1.000     NaN     NaN     NaN     NaN     NaN     NaN     NaN     NaN     NaN
   0.360   0.324   0.476   0.435   1.000     NaN     NaN     NaN     NaN     NaN     NaN     NaN     NaN
   0.282   0.263   0.483   0.470   0.452   1.000     NaN     NaN     NaN     NaN     NaN     NaN     NaN
   0.245   0.265   0.540   0.478   0.535   0.663   1.000     NaN     NaN     NaN     NaN     NaN     NaN
   0.448   0.345   0.452   0.404   0.431   0.322   0.266   1.000     NaN     NaN     NaN     NaN     NaN
   0.486   0.367   0.365   0.357   0.429   0.283   0.287   0.820   1.000     NaN     NaN     NaN     NaN
   0.648   0.662   0.216   0.316   0.429   0.283   0.263   0.527   0.547   1.000     NaN     NaN     NaN
   0.679   0.681   0.243   0.313   0.430   0.302   0.294   0.520   0.558   0.957   1.000     NaN     NaN
   0.486   0.636   0.174   0.243   0.375   0.290   0.255   0.403   0.417   0.857   0.582   1.000     NaN
   0.133   0.153   0.732   0.477   0.339   0.392   0.446   0.266   0.241   0.054   0.099   0.055   1.000
   0.376   0.252   0.676   0.581   0.441   0.447   0.440   0.424   0.372   0.363   0.376   0.321   0.627

textdata =

   '' 'x1' 'x2' 'x3' 'x4' 'x5' 'x6' 'x7' 'x8' 'x9' 'x10' 'x11' 'x12' 'x13'
   'x1 上体长'  ''  ''  ''  ''  ''  ''  ''  ''  ''  ''  ''  ''  ''
   'x2 手臂长'  ''  ''  ''  ''  ''  ''  ''  ''  ''  ''  ''  ''  ''
   'x3 胸围'  ''  ''  ''  ''  ''  ''  ''  ''  ''  ''  ''  ''  ''
   'x4 颈围'  ''  ''  ''  ''  ''  ''  ''  ''  ''  ''  ''  ''  ''
   'x5 总肩宽'  ''  ''  ''  ''  ''  ''  ''  ''  ''  ''  ''  ''  ''
   'x6 前胸宽'  ''  ''  ''  ''  ''  ''  ''  ''  ''  ''  ''  ''  ''
   'x7 后背宽'  ''  ''  ''  ''  ''  ''  ''  ''  ''  ''  ''  ''  ''
   'x8 前腰节高'  ''  ''  ''  ''  ''  ''  ''  ''  ''  ''  ''  ''  ''
   'x9 后腰节高'  ''  ''  ''  ''  ''  ''  ''  ''  ''  ''  ''  ''  ''
   'x10 总体长'  ''  ''  ''  ''  ''  ''  ''  ''  ''  ''  ''  ''  ''
   'x11 身高'  ''  ''  ''  ''  ''  ''  ''  ''  ''  ''  ''  ''  ''
   'x12 下体长'  ''  ''  ''  ''  ''  ''  ''  ''  ''  ''  ''  ''  ''
   'x13 腰围'  ''  ''  ''  ''  ''  ''  ''  ''  ''  ''  ''  ''  ''
   'x14 臀围'  ''  ''  ''  ''  ''  ''  ''  ''  ''  ''  ''  ''  ''
```

2. 计算距离

设变量 x_i 和 x_j 的相关系数为 ρ_{ij}，定义它们之间的距离为

$$d_{ij} = 1 - \rho_{ij}, \quad i = 1,2,\cdots,14; j = 1,2,\cdots,14 \tag{10.2-1}$$

提取 **X** 矩阵的下三角矩阵，并按列拉长，转置，然后通过式(10.2-1)变换得到变量间距离向量，记为 **y**。相关命令如下：

```
>> y = 1 - X(tril(true(size(X)), -1))'    % 提取 X 矩阵的下三角矩阵，并转为矩离向量

y =
  Columns 1 through 8
    0.6340    0.7580    0.7200    0.6400    0.7180    0.7550    0.5520    0.5140
  Columns 9 through 16
    0.3520    0.3210    0.5140    0.8670    0.6240    0.7670    0.8060    0.6760
  Columns 17 through 24
```

```
    0.7370    0.7350    0.6550    0.6330    0.3380    0.3190    0.3640    0.8470
  Columns 25 through 32
    0.7480    0.4100    0.5240    0.5170    0.4600    0.5480    0.6350    0.7840
  Columns 33 through 40
    0.7570    0.8260    0.2680    0.3240    0.5650    0.5300    0.5220    0.5960
  Columns 41 through 48
    0.6430    0.6840    0.6870    0.7570    0.5230    0.4190    0.5480    0.4650
  Columns 49 through 56
    0.5690    0.5710    0.5710    0.5700    0.6250    0.6610    0.5590    0.3370
  Columns 57 through 64
    0.6780    0.7170    0.7170    0.6980    0.7100    0.6080    0.5530    0.7340
  Columns 65 through 72
    0.7130    0.7370    0.7060    0.7450    0.5540    0.5600    0.1800    0.4730
  Columns 73 through 80
    0.4800    0.5970    0.7340    0.5760    0.4530    0.4420    0.5830    0.7590
  Columns 81 through 88
    0.6280    0.0430    0.1430    0.9460    0.6370    0.4180    0.9010    0.6240
  Columns 89 through 91
    0.9450    0.6790    0.3730
```

y 中元素依次为变量对 $(x_2,x_1),(x_3,x_1),\cdots,(x_{14},x_1),(x_3,x_2),\cdots,(x_{14},x_2),\cdots,(x_{14},x_{13})$ 的距离,可把 **y** 作为 linkage 函数的输入,创建系统聚类树。

3. 利用 linkage 函数创建系统聚类树

这里仍利用类平均法创建系统聚类树。

```
>> Z = linkage(y,'average')     % 利用类平均法创建系统聚类树

Z =

   10.0000   11.0000    0.0430
    8.0000    9.0000    0.1800
    3.0000   13.0000    0.2680
   12.0000   15.0000    0.2805
    6.0000    7.0000    0.3370
    2.0000   18.0000    0.3403
   14.0000   17.0000    0.3485
    4.0000   21.0000    0.4507
    1.0000   20.0000    0.4552
    5.0000   19.0000    0.5065
   16.0000   23.0000    0.5382
   22.0000   24.0000    0.5511
   25.0000   26.0000    0.7103
```

4. 做出聚类树形图

```
>> varlabel = textdata(2:end,1);        % 提取变量名称,为后面聚类做准备
% 做出聚类树形图,方向从右至左,显示所有叶节点,用变量名作为叶节点标签,叶节点标签在左侧
>> H = dendrogram(Z,0,'orientation','right','labels',varlabel);  % 返回线条句柄 H
>> set(H,'LineWidth',2,'Color','k');  % 设置线条宽度为2,颜色为黑色
>> xlabel('并类距离(类平均法)')          % 为X轴加标签
```

做出的聚类树形图如图10.2-2所示。

从图10.2-2可以很清楚地看出,14个变量可分为两大类:一类是后背宽、前胸宽、总肩

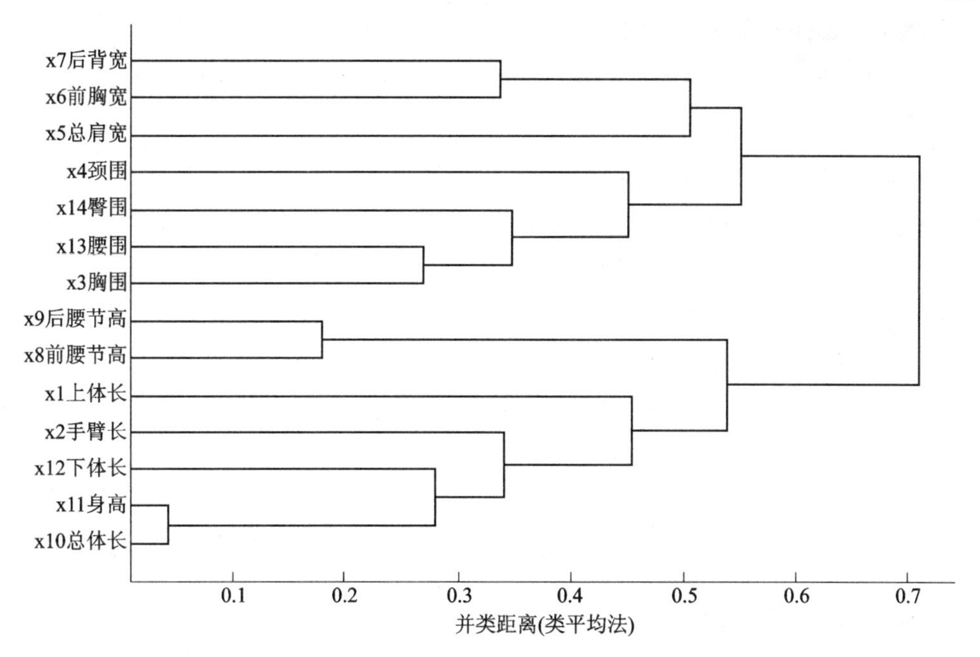

图 10.2-2 体型尺寸的类平均法聚类树形图

宽、颈围、臀围、腰围和胸围，这些变量是反映人胖瘦的变量；另一类是后腰节高、前腰节高、上体长、手臂长、下体长、身高和总体长，它们是反映人高矮的变量。两大类各自又可以分为两小类，如第一大类中的后背宽、前胸宽和总肩宽是一个小类，颈围、臀围、腰围和胸围是另一个小类。

10.3 案例 30:K 均值聚类法的案例分析

10.3.1 K 均值聚类法的 MATLAB 函数

与 K 均值聚类法相关的 MATLAB 函数有：kmeans 和 silhouette，下面分别进行介绍。

1. kmeans 函数

kmeans 函数用来作 K 均值聚类，将 n 个点（或观测）分为 k 个类。聚类过程是动态的，通过迭代使得每个点与所属类重心距离的和达到最小。默认情况下，kmeans 采用平方欧氏距离。其调用格式如下：

1) **IDX = kmeans(X,k)**

将 n 个点（或观测）分为 k 个类。输入参数 X 为 $n \times p$ 的矩阵，矩阵的每一行对应一个点，每一列对应一个变量。输出参数 IDX 是一个 $n \times 1$ 的向量，其元素为每个点所属类的类序号。

2) **[IDX,C] = kmeans(X,k)**

返回 k 个类的类重心坐标矩阵 C，C 是一个 $k \times p$ 的矩阵，第 i 行元素为第 i 类的类重心坐标。

3) **[IDX,C,sumd] = kmeans(X,k)**

返回类内距离和(即类内各点与类重心距离之和)向量 sumd,sumd 是一个 $1\times k$ 的向量,第 i 个元素为第 i 类的类内距离之和。

4) **[IDX,C,sumd,D] = kmeans(X,k)**

返回每个点与每个类重心之间的距离矩阵 D,D 是一个 $n\times k$ 的矩阵,第 i 行第 j 列的元素是第 i 个点与第 j 类的类重心之间的距离。

5) **[…] = kmeans(…,param1,val1,param2,val2,…)**

允许用户设置更多的参数及参数值,用来控制 kmeans 函数所用的迭代算法。param1,param2…为参数名,val1,val2…为相应的参数值。可用的参数名与参数值如表 10.3-1 所列。

表 10.3-1　kmeans 函数支持的参数名与参数值列表

参数名	参数值	说 明
'distance'	'sqEuclidean'	平方欧氏距离(默认情况)
	'cityblock'	绝对值距离
	'cosine'	把每个点作为一个向量,两点间距离为 1 减去两向量夹角余弦
	'correlation'	把每个点作为一个数值序列,两点间距离为 1 减去两个数值序列的相关系数
	'Hamming'	即不一致字节所占的百分比,仅适用于二进制数据
'emptyaction'	'error'	把空类作为错误对待(默认情况)
	'drop'	去除空类,输出参数 C 和 D 中相应值用 NaN 表示
	'singleton'	生成一个只包含最远点的新类
'onlinephase'	'on'	执行在线更新(默认情况)。对于大型数据,可能会占用比较多的时间,但是能保证收敛于局部最优解
	'off'	不执行在线更新
'options'	由 statset 函数创建的结构体变量	用来设置迭代算法的相关选项
'replicates'	正整数	重复聚类的次数,每次聚类采用新的初始凝聚点。也可以通过设置 'start' 参数的参数值为 k×p×m 的 3 维数组,来设置重复聚类的次数为 m
'start'	'sample'	随机选择 k 个观测作为初始凝聚点
	'uniform'	在观测值矩阵 X 中随机并均匀地选择 k 个观测作为初始凝聚点。这对于 Hamming 距离是无效的
	'cluster'	从 X 中随机选择 10%的子样本,进行预聚类,确定凝聚点。预聚类过程随机选择 k 个观测作为预聚类的初始凝聚点
	Matrix	若为 k×p 的矩阵,用来设定 k 个初始凝聚点。若为 k×p×m 的 3 维数组,则重复进行 m 次聚类,每次聚类通过相应页上的二维数组设定 k 个初始凝聚点

针对例 10.1-1 中的数据,利用 kmeans 函数进行 K 均值聚类,命令和结果如下:

```
>> x = [1 2 6 8 11]';                      % 例 10.1-1 中的观测数据
>> opts = statset('Display','final');       % 显示每次聚类的最终结果
```

```
% 将原始的 5 个点聚为 3 类,距离采用绝对值距离,重复聚类 5 次,显示每次聚类的最终结果
>> idx = kmeans(x,3,'Distance','city','Replicates',5,'Options',opts)

2 iterations, total sum of distances = 3
2 iterations, total sum of distances = 3
2 iterations, total sum of distances = 3
2 iterations, total sum of distances = 3
2 iterations, total sum of distances = 3

idx =

     2
     2
     3
     3
     1
```

从聚类结果可以看出,1 和 2 为一类,6 和 8 为一类,11 单独为一类。

2. silhouette 函数

silhouette 函数用来根据 cluster、clusterdata 或 kmeans 函数的聚类结果绘制轮廓图,从轮廓图上能看出每个点的分类是否合理。轮廓图上第 i 个点的轮廓值(silhouette value)定义为

$$S(i)=\frac{\min(b)-a}{\max(a,\min(b))},\qquad i=1,2,\cdots,n$$

其中,a 是第 i 个点与同类的其他点之间的平均距离;b 为一个向量,其元素是第 i 个点与不同类的类内各点之间的平均距离,例如 b 的第 k 个元素是第 i 个点与第 k 类各点之间的平均距离。

轮廓值 $S(i)$ 的取值范围为 $[-1,1]$,$S(i)$ 值越大,说明第 i 个点的分类越合理,当 $S(i)<0$ 时,说明第 i 个点的分类不合理,还有比目前分类更合理的方案。

silhouette 函数的调用格式如下:

1) **silhouette(X,clust)**

根据样本观测值矩阵 X 和聚类结果 clust 绘制轮廓图。输入参数 X 是一个 $n\times p$ 的矩阵,矩阵的每一行对应一个观测,每一列对应一个变量。clust 是聚类结果,可以是由每个观测所属类的类序号构成的数值向量,也可以是由类名称构成的字符矩阵或字符串元胞数组。silhouette 函数会把 clust 中的 NaN 或空字符作为缺失数据,从而忽略 X 中相应的观测。默认情况下,silhouette 函数采用平方欧氏距离。

2) **s = silhouette(X,clust)**

返回轮廓值向量 s,它是一个 $n\times 1$ 的向量,其元素为相应点的轮廓值。此时不绘制轮廓图。

3) **[s,h] = silhouette(X,clust)**

绘制轮廓图,并返回轮廓值向量 s 和图形句柄 h。

4) **[…] = silhouette(X,clust,metric)**

指定距离计算的方法,绘制轮廓图。输入参数 metric 为字符串或距离矩阵,用来指定距离计算的方法或距离矩阵。silhouette 函数支持的各种距离如表 10.3-2 所列。

表 10.3-2 silhouette 函数支持的各种距离

metric 参数取值	说 明
'Euclidean'	欧氏距离
'sqEuclidean'	平方欧氏距离(默认情况)
'cityblock'	绝对值距离(或城市街区距离)
'cosine'	把每个点作为一个向量,两点间距离为1减去两向量夹角余弦
'correlation'	把每个点作为一个数值序列,两点间距离为1减去两个数值序列的相关系数
'Hamming'	汉明(Hamming)距离,即不一致坐标所占的百分比
'Jaccard'	不一致的非零坐标所占的百分比
Vector	上三角形式的距离矩阵对应的距离向量,例如由 pdist 函数返回的距离向量。在这种情况下,X是无用的,可以设为[]

5) **[…] = silhouette(X,clust,distfun,p1,p2,…)**

接受函数句柄作为第3个输入,即 distfun 为函数句柄,用来自定义距离计算的方法。distfun 对应的函数形如:

```
d = distfun(X0,X,p1,p2,…)
…
```

其中,X0 是一个 $1\times p$ 的向量,表示一个点的坐标。X 是 $n\times p$ 的矩阵,p1,p2 … 是可选的参数。d 为 $n\times 1$ 的距离向量,d 的第 k 个元素是 X0 与 X 矩阵的第 k 行之间的距离。

针对例 10.1-1 中的数据,调用 kmeans 函数进行 K 均值聚类,调用 silhouette 函数计算每一点的轮廓值,并做出轮廓图,所用命令和结果如下:

```
>> x = [1 2 6 8 11]';              % 例 10.1-1 中的观测数据
% 将原始的5个点聚为3类,距离采用绝对值距离,重复聚类5次
>> idx = kmeans(x,3,'Distance','city','Replicates',5);
>> [S, H] = silhouette(x,idx)    % 绘制轮廓图,并返回轮廓值向量S和图形句柄H

S =

    0.9730
    0.9615
    0.8049
    0.5556
    1.0000


H =

     1
```

做出的轮廓图如图 10.3-1 所示。

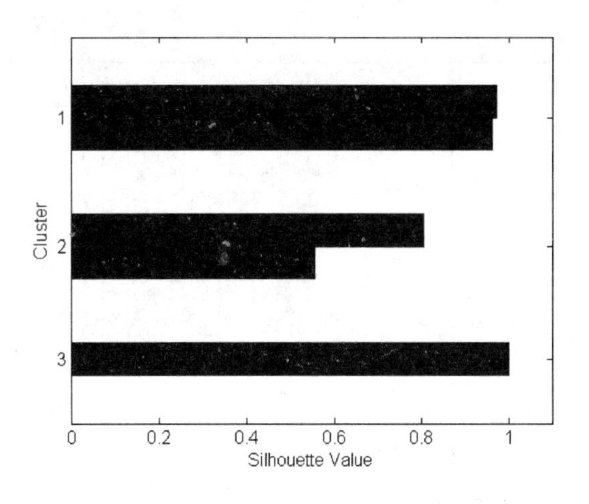

图 10.3-1　K 均值聚类的轮廓图

10.3.2　K 均值聚类法案例

【例 10.3-1】　表 10.3-3 列出了 46 个国家和地区 3 年(1990、2000 和 2006 年)的婴儿死亡率和出生时预期寿命数据。数据保存在文件 examp10_3_1.xls 中,数据格式如表 10.3-3 所列。本节将根据这些观测数据,利用 K 均值聚类法,对各国家和地区进行聚类分析。

表 10.3-3　46 个国家和地区的婴儿死亡率和出生时预期寿命

国家和地区	婴儿死亡率/‰			出生时平均预期寿命/岁		
	1990 年	2000 年	2006 年	1990 年	2000 年	2006 年
中　　国	36.3	29.9	20.1	68.9	70.3	72
中国香港				77.4	80.9	81.6
孟加拉国	100	66	51.6	54.8	61	63.7
文　　莱	10	8	8	74.2	76.2	77.1
柬 埔 寨	84.5	78	64.8	54.9	56.5	58.9
印　　度	80	68	57.4	59.1	62.9	64.5
印度尼西亚	60	36	26.4	61.7	65.8	68.2
伊　　朗	54	36	30	64.8	68.9	70.7
以 色 列	10	5.6	4.2	76.6	79	80
日　　本	4.6	3.2	2.6	78.8	81.1	82.3
哈萨克斯坦	50.5	37.1	25.8	68.3	65.5	66.2
朝　　鲜	42	42	42	69.9	66.8	67
韩　　国	8	5	4.5	71.3	75.9	78.5
老　　挝	120	77	59	54.6	60.9	63.9
马来西亚	16	11	9.8	70.3	72.6	74
蒙　　古	78.5	47.6	34.2	62.7	65.1	67.2
缅　　甸	91	78	74.4	59	60.1	61.6
巴基斯坦	100	85	77.8	59.1	63	65.2

续表 10.3-3

国家和地区	婴儿死亡率/‰			出生时平均预期寿命/岁		
	1990年	2000年	2006年	1990年	2000年	2006年
菲律宾	41	30	24	65.6	69.6	71.4
新加坡	6.7	2.9	2.3	74.3	78.1	79.9
斯里兰卡	25.6	16.1	11.2	71.2	73.6	75
泰国	25.7	11.4	7.2	67	68.3	70.2
越南	38	23	14.6	64.8	69.1	70.8
埃及	66.7	40	28.9	62.2	68.8	71
尼日利亚	120	107	98.6	47.2	46.9	46.8
南非	45	50	56	61.9	48.5	50.7
加拿大	6.8		4.9	77.4	79.2	80.4
墨西哥	41.5	31.6	29.1	70.9	74	74.5
美国	9.4	6.9	6.5	75.2	77	77.8
阿根廷	24.7	16.8	14.1	71.7	73.8	75
巴西	48.1	26.9	18.6	66.6	70.4	72.1
委内瑞拉	26.9	20.7	17.7	71.2	73.3	74.4
白俄罗斯	20.1	15	11.8	70.8		68.6
捷克	10.9	4.1	3.2	71.4	75	76.5
法国	7.4	4.4	3.6	76.7	78.9	80.6
德国	7	4.4	3.7	75.2	77.9	79.1
意大利	8.2	4.6	3.5	76.9	79.5	81.1
荷兰	7.2	4.6	4.2	76.9	78	79.7
波兰	19.3	8.1	6	70.9	73.7	75.1
俄罗斯联邦	22.7	20.2	13.7	68.9	65.3	65.6
西班牙	7.6	4.5	3.6	76.8	79	80.8
土耳其	67	37.5	23.7	66	70.4	71.5
乌克兰	21.5	19.2	19.8	70.1	67.9	68
英国	8	5.6	4.9	75.9	77.7	79.1
澳大利亚	8	4.9	4.7	77	79.2	81
新西兰	8.3	5.9	5.2	75.4	78.6	79.9

数据来源:中华人民共和国国家统计局网站2008年国际统计数据。

1. 读取数据


```
>> [X, textdata] = xlsread('examp10_3_1.xls');   % 从Excel文件中读取数据
>> row = ~any(isnan(X), 2);   % 返回一个逻辑向量,非缺失观测对应元素1,缺失观测对应元素0
>> X = X(row, :);                           % 剔除缺失数据,提取非缺失数据
>> countryname = textdata(3:end,1);         % 提取国家或地区名称,countryname为字符串元胞数组
>> countryname = countryname(row);          % 剔除缺失数据所对应的国家或地区名称
```

需要说明的是,原始数据表格中有缺失数据,从Excel文件中读入MATLAB后,数据矩

阵 X 中的缺失数据用 NaN 表示，通过查找 NaN 所在的位置即可剔除缺失数据。

2. 数据标准化

将剔除缺失数据后的数据标准化，命令如下：

```
>> X = zscore(X);      % 数据标准化，即减去均值，然后除以标准差
```

3. 选取初始凝聚点

在开始聚类之前，可以人为指定初始凝聚点，初始凝聚点的个数决定了最终分类个数。这里初步计划将 43 个(剔除缺失数据后还有 43 个观测)国家和地区分为 3 类，不妨选取第 8、第 27 和第 42 个观测为初始凝聚点，然后进行聚类。相关命令如下：

```
>> startdata = X([8, 27, 42],:);                % 选取第 8、第 27 和第 42 个观测为初始凝聚点
>> idx = kmeans(X,3,'Start',startdata);    % 设置初始凝聚点，进行 K 均值聚类
```

以上命令得到的 idx 中包含了每个观测的分类信息，这里先不显示 idx 的值，稍后查看聚类结果。

4. 绘制轮廓图

```
>> [S, H] = silhouette(X,idx);      % 绘制轮廓图，并返回轮廓值向量 S 和图形句柄 H
```

做出的轮廓图如图 10.3－2 所示。

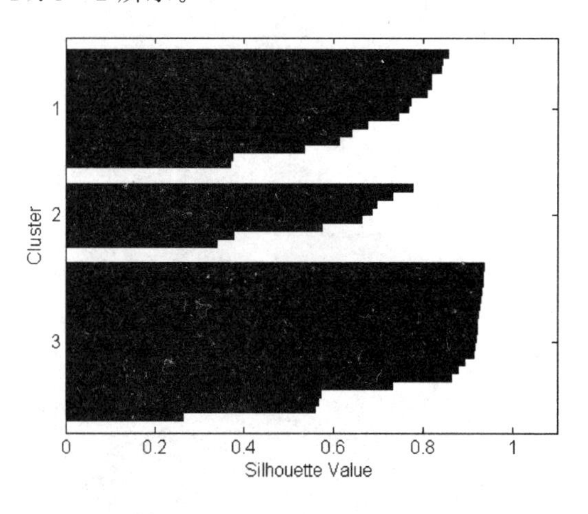

图 10.3－2　分为三类时的轮廓图

从图 10.3－2 可以看出，将剔除缺失数据后的 43 个观测分为 3 类时，每个观测的轮廓值都是正的，并且均在 0.2 以上，这说明将 43 个观测分为 3 类是非常合适的。

5. 查看聚类结果

```
>> countryname(idx == 1)      % 查看第 1 类所包含的国家或地区

ans =

    '中　　国'
    '印度尼西亚'
    '伊　　朗'
    '哈萨克斯坦'
```

```
    '朝    鲜'
    '蒙    古'
    '菲 律 宾'
    '泰    国'
    '越    南'
    '埃    及'
    '墨 西 哥'
    '巴    西'
    '俄罗斯联邦'
    '土 耳 其'
    '乌 克 兰'

>> countryname(idx == 2)      % 查看第2类所包含的国家或地区

ans =

    '孟加拉国'
    '柬 埔 寨'
    '印    度'
    '老    挝'
    '缅    甸'
    '巴基斯坦'
    '尼日利亚'
    '南    非'

>> countryname(idx == 3)      % 查看第3类所包含的国家或地区

ans =

    '文    莱'
    '以 色 列'
    '日    本'
    '韩    国'
    '马来西亚'
    '新 加 坡'
    '斯里兰卡'
    '美    国'
    '阿 根 廷'
    '委内瑞拉'
    '捷    克'
    '法    国'
    '德    国'
    '意 大 利'
    '荷    兰'
    '波    兰'
    '西 班 牙'
    '英    国'
    '澳大利亚'
    '新 西 兰'
```

以上给出了分为3类时的聚类结果,每一类中所包含的观测一目了然,非常直观。读者也可以自行尝试灵活选取初始凝聚点,将原始观测分为更多的类,以便作进一步的对比分析。

10.4　案例 31:模糊 C 均值聚类法的案例分析

10.4.1　模糊 C 均值聚类法的 MATLAB 函数

MATLAB 模糊逻辑工具箱(Fuzzy Logic Toolbox)中提供了模糊 C 均值聚类的函数:fcm 函数,它的调用格式如下:

```
[center,U,obj_fcn] = fcm(data,cluster_n)
[center,U,obj_fcn] = fcm(data,cluster_n,options)
```

输入参数 data 是用于聚类的数据集,它是一个矩阵,如式(10.1-10)所示,每行对应一个样品(或观测),每列对应一个变量。cluster_n 是一个正整数,表示类的个数。options 是一个包含 4 个元素的向量,用来设置迭代的参数。options 的第 1 个元素是式(10.1-11)所示目标函数中隶属度的幂指数,其值应大于 1,默认值为 2;第 2 个元素是最大迭代次数,默认值为 100;第 3 个元素是目标函数的终止容限,默认值为 10^{-5};第 4 个元素用来控制是否显示中间迭代过程,若取值为 0,表示不显示中间迭代过程,否则显示。

输出参数 center 是 cluster_n 个类的类中心坐标矩阵,它是 cluster_n 行、p 列的矩阵。U 是 cluster_n 行、n 列的隶属度矩阵,它的第 i 行第 k 列元素 u_{ik} 表示第 k 个样品 x_k 属于第 i 类的隶属度,可以根据 U 中每列元素的取值来判定每个样品的归属。obj_fcn 是目标函数值向量,它的第 i 个元素表示第 i 步迭代的目标函数值,它所包含的元素的总数是实际迭代的总步数。

10.4.2　模糊 C 均值聚类法案例

【例 10.4-1】　表 10.4-1 列出了 2006 年我国 31 个省、市、自治区和直辖市的 12 个月的月平均气温数据,数据保存在文件 examp10_4_1.xls 中,数据格式如表 10.4-1 所列。本节将根据这些观测数据,利用模糊 C 均值聚类法,对各地区进行聚类分析。

表 10.4-1　2006 年我国 31 个省、市、自治区和直辖市的 12 个月的月平均气温/℃

城　市	1月	2月	3月	4月	5月	6月	7月	8月	9月	10月	11月	12月
北　京	−1.9	−0.9	8.0	13.5	20.4	25.9	25.9	26.4	21.8	16.1	6.7	−1.0
天　津	−2.7	−1.4	7.5	13.2	20.3	26.4	25.9	26.4	21.3	16.2	6.5	−1.7
石家庄	−0.9	1.6	10.3	15.1	21.3	27.4	27.0	25.9	21.8	17.8	8.0	0.4
太　原	−3.6	−0.4	6.8	14.5	19.1	23.2	25.7	23.1	17.4	13.4	4.4	−2.5
呼和浩特	−9.2	−7.0	2.2	10.3	17.4	21.8	24.5	22.0	16.3	11.5	1.3	−7.7
沈　阳	−12.7	−8.1	0.5	8.0	18.3	21.6	24.2	24.3	17.5	11.6	0.8	−6.7
长　春	−14.5	−10.6	−1.3	6.1	17.0	20.2	23.5	23.3	17.1	9.6	−2.3	−9.3
哈尔滨	−17.7	−12.6	−2.8	5.9	17.1	19.9	23.4	23.1	16.2	7.4	−4.5	−12.1
上　海	5.7	5.6	11.1	16.6	20.8	25.6	29.4	30.2	23.9	22.1	15.7	8.2
南　京	3.9	4.3	11.3	17.1	21.2	26.5	28.7	29.5	22.5	20.3	12.8	5.2

续表 10.4-1

城　市	1月	2月	3月	4月	5月	6月	7月	8月	9月	10月	11月	12月
杭　州	5.8	6.1	12.4	18.3	21.5	25.9	30.1	30.6	23.3	21.9	15.1	7.7
合　肥	3.4	4.5	11.7	17.2	21.7	26.7	28.8	29.0	22.2	20.4	12.8	5.0
福　州	12.5	12.5	14.0	19.4	22.3	26.5	29.4	29.0	25.9	24.4	19.8	14.1
南　昌	6.6	6.5	12.7	19.3	22.7	26.0	30.0	30.0	24.3	22.1	15.0	8.1
济　南	0.0	2.1	10.2	16.5	21.5	26.9	27.4	26.0	21.4	19.5	10.0	1.6
郑　州	0.3	3.9	11.5	17.1	21.8	27.8	27.1	26.1	21.2	19.0	10.8	3.0
武　汉	4.2	5.8	12.8	19.0	23.9	28.4	30.2	29.7	24.0	21.0	14.0	6.8
长　沙	5.3	6.2	12.5	19.9	23.6	27.0	30.1	29.5	24.0	21.3	14.7	7.8
广　州	15.8	17.3	17.9	23.6	25.3	27.8	29.8	29.4	27.0	26.4	21.9	16.0
南　宁	14.3	14.3	17.5	23.9	25.2	27.6	28.0	27.2	25.7	25.6	20.4	14.0
海　口	18.5	20.5	21.8	26.7	28.3	29.4	30.0	28.5	27.4	27.1	25.3	20.8
重　庆	7.8	9.0	13.3	19.2	22.9	25.4	31.0	32.4	24.8	20.6	14.6	9.4
温　州	5.8	7.5	12.1	17.9	21.6	24.0	26.9	26.6	20.9	19.0	13.3	6.9
贵　阳	4.3	5.4	10.2	17.0	18.9	21.1	23.8	23.2	20.5	16.7	11.2	5.8
昆　明	10.8	13.2	15.9	18.0	18.0	20.4	21.3	20.6	18.3	16.9	13.2	9.8
拉　萨	2.7	5.0	6.2	8.3	12.8	17.8	18.3	17.1	14.7	8.6	3.7	1.2
西　安	−0.2	4.3	10.8	16.8	21.4	26.5	28.2	26.0	19.5	16.8	9.4	2.3
兰　州	−6.9	−2.6	3.2	10.3	15.6	20.0	22.2	21.9	13.8	10.2	1.5	−7.4
西　宁	−6.5	−3.0	1.4	7.1	12.0	15.5	18.7	18.2	11.7	7.6	0.3	−6.4
银　川	−7.4	−2.2	4.9	13.6	18.8	23.7	24.8	23.8	16.5	13.7	4.4	−4.3
乌鲁木齐	−14.2	−6.7	1.2	12.0	16.8	23.2	24.5	24.1	17.6	11.4	1.9	−8.8

数据来源:中华人民共和国国家统计局网站,2007年《中国统计年鉴》。

1. 数据的读取和标准化

聚类之前,应先从文件 examp10_4_1.xls 中读取数据,并将数据标准化。这里用 zscore 函数进行标准化,命令如下:

```
% 从文件 examp10_4_1.xls 中读取数据
>> [xdata,textdata] = xlsread('examp10_4_1.xls');
% 提取元胞数组 textdata 第 1 列的第 4 行至最后一行,即城市名称数据
>> city = textdata(4:end,1);
% 调用 zscore 函数将平均气温数据矩阵 xdata 标准化
>> X = zscore(xdata);
```

2. 模糊 C 均值聚类

下面调用 fcm 函数,根据标准化的平均气温数据矩阵 X,对各地区进行模糊 C 均值聚类,将各地区聚为 3 类。

```
% 设置幂指数为 3,最大迭代次数为 200,目标函数的终止容限为 1e-6,不显示中间迭代过程
>> options = [3, 200, 1e-6, 0];
% 调用 fcm 函数进行模糊 C 均值聚类,返回类中心坐标矩阵 center,隶属度矩阵 U,目标函数值 obj_fcn
>> [center,U,obj_fcn] = fcm(X,3,options)

center =

  Columns 1 through 7

   -1.2112   -1.1743   -1.2768   -1.1717   -0.9853   -0.9953   -0.8856
   -0.0068    0.0092    0.1915    0.1204    0.2096    0.4829    0.1346
    0.7462    0.6674    0.6982    0.7620    0.7274    0.5940    0.9069

  Columns 8 through 12

   -0.8888   -1.0991   -1.1692   -1.1928   -1.2039
    0.0285    0.0972    0.1299    0.0144   -0.0330
    0.9482    0.8846    0.8567    0.8362    0.8068

U =

  Columns 1 through 7

    0.2075    0.2273    0.1149    0.4072    0.8180    0.7312    0.7023
    0.5858    0.5614    0.7117    0.3973    0.1115    0.1628    0.1752
    0.2067    0.2113    0.1734    0.1955    0.0705    0.1060    0.1226

  Columns 8 through 14

    0.6367    0.1059    0.1125    0.0866    0.1089    0.1085    0.0553
    0.2106    0.3008    0.4368    0.2424    0.4463    0.2372    0.1517
    0.1527    0.5934    0.4507    0.6711    0.4448    0.6543    0.7930

  Columns 15 through 21

    0.0823    0.0965    0.0967    0.0705    0.1555    0.1461    0.1903
    0.7636    0.6941    0.2723    0.1988    0.2914    0.2933    0.3197
    0.1541    0.2094    0.6310    0.7307    0.5531    0.5605    0.4900

  Columns 22 through 28

    0.1003    0.1296    0.2481    0.2735    0.4782    0.1075    0.7181
    0.2330    0.5028    0.4730    0.4002    0.2990    0.7092    0.1692
    0.6667    0.3676    0.2789    0.3263    0.2229    0.1832    0.1127

  Columns 29 through 31

    0.5477    0.4988    0.6758
    0.2574    0.3273    0.1986
    0.1949    0.1739    0.1256

obj_fcn =

   63.7474
```

```
   34.4279
   31.3269
   29.2835
   28.1376
   27.7361
   27.6020
   27.5547
   27.5378
   27.5315
   27.5291
   27.5282
   27.5278
   27.5276
   27.5275
   27.5275
   27.5275
   27.5274
   27.5274
   27.5274
   27.5274
```

上面返回的类中心坐标矩阵 center 是一个 3×12 的矩阵,每一行是一个类的类中心坐标。隶属度矩阵 U 是一个 3×31 的矩阵,每一列是一个城市属于 3 个类的隶属度,例如 U 的第 1 列元素分别为 0.2075,0.5858 和 0.2067,表示北京属于第 1 类的隶属度为 0.2075,属于第 2 类的隶属度为 0.5858,属于第 3 类的隶属度为 0.2067,由于北京属于第 2 类的隶属度比其他两个都大,可把北京归为第 2 类,其他城市的分类与之类似。上面返回的目标函数值 obj_fcn 是一个包含 21 个元素的列向量,说明求解的过程中经过了 21 步迭代。

3. 查看聚类结果

从 fcm 函数返回的结果还不能很直观地看出每一个城市所属的类,下面通过查找每一类中所包含的城市的序号(或查找隶属度矩阵 U 的每一列中最大值的行标),来确定每一个城市所属的类。

```
>> id1 = find(U(1,:) == max(U));   % 查找第 1 类中所有城市的序号
>> id2 = find(U(2,:) == max(U));   % 查找第 2 类中所有城市的序号
>> id3 = find(U(3,:) == max(U));   % 查找第 3 类中所有城市的序号
>> city(id1)  % 查看第 1 类所包含的城市

ans =

    '太    原'
    '呼和浩特'
    '沈    阳'
    '长    春'
    '哈 尔 滨'
    '拉    萨'
    '兰    州'
    '西    宁'
    '银    川'
    '乌鲁木齐'

>> city(id2)  % 查看第 2 类所包含的城市
```

```
ans =

    '北    京'
    '天    津'
    '石 家 庄'
    '合    肥'
    '济    南'
    '郑    州'
    '温    州'
    '贵    阳'
    '昆    明'
    '西    安'

>> city(id3)   % 查看第 3 类所包含的城市

ans =

    '上    海'
    '南    京'
    '杭    州'
    '福    州'
    '南    昌'
    '武    汉'
    '长    沙'
    '广    州'
    '南    宁'
    '海    口'
    '重    庆'
```

注意： 由于 fcm 函数通过生成随机数的方式确定隶属度矩阵的初值，因此调用 fcm 函数进行聚类时，每次聚类的结果可能会有细微差别（整体聚类结果相同，只是类的顺序可能不同）。

第 11 章 判别分析

判别分析(discriminant analysis)是对未知类别的样品进行归类的一种方法。虽然也是对样品进行分类,但它与聚类分析还是不同的。聚类分析的研究对象还没有分类,就是要根据抽取的样本进行分类,而判别分析的研究对象已经有了分类,只是根据抽取的样本建立判别公式和判别准则,然后根据这些判别公式和判别准则,判别未知类别的样品所属的类别。

判别分析有着非常广泛的应用,比如在考古学上,根据出土物品判别墓葬年代、墓主人身份、性别;在医学上,根据患者的临床症状和化验结果判断患者疾病的类型;在经济学上,根据各项经济发展指标判断一个国家经济发展水平所属的类型;在模式识别领域,用来进行文字识别、语音识别、指纹识别等。

本章主要内容包括:距离判别、贝叶斯(Bayes)判别和 Fisher 判别(又称典型判别)的理论简介,判别分析的 MATLAB 实现,判别分析具体案例。

11.1 判别分析简介

11.1.1 距离判别

1. 马氏距离(Mahalanobis 距离)

设 G 为 p 维总体,它的分布的均值向量和协方差矩阵分别为

$$\boldsymbol{\mu}=\begin{pmatrix}\mu_1\\ \mu_2\\ \vdots\\ \mu_p\end{pmatrix},\quad \boldsymbol{\Sigma}=\begin{pmatrix}\sigma_{11} & \sigma_{12} & \cdots & \sigma_{1p}\\ \sigma_{21} & \sigma_{22} & \cdots & \sigma_{2p}\\ \vdots & \vdots & & \vdots\\ \sigma_{p1} & \sigma_{p2} & \cdots & \sigma_{pp}\end{pmatrix}$$

设 $\boldsymbol{x}=(x_1,x_2,\cdots,x_p)'$,$\boldsymbol{y}=(y_1,y_2,\cdots,y_p)'$为取自总体 G 的两个样品,假定 $\boldsymbol{\Sigma}>0$($\boldsymbol{\Sigma}$ 为正定矩阵),定义 $\boldsymbol{x}$,$\boldsymbol{y}$ 间的平方马氏距离为

$$d^2(\boldsymbol{x},\boldsymbol{y})=(\boldsymbol{x}-\boldsymbol{y})'\boldsymbol{\Sigma}^{-1}(\boldsymbol{x}-\boldsymbol{y})$$

定义 $\boldsymbol{x}$ 到总体 G 的平方马氏距离为

$$d^2(\boldsymbol{x},G)=(\boldsymbol{x}-\boldsymbol{\mu})'\boldsymbol{\Sigma}^{-1}(\boldsymbol{x}-\boldsymbol{\mu})$$

2. 两总体距离判别

设有两个 p 维总体 G_1 和 G_2,分布的均值向量分别为 $\boldsymbol{\mu}_1$,$\boldsymbol{\mu}_2$,协方差矩阵分别为 $\boldsymbol{\Sigma}_1>0$,$\boldsymbol{\Sigma}_2>0$。从两总体中分别抽取容量为 n_1,n_2 的样本,记为 $\boldsymbol{x}_{11},\boldsymbol{x}_{12},\cdots,\boldsymbol{x}_{1n_1}$ 和 $\boldsymbol{x}_{21},\boldsymbol{x}_{22},\cdots,\boldsymbol{x}_{2n_2}$。现有一未知类别的样品,记为 $\boldsymbol{x}$,试判断 $\boldsymbol{x}$ 的归属,则有以下判别规则

$$\left.\begin{array}{ll}\boldsymbol{x}\in G_1, & \text{若 } d^2(\boldsymbol{x},G_1)<d^2(\boldsymbol{x},G_2)\\ \boldsymbol{x}\in G_2, & \text{若 } d^2(\boldsymbol{x},G_1)>d^2(\boldsymbol{x},G_2)\\ \text{待判}, & \text{若 } d^2(\boldsymbol{x},G_1)=d^2(\boldsymbol{x},G_2)\end{array}\right\}\qquad(11.1-1)$$

式(11－1)中的距离通常为马氏距离。在采用马氏距离的情况下，下面分情况进行讨论。

(1) $\boldsymbol{\Sigma}_1=\boldsymbol{\Sigma}_2=\boldsymbol{\Sigma}$ 已知时

将距离 $d^2(\boldsymbol{x},G_2)$ 和 $d^2(\boldsymbol{x},G_1)$ 相减可得

$$d^2(\boldsymbol{x},G_2)-d^2(\boldsymbol{x},G_1)=(\boldsymbol{x}-\boldsymbol{\mu}_2)'\boldsymbol{\Sigma}^{-1}(\boldsymbol{x}-\boldsymbol{\mu}_2)-(\boldsymbol{x}-\boldsymbol{\mu}_1)'\boldsymbol{\Sigma}^{-1}(\boldsymbol{x}-\boldsymbol{\mu}_1)=$$

$$2\left[\boldsymbol{x}-\frac{(\boldsymbol{\mu}_1+\boldsymbol{\mu}_2)}{2}\right]'\boldsymbol{\Sigma}^{-1}(\boldsymbol{\mu}_1-\boldsymbol{\mu}_2)$$

令

$$\bar{\boldsymbol{\mu}}=\frac{\boldsymbol{\mu}_1+\boldsymbol{\mu}_2}{2},\boldsymbol{a}=\boldsymbol{\Sigma}^{-1}(\boldsymbol{\mu}_1-\boldsymbol{\mu}_2)=(a_1,a_2,\cdots,a_p)'$$

$$W(\boldsymbol{x})=(\boldsymbol{x}-\bar{\boldsymbol{\mu}})'\boldsymbol{a}=\boldsymbol{a}'(\boldsymbol{x}-\bar{\boldsymbol{\mu}})$$

则判别规则还可表示为

$$\left.\begin{array}{ll}\boldsymbol{x}\in G_1, & \text{若 } \boldsymbol{W}(\boldsymbol{x})>0\\ \boldsymbol{x}\in G_2, & \text{若 } \boldsymbol{W}(\boldsymbol{x})<0\\ \text{待判}, & \text{若 } \boldsymbol{W}(\boldsymbol{x})=0\end{array}\right\}\tag{11.1-2}$$

称 $W(\boldsymbol{x})$ 为两组距离判别的**线性判别函数**，$\boldsymbol{a}$ 为判别系数。

(2) $\boldsymbol{\Sigma}_1=\boldsymbol{\Sigma}_2=\boldsymbol{\Sigma}$ 未知时

令

$$\bar{\boldsymbol{x}}_i=\frac{1}{n_i}\sum_{j=1}^{n_i}\boldsymbol{x}_{ij},S_i=\frac{1}{n_i-1}\sum_{j=1}^{n_i}(\boldsymbol{x}_{ij}-\bar{\boldsymbol{x}}_i)(\boldsymbol{x}_{ij}-\bar{\boldsymbol{x}}_i)',\quad i=1,2$$

$$\hat{\boldsymbol{\mu}}_1=\bar{\boldsymbol{x}}_1,\hat{\boldsymbol{\mu}}_2=\bar{\boldsymbol{x}}_2,\hat{\boldsymbol{\Sigma}}=\boldsymbol{S}_p=\frac{(n_1-1)\boldsymbol{S}_1+(n_2-1)\boldsymbol{S}_2}{n_1+n_2-2}$$

即由样本得出 $\boldsymbol{\mu}_1,\boldsymbol{\mu}_2,\boldsymbol{\Sigma}$ 的估计，从而可得 $\boldsymbol{a}$ 和 $W(\boldsymbol{x})$ 的估计

$$\hat{\boldsymbol{a}}=\boldsymbol{S}_p^{-1}(\bar{\boldsymbol{x}}_1-\bar{\boldsymbol{x}}_2),\hat{W}(\boldsymbol{x})=\hat{\boldsymbol{a}}'\left(\boldsymbol{x}-\frac{\bar{\boldsymbol{x}}_1+\bar{\boldsymbol{x}}_2}{2}\right)$$

只需将式(11.1－2)中的 $W(\boldsymbol{x})$ 换为 $\hat{W}(\boldsymbol{x})$，即可得此时的判别规则。

(3) $\boldsymbol{\Sigma}_1\neq\boldsymbol{\Sigma}_2$ 已知时

令

$$J(\boldsymbol{x})=d^2(\boldsymbol{x},G_1)-d^2(\boldsymbol{x},G_2)$$

则 $J(\boldsymbol{x})$ 为二次判别函数，判别规则为

$$\left.\begin{array}{ll}\boldsymbol{x}\in G_1, & \text{若 } J(\boldsymbol{x})<0\\ \boldsymbol{x}\in G_2, & \text{若 } J(\boldsymbol{x})>0\\ \text{待判}, & \text{若 } J(\boldsymbol{x})=0\end{array}\right\}\tag{11.1-3}$$

(4) $\boldsymbol{\Sigma}_1\neq\boldsymbol{\Sigma}_2$ 未知时

在实际问题中，这种情况最为常见，此时由样本对 $\hat{\boldsymbol{\mu}}_1,\hat{\boldsymbol{\mu}}_2,\boldsymbol{\Sigma}_1,\boldsymbol{\Sigma}_2$ 进行估计

$$\hat{\boldsymbol{\mu}}_1=\bar{\boldsymbol{x}}_1,\hat{\boldsymbol{\mu}}_2=\bar{\boldsymbol{x}}_2,\hat{\boldsymbol{\Sigma}}_1=\boldsymbol{S}_1,\hat{\boldsymbol{\Sigma}}_2=\boldsymbol{S}_2$$

于是可得平方马氏距离的估计和二次判别函数的估计

$$\hat{d}^2(\boldsymbol{x},G_i)=(\boldsymbol{x}-\bar{\boldsymbol{x}}_i)'\boldsymbol{S}_i^{-1}(\boldsymbol{x}-\bar{\boldsymbol{x}}_i),\quad i=1,2$$

$$\hat{J}(\boldsymbol{x})=\hat{d}^2(\boldsymbol{x},G_1)-\hat{d}^2(\boldsymbol{x},G_2)$$

将式(11.1-3)中的$J(\boldsymbol{x})$换为$\hat{J}(\boldsymbol{x})$,即可得此种情况的判别规则。

3. 多总体距离判别

设有k个p维总体$G_1,G_2,\cdots,G_k$,分布的均值向量分别为$\boldsymbol{\mu}_1,\boldsymbol{\mu}_2,\cdots,\boldsymbol{\mu}_k$,协方差矩阵分别为$\boldsymbol{\Sigma}_1>0,\boldsymbol{\Sigma}_2>0,\cdots,\boldsymbol{\Sigma}_k>0$。从$k$个总体中分别抽取容量为$n_1,n_2,\cdots,n_k$的样本,记为

$$\boldsymbol{x}_{11},\boldsymbol{x}_{12},\cdots,\boldsymbol{x}_{1n_1}$$
$$\boldsymbol{x}_{21},\boldsymbol{x}_{22},\cdots,\boldsymbol{x}_{2n_2}$$
$$\vdots$$
$$\boldsymbol{x}_{k1},\boldsymbol{x}_{k2},\cdots,\boldsymbol{x}_{kn_k}$$

现有一未知类别的样品,记为$\boldsymbol{x}$,试判断$\boldsymbol{x}$的归属,判别规则为

$$\boldsymbol{x}\in G_i,\text{若 } d^2(\boldsymbol{x},G_i)=\min_{1\leqslant j\leqslant k}d^2(\boldsymbol{x},G_j) \qquad (11.1-4)$$

类似于两个总体的距离判别,下面也分情况讨论。

(1) $\boldsymbol{\Sigma}_1=\boldsymbol{\Sigma}_2=\cdots=\boldsymbol{\Sigma}_k=\boldsymbol{\Sigma}$已知时

$$d^2(\boldsymbol{x},G_i)=(\boldsymbol{x}-\boldsymbol{\mu}_i)'\boldsymbol{\Sigma}^{-1}(\boldsymbol{x}-\boldsymbol{\mu}_i)=\boldsymbol{x}'\boldsymbol{\Sigma}^{-1}\boldsymbol{x}-2\boldsymbol{\mu}_i'\boldsymbol{\Sigma}^{-1}\boldsymbol{x}+\boldsymbol{\mu}_i'\boldsymbol{\Sigma}^{-1}\boldsymbol{\mu}_i=$$
$$\boldsymbol{x}'\boldsymbol{\Sigma}^{-1}\boldsymbol{x}-2\left[\left(\boldsymbol{\Sigma}^{-1}\boldsymbol{\mu}_i\right)'\boldsymbol{x}-\frac{1}{2}\boldsymbol{\mu}_i'\boldsymbol{\Sigma}^{-1}\boldsymbol{\mu}_i\right]$$

令

$$\boldsymbol{I}_i=\boldsymbol{\Sigma}^{-1}\boldsymbol{\mu}_i,c_i=-\frac{1}{2}\boldsymbol{\mu}_i'\boldsymbol{\Sigma}^{-1}\boldsymbol{\mu}_i,\quad i=1,2,\cdots,k$$

则

$$d^2(\boldsymbol{x},G_i)=\boldsymbol{x}'\boldsymbol{\Sigma}^{-1}\boldsymbol{x}-2(\boldsymbol{I}'_i\boldsymbol{x}+c_i),\quad i=1,2,\cdots,k$$

由于每一个距离中都有一个公共的二次项,故可不予考虑,只需考虑其线性部分。令

$$W_i(\boldsymbol{x})=\boldsymbol{I}'_i\boldsymbol{x}+c_i,\quad i=1,2,\cdots,k$$

则判别规则改写为

$$\boldsymbol{x}\in G_i,\text{若 } W_i(\boldsymbol{x})=\max_{1\leqslant j\leqslant k}W_j(\boldsymbol{x}) \qquad (11.1-5)$$

称$W_i(\boldsymbol{x})$为第i个线性判别函数;$\boldsymbol{I}_i$为判别系数;c_i为常数项。

(2) $\boldsymbol{\Sigma}_1=\boldsymbol{\Sigma}_2=\cdots=\boldsymbol{\Sigma}_k=\boldsymbol{\Sigma}$未知时

令

$$\bar{\boldsymbol{x}}_i=\frac{1}{n_i}\sum_{j=1}^{n_i}\boldsymbol{x}_{ij},\boldsymbol{S}_i=\frac{1}{n_i-1}\sum_{j=1}^{n_i}(\boldsymbol{x}_{ij}-\bar{\boldsymbol{x}}_i)(\boldsymbol{x}_{ij}-\bar{\boldsymbol{x}}_i)',\quad i=1,2,\cdots,k$$

$$\hat{\boldsymbol{\mu}}_i=\bar{\boldsymbol{x}}_i,\quad i=1,2,\cdots,k,\qquad n=\sum_{i=1}^{k}n_i,\qquad \hat{\boldsymbol{\Sigma}}=\boldsymbol{S}_p=\frac{1}{n-k}\sum_{i=1}^{k}(n_i-1)\boldsymbol{S}_i$$

即由样本得出$\boldsymbol{\mu}_i$,Σ的估计,从而可得$\boldsymbol{I}_i$、c_i和$W_i(\boldsymbol{x})$的估计

$$\hat{\boldsymbol{I}}_i=\boldsymbol{S}_p^{-1}\bar{\boldsymbol{x}}_i,\qquad \hat{c}_i=-\frac{1}{2}\bar{\boldsymbol{x}}'_i\boldsymbol{S}_p^{-1}\bar{\boldsymbol{x}}_i,\qquad \hat{W}_i(\boldsymbol{x})=\hat{\boldsymbol{I}}'_i\boldsymbol{x}+\hat{c}_i,\quad i=1,2,\cdots,k$$

将式(11.1-5)中的$W_i(\boldsymbol{x})$换为$\hat{W}_i(\boldsymbol{x})$,即可得此种情况的判别规则。

(3) $\boldsymbol{\Sigma}_1,\boldsymbol{\Sigma}_2,\cdots,\boldsymbol{\Sigma}_k$不全相等并且未知时

令

$$\hat{d}^2(\boldsymbol{x},G_i)=(\boldsymbol{x}-\bar{\boldsymbol{x}}_i)'\boldsymbol{S}_i^{-1}(\boldsymbol{x}-\bar{\boldsymbol{x}}_i),\quad i=1,2,\cdots,k$$

则判别规则为

$$x \in G_i, 若\ \hat{d}^2(x,G_i) = \min_{1 \leqslant j \leqslant k} \hat{d}^2(x,G_j)$$

11.1.2　贝叶斯判别

距离判别没有考虑人们对研究对象已有的认知，而这种已有的认知可能会对判别的结果产生影响。贝叶斯(Bayes)判别则用一个**先验概率**来描述这种已有的认知，然后通过样本来修正先验概率，得到**后验概率**，最后基于后验概率进行判别。

设有 k 个 p 维总体 $G_1, G_2, \cdots, G_k$，概率密度函数分别为 $f_1(x), f_2(x), \cdots, f_k(x)$。假设样品 x 来自总体 G_i 的先验概率为 $p_i(i=1,2,\cdots,k)$，则有 $p_1+p_2+\cdots+p_k=1$。根据贝叶斯理论，样品 x 来自总体 G_i 的后验概率(即 x 已知时，它属于总体 G_i 的概率)为

$$P(G_i \mid x) = \frac{p_i f_i(x)}{\sum_{j=1}^{k} p_j f_j(x)}, \quad i = 1,2,\cdots,k$$

在不考虑误判代价的情况下，有以下判别规则

$$x \in G_i, 若\ P(G_i \mid x) = \max_{1 \leqslant j \leqslant k} P(G_j \mid x) \tag{11.1-6}$$

若考虑误判代价，用 R_i 表示根据某种判别规则可能判归 $G_i(i=1,2,\cdots,k)$ 的全体样品的集合，用 $c(j|i)(i,j=1,2,\cdots,k)$ 表示将来自 G_i 的样品 x 误判为 G_j 的代价，则有 $c(i|i)=0$。将来自 G_i 的样品 x 误判为 G_j 的条件概率为

$$P(j \mid i) = P(x \in R_j \mid x \in G_i) = \int_{R_j} f_i(x)\mathrm{d}x$$

可得任一判别规则的平均误判代价为

$$ECM(R_1, R_2, \cdots, R_k) = E(c(j \mid i)) = \sum_{i=1}^{k} p_i \sum_{j=1}^{k} c(j \mid i) P(j \mid i)$$

使平均误判代价 ECM 达到最小的判别规则为

$$x \in G_i, 若\ \sum_{j=1}^{k} p_j f_j(x) c(i \mid j) = \min_{1 \leqslant h \leqslant k} \sum_{j=1}^{k} p_j f_j(x) c(h \mid j) \tag{11.1-7}$$

以上判别规则可以这样理解：若样品判归 G_i 的平均误判代价比判归其他总体的平均误判代价都要小，就将样品判归 G_i 组。

11.1.3　Fisher 判别

Fisher 判别(又称典型判别)的基本思想是投影，将 k 组 p 维数据投影到某个方向，使得它们的投影做到组与组之间尽可能地分开。衡量投影后 k 组数据的区分度，用到了一元方差分析的思想。

1. 确定判别式

设有 k 个 p 维总体 $G_1, G_2, \cdots, G_k$，取自总体 G_i 的样本记为 $x_{i1}, x_{i2}, \cdots, x_{in_i}(i=1,2,\cdots,k)$，则样本观测数据矩阵及样本均值为

$$\left.\begin{array}{ll} G_1: \boldsymbol{x}_{11}, \boldsymbol{x}_{12}, \cdots, \boldsymbol{x}_{1n_1}, & \bar{\boldsymbol{x}}_1 = \dfrac{1}{n_1}\sum_{j=1}^{n_1}\boldsymbol{x}_{1j} \\ G_2: \boldsymbol{x}_{21}, \boldsymbol{x}_{22}, \cdots, \boldsymbol{x}_{2n_2}, & \bar{\boldsymbol{x}}_2 = \dfrac{1}{n_2}\sum_{j=1}^{n_2}\boldsymbol{x}_{2j} \\ \vdots \qquad \vdots & \vdots \\ G_k: \boldsymbol{x}_{k1}, \boldsymbol{x}_{k2}, \cdots, \boldsymbol{x}_{kn_k}, & \bar{\boldsymbol{x}}_k = \dfrac{1}{n_k}\sum_{j=1}^{n_k}\boldsymbol{x}_{kj} \end{array}\right\} \begin{array}{l} n = \sum_{i=1}^{k} n_i \\ \bar{\boldsymbol{x}} = \dfrac{1}{n}\sum_{i=1}^{k}\sum_{j=1}^{k}\boldsymbol{x}_{ij} \end{array}$$

选择投影方向 $\boldsymbol{a}=(a_1,a_2,\cdots,a_p)'$,将 $\boldsymbol{x}_{ij}$ 在方向 $\boldsymbol{a}$ 上投影,得到 $y_{ij}=\boldsymbol{a}'\boldsymbol{x}_{ij}(i=1,2,\cdots,k;j=1,2,\cdots,n_i)$,从而可得样本投影数据矩阵为

$$\left.\begin{array}{ll} G'_1: y_{11}, y_{12}, \cdots, y_{1n_1}, & \bar{y}_1 = \dfrac{1}{n_1}\sum_{j=1}^{n_1} y_{1j} \\ G'_2: y_{21}, y_{22}, \cdots, y_{2n_2}, & \bar{y}_2 = \dfrac{1}{n_2}\sum_{j=1}^{n_2} y_{2j} \\ \vdots \qquad \vdots & \vdots \\ G'_k: y_{k1}, y_{k2}, \cdots, y_{kn_k}, & \bar{y}_k = \dfrac{1}{n_k}\sum_{j=1}^{n_k} y_{kj} \end{array}\right\} \begin{array}{l} y_{ij} = \boldsymbol{a}'\boldsymbol{x}_{ij} \\ \bar{y}_i = \boldsymbol{a}'\bar{\boldsymbol{x}}_i \\ \bar{y} = \dfrac{1}{n}\sum_{i=1}^{k}\sum_{j=1}^{n_i} y_{ij} = \boldsymbol{a}'\bar{\boldsymbol{x}} \end{array}$$

记 $y_{ij}(i=1,\cdots,k;j=1,\cdots,n_i)$的组间离差平方和及组内离差平方和分别为

$$SS_G = \sum_{i=1}^{k} n_i(\bar{y}_i - \bar{y})^2 = \sum_{i=1}^{k} n_i(\boldsymbol{a}'\bar{\boldsymbol{x}}_i - \boldsymbol{a}'\bar{\boldsymbol{x}})^2 = \boldsymbol{a}'\boldsymbol{B}\boldsymbol{a}$$

$$SS_E = \sum_{i=1}^{k}\sum_{j=1}^{n_i}(y_{ij} - \bar{y}_i)^2 = \sum_{i=1}^{k}\sum_{j=1}^{n_i}(\boldsymbol{a}'\boldsymbol{x}_{ij} - \boldsymbol{a}'\bar{\boldsymbol{x}}_i)^2 = \boldsymbol{a}'\boldsymbol{E}\boldsymbol{a}$$

其中

$$\boldsymbol{B} = \sum_{i=1}^{k} n_i(\bar{\boldsymbol{x}}_i - \bar{\boldsymbol{x}})(\bar{\boldsymbol{x}}_i - \bar{\boldsymbol{x}})', \qquad \boldsymbol{E} = \sum_{i=1}^{k}\sum_{j=1}^{n_i}(\boldsymbol{x}_{ij} - \bar{\boldsymbol{x}}_i)(\boldsymbol{x}_{ij} - \bar{\boldsymbol{x}}_i)'$$

令

$$F = \frac{SS_G/(k-1)}{SS_E/(n-k)} = \frac{\boldsymbol{a}'\boldsymbol{B}\boldsymbol{a}/(k-1)}{\boldsymbol{a}'\boldsymbol{E}\boldsymbol{a}/(n-k)}, \qquad \Delta(\boldsymbol{a}) = \frac{\boldsymbol{a}'\boldsymbol{B}\boldsymbol{a}}{\boldsymbol{a}'\boldsymbol{E}\boldsymbol{a}}$$

若投影后的 k 组数据有显著差异,则 F 或 $\Delta(\boldsymbol{a})$应充分大,因此求 $\Delta(\boldsymbol{a})$的最大值点,即可得到一个投影方向 $\boldsymbol{a}$。显然 $\boldsymbol{a}$ 并不唯一,因为若 $\boldsymbol{a}$ 使得 $\Delta(\boldsymbol{a})$达到最大,则对任意不为 0 的实数 c,$c\boldsymbol{a}$ 也使得 $\Delta(\boldsymbol{a})$达到最大,故一般约束 $\boldsymbol{a}$ 为单位向量。

由矩阵知识可知,$\Delta(\boldsymbol{a})$的最大值是 $\boldsymbol{E}^{-1}\boldsymbol{B}$ 的最大特征值。设 $\boldsymbol{E}^{-1}\boldsymbol{B}$ 的全部非 0 特征值从大到小依次为

$$\lambda_1 \geqslant \lambda_2 \geqslant \cdots \geqslant \lambda_s, s \leqslant \min(k-1, p)$$

相应的单位特征向量依次记为 $\boldsymbol{t}_1,\boldsymbol{t}_2,\cdots,\boldsymbol{t}_s$,则有

$$\Delta(\boldsymbol{t}_i) = \frac{\boldsymbol{t}'_i\boldsymbol{B}\boldsymbol{t}_i}{\boldsymbol{t}'_i\boldsymbol{E}\boldsymbol{t}_i} = \frac{\boldsymbol{t}'_i(\lambda_i\boldsymbol{E}\boldsymbol{t}_i)}{\boldsymbol{t}'_i\boldsymbol{E}\boldsymbol{t}_i} = \lambda_i, \quad i = 1,2,\cdots,s$$

所以,将原始的 k 组样本观测数据在 t_1 方向上投影,能使各组的投影点最大限度地分开,称 $y_1=\boldsymbol{t}'_1\boldsymbol{x}$ 为**第一判别式**,第一判别式的判别效率(或判别能力)为 λ_1,它对区分各组的**贡献率**为

$\lambda_1 \Big/ \sum_{j=1}^{s} \lambda_j$。

通常情况下，仅用第一判别式可能不足以将 k 组数据区分开来，此时可考虑建立**第二判别式** $y_2 = \boldsymbol{t}'_2 \boldsymbol{x}$，**第三判别式** $y_3 = \boldsymbol{t}'_3 \boldsymbol{x}$，等等。一般地，称 $y_i = \boldsymbol{t}'_i \boldsymbol{x}\ (i=1,2,\cdots,s)$ 为**第 i 判别式（或典型变量）**，它的判别效率为 λ_i，它对区分各组的贡献率为 $\lambda_i \Big/ \sum_{j=1}^{s} \lambda_j\ (i=1,2,\cdots,s)$。

前 $r(r \leqslant s)$ 个判别式的**累积贡献率**为 $\sum_{j=1}^{r} \lambda_j \Big/ \sum_{j=1}^{s} \lambda_j$，若这个累积贡献率已达到一个较高的水平（如 85%以上），则只需用前 r 个判别式进行判别即可。下面介绍相应的判别规则。

2. 判别规则

$$\forall \boldsymbol{x} = \begin{pmatrix} x_1 \\ x_2 \\ \vdots \\ x_p \end{pmatrix} \xrightarrow{\text{投影}} \underbrace{\left\{ \begin{array}{l|l} y_1 = \boldsymbol{t}'_1 \boldsymbol{x} & \bar{y}_{i1} = \boldsymbol{t}'_1 \bar{\boldsymbol{x}}_i \\ y_2 = \boldsymbol{t}'_2 \boldsymbol{x} & \bar{y}_{i2} = \boldsymbol{t}'_2 \bar{\boldsymbol{x}}_i \\ \vdots & \vdots \\ y_r = \boldsymbol{t}'_r \boldsymbol{x} & \bar{y}_{ir} = \boldsymbol{t}'_r \bar{\boldsymbol{x}}_i \end{array} \right\}}_{\text{欧氏距离：}\sum_{j=1}^{r}(y_j - \bar{y}_{ij})^2,\quad i=1,2,\cdots,k} \xleftarrow{\text{投影}} \bar{\boldsymbol{x}}_i = \frac{1}{n_i}\sum_{j=1}^{n_i} \boldsymbol{x}_{ij} : G_i \quad (11.1-8)$$

若选定前 r 个判别式进行判别，如式(11.1－8)所示，将这 r 个判别式作用在任意样品 $\boldsymbol{x}$ 上，得投影向量 $(y_1, y_2, \cdots, y_r)'$，也称为样品 $\boldsymbol{x}$ 的**判别式得分**向量；将这 r 个判别式作用在第 i 组的组均值 $\bar{\boldsymbol{x}}_i$ 上，得投影向量 $(\bar{y}_{i1}, \bar{y}_{i2}, \cdots, \bar{y}_{ir})'$，计算两个投影向量之间的欧氏距离，可得判别规则如下：

$$\boldsymbol{x} \in G_i, \text{若} \sum_{j=1}^{r} (y_j - \bar{y}_{ij})^2 = \min_{1 \leqslant h \leqslant k} \sum_{j=1}^{r} (y_j - \bar{y}_{hj})^2 \qquad (11.1-9)$$

还可表示为

$$\boldsymbol{x} \in G_i, \text{若} \sum_{j=1}^{r} [\boldsymbol{t}'_j (\boldsymbol{x} - \bar{\boldsymbol{x}}_i)]^2 = \min_{1 \leqslant h \leqslant k} \sum_{j=1}^{r} [\boldsymbol{t}'_j (\boldsymbol{x} - \bar{\boldsymbol{x}}_h)]^2$$

11.2　案例 32：距离判别法的案例分析

11.2.1　classify 函数

MATLAB 统计工具箱中提供了 classify 函数，用来对未知类别的样品进行判别，可以进行距离判别和先验分布为正态分布的贝叶斯判别。其调用格式如下：

1) **class = classify(sample,training,group)**

将 sample 中的每一个观测归入 training 中观测所在的某个组。输入参数 sample 是待判别的样本数据矩阵，training 是用于构造判别函数的训练样本数据矩阵，它们的每一行对应一个观测，每一列对应一个变量，sample 和 training 具有相同的列数。参数 group 是与 training 相应的分组变量，group 和 training 具有相同的行数，group 中的每一个元素指定了 training 中相应观测所在的组。group 可以是一个分类变量（categorical variable，即用水平表示分组）、数值向量、字符串数组或字符串元胞数组。输出参数 class 是一个列向量，用来指定 sample 中各观测所在的组,class 与 group 具有相同的数据类型。

classify 函数把 group 中的 NaN 或空字符作为缺失数据,从而忽略 training 中相应的观测。

2) **class = classify(sample,training,group,type)**

允许用户通过 type 参数指定判别函数的类型,type 的可能取值如表 11.2-1 所列。

表 11.2-1 classify 函数支持的判别函数类型

type 参数的可能取值	说 明
'linear'	线性判别函数(默认情况)。假定 $G_i \sim N_p(\boldsymbol{\mu}_i, \boldsymbol{\Sigma}), i=1,2,\cdots,k$,即各组的先验分布均为协方差矩阵相同的 p 元正态分布,此时由样本得出协方差矩阵的联合估计 $\hat{\boldsymbol{\Sigma}}$
'diaglinear'	与 'linear' 类似,此时用一个对角矩阵作为协方差矩阵的估计
'quadratic'	二次判别函数。假定各组的先验分布均为 p 元正态分布,但是协方差矩阵并不完全相同,此时分别得出各个协方差矩阵的估计 $\hat{\boldsymbol{\Sigma}}_i, i=1,2,\cdots,k$
'diagquadratic'	与 'quadratic' 类似,此时用对角矩阵作为各个协方差矩阵的估计
'mahalanobis'	各组的协方差矩阵不全相等并未知时的距离判别,此时分别得出各组的协方差矩阵的估计

注意: 当 type 参数取前 4 种取值时,classify 函数可用来作贝叶斯判别,此时可以通过第 3 种调用格式中的 prior 参数给定先验概率;当 type 参数取值为 'mahalanobis' 时,classify 函数用来作距离判别,此时先验概率只是用来计算误判概率。

3) **class = classify(sample,training,group,type,prior)**

允许用户通过 prior 参数指定各组的先验概率,默认情况下,各组先验概率相等。prior 可以是以下三种类型的数据:

① 一个元素全为正数的数值向量,向量的长度等于 group 中所包含的组的个数,即 group 中去掉多余的重复行后还剩下的行数。prior 中元素的顺序应与 group 中各组出现的顺序相一致。prior 中各元素除以其所有元素之和即为各组的先验概率。

② 一个 1×1 的结构体变量,包括两个字段:prob 和 group,其中 prob 是元素全为正数的数值向量,group 为分组变量(不含重复行,即不含多余的分组信息),prob 用来指定 group 中各组的先验概率,prob 中各元素除以其所有元素之和即为各组的先验概率。

③ 字符串 'empirical',根据 training 和 group 计算各组出现的频率,作为各组先验概率的估计。

4) **[class,err] = classify(…)**

返回基于 training 数据的误判概率的估计值 err。

5) **[class,err,POSTERIOR] = classify(…)**

返回后验概率估计值矩阵 POSTERIOR,POSTERIOR 的第 i 行第 j 列元素是第 i 个观测属于第 j 个组的后验概率的估计值。当输入参数 type 的值为 'mahalanobis' 时,classify 函数不计算后验概率,即返回的 POSTERIOR 为[]。

6) **[class,err,POSTERIOR,logp] = classify(…)**

返回输入参数 sample 中各观测的无条件概率密度的对数估计值向量 logp。当输入参数 type 的值为 'mahalanobis' 时,classify 函数不计算 logp,即返回的 logp 为[]。

7) **[class,err,POSTERIOR,logp,coeff] = classify(…)**

返回一个包含组与组之间边界信息(即边界方程的系数)的结构体数组 coeff。coeff 的第 I 行第 J 列元素是一个结构体变量,包含了第 I 组和第 J 组之间的边界信息,它所有的字段及说明如表 11.2-2 所列。

表 11.2-2 输出参数 coeff 的字段及说明

字 段	说 明	字 段	说 明
type	由输入参数 type 指定的判别函数的类型	const	边界方程的常数项(K)
name1	第 1 个组的组名	linear	边界方程中一次项的系数向量(**L**)
name2	第 2 个组的组名	quadratic	边界方程中二次项的系数矩阵(**Q**)

注意: 对于 'linear' 和 'diaglinear' 类型的判别函数,第 I 组和第 J 组之间的边界方程中没有二次项,此时输出参数 coeff 中没有 quadratic 字段,当输入参数 sample 中的某个观测 $\boldsymbol{x}=(x_1,x_2,\cdots,x_p)$ 满足 $0<K+\boldsymbol{xL}$ 时,将 $\boldsymbol{x}$ 判归第 I 组。对于其他类型的判别函数,当 $\boldsymbol{x}$ 满足 $0<K+\boldsymbol{xL}+\boldsymbol{xQx}'$ 时,将 $\boldsymbol{x}$ 判归第 I 组。其中 $K,\boldsymbol{L},\boldsymbol{Q}$ 如表 11.2-2 所列。

11.2.2 案例分析

【例 11.2-1】 对 21 个破产的企业收集它们在破产前两年的年度财务数据,同时对 25 个财务良好的企业也收集同一时期的数据。数据涉及 4 个变量:

x_1=现金流量/总债务

x_2=净收入/总资产

x_3=流动资产/流动债务

x_4=流动资产/净销售额

数据列于表 11.2-3 中,其中 1 组为破产企业,2 组为非破产企业。现有 4 个未判企业,它们的相关数据列于表 11.2-3 的最后 4 行,试根据距离判别法,对这 4 个未判企业进行判别。

表 11.2-3 企业年度财务数据

企业编号	组 别	x_1	x_2	x_3	x_4
1	1	−0.45	−0.41	1.09	0.45
2	1	−0.56	−0.31	1.51	0.16
3	1	0.06	0.02	1.01	0.40
4	1	−0.07	−0.09	1.45	0.26
5	1	−0.10	−0.09	1.56	0.67
6	1	−0.14	−0.07	0.71	0.28
7	1	0.04	0.01	1.50	0.71
8	1	−0.07	−0.06	1.37	0.40
9	1	0.07	−0.01	1.37	0.34

续表 11.2-3

企业编号	组 别	x_1	x_2	x_3	x_4
10	1	−0.14	−0.14	1.42	0.43
11	1	−0.23	−0.30	0.33	0.18
12	1	0.07	0.02	1.31	0.25
13	1	0.01	0.00	2.15	0.70
14	1	−0.28	−0.23	1.19	0.66
15	1	0.15	0.05	1.88	0.27
16	1	0.37	0.11	1.99	0.38
17	1	−0.08	−0.08	1.51	0.42
18	1	0.05	0.03	1.68	0.95
19	1	0.01	0.00	1.26	0.60
20	1	0.12	0.11	1.14	0.17
21	1	−0.28	−0.27	1.27	0.51
22	2	0.51	0.10	2.49	0.54
23	2	0.08	0.02	2.01	0.53
24	2	0.38	0.11	3.27	0.35
25	2	0.19	0.05	2.25	0.33
26	2	0.32	0.07	4.24	0.63
27	2	0.31	0.05	4.45	0.69
28	2	0.12	0.05	2.52	0.69
29	2	−0.02	0.02	2.05	0.35
30	2	0.22	0.08	2.35	0.40
31	2	0.17	0.07	1.80	0.52
32	2	0.15	0.05	2.17	0.55
33	2	−0.10	−0.01	2.50	0.58
34	2	0.14	−0.03	0.46	0.26
35	2	0.14	0.07	2.61	0.52
36	2	0.15	0.06	2.23	0.56
37	2	0.16	0.05	2.31	0.20
38	2	0.29	0.06	1.84	0.38
39	2	0.54	0.11	2.33	0.48
40	2	−0.33	−0.09	3.01	0.47
41	2	0.48	0.09	1.24	0.18
42	2	0.56	0.11	4.29	0.44
43	2	0.20	0.08	1.99	0.30
44	2	0.47	0.14	2.92	0.45
45	2	0.17	0.04	2.45	0.14
46	2	0.58	0.04	5.06	0.13
47	未判	−0.16	−0.10	1.45	0.51
48	未判	0.41	0.12	2.01	0.39
49	未判	0.13	−0.09	1.26	0.34
50	未判	0.37	0.08	3.65	0.43

以上数据保存在文件 examp11_2_1.xls 中，数据格式如表 11.2-3 所列。

1. 读取数据

```
% 读取文件 examp11_2_1.xls 的第 1 个工作表中 C2:F51 范围的数据，即全部样本数据，包括未判企业
>> sample = xlsread('examp11_2_1.xls','','C2:F51');
% 读取文件 examp11_2_1.xls 的第 1 个工作表中 C2:F47 范围的数据，即已知组别的样本数据
>> training = xlsread('examp11_2_1.xls','','C2:F47');
% 读取文件 examp11_2_1.xls 的第 1 个工作表中 B2:B47 范围的数据，即样本的分组信息数据
>> group = xlsread('examp11_2_1.xls','','B2:B47');
>> obs = [1 : 50]';      % 企业的编号
```

2. 距离判别

```
% 距离判别，判别函数类型为 mahalanobis，返回判别结果向量 C 和误判概率 err
>> [C,err] = classify(sample,training,group,'mahalanobis');
>> [obs, C]    % 查看判别结果

ans =

     1     1
     2     1
     3     1
     4     1
     5     1
     6     1
     7     1
     8     1
     9     1
    10     1
    11     1
    12     1
    13     1
    14     1
    15     2
    16     2
    17     1
    18     1
    19     1
    20     1
    21     1
    22     2
    23     2
    24     2
    25     2
    26     2
    27     2
    28     2
    29     2
    30     2
    31     2
    32     2
    33     2
    34     1
    35     2
```

```
        36      2
        37      2
        38      2
        39      2
        40      2
        41      2
        42      2
        43      2
        44      2
        45      2
        46      2
        47      1
        48      2
        49      1
        50      2

>> err     % 查看误判概率

err =

        0.0676
```

从以上结果可知,共有3个观测发生了误判,分别为第15、16和34号观测,其中第15和第16号观测由第1组误判为第2组,而第34号观测则由第2组误判为第1组。用$P(j|i)$ ($i=1,2$)表示原本属于第i组的样品被误判为第j组的概率,则误判概率的估计值分别为

$$\hat{P}(2 \mid 1)=\frac{2}{21}=0.095\,2, \qquad \hat{P}(1 \mid 2)=\frac{1}{25}=0.04$$

设两组的先验概率均为0.5,则

$$\text{err}=0.5\hat{P}(2 \mid 1)+0.5\hat{P}(1 \mid 2)=0.067\,6$$

也就是说classify函数这样求误判概率:首先求训练样本(training)的误判百分比,然后用先验概率加权求和,即得到最后返回的误判概率。

表11.2-3中的第47~50号观测为未知组别的样品,由上面的结果可知,第47和第49号观测被判归第1组,它们为破产企业;第48和第50号观测被判归第2组,它们为非破产企业。

11.3 案例33:贝叶斯判别法的案例分析

11.3.1 NaiveBayes类

对于贝叶斯判别,MATLAB中提供了NaiveBayes类,用户可根据训练样本创建一个NaiveBayes类对象,一个NaiveBayes类对象定义了一个朴素贝叶斯分类器(Naive Bayes classifier),利用这个分类器可对未知类别的样品进行分类。

NaiveBayes类有很多方法和属性,具体如表11.3-1和表11.3-2所列。

下面介绍fit和predict的用法。

1. fit方法

fit方法用来根据训练样本创建一个朴素贝叶斯分类器对象,其调用格式如下:

表 11.3-1　NaiveBayes 类的主要方法

方　法	说　明
disp	显示朴素贝叶斯分类器对象
display	显示朴素贝叶斯分类器对象
fit	根据训练样本创建一个朴素贝叶斯分类器对象
posterior	计算检验(待判)样本属于每一类的后验概率
predict	给出检验(待判)样本所属类的类标签

表 11.3-2　NaiveBayes 类的属性

属　性	说　明
CIsNonEmpty	非空类的标识
CLassLevels	类水平
Prior	类的先验概率
Dist	分布名称
NClasses	类个数
NDims	维数
Params	参数估计值

1）**nb = NaiveBayes.fit(training, class)**

创建一个朴素贝叶斯分类器对象 nb。输入参数 training 是 N×D 的训练样本观测值矩阵,它的每一行对应一个观测,每一列对应一个变量。class 是分组变量,class 与 training 具有相同的行数,class 中每一个元素定义了 training 中相应观测所属的类,class 中有 K 个不同的水平,表示 K 个不同的类。

2）**nb = NaiveBayes.fit(…, 'param1',val1, 'param2',val2, …)**

通过指定可选的成对出现的参数名与参数值来控制所创建的朴素贝叶斯分类器对象。可用的参数名与参数值如表 11.3-3 所列。

表 11.3-3　fit 方法所支持的参数名与参数值列表

参数名	参数值	说　明
'Distribution'	一个字符串或 1×D 的字符串元胞向量	用来指定变量所服从的分布。若为一个字符串,表示所有变量服从同一种类型的分布;若为一个字符串元胞向量,每个元胞对应一个变量的分布。可用的字符串有 'normal'、'kernel'、'mvmn' 或 'mn',分别表示正态分布(默认情况)、核密度估计、多元多项分布和多项分布。若利用核密度估计方法拟合变量的分布,则通过 'KSWidth' 参数设置核密度估计的窗宽(默认情况下自动选取窗宽),通过 'KSSupport' 参数设置核密度函数的定义域
'Prior'	'empirical'	用频率作为先验概率的估计(默认情况)
	'uniform'	各类具有相同的先验概率
	一个长度为 K 的数值向量	按 class 中各类出现的顺序依次指定各类的先验概率
	一个包含类水平和先验概率的结构体变量	有 prob 和 class 两个字段,其中 prob 字段为数值型的先验概率向量,class 字段为标识类水平的向量,prob 中元素是 class 中相应类的先验概率。如果 prob 中元素之和不为 1,则做归一化处理,即 prob 中各元素除以其所有元素之和

续表 11.3-3

参数名	参数值	说　明
'KSWidth'	标量	所有类的所有变量的核密度估计的窗宽
	1×D的行向量	第 j 个元素指定了所有类的第 j 个变量的核密度估计的窗宽
	K×1的列向量	第 i 个元素指定了第 i 类的所有变量的核密度估计的窗宽
	K×D的矩阵	第 i 行第 j 列元素指定了第 i 类的第 j 个变量的核密度估计窗宽
	结构体变量	有 width(窗宽向量或矩阵)和 class(类水平向量)两个字段
'KSSupport'	'unbounded'	设置核密度函数的定义域为整个实数轴(默认情况)
	'positive'	设置核密度函数的定义域为正半轴
	包含两个元素的向量	指定核密度函数定义区间的上下限
'KSType'	一个字符串或1×D的字符串元胞向量	用来指定核函数类型。可用的字符串有 'normal'(默认情况)、'box'、'triangle' 或 'epanechnikov'

2. predict 方法

在用 fit 方法根据训练样本创建一个朴素贝叶斯分类器对象后,可以利用对象的 predict 方法对待判样品进行分类。predict 方法的调用格式如下:

1) **cpre = predict(nb,test)**

根据朴素贝叶斯分类器对象 nb 对 test 中的样品(观测)进行分类,并返回分类结果向量 cpre。输入参数 test 是 N 行、nb. ndims 列的矩阵,这里 N 表示 test 中观测的个数,test 的每一行对应一个观测,每一列对应一个变量。cpre 是 N×1 的向量,它与 nb. CLassLevels 具有相同的数据类型,其元素为 test 中相应观测所属类的标识。

2) **cpre = predict(…,'HandleMissing',val)**

指定缺失数据的处理方式,即对含有 NaN 的观测进行判别的方式。输入参数 val 的可能取值为 'off'(默认情况)或 'on',若为 'off',则不对含有 NaN 的观测进行判别,相应的后验概率和后验概率的对数为 NaN,cpre 中相应元素为 NaN(若类水平 obj. CLassLevels 为数值型或逻辑型变量),或空字符串(若类水平 obj. CLassLevels 为字符或字符串元胞数组),或 '<undefined>'(若类水平 obj. CLassLevels 是分类变量);若 val 取值为 'on',则对含有 NaN 但不全为 NaN 的观测进行判别,此时用该观测中非 NaN 的列进行判别,相应的后验概率的对数为 NaN。

11.3.2 案例分析

【例 11.3-1】 Fisher 于 1936 年发表的鸢尾花(Iris)数据被广泛地作为判别分析的例子。数据是对刚毛鸢尾花(setosa 类)、变色鸢尾花(versicolor 类)和弗吉尼亚鸢尾花(virginica 类)3 种鸢尾花各抽取一个容量为 50 的样本,测量其花萼长 x_1、花萼宽 x_2、花瓣长 x_3、花瓣宽 x_4,单位为 cm。数据保存在 MATLAB 统计工具箱文件夹下的文件 fisheriris. mat 中。现有 10 个未知类别的鸢尾花数据,如表 11.3-4 所列。试把文件 fisheriris. mat 中的数据作为训练样本,根据贝叶斯判别法对表 11.3-4 中待判样品进行判别。

表 11.3-4　待判鸢尾花数据

观测序号	花萼长 x_1	花萼宽 x_2	花瓣长 x_3	花瓣宽 x_4
1	5.8	2.7	1.8	0.73
2	5.6	3.1	3.8	1.8
3	6.1	2.5	4.7	1.1
4	6.1	2.6	5.7	1.9
5	5.1	3.1	6.5	0.62
6	5.8	3.7	3.9	0.13
7	5.7	2.7	1.1	0.12
8	6.4	3.2	2.4	1.6
9	6.7	3	1.9	1.1
10	6.8	3.5	7.9	1

1. 导入数据

将文件 fisheriris.mat 中数据导入 MATLAB 工作空间的命令如下：

```
>> load fisheriris        % 把文件 fisheriris.mat 中数据导入 MATLAB 工作空间
```

此时 MATLAB 工作空间中多了两个变量：meas 和 species。其中，meas 是 150 行、4 列的矩阵，对应 150 个已知类别的鸢尾花的 4 个变量的观测数据；species 是 150 行，1 列的字符串元胞向量，依次对应于 150 个鸢尾花所属的类，species 中用字符串 'setosa'、'versicolor' 和 'virginica' 表示 3 个不同的类。通过下面命令查看它们的数据。

```
>> head0 = {'Obj', 'x1', 'x2', 'x3', 'x4', 'Class'};   % 设置表头
>> [head0; num2cell([[1:150]', meas]), species]     % 以元胞数组形式查看数据

ans =

    'Obj'      'x1'         'x2'         'x3'         'x4'         'Class'
    [  1]      [5.1000]     [3.5000]     [1.4000]     [0.2000]     'setosa'
    [  2]      [4.9000]     [     3]     [1.4000]     [0.2000]     'setosa'
    [  3]      [4.7000]     [3.2000]     [1.3000]     [0.2000]     'setosa'
    [  4]      [4.6000]     [3.1000]     [1.5000]     [0.2000]     'setosa'
    [  5]      [     5]     [3.6000]     [1.4000]     [0.2000]     'setosa'
    ...
```

由于 meas 为矩阵，而 species 为元胞向量，为了将 meas 和 species 放在一起以元胞数组形式查看数据，先设置表头 head0，然后在 meas 矩阵的左边增加一列观测序号，并用 num2cell 函数将其转为元胞数组，这样就可以放在一起以元胞数组形式查看数据了。

2. 贝叶斯判别

```
% 用 meas 和 species 作为训练样本，创建一个朴素贝叶斯分类器对象 ObjBayes
>> ObjBayes = NaiveBayes.fit(meas, species);
% 利用所创建的朴素贝叶斯分类器对象对训练样本进行判别，返回判别结果 pre0，pre0 也是字符串元
% 胞向量
>> pre0 = ObjBayes.predict(meas);
% 利用 confusionmat 函数，并根据 species 和 pre0 创建混淆矩阵(包含总的分类信息的矩阵)
```

```
>> [CLMat, order] = confusionmat(species, pre0);
% 以元胞数组形式查看混淆矩阵
>> [[{'From/To'},order'];order, num2cell(CLMat)]

ans =

    'From/To'        'setosa'      'versicolor'      'virginica'
    'setosa'         [    50]      [         0]      [        0]
    'versicolor'     [     0]      [        47]      [        3]
    'virginica'      [     0]      [         3]      [       47]
```

从以上结果可以看出,setosa类中的50个样品均得到正确的判别,versicolor类中有47个样品得到正确的判别,还有3个样品被错误判到virginica类,而virginica类中也有3个发生了误判,被判到versicolor类。究竟是哪些样品发生了误判呢?可以通过查看pre0和species的取值,得出误判样品的编号。

```
>> gindex1 = grp2idx(pre0);              % 根据分组变量pre0生成一个索引向量gindex1
>> gindex2 = grp2idx(species);           % 根据分组变量species生成一个索引向量gindex2
>> errid = find(gindex1 ~= gindex2)      % 通过对比两个索引向量,返回误判样品的观测序号向量

errid =

    53
    71
    78
   107
   120
   134

>> head1 = {'Obj', 'From', 'To'};      % 设置表头
% 用num2cell函数将误判样品的观测序号向量errid转为元胞向量,然后以元胞数组形式查看误判结果
>> [head1; num2cell(errid), species(errid), pre0(errid)]

ans =

    'Obj'      'From'          'To'
    [ 53]      'versicolor'    'virginica'
    [ 71]      'versicolor'    'virginica'
    [ 78]      'versicolor'    'virginica'
    [107]      'virginica'     'versicolor'
    [120]      'virginica'     'versicolor'
    [134]      'virginica'     'versicolor'
```

从上面的结果可以看出,第53、71、78、107、120和134号观测发生了误判,具体误判情况为:第53、71和78号观测由"versicolor"类误判到"virginica"类,第107、120和134号观测由"virginica"类误判到"versicolor"类。

对表11.3-4中10个未判样品进行判别的MATLAB命令及结果如下:

```
% 定义未判样品观测值矩阵x
>> x = [5.8      2.7     1.8     0.73
        5.6      3.1     3.8     1.8
```

```
    6.1         2.5     4.7     1.1
    6.1         2.6     5.7     1.9
    5.1         3.1     6.5     0.62
    5.8         3.7     3.9     0.13
    5.7         2.7     1.1     0.12
    6.4         3.2     2.4     1.6
    6.7         3       1.9     1.1
    6.8         3.5     7.9     1
    ];
% 利用所创建的朴素贝叶斯分类器对象对未判样品进行判别,返回判别结果 pre1,pre1 也是字符串元
胞向量
>> pre1 = ObjBayes.predict(x)

pre1 =

    'setosa'
    'versicolor'
    'versicolor'
    'virginica'
    'virginica'
    'versicolor'
    'setosa'
    'versicolor'
    'versicolor'
    'virginica'
```

pre1 各元胞中的字符串依次列出了各个未判样品被判归的类,如第 1 个未判样品被判归 setosa 类,第 2 个未判样品被判归 versicolor 类,其他的不再叙述。

11.4 案例 34:Fisher 判别法的案例分析

11.4.1 Fisher 判别分析的 MATLAB 实现

MATLAB 中没有提供 Fisher 判别分析的 MATLAB 函数,笔者根据 Fisher 判别分析的原理,编写了用来作 Fisher 判别的 MATLAB 函数,函数代码如下,代码中的注释部分给出了该函数的 8 种调用方法。

```
function [outclass,TabCan,TabL,TabCon,TabM,TabG,trainscore] = ...
                                    fisher(sampledata,training,group,contri)
%FISHER  判别分析
%    class = fisher(sampledata,training,group) 根据训练样本 training 构造判别式,
%    利用所有判别式对待判样品 sampledata 进行判别。sampledata 和 training 是具有相同
%    列数的矩阵,它们的每一行对应一个观测,每一列对应一个变量。group 是 training 对
%    应的分组变量,它的每一个元素定义了 training 中相应观测所属的类。group 可以是一
%    个分类变量,数值向量,字符串数组或字符串元胞数组。training 和 group 必须具有相
%    同的行数。fisher 函数把 group 中的 NaN 或空字符串作为缺失数据,从而忽略 training
%    中相应的观测。class 中的每个元素指定了 sampledata 中的相应观测所判归的类,它和
%    group 具有相同的数据类型
%
%    class = fisher(sampledata,training,group,contri) 根据累积贡献率不低于
%    contri,确定需要使用的判别式个数,默认情况下,使用所有判别式进行判别。contri
```

```
%    是一个在(0, 1]区间内取值的标量,用来指定累积贡献率的下限
%
%    [class, TabCan] = fisher(…)以元胞数组形式返回所用判别式的系数向量,若 contri
%    取值为 1,则返回所有判别式的系数向量。TabCan 是一个元胞数组,形如
%        'Variable'      'can1'          'can2'
%        'x1'            [-0.2087]       [ 0.0065]
%        'x2'            [-0.3862]       [ 0.5866]
%        'x3'            [ 0.5540]       [-0.2526]
%        'x4'            [ 0.7074]       [ 0.7695]

%    [class, TabCan, TabL] = fisher(…)以元胞数组形式返回所有特征值,贡献率,累积
%    贡献率等。TabL 是一个元胞数组,形如
%        'Eigenvalue'     'Difference'     'Proportion'     'Cumulative'
%        [   32.1919]     [   31.9065]     [    0.9912]     [    0.9912]
%        [    0.2854]               []     [    0.0088]     [         1]
%
%    [class, TabCan, TabL, TabCon] = fisher(…)以元胞数组形式返回混淆矩阵(包含总
%    的分类信息的矩阵)。TabCon 是一个元胞数组,形如
%        'From/To'        'setosa'     'versicolor'      'virginica'
%        'setosa'         [   50]      [         0]      [        0]
%        'versicolor'     [    0]      [        48]      [        2]
%        'virginica'      [    0]      [         1]      [       49]
%
%    [class, TabCan, TabL, TabCon, TabM] = fisher(…)以元胞数组形式返回误判矩阵
%    TabM 是一个元胞数组,形如
%        'Obj'      'From'          'To'
%        [ 71]      'versicolor'    'virginica'
%        [ 84]      'versicolor'    'virginica'
%        [134]      'virginica'     'versicolor'
%
%    [class, TabCan, TabL, TabCon, TabM, TabG] = fisher(…)将所用判别式作用
%    在各组的组均值上,得到组均值投影矩阵,以元胞数组形式返回这个矩阵。TabG 是一个元胞
%    数组,形如
%        'Group'          'can1'         'can2'
%        'setosa'         [-1.3849]      [1.8636]
%        'versicolor'     [ 0.9892]      [1.6081]
%        'virginica'      [ 1.9852]      [1.9443]

%    [class, TabCan, TabL, TabCon, TabM, TabG, trainscore] = fisher(…)返回
%    训练样品所对应的判别式得分 trainscore。trainscore 的第 1 列为各训练样品原本所
%    属类的类序号,第 i+1 列为第 i 个判别式得分
%
%    Copyright xiezhh

if nargin < 3
    error('错误:输入参数太少,至少需要 3 个输入.');
end

% 根据分组变量生成索引向量 gindex,组名元胞向量 groups,组水平向量 glevels
[gindex,groups,glevels] = grp2idx(group);
% 忽略缺失数据
nans = find(isnan(gindex));
if ~isempty(nans)
    training(nans,:) = [];
```

```
    gindex(nans) = [];
end
ngroups = length(groups);
gsize = hist(gindex,1:ngroups);
nonemptygroups = find(gsize>0);
nusedgroups = length(nonemptygroups);

% 判断是否有空的组
if ngroups > nusedgroups
    warning('警告：有空的组.');
end

[n,d] = size(training);
if size(gindex,1) ~= n
    error('错误：输入参数大小不匹配,GROUP 与 TRAINING 必须具有相同的行数.');
elseif isempty(sampledata)
    sampledata = zeros(0,d,class(sampledata));
elseif size(sampledata,2) ~= d
    error('错误：输入参数大小不匹配,SAMPLEDATA 与 TRAINING 必须具有相同的列数.');
end

% 设置 contri 的默认值为 1,并限定 contri 在(0, 1]内取值
if nargin < 4 || isempty(contri)
    contri = 1;
end
if ~isscalar(contri) || contri > 1 || contri <= 0
    error('错误：contri 必须是一个在(0, 1]内取值的标量.');
end

if any(gsize == 1)
    error('错误：TRAINING 中的每个组至少应有两个观测.');
end

% 计算各组的组均值
gmeans = NaN(ngroups, d);
for k = nonemptygroups
    gmeans(k,:) = mean(training(gindex == k,:),1);
end
% 计算总均值
totalmean = mean(training,1);

% 计算组内离差平方和矩阵 E 和组间离差平方和矩阵 B
E = zeros(d);
B = E;
for k = nonemptygroups
    % 分别估计各组的组内离差平方和矩阵
    [Q,Rk] = qr(bsxfun(@minus,training(gindex == k,:),gmeans(k,:)), 0);
    % 各组的组内离差平方和矩阵:AkHat = Rk' * Rk
    % 判断各组的组内离差平方和矩阵的正定性
    s = svd(Rk);
    if any(s <= max(gsize(k),d) * eps(max(s)))
        error('错误：TRAINING 中各组的组内离差平方和矩阵必须是正定矩阵.');
    end
    E = E + Rk' * Rk;      % 计算总的组内离差平方和矩阵 E
```

```
    % 计算组间离差平方和矩阵B
    B = B + (gmeans(k,:) - totalmean)' * (gmeans(k,:) - totalmean) * gsize(k);
end

%  求inv(E) * B的正特征值与相应的特征向量
EB = E\B;
[V, D] = eig(EB);
D = diag(D);
[D, idD] = sort(D,'descend');   % 将特征值按降序排列
V = V(:,idD);
NumPosi = min(ngroups - 1, d);   % 确定正特征值个数
D = D(1:NumPosi, :);
CumCont = cumsum(D)/sum(D);   % 计算累积贡献率

% 以元胞数组形式返回所有特征值,贡献率,累积贡献率等。TabL是一个元胞数组
head = {'Eigenvalue', 'Difference', 'Proportion', 'Cumulative'};
TabL = cell(NumPosi + 1, 4);
TabL(1,:) = head;
TabL(2:end,1) = num2cell(D);
if NumPosi == 1
    TabL(2:end - 1,2) = {0};
else
    TabL(2:end - 1,2) = num2cell( - diff(D));
end
TabL(2:end,3) = num2cell(D/sum(D));
TabL(2:end,4) = num2cell(CumCont);

% 根据累积贡献率的下限contri确定需要使用的判别式个数CumContGeCon
CumContGeCon = find(CumCont >= contri);
CumContGeCon = CumContGeCon(1);
V = V(:, 1:CumContGeCon);   % 需要使用的判别式系数矩阵

% 以元胞数组形式返回所用判别式的系数向量,若contri取值为1,
% 则返回所有判别式的系数向量。TabCan是一个元胞数组
TabCan = cell(d + 1, CumContGeCon + 1);
TabCan(1, 1) = {'Variable'};
TabCan(2:end, 1) = strcat('x',cellstr(num2str((1:d)')));
TabCan(1, 2:end) = strcat('can',cellstr(num2str((1:CumContGeCon)')));
TabCan(2:end, 2:end) = num2cell(V);

% 将训练样品与待判样品放在一起进行判别
m = size(sampledata,1);
gv = gmeans * V;
stv = [sampledata; training] * V;
nstv = size(stv, 1);
message = '';
outclass = NaN(nstv, 1);
for i = 1:nstv
    obji = bsxfun(@minus,stv(i,:),gv);
    obji = sum(obji.^2, 2);
    idclass = find(obji == min(obji));
    if length(idclass) > 1
        idclass = idclass(1);
        message = '警告：出现了一个或多个结';
```

```
    end
    outclass(i) = idclass;
end
warning(message);
trclass = outclass(m + (1:n));   % 训练样品的判别结果(由类序号构成的向量)
outclass = outclass(1:m);         % 待判样品的判别结果(由类序号构成的向量)
outclass = glevels(outclass,:); % 将待判样品的判别结果进行一个类型转换

trg1 = groups(gindex);    % 训练样品的初始类名称
trg2 = groups(trclass);   % 训练样品经判别后的类名称
% 以元胞数组形式返回混淆矩阵(包含总的分类信息的矩阵)。TabCon 是一个元胞数组
[CLMat, order] = confusionmat(trg1,trg2);
TabCon = [[{'From/To'},order'];order, num2cell(CLMat)];

% 以元胞数组形式返回误判矩阵. TabM 是一个元胞数组
miss = find(gindex ~= trclass);   % 训练样品中误判样品的编号
head1 = {'Obj', 'From', 'To'};
TabM = [head1; num2cell(miss), trg1(miss), trg2(miss)];

% 将所用判别式作用在各组的组均值上,得到组均值投影矩阵,以元胞数组形式返回这个矩阵
% TabG 是一个元胞数组
TabG = cell(ngroups + 1,CumContGeCon + 1);
TabG(:,1) = [{'Group'};groups];
TabG(1,2:end) = strcat('can',cellstr(num2str((1:CumContGeCon)')));
TabG(2:end,2:end) = num2cell(gv);

% 计算训练样品所对应的判别式得分
trainscore = training * V;
trainscore = [gindex, trainscore];
```

11.4.2　案例分析

【例 11.4-1】　这里仍然用 Fisher 于 1936 年发表的鸢尾花(Iris)数据作为训练样本,利用自编的 fisher 函数进行判别,并对表 11.3-4 中列出的待判样品进行判别。

```
>> load fisheriris      % 把文件 fisheriris.mat 中数据导入 MATLAB 工作空间
% 定义待判样品观测值矩阵 x
>> x = [5.8     2.7     1.8     0.73
        5.6     3.1     3.8     1.8
        6.1     2.5     4.7     1.1
        6.1     2.6     5.7     1.9
        5.1     3.1     6.5     0.62
        5.8     3.7     3.9     0.13
        5.7     2.7     1.1     0.12
        6.4     3.2     2.4     1.6
        6.7     3       1.9     1.1
        6.8     3.5     7.9     1
        ];
% 利用 fisher 函数进行判别,返回各种结果(见 fisher 函数的注释)
>> [outclass,TabCan,TabL,TabCon,TabM,TabG] = fisher(x,meas,species)

outclass =

    'setosa'
```

```
    'versicolor'
    'versicolor'
    'virginica'
    'versicolor'
    'setosa'
    'setosa'
    'versicolor'
    'setosa'
    'virginica'

TabCan =

    'Variable'    'can1'         'can2'
    'x1'          [-0.2087]      [ 0.0065]
    'x2'          [-0.3862]      [ 0.5866]
    'x3'          [ 0.5540]      [-0.2526]
    'x4'          [ 0.7074]      [ 0.7695]

TabL =
    'Eigenvalue'     'Difference'    'Proportion'    'Cumulative'
    [   32.1919]     [   31.9065]    [    0.9912]    [    0.9912]
    [    0.2854]               []    [    0.0088]    [         1]

TabCon =

    'From/To'        'setosa'    'versicolor'     'virginica'
    'setosa'         [    50]    [          0]    [        0]
    'versicolor'     [     0]    [         48]    [        2]
    'virginica'      [     0]    [          1]    [       49]

TabM =

    'Obj'    'From'          'To'
    [ 71]    'versicolor'    'virginica'
    [ 84]    'versicolor'    'virginica'
    [134]    'virginica'     'versicolor'

TabG =

    'Group'         'can1'         'can2'
    'setosa'        [-1.3849]      [1.8636]
    'versicolor'    [ 0.9892]      [1.6081]
    'virginica'     [ 1.9852]      [1.9443]
```

从返回的判别结果向量 outclass 可以看出,待判的 10 个样品中,第 1、6、7、9 号观测被判到 setosa 类,第 2、3、5、8 号观测被判到 versicolor 类,第 4、10 号观测被判到 virginica 类,这与贝叶斯判别的结果并不完全相同。

这里的判别用到了全部的 2 个判别式,由 TabCan 的结果可写出 2 个判别式如下:

$$y_1 = -0.2087x_1 - 0.3862x_2 + 0.554x_3 + 0.7074x_4$$

$$y_2 = 0.0065x_1 + 0.5866x_2 - 0.2526x_3 + 0.7695x_4$$

由 TabL 的结果可知两个正的特征值分别为 32.1919 和 0.2854,两个判别式的贡献率分别为

0.9912 和 0.0088，累积贡献率分别为 0.9912 和 1。TabCon 列出了判别的混淆矩阵，从中可以看出训练样本中 setosa 类的 50 个样品均得到正确判别，versicolor 类中有 2 个样品被错误判到 virginica 类，virginica 类中也有 1 个样品被错误判到 versicolor 类。从 TabM 的结果可以看到误判样品的观测序号分别为 71、84 和 134，其中第 71 和 84 号样品由“versicolor”类误判到“virginica”类，第 134 号样品由“virginica”类误判到“versicolor”类。TabG 中列出了 3 个组的组均值在 2 个判别式方向上投影后得到的投影矩阵。

根据训练样本中 150 个样品的 2 个判别式得分做出散点图，命令如下，做出的图如图 11.4－1 所示。

```
% 利用 fisher 函数进行判别，返回各种结果，其中 ts 为判别式得分
>> [outclass,TabCan,TabL,TabCon,TabM,TabG,ts] = fisher(x,meas,species);
% 提取各类的判别式得分
>> ts1 = ts(ts(:,1) == 1,:);          % setosa 类的判别式得分
>> ts2 = ts(ts(:,1) == 2,:);          % versicolor 类的判别式得分
>> ts3 = ts(ts(:,1) == 3,:);          % virginica 类的判别式得分
>> plot(ts1(:,2),ts1(:,3),'ko')       % setosa 类的判别式得分的散点图
>> hold on
>> plot(ts2(:,2),ts2(:,3),'k*')       % versicolor 类的判别式得分的散点图
>> plot(ts3(:,2),ts3(:,3),'kp')       % virginica 类的判别式得分的散点图
>> legend('setosa 类','versicolor 类','virginica 类');   % 加标注框
>> xlabel('第一判别式得分');     % 给 X 轴加标签
>> ylabel('第二判别式得分');     % 给 Y 轴加标签
```

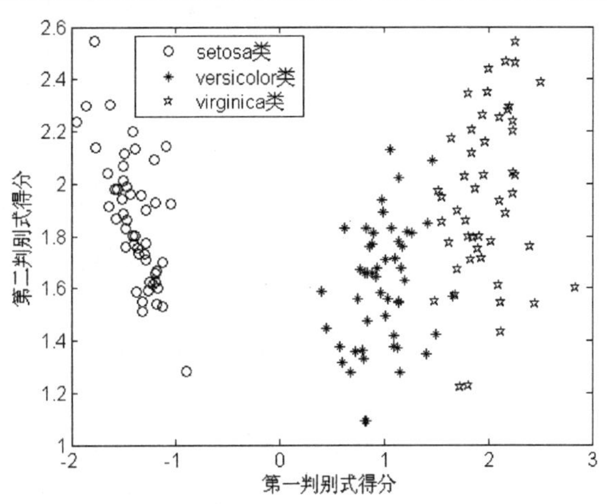

图 11.4－1　判别式得分的散点图

图 11.4－1 中，setosa、versicolor 和 virginica 类的 2 个判别式得分的散点分别用圆圈、星号和五角星标出，从图中散点可以看出，3 个类的分离效果相当好，只是后两个类的极个别点混在一起不好区分。

只用一个判别式进行判别的命令与结果如下：

```
% 令 fisher 函数的第 4 个输入为 0.5，就可以只用一个判别式进行判别
>> [outclass,TabCan,TabL,TabCon,TabM,TabG] = fisher(x,meas,species,0.5)

outclass =

    'setosa'
```

```
    'versicolor'
    'versicolor'
    'virginica'
    'virginica'
    'setosa'
    'setosa'
    'versicolor'
    'setosa'
    'virginica'

TabCan =

    'Variable'    'can1'
    'x1'          [-0.2087]
    'x2'          [-0.3862]
    'x3'          [ 0.5540]
    'x4'          [ 0.7074]

TabL =

    'Eigenvalue'     'Difference'     'Proportion'     'Cumulative'
    [   32.1919]     [   31.9065]     [    0.9912]     [    0.9912]
    [    0.2854]               []     [    0.0088]     [         1]

TabCon =

    'From/To'       'setosa'     'versicolor'     'virginica'
    'setosa'        [    50]     [         0]     [        0]
    'versicolor'    [     0]     [        48]     [        2]
    'virginica'     [     0]     [         0]     [       50]

TabM =

    'Obj'    'From'          'To'
    [ 73]    'versicolor'    'virginica'
    [ 84]    'versicolor'    'virginica'

TabG =

    'Group'         'can1'
    'setosa'        [-1.3849]
    'versicolor'    [ 0.9892]
    'virginica'     [ 1.9852]
```

由于第1个判别式的贡献率达到了99.12%,故只需令fisher函数的第4个输入参数为小于0.9912的标量,即可只用一个判别式进行判别。从判别结果可以看出两次判别的结果稍有不同,其中待判样品的第5号观测的判别结果不同,误判结果也不完全相同,但这些都是可以接受的。

第 12 章 主成分分析

主成分分析(Principal Component Analysis)又称主分量分析,是由皮尔逊(Pearson)于1901年首先引入,后来由霍特林(Hotelling)于1933年进行了发展。主成分分析是一种通过降维技术把多个变量化为少数几个主成分(即综合变量)的多元统计方法,这些主成分能够反映原始变量的大部分信息,通常表示为原始变量的线性组合,为使得这些主成分所包含的信息互不重叠,要求各主成分之间互不相关。主成分分析在很多领域有着广泛的应用,一般来说,当研究的问题涉及很多变量,并且变量间相关性明显,即包含的信息有所重叠时,可以考虑用主成分分析的方法,这样更容易抓住事物的主要矛盾,使问题得到简化。

本章主要内容包括:主成分分析简介,主成分分析的 MATLAB 函数,主成分分析的具体案例。

12.1 主成分分析简介

12.1.1 主成分分析的几何意义

假设从二元总体 $\boldsymbol{x}=(x_1,x_2)'$ 中抽取容量为 n 的样本,绘出样本观测值的散点图,如图 12.1-1 所示。从图上可以看出,散点大致分布在一个椭圆内,x_1 与 x_2 呈现出明显的线性相关性。这 n 个样品在 x_1 轴方向和 x_2 方向具有相似的离散度,离散度可以用 x_1 和 x_2 的方差来描述,方差的大小反映了变量所包含信息量的大小,这里的 x_1 和 x_2 包含了近似相等的信息量,丢掉其中的任意一个变量,都会损失比较多的信息。将图 12.1-1 中坐标轴按逆时针旋转一个角度 θ,使得 x_1 轴旋转到椭圆的长轴方向 y_1,x_2 轴旋转到椭圆的短轴方向 y_2,则有

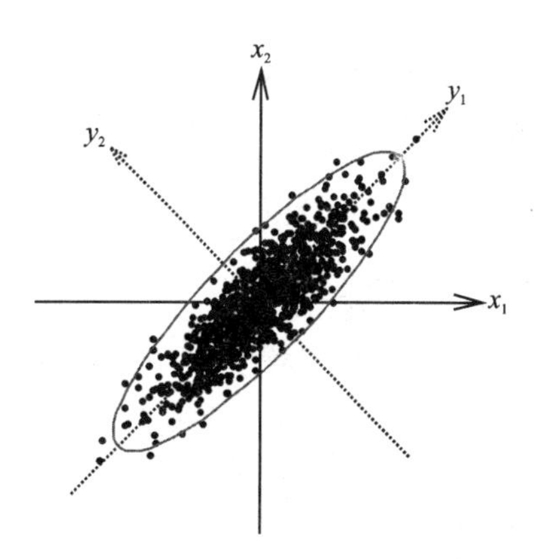

图 12.1-1 主成分分析的几何意义示意图

$$\left.\begin{aligned} y_1 &= x_1\cos\theta + x_2\sin\theta \\ y_2 &= -x_1\sin\theta + x_2\cos\theta \end{aligned}\right\} \tag{12.1-1}$$

此时可以看到,n 个点在新坐标系下的坐标 y_1 和 y_2 几乎不相关,并且 y_1 的方差要比 y_2 的方差大得多,也就是说 y_1 包含了原始数据中大部分的信息,此时丢掉变量 y_2,信息的损失是比较小的。称 y_1 为第一主成分,y_2 为第二主成分。

主成分分析的过程其实就是坐标系旋转的过程,新坐标系的各个坐标轴方向是原始数据变差最大的方向,各主成分表达式就是新旧坐标转换关系式。

12.1.2 总体的主成分

1. 从总体协方差矩阵出发求解主成分

设$\boldsymbol{x}=(x_1,x_2,\cdots,x_p)'$为一个$p$维总体,假定$\boldsymbol{x}$的期望和协方差矩阵均存在并已知,记$E(\boldsymbol{x})=\boldsymbol{\mu}$,$\mathrm{var}(\boldsymbol{x})=\boldsymbol{\Sigma}$,考虑如下线性变换:

$$\left.\begin{aligned} y_1 &= a_{11}x_1+a_{12}x_2+\cdots+a_{1p}x_p=\boldsymbol{a}_1'\boldsymbol{x} \\ y_2 &= a_{21}x_1+a_{22}x_2+\cdots+a_{2p}x_p=\boldsymbol{a}_2'x \\ &\vdots \\ y_p &= a_{p1}x_1+a_{p2}x_2+\cdots+a_{pp}x_p=\boldsymbol{a}_p'\boldsymbol{x} \end{aligned}\right\} \qquad (12.1-2)$$

其中,$\boldsymbol{a}_1,\boldsymbol{a}_2,\cdots,\boldsymbol{a}_p$均为单位向量。下面求$\boldsymbol{a}_1$,使得$y_1$的方差达到最大。

设$\lambda_1\geqslant\lambda_2\geqslant\cdots\geqslant\lambda_p\geqslant0$为$\boldsymbol{\Sigma}$的$p$个特征值,$\boldsymbol{t}_1,\boldsymbol{t}_2,\cdots,\boldsymbol{t}_p$为相应的正交单位特征向量,即

$$\boldsymbol{\Sigma t}_i=\lambda_i\boldsymbol{t}_i,\quad \boldsymbol{t}_i'\boldsymbol{t}_i=1,\quad \boldsymbol{t}_i'\boldsymbol{t}_j=0,\quad i\neq j;\quad i,j=1,2,\cdots,p$$

由矩阵知识可知

$$\boldsymbol{\Sigma}=\boldsymbol{T\Lambda T}'=\sum_{i=1}^{p}\lambda_i\boldsymbol{t}_i\boldsymbol{t}_i'$$

其中,$\boldsymbol{T}=(\boldsymbol{t}_1,\boldsymbol{t}_2,\cdots,\boldsymbol{t}_p)$为正交矩阵;$\boldsymbol{\Lambda}$是对角线元素为$\lambda_1,\lambda_2,\cdots,\lambda_p$的对角阵。

考虑y_1的方差

$$\begin{aligned} \mathrm{var}(y_1) &= \mathrm{var}(\boldsymbol{a}_1'x)=\boldsymbol{a}_1'\mathrm{var}(\boldsymbol{x})\boldsymbol{a}_1=\sum_{i=1}^{p}\lambda_i\boldsymbol{a}_1'\boldsymbol{t}_i\boldsymbol{t}_i'\boldsymbol{a}_1=\sum_{i=1}^{p}\lambda_i(\boldsymbol{a}_1'\boldsymbol{t}_i)^2 \\ &\leqslant \lambda_1\sum_{i=1}^{p}(\boldsymbol{a}_1'\boldsymbol{t}_i)^2=\lambda_1\boldsymbol{a}_1'\left(\sum_{i=1}^{p}\boldsymbol{t}_i\boldsymbol{t}_i'\right)\boldsymbol{a}_1=\lambda_1\boldsymbol{a}_1'\boldsymbol{TT}'\boldsymbol{a}_1=\lambda_1\boldsymbol{a}_1'\boldsymbol{a}_1=\lambda_1 \end{aligned} \qquad (12.1-3)$$

由式(12.1-3)可知,当$\boldsymbol{a}_1=\boldsymbol{t}_1$时,$y_1=\boldsymbol{t}_1'\boldsymbol{x}$的方差达到最大,最大值为$\lambda_1$。称$y_1=\boldsymbol{t}_1'\boldsymbol{x}$为**第一主成分**。如果第一主成分从原始数据中提取的信息还不够多,还应考虑第二主成分。下面求$\boldsymbol{a}_2$,在$\mathrm{cov}(y_1,y_2)=0$条件下,使得y_2的方差达到最大。由

$$\mathrm{cov}(y_1,y_2)=\mathrm{cov}(\boldsymbol{t}_1'\boldsymbol{x},\boldsymbol{a}_2'\boldsymbol{x})=\boldsymbol{t}_1'\boldsymbol{\Sigma a}_2=\boldsymbol{a}_2'\boldsymbol{\Sigma t}_1=\lambda_1\boldsymbol{a}_2'\boldsymbol{t}_1=0$$

可得$\boldsymbol{a}_2'\boldsymbol{t}_1=0$,于是

$$\begin{aligned} \mathrm{var}(y_2) &= \mathrm{var}(\boldsymbol{a}_2'\boldsymbol{x})=\boldsymbol{a}_2'\mathrm{var}(\boldsymbol{x})\boldsymbol{a}_2=\sum_{i=1}^{p}\lambda_i\boldsymbol{a}_2'\boldsymbol{t}_i\boldsymbol{t}_i'\boldsymbol{a}_2=\sum_{i=2}^{p}\lambda_i(\boldsymbol{a}_2'\boldsymbol{t}_i)^2 \\ &\leqslant \lambda_2\sum_{i=2}^{p}(\boldsymbol{a}_2'\boldsymbol{t}_i)^2=\lambda_2\boldsymbol{a}_2'\left(\sum_{i=1}^{p}\boldsymbol{t}_i\boldsymbol{t}_i'\right)\boldsymbol{a}_2=\lambda_2\boldsymbol{a}_2'\boldsymbol{TT}'\boldsymbol{a}_2=\lambda_2\boldsymbol{a}_2'\boldsymbol{a}_2=\lambda_2 \end{aligned} \qquad (12.1-4)$$

由式(12.1-4)可知,当$\boldsymbol{a}_2=\boldsymbol{t}_2$时,$y_2=\boldsymbol{t}_2'\boldsymbol{x}$的方差达到最大,最大值为$\lambda_2$。称$y_2=\boldsymbol{t}_2'\boldsymbol{x}$为**第二主成分**。类似的,在约束$\mathrm{cov}(y_k,y_i)=0(k=1,2,\cdots,i-1)$下可得,当$\boldsymbol{a}_i=\boldsymbol{t}_i$时,$y_i=\boldsymbol{t}_i'\boldsymbol{x}$的方差达到最大,最大值为$\lambda_i$。称$y_i=\boldsymbol{t}_i'\boldsymbol{x}(i=1,2,\cdots,p)$为**第$i$主成分**。

2. 主成分的性质

(1) 主成分向量的协方差矩阵为对角阵

记

$$\boldsymbol{y}=\begin{pmatrix} y_1 \\ y_2 \\ \vdots \\ y_p \end{pmatrix}=\begin{pmatrix} \boldsymbol{t}_1'\boldsymbol{x} \\ \boldsymbol{t}_2'\boldsymbol{x} \\ \vdots \\ \boldsymbol{t}_p'\boldsymbol{x} \end{pmatrix}=(\boldsymbol{t}_1,\boldsymbol{t}_2,\cdots,\boldsymbol{t}_p)'\boldsymbol{x}=\boldsymbol{T}'\boldsymbol{x} \qquad (12.1-5)$$

则

$$E(\boldsymbol{y}) = E(\boldsymbol{T}'\boldsymbol{x}) = \boldsymbol{T}'\boldsymbol{\mu}, \qquad \text{var}(\boldsymbol{y}) = \text{var}(\boldsymbol{T}'\boldsymbol{x}) = \boldsymbol{T}'\text{var}(\boldsymbol{x})\boldsymbol{T} = \boldsymbol{T}'\Sigma\boldsymbol{T} = \boldsymbol{\Lambda}$$

即主成分向量的协方差矩阵为对角阵。

(2) 主成分的总方差等于原始变量的总方差

设协方差矩阵 $\boldsymbol{\Sigma}=(\sigma_{ij})$，则 $\text{var}(x_i)=\sigma_{ii}(i=1,2,\cdots,p)$，于是

$$\sum_{i=1}^{p}\text{var}(y_i) = \sum_{i=1}^{p}\lambda_i = \text{tr}(\boldsymbol{\Sigma}) = \sum_{i=1}^{p}\sigma_{ii} = \sum_{i=1}^{p}\text{var}(x_i)$$

由此可见，原始数据的总方差等于 p 个互不相关的主成分的方差之和，也就是说 p 个互不相关的主成分包含了原始数据中的全部信息，但是主成分所包含的信息更为集中。

总方差中第 i 个主成分 y_i 的方差所占的比例 $\lambda_i\Big/\sum\limits_{j=1}^{p}\lambda_j(i=1,2,\cdots,p)$ 称为主成分 y_i 的**贡献率**。主成分的贡献率反映了主成分综合原始变量信息的能力，也可理解为解释原始变量的能力。由贡献率定义可知，p 个主成分的贡献率依次递减，即综合原始变量信息的能力依次递减。第一个主成分的贡献率最大，即第一个主成分综合原始变量信息的能力最强。

前 $m(m\leqslant p)$ 个主成分的贡献率之和 $\sum\limits_{i=1}^{m}\lambda_i\Big/\sum\limits_{j=1}^{p}\lambda_j$ 称为前 m 个主成分的**累积贡献率**，它反映了前 m 个主成分综合原始变量信息（或解释原始变量）的能力。由于主成分分析的主要目的是降维，所以需要在信息损失不太多的情况下，用少数几个主成分来代替原始变量 $x_1,x_2,\cdots,x_p$，以进行后续的分析。究竟用几个主成分来代替原始变量才合适呢？通常的做法是取较小的 m，使得前 m 个主成分的累积贡献率不低于某一水平（如85%以上），这样就达到了降维的目的。

(3) 原始变量 x_i 与主成分 y_j 之间的相关系数 $\rho(x_i,y_j)$

由式(12.1-5)可知 $\boldsymbol{x}=\boldsymbol{Ty}$，于是

$$x_i = t_{i1}y_1 + t_{i2}y_2 + \cdots + t_{ip}y_p \tag{12.1-6}$$

从而

$$\text{cov}(x_i,y_j) = \text{cov}(t_{ij}y_j,y_j) = t_{ij}\text{cov}(y_j,y_j) = t_{ij}\lambda_j$$

$$\rho(x_i,y_j) = \frac{\text{cov}(x_i,y_j)}{\sqrt{\text{var}(x_i)}\sqrt{\text{var}(y_j)}} = \frac{\sqrt{\lambda_j}}{\sqrt{\sigma_{ii}}}t_{ij}, \quad i,j=1,2,\cdots,p$$

(4) 前 m 个主成分对变量 x_i 的贡献率

称

$$\sum_{j=1}^{m}\rho^2(x_i,y_j) = \frac{1}{\sigma_{ii}}\sum_{j=1}^{m}\lambda_j t_{ij}^2$$

为前 m 个主成分对变量 x_i 的贡献率。这个贡献率反映了前 m 个主成分从变量 x_i 中提取的信息的多少。

由式(12.1-6)可知 $\sigma_{ii}=\lambda_1t_{i1}^2+\lambda_2t_{i2}^2+\cdots+\lambda_pt_{ip}^2$，故所有 p 个主成分对变量 x_i 的贡献率为

$$\sum_{j=1}^{p}\rho^2(x_i,y_j) = \frac{1}{\sigma_{ii}}\sum_{j=1}^{p}\lambda_j t_{ij}^2 = 1$$

(5) 原始变量对主成分 y_j 的贡献

主成分 y_j 的表达式为

$$y_j = \boldsymbol{t}_j'\boldsymbol{x} = t_{1j}x_1 + t_{2j}x_2 + \cdots + t_{pj}x_p, \quad j = 1,2,\cdots,p$$

称 t_{ij} 为第 j 个主成分 y_j 在第 i 个原始变量 x_i 上的**载荷**,它反映了 x_i 对 y_j 的重要程度。在实际问题中,通常根据载荷 t_{ij} 解释主成分的实际意义。

3. 从总体相关系数矩阵出发求解主成分

当总体各变量取值的单位或数量级不同时,从总体协方差矩阵出发求解主成分就显得不合适了,此时应将每个变量标准化。记标准化变量为

$$x_i^* = \frac{x_i - E(x_i)}{\sqrt{\mathrm{var}(x_i)}}, \quad i = 1,2,\cdots,p$$

则可以从标准化总体 $\boldsymbol{x}^* = (x_1^*, x_2^*, \cdots, x_p^*)'$ 的协方差矩阵出发求解主成分,即从总体 $\boldsymbol{x}$ 的相关系数矩阵出发求解主成分,因为总体 $\boldsymbol{x}^*$ 的协方差矩阵就是总体 $\boldsymbol{x}$ 的相关系数矩阵。

设总体 $\boldsymbol{x}$ 的相关系数矩阵为 $\boldsymbol{R}$,从 $\boldsymbol{R}$ 出发求解主成分的步骤与从 $\boldsymbol{\Sigma}$ 出发求解主成分的步骤一样。设 $\lambda_1^* \geqslant \lambda_2^* \geqslant \cdots \geqslant \lambda_p^* \geqslant 0$ 为 $\boldsymbol{R}$ 的 p 个特征值,$\boldsymbol{t}_1^*, \boldsymbol{t}_2^*, \cdots, \boldsymbol{t}_p^*$ 为相应的正交单位特征向量,则 p 个主成分为

$$y_i^* = \boldsymbol{t}_i^{*\prime}\boldsymbol{x}^*, \quad i = 1,2,\cdots,p \tag{12.1-7}$$

记

$$\boldsymbol{y}^* = \begin{pmatrix} y_1^* \\ y_2^* \\ \vdots \\ y_p^* \end{pmatrix} = \begin{pmatrix} \boldsymbol{t}_1^{*\prime}\boldsymbol{x}^* \\ \boldsymbol{t}_2^{*\prime}\boldsymbol{x}^* \\ \vdots \\ \boldsymbol{t}_p^{*\prime}\boldsymbol{x}^* \end{pmatrix} = (\boldsymbol{t}_1^*, \boldsymbol{t}_2^*, \cdots, \boldsymbol{t}_p^*)'\boldsymbol{x}^* = \boldsymbol{T}^{*\prime}\boldsymbol{x}^* \tag{12.1-8}$$

则有以下结论

$$E(\boldsymbol{y}^*) = 0, \qquad \mathrm{var}(\boldsymbol{y}^*) = \boldsymbol{\Lambda}^* = \mathrm{diag}(\lambda_1^*, \lambda_2^*, \cdots, \lambda_p^*)$$

$$\sum_{i=1}^{p}\lambda_i^* = \mathrm{tr}(\boldsymbol{R}) = p$$

$$\rho(x_i^*, y_j^*) = \frac{\mathrm{cov}(x_i^*, y_j^*)}{\sqrt{\mathrm{var}(x_i^*)}\sqrt{\mathrm{var}(y_j^*)}} = \sqrt{\lambda_j^*}\,t_{ij}^*, \quad i,j = 1,2,\cdots,p$$

此时前 m 个主成分的累积贡献率为 $\frac{1}{p}\sum_{i=1}^{m}\lambda_i^*$。

12.1.3 样本的主成分

在实际问题中,总体 $\boldsymbol{x}$ 的协方差矩阵 $\boldsymbol{\Sigma}$ 或相关系数矩阵 $\boldsymbol{R}$ 往往是未知的,需要由样本进行估计。设 $\boldsymbol{x}_1, \boldsymbol{x}_2, \cdots, \boldsymbol{x}_n$ 为取自总体 $\boldsymbol{x}$ 的样本,其中 $\boldsymbol{x}_i = (x_{i1}, x_{i2}, \cdots, x_{ip})'(i=1,2,\cdots,n)$。记样本观测值矩阵为

$$\boldsymbol{X} = \begin{pmatrix} x_{11} & x_{12} & \cdots & x_{1p} \\ x_{21} & x_{22} & \cdots & x_{2p} \\ \vdots & \vdots & & \vdots \\ x_{n1} & x_{n2} & \cdots & x_{np} \end{pmatrix}$$

$\boldsymbol{X}$ 的每一行对应一个样品,每一列对应一个变量。记样本协方差矩阵和样本相关系数矩阵分别为

$$\boldsymbol{S}=\frac{1}{n-1}\sum_{i=1}^{n}(\boldsymbol{x}_i-\bar{\boldsymbol{x}})(\boldsymbol{x}_i-\bar{\boldsymbol{x}})'=(s_{ij})$$

$$\hat{\boldsymbol{R}}=(r_{ij}),r_{ij}=\frac{s_{ij}}{\sqrt{s_{ii}}\sqrt{s_{jj}}}$$

其中，$\bar{\boldsymbol{x}}=\frac{1}{n}\sum_{i=1}^{n}\boldsymbol{x}_i$ 为样本均值。将 $\boldsymbol{S}$ 作为 $\boldsymbol{\Sigma}$ 的估计，$\hat{\boldsymbol{R}}$ 作为 $\boldsymbol{R}$ 的估计，从 $\boldsymbol{S}$ 或 $\hat{\boldsymbol{R}}$ 出发可求得样本的主成分。

1. 从样本协方差矩阵 S 出发求解主成分

设 $\hat{\lambda}_1\geqslant\hat{\lambda}_2\geqslant\cdots\geqslant\hat{\lambda}_p\geqslant0$ 为 $\boldsymbol{S}$ 的 p 个特征值，$\hat{\boldsymbol{t}}_1,\hat{\boldsymbol{t}}_2,\cdots,\hat{\boldsymbol{t}}_p$ 为相应的正交单位特征向量，则样本的 p 个主成分为

$$\hat{y}_i=\hat{\boldsymbol{t}}'_i\boldsymbol{x},\quad i=1,2,\cdots,p \tag{12.1-9}$$

将样品 $\boldsymbol{x}_i$ 的观测值代入第 j 个主成分，称得到的值 $\hat{y}_{ij}=\hat{\boldsymbol{t}}'_j\boldsymbol{x}_i(i=1,2,\cdots,n;j=1,2,\cdots,p)$ 为样品 $\boldsymbol{x}_i$ 的**第 j 主成分得分**。

2. 从样本相关系数矩阵 $\hat{\boldsymbol{R}}$ 出发求解主成分

设 $\hat{\lambda}_1^*\geqslant\hat{\lambda}_2^*\geqslant\cdots\geqslant\hat{\lambda}_p^*\geqslant0$ 为 $\hat{\boldsymbol{R}}$ 的 p 个特征值，$\hat{\boldsymbol{t}}_1^*,\hat{\boldsymbol{t}}_2^*,\cdots,\hat{\boldsymbol{t}}_p^*$ 为相应的正交单位特征向量，则样本的 p 个主成分为

$$\hat{y}_i^*=\hat{\boldsymbol{t}}_i^{*\prime}\boldsymbol{x}^*,\quad i=1,2,\cdots,p \tag{12.1-10}$$

将样品 $\boldsymbol{x}_i$ 标准化后的观测值 $\boldsymbol{x}_i^*$ 代入第 j 个主成分，即可得到样品 $\boldsymbol{x}_i$ 的第 j 主成分得分

$$\hat{y}_{ij}^*=\hat{\boldsymbol{t}}_j^{*\prime}\boldsymbol{x}_i^*,\quad i=1,2,\cdots,n;j=1,2,\cdots,p$$

3. 由主成分得分重建(恢复)原始数据

假定从样本协方差矩阵 $\boldsymbol{S}$ 出发求解主成分，记 $\hat{\boldsymbol{Y}}$ 为样本的主成分得分值矩阵，则

$$\hat{\boldsymbol{Y}}=\begin{pmatrix}\hat{y}_{11} & \hat{y}_{12} & \cdots & \hat{y}_{1p}\\ \hat{y}_{21} & \hat{y}_{22} & \cdots & \hat{y}_{2p}\\ \vdots & \vdots & & \vdots\\ \hat{y}_{n1} & \hat{y}_{n2} & \cdots & \hat{y}_{np}\end{pmatrix}=\begin{pmatrix}x_{11} & x_{12} & \cdots & x_{1p}\\ x_{21} & x_{22} & \cdots & x_{2p}\\ \vdots & \vdots & & \vdots\\ x_{n1} & x_{n2} & \cdots & x_{np}\end{pmatrix}(\hat{\boldsymbol{t}}_1,\hat{\boldsymbol{t}}_2,\cdots,\hat{\boldsymbol{t}}_p)=\boldsymbol{X}\hat{\boldsymbol{T}} \tag{12.1-11}$$

注意到 $\hat{\boldsymbol{T}}$ 为正交矩阵，则有 $\hat{\boldsymbol{T}}^{-1}=\hat{\boldsymbol{T}}'$，于是由式(12.1-11)可得 $\boldsymbol{X}=\hat{\boldsymbol{Y}}\hat{\boldsymbol{T}}'$，也就是说根据主成分得分和主成分表达式，可以重建(恢复)原始数据，这在数据压缩与解压缩中有着重要的应用。当然在实际应用中，可能不会用到全部的 p 个主成分，假定只用前 $m(m\leqslant p)$ 个主成分，记样本的前 m 个主成分的得分矩阵为

$$\hat{\boldsymbol{Y}}_m=\begin{pmatrix}\hat{y}_{11} & \hat{y}_{12} & \cdots & \hat{y}_{1m}\\ \hat{y}_{21} & \hat{y}_{22} & \cdots & \hat{y}_{2m}\\ \vdots & \vdots & & \vdots\\ \hat{y}_{n1} & \hat{y}_{n2} & \cdots & \hat{y}_{nm}\end{pmatrix}$$

当前 m 个主成分的累积贡献率达到一个比较高的水平时，由 $\boldsymbol{X}_m=\hat{\boldsymbol{Y}}_m\hat{\boldsymbol{T}}'$ 得到的矩阵 $\boldsymbol{X}_m$ 可以作为原始样本观测值矩阵 $\boldsymbol{X}$ 的一个很好的近似，此时称 $\boldsymbol{X}-\boldsymbol{X}_m$ 为样本的残差，MATLAB 统计

工具箱中提供了重建数据和求残差的函数 pcares。若 $\hat{\boldsymbol{Y}}_m$ 和 $\hat{T}$ 的数据量小于原始样本观测值矩阵 $\boldsymbol{X}$ 的数据量,就能起到数据压缩的目的。

以上讨论的是从样本协方差矩阵 $\boldsymbol{S}$ 出发求解主成分,然后由样本的主成分得分重建原始数据。若从样本的相关系数矩阵 $\hat{\boldsymbol{R}}$ 出发求解主成分,同样可以由样本的主成分得分重建原始数据,只是此时需要进行逆标准化变换,这里不再作详细讨论。

12.1.4 关于主成分表达式的两点说明

这里需要说明的是,即使限定了协方差矩阵或相关系数矩阵的 p 个特征值对应的特征向量为正交单位向量,它们也是不唯一的,从而主成分的表达式也是不唯一的,例如若 $y=\boldsymbol{t}'\boldsymbol{x}$ 是总体或样本的一个主成分,则 $y=-\boldsymbol{t}'\boldsymbol{x}$ 也是总体或样本的一个主成分。主成分表达式的不唯一性对后续分析没有太大影响。

若第 p 个主成分的贡献率非常非常小,可认为第 p 个主成分 y_p 的方差 $\mathrm{var}(y_p)\approx 0$,即 $y_p\approx c$,这里 c 为一个常数,这揭示了变量之间的一个共线性关系:$\boldsymbol{t}'_p\boldsymbol{x}=c$。

12.2 主成分分析的 MATLAB 函数

与主成分分析相关的 MATLAB 函数主要有 pcacov、princomp 和 pcares,下面分别进行介绍。

12.2.1 pcacov 函数

pcacov 函数用来根据协方差矩阵或相关系数矩阵进行主成分分析,其调用格式如下:

```
COEFF = pcacov(V)
[COEFF,latent] = pcacov(V)
[COEFF,latent,explained] = pcacov(V)
```

以上调用中的输入参数 V 是总体或样本的协方差矩阵或相关系数矩阵,对于 p 维总体,V 是 $p\times p$ 的矩阵。输出参数 COEFF 是 p 个主成分的系数矩阵,它是 $p\times p$ 的矩阵,它的第 i 列是第 i 个主成分的系数向量。输出参数 latent 是 p 个主成分的方差构成的列向量,即 V 的 p 个特征值(从大到小)构成的向量。输出参数 explained 是 p 个主成分的贡献率向量,已经转化为百分比。

12.2.2 princomp 函数

princomp 函数用来根据样本观测值矩阵进行主成分分析,其调用格式如下:

1) **[COEFF,SCORE] = princomp(X)**

根据样本观测值矩阵 X 进行主成分分析。输入参数 X 是 n 行 p 列的矩阵,每一行对应一个观测(样品),每一列对应一个变量。输出参数 COEFF 是 p 个主成分的系数矩阵,它是 $p\times p$ 的矩阵,它的第 i 列是第 i 个主成分的系数向量。输出参数 SCORE 是 n 个样品的 p 个主成分得分矩阵,它是 n 行 p 列的矩阵,每一行对应一个观测,每一列对应一个主成分,第 i 行第 j 列元素是第 i 个样品的第 j 个主成分得分。

2) **[COEFF,SCORE,latent] = princomp(X)**

返回样本协方差矩阵的特征值向量 latent,它是由 p 个特征值构成的列向量,其中特征值按降序排列。

3) **[COEFF,SCORE,latent,tsquare] = princomp(X)**

返回一个包含 n 个元素的列向量 tsquare,它的第 i 个元素是第 i 个观测对应的霍特林(Hotelling)T^2 统计量,描述了第 i 个观测与数据集(样本观测矩阵)的中心之间的距离,可用来寻找远离中心的极端数据。

设 $\lambda_1 \geqslant \lambda_2 \geqslant \cdots \geqslant \lambda_p \geqslant 0$ 为样本协方差矩阵的 p 个特征值,并设第 i 个样品的第 j 个主成分得分为 $y_{ij}(i=1,2,\cdots,n;j=1,2,\cdots,p)$,则第 i 个样品对应的霍特林(Hotelling)T^2 统计量为

$$T_i^2 = \sum_{j=1}^{p} \frac{y_{ij}^2}{\lambda_j}, \quad i = 1,2,\cdots,n$$

注意: princomp 函数对样本数据进行了中心化处理,即把 X 中的每一个元素减去其所在列的均值,相应地,princomp 函数返回的主成分得分就是中心化的主成分得分。

当 $n \leqslant p$,即观测的个数小于或等于维数时,SCORE 矩阵的第 n 列到第 p 列元素均为 0,latent 的第 n 到第 p 个元素均为 0。

4) **[…] = princomp(X,'econ')**

通过设置 'econ' 参数,使得当 $n \leqslant p$ 时,只返回 latent 中的前 $n-1$ 个元素(去掉不必要的 0 元素)及 COEFF 和 SCORE 矩阵中相应的列。

12.2.3 pcares 函数

在 12.1.3 节中曾讨论过由样本的主成分得分重建(恢复)原始数据的问题,若只用前 m $(m \leqslant p)$个主成分的得分来重建原始数据,则可能会有一定的误差,前面称之为残差。MATLAB 统计工具箱中提供了 pcares 函数,用来重建数据,并求样本观测值矩阵中的每个观测的每一个分量所对应的残差,其调用格式如下:

```
residuals = pcares(X,ndim)
[residuals,reconstructed] = pcares(X,ndim)
```

上述调用中的 X 是 n 行 p 列的样本观测值矩阵,它的每一行对应一个观测(样品),每一列对应一个变量。ndim 参数用来指定所用的主成分的个数,它是一个小于或等于 p 的正的标量,最好取为正整数。输出参数 residuals 是一个与 X 同样大小的矩阵,其元素为 X 中相应元素所对应的残差。输出参数 reconstructed 为用前 ndim 个主成分的得分重建的观测数据,它是 X 的一个近似。

注意: pcares 调用了 princomp 函数,它只能接受原始样本观测数据作为它的输入,并且它不会自动对数据作标准化变换,若需要对数据做标准化变换,可以先用 zscore 函数将数据标准化,然后调用 pcares 函数重建观测数据并求残差。若从协方差矩阵或相关系数矩阵出发求解主成分,请用 pcacov 函数,此时无法重建观测数据和求残差。

12.3 案例 35:从协方差矩阵或相关系数矩阵出发求解主成分

【例 12.3-1】 在制定服装标准的过程中,对 128 名成年男子的身材进行了测量,每人测了六项指标:身高(x_1)、坐高(x_2)、胸围(x_3)、手臂长(x_4)、肋围(x_5)和腰围(x_6),样本相关系数矩阵如表 12.3-1 所列。试根据样本相关系数矩阵进行主成分分析。

表 12.3-1 128 名成年男子身材的六项指标的样本相关系数矩阵

变 量	身高(x_1)	坐高(x_2)	胸围(x_3)	手臂长(x_4)	肋围(x_5)	腰围(x_6)
身高(x_1)	1	0.79	0.36	0.76	0.25	0.51
坐高(x_2)	0.79	1	0.31	0.55	0.17	0.35
胸围(x_3)	0.36	0.31	1	0.35	0.64	0.58
手臂长(x_4)	0.76	0.55	0.35	1	0.16	0.38
肋围(x_5)	0.25	0.17	0.64	0.16	1	0.63
腰围(x_6)	0.51	0.35	0.58	0.38	0.63	1

12.3.1 调用 pcacov 函数做主成分分析

对于本案例,调用 pcacov 函数做主成分分析的命令与结果如下:

```
% 定义相关系数矩阵 PHO
>> PHO = [1      0.79    0.36    0.76    0.25    0.51
          0.79   1       0.31    0.55    0.17    0.35
          0.36   0.31    1       0.35    0.64    0.58
          0.76   0.55    0.35    1       0.16    0.38
          0.25   0.17    0.64    0.16    1       0.63
          0.51   0.35    0.58    0.38    0.63    1
          ];
% 利用 pcacov 函数根据相关系数矩阵做主成分分析,返回主成分表达式的系数矩阵 COEFF,
% 返回相关系数矩阵的特征值向量 latent 和主成分贡献率向量 explained
>> [COEFF,latent,explained] = pcacov(PHO)

COEFF =

    0.4689   -0.3648   -0.0922    0.1224    0.0797    0.7856
    0.4037   -0.3966   -0.6130   -0.3264   -0.0270   -0.4434
    0.3936    0.3968    0.2789   -0.6557   -0.4052    0.1253
    0.4076   -0.3648    0.7048    0.1078    0.2346   -0.3706
    0.3375    0.5692   -0.1643    0.0193    0.7305   -0.0335
    0.4268    0.3084   -0.1193    0.6607   -0.4899   -0.1788

latent =

    3.2872
    1.4062
    0.4591
    0.4263
```

```
    0.2948
    0.1263

explained =

   54.7867
   23.4373
    7.6516
    7.1057
    4.9133
    2.1054

% 为了更加直观,以元胞数组形式显示结果
>> result1(1,:) = {'特征值','差值','贡献率','累积贡献率'};
>> result1(2:7,1) = num2cell(latent);
>> result1(2:6,2) = num2cell( - diff(latent));
>> result1(2:7,3:4) = num2cell([explained, cumsum(explained)])

result1 =

    '特征值'     '差值'      '贡献率'      '累积贡献率'
    [3.2872]    [1.8810]    [54.7867]    [    54.7867]
    [1.4062]    [0.9471]    [23.4373]    [    78.2240]
    [0.4591]    [0.0328]    [ 7.6516]    [    85.8756]
    [0.4263]    [0.1315]    [ 7.1057]    [    92.9813]
    [0.2948]    [0.1685]    [ 4.9133]    [    97.8946]
    [0.1263]          []    [ 2.1054]    [        100]

% 以元胞数组形式显示前3个主成分表达式
>> s = {'标准化变量';'x1:身高';'x2:坐高';'x3:胸围';'x4:手臂长';'x5:肋围';'x6:腰围'};
>> result2(:,1) = s ;
>> result2(1, 2:4) = {'Prin1', 'Prin2', 'Prin3'};
>> result2(2:7, 2:4) = num2cell(COEFF(:,1:3))

result2 =

    '标准化变量'    'Prin1'      'Prin2'       'Prin3'
    'x1:身高'       [0.4689]    [-0.3648]    [-0.0922]
    'x2:坐高'       [0.4037]    [-0.3966]    [-0.6130]
    'x3:胸围'       [0.3936]    [ 0.3968]    [ 0.2789]
    'x4:手臂长'     [0.4076]    [-0.3648]    [ 0.7048]
    'x5:肋围'       [0.3375]    [ 0.5692]    [-0.1643]
    'x6:腰围'       [0.4268]    [ 0.3084]    [-0.1193]
```

为了使结果看上去更加直观,上面定义了两个元胞数组:result1 和 result2,用 result1 存放特征值、贡献率和累积贡献率等数据,用 result2 存放前 3 个主成分表达式的系数数据,即 COEFF 矩阵的前 3 列。这样做的目的仅是为了直观,读者也可以直接对 pcacov 函数返回的结果进行分析。

12.3.2 结果分析

从 result1 的结果来看,前 3 个主成分的累积贡献率达到了 85.8756%,因此可以只用前 3 个主成分进行后续的分析,这样做虽然会有一定的信息损失,但是损失不大,不影响大局。

result2中列出了前3个主成分的相关结果，可知前3个主成分的表达式分别为

$$y_1 = 0.4689x_1^* + 0.4037x_2^* + 0.3936x_3^* + 0.4076x_4^* + 0.3375x_5^* + 0.4268x_6^*$$

$$y_2 = -0.3648x_1^* - 0.3966x_2^* + 0.3968x_3^* - 0.3648x_4^* + 0.5692x_5^* + 0.3084x_6^*$$

$$y_3 = -0.0922x_1^* - 0.6130x_2^* + 0.2789x_3^* + 0.7048x_4^* - 0.1643x_5^* - 0.1193x_6^*$$

从第一主成分 y_1 的表达式来看，它在每个标准化变量上有相近的正载荷，说明每个标准化变量对 y_1 的重要性都差不多。当一个人的身材“五大三粗”，也就是说又高又胖时，$x_1^*, x_2^*, \cdots, x_6^*$ 都比较大，此时 y_1 的值就比较大；反之，当一个人又矮又瘦时，$x_1^*, x_2^*, \cdots, x_6^*$ 都比较小，此时 y_1 的值就比较小，所以可以认为第一主成分 y_1 是身材的**综合成分**（或**魁梧成分**）。

从第二主成分 y_2 的表达式来看，它在标准化变量 x_1^*、x_2^* 和 x_4^* 上有相近的负载荷，在 x_3^*、x_5^* 和 x_6^* 上有相近的正载荷，说明当 x_1^*、x_2^* 和 x_4^* 增大时，y_2 的值减小，当 x_3^*、x_5^* 和 x_6^* 增大时，y_2 的值增大。当一个人的身材瘦高时，y_2 的值比较小，当一个人的身材矮胖时，y_2 的值比较大，所以可认为第二主成分 y_2 是身材的高矮和胖瘦的**协调成分**。

从第三主成分 y_3 的表达式来看，它在标准化变量 x_2^* 上有比较大的负载荷，在 x_4^* 上有比较大的正载荷，在其他变量上的载荷比较小，说明 x_2^*（坐高）和 x_4^*（手臂长）对 y_3 的影响比较大，也就是说 y_3 反映了坐高（即上半身长）与手臂长之间的协调关系，这对做长袖上衣时制定衣服和袖子的长短提供了参考。所以可认为第三主成分 y_3 是**臂长成分**。

后3个主成分的贡献率比较小，分别只有7.1057%、4.9133%和2.1054%，可以不用对它们做出解释。最后一个主成分的贡献率非常小，它揭示了标准化变量之间的如下共线性关系：

$$0.7856x_1^* - 0.4434x_2^* + 0.1253x_3^* - 0.3706x_4^* - 0.0335x_5^* - 0.1788x_6^* = c$$

12.4 案例36：从样本观测值矩阵出发求解主成分

【例12.4-1】 表12.4-1列出了2007年我国31个省、市、自治区和直辖市的农村居民家庭平均每人全年消费性支出的8个主要变量数据，数据来源：中华人民共和国国家统计局网站，2008年《中国统计年鉴》。数据保存在文件examp12_4_1.xls中，数据格式如表12.4-1所列。试根据这8个主要变量的观测数据，进行主成分分析。

表12.4-1 2007年各地区农村居民家庭平均每人生活消费支出

元

地区	食品	衣着	居住	家庭设备及服务	交通和通讯	文教娱乐用品及服务	医疗保健	其他商品及服务
北京	2132.51	513.44	1023.21	340.15	778.52	870.12	629.56	111.75
天津	1367.75	286.33	674.81	126.74	400.11	312.07	306.19	64.30
河北	1025.72	185.68	627.98	140.45	318.19	243.30	188.06	57.40
山西	1033.68	260.88	392.78	120.86	268.75	370.97	170.85	63.81
内蒙古	1280.05	228.40	473.98	117.64	375.58	423.75	281.46	75.29
辽宁	1334.18	281.19	513.11	142.07	361.77	362.78	265.01	108.05
吉林	1240.93	227.96	399.11	120.95	337.46	339.77	311.37	87.89
黑龙江	1077.34	254.01	691.02	104.99	335.28	312.32	272.49	69.98

续表 12.4-1

地　区	食　品	衣　着	居　住	家庭设备及服务	交通和通讯	文教娱乐用品及服务	医疗保健	其他商品及服务
上　海	3259.48	475.51	2097.21	451.40	883.71	857.47	571.06	249.04
江　苏	1968.88	251.29	752.73	228.51	543.97	642.52	263.85	134.41
浙　江	2430.60	405.32	1498.50	338.80	782.98	750.69	452.44	142.26
安　徽	1192.57	166.31	479.46	144.23	258.29	283.17	177.04	52.98
福　建	1870.32	235.61	660.55	184.21	465.40	356.26	174.12	107.00
江　西	1492.02	147.71	474.49	121.54	277.15	252.78	167.71	61.08
山　东	1369.20	224.18	682.13	195.99	422.36	424.89	230.84	71.98
河　南	1017.43	189.71	615.62	136.37	269.46	212.36	173.19	62.26
湖　北	1479.04	168.64	434.91	166.25	281.12	284.13	178.77	97.13
湖　南	1675.16	161.79	508.33	152.60	278.78	293.89	219.95	86.88
广　东	2087.58	162.33	763.01	163.85	443.24	254.94	199.31	128.06
广　西	1378.78	86.90	554.14	112.24	245.97	172.45	149.01	47.98
海　南	1430.31	86.26	305.90	93.26	248.08	223.98	95.55	73.23
重　庆	1376.00	136.34	263.73	138.34	208.69	195.97	168.57	39.06
四　川	1435.52	156.65	366.45	142.64	241.49	177.19	174.75	52.56
贵　州	998.39	99.44	329.64	70.93	154.52	147.31	79.31	34.16
云　南	1226.69	112.52	586.07	107.15	216.67	181.73	167.92	38.43
西　藏	1079.83	245.00	418.83	133.26	156.57	65.39	50.00	68.74
陕　西	941.81	161.08	512.40	106.80	254.74	304.54	222.51	55.71
甘　肃	944.14	112.20	295.23	91.40	186.17	208.90	149.82	29.36
青　海	1069.04	191.80	359.74	122.17	292.10	135.13	229.28	47.23
宁　夏	1019.35	184.26	450.55	109.27	265.76	192.00	239.40	68.17
新　疆	939.03	218.18	445.02	91.45	234.70	166.27	210.69	45.25

12.4.1 调用 princomp 函数做主成分分析

根据原始样本观测数据，调用 princomp 函数做主成分分析的命令与结果如下：

```
>> [X,textdata] = xlsread('examp12_4_1.xls');     % 从 Excel 文件中读取数据
>> XZ = zscore(X);     % 数据标准化
% 利用 princomp 函数根据标准化后原始样本观测数据做主成分分析，返回主成分表达式的系数矩阵
% COEFF，主成分得分数据 SCORE，样本相关系数矩阵的特征值向量 latent 和每个观测的霍特林 T2 统计量
>> [COEFF,SCORE,latent,tsquare] = princomp(XZ)

COEFF =

    0.3431    0.5035    0.3199   -0.0540   -0.0233   -0.4961    0.2838   -0.4431
    0.3384   -0.4866   -0.4698    0.4032   -0.3003   -0.2240    0.2427   -0.2573
    0.3552    0.1968   -0.5365   -0.5759    0.0954    0.3915    0.0612   -0.2225
```

```
    0.3692    0.1088   -0.0094   -0.1808   -0.5714   -0.2354   -0.5508    0.3657
    0.3752   -0.0547    0.1748   -0.0644    0.0246    0.0981    0.6231    0.6504
    0.3587   -0.2208    0.5463    0.1209   -0.1923    0.5930   -0.1221   -0.3255
    0.3427   -0.4783    0.1450   -0.2390    0.6201   -0.3271   -0.2901    0.0034
    0.3441    0.4225   -0.1977    0.6279    0.3893    0.1638   -0.2570    0.1590

SCORE =

    5.9541   -2.2203    0.6308   -0.0527   -0.2786   -0.4948   -0.0248   -0.0017
    0.3308   -0.8350   -0.3055   -0.1295    0.2685   -0.2011    0.4443   -0.1510
   -0.8923   -0.2047   -0.3571   -0.3368   -0.1210    0.2988   -0.0114    0.2755
   -0.8222   -0.7077   -0.1050    0.5950   -0.4269    0.3500    0.0184   -0.2306
    0.0111   -0.6750    0.4051    0.2669    0.3206    0.2472    0.1237   -0.0773
    0.4487   -0.3683   -0.2149    0.8315    0.2708    0.0292   -0.0439   -0.0044
   -0.1213   -0.6348    0.2032    0.4677    0.6190   -0.1036   -0.1593    0.0630
   -0.2357   -0.7793   -0.4848   -0.0349    0.4070    0.3055    0.1748   -0.1405
    9.2452    1.3354   -0.7018   -0.1934    0.2578    0.0228   -0.3668   -0.1275
    2.4797    0.5379    0.7765    0.5676   -0.2202    0.5212    0.0028    0.0668
    5.7951   -0.0460   -0.0430   -0.5484   -0.3318    0.1985    0.2888    0.0399
   -1.0918   -0.0493    0.1110   -0.2043   -0.2771    0.1090   -0.1961   -0.0102
    0.9318    0.8256    0.0918    0.3878   -0.3151   -0.0778    0.4663    0.1275
   -1.0374    0.4433    0.2810   -0.1418   -0.0208   -0.1032    0.1334   -0.1716
    0.5439   -0.2052    0.1717   -0.2251   -0.4386    0.3177   -0.0285    0.2331
   -1.0741   -0.0907   -0.5337   -0.1937   -0.1148    0.2357   -0.1254    0.1530
   -0.4319    0.6415    0.1661    0.4258   -0.0538   -0.1051   -0.3750    0.1054
   -0.2698    0.6192    0.3332    0.0717    0.1751   -0.2811   -0.2288   -0.2121
    0.8484    1.6459    0.0554    0.1609    0.4701   -0.2558    0.3650    0.1364
   -1.6456    0.6975    0.1665   -0.6683    0.1120   -0.0028    0.0628   -0.0401
   -1.7888    0.9874    0.5313    0.2543    0.0904    0.1284    0.1263   -0.0017
   -1.6986    0.1589    0.4479   -0.2121   -0.3020   -0.5301   -0.1798   -0.0768
   -1.3130    0.2989    0.1663   -0.1472   -0.1935   -0.5380   -0.0793   -0.0238
   -2.7981    0.2784    0.0289   -0.1842   -0.1393    0.2218    0.0652   -0.1352
   -1.7217    0.2685   -0.0307   -0.7478    0.0820    0.0613   -0.0149   -0.1721
   -1.8386    0.3280   -1.1474    0.6183   -0.7418   -0.2957   -0.0234   -0.0857
   -1.2350   -0.4721    0.0308   -0.2018    0.2490    0.4568   -0.2382   -0.0038
   -2.4005   -0.2229    0.2867   -0.2980   -0.0723    0.1464   -0.1408   -0.0101
   -1.3999   -0.4905   -0.1902   -0.1386    0.1306   -0.4714    0.0446    0.3488
   -1.1873   -0.3604   -0.2717    0.0506    0.4491   -0.0665   -0.1732    0.1878
   -1.5850   -0.7043   -0.4983   -0.0396    0.1457   -0.1233    0.0934   -0.0610

latent =

    6.8645
    0.5751
    0.1689
    0.1450
    0.0989
    0.0838
    0.0429
    0.0209

tsquare =

   19.8320
```

```
    8.8021
    6.5783
    9.3362
    4.6669
    6.1060
    7.2411
    6.9117
   23.3204
   11.1360
   10.5853
    2.3586
    9.3238
    3.0621
    6.4126
    4.4109
    6.1294
    5.9990
   12.0246
    4.7812
    4.9300
    7.2740
    4.7256
    3.2727
    5.9570
   18.0844
    5.3358
    2.8002
    9.7476
    5.3676
    3.4868

% 为了直观,定义元胞数组 result1,用来存放特征值、贡献率和累积贡献率等数据
% 这样做能以元胞数组形式显示 result1 的结果
>> explained = 100 * latent/sum(latent);   % 计算贡献率
>> [m, n] = size(X);   % 求 X 的行数和列数
>> result1 = cell(n + 1, 4);   % 定义一个 n + 1 行、4 列的元胞数组
>> result1(1,:) = {'特征值','差值','贡献率','累积贡献率'};
>> result1(2:end,1) = num2cell(latent);   % 存放特征值
>> result1(2:end - 1,2) = num2cell( - diff(latent));   % 存放特征值之间的差值
>> result1(2:end,3:4) = num2cell([explained, cumsum(explained)])  % 存放(累积)贡献率

result1 =

    '特征值'    '差值'      '贡献率'      '累积贡献率'
    [6.8645]    [6.2894]    [85.8068]    [  85.8068]
    [0.5751]    [0.4062]    [ 7.1889]    [  92.9957]
    [0.1689]    [0.0240]    [ 2.1115]    [  95.1072]
    [0.1450]    [0.0461]    [ 1.8121]    [  96.9192]
    [0.0989]    [0.0151]    [ 1.2359]    [  98.1552]
    [0.0838]    [0.0409]    [ 1.0477]    [  99.2029]
    [0.0429]    [0.0220]    [ 0.5362]    [  99.7391]
    [0.0209]          []    [ 0.2609]    [ 100.0000]

% 为了直观,定义元胞数组 result2,用来存放前 2 个主成分表达式的系数数据
```

```
% 这样做能以元胞数组形式显示 result2 的结果
>> varname = textdata(3,2:end)';  % 提取变量名数据
>> result2 = cell(n + 1, 3);  % 定义一个 n+1 行、3 列的元胞数组
>> result2(1,:) = {'标准化变量', '主成分 Prin1', '主成分 Prin2'}; % result2 的第一行
>> result2(2:end, 1) = varname;  % result2 的第一列
>> result2(2:end, 2:end) = num2cell(COEFF(:,1:2))  % 存放前 2 个主成分表达式的系数数据

result2 =

    '标准化变量'              '主成分 Prin1'    '主成分 Prin2'
    '食  品'                  [     0.3431]    [     0.5035]
    '衣  着'                  [     0.3384]    [    -0.4866]
    '居  住'                  [     0.3552]    [     0.1968]
    '家庭设备及服务'           [     0.3692]    [     0.1088]
    '交通和通讯'               [     0.3752]    [    -0.0547]
    '文教娱乐用品及服务'        [     0.3587]    [    -0.2208]
    '医疗保健'                 [     0.3427]    [    -0.4783]
    '其他商品及服务'            [     0.3441]    [     0.4225]

% 为了直观,定义元胞数组 result3,用来存放每一个地区总的消费性支出,以及前 2 个主成分的得分数据
% 这样做能以元胞数组形式显示 result3 的结果
>> cityname = textdata(4:end,1);  % 提取地区名称数据
>> sumXZ = sum(XZ,2);  %每一个地区总的消费性支出
>> [s1, id] = sortrows(SCORE,1);  % 将主成分得分数据按第一主成分得分从小到大排序
>> result3 = cell(m + 1, 4);        %定义一个 m+1 行、3 列的元胞数组
>> result3(1,:) = {'地区', '总支出', '第一主成分得分 y1', '第二主成分得分 y2'};
>> result3(2:end, 1) = cityname(id);  % result3 的第一列,即排序后地区名
% 存放排序后每一个地区总的消费性支出,以及前 2 个主成分的得分数据
>> result3(2:end, 2:end) = num2cell([sumXZ(id), s1(:,1:2)])

result3 =

    '地区'      '总支出'      '第一主成分得分 y1'    '第二主成分得分 y2'
    ' 贵  州'   [-7.9244]    [          -2.7981]    [          0.2784]
    ' 甘  肃'   [-6.8088]    [          -2.4005]    [         -0.2229]
    ' 西  藏'   [-5.1593]    [          -1.8386]    [          0.3280]
    ' 海  南'   [-5.0717]    [          -1.7888]    [          0.9874]
    ' 云  南'   [-4.8831]    [          -1.7217]    [          0.2685]
    ' 重  庆'   [-4.8094]    [          -1.6986]    [          0.1589]
    ' 广  西'   [-4.6805]    [          -1.6456]    [          0.6975]
    ' 新  疆'   [-4.4480]    [          -1.5850]    [         -0.7043]
    ' 青  海'   [-3.9552]    [          -1.3999]    [         -0.4905]
    ' 四  川'   [-3.7103]    [          -1.3130]    [          0.2989]
    ' 陕  西'   [-3.4989]    [          -1.2350]    [         -0.4721]
    ' 宁  夏'   [-3.3338]    [          -1.1873]    [         -0.3604]
    ' 安  徽'   [-3.1095]    [          -1.0918]    [         -0.0493]
    ' 河  南'   [-3.0509]    [          -1.0741]    [         -0.0907]
    ' 江  西'   [-2.9356]    [          -1.0374]    [          0.4433]
    ' 河  北'   [-2.5584]    [          -0.8923]    [         -0.2047]
    ' 山  西'   [-2.3071]    [          -0.8222]    [         -0.7077]
    ' 湖  北'   [-1.2172]    [          -0.4319]    [          0.6415]
    ' 湖  南'   [-0.7399]    [          -0.2698]    [          0.6192]
    ' 黑龙江'   [-0.6333]    [          -0.2357]    [         -0.7793]
    ' 吉  林'   [-0.2984]    [          -0.1213]    [         -0.6348]
```

```
    '内蒙古'    [ 0.0452]    [      0.0111]    [    -0.6750]
    '天  津'    [ 0.9708]    [      0.3308]    [    -0.8350]
    '辽  宁'    [ 1.3199]    [      0.4487]    [    -0.3683]
    '山  东'    [ 1.4800]    [      0.5439]    [    -0.2052]
    '广  东'    [ 2.4044]    [      0.8484]    [     1.6459]
    '福  建'    [ 2.6151]    [      0.9318]    [     0.8256]
    '江  苏'    [ 6.9721]    [      2.4797]    [     0.5379]
    '浙  江'    [16.3346]    [      5.7951]    [    -0.0460]
    '北  京'    [16.8363]    [      5.9541]    [    -2.2203]
    '上  海'    [26.1552]    [      9.2452]    [     1.3354]

% 为了直观,定义元胞数组 result4,用来存放前 2 个主成分的得分数据,以及(食品 + 其他) - (衣着 + 医疗)
% 这样做能以元胞数组形式显示 result4 的结果
% 计算(食品 + 其他) - (衣着 + 医疗),即食品和其他商品的总支出减去衣着和医疗的总支出
>> cloth = sum(XZ(:,[1,8]),2) - sum(XZ(:,[2,7]),2);
>> [s2, id] = sortrows(SCORE,2);       % 将主成分得分数据按第二主成分得分从小到大排序
>> result4 = cell(m + 1, 4);           % 定义一个 m + 1 行,3 列的元胞数组
>> result4(1,:) = {'地区','第一主成分得分 y1','第二主成分得分 y2','(食 + 其他) - (衣 + 医)'};
>> result4(2:end, 1) = cityname(id);   % result4 的第一列,即排序后地区名
% 存放排序后前 2 个主成分的得分数据,以及(食品 + 其他) - (衣着 + 医疗)的数据
>> result4(2:end, 2:end) = num2cell([s2(:,1:2), cloth(id)])

    '地区'      '第一主成分得分 y1'   '第二主成分得分 y2'   '(食 + 其他) - (衣 + 医)'
    '北  京'    [      5.9541]    [     -2.2203]    [     -4.0240]
    '天  津'    [      0.3308]    [     -0.8350]    [     -1.7606]
    '黑龙江'    [     -0.2357]    [     -0.7793]    [     -1.6033]
    '山  西'    [     -0.8222]    [     -0.7077]    [     -1.0813]
    '新  疆'    [     -1.5850]    [     -0.7043]    [     -1.5922]
    '内蒙古'    [      0.0111]    [     -0.6750]    [     -0.9055]
    '吉  林'    [     -0.1213]    [     -0.6348]    [     -0.9266]
    '青  海'    [     -1.3999]    [     -0.4905]    [     -1.1824]
    '陕  西'    [     -1.2350]    [     -0.4721]    [     -0.8755]
    '辽  宁'    [      0.4487]    [     -0.3683]    [     -0.4332]
    '宁  夏'    [     -1.1873]    [     -0.3604]    [     -0.8020]
    '甘  肃'    [     -2.4005]    [     -0.2229]    [     -0.4119]
    '山  东'    [      0.5439]    [     -0.2052]    [     -0.3599]
    '河  北'    [     -0.8923]    [     -0.2047]    [     -0.6397]
    '河  南'    [     -1.0741]    [     -0.0907]    [     -0.4638]
    '安  徽'    [     -1.0918]    [     -0.0493]    [     -0.1373]
    '浙  江'    [      5.7951]    [     -0.0460]    [     -0.2464]
    '重  庆'    [     -1.6986]    [      0.1589]    [      0.2621]
    '云  南'    [     -1.7217]    [      0.2685]    [      0.1981]
    '贵  州'    [     -2.7981]    [      0.2784]    [      0.4976]
    '四  川'    [     -1.3130]    [      0.2989]    [      0.4392]
    '西  藏'    [     -1.8386]    [      0.3280]    [      0.2510]
    '江  西'    [     -1.0374]    [      0.4433]    [      0.8908]
    '江  苏'    [      2.4797]    [      0.5379]    [      1.7144]
    '湖  南'    [     -0.2698]    [      0.6192]    [      1.2835]
    '湖  北'    [     -0.4319]    [      0.6415]    [      1.4025]
    '广  西'    [     -1.6456]    [      0.6975]    [      1.1198]
    '福  建'    [      0.9318]    [      0.8256]    [      1.7662]
    '海  南'    [     -1.7888]    [      0.9874]    [      2.2394]
    '上  海'    [      9.2452]    [      1.3354]    [      2.1836]
    '广  东'    [      0.8484]    [      1.6459]    [      3.1971]
```

也是为了使结果看上去更加直观,上面定义了4个元胞数组:result1、result2、result3和result4。用result1存放特征值、贡献率和累积贡献率等数据;用result2存放前2个主成分表达式的系数数据,即COEFF矩阵的前2列;用result3存放每一个地区总的消费性支出,以及前2个主成分得分数据(已按第一主成分得分从小到大进行了排序);用result4存放前2个主成分得分数据(已按第二主成分得分从小到大进行了排序),以及每个地区食品和其他商品及服务的总支出减去衣着和医疗保健的总支出。下面将根据result1、result2、result3和result4进行结果分析,读者也可以直接对princomp函数返回的结果进行分析。

12.4.2 结果分析

1. 主成分的解释

从结果result1来看,第一个主成分的贡献率就达到了85.8068%,前二个主成分的累积贡献率达到了92.9957%,所以只用前2个主成分就可以了。由结果result2写出前2个主成分的表达式如下:

$$y_1 = 0.3431x_1^* + 0.3384x_2^* + 0.3552x_3^* + 0.3692x_4^* + 0.3752x_5^* + 0.3587x_6^* + 0.3427x_7^* + 0.3441x_8^*$$

$$y_2 = 0.5035x_1^* - 0.4866x_2^* + 0.1968x_3^* + 0.1088x_4^* - 0.0547x_5^* - 0.2208x_6^* - 0.4783x_7^* + 0.4225x_8^*$$

从第一主成分y_1的表达式来看,它在每个标准化变量上有相近的正载荷,说明每个标准化变量对y_1的重要性都差不多。从按第一主成分得分从小到大进行排序后的结果result3可以看出,标准化后,每个地区的消费性支出的总和与第一主成分得分基本成正比,也就是说,y_1反映的是消费性支出的综合水平,可认为第一主成分y_1是**综合消费性支出成分**。

从第二主成分y_2的表达式来看,它在标准化变量x_1^*(食品)和x_8^*(其他商品及服务)上有中等程度的正载荷,在x_2^*(衣着)和x_7^*(医疗保健)上有中等程度的负载荷,说明y_2反映的是两个方面的对比,一个方面是食品和其他商品及服务的消费总支出,另一个方面是衣着和医疗保健的消费总支出。结果result4中列出了标准化后每个地区两个方面消费总支出的差,并按第二主成分得分从小到大进行了排序。从结果result4可以看出,两个方面消费总支出的差与第二主成分得分基本成正比,并且南方地区在食品和其他商品及服务上的消费支出比较大,北方地区在衣着和医疗保健上的消费支出比较大;这大概跟南北方气候差异有关,南方气候温暖,人们的消费倾向于食品和其他商品及服务,而北方气候寒冷,人们的消费倾向于衣着和医疗保健。所以,可认为第二主成分y_2是**消费倾向成分**。

从结果result1可以看出,后几个主成分的贡献率非常小,可以不用做出解释,但却说明了标准化变量之间可能存在一个或多个共线性关系。

2. 主成分得分的散点图

从前两个主成分得分的散点图上也能看出它们的实际意义,利用下面的命令可以做出前两个主成分得分的散点图,并可在散点图上交互式标注每个地区的名称。

```
>> plot(SCORE(:,1),SCORE(:,2),'ko');    % 绘制2个主成分得分的散点图,散点为黑色圆圈
>> xlabel('第一主成分得分');              % 为X轴加标签
>> ylabel('第二主成分得分');              % 为Y轴加标签
>> gname(cityname);                      % 交互式标注每个地区的名称
```

以上命令做出的散点图如图12.4－1所示，需要说明的是，限于空间限制，图12.4－1中只标注了部分地区的名称。

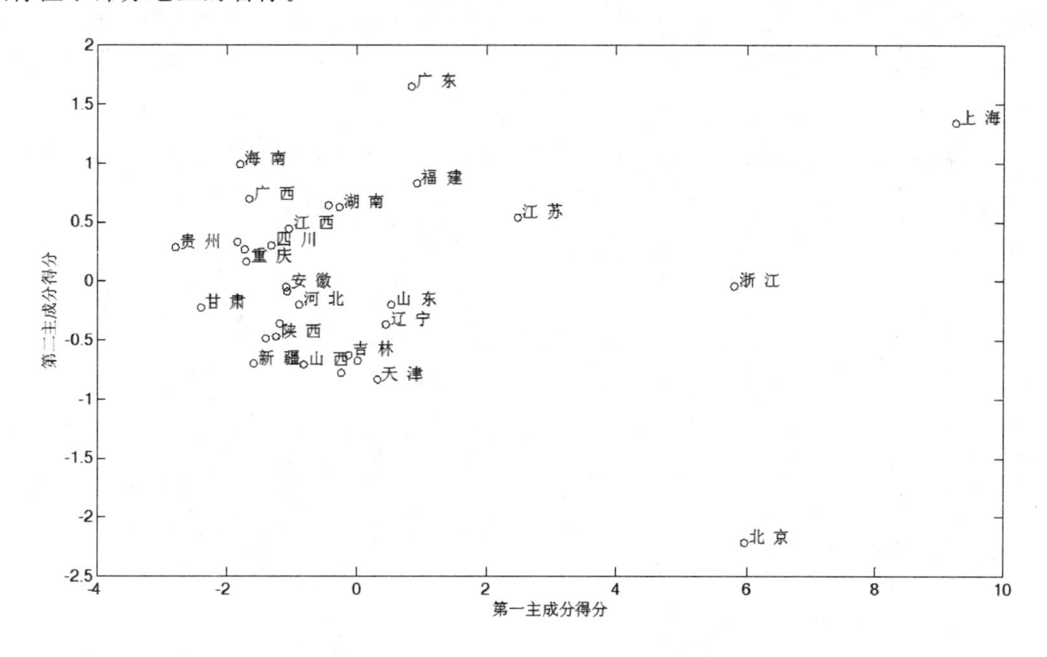

图12.4－1　前两个主成分得分的散点图

从图12.4－1可以看出，总的消费水平比较高的经济发达地区的第一主成分得分比较大，总的消费水平比较低的经济落后地区的第一主成分得分比较小，第一主成分得分反映了综合消费水平的高低。还可以看出南方地区的第二主成分得分比较大，中部地区次之，北方地区较小，说明第二主成分是因地域差异所造成的消费倾向成分。

另外，从图12.4－1还可以看出，根据前两个主成分得分可以把31个省、市、自治区和直辖市分为3类，其中北京、浙江和上海为第一类，江苏、福建和广东为第二类，其余为第三类。

3. 根据霍特林 T^2 统计量寻找极端数据

霍特林 T^2 统计量描述了数据集（样本观测矩阵）中的每一个观测与数据集的中心之间的距离，根据 princomp 函数返回的 tsquare（霍特林 T^2 统计量向量），可以寻找远离数据集中心的极端观测数据。下面将 tsquare 按从小到大进行排序，并与地区名称一起显示。

```
% 将tsquare按从小到大进行排序,并与地区名称一起显示
>> result5 = sortrows([cityname, num2cell(tsquare)],2);  % 转为元胞数组,并按第二列排序
>> [{'地区','霍特林T^2统计量'}; result5]

ans =

    '地区'        '霍特林T^2统计量'
    '安　徽'      [        2.3586]
    '甘　肃'      [        2.8002]
    '江　西'      [        3.0621]
    '贵　州'      [        3.2727]
    '新　疆'      [        3.4868]
    '河　南'      [        4.4109]
```

```
    '内蒙古'    [     4.6669]
    '四  川'    [     4.7256]
    '广  西'    [     4.7812]
    '海  南'    [     4.9300]
    '陕  西'    [     5.3358]
    '宁  夏'    [     5.3676]
    '云  南'    [     5.9570]
    '湖  南'    [     5.9990]
    '辽  宁'    [     6.1060]
    '湖  北'    [     6.1294]
    '山  东'    [     6.4126]
    '河  北'    [     6.5783]
    '黑龙江'    [     6.9117]
    '吉  林'    [     7.2411]
    '重  庆'    [     7.2740]
    '天  津'    [     8.8021]
    '福  建'    [     9.3238]
    '山  西'    [     9.3362]
    '青  海'    [     9.7476]
    '浙  江'    [    10.5853]
    '江  苏'    [    11.1360]
    '广  东'    [    12.0246]
    '西  藏'    [    18.0844]
    '北  京'    [    19.8320]
    '上  海'    [    23.3204]
```

可以看出上海是距数据集中心最远的城市,其次是北京,然后是西藏。

12.4.3 调用 pcares 函数重建观测数据

为了分析丢掉后面的主成分所造成的信息损失,设原始样本观测数据矩阵为 $X=(x_{ij})_{n\times p}$,由前 m 个主成分的得分重建的样本观测数据矩阵记为 $X_m=(x_{ij}^{(m)})_{n\times p}$,$m=1,\cdots,8$。令

$$E_1(m)=\sqrt{\frac{1}{np}\sum_{i=1}^{n}\sum_{j=1}^{p}(x_{ij}-x_{ij}^{(m)})^2},\quad E_2(m)=\sqrt{\frac{1}{np}\sum_{i=1}^{n}\sum_{j=1}^{p}\left(\frac{x_{ij}-x_{ij}^{(m)}}{x_{ij}}\right)^2},\quad m=1,2,\cdots,8 \tag{12.4-1}$$

则 E_1 为残差的均方根,E_2 为相对误差的均方根,它们均能反映 X 与 X_m 之间差距的大小,能用来评价信息损失量的大小。

下面调用 pcares 函数,由前 $m(m=1,\cdots,8)$个主成分的得分重建样本观测数据,然后计算 $E_1(m)$和 $E_2(m)$。

```
>> X = xlsread('examp12_4_1.xls');            % 从 Excel 文件中读取数据
% 通过循环计算 E1(m)和 E2(m)
>> for i = 1 : 8
    residuals = pcares(X, i);                 % 返回残差
    Rate = residuals./X;                      % 计算相对误差
    E1(i) = sqrt(mean(residuals(:).^2));      % 计算残差的均方根
    E2(i) = sqrt(mean(Rate(:).^2));           % 计算相对误差的均方根
   end
>> E1      % 查看残差的均方根
```

```
E1 =

   80.2180   50.7612   25.9774   18.9959   13.6870    8.6175    4.9886    0.0000

>> E2     % 查看相对误差的均方根

E2 =

    0.3294    0.2579    0.1742    0.1653    0.1020    0.0941    0.0690    0.0000
```

从以上结果可以看出，当只使用第一个主成分得分重建观测矩阵时，残差的均方根等于 80.2180，相对误差的均方根等于 32.94%，也就是说从平均意义上，每个数据的残差的绝对值为 80.2180，相对误差为 32.94%，这个差距是比较大的。当只使用前 2 个主成分得分重建观测矩阵时，E_1 和 E_2 的值都有所下降，但还是比较大的，随着主成分个数的增多，E_1 和 E_2 的值稳步下降，当使用全部的 8 个主成分得分重建观测矩阵时，E_1 和 E_2 的值均为 0，此时没有信息损失。

第 13 章

因子分析

作个形象的比喻。对面来了一群女生，我们一眼就能分辨出孰美孰丑，这是判别分析；并且我们的脑海中会迅速地将这群女生聚为两类：美的一类和丑的一类，这是聚类分析。我们之所以认为某个女孩漂亮，是因为她具有漂亮女孩所具有的一些共同特点，比如漂亮的脸蛋、高挑的身材、白皙的皮肤，等等。其实这种从研究对象中寻找公共因子的办法就是**因子分析**(Factor Analysis)。

因子分析也是利用降维的思想，把每一个原始变量分解成两部分，一部分是少数几个公共因子的线性组合，另一部分是该变量所独有的特殊因子，其中公共因子和特殊因子都是不可观测的隐变量，我们需要对公共因子做出具有实际意义的合理的解释。因子分析的思想源于1904 年查尔斯·斯皮尔曼(Charles Spearman)对学生考试成绩的研究，目前，因子分析已经在很多领域得到了广泛应用。

本章主要内容包括：因子分析简介，因子分析的 MATLAB 函数，因子分析具体案例。

13.1 因子分析简介

13.1.1 基本因子分析模型

设 p 维总体 $\boldsymbol{x}=(x_1,x_2,\cdots,x_p)'$ 的均值为 $\boldsymbol{\mu}=(\mu_1,\mu_2,\cdots,\mu_p)'$，协方差矩阵为 $\boldsymbol{\Sigma}=(\sigma_{ij})_{p\times p}$，相关系数矩阵为 $\boldsymbol{R}=(\rho_{ij})_{p\times p}$。因子分析的一般模型为

$$\left.\begin{aligned} x_1 &= \mu_1 + a_{11}f_1 + a_{12}f_2 + \cdots + a_{1m}f_m + \varepsilon_1 \\ x_2 &= \mu_2 + a_{21}f_1 + a_{22}f_2 + \cdots + a_{2m}f_m + \varepsilon_2 \\ &\vdots \\ x_p &= \mu_p + a_{p1}f_1 + a_{p2}f_2 + \cdots + a_{pm}f_m + \varepsilon_p \end{aligned}\right\} \tag{13.1-1}$$

其中，$f_1,f_2,\cdots,f_m$ 为 m 个**公共因子**；ε_i 是变量 $x_i(i=1,2,\cdots,p)$所独有的**特殊因子**，它们都是不可观测的隐变量。称 $a_{ij}(i=1,2,\cdots,p;j=1,2,\cdots,m)$为变量 x_i 在公共因子 f_j 上的**载荷**，它反映了公共因子对变量的重要程度，对解释公共因子具有重要的作用。可以看出模型(13.1-1)与多元线性回归模型有些相似，但它与多元线性回归模型有着本质的区别，因为公共因子和特殊因子都是不可观测的隐变量。

式(13.1-1)还可以写成矩阵形式

$$\boldsymbol{x}=\boldsymbol{\mu}+\boldsymbol{A}\boldsymbol{f}+\boldsymbol{\varepsilon} \tag{13.1-2}$$

其中，$\boldsymbol{A}=(a_{ij})_{p\times m}$称为**因子载荷矩阵**；$\boldsymbol{f}=(f_1,f_2,\cdots,f_m)'$为公共因子向量；$\boldsymbol{\varepsilon}=(\varepsilon_1,\varepsilon_2,\cdots,\varepsilon_p)'$为特殊因子向量。通常对模型(13.1-1)和(13.1-2)作如下假定：

- 公共因子彼此不相关，且具有单位方差，即 $E(\boldsymbol{f})=\boldsymbol{0}_{m\times 1}$，$\mathrm{var}(\boldsymbol{f})=\boldsymbol{I}_{m\times m}$；
- 特殊因子彼此不相关，即 $E(\boldsymbol{\varepsilon})=\boldsymbol{0}_{p\times 1}$，$\mathrm{var}(\boldsymbol{\varepsilon})=\boldsymbol{D}=\mathrm{diag}(\sigma_1^2,\sigma_2^2,\cdots,\sigma_p^2)$；

● 公共因子和特殊因子彼此不相关，即 $\mathrm{cov}(\boldsymbol{f},\boldsymbol{\varepsilon})=\boldsymbol{0}_{m\times p}$。

13.1.2 因子模型的基本性质

1. $\boldsymbol{\Sigma}$ 的分解

对式(13.1-2)两边求协方差矩阵，并注意到模型的假定，可得

$$\boldsymbol{\Sigma}=\mathrm{var}(\boldsymbol{x})=\mathrm{var}(\boldsymbol{Af})+\mathrm{var}(\boldsymbol{\varepsilon})=\boldsymbol{A}\mathrm{var}(\boldsymbol{f})\boldsymbol{A}'+\mathrm{var}(\boldsymbol{\varepsilon})=\boldsymbol{AA}'+\boldsymbol{D}$$

若 $\boldsymbol{x}$ 的各分量已经标准化，则

$$\boldsymbol{R}=\boldsymbol{AA}'+\boldsymbol{D}$$

2. 模型不受单位影响

对 $\boldsymbol{x}$ 作变换：$\boldsymbol{x}^*=\boldsymbol{Cx}$，其中 $\boldsymbol{C}=\mathrm{diag}(c_1,c_2,\cdots,c_p)(c_i>0,i=1,2,\cdots,p)$，则模型(13.1-2)变为

$$\boldsymbol{x}^*=\boldsymbol{\mu}^*+\boldsymbol{A}^*\boldsymbol{f}+\boldsymbol{\varepsilon}^*$$

这仍是一个因子模型，其中，$\boldsymbol{\mu}^*=\boldsymbol{C\mu}$；$\boldsymbol{A}^*=\boldsymbol{CA}$；$\boldsymbol{\varepsilon}^*=\boldsymbol{C\varepsilon}$。

3. 因子载荷阵不唯一

设 $\boldsymbol{T}$ 为一个正交矩阵，则有

$$\boldsymbol{x}=\boldsymbol{\mu}+(\boldsymbol{AT})(\boldsymbol{T}'\boldsymbol{f})+\boldsymbol{\varepsilon}$$

令 $\boldsymbol{A}^*=\boldsymbol{AT}$，$\boldsymbol{f}^*=\boldsymbol{T}'\boldsymbol{f}$，则 $\boldsymbol{f}^*$ 是由因子 $\boldsymbol{f}$ 经正交旋转后得到的新的因子，$\boldsymbol{A}^*$ 是相应的因子载荷阵。当公共因子不好解释时，就可以通过因子旋转得到新的因子和载荷阵，使得新因子具有更好的实际意义，便于解释。

4. 因子载荷阵是原始变量和公共因子的协方差矩阵

根据模型假设及协方差的性质可得

$$\mathrm{cov}(x_i,f_j)=a_{ij},\quad i=1,2,\cdots,p;j=1,2,\cdots,m$$

且有

$$\mathrm{cov}(\boldsymbol{x},\boldsymbol{f})=\mathrm{cov}(\boldsymbol{\mu}+\boldsymbol{Af}+\boldsymbol{\varepsilon},\boldsymbol{f})=\boldsymbol{A}$$

若 $\boldsymbol{x}$ 的各分量已经标准化，则

$$\rho(x_i,f_j)=a_{ij},\quad i=1,2,\cdots,p;j=1,2,\cdots,m$$

5. 共性方差和特殊方差

求式(13.1-1)中变量 $x_i(i=1,2,\cdots,p)$ 的方差，可得

$$\mathrm{var}(x_i)=\mathrm{var}(\mu_i+a_{i1}f_1+a_{i2}f_2+\cdots+a_{im}f_m+\varepsilon_i)=$$

$$\sum_{j=1}^{m}a_{ij}^2\mathrm{var}(f_j)+\mathrm{var}(\varepsilon_i)=\sum_{j=1}^{m}a_{ij}^2+\sigma_i^2,\quad i=1,2,\cdots,p \qquad (13.1-3)$$

令 $h_i^2=\sum\limits_{j=1}^{m}a_{ij}^2\ (i=1,2,\cdots,p)$，则 h_i^2 反映了公共因子对变量 x_i 的影响，可看成公共因子对变量 x_i 的方差的贡献，称为**共性方差**。特殊因子 ε_i 的方差 σ_i^2 则反映了特殊因子对变量 x_i 的方差的贡献，称为**特殊方差**。每个原始变量的方差都被分成了共性方差和特殊方差两部分。

若 $\boldsymbol{x}$ 的各分量已经标准化，则

$$h_i^2+\sigma_i^2=1,\quad i=1,2,\cdots,p \qquad (13.1-4)$$

6. 公共因子重要性的度量

将式(13.1-3)关于 i 求和可得

$$\sum_{i=1}^{p}\mathrm{var}(x_i)=\sum_{i=1}^{p}a_{i1}^2+\sum_{i=1}^{p}a_{i2}^2+\cdots+\sum_{i=1}^{p}a_{im}^2+\sum_{i=1}^{p}\sigma_i^2$$

令 $g_j^2=\sum_{i=1}^{p}a_{ij}^2(j=1,2,\cdots,m)$,则 g_j^2 反映了第 j 个公共因子对 p 个原始变量总方差的贡献,它是衡量公共因子重要性的一个度量,g_j^2 值越大,说明第 j 个公共因子 f_j 越重要。称 $g_j^2\Big/\sum_{i=1}^{p}\mathrm{var}(x_i)=g_j^2\Big/\sum_{i=1}^{p}\sigma_{ii}$ 为第 j 个公共因子的**贡献率**,若 $\boldsymbol{x}$ 的各分量已经标准化,则 f_j 的贡献率为 g_j^2/p。

13.1.3 因子载荷阵和特殊方差阵的估计

求解因子模型的关键是估计因子载荷阵 $\boldsymbol{A}$ 和特殊方差阵 $\boldsymbol{D}$,常用的估计方法有主成分法、主因子法和最大似然法。

1. 主成分法

设 $\boldsymbol{x}_1,\boldsymbol{x}_2,\cdots,\boldsymbol{x}_n$ 为取自总体 x 的样本,记样本协方差矩阵和样本相关系数矩阵分别为

$$\boldsymbol{S}=\frac{1}{n-1}\sum_{i=1}^{n}(\boldsymbol{x}_i-\bar{\boldsymbol{x}})(\boldsymbol{x}_i-\bar{\boldsymbol{x}})'=(s_{ij})_{p\times p}$$

$$\hat{\boldsymbol{R}}=(r_{ij})_{p\times p},\quad r_{ij}=\frac{s_{ij}}{\sqrt{s_{ii}}\ \sqrt{s_{jj}}}$$

其中,$\bar{\boldsymbol{x}}=\frac{1}{n}\sum_{i=1}^{n}\boldsymbol{x}_i$ 为样本均值。将 $\boldsymbol{S}$ 作为 Σ 的估计,$\hat{\boldsymbol{R}}$ 作为 $\boldsymbol{R}$ 的估计。

从 $\boldsymbol{S}$ 出发求解主成分,设 $\hat{\lambda}_1\geqslant\hat{\lambda}_2\geqslant\cdots\geqslant\hat{\lambda}_p\geqslant0$ 为 $\boldsymbol{S}$ 的 p 个特征值,$\hat{\boldsymbol{t}}_1,\hat{\boldsymbol{t}}_2,\cdots,\hat{\boldsymbol{t}}_p$ 为相应的正交单位特征向量。根据矩阵的谱分解,$\boldsymbol{S}$ 可作如下分解:

$$\boldsymbol{S}=\hat{\lambda}_1\hat{\boldsymbol{t}}_1\hat{\boldsymbol{t}}'_1+\hat{\lambda}_2\hat{\boldsymbol{t}}_2\hat{\boldsymbol{t}}'_2+\cdots+\hat{\lambda}_m\hat{\boldsymbol{t}}_m\hat{\boldsymbol{t}}'_m+\cdots+\hat{\lambda}_p\hat{\boldsymbol{t}}_p\hat{\boldsymbol{t}}'_p \tag{13.1-5}$$

当前 m 个主成分的累积贡献率 $\sum_{i=1}^{m}\hat{\lambda}_i\Big/\sum_{j=1}^{p}\hat{\lambda}_j$ 达到一个比较高的水平(例如 85%以上)时,可由式(13.1-5)的前 m 项给出载荷阵 $\boldsymbol{A}$ 的估计,由后 $p-m$ 项给出特殊方差矩阵 $\boldsymbol{D}$ 的估计,即

$$\begin{aligned}\boldsymbol{S}&\approx\hat{\lambda}_1\hat{\boldsymbol{t}}_1\hat{\boldsymbol{t}}'_1+\hat{\lambda}_2\hat{\boldsymbol{t}}_2\hat{\boldsymbol{t}}'_2+\cdots+\hat{\lambda}_m\hat{\boldsymbol{t}}_m\hat{\boldsymbol{t}}'_m+\hat{\boldsymbol{D}}\\&=\left(\sqrt{\hat{\lambda}_1}\hat{\boldsymbol{t}}_1,\sqrt{\hat{\lambda}_2}\hat{\boldsymbol{t}}_2,\cdots,\sqrt{\hat{\lambda}_m}\hat{\boldsymbol{t}}_m\right)\left(\sqrt{\hat{\lambda}_1}\hat{\boldsymbol{t}}_1,\sqrt{\hat{\lambda}_2}\hat{\boldsymbol{t}}_2,\cdots,\sqrt{\hat{\lambda}_m}\hat{\boldsymbol{t}}_m\right)'+\hat{\boldsymbol{D}}\\&=\hat{\boldsymbol{A}}\hat{\boldsymbol{A}}'+\hat{\boldsymbol{D}}\end{aligned} \tag{13.1-6}$$

其中,$\hat{\boldsymbol{A}}=\sqrt{\hat{\lambda}_1}\hat{\boldsymbol{t}}_1,\cdots,\sqrt{\hat{\lambda}_m}\hat{\boldsymbol{t}}_m)=(\hat{a}_{ij})_{p\times m}$;$\hat{\boldsymbol{D}}=\mathrm{diag}(\hat{\sigma}_1^2,\hat{\sigma}_2^2,\cdots,\hat{\sigma}_p^2)$。由于 $\hat{\boldsymbol{D}}$ 是对角阵,所以式(13.1-6)的第 1 行只能是约等式,为了保证 $\boldsymbol{S}$ 和 $\hat{\boldsymbol{A}}\hat{\boldsymbol{A}}'+\hat{\boldsymbol{D}}$ 的对角线元素相等,可得 $\hat{\sigma}_i^2=s_{ii}-\sum_{j=1}^{m}\hat{a}_{ij}^2\ (i=1,2,\cdots,p)$。

上面基于主成分分析求出的 $\hat{\boldsymbol{A}}$ 和 $\hat{\boldsymbol{D}}$ 是因子模型的一个解,称为**主成分解**。$\hat{\boldsymbol{A}}$ 的第 j 列元素平方和等于 $\hat{\boldsymbol{\lambda}}_j$,它反映了第 j 个公共因子对 p 个原始变量总方差的贡献。若需考虑更多(多于 m 个)公共因子,则只需考虑新的公共因子的载荷的估计,前面 m 个公共因子的载荷阵不变。若原始变量的单位和数量级差距很大时,可以从样本相关系数矩阵 $\hat{\boldsymbol{R}}$ 出发进行求解,此

时 $\hat{\sigma}_i^2 = 1 - \sum_{j=1}^{m} \hat{a}_{ij}^2 (i = 1,2,\cdots,p)$。

记 $\boldsymbol{E}=\boldsymbol{S}-(\hat{\boldsymbol{A}}\hat{\boldsymbol{A}}'+\hat{\boldsymbol{D}})=(e_{ij})_{p\times p}$，称 $\boldsymbol{E}$ 为**残差矩阵**，$\boldsymbol{E}$ 的对角线元素全为 0，其余元素满足

$$\sum_{i=1}^{p}\sum_{j=1}^{p} e_{ij}^2 \leqslant \hat{\lambda}_{m+1}^2 + \hat{\lambda}_{m+2}^2 + \cdots + \hat{\lambda}_p^2$$

上式的证明略。它说明了当后 $p-m$ 个特征值平方和较小，即前 m 个公共因子对 p 个原始变量总方差的贡献比较大时，因子模型的拟合效果是比较好的。

2. 主因子法

为方便起见，假定原始变量均已作标准化变换，则 $\boldsymbol{x}$ 的相关系数矩阵满足

$$\boldsymbol{R} = \boldsymbol{A}\boldsymbol{A}' + \boldsymbol{D}$$

令

$$\boldsymbol{R}^* = \boldsymbol{R} - \boldsymbol{D} = \boldsymbol{A}\boldsymbol{A}'$$

称 $\boldsymbol{R}^*$ 为**约相关系数矩阵**(reduced correlation matrix)。$\boldsymbol{R}^*$ 的对角线元素为 $h_i^2=1-\sigma_i^2(i=1,2,\cdots,p)$，并且 $\boldsymbol{R}^*$ 也是一个非负定矩阵。若先给出特殊方差矩阵 $\boldsymbol{D}$ 的一个初始估计 $\hat{\boldsymbol{D}}=\mathrm{diag}(\hat{\sigma}_1^2,\hat{\sigma}_2^2,\cdots,\hat{\sigma}_p^2)$，则可得到约相关矩阵的一个估计

$$\hat{\boldsymbol{R}}^* = \begin{pmatrix} \hat{h}_1^2 & r_{12} & \cdots & r_{1p} \\ r_{21} & \hat{h}_2^2 & \cdots & r_{2p} \\ \vdots & \vdots & & \vdots \\ r_{p1} & r_{p2} & \cdots & \hat{h}_p^2 \end{pmatrix}$$

下面利用主成分法，设 $\hat{\boldsymbol{R}}^*$ 的前 $m(m<p)$ 个特征值为 $\lambda_1^* \geqslant \lambda_2^* \geqslant \cdots \geqslant \lambda_m^* > 0$，相应的正交单位特征向量为 $\boldsymbol{t}_1^*,\boldsymbol{t}_2^*,\cdots,\boldsymbol{t}_m^*$。令

$$\hat{\boldsymbol{A}}^* = (\sqrt{\hat{\lambda}_1^*}\hat{t}_1^*, \sqrt{\hat{\lambda}_2^*}\hat{t}_2^*, \cdots, \sqrt{\hat{\lambda}_m^*}\hat{t}_m^*) = (\hat{a}_{ij}^*)_{p\times m}$$

$$\hat{\boldsymbol{D}}^* = \mathrm{diag}(\hat{\sigma}_1^*, \hat{\sigma}_2^*, \cdots, \hat{\sigma}_p^*), \qquad \hat{\sigma}_i^* = 1-(\hat{h}_i^*)^2 = 1-\sum_{j=1}^{m}(\hat{a}_{ij}^*)^2, \quad i=1,2,\cdots,p$$

称 $\hat{\boldsymbol{A}}^*$ 和 $\hat{\boldsymbol{D}}^*$ 为因子模型的**主因子解**。可以采用迭代算法，把此时的 $\hat{\boldsymbol{D}}^*$ 再作为特殊方差矩阵 $\boldsymbol{D}$ 的初始估计，重复上述步骤，直到解稳定为止。

这种解法的关键在于特殊方差矩阵 $\boldsymbol{D}$ 的初始估计，常用的估计方法有如下 3 种：

① 取 $\hat{\sigma}_i=1/r^{ii}$，其中 r^{ii} 为样本相关系数矩阵的逆矩阵 $\hat{\boldsymbol{R}}^{-1}$ 的对角线上的第 i 个元素。

② 取 $\hat{h}_i^2=\max\limits_{i\neq j}|r_{ij}|$，此时 $\hat{\sigma}_i^2=1-\hat{h}_i^2$。

③ 取 $\hat{h}_i^2=1$，此时 $\hat{\sigma}_i^2=0$，得到的 $\hat{\boldsymbol{A}}$ 是一个主成分解。

3. 最大似然法

设总体 $\boldsymbol{x}$ 是一个 p 维正态总体 $N_p(\boldsymbol{\mu},\boldsymbol{\Sigma})$，$\boldsymbol{x}_1,\boldsymbol{x}_2,\cdots,\boldsymbol{x}_n$ 为取自总体 $\boldsymbol{x}$ 的样本，由样本得到似然函数是 $\boldsymbol{\mu}$ 和 $\boldsymbol{\Sigma}$ 的函数，又在因子模型下有 $\boldsymbol{\Sigma}=\boldsymbol{A}\boldsymbol{A}'+\boldsymbol{D}$，从而似然函数是 $\boldsymbol{\mu}$、$\boldsymbol{A}$ 和 $\boldsymbol{D}$ 的函数，可求得 $\boldsymbol{\mu}$、$\boldsymbol{A}$ 和 $\boldsymbol{D}$ 的最大似然估计。设求得的最大似然估计分别为 $\hat{\boldsymbol{\mu}}$、$\hat{\boldsymbol{A}}$ 和 $\hat{\boldsymbol{D}}$，可以证明，$\hat{\boldsymbol{\mu}}=\bar{\boldsymbol{x}}$，$\hat{\boldsymbol{A}}$ 和 $\hat{\boldsymbol{D}}$ 满足以下方程组

$$\left.\begin{aligned}\hat{\boldsymbol{\Sigma}}\hat{\boldsymbol{D}}^{-1}\hat{\boldsymbol{A}} &= \hat{\boldsymbol{A}}(\boldsymbol{I}_{m\times m}+\hat{\boldsymbol{A}}'\hat{\boldsymbol{D}}^{-1}\hat{\boldsymbol{A}})\\ \hat{\boldsymbol{D}} &= \mathrm{diag}(\hat{\boldsymbol{\Sigma}}-\hat{\boldsymbol{A}}\hat{\boldsymbol{A}}')\end{aligned}\right\} \tag{13.1-7}$$

其中

$$\hat{\boldsymbol{\Sigma}} = \frac{1}{n}\sum_{i=1}^{n}(\boldsymbol{x}_i-\overline{\boldsymbol{x}})(\boldsymbol{x}_i-\overline{\boldsymbol{x}})'$$

为了保证方程组(13.1-7)解的唯一性,附加约束:$\boldsymbol{A}'\boldsymbol{D}^{-1}\boldsymbol{A}$ 为对角阵。

Jöreskog 和 Lawley 等人(1967)提出了一种较为实用的迭代法,使最大似然估计逐步被人们所接受。其基本思想是,先取一个初始矩阵

$$\boldsymbol{D}_0 = \mathrm{diag}(\hat{\sigma}_1^2,\hat{\sigma}_2^2,\cdots,\hat{\sigma}_p^2)$$

求 $\boldsymbol{D}_0^{-1/2}\hat{\boldsymbol{\Sigma}}\boldsymbol{D}_0^{-1/2}$ 的特征值 $\theta_1\geqslant\theta_2\geqslant\cdots\geqslant\theta_p$,及相应的特征向量 $\boldsymbol{l}_1,\boldsymbol{l}_2,\cdots,\boldsymbol{l}_p$,然后计算 $\boldsymbol{A}_0$

$$\boldsymbol{A}_0 = \boldsymbol{D}_0^{1/2}(\boldsymbol{l}_1,\boldsymbol{l}_2,\cdots,\boldsymbol{l}_p)[\mathrm{diag}(\theta_1,\theta_2,\cdots,\theta_p)-\boldsymbol{I}_{m\times m}]^{1/2}$$

再由方程组(13.1-7)的第2式计算 $\boldsymbol{D}_1$。重复上述步骤得到 $\boldsymbol{A}_1$,如此重复下去,直到满足方程组(13.1-7)的第1式为止。

13.1.4 因子旋转

因子分析的主要目的是对公共因子给出符合实际意义的合理解释,解释的主要依据就是因子载荷阵的各列元素的取值。当因子载荷阵某一列上各元素的绝对值差距比较大,并且绝对值大的元素较少时,则该公共因子就易于解释,反之,公共因子的解释就变得比较困难。此时可以考虑对因子和因子载荷阵进行旋转(例如正交旋转),使得旋转后的因子载荷阵的各列元素的绝对值尽可能两极分化,这样就使得因子的解释变得容易。这就好比一个女孩,正面看上去可能不觉得漂亮,可女孩不经意的一个转身,或许让我们看到她楚楚动人的某个侧面。

因子旋转方法有正交旋转和斜交旋转两种,这里只介绍一种普遍使用的正交旋转法:**最大方差旋转法**(Varimax)。它是由 Kaiser 于1958年提出的,这种旋转方法的目的是使因子载荷阵每列上的各元素的绝对值(或平方值)尽可能地向两极分化,即少数元素的绝对值(或平方值)取尽可能大的值,而其他元素尽量接近于0。

设 $\boldsymbol{T}_{m\times m}$ 为一正交矩阵,令

$$\boldsymbol{B} = \boldsymbol{AT} = (b_{ij})_{p\times m} \tag{13.1-8}$$

$$d_{ij}^2 = \frac{b_{ij}^2}{h_i^2},\quad \overline{d}_j = \frac{1}{p}\sum_{i=1}^{p}d_{ij}^2,\quad V_j = \frac{1}{p}\sum_{i=1}^{p}(d_{ij}^2-\overline{d}_j)^2,\quad j=1,2,\cdots,m \tag{13.1-9}$$

则称 V_j 为旋转后因子载荷阵 $\boldsymbol{B}$ 的第 j 列元素的平方的**相对方差**,它度量了 $\boldsymbol{B}$ 的第 j 列各元素的平方值之间的差异程度。所谓的最大方差旋转法就是选择正交矩阵 $\boldsymbol{T}$,使得

$$V = V_1+V_2+\cdots+V_m$$

达到最大。

式(13.1-9)中之所以除以共性方差 h_i^2,是为了消除公共因子对各原始变量的方差贡献不同的影响。并且由 $\boldsymbol{T}$ 的正交性可知

$$\boldsymbol{BB}' = \boldsymbol{ATT}'\boldsymbol{A}' = \boldsymbol{AA}',\quad h_i^2 = \sum_{j=1}^{m}a_{ij}^2 = \sum_{j=1}^{m}b_{ij}^2,\ i=1,2,\cdots,p$$

也就是说正交变换不改变共性方差。

13.1.5　因子得分

在对公共因子做出合理的解释之后，有时还需要求出各观测所对应的各个公共因子的得分，就比如我们知道某个女孩是一美女，可能很多人更关心该给她的脸蛋、身材等各打多少分。常用的求因子得分的方法有加权最小二乘法和回归法，下面分别介绍。

1. 加权最小二乘法

将因子模型(13.1-1)改写为

$$\left.\begin{aligned} x_1-\mu_1 &= a_{11}f_1+a_{12}f_2+\cdots+a_{1m}f_m+\varepsilon_1 \\ x_2-\mu_2 &= a_{21}f_1+a_{22}f_2+\cdots+a_{2m}f_m+\varepsilon_2 \\ &\vdots \\ x_p-\mu_p &= a_{p1}f_1+a_{p2}f_2+\cdots+a_{pm}f_m+\varepsilon_p \end{aligned}\right\} \tag{13.1-10}$$

把式(13.1-10)看成一个回归模型，其中 $f_1,f_2,\cdots,f_m$ 是待估参数；$\varepsilon_1,\varepsilon_2,\cdots,\varepsilon_p$ 为随机误差。注意到 $\varepsilon_1,\varepsilon_2,\cdots,\varepsilon_p$ 异方差，故采用加权最小二乘估计法，构造目标函数

$$Q(\hat{f}_1,\hat{f}_2,\cdots,\hat{f}_m)=\sum_{i=1}^{p}\frac{1}{\sigma_i^2}\left[(x_i-\mu_i)-(a_{i1}\hat{f}_1+a_{i2}\hat{f}_2+\cdots+a_{im}\hat{f}_m)\right]^2$$

写成矩阵形式

$$Q(\hat{\boldsymbol{f}})=(\boldsymbol{x}-\boldsymbol{\mu}-\boldsymbol{A}\hat{\boldsymbol{f}})'\boldsymbol{D}^{-1}(\boldsymbol{x}-\boldsymbol{\mu}-\boldsymbol{A}\hat{\boldsymbol{f}}) \tag{13.1-11}$$

其中，$\hat{\boldsymbol{f}}=(\hat{f}_1,\hat{f}_2,\cdots,\hat{f}_m)'$。由 $Q(\hat{\boldsymbol{f}})$ 达到最小，求得因子得分的估计为

$$\hat{\boldsymbol{f}}=(\boldsymbol{A}'\boldsymbol{D}^{-1}\boldsymbol{A})^{-1}\boldsymbol{A}'\boldsymbol{D}^{-1}(\boldsymbol{x}-\boldsymbol{\mu}) \tag{13.1-12}$$

称 $\hat{\boldsymbol{f}}$ 为**巴特莱特**(Bartlett，1937)**因子得分**。在实际应用中，用 $\bar{\boldsymbol{x}}$、$\hat{\boldsymbol{A}}$ 和 $\hat{\boldsymbol{D}}$ 分别作为 $\boldsymbol{\mu}$、$\boldsymbol{A}$ 和 $\boldsymbol{D}$ 的估计，将每个样品的观测数据 $\boldsymbol{x}_i$ 代入式(13.1-12)可得相应的因子得分为

$$\hat{\boldsymbol{f}}_i=(\hat{\boldsymbol{A}}'\hat{\boldsymbol{D}}^{-1}\hat{\boldsymbol{A}})^{-1}\hat{\boldsymbol{A}}'\hat{\boldsymbol{D}}^{-1}(\boldsymbol{x}_i-\bar{\boldsymbol{x}})$$

2. 回归法

令

$$\boldsymbol{y}=\boldsymbol{x}-\boldsymbol{\mu}=(x_1-\mu_1,x_2-\mu_2,\cdots,x_p-\mu_p)'=(y_1,y_2,\cdots,y_p)'$$

假设 $\boldsymbol{f}=(f_1,f_2,\cdots,f_m)'$ 关于 $\boldsymbol{y}$ 的回归方程为

$$\begin{cases} f_1=\beta_{11}y_1+\beta_{12}y_2+\cdots+\beta_{1p}y_p \\ f_2=\beta_{21}y_1+\beta_{21}y_2+\cdots+\beta_{2p}y_p \\ \quad\vdots \\ f_m=\beta_{m1}y_1+\beta_{m2}y_2+\cdots+\beta_{mp}y_p \end{cases}$$

可写成矩阵形式

$$\boldsymbol{f}=\boldsymbol{\beta}\boldsymbol{y} \tag{13.1-13}$$

其中，$\boldsymbol{\beta}=(\beta_{ij})_{m\times p}$。由于

$$\begin{aligned} a_{ij}=\mathrm{cov}(x_i,f_j)&=\mathrm{cov}(x_i,\beta_{j1}y_1+\beta_{j2}y_2+\cdots+\beta_{jp}y_p)= \\ &\beta_{j1}\mathrm{cov}(x_i,x_1)+\beta_{j2}\mathrm{cov}(x_i,x_2)+\cdots+\beta_{jp}\mathrm{cov}(x_i,x_p) \\ &=\beta_{j1}\sigma_{i1}+\beta_{j2}\sigma_{i2}+\cdots+\beta_{jp}\sigma_{ip} \end{aligned}$$

所以

$$\boldsymbol{A} = \boldsymbol{\Sigma\beta}'$$

解得 $\boldsymbol{\beta}$ 的估计为 $\hat{\boldsymbol{\beta}}=\boldsymbol{A}'\boldsymbol{\Sigma}^{-1}$,将其带入式(13.1-13)可得因子得分的估计为

$$\hat{f} = \hat{\boldsymbol{\beta}}\boldsymbol{y} = \boldsymbol{A}'\boldsymbol{\Sigma}^{-1}(\boldsymbol{x}-\boldsymbol{\mu}) \qquad (13.1-14)$$

这里的因子得分又称为**汤姆森**(Thompson,1951)**因子得分**。在实际应用中,用 $\bar{\boldsymbol{x}}$、$\hat{\boldsymbol{A}}$ 和 $\boldsymbol{S}$ 分别作为 $\boldsymbol{\mu}$、$\boldsymbol{A}$ 和 $\boldsymbol{\Sigma}$ 的估计,将每个样品的观测数据 $\boldsymbol{x}_i$ 代入式(13.1-14)可得相应的因子得分为

$$\hat{f}_i = \hat{\boldsymbol{A}}'\boldsymbol{S}^{-1}(\boldsymbol{x}_i-\bar{\boldsymbol{x}})$$

13.1.6 因子分析中的 Heywood 现象

前面曾提到,若 $\boldsymbol{x}$ 的各分量已经标准化,则

$$h_i^2+\sigma_i^2 = 1, \quad i=1,2,\cdots,p$$

即共性方差与特殊方差的和为1,也就是说共性方差与特殊方差均大于0,并且小于1。但在实际进行参数估计的时候,共性方差的估计可能会等于或超过1,如果等于1,就称之为**海伍德现象**(Heywood case),如果超过了1,称之为**超海伍德现象**(ultra-Heywood case)。超海伍德现象意味着某些特殊因子的方差为负(negative variance),表明肯定是存在着问题。造成这种现象的可能原因包括:

- 共性方差本身估计的问题;
- 太多的公共因子,出现了过拟合;
- 太少的公共因子,造成拟合不足;
- 数据太少,不能提供稳定的估计;
- 因子模型不适合这些数据。

当出现海伍德现象或超海伍德现象时,应对估计结果持谨慎态度。可以尝试增加数据量,或改变公共因子的数目,让公共因子数目在一个允许的范围内变动,观察估计的结果是否有改观;还可以尝试用其他多元统计方法进行分析,比如主成分分析。

13.2 因子分析的 MATLAB 函数

与因子分析相关的 MATLAB 函数主要有 rotatefactors 和 factoran,其中 factoran 调用了 rotatefactors 函数,下面主要介绍 factoran 函数。

factoran 函数用来根据原始样本观测数据、样本协方差矩阵或样本相关系数矩阵,计算因子模型(13.1-2)中因子载荷阵 $\boldsymbol{A}$ 的最大似然估计,求特殊方差的估计、因子旋转矩阵和因子得分,还能对因子模型进行检验。factoran 函数的调用格式如下:

1) **lambda = factoran(X,m)**

返回包含 m 个公共因子的因子模型的载荷阵 lambda。输入参数 X 是 n 行 d 列的矩阵,每行对应一个观测,每列对应一个变量。m 是一个正整数,表示模型中公共因子的个数。输出参数 lambda 是一个 d 行 m 列的矩阵,第 i 行第 j 列元素表示第 i 个变量在第 j 个公共因子上的载荷。默认情况下,factoran 函数调用 rotatefactors 函数,并用 'varimax' 选项(rotatefactors 函数的一个可用选项)来计算旋转后因子载荷阵的估计。

2) **[lambda,psi] = factoran(X,m)**

返回特殊方差的最大似然估计 psi,psi 是包含 d 个元素的列向量,分别对应 d 个特殊方差的最大似然估计。

3) **[lambda,psi,T] = factoran(X,m)**

返回 m 行 m 列的旋转矩阵 T。

4) **[lambda,psi,T,stats] = factoran(X,m)**

返回一个包含模型检验信息的结构体变量 stats,模型检验的原假设是 H0:因子数＝m。输出参数 stats 包括 4 个字段,其中 stats. loglike 表示对数似然函数的最大值,stats. def 表示误差自由度,误差自由度的取值为$[(d-m)^2-(d+m)]/2$,stats. chisq 表示近似卡方检验统计量,stats. p 表示检验的 p 值。对于给定的显著性水平 α,若检验的 p 值大于显著性水平 α,则接受原假设 H0,说明用含有 m 个公共因子的模型拟合原始数据是合适的;否则,拒绝原假设,说明拟合是不合适的。

注意: 只有当 stats. def 是正的,并且 psi 中特殊方差的估计都是正数时,factoran 函数才计算 stats. chisq 和 stats. p。当输入参数 X 是协方差矩阵或相关系数矩阵时,若要计算 stats. chisq 和 stats. p,必须指定 'nobs' 参数。

5) **[lambda,psi,T,stats,F] = factoran(X,m)**

返回因子得分矩阵 F。F 是一个 n 行 m 列的矩阵,每一行对应一个观测的 m 个公共因子的得分。如果 X 是一个协方差矩阵或相关系数矩阵,则 factoran 函数不能计算因子得分。factoran 函数用相同的旋转矩阵计算因子载荷阵 lambda 和因子得分 F。

6) **[…] = factoran(…,param1,val1,param2,val2,…)**

允许用户指定可选的成对出现的参数名与参数值,用来控制模型的拟合和输出,可用的参数名与参数值如表 13.2－1 所列。

表 13.2－1　factoran 函数支持的参数与参数值列表

参数名	参数值	说　明
'xtype'	指定输入参数 X 的类型,可以是下列 2 者之一	
	'data'	原始数据(默认情况)
	'covariance'	正定的协方差矩阵或相关系数矩阵
'scores'	预测因子得分的方法。若 X 不是原始数据,'scores' 将被忽略	
	'wls'　'Bartlett'	加权最小二乘估计(默认情况)
	'regression'　'Thomson'	最小均方误差法,相当于岭回归法
'start'	最大似然估计中特殊方差 psi 的初始值,可如下设置	
	'random'	选取 d 个在[0,1]区间上服从均匀分布的随机数
	'Rsquared'	用一个尺度因子乘以 diag(inv(corrcoef(X)))作为初始点(默认情况)
	正整数	指定最大似然法拟合的次数,每次拟合随机选择初始点,返回对数似然函数取最大值时的拟合结果
	矩阵	用一个 d 行多列的矩阵指定最大似然法的初始点,矩阵的每一列对应一个初始点,也对应一次拟合,返回对数似然函数取最大值时的拟合结果

续表 13.2-1

参数名	参数值	说 明
'rotate'	指定因子载荷阵和因子得分的旋转方法。'rotate' 与 rotatefactors 函数的 'Method' 参数有相同的取值	
	'none'	不进行旋转
	'equamax'	orthomax 旋转的特殊情况。用 'normalize'、'reltol' 和 'maxit' 参数来控制旋转
	'orthomax'	最大方差旋转法(一种正交旋转方法)。用 'coeff'、'normalize'、'reltol' 和 'maxit' 参数来控制旋转
	'parsimax'	orthomax 旋转的一个特殊情况(默认情况)。用 'normalize'、'reltol'、和 'maxit' 参数来控制旋转
	'pattern'	执行斜交旋转(默认)或正交旋转,以便和一个指定的模式矩阵(即目标矩阵)达到最佳匹配。用 'type' 参数选择旋转类型,用 'target' 参数指定模式矩阵
	'procrustes'	执行斜交旋转(默认)或正交旋转,以便和一个指定的模式矩阵(即目标矩阵)在最小二乘意义上达到最佳匹配。用 'type' 参数选择旋转类型,用 'target' 参数指定模式矩阵
	'promax'	执行一次斜交 procrustes 旋转,与一个目标矩阵相匹配,这个目标矩阵是 orthomax 解经过一定运算后得到的。用 'power' 参数指定生成目标矩阵的幂指数。由于 promax 旋转的内部用到了 orthomax 旋转,此时也可以指定 orthomax 旋转的参数
	'quartimax'	orthomax 旋转的一个特殊情况(默认情况)。用 'normalize'、'reltol'、和 'maxit' 参数来控制旋转
	'varimax'	orthomax 旋转的一个特殊情况(默认情况)。用 'normalize'、'reltol'、和 'maxit' 参数来控制旋转
	函数句柄	用户自定义的旋转函数的句柄。旋转函数形如 [B,T]=myrotation(A,…) 这里的 A 是一个 d 行 m 列的未经旋转的因子载荷阵,B 是经过旋转的 d 行 m 列的因子载荷阵,T 是相应的 m 行 m 列的旋转矩阵。此时可用 factoran 函数的 'userargs' 参数传递额外的输入参数给自定义旋转函数
'coeff'	一个介于 0～1 之间的数	经常记为 γ,不同的值对应不同的 orthomax 旋转。若取值为 0,对应 quartimax 旋转;若取值为 1(默认情况),对应 varimax 旋转(最大方差旋转)
'normalize'	'on' 或 1 'off' 或 0	对于 'orthomax' 或 'varimax' 旋转,用来指示是否对因子载荷阵按行单位化的标识;若为 'on' 或 1(默认情况),则单位化;若为 'off' 或 0,不进行单位化
'reltol'	正标量	指定 'orthomax' 或 'varimax' 旋转的收敛容限,默认值为 sqrt(eps)
'maxit'	正整数	指定 'orthomax' 或 'varimax' 旋转的最大迭代次数,默认值为 250
'target'	矩阵	指定 'procrustes' 旋转所必需的目标因子载荷阵,没有默认值
'type'	'oblique' 或 'orthogonal'	指定 'procrustes' 旋转的类型,默认值为 'oblique'
'power'	大于或等于 1 的标量	指定 'promax' 旋转中生成目标矩阵的幂指数,默认值是 4

续表 13.2-1

参数名	参数值	说　明
'userargs'	自定义旋转函数的额外参数	一个标记开始位置的参数，在 'userargs' 参数的后面开始给自定义旋转函数传递额外的输入参数
'nobs'	正整数	如果输入参数 X 是协方差矩阵或相关系数矩阵，该参数用来指定实际观测的个数，它被用来进行模型检验。也就是说即使没有原始观测数据，指定了该参数的取值，同样可以进行模型检验。若 X 为原始观测数据，则 'nobs' 参数将被忽略。'nobs' 参数没有默认值
'delta'	[0, 1)内取值的标量	设定最大似然估计中特殊方差 psi 的下界，默认值为 0.005
'optimopts'	由命令 statset('factoran')生成的结构体变量	指定用来计算最大似然估计的迭代算法的控制参数。由 statset('factoran')命令可以查看默认值

注意： factoran 函数会首先根据原始样本观测数据或样本协方差矩阵计算样本相关系数矩阵，模型的拟合是在相关系数矩阵的基础之上进行的。当特殊方差向量 psi 中的某些元素等于参数 'delta' 的取值时，就出现了所谓的海伍德现象(Heywood case)，这说明估计结果出了问题。特别地，似然函数可能有多个局部极大值，每一个局部极大值都对应因子载荷阵和特殊方差的一个不同的估计。海伍德现象表明可能出现了过拟合(公共因子数 m 过大)，也可能是拟合不足。

为了对模型进行检验，公共因子的数目 m 应满足

$$(d-m)^2 \geqslant d+m$$

其中，d 为样本的维数。

13.3　案例 37：基于协方差矩阵或相关系数矩阵的因子分析

【例 13.3-1】 在制定服装标准的过程中，对 128 名成年男子的身材进行了测量，每人测了六项指标：身高(x_1)、坐高(x_2)、胸围(x_3)、手臂长(x_4)、肋围(x_5)和腰围(x_6)，样本相关系数矩阵如表 13.3-1 所列。

表 13.3-1　128 名成年男子身材的六项指标的样本相关系数矩阵

变　量	身高(x_1)	坐高(x_2)	胸围(x_3)	手臂长(x_4)	肋围(x_5)	腰围(x_6)
身高(x_1)	1	0.79	0.36	0.76	0.25	0.51
坐高(x_2)	0.79	1	0.31	0.55	0.17	0.35
胸围(x_3)	0.36	0.31	1	0.35	0.64	0.58
手臂长(x_4)	0.76	0.55	0.35	1	0.16	0.38
肋围(x_5)	0.25	0.17	0.64	0.16	1	0.63
腰围(x_6)	0.51	0.35	0.58	0.38	0.63	1

这也是第 12 章中作过主成分分析的一个例子，这里根据样本相关系数矩阵进行因子分析。

```
% 定义相关系数矩阵 PHO
>> PHO = [1      0.79     0.36     0.76     0.25     0.51
     0.79      1        0.31     0.55     0.17     0.35
     0.36      0.31     1        0.35     0.64     0.58
     0.76      0.55     0.35     1        0.16     0.38
     0.25      0.17     0.64     0.16     1        0.63
     0.51      0.35     0.58     0.38     0.63     1];

% 从相关系数矩阵出发,进行因子分析,公共因子数为2,设置特殊方差的下限为0,
% 不进行因子旋转
>> [lambda,psi,T] = factoran(PHO,2,'xtype','covariance','delta',0,'rotate','none')

lambda =

    1.0000   -0.0000
    0.7900   -0.0292
    0.3600    0.6573
    0.7600    0.0003
    0.2500    0.8355
    0.5100    0.6026

psi =

    0.0000
    0.3750
    0.4383
    0.4224
    0.2395
    0.3768

T =

     1     0
     0     1
```

上面命令得出了含有2个公共因子的因子模型的参数估计结果,lambda为估计的因子载荷阵,psi为特殊方差的估计值,T为最大方差旋转法对应的旋转矩阵,T是单位矩阵,表示没有旋转。在没有进行因子旋转的情况下,可以看到因子载荷阵lambda各列中元素的两极分化现象还是比较好的,这样易于对因子做出解释。为了使结果更直观,下面换一种方式显示。

```
% 定义元胞数组,以元胞数组形式显示结果
% 表头
>> head = {'变量', '因子f1', '因子f2'};
% 变量名
>> varname = {'身高','坐高','胸围','手臂长','肋围','腰围','<贡献率>','<累积贡献率>'}';
>> Contribut = 100 * sum(lambda.^2)/6;     % 计算贡献率,因子载荷阵的列元素之和除以维数
>> CumCont = cumsum(Contribut);             % 计算累积贡献率
% 将因子载荷阵,贡献率和累积贡献率放在一起,转为元胞数组
>> result1 = num2cell([lambda; Contribut; CumCont]);
% 加上表头和变量名,然后显示结果
>> result1 = [head; varname, result1]

result1 =
```

```
'变量'              '因子 f1'     '因子 f2'
'身高'              [ 1.0000]     [-2.4014e-06]
'坐高'              [ 0.7900]     [    -0.0292]
'胸围'              [ 0.3600]     [     0.6573]
'手臂长'            [ 0.7600]     [ 3.4738e-04]
'肋围'              [ 0.2500]     [     0.8355]
'腰围'              [ 0.5100]     [     0.6026]
'<贡献率>'          [44.2317]     [    24.9005]
'<累积贡献率>'      [44.2317]     [    69.1322]
```

这样显示结果看上去直观多了。由变量在因子上的载荷可以看出，身高、坐高和手臂长在因子 f1 上的载荷比较大，说明 f1 反映的是身高，解释为**身高因子**；胸围、肋围和腰围在因子 f2 上的载荷比较大，说明因子 f2 反映的是胖瘦，解释为**胖瘦因子**。

从特殊方差的估计值来看，第 1 个特殊方差达到了参数 'delta' 的取值 0，说明出现了海伍德现象。而 psi 中其他的特殊方差比较大，以胸围变量为例，它的特殊方差的估计值是 0.4383，说明公共因子对胸围变量的方差的贡献只有 0.5617，再考虑到前两个因子的累积贡献率只有 69.1322%，这应该是拟合不足，可以考虑增加因子数目。

下面首先利用最大方差旋转法对因子进行旋转，观察因子载荷阵的变化。

```
% 从相关系数矩阵出发，进行因子分析，公共因子数为 2，设置特殊方差的下限为 0，
% 进行因子旋转(最大方差旋转法)
>> [lambda,psi,T] = factoran(PHO,2,'xtype','covariance','delta',0)

lambda =

    0.9731    0.2304
    0.7755    0.1536
    0.1989    0.7226
    0.7395    0.1755
    0.0508    0.8706
    0.3574    0.7039

psi =

    0.0000
    0.3750
    0.4383
    0.4224
    0.2395
    0.3768

T =

    0.9731    0.2304
   -0.2304    0.9731

>> Contribut = 100 * sum(lambda.^2)/6      % 计算贡献率，因子载荷阵的列元素之和除以维数

Contribut =

   37.7497    31.3825
```

若您对此书内容有任何疑问，可以凭在线交流卡登录MATLAB中文论坛与作者交流。

```
>> CumCont = cumsum(Contribut)      % 计算累积贡献率

CumCont =

   37.7497    69.1322
```

可以看到因子旋转后,旋转矩阵 T 发生了变化,并且因子载荷阵每列上的各元素差异就更明显了,更容易对因子做出解释了,但是因子的累积贡献率没有变化。下面考虑 3 个公共因子的情形。

```
% 从相关系数矩阵出发,进行因子分析,公共因子数为 3,设置特殊方差的下限为 0,
% 进行因子旋转(最大方差旋转法)
>> [lambda,psi,T] = factoran(PHO,3,'xtype','covariance','delta',0)

lambda =

    0.2288    0.9151    0.3320
    0.1546    0.7554    0.1909
    0.7240    0.1432    0.1909
    0.1614    0.4767    0.8641
    0.8740    0.0584   -0.0103
    0.7010    0.3376    0.1226

psi =

    0.0000
    0.3690
    0.4188
    0.0001
    0.2326
    0.3796

T =

    0.2287    0.9140    0.3352
    0.9733   -0.2218   -0.0594
   -0.0200   -0.3398    0.9403

>> Contribut = 100 * sum(lambda.^2)/6      % 计算贡献率,因子载荷阵的列元素之和除以维数

Contribut =

   31.3624   29.5522   15.7479

>> CumCont = cumsum(Contribut)      % 计算累积贡献率

CumCont =

   31.3624   60.9146   76.6625
```

此时仍没有消除海伍德现象,从特殊方差 psi 来看,第 4 个变量(手臂长)的特殊方差为 0.0001,说明它也得到很好的拟合,但是其他变量的特殊方差还是过大,拟合仍不足。由于 $(d-m)^2 \geqslant d+m$(维数 $d=6$)的限制,因子数 m 不能继续增大,其实再增加因子数,虽然能消除海伍德现象,可是因子也失去了作为公共因子的意义,并且解释也可能会变得困难,这也是

毫无意义的。

笔者尝试修改了 factoran 函数,去掉了$(d-m)^2 \geqslant d+m$ 的限制,得到如下结果,供读者参考。

```
% 4个因子的情形
lambda =

    0.2725    0.7167    0.5568    0.0206
    0.1108    0.8681    0.2427    0.1194
    0.5536    0.1421    0.1663    0.7112
    0.1220    0.3694    0.8249    0.1304
    0.7234    0.0561    0.0107    0.3231
    0.8118    0.2245    0.2265    0.0858

psi =

    0.1016
    0.1610
    0.1399
    0.1511
    0.3690
    0.2320

T =

    0.4330     0.6603     0.5633     0.2433
    0.6675    -0.4074    -0.2768     0.5585
    0.1272     0.6116    -0.7757    -0.0904
    0.5923    -0.1550     0.0667    -0.7879

% 5个因子的情形
lambda =

    0.7133    0.1525    0.5499    0.0608    0.2336
    0.8725    0.0742    0.2408    0.1212    0.0709
    0.1529    0.4968    0.1727    0.7179    0.1565
    0.3685    0.0632    0.8262    0.1438    0.1048
    0.0651    0.8526    0.0360    0.2426    0.1668
    0.2193    0.5318    0.2058    0.2067    0.6282

psi =

    0.1074
    0.1555
    0.1601
    0.1459
    0.1809
    0.1894

T =

    0.6358    0.3792     0.5389     0.2817     0.2869
   -0.4247    0.7102    -0.3231     0.4100     0.2067
    0.6220    0.1272    -0.7483    -0.1875     0.0430
   -0.1666    0.2042     0.1167    -0.7405     0.6071
    0.0285    0.5422     0.1780    -0.4112    -0.7103
```

13.4 案例38:基于样本观测值矩阵的因子分析

【例13.4-1】 表13.4-1列出了1984年洛杉矶奥运会上55个国家和地区男子径赛的成绩数据。

表13.4-1 1984年洛杉矶奥运会55个国家和地区男子径赛成绩

s

序 号	国 家	100 m	200 m	400 m	800 m	1500 m	5000 m	10000 m	马拉松
1	阿根廷	10.39	20.81	46.84	1.81	3.7	14.04	29.36	137.72
2	澳大利亚	10.31	20.06	44.84	1.74	3.57	13.28	27.66	128.3
3	奥地利	10.44	20.81	46.82	1.79	3.6	13.26	27.72	135.9
4	比利时	10.34	20.68	45.04	1.73	3.6	13.22	27.45	129.95
5	百慕大	10.28	20.58	45.91	1.8	3.75	14.68	30.55	146.62
6	巴西	10.22	20.43	45.21	1.73	3.66	13.62	28.62	133.13
7	缅甸	10.64	21.52	48.3	1.8	3.85	14.45	30.28	139.95
8	加拿大	10.17	20.22	45.68	1.76	3.63	13.55	28.09	130.15
9	智利	10.34	20.8	46.2	1.79	3.71	13.61	29.3	134.03
10	中国	10.51	21.04	47.3	1.81	3.73	13.9	29.13	133.53
11	哥伦比亚	10.43	21.05	46.1	1.82	3.74	13.49	27.88	131.35
12	库克群岛	12.18	23.2	52.94	2.02	4.24	16.7	35.38	164.7
13	哥斯达黎加	10.94	21.9	48.66	1.87	3.84	14.03	28.81	136.58
14	捷克斯洛伐克	10.35	20.65	45.64	1.76	3.58	13.42	28.19	134.32
15	丹麦	10.56	20.52	45.89	1.78	3.61	13.5	28.11	130.78
16	多米尼加共和国	10.14	20.65	46.8	1.82	3.82	14.91	31.45	154.12
17	芬兰	10.43	20.69	45.49	1.74	3.61	13.27	27.52	130.87
18	法国	10.11	20.38	45.28	1.73	3.57	13.34	27.97	132.3
19	德意志民主共和国	10.12	20.33	44.87	1.73	3.56	13.17	27.42	129.92
20	德意志联邦共和国	10.16	20.37	44.5	1.73	3.53	13.21	27.61	132.23
21	大不列颠及北爱尔兰	10.11	20.21	44.93	1.7	3.51	13.01	27.51	129.13
22	希腊	10.22	20.71	46.56	1.78	3.64	14.59	28.45	134.6
23	危地马拉	10.98	21.82	48.4	1.89	3.8	14.16	30.11	139.33
24	匈牙利	10.26	20.62	46.02	1.77	3.62	13.49	28.44	132.58
25	印度	10.6	21.42	45.73	1.76	3.73	13.77	28.81	131.98
26	印度尼西亚	10.59	21.49	47.8	1.84	3.92	14.73	30.79	148.83
27	以色列	10.61	20.96	46.3	1.79	3.56	13.32	27.81	132.35
28	爱尔兰	10.71	21	47.8	1.77	3.72	13.66	28.93	137.55

续表 13.4-1

序　号	国　家	100 m	200 m	400 m	800 m	1500 m	5000 m	10000 m	马拉松
29	意大利	10.01	19.72	45.26	1.73	3.6	13.23	27.52	131.08
30	日本	10.34	20.81	45.86	1.79	3.64	13.41	27.72	128.63
31	肯尼亚	10.46	20.66	44.92	1.73	3.55	13.1	27.38	129.75
32	韩国	10.34	20.89	46.9	1.79	3.77	13.96	29.23	136.25
33	朝鲜人民民主共和国	10.91	21.94	47.3	1.85	3.77	14.13	29.67	130.87
34	卢森堡	10.35	20.77	47.4	1.82	3.67	13.64	29.08	141.27
35	马来西亚	10.4	20.92	46.3	1.82	3.8	14.64	31.01	154.1
36	毛里求斯	11.19	22.45	47.7	1.88	3.83	15.06	31.77	152.23
37	墨西哥	10.42	21.3	46.1	1.8	3.65	13.46	27.95	129.2
38	荷兰	10.52	20.95	45.1	1.74	3.62	13.36	27.61	129.02
39	新西兰	10.51	20.88	46.1	1.74	3.54	13.21	27.7	128.98
40	挪威	10.55	21.16	46.71	1.76	3.62	13.34	27.69	131.48
41	巴布亚新几内亚	10.96	21.78	47.9	1.9	4.01	14.72	31.36	148.22
42	菲律宾	10.78	21.64	46.24	1.81	3.83	14.74	30.64	145.27
43	波兰	10.16	20.24	45.36	1.76	3.6	13.29	27.89	131.58
44	葡萄牙	10.53	21.17	46.7	1.79	3.62	13.13	27.38	128.65
45	罗马尼亚	10.41	20.98	45.87	1.76	3.64	13.25	27.67	132.5
46	新加坡	10.38	21.28	47.4	1.88	3.89	15.11	31.32	157.77
47	西班牙	10.42	20.77	45.98	1.76	3.55	13.31	27.73	131.57
48	瑞士	10.25	20.61	45.63	1.77	3.61	13.29	27.94	130.63
49	瑞典	10.37	20.46	45.78	1.78	3.55	13.22	27.91	131.2
50	中国台北	10.59	21.29	46.8	1.79	3.77	14.07	30.07	139.27
51	泰国	10.39	21.09	47.91	1.83	3.84	15.23	32.56	149.9
52	土耳其	10.71	21.43	47.6	1.79	3.67	13.56	28.58	131.5
53	美国	9.93	19.75	43.86	1.73	3.53	13.2	27.43	128.22
54	苏联	10.07	20	44.6	1.75	3.59	13.2	27.53	130.55
55	西萨摩亚	10.82	21.86	49	2.02	4.24	16.28	34.71	161.83

数据来源:1984 年洛杉矶奥运会 IAAF/ATFS 田径统计手册。

以上数据保存在文件 examp13_4_1.xls 中,试根据这些数据进行因子分析。

13.4.1　读取数据

从文件 examp13_4_1.xls 中读取数据的命令如下:

```
>> [X,textdata] = xlsread('examp13_4_1.xls');      % 从 Excel 文件中读取数据
>> X = X(:,3:end);                        % 提取 X 的第 3 至最后一列,即要分析的数据
>> varname = textdata(4,3:end);    % 提取 textdata 的第 4 行,第 3 至最后一列,即变量名
>> obsname = textdata(5:end,2);    % 提取 textdata 的第 2 列,第 5 至最后一行,即国家或地区名
```

由于数据比较长,不再一一查看。

13.4.2 调用 factoran 函数作因子分析

1. 4个公共因子的情形

在不知道需要考虑几个公共因子的情况下,可以先考虑比较多的公共因子,然后根据结果再减少因子数。这里先尝试4个公共因子的情况。

```
% 从原始数据(实质还是相关系数矩阵)出发,进行因子分析,公共因子数为 4
% 进行因子旋转(最大方差旋转法)
>> [lambda,psi,T,stats] = factoran(X,4)

lambda =

    0.2786    0.9537    0.0229   -0.0115
    0.3857    0.8530    0.1155    0.0794
    0.5339    0.7211    0.2231    0.0133
    0.6679    0.5884    0.3984    0.0271
    0.7852    0.5020    0.2316    0.2177
    0.8963    0.3866    0.0919    0.0441
    0.9076    0.3966    0.0722    0.0276
    0.9132    0.2759    0.0889   -0.0473

psi =

    0.0122
    0.1040
    0.1449
    0.0484
    0.0305
    0.0368
    0.0130
    0.0797

T =

    0.7359    0.6640    0.1248    0.0450
    0.6576   -0.7471    0.0762    0.0600
   -0.1612   -0.0180    0.9055    0.3921
    0.0102   -0.0240    0.3984   -0.9169

stats =

    loglike: -0.0159
        dfe: 2
      chisq: 0.7600
          p: 0.6839
```

```
>> Contribut = 100 * sum(lambda.^2)/8       % 计算贡献率,因子载荷阵的列元素之和除以维数

Contribut =

   50.4392    39.2256     3.7195     0.7459

>> CumCont = cumsum(Contribut)      % 计算累积贡献率

CumCont =

   50.4392    89.6648    93.3843    94.1303
```

从因子载荷阵的估计 lambda 来看,前 2 列各元素取值差距较大,也就是说前 2 个因子易于解释,而后 2 列元素取值都比较小,后 2 个因子很难给出合理的解释。

从特殊方差的估计 psi 来看,各变量的特殊方差都比较小,并且没有出现海伍德现象,这说明 4 因子模型的拟合效果非常好。

从模型检验信息 stats 来看,对数似然函数的最大值为−0.0159,检验统计量的自由度为 2,近似卡方检验统计量的观测值为 0.7600,检验的 p 值为 0.6839>0.05,可知在显著性水平 0.05 下接受原假设,原假设是 $H_0:m=4$,也就是说用 4 个公共因子的因子模型拟合原始数据是比较合适的。

从贡献率 Contribut 和累积贡献率 CumCont 来看,前 2 个因子对原始数据总方差的贡献率分别为 50.4392%和 39.2256%,累积贡献率达到了 89.6648%,这说明因子模型中公共因子的数目还可以进一步减少,只考虑 2 个公共因子应该是比较合适的。

2. 2 个公共因子的情形

这里先不对公共因子做出解释,先考虑公共因子数为 2 时的结果是否合适。

```
% 从原始数据(实质还是相关系数矩阵)出发,进行因子分析,公共因子数为 2
% 进行因子旋转(最大方差旋转法)
>> [lambda,psi,T,stats,F] = factoran(X, 2)

lambda =

    0.2876    0.9145
    0.3790    0.8835
    0.5405    0.7460
    0.6891    0.6244
    0.7967    0.5324
    0.8993    0.3968
    0.9058    0.4019
    0.9138    0.2809

psi =

    0.0810
    0.0758
    0.1514
    0.1353
    0.0817
    0.0338
```

```
    0.0180
    0.0860

T =

    0.8460    0.5331
   -0.5331    0.8460

stats =

    loglike: -0.3327
        dfe: 13
      chisq: 16.3593
          p: 0.2303

F =

    0.3559   -0.2915
   -0.4780   -0.8471
   -0.7700    0.2096
   -0.8101   -0.2296
    1.5513   -1.2863
    0.1130   -0.9439
    0.4870    0.6517
   -0.1077   -0.9427
    0.1283   -0.3221
   -0.0807    0.3137
   -0.6971    0.4201
    2.1491    3.8666
   -0.7703    2.0418
   -0.3658   -0.3744
   -0.5524   -0.0057
    2.2451   -1.6206
   -0.8307   -0.0362
   -0.2249   -1.0027
   -0.5469   -0.9058
   -0.4472   -0.9495
   -0.5690   -1.0585
    0.3541   -0.6699
   -0.1484    1.7113
   -0.1908   -0.4946
   -0.4443    0.6125
    1.1054    0.2773
   -0.9685    0.5613
   -0.3487    0.6141
   -0.1339   -1.5855
   -0.7194    0.0366
   -1.0005   -0.0460
    0.2728   -0.2344
   -0.4679    1.7101
    0.1439   -0.2381
    1.6495   -0.9003
    0.8386    1.7727
   -0.8522    0.5704
```

```
   -0.9430    0.2815
   -1.0196    0.3119
   -1.0439    0.6911
    0.9329    1.1914
    0.8011    0.5121
   -0.2759   -0.9260
   -1.3163    0.8694
   -0.8484    0.2215
    1.9305   -0.5694
   -0.7851    0.0249
   -0.4985   -0.4038
   -0.6000   -0.3152
    0.3723    0.2694
    2.3334   -0.8775
   -0.8423    1.1545
   -0.1616   -1.8243
   -0.2886   -1.2890
    3.3842    0.2935

>> Contribut = 100 * sum(lambda.^2)/8       % 计算贡献率，因子载荷阵的列元素之和除以维数

Contribut =

   51.1556   40.5565

>> CumCont = cumsum(Contribut)      % 计算累积贡献率

CumCont =

   51.1556   91.7121

% 为了更为直观，定义元胞数组，以元胞数组形式显示因子载荷阵
>> [varname' num2cell(lambda)]

ans =

    '100 米'         [0.2876]    [0.9145]
    '200 米'         [0.3790]    [0.8835]
    '400 米'         [0.5405]    [0.7460]
    '800 米'         [0.6891]    [0.6244]
    '1500 米'        [0.7967]    [0.5324]
    '5000 米'        [0.8993]    [0.3968]
    '10000 米'       [0.9058]    [0.4019]
    '马拉松'         [0.9138]    [0.2809]
```

从此时的因子载荷阵的估计 lambda 来看，5000 m、10000 m 和马拉松的成绩在第 1 个公共因子上的载荷比较大，说明第 1 个公共因子反映的是人的耐力，可解释为**耐力因子**；100 m 和 200 m 的成绩在第 2 个公共因子上的载荷比较大，说明第 2 个公共因子反映的是人的速度，可解释为**速度因子**。两个因子对原始数据总方差的贡献率分别为 51.1556%和 40.5565%，累积贡献率达到了 91.7121%。

从特殊方差的估计 psi 来看，各变量的特殊方差也都比较小，只有 400 m 和 800 m 的成绩对应的特殊方差超过了 0.1，并且没有出现海伍德现象，这说明 2 因子模型的拟合效果也是非常好的。

从模型检验信息 stats 来看,检验的 p 值为 0.2303>0.05,可知在显著性水平 0.05 下接受原假设,原假设是 $H_0:m=2$,也就是说用 2 个公共因子的因子模型拟合原始数据是合适的。

3. 因子得分

下面将因子得分 F 分别按耐力因子得分和速度因子得分进行排序,以便分析各个国家或地区在径赛项目上的优势。

```
>> obsF = [obsname, num2cell(F)];      % 将国家和地区名与因子得分放在一个元胞数组中显示
>> F1 = sortrows(obsF, 2);             % 按耐力因子得分排序
>> F2 = sortrows(obsF, 3);             % 按速度因子得分排序
>> head = {'国家/地区','耐力因子','速度因子'};
>> result1 = [head; F1];               % 显示按耐力因子得分排序的结果
>> result2  = [head; F2];              % 显示按速度因子得分排序的结果
```

由于因子得分数据比较长,这里不给出显示,下面做出因子得分的散点图。

从因子得分的取值可以看出,速度优势越明显的国家或地区,其速度因子得分值越小。同样地,耐力优势越明显的国家或地区,其耐力因子得分值越小,因此用因子得分的负值做出散点图,从散点图上即可看出各个国家或地区在径赛项目上的优势。作散点图的命令如下:

```
>> plot(-F(:,1),-F(:,2),'k.')?;       %作因子得分负值的散点图
>> xlabel('耐力因子得分(负值)');       %为 X 轴加标签
>> ylabel('速度因子得分(负值)');       %为 Y 轴加标签
>> box off?;                           %去掉坐标系右上的边框
>> gname(obsname);                     %交互式添加各散点的标注
```

做出的图如图 13.4-1 所示,由于空间所限,图中只添加了部分散点的标注。从图上可以看出,葡萄牙人耐力优势明显,美国人和多米尼加共和国人速度优势明显,中国人整体实力居中,耐力和速度都不占优势。

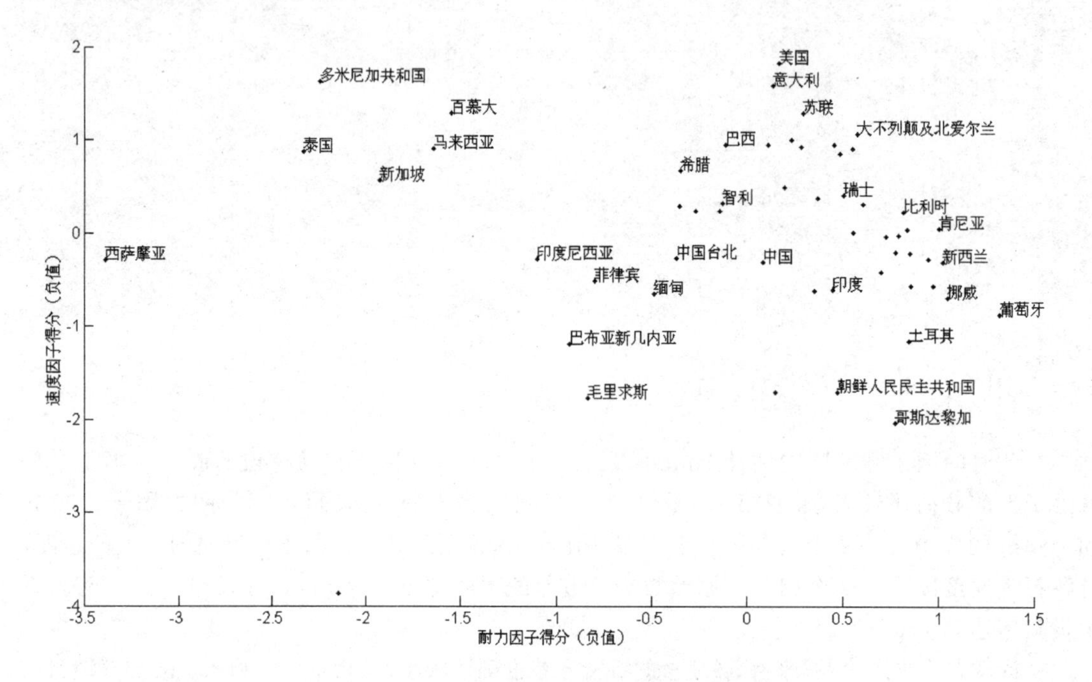

图 13.4-1 因子得分负值的散点图

第 14 章

利用 MATLAB 生成 Word 和 Excel 文档

利用 MATLAB 生成统计报告或报表是一件非常实用的事情。做这个事情的起因是笔者每个学期末都要做好几张试卷分析，工作单调重复，并且周围很多人都有类似的困扰。当统计工作者面对大量相同格式的统计报表时，所做的工作往往只是重复性劳动，此时就需要一个模板，可以每次自动导入数据，自动生成人们想要的报告，把人们从繁重、重复的工作中解脱出来。基于这个考虑，本章先介绍一点编程理论，然后以案例的形式详细介绍如何利用 MATLAB 生成 Word 和 Excel 文档。读者可以参照本章内容，尝试生成自己想要的统计报告或报表。

本章主要内容包括：微软组件对象模型（COM），基于 COM 技术的 ActiveX 控件接口技术，利用 MATLAB 生成 Word 文档，利用 MATLAB 生成 Excel 文档。

14.1 组件对象模型（COM）

14.1.1 什么是 COM

事物的发展总是处在不断的新老交替中，软件的开发也不例外。辛苦开发一个比较大型的应用程序交给客户使用，过一段时间后应用程序需要升级，需要添加一些新的特性怎么办？再组织人力物力重新编写所有代码，重新编译？这显然不太现实。为此，微软公司提出了组件对象模型（Component Object Model，COM），它是微软公司为了使软件开发更加符合人类的行为方式而提出的一种规范。在这种规范下，单个应用程序被分隔成多个独立的部分，即组件（Component）。这种做法的好处是可以随着技术的发展而用新的组件取代已有的组件，此时的应用程序不再是一个一出生就命中注定会过时的静态程序，而是随时可以用新组件取代旧组件而“返老还童”的动态程序。

COM 组件是由以 Win32 动态链接库（DLL）或可执行文件（.exe）的形式发布的可执行代码组成的，其必须满足几个条件：

① 为了使客户在应用程序的运行中能够将组件替换掉，组件必须动态链接。

② 它们必须隐藏（或封装）其内部实现细节。而各组件是通过接口连接在一起的，接口不能变，所以组件要实现封装。

③ 封装之后的组件以二进制的形式发布。

④ 开发组件的编程语言必须被隐藏起来，也就是说 COM 组件是与语言完全无关的。

⑤ 组件必须可以在不妨碍已有用户的情况下升级，也就是说一个组件的新版本必须既能够同老版本的用户一起使用，也要能够和新版本用户一起使用。

⑥ 组件在网络上的位置必须可以被透明地重新分配。对远程机器上的组件同本地机器上的组件的处理方式没有差别，组件以及使用它的应用程序应能够在同一进程中、不同进程中或不同的机器上运行。

需要注意的是,COM 是一种软件开发的规范,并不是一种计算机语言。把 COM 与 DLL(动态链接库)相比或相提并论也是不合适的,实际上 COM 是使用了 DLL 来给组件提供动态链接的。COM 也不是像 Win32 API 那样的一个函数集。对于 DLL 形式的组件对象,在实际调用时,组件代码被载入应用程序的进程中,所以这种 COM 组件也被称作进程内(in - proc)组件。可执行文件(.exe)形式的组件在实际应用中可以运行于自己独立的进程中,所以也被称为进程外(out - of - proc)组件。MATLAB 编译产生的 COM 对象都是 DLL 文件,也就是进程内组件。

14.1.2 COM 接口

通过接口可以访问 COM 对象(组件对象类或组件的实例)的属性和方法,这也是访问 COM 对象的唯一途径。对于 COM 对象来说,接口就是一个包含函数指针数组的内存结构,每一个数组元素对应一个由组件所实现函数的地址,也称为虚函数。一个 COM 组件可以有多个接口,客户通过这些接口与组件打交道,但通常客户并不知道组件的全部接口。客户可以通过 COM 对象的基本接口来查询其他的接口,COM 对象有两种类型的基本接口。

1. IUnknown 接口

IUnknown 接口是所有接口的基础,其他的接口是 IUnknown 接口的继承。它负责两项工作:

(1) 接口查询

IUnknown 中定义了一个名为 QueryInterface 的函数,负责得到该组件的其他接口的指针。

(2) 生存期控制

IUnknown 的另外两个成员函数 AddRef 和 Release 负责管理该组件的生存期。AddRef 和 Release 实现的是一种名为引用计数的内存管理技术,COM 组件将维护一个被称为引用计数的数值,当客户从组件取得一个接口时,该引用计数值加 1,当客户用完这个接口时,引用计数值减 1,当引用计数值为 0 时,组件即可将自己从内存中删除。

2. IDispatch 接口

IDispatch 接口将接收一个函数名并执行它。许多应用程序如 Microsoft Word、Microsoft Excel 以及一些解释性语言如 Visual Basic 和 Java 等在控制组件时都采用了自动化的方法。自动化是建立在 COM 基础上的,一个自动化服务器实际上就是一个实现了 IDispatch 接口的 COM 组件,而一个自动化控制器则是一个通过 IDispatch 接口同自动化服务器进行通信的 COM 客户。自动化控制器不会直接调用自动化服务器实现的那些函数,而是通过 IDispatch 接口的成员函数实现对服务器中函数的间接调用。

IDispatch 中有两个主要的函数 GetIDsofNames 和 Invoke,其中 GetIDsofNames 将读取一个函数的名称并返回其调度标识(一个长整数),每一函数对应唯一的调度标识。为执行某个函数,自动化控制程序将把该函数的调度标识传给 Invoke 函数,Invoke 可以将调度标识作为函数指针数组的索引,这一点同常规 COM 接口是类似的。

14.2　MATLAB 中的 ActiveX 控件接口技术

ActiveX 控件技术是建立在 COM 之上，由微软公司推出的共享程序数据和功能的技术。据微软权威的软件开发指南 MSDN（Microsoft Developer Network）的定义，ActiveX 控件以前也叫做 OLE 控件或 OCX 控件，它是一些组件，可以将其插入到 Web 网页或其他应用程序中。该组件的客户接口使它可以对客户的行为做出响应，它有属性、方法、事件三个特征，其中属性决定了显示效果，方法是用来完成特定的任务所提供的外部调用函数，事件一般是用户启动的某种行为，用来给应用控件的程序发送消息，以做出某种响应动作。

MATLAB 作为一种面向对象的编程语言，它支持 COM 技术，利用 MATLAB 的 COM 编译器可以把 MATLAB 开发的应用程序转换成方便使用的 COM 组件。可以利用微软 ActiveX 控件技术，在 MATLAB 中调用其他应用程序，比如 Microsoft Word 或 Microsoft Excel 等，此时 Microsoft Word 或 Microsoft Excel 被作为组件，是服务器程序，MATLAB 是控制器程序，是客户。当然也可以把 MATLAB 作为组件，用其他应用程序（例如 Microsoft Excel）进行调用，这时候 MATLAB 成了服务器，其他应用程序成了客户。

本节只介绍 MATLAB 作为 COM 客户，利用 MATLAB 调用其他组件。MATLAB 中提供了 actxcontrol 函数用来在当前图形窗口中创建 ActiveX 控件，提供了 actxcontrollist 函数用来查看系统上当前安装的所有 COM 控件，提供了 actxcontrolselect 函数用来通过图形界面的方式在图形窗口中创建控件，还提供了 actxserver 函数用来创建 COM 自动化服务器。下面分别进行详细介绍。

14.2.1　actxcontrol 函数

actxcontrol 函数用来在当前图形窗口中创建 ActiveX 控件，其调用格式有以下几种：

1）**h = actxcontrol('progid')**

在图形窗口中创建一个 ActiveX 控件，返回控件的默认接口 h。控件的程序标识符 progid 决定了所创建控件的类型，它是一个字符串，由控件供应商提供。

2）**h = actxcontrol('progid','param1',value1,…)**

利用可选的成对出现的参数名称（param）和参数值（value）创建一个 ActiveX 控件。可选的参数名包括：position（位置矢量，见第 3 种调用格式中的说明）、parent（指向父窗口、模型或命令窗口的句柄）、callback（响应事件句柄名称）、filename（设定控件的初始状态为以前保存的控件状态）、licensekey（ActiveX 控件的授权许可密钥）。

3）**h = actxcontrol('progid', position)**

创建一个 ActiveX 控件，其位置和大小由矢量 position 指定，position 的格式为[left, bottom, width, height]，其中 left 和 bottom 为控件左下角相对于图形窗口左下角的偏移距离，width 和 height 分别表示控件的宽度和高度，它们的单位均为像素。

4）**h = actxcontrol('progid', position, fig_handle)**

在句柄值为 fig_handle 的图形窗口中指定位置 position 处创建一个 ActiveX 控件，默认图形窗口句柄为 gcf（当前图形窗口）。

5) **h = actxcontrol('progid',position,fig_handle,event_handler)**

创建一个响应事件的 ActiveX 控件。当事件被触发时,控件通过调用一个 M 函数来响应事件。输入参数 event_handler 用来指定事件所对应的 M 函数,它可以是函数名字符串或函数句柄。

6) **h = actxcontrol('progid',position,fig_handle,event_handler,'filename')**

用前 4 个参数创建一个 ActiveX 控件,将它的初始状态设置为与前面保存的控件一样。MATLAB 从 filename 指定的文件中载入初始状态。如果不想指定事件控制器参数 event_handler,可以用空字符串作为第 4 个输入,progid 参数必须与所保存的控件的 progid 相匹配。

event_handler 参数有多种合法格式:

① 用一个元胞数组{'event' 'eventhandler'; 'event2' 'eventhandler2'; …}作为 event_handler 参数的值,数组的每一行指定一个事件/控制函数对。'event' 可以是包含事件名称的字符串,或者作为事件标识符的数值,'eventhandler' 是事件所对应的 M 函数的函数名字符串或函数句柄。这样可以为控件支持的每个事件指定一个不同的事件控制过程。

② 仍使用元胞数组,但是每一个 'event' 对应的 'eventhandler' 都相同。这样可以为控件支持的每个事件指定一个相同的事件控制过程。

③ 不用元胞数组,而是用一个函数名字符串或函数句柄作为 event_handler 的值,这样就指定了一个公共过程来控制所有事件。

【例 14.2-1】 调用 actxcontrol 函数创建一个日历控件,如图 14.2-1 所示。

```
% 新建一个图形窗口,指定图形窗口大小,返回图形窗口句柄 f
>> f = figure('position', [360   278   535   410]);
% 在新建的图形窗口中创建一个日历控件,并设置控件的大小
>> cal = actxcontrol('mscal.calendar', [0 0 535 410], f)

cal =

    COM.mscal_calendar
```

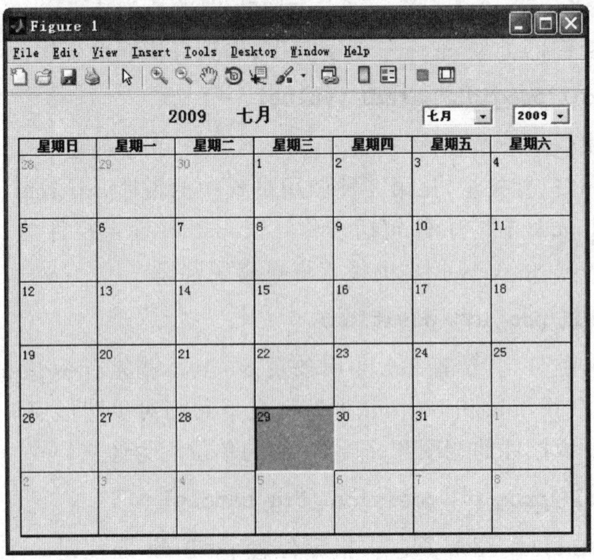

图 14.2-1 日历控件

若您对此书内容有任何疑问,可以凭在线交流卡登录MATLAB中文论坛与作者交流。

本例创建了一个日历控件，并返回了控件的句柄值 cal，可以通过 get(cal) 访问该控件的所有属性，也可以通过 set 函数修改控件属性值。关于 get 和 set 函数的调用格式，后面将作讨论。

14.2.2　actxcontrollist 函数

actxcontrollist 函数用来查看系统上当前安装的所有 COM 控件。

```
>> C = actxcontrollist      % 查看系统上当前安装的所有 COM 控件

C =
    'Adobe PDF Reader'          'AcroPDF.PDF.1'              [1x54 char]
              [1x29 char]                 [1x21 char]        [1x57 char]
    'COMNSView Class'           'COMSNAP.COMNSView.1'        [1x31 char]
    'CTreeView  控件 '                     [1x25 char]        [1x29 char]
              [1x45 char]                 [1x21 char]        [1x66 char]
        …
```

以上命令返回的控件列表 C 是一个元胞数组，多行 3 列，第 1 列是各控件的名称，第 2 列是程序标识符(ProgID)，第 3 列是组件所在路径及文件名。以 C 的第 1 行为例，在 MATLAB 命令窗口运行 C{1,:} 命令，得到

```
>> C{1,:}      % 查看元胞数组 C 的第 1 行

ans =

Adobe PDF Reader

ans =

AcroPDF.PDF.1

ans =

C:\Program Files\Adobe\Acrobat 7.0\ActiveX\AcroPDF.dll
```

可以看到这个控件的名称是 Adobe PDF Reader，程序标识符是 AcroPDF.PDF.1，该控件在路径 C:\Program Files\Adobe\Acrobat 7.0\ActiveX 下，文件名为 AcroPDF.dll，这是一个动态链接库文件。

14.2.3　actxcontrolselect 函数

创建控件对象最简单的方法是使用 actxcontrolselect 函数。其调用格式如下：

```
h = actxcontrolselect
[h, info] = actxcontrolselect
```

以上调用将在 MATLAB 中打开一个图形用户界面，其中列出了安装在系统上的所有控件，如图 14.2-2 所示。从列表中选择一个选项，单击“Create”按钮，就在当前图形窗口创建所选控件。若是第 1 种调用，会在 MATLAB 命令窗口显示出该控件的句柄值 h；若是第 2 种调用，不仅返回控件句柄 h，还返回变量 info。info 是一个 1 行 3 列的元胞数组，分别对应各控

件的名称、程序标识符(ProgID)和控件所在路径及文件名。

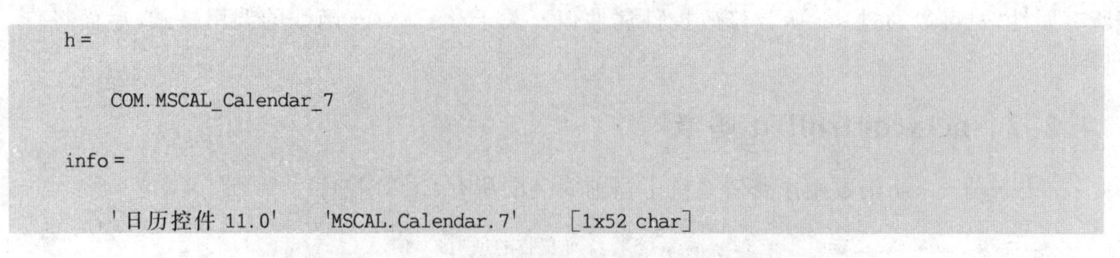

```
h =

    COM.MSCAL_Calendar_7

info =

    '日历控件 11.0'    'MSCAL.Calendar.7'    [1x52 char]
```

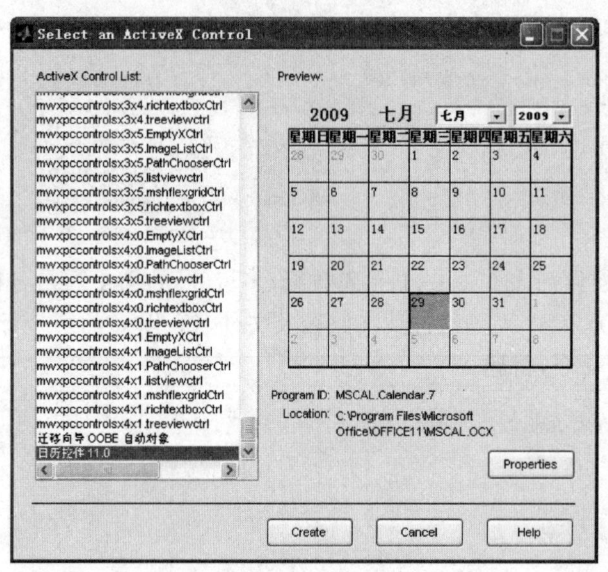

图 14.2-2 控件选择界面

图 14.2-2 所示界面中,左侧有一个选择面板,右侧有一个预览面板。单击选择面板中的控件名,如果该控件有预览,会在预览面板中显示该控件的外观,否则预览面板为空。若 MATLAB 不能创建该控件,则在预览面板中会显示一个出错信息。

单击控件选择界面中的“Properties”按钮,可以在打开的属性窗口(如图 14.2-3 所示)中

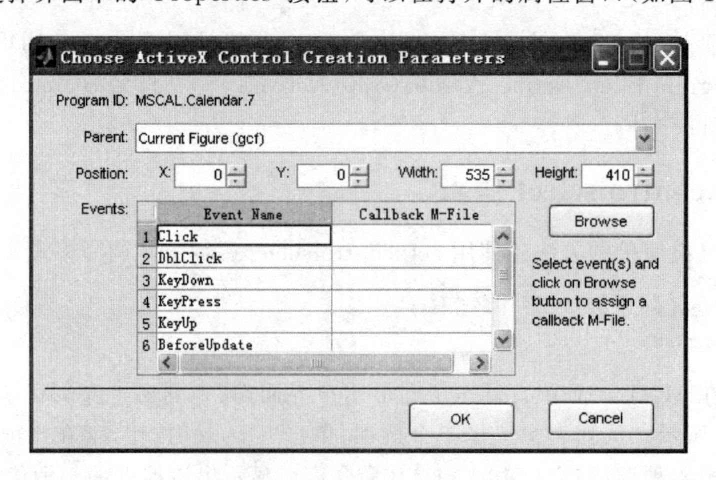

图 14.2-3 控件属性设置界面

设置控件的各种属性。通过“Parent”下拉菜单可以选择控件所放置的图形窗口，通过输入位置参数X、Y、Width和Height的值来确定控件在图形窗口中的位置。在“Callback M-File”下面、“Event Name”(事件名)的右侧可以输入M文件的文件名，用来注册事件和回调过程来控制该事件。也可以单击“Browse”按钮来选择事件的回调M文件，若按住Ctrl键的同时选中事件名，并在事件名上连续拖拉鼠标，可以同时选中多个事件，此时通过单击“Browse”按钮可以同时为多个事件选择相同的回调M文件。MATLAB只对那些注册过的事件做出响应，没有在“Callback M-File”中指定回调M文件的事件将被忽略。

通过图形界面与通过actxcontrol函数创建的日历控件没有什么差别，但是通过图形界面却省去了输入参数的烦恼，更为直观、便捷。

14.2.4 actxserver函数

actxserver函数用来创建COM自动化服务器。调用格式如表14.2-1所列。

运行下面命令，可以把Miscrosoft Word作为自动化服务器。

```
% 创建一个Microsoft Word服务器,返回句柄Word
>> Word  = actxserver('Word.Application');
```

此时虽然已经打开了Miscrosoft Word应用程序，可是还看不到Word的运行界面，还需要进行一些设置，14.3节中会有详细介绍。

表14.2-1 actxserver函数调用格式

调用格式	说 明
h=actxserver('progid')	创建一个本地OLE自动化服务器，并返回服务器的默认接口h，progid是COM服务器的程序标识符，该标识符由控件或服务器供应商提供
h=actxserver('progid', 'machine', 'machineName')	在远程机器machineName上创建一个OLE自动化服务器
h=actxserver('progid', 'interface', 'interfaceName')	创建一个客户接口服务器，这里interfaceName是一个COM对象的指定接口名称，可以为Iunknown和自定义接口
h=actxserver('progid', 'machine', 'machineName', 'interface', 'interfaceName')	在远程机器machineName上创建一个客户接口服务器
h=actxserver('progid', machine)	创建一个运行在远程系统上的COM服务器，machine指定远程系统的名称，它可以是一个IP地址或DNS名称，只有在支持分布式组件模型(DCOM)的环境中才能这样调用

14.2.5 利用MATLAB调用COM对象

用actxcontrol、actxcontrolselect或actxserver函数创建一个COM对象时，都会返回一个句柄值，通过这个句柄可以访问对象的接口、属性、方法和事件等。

1. 查询COM对象的接口、方法和事件

读者一定会有这样的疑惑，如何知道一个COM对象都有什么接口、方法和事件呢？实际上，MATLAB中提供了invoke、interfaces 、methods、methodsview和events函数来解决这个问题。这些函数的功能说明如表14.2-2所列。

表 14.2-2 invoke、interfaces、methods、methodsview 和 events 函数

函数名	功能说明
invoke	调用 COM 对象上的方法或接口,也可用来显示方法列表
interfaces	显示 COM 服务器中由组件实现的所有定制接口列表
methods	显示类方法相关信息列表,可用来显示 COM 对象的所有方法名
methodsview	在单独的图形窗口中显示类方法相关信息,可用来显示 COM 对象的所有方法的相关信息
events	显示 COM 对象能触发的所有事件名

以上函数均有多种调用格式,这里给出 invoke 函数的调用格式:

```
S = h.invoke        % 返回对象和接口所支持的所有方法列表,S 为一个结构体数组
S = h.invoke('methodname')                  % 调用句柄 h 的由 methodname 指定的方法
S = h.invoke('methodname',arg1,arg2,…)      % 调用句柄 h 的由 methodname 指定的方法,并由
                                            % arg1,arg2,… 指定输入参数
S = h.invoke('custominterfacename')         % 返回句柄 h 的由 COM 组件执行的客户接口对象
S = invoke(h,…)                             % 上述 4 种调用格式的替代语法
```

其余函数的调用格式不再一一列举,仅通过一个例子给出它们的一些常用格式。

【例 14.2-2】 invoke、interfaces、methods、methodsview 和 events 函数的用法示例。

```
>> f = figure('position', [100 100 600 500]);            % 创建一个图形窗口
>> cal = actxcontrol('mscal.calendar', [0 0 600 500], f);  % 创建一个日历控件
>> cal.invoke      % 显示日历控件的方法列表
    NextDay = HRESULT NextDay(handle)
    NextMonth = HRESULT NextMonth(handle)
    NextWeek = HRESULT NextWeek(handle)
    NextYear = HRESULT NextYear(handle)
    PreviousDay = HRESULT PreviousDay(handle)
    PreviousMonth = HRESULT PreviousMonth(handle)
    PreviousWeek = HRESULT PreviousWeek(handle)
    PreviousYear = HRESULT PreviousYear(handle)
    Refresh = HRESULT Refresh(handle)
    Today = HRESULT Today(handle)
    AboutBox = HRESULT AboutBox(handle)

>> cal.interfaces      % 显示日历控件的接口列表
    DCalendarEvents
    ICalendar

>> cal.methods         % 显示日历控件的所有方法
Methods for class COM.mscal_calendar:
AboutBox    NextYear       PreviousYear   constructorargs   get          move       send
NextDay     PreviousDay    Refresh        delete            interfaces   propedit   set
NextMonth   PreviousMonth  Today          deleteproperty    invoke       release
NextWeek    PreviousWeek   addproperty    events            load         save

>> cal.events          % 显示日历控件的事件列表
    Click = void Click()
    DblClick = void DblClick()
    KeyDown = void KeyDown(int16 KeyCode, int16 Shift)
```

```
    KeyPress = void KeyPress(int16 KeyAscii)
    KeyUp = void KeyUp(int16 KeyCode, int16 Shift)
    BeforeUpdate = void BeforeUpdate(int16 Cancel)
    AfterUpdate = void AfterUpdate()
    NewMonth = void NewMonth()
    NewYear = void NewYear()

>> cal.methodsview     % 在单独的图形窗口中显示日历控件的方法的相关信息
```

运行 cal.methodsview 命令后会弹出一个界面，如图 14.2-4 所示，其中列出了日历控件的所有方法的相关信息。

Methods for class COM.mscal_calendar

Return Type	Name	Arguments
HRESULT	AboutBox	(handle)
HRESULT	NextDay	(handle)
HRESULT	NextMonth	(handle)
HRESULT	NextWeek	(handle)
HRESULT	NextYear	(handle)
HRESULT	PreviousDay	(handle)
HRESULT	PreviousMonth	(handle)
HRESULT	PreviousWeek	(handle)
HRESULT	PreviousYear	(handle)
HRESULT	Refresh	(handle)
HRESULT	Today	(handle)
	addproperty	(handle, string)
MATLAB array	constructorargs	(handle)
	delete	(handle, MATLAB array)
	deleteproperty	(handle, string)
MATLAB array	events	(handle, MATLAB array)
MATLAB array	get	(handle)
MATLAB array	get	(handle, MATLAB array, MATLAB array)
MATLAB array	get	(handle, vector, MATLAB array, MATLAB array)

图 14.2-4　日历组件的方法列表

2. 识别 COM 对象、接口、属性、方法和事件

表 14.2-3 中列出了 iscom、isinterface、isprop、ismethod 和 isevent 函数的调用格式和相关说明。在得到某对象句柄后，可以调用这些函数进行相关类型的判断。

表 14.2-3　iscom、isinterface、isprop、ismethod 和 isevent 函数

调用格式	说　明
tf=h.iscom tf=iscom(h)	判断对象是否是 COM 对象或 ActiveX 控件。这里 h 是对象句柄，若对象是 COM 对象或 ActiveX 控件，返回值 tf 是 1；否则，tf 为 0
tf=h.isinterface tf=isinterface(h)	判断句柄 h 是否是一个 COM 接口，若是，tf 为 1，否则为 0
isprop(h, 'name')	若字符串 name 指定的是 COM 对象 h 的一个属性，则返回 1，否则返回 0
ismethod(h, 'name')	若 name 指定的是一个在 COM 对象 h 上可调用的方法，则返回 1，否则返回 0
tf=h.isevent('name') tf=isevent(h, 'name')	若 name 指定的是一个由 COM 对象 h 认可和响应的事件，则返回 tf 为 1，否则返回 tf 为 0

【例 14.2-3】 iscom、isinterface、isprop、ismethod 和 isevent 函数的用法示例。

```
% 创建一个Microsoft Word服务器,返回句柄Word
>> Word = actxserver('Word.Application');
>> Word.iscom     % 判断Word是否为一个COM对象

ans =

     1

>> Word.Documents.isinterface      % 判断Documents是否为COM对象Word的一个接口

ans =

     1

>> isprop(Word, 'Width')            % 判断Width是否为COM对象Word的一个属性

ans =

     1

>> ismethod(Word, 'Quit')           % 判断Quit是否为Word的一个可调用的方法

ans =

     1

>> isevent(Word, 'Quit')            % 判断Quit是否为Word的一个认可和响应的事件

ans =

     1
```

上面调用actxserver函数创建一个Microsoft Word自动化服务器对象,返回了对象句柄Word。由以上命令的运行结果可知,Word是一个COM对象,Documents是Word的一个接口,Width是Word的一个属性,Quit是Word的一个可调用的方法。

3. 调用get和inspect函数查询COM对象和接口属性

COM组件可以提供不同类型的接口来访问对象的公共属性和方法。MATLAB在调用actxcontrol、actxcontrolselect或actxserver函数创建组件服务器时,按照下面的规则确定返回的句柄:

① 获取组件的IUnknown接口的句柄,所有COM组件都有这个接口。

② 试图从组件那里获取IDispatch接口,如果组件中实现了IDispatch接口,就返回该接口的句柄,否则返回IUnknown接口的句柄。

组件常常基于IDispatch接口提供其他接口,它们作为属性实现。可以用get和inspect函数查看COM对象属性和接口句柄,get函数的调用格式如下:

```
V = h.get
V = h.get('propertyname')
V = get(h,…)
```

其中,第1种调用格式返回对象或接口h的属性和属性值列表。如果V为空,说明对象

没有属性，或者 MATLAB 不能读取对象的类型库。对于自动化对象，如果供应商提供了具体的属性说明文件，可以用第 3 种调用格式。第 2 种调用格式返回字符串 propertyname 指定的属性的属性值。第 3 种调用格式可以实现相同操作。

inspect 函数的作用是打开一个图形界面（称为属性探查器），列出对象的所有属性和属性值，并且可以通过图形界面修改属性值，其用法为

```
inspect(h)
h.inspect
```

【例 14.2-4】 get 和 inspect 函数的用法示例。请读者自己运行下面命令，对比返回的结果。

```
% 创建一个 Microsoft Word 服务器，返回句柄 Word
>> Word = actxserver('Word.Application');
>> get(Word)                    % 查看 Word 的所有属性
>> Word.get                     % 查看 Word 的所有属性
>> Word.Visible                 % 查看 Word 的 Visible 属性的属性值
>> Word.get('Visible')          % 查看 Word 的 Visible 属性的属性值
>> get(Word, 'Visible')         % 查看 Word 的 Visible 属性的属性值
>> Word.inspect                 % 打开属性探查器窗口
```

运行命令 Word.inspect 后会打开一个属性界面，如图 14.2-5 所示。

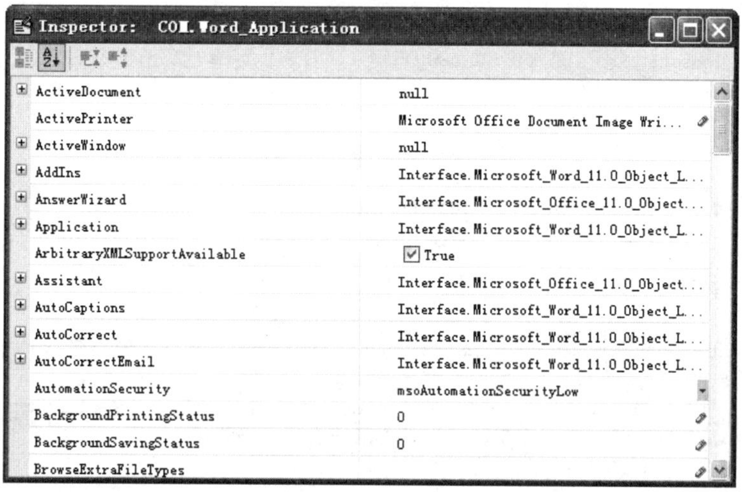

Inspector: COM.Word_Application

ActiveDocument	null
ActivePrinter	Microsoft Office Document Image Wri...
ActiveWindow	null
AddIns	Interface.Microsoft_Word_11.0_Object_L...
AnswerWizard	Interface.Microsoft_Office_11.0_Object...
Application	Interface.Microsoft_Word_11.0_Object_L...
ArbitraryXMLSupportAvailable	True
Assistant	Interface.Microsoft_Office_11.0_Object...
AutoCaptions	Interface.Microsoft_Word_11.0_Object_L...
AutoCorrect	Interface.Microsoft_Word_11.0_Object_L...
AutoCorrectEmail	Interface.Microsoft_Word_11.0_Object_L...
AutomationSecurity	msoAutomationSecurityLow
BackgroundPrintingStatus	0
BackgroundSavingStatus	0
BrowseExtraFileTypes	

图 14.2-5　属性界面

需要注意的是，某些接口的属性像方法一样可以接收参数。在用 get 函数操作时，需要输入参数，最后获得的属性与输入的参数有关。例如 Microsoft Word 应用程序的 Documents 接口下的 Content 属性，它也是 Documents 的一个接口，利用该接口可以控制一段内容的起始位置，此时需要传入指定的参数 'Start' 或 'end'。

【例 14.2-5】 属性传参示例。

```
% 创建一个 Microsoft Word 服务器，返回句柄 Word
>> Word = actxserver('Word.Application');
>> set(Word, 'Visible', 1);             % 设置 Word 属性为可见
```

```
% 调用 Documents 接口的 Add 方法,新建一个空白文档,并返回其句柄 document
>> document = invoke(Word.Documents, 'Add');
>> Content = document.Content;            % 返回 document 的 Content 接口
>> isinterface(Content)                   % 判断 Content 是否为接口

ans =

     1

>> end_of_doc = get(Content,'end')        % 传递参数 'end',得到文档内容的末尾位置

end_of_doc =

     1
```

4. 调用 set、addproperty 和 deleteproperty 函数设置 COM 对象和接口属性

set 函数用来设置对象或接口的属性。其调用格式如下：

```
h.set('pname', value)      % 设置由字符串 pname 指定的属性的属性值为 value
h.set('pname1', value1, 'pname2', value2,…)  % 同时设置多个属性的属性值
set(h,…)                                      % 上面两种调用的替代方式
```

【例 14.2-6】 set、addproperty 和 deleteproperty 函数的用法示例。

运行下面的命令,观察日历控件发生的变化。

```
>> f = figure('position', [100 100 600 500]);                  % 新建图形窗口
>> cal = actxcontrol('mscal.calendar', [0 0 600 500], f);      % 创建日历控件
% 将日历控件的月份设定为 10 月
>> cal.set('month',10)     % 或者 set(cal, 'month',10)
```

还可以利用命令 h.addproperty('propertyname')为句柄 h 所表示的 COM 对象或接口添加自定义属性,由字符串 propertyname 指定属性名;利用命令 h.deleteproperty('propertyname')还可以删除自定义属性。例如：

```
>> h = actxcontrol('mwsamp.mwsampctrl.2',[200 120 200 200]); % MATLAB 自带的 mwsamp 控件
>> h.addproperty('xiezhh');               % 为 h 添加 xiezhh 属性
>> h.xiezhh = 'I''m a teacher';           % 设定 xiezhh 属性的属性值为 I''m a teacher
>> h.get                                  % 查看 h 的所有属性
            Label: 'Label'
           Radius: 20
    Ret_IDispatch: [1x1 Interface.mwsamp2_ActiveX_Control_module._DMwsamp2]
           xiezhh: 'I'm a teacher'

>> h.deleteproperty('xiezhh');            % 删除自定义的 xiezhh 属性
>> h.get                                  % 重新查看 h 的所有属性
            Label: 'Label'
           Radius: 20
    Ret_IDispatch: [1x1 Interface.mwsamp2_ActiveX_Control_module._DMwsamp2]
```

5. 调用 COM 对象和接口下的方法

COM 对象(或接口)方法的调用格式如下：

① 利用 invoke 函数的第 2、3 种调用格式：

```
S = h.invoke('methodname')
S = h.invoke('methodname', arg1, arg2,…)
```

② 使用方法名调用，一般格式为：

```
V = h.methodname
V = h.methodname(arg1, arg2,…)
```

这里 h 为对象或接口句柄，methodname 用来指定对象或接口的方法。

【例 14.2-7】 创建一个日历控件，在一个循环里调用 NextDay 方法，将时间后推 1000 天，并返回当时的时间。

```
>> cal = actxcontrol('mscal.calendar',[10 10 540 400]);     % 创建日历控件
>> for i = 1:1000      % 在循环中调用 NextDay 方法，将时间后推 1000 天
       cal.NextDay;
   end

>> cal.Value          % 返回修改后的时间

ans =

     2012-4-26
```

6. 注册或注销事件

一般来讲，事件是用户启动的某种行为，它在服务器应用程序中发生，并且通常需要客户做出某种响应。例如，用户在服务器窗口的特定位置单击鼠标，可能需要客户做出某种响应动作。当事件发生时，服务器告诉客户事件发生了，如果客户正在侦听这种特殊类型的事件，它会通过执行事件处理程序做出响应。

MATLAB 客户可以侦听和响应 ActiveX 控件和 COM 自动化服务器发生的事件。通过注册想要激活的事件及其事件处理程序，可以选择想侦听的事件。当注册过的事件发生时，客户就会接到来自控件或服务器的消息，从而通过执行适当的处理程序来做出响应，可以编写 M 文件作为事件处理程序。

registerevent 函数用来注册那些让客户做出响应的控件事件或服务器事件。如果已经注册了一些事件，但现在想让客户程序忽略它们，可以随时调用 unregisterevent 或 unregisterallevents 函数注销它们。可按照表 14.2-4 所列方式注册或注销事件。

表 14.2-4　注册事件

用　法	说　明
h.registerevent('handler');	注册通用事件处理程序，服务器所有事件有相同事件处理程序
h.registerevent({'event1' 'handler1'; 'event2' 'handler2'; …});	注册多个事件，每个事件对应不同的事件处理程序
h.unregisterevent('handler');	对句柄为 h 的服务器，注销通用事件处理程序对应的所有事件
h. unregisterevent ({ 'event1' 'handler1'; 'eventN' 'handlerN'});	注销多个事件，每个事件都有自己的事件处理程序
h.unregisterallevents;	注销服务器的所有事件

对于 ActiveX 控件,也可以在使用 actxcontrol 函数创建控件时注册事件,其用法见 14.2.1 节。

【例 14.2-8】 创建一个日历控件,为控件注册通用事件处理程序。

(1) 创建日历控件

```
>> cal = actxcontrol('mscal.calendar',[10 10 540 400]);     % 创建日历控件
```

运行以上命令将得到日历控件,参见图 14.2-1。

(2) 查询控件的所有事件

```
>> cal.events
    Click = void Click()
    DblClick = void DblClick()
    KeyDown = void KeyDown(int16 KeyCode, int16 Shift)
    KeyPress = void KeyPress(int16 KeyAscii)
    KeyUp = void KeyUp(int16 KeyCode, int16 Shift)
    BeforeUpdate = void BeforeUpdate(int16 Cancel)
    AfterUpdate = void AfterUpdate()
    NewMonth = void NewMonth()
    NewYear = void NewYear()
```

(3) 编写通用事件处理程序

```
function XiezhhTest(varargin)
disp('This is a control to run a Microsoft Calendar application in the window.')
```

需要注意的是通用事件处理程序应在程序编辑窗口(Editor)内编写。将以上代码粘贴到程序编辑窗口,保存成 M 文件 XiezhhTest.m 即可。

(4) 注册事件

为(2)中列出的所有事件注册通用事件处理程序:XiezhhTest.m。

```
>> cal.registerevent('XiezhhTest');
```

(5) 响应控件的事件

单击如图 14.2-1 所示的日历控件上的不同位置,会触发不同的事件,但都会执行同样的事件处理程序 XiezhhTest.m,在 MATLAB 命令窗口显示相同的信息:

```
This is a control to run a Microsoft Calendar application in the window.
```

7. 保存所做的工作

使用如表 14.2-5 所列的 MATLAB 函数可以保存和加载 COM 控件对象的状态。

表 14.2-5 保存和加载 COM 控件对象状态的函数

函 数	说 明
load	从文件载入和初始化一个 COM 控件对象
save	把一个 COM 控件对象保存成一个文件

【例 14.2-9】 创建一个日历控件,保存其初始状态,稍后重新加载。

(1) 创建并保存日历控件

```
>> cal = actxcontrol('mscal.calendar',[10 10 540 400]);    % 创建日历控件,返回句柄 cal
>> cal.save('mscal.mat');      % 将日历控件 cal 保存到文件 mscal.mat
```

(2) 改变控件状态

```
>> cal.month = 1;          % 设置 cal 的 month 属性的属性值为 1
>> cal.day = 1;            % 设置 cal 的 day 属性的属性值为 1
>> cal.year = 2000;        % 设置 cal 的 year 属性的属性值为 2000
```

(3) 查看控件属性

```
>> cal.get                    % 查看修改后 cal 的属性
            BackColor: 2147483663
                  Day: 1
              DayFont: [1x1 Interface.Standard_OLE_Types.Font]
         DayFontColor: 0
            DayLength: 1
             FirstDay: 7
       GridCellEffect: 1
             GridFont: [1x1 Interface.Standard_OLE_Types.Font]
        GridFontColor: 10485760
       GridLinesColor: 2147483664
                Month: 1
          MonthLength: 1
    ShowDateSelectors: 1
             ShowDays: 1
   ShowHorizontalGrid: 1
            ShowTitle: 1
     ShowVerticalGrid: 1
            TitleFont: [1x1 Interface.Standard_OLE_Types.Font]
       TitleFontColor: 10485760
                Value: '2000-1-1'
          ValueIsNull: 0
                 Year: 2000
```

(4) 重新加载控件初始状态

```
>> cal.load('mscal.mat');      % 重新加载 cal 的初始状态
```

(5) 再次查看控件属性

```
>> cal.get        % 查看重新加载后 cal 的属性
            BackColor: 2147483663
                  Day: 6
              DayFont: [1x1 Interface.Standard_OLE_Types.Font]
         DayFontColor: 0
            DayLength: 1
             FirstDay: 7
       GridCellEffect: 1
             GridFont: [1x1 Interface.Standard_OLE_Types.Font]
        GridFontColor: 10485760
```

```
     GridLinesColor: 2147483664
              Month: 8
        MonthLength: 1
  ShowDateSelectors: 1
           ShowDays: 1
 ShowHorizontalGrid: 1
          ShowTitle: 1
   ShowVerticalGrid: 1
          TitleFont: [1x1 Interface.Standard_OLE_Types.Font]
     TitleFontColor: 10485760
              Value: '2009-8-6'
        ValueIsNull: 0
               Year: 2009
```

8. 释放COM接口和对象

当COM接口和对象完成使命不再需要时,应将它们释放,收回它们所占用的内存。在MATLAB中,释放COM接口和对象的函数如表14.2-6所列。

当我们不再需要某个接口时,使用release函数释放该接口,并收回它占用的内存。当整个控件或服务器都不再需要时,用delete函数删除它。换句话说,delete函数不仅用来释放对象的所有接口,还用来删除服务器或控件。当删除或关闭一个包含控件的图形窗口时,MATLAB自动释放该控件的所有接口。当退出MATLAB时,MATLAB自动释放自动化服务器的所有句柄。

表14.2-6 释放COM接口和对象的函数

函 数	说 明
delete	删除一个COM对象或接口
release	释放一个COM接口

14.2.6 调用actxserver函数创建组件服务器

前面曾提到对于DLL(动态链接库)形式的组件对象,在用MATLAB调用时,组件被载入MATLAB的进程中,这种COM组件也被称作进程内(in-proc)组件,此时创建的是进程内服务器。在用MATLAB调用可执行文件(.exe)形式的组件时,组件运行于自己独立的进程中,通常有单独的界面,也称为进程外(out-of-proc)组件,创建的是进程外服务器。下面就MATLAB调用DLL形式组件和.exe形式组件分别进行介绍。

1. 创建进程内服务器

对于DLL形式的组件,actxserver函数可以创建一个进程内服务器,actxserver函数的语法格式如表14.2-1所列,其最简单形式为:

```
h = actxserver('progid')
```

其中,progid是组件的程序标识符,返回值h是服务器默认接口的句柄。使用该句柄,可以在进行其他COM函数调用时引用对象,也可以通过该句柄获取对象的其他接口。

【例14.2-10】 通过MATLAB控制Windows Media Player播放歌曲。

通过actxcontrollist函数可以查找Windows Media Player播放器组件的程序标识符progid为'WMPlayer.OCX.7',该组件在路径C:\WINDOWS\system32\下,文件名为wmp.dll。运行如下命令创建一个进程内服务器,返回COM对象句柄h。

```
% 创建 Windows Media Player 服务器,并返回对象句柄 h
>> h = actxserver('WMPlayer.OCX.7')

h =

    COM.WMPlayer_OCX_7
```

运行命令 h.get 查看对象的所有属性：

```
>> h.get      % 查看对象 h 的所有属性
                  URL: ''
            openState: 'wmposPlaylistOpenNoMedia'
            playState: 'wmppsUndefined'
             controls: [1x1 Interface.Windows_Media_Player.IWMPControls3]
             settings: [1x1 Interface.Windows_Media_Player.IWMPSettings2]
         currentMedia: []
      mediaCollection: [1x1 Interface.Windows_Media_Player.IWMPMediaCollection]
   playlistCollection: [1x1 Interface.Windows_Media_Player.IWMPPlaylistCollection]
          versionInfo: '10.0.0.4058'
              network: [1x1 Interface.Windows_Media_Player.IWMPNetwork]
      currentPlaylist: [1x1 Interface.Windows_Media_Player.IWMPPlaylist]
      cdromCollection: [1x1 Interface.Windows_Media_Player.IWMPCdromCollection]
        closedCaption: [1x1 Interface.Windows_Media_Player.IWMPClosedCaption2]
             isOnline: 1
                Error: [1x1 Interface.Windows_Media_Player.IWMPError]
               status: ''
                  dvd: [1x1 Interface.Windows_Media_Player.IWMPDVD]
              enabled: 1
           fullScreen: 0
    enableContextMenu: 1
               uiMode: 'full'
         stretchToFit: 0
      windowlessVideo: 0
             isRemote: 0
    playerApplication: 'Error: Object returned error code: 0xC00D0FD3'
```

运行命令 h.invoke 查看对象的所有方法：

```
>> h.invoke      % 查看对象 h 的所有方法
       close = void close(handle)
       launchURL = void launchURL(handle, string)
       newPlaylist = handle newPlaylist(handle, string, string)
       newMedia = handle newMedia(handle, string)
       openPlayer = void openPlayer(handle, string)
```

可以看到 openPlayer 是对象的一个方法（实际上就是一个可以调用的函数），其调用格式为：

```
openPlayer(handle, string)
handle.openPlayer(string)
```

openPlayer 的输出为空。对于第 1 种调用格式，第 1 个输入参数为对象句柄，第 2 个输入参数为用户定义的字符串，用来指定当前播放歌曲的路径；第 2 种调用是隐式调用。运行下面的命令：

```
>> h.openPlayer('F:\我的音乐盒\青花瓷.mp3')
```

将打开 Windows Media Player 播放器界面，播放歌曲"青花瓷.mp3"，如图 14.2-6 所示。

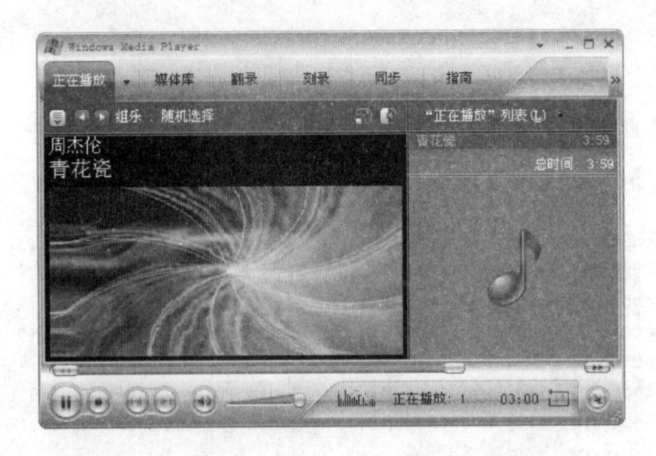

图 14.2-6　Windows Media Player 播放器

此时 Windows Media Player 播放器运行于自己独立的进程中，为进程外服务器。

从一开始创建进程内服务器，到最后开启一个进程外服务器，这个过程可以通过任务列表(tasklist)查看。首先进入 DOS 环境，对于 Windows XP 系统用户，单击"开始"菜单，然后选择"运行"，在打开的对话框里输入 cmd，单击"确定"按钮即可，如图 14.2-7 所示。

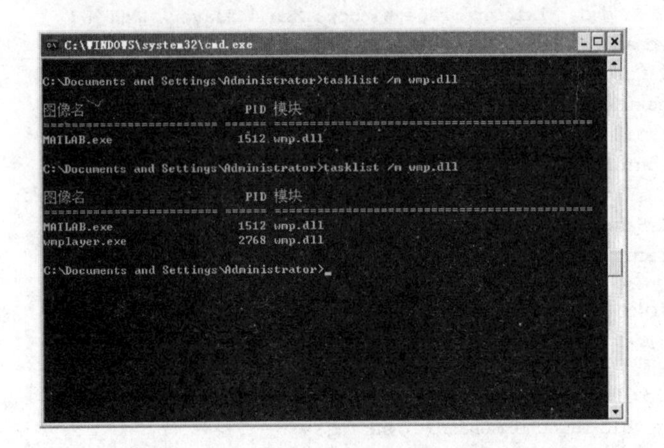

图 14.2-7　任务列表(tasklist)界面

在命令提示符后输入 tasklist /m wmp.dll，然后按 Enter 键，即可显示哪些任务加载了 wmp.dll 模块。在运行命令

```
>> h.openPlayer('F:\我的音乐盒\青花瓷.mp3')
```

之前，显示只有 MATLAB.exe 加载了 wmp.dll 模块，之后则显示还有 wmplayer.exe 也加载了 wmp.dll 模块。也就是说通过调用 wmp.dll 组件的 openPlayer 方法，进程内服务器调用了 wmplayer.exe 组件，开启了一个进程外服务器。在如图 14.2-7 所示的命令提示符后输入 tasklist/m，然后按 Enter 键，可显示每个任务加载的所有 DLL 模块。

2. 创建进程外服务器

对于.exe 形式的组件，actxserver 函数可以创建一个进程外服务器。

【例 14.2-11】 创建一个运行 Microsoft Excel 的 COM 服务器应用程序，返回的句柄赋给 Excel。

```
% 创建 Microsoft Excel 服务器,返回句柄 Excel
>> Excel = actxserver('Excel.Application');
>> set(Excel, 'Visible', 1);              % 设置服务器为可见状态
>> Workbooks = Excel.Workbooks;           % 返回工作簿接口 Workbooks
% 调用 Add 方法新建一个工作簿
>> Workbook = Workbooks.invoke('Add');    % 或 Workbook = invoke(Workbooks, 'Add');
```

运行以上命令将打开 Microsoft Excel 界面，Excel 运行于自己独立的进程中。

14.3 案例 39：利用 MATLAB 生成 Word 文档

本节通过一个实例介绍如何利用 MATLAB 生成 Word 文档，最后生成一个带有表格和图片的试卷分析，表格的格式完全自定义，内容自动写入。

14.3.1 调用 actxserver 函数创建 Microsoft Word 服务器

1. 创建 Microsoft Word 服务器

先判断 Word 服务器是否已经打开，若已经打开，就在打开的 Word 服务器中写入文档，否则用 actxserver 函数创建 Microsoft Word 服务器。相关命令如下：

```
try
    % 若 Word 服务器已经打开,返回其句柄 Word
    Word = actxGetRunningServer('Word.Application');
catch
    % 创建一个 Microsoft Word 服务器,返回句柄 Word
    Word = actxserver('Word.Application');
end;
```

2. 设置对象属性

以上命令若正确执行 catch 部分，此时 Word 的 Visible 属性的属性值为 0，服务器界面为不可见状态，将 Visible 属性的属性值重新设置为 1，服务器界面变为可见状态。

```
% 设置 Word 服务器为可见状态
>> set(Word, 'Visible', 1);      % 或 Word.Visible = 1;
```

通过 Word.get 命令可以查看对象的所有属性，然后进行相关属性的设置，此处不再详述。

14.3.2 建立 Word 文本文档

1. 新建空白文档

Word 界面已经打开，但是还没有可编辑的文档，应先建立空白文档。Word 服务器的 Documents 接口提供了 Add 方法，可以用来建立空白文档。

```
% 查看 Documents 接口下的所有方法
>> Word.Documents.invoke
    Item = handle Item(handle, Variant)
    Close = void Close(handle, Variant(Optional))
    Save = void Save(handle, Variant(Optional))
    Add = handle Add(handle, Variant(Optional))
    CheckOut = void CheckOut(handle, string)
    CanCheckOut = bool CanCheckOut(handle, string)
    Open = handle Open(handle, Variant, Variant(Optional))

% 调用 Add 方法建立一个空白文档,并返回其句柄 Document
>> Document = Word.Documents.Add;

% 通过下面的命令查看 Document 的类型
>> Document.isinterface      % 判断 Document 是否是一个接口

ans =

     1

>> Document.ishandle         % 判断 Document 是否是一个句柄

ans =

     1

>> Document.iscom            % 判断 Document 是否是一个 COM 对象

ans =

     0
```

可以看到 Document 是一个指向空白文档的接口,它还是一个句柄,但它不是一个 COM 对象。通过 Document 接口下的其他接口,用户可以定制自己的文档。

2. 页面设置

Document 接口下有一个 PageSetup 接口,它其实也是 Document 的一个属性,运行下面的命令查看 PageSetup 的所有属性。

```
% 查看 Document 接口下的 PageSetup 接口的所有属性
>> Document.PageSetup.get
                Application: [1x1 Interface.Microsoft_Word_11.0]
                    Creator: 1.2973e+009
                     Parent: [1x1 Interface.Microsoft_Word_11.0]
                  TopMargin: 72
               BottomMargin: 72
                 LeftMargin: 90
                RightMargin: 90
                     Gutter: 0
                  PageWidth: 595.3000
                 PageHeight: 841.9000
                Orientation: 'wdOrientPortrait'
             FirstPageTray: 'wdPrinterDefaultBin'
```

```
                 OtherPagesTray: 'wdPrinterDefaultBin'
              VerticalAlignment: 'wdAlignVerticalTop'
                  MirrorMargins: 0
                 HeaderDistance: 42.5500
                 FooterDistance: 49.6000
                   SectionStart: 'wdSectionNewPage'
      OddAndEvenPagesHeaderFooter: 0
    DifferentFirstPageHeaderFooter: 0
               SuppressEndnotes: 0
                   LineNumbering: [1x1 Interface.Microsoft_Word_11.0 ]
                     TextColumns: [1x1 Interface.Microsoft_Word_11.0 ]
                       PaperSize: 'wdPaperA4'
                    TwoPagesOnOne: 0
                        CharsLine: 39
                        LinesPage: 44
                 ShowGrid: 'Error: Argument not found, argument 1'
                     GutterStyle: 0
                SectionDirection: 'wdSectionDirectionLtr'
                      LayoutMode: 'wdLayoutModeLineGrid'
                       GutterPos: 'wdGutterPosLeft'
                 BookFoldPrinting: 0
              BookFoldRevPrinting: 0
          BookFoldPrintingSheets: 1
```

通过修改PageSetup的属性的属性值,可以进行页面设置,例如:

```
>> Document.PageSetup.TopMargin = 60;          % 上边距 60 磅
>> Document.PageSetup.BottomMargin = 45;       % 下边距 45 磅
>> Document.PageSetup.LeftMargin = 45;         % 左边距 45 磅
>> Document.PageSetup.RightMargin = 45;        % 右边距 45 磅
```

以上命令用来修改页面的上、下、左、右页边距,单位为磅(Point)。

PageSetup的VerticalAlignment属性用来设置垂直对齐方式,它是一个枚举类型的属性(Enumerated Properties),通过如下命令查看VerticalAlignment属性的每一个可能的属性值。

```
>> Document.PageSetup.set('VerticalAlignment')

ans =

    'wdAlignVerticalTop'
    'wdAlignVerticalCenter'
    'wdAlignVerticalJustify'
    'wdAlignVerticalBottom'
```

可以看到它有4个可能的属性值,分别表示顶端对齐、居中对齐、两端对齐和底端对齐。

PageSetup的Orientation属性用来设置页面方向,它也是一个枚举类型的属性,它有2个可能的取值:'wdOrientPortrait'(纵向,这是默认值)和'wdOrientLandscape'(横向),例如通过命令

```
>> Document.PageSetup.Orientation = 'wdOrientLandscape';
```

设置页面方向为横向。

PageSetup 的 PaperSize 属性用来设置纸张大小,它也是一个枚举类型的属性,有 42 个可能的取值,可以通过与前面类似的方式查看,这里不再列举。关于 PageSetup 的其余属性,这里也不再作过多解释,从属性名的英文缩写应该不难看出其意义。

3. 写入文字内容

页面设置完毕后,就可以在空白文档中写入文字内容了,这要用到 Word 服务器的 Selection 接口,Document 接口的 Content、Paragraphs 接口,下面分别进行介绍。

(1) Content 接口

利用 Document 的 Content 接口可以在文档指定位置处写入一段文字。Content 接口有很多属性和方法,读者可通过 Content.get 和 Content.methodsview 命令查看。其中 Start 属性用来获取或设定文字内容的起始位置,End 属性用来获取或设定文字内容的终止位置,Text 属性用来写入文字内容,Font 属性用于字体设置,Paragraphs 属性用于段落设置,例如:

```
>> Content = Document.Content;        % 返回 Document 的 Content 接口的句柄
>> Content.Start = 0;                 % 设置文档内容的起始位置
>> headline = '试   卷   分   析';
>> Content.Text = headline;           % 输入文字内容
>> Content.Font.Size  = 16;           % 设置字号为 16
>> Content.Font.Bold  = 4;            % 字体加粗
>> Content.Paragraphs.Alignment = 'wdAlignParagraphCenter';    % 居中对齐
```

以上命令生成标题为“试卷分析”的文档,文档中除标题外还没有其他内容。

(2) Selection 接口

利用 Word 服务器的 Selection 接口可以在文档中选定一个区域,并对所选区域进行相关操作,例如:

```
>> Selection  = Word. Selection;       % 返回 Word 服务器的 Selection 接口的句柄
>> Selection.Start = Content.end;      % 设置选定区域的起始位置为文档内容的末尾
>> Selection.TypeParagraph;            % 回车,另起一段
>> xueqi = '( 2009   —   2010    学年 第一学期)';
>> Selection.Text = xueqi;             % 在选定区域输入文字内容
>> Selection.Font.Size = 12;           % 设置字号为 12
>> Selection.Font.Bold  = 0;           % 字体不加粗
>> Selection.paragraphformat.Alignment = 'wdAlignParagraphCenter';   % 居中对齐
>> Selection.MoveDown;                 % 光标移到所选区域的最后
>> Selection.TypeParagraph;            % 回车,另起一段
>> Selection.TypeParagraph;            % 回车,另起一段
>> Selection.Font.Size = 10.5;         % 设置字号为 10.5
```

Selection 接口的 Start 属性用来设定光标的位置,这里将光标放到“试卷分析”4 个字的后面。TypeParagraph 是 Selection 接口的一个方法,其作用相当于按 Enter 键,这样光标就到了下一行。Selection 接口的 Text 属性用来在光标的后面写入文字内容。与 Content 接口的 Font 属性类似,这里也通过 Font 属性的 Size 和 Bold 属性设置字体大小和粗度。以下 2 条命令等价:

```
>> Selection .paragraphformat.Alignment = 'wdAlignParagraphCenter';
>> Selection .paragraphs.Alignment = 'wdAlignParagraphCenter';
```

都是用来设置文本对齐方式为居中对齐。MoveDown 也是 Selection 接口的一个方法，其作用是取消文字选中状态，将光标移到文字的最后，或将光标移到下一行。本段命令的作用是在文档标题“试卷分析”的下一行写入文字“(2009—2010 学年第一学期)”，字体为 12 号宋体不加粗，然后按两次 Enter 键。

(3) Paragraphs 接口

可以看到 Word 服务器的很多接口下都有 Paragraphs 接口，其作用都是类似的，用来进行段落设置，例如：

```
>> DP = Document.Paragraphs;                  % 返回 Document 的 Paragraphs 接口的句柄
>> DPI1 = DP.Item(1);                         % 返回第 1 个段落的句柄
>> DPI1.Range.Text = ['I''m a teacher working in Tianjin University'...
   'of Science and Technology.'];             % 输入第 1 自然段的文字内容
>> DPI1.Range.ParagraphFormat.Alignment = 'wdAlignParagraphCenter';   % 居中对齐
>> DPI1.Range.Font.Size = 12;                 % 设置字号为 12
>> DPI1.Range.Font.Bold = 4;                  % 字体加粗
>> DPI1.Range.InsertParagraphAfter;           % 在当前自然段的后面插入一个新的自然段
>> DP.Item(2).FirstLineIndent = 25;           % 第 2 自然段首行缩进 25 磅
% 输入第 2 自然段的文字内容
>> DP.Item(2).Range.Text = ['xiexiexiexiexiexiexiexiexiexiexiexiexiexie'...
   'xiexiexiexiexiexiexiexiexiexiexiexiexiexiexiexiexiexiexie'];
>> DP.Item(2).Range.ParagraphFormat.Alignment = 'wdAlignParagraphLeft';   % 左对齐
>> DP.Item(2).Range.Font.Size = 12;           % 设置字号为 12
>> DP.Item(2).Range.Font.Bold = 0;            % 字体不加粗
>> Selection.Start = DP.Item(2).Range.End;    % 将光标移到第 2 自然段的后面
>> Selection.TypeParagraph;                   % 回车，另起一段
```

本段命令中，DP 为 Document 的 Paragraphs 接口的句柄。Item 是 Paragraphs 接口的一个方法，调用该方法需要一个正整数作为输入参数，用来指明自然段的序号，如果输入参数大于文档中自然段的总数，会出现错误，该方法返回一个指向某自然段的句柄，DPI1 即为第 1 自然段的句柄。DPI1 的属性 Range(也是 DPI1 的一个接口)用来对第 1 自然段进行设置，利用 Range 接口的 Text 属性写入第 1 自然段的内容，利用 Range 接口下的 ParagraphFormat(或 Paragraphs)接口的 Alignment 属性，设置第 1 自然段中文字的对齐方式为居中对齐。字体与粗度的设置与前面类似，用到了 Font 属性(也是一个接口)。InsertParagraphAfter 是 Range 接口的一个方法，其作用是在当前自然段的后面插入一个新的自然段。以下第 1 条命令与后两条命令起的作用基本相同：

```
>> DPI1.Range.InsertParagraphAfter;
>> Selection.Start = DP.Item(1).Range.End;
>> Selection.TypeParagraph;
```

实际上通过 Range 接口的 End 属性找到一个自然段的结束位置，把光标放在那里，然后按 Enter 键，就相当于在当前自然段的后面插入一个新的自然段。只有在第 1 自然段的后面插入一个新的自然段，才能对第 2 自然段进行设置，设置方法与第 1 自然段类似，这里不再赘述。

DP.Item(2)接口的 FirstLineIndent 属性用来设置第 2 自然段的首行缩进，上面设置 FirstLineIndent 属性的属性值为 25(单位：磅)，也就是说第 2 自然段首行缩进 25 磅。通过下

面的命令可以统一设置一个文档中所有自然段的首行缩进。

```
>> Document.Paragraphs.FirstLineIndent = 25;    % 设置所有自然段的首行缩进为25磅
```

14.3.3 插入表格

1. 插入表格

Document接口下有一个Tables接口,实际上Word和Document的很多接口下都有Tables接口,比如Word.ActiveDocument、Word.Selection、Document.Paragraphs.Item(1).Range和Document.Content接口等。这些Tables接口的作用是相同的,用来在文档中插入表格。Tables接口的属性和方法如下:

```
>> Document.Tables.get       % 查看Tables接口的所有属性
           Count: 0
     Application: [1x1 Interface.Microsoft_Word_11.0_Object_Library._Application]
         Creator: 1.2973e+009
          Parent: [1x1 Interface.Microsoft_Word_11.0_Object_Library._Document]
    NestingLevel: 1
>> Document.Tables.invoke      % 查看Tables接口的所有方法
    Item = handle Item(handle, int32)
    Add = handle Add(handle, handle, int32, int32, Variant(Optional))
```

Count属性值为0,表示当前文档中没有表格。Item方法用来返回指向某个表格的句柄,其输入参数为正整数,表示表格的序号。Add方法用来在文档中插入一个新的表格,其调用格式如下:

```
Document.Tables.Add(handle, m, n);
```

其中,输入参数handle为某个句柄,指向需要插入表格的位置;m为表格行数;n为表格列数。

利用下面的命令在光标所在的位置插入一个12行9列的表格:

```
>> Tables = Document.Tables.Add(Selection.Range, 12, 9);
```

该命令同时返回表格的句柄Tables,可通过该句柄对表格进行相关设置。

利用下面的命令在文档的第1段落所在的位置插入一个2行2列的表格:

```
>> Tables2  = Document.Tables.Add(Document.Paragraphs.Item(1).Range, 2, 2);
```

该命令同时返回表格的句柄Tables2,可通过该句柄对表格进行相关设置。需要注意的是,该命令会把第1段落的内容覆盖掉。

2. 设置表格边框

以上命令插入的表格默认是没有边框的,需要用户自己定义边框的线型、粗度和颜色等。在对某个表格进行边框设置时,应先获取该表格的句柄。例如当文档中有多个表格,需要设置文档中第1个表格的边框时,首先利用命令

```
>> DTI = Document.Tables.Item(1);     % 获取第1个表格的句柄
```

获取第1个表格的句柄DTI(如无特别说明,后面的DTI泛指某个表格的句柄)。也可以把插

入第 1 个表格时获取的句柄 Tables 直接赋给 DTI。DTI 有一个属性 Borders，它其实也是一个接口，用来设置表格边框。Borders 的部分属性如下：

```
>> DTI.Borders.get      % 查看 Borders 接口的所有属性
                    Count: 8
           InsideLineStyle: 'wdLineStyleNone'
          OutsideLineStyle: 'wdLineStyleNone'
           InsideLineWidth: 0
          OutsideLineWidth: 0
          InsideColorIndex: 'wdAuto'
         OutsideColorIndex: 'wdAuto'
           DistanceFromTop: 1
          DistanceFromLeft: 4
        DistanceFromBottom: 1
         DistanceFromRight: 4
               InsideColor: 'wdColorAutomatic'
              OutsideColor: 'wdColorAutomatic'
```

Count 属性值为 8，表示一个表格有 8 种线（注意不是线型），分别对应上边框、左边框、下边框、右边框、内横线、内竖线、左上至右下内斜线和左下至右上内斜线，请读者自行尝试以下命令所带来的变化。

```
>> DTI.Borders.Item(1).LineStyle = 'wdLineStyleSingle';   % 设置表格上边框线型
>> DTI.Borders.Item(2).LineStyle = 'wdLineStyleSingle';   % 设置表格左边框线型
>> DTI.Borders.Item(3).LineStyle = 'wdLineStyleSingle';   % 设置表格下边框线型
>> DTI.Borders.Item(4).LineStyle = 'wdLineStyleSingle';   % 设置表格右边框线型
>> DTI.Borders.Item(5).LineStyle = 'wdLineStyleSingle';   % 设置表格内横线线型
>> DTI.Borders.Item(6).LineStyle = 'wdLineStyleSingle';   % 设置表格内竖线线型
>> DTI.Borders.Item(7).LineStyle = 'wdLineStyleSingle';   % 设置表格内斜线线型
>> DTI.Borders.Item(8).LineStyle = 'wdLineStyleSingle';   % 设置表格内斜线线型
```

Borders 接口的 InsideLineStyle 属性用来设置表格内边框线型，OutsideLineStyle 属性用来设置表格外边框线型，InsideLineWidth 属性用来设置表格内边框线宽，OutsideLineWidth 属性用来设置表格外边框线宽，InsideColorIndex 和 InsideColor 属性用来设置表格内边框线条颜色，OutsideColorIndex 和 OutsideColor 属性用来设置表格外边框线条颜色，它们都是枚举类型的属性，所有可能的属性值通过下面命令查看：

```
>> DTI.Borders.set('属性名')
```

以上属性的可能取值如表 14.3-1 所列。

表 14.3-1　Borders 的属性的属性值

InsideLineStyle 和 OutsideLineStyle 属性	InsideColor 和 OutsideColor 属性		InsideLineWidth 和 OutsideLineWidth	InsideColorIndex 和 OutsideColorIndex
wdLineStyleNone	wdColorAutomatic	wdColorRose	wdLineWidth025pt	wdAuto
wdLineStyleSingle	wdColorBlack	wdColorTan	wdLineWidth050pt	wdBlack
wdLineStyleDot	wdColorBlue	wdColorLightYellow	wdLineWidth075pt	wdBlue
wdLineStyleDashSmallGap	wdColorTurquoise	wdColorLightGreen	wdLineWidth100pt	wdTurquoise

续表 14.3-1

InsideLineStyle 和 OutsideLineStyle 属性	InsideColor 和 OutsideColor 属性		InsideLineWidth 和 OutsideLineWidth	InsideColorIndex 和 OutsideColorIndex
wdLineStyleDashLargeGap	wdColorBrightGreen	wdColorLightTurquoise	wdLineWidth150pt	wdBrightGreen
wdLineStyleDashDot	wdColorPink	wdColorPaleBlue	wdLineWidth225pt	wdPink
wdLineStyleDashDotDot	wdColorRed	wdColorLavender	wdLineWidth300pt	wdRed
wdLineStyleDouble	wdColorYellow	wdColorGray05	wdLineWidth450pt	wdYellow
wdLineStyleTriple	wdColorWhite	wdColorGray10	wdLineWidth600pt	wdWhite
wdLineStyleThinThickSmallGap	wdColorDarkBlue	wdColorGray125		wdDarkBlue
wdLineStyleThickThinSmallGap	wdColorTeal	wdColorGray15		wdTeal
wdLineStyleThinThickThinSmallGap	wdColorGreen	wdColorGray20		wdGreen
wdLineStyleThinThickMedGap	wdColorViolet	wdColorGray25		wdViolet
wdLineStyleThickThinMedGap	wdColorDarkRed	wdColorGray30		wdDarkRed
wdLineStyleThinThickThinMedGap	wdColorDarkYellow	wdColorGray35		wdDarkYellow
wdLineStyleThinThickLargeGap	wdColorBrown	wdColorGray375		wdGray50
wdLineStyleThickThinLargeGap	wdColorOliveGreen	wdColorGray40		wdGray25
wdLineStyleThinThickThinLargeGap	wdColorDarkGreen	wdColorGray45		wdByAuthor
wdLineStyleSingleWavy	wdColorDarkTeal	wdColorGray50		wdAuto
wdLineStyleDoubleWavy	wdColorIndigo	wdColorGray55		
wdLineStyleDashDotStroked	wdColorOrange	wdColorGray60		
wdLineStyleEmboss3D	wdColorBlueGray	wdColorGray625		
wdLineStyleEngrave3D	wdColorLightOrange	wdColorGray65		
wdLineStyleOutset	wdColorLime	wdColorGray70		
wdLineStyleInset	wdColorSeaGreen	wdColorGray75		
	wdColorAqua	wdColorGray80		
	wdColorLightBlue	wdColorGray85		
	wdColorGold	wdColorGray875		
	wdColorSkyBlue	wdColorGray90		
	wdColorPlum	wdColorGray95		

利用如下形式的命令来设置表格边框线的各项属性:

```
>> DTI.Borders.属性名 = '属性值' ;
```

3. 设置表格行高和列宽

DTI 的 Rows 属性(也是一个接口)是指向表格各行的接口,Columns 属性(也是一个接口)是指向表格各列的接口,通过这两个接口来设置表格的行高、列宽和对齐方式等。Rows 和 Columns 接口的 Item 方法用于获取某一行或列的句柄,例如 DTI.Rows.Item(i)和 DTI.Columns.Item(j)分别为第 i 行和第 j 列的句柄。为行句柄下的 Height 属性和列句柄下的

Width 属性分别赋值，即可完成行高和列宽的设置，例如：

```
% 在光标所在位置插入一个 12 行 9 列的表格
>> Tables = Document.Tables.Add(Selection.Range,12,9);
% 返回第 1 个表格的句柄
>> DTI = Document.Tables.Item(1);      % 或 DTI = Tables;
% 定义表格列宽向量和行高向量
>> column_width = [53.7736,85.1434,53.7736,35.0094,35.0094,...
                  76.6981,55.1887,52.9245,54.9057];
>> row_height = [28.5849,28.5849,28.5849,28.5849,25.4717,25.4717,...
                32.8302,312.1698,17.8302,49.2453,14.1509,18.6792];

% 通过循环设置表格每列的列宽
>> for i = 1:9
       DTI.Columns.Item(i).Width = column_width(i);
   end

% 通过循环设置表格每行的行高
>> for i = 1:12
       DTI.Rows.Item(i).Height = row_height(i);
   end
```

4. 设置对齐方式

可以设置整个表格的对齐方式，也可以设置每一个单元格的对齐方式，下面分别进行介绍。

(1) 整体设置

Rows 接口的 Alignment 属性用来设置整个表格的水平对齐方式。

```
>> DTI.Rows.set('Alignment')

ans =

    'wdAlignRowLeft'
    'wdAlignRowCenter'
    'wdAlignRowRight'

>> DTI.Rows.Alignment = 'wdAlignRowCenter';
```

可以看到，Alignment 属性有 3 个可能的取值，分别表示靠左、居中和靠右。上面最后一条命令设置表格整体居中。这种设置只对整个表格起作用，对表格中的各单元格不起作用。下面给出 3 种方式，从整体上设置各单元格的水平对齐方式。

```
>> DTI.Range.ParagraphFormat.Alignment = 'wdAlignParagraphCenter';   % 居中对齐
>> DTI.Range.Paragraphs.Alignment = 'wdAlignParagraphCenter';        % 居中对齐
>> DTI.Select;
>> Selection.ParagraphFormat.Alignment = 'wdAlignParagraphCenter';   % 居中对齐
```

(2) 按单元格分别设置

通过 DTI 接口的 Cell 方法，可以对每一个单元格分别设置水平和垂直对齐方式。Cell 方法的调用格式为：

```
handle = DTI.Cell(i, j)
```

其中,输入参数i表示单元格所在的行序号,j表示单元格所在的列序号;输出handle为指向该单元格的句柄。通过handle下的接口和属性来设置该单元格的水平和垂直对齐方式,例如:

```
% 设置表格的第1个单元格水平居中对齐
>> DTI.Cell(1,1).Range.Paragraphs.Alignment = 'wdAlignParagraphCenter';
% 设置表格的第1个单元格垂直居中对齐
>> DTI.Cell(1,1).VerticalAlignment = 'wdCellAlignVerticalCenter';
```

这两条命令分别设置第1行、第1列交叉位置的单元格对齐方式为水平居中、垂直居中。

5. 合并单元格

根据实际需要,有时候需合并某些单元格,构造出比较个性化的表格。单元格接口句柄DTI.Cell(i, j)下的Merge方法用于合并单元格,其调用格式如下:

DTI.Cell(i1, j1).Merge(DTI.Cell(i2, j2));

该命令将第i1行、第j1列交叉位置到第i2行、第j2列交叉位置之间的单元格合并成一个单元格。其中,DTI可以是指定表格的句柄,如DTI=Document.Tables.Item(k)为第k个表格的句柄。需要注意的是Merge方法没有输出。

6. 输入单元格内容

当表格设置完成后,输入单元格内容就是非常简单的事情了,例如:

```
>> DTI.Cell(1,1).Range.Text = '课程名称';
>> DTI.Cell(1,3).Range.Text = '课程号';
>> DTI.Cell(1,5).Range.Text = '任课教师学院';
>> DTI.Cell(1,7).Range.Text = '任课教师';
>> DTI.Cell(2,1).Range.Text = '授课班级';
```

注意: 当表格中有合并的单元格时,单元格的位置可能会有变化,应找准单元格的位置,然后按上述方式输入单元格内容。

14.3.4 插入图片

当Word文档中需要粘贴大量图片时,利用MATLAB自动插入图片就显得非常重要和实用。按照图片来源,下面分别介绍插入外部图片和插入内部图片。

1. InlineShapes 接口和 InlineShape 对象

Document和Word.Selection接口下都有一个InlineShapes属性,并且还是接口,利用这个接口可以对InlineShape对象进行设置。所谓的InlineShape对象是指以下类型的对象。

```
>> InlineShapes  = Document.InlineShapes  ;      % 返回 InlineShapes 接口的句柄
>> InlineShapes.Item(1).set('Type')              % 查看 InlineShape 对象的类型
ans =
    'wdInlineShapeEmbeddedOLEObject'
    'wdInlineShapeLinkedOLEObject'
    'wdInlineShapePicture'
    'wdInlineShapeLinkedPicture'
```

```
'wdInlineShapeOLEControlObject'
'wdInlineShapeHorizontalLine'
'wdInlineShapePictureHorizontalLine'
'wdInlineShapeLinkedPictureHorizontalLine'
'wdInlineShapePictureBullet'
'wdInlineShapeScriptAnchor'
'wdInlineShapeOWSAnchor'
```

需要说明的是，只有当文档中有 InlineShape 对象时，上面的命令才可正确执行。可以看到 InlineShape 对象可以是嵌入式 OLE 对象、链接式 OLE 对象、嵌入式图片、OLE 控件对象和水平线等。Word 文档中一幅版式为嵌入式的图片就是一个 InlineShape 对象。可以将 InlineShape 对象理解为代表文档文字层的对象，InlineShape 对象被视为字符，可将其像字符一样放置于一行文本中。

2. Shapes 接口和 Shape 对象

Document 接口下有一个 Shapes 属性，它也是一个接口，利用它可以对 Shape 对象进行设置。Shape 对象的类型有 24 种，这里不再一一列举。请读者自己运行下面的命令，查看 Shape 对象的类型。

```
>> Shapes  = Document.Shapes  ;       % 返回 Shapes 接口的句柄
>> Shapes.Item(1).set('Type')         % 查看 Shape 对象的类型
```

可以将 Shape 对象理解为代表图形层的对象，诸如自选图形、任意多边形、OLE 对象、ActiveX 控件以及图片等。Shape 对象锁定于文本范围内，但是能够任意移动，使用户可以将它们定位于页面的任何位置。Word 文档中一幅版式为四周型、紧密型、衬于文字下方或浮于文字上方的图片就是一个 Shape 对象。

3. 插入外部图片

若图片以文件的形式已存在于硬盘上，则称之为外部图片。利用 InlineShape 接口和 Shapes 接口均可插入外部图片。

(1) 插入 InlineShape 对象

利用 InlineShapes 接口下的 AddPicture 方法，可以在 Word 文档中插入外部图片，其调用格式如下：

```
handle = Document.InlineShapes.AddPicture('外部图片所在路径');
handle = Selection.InlineShapes.AddPicture('外部图片所在路径');
```

其中，第 1 条命令在整个文档的左上角（默认锚点位置）插入一幅外部图片，第 2 条命令在当前光标位置插入一幅外部图片。两条命令均返回当前 InlineShape 对象（刚插入的图片）的句柄 handle。

当 Word 文档中有多个 InlineShape 对象时，InlineShapes 接口下的 Item 方法可用来获取某个 InlineShape 对象的句柄，其调用格式为：

```
handle = Document.InlineShapes.Item(i);
```

其中，输入参数 i 为 InlineShape 对象的序号。

(2) 插入 Shape 对象

Shapes 接口下也有 AddPicture 方法，同样可以在 Word 文档中插入外部图片，其调用格式

式如下:

```
handle = Document.Shapes.AddPicture('外部图片所在路径');
handle = Document.Shapes.AddPicture('图片路径', LinkToFile, SaveWithDocument, ...
                                    Left, Top, Width, Height, Anchor)
```

其中,第 1 条命令在整个文档的左上角(默认锚点位置)插入一幅外部图片;第 2 条命令中多了 7 个输入参数,关于它们的说明如表 14.3-2 所列。

表 14.3-2　AddPicture 方法支持的参数列表

参　数	说　明
LinkToFile	取值为 1 或 'True' 时,建立图片与其源文件之间的链接 取值为 0 或 'False' 时,使图片成为其源文件的独立副本
SaveWithDocument	取值为 1 或 'True' 时,将链接图片与该图片插入的文档一起保存 取值为 0 或 'False' 时,在文档中只保存链接信息
Left	图片左上角与锚点的水平距离,单位为磅,默认锚点位置为整个文档左上角
Top	图片左上角与锚点的垂直距离,单位为磅
Width	图片宽度,单位为磅
Height	图片高度,单位为磅
Anchor	用来指定锚点位置,从而指定图片插入位置。Anchor 参数指定的位置所处段落的起始位置就是锚点位置

可以看出,第 2 条命令的作用是指定锚点位置,并在距离锚点一定位置处插入一幅外部图片。后 7 个参数不是必需的,可以为空或从后向前忽略某些参数。需要注意的是,参数 LinkToFile 和 SaveWithDocument 的值不能同时为 0 或 'False',但可以同时为空 []。

【例 14.3-1】　在 Word 中光标位置处插入一幅图片,版式为嵌入式,然后再在指定位置加入一幅图片,版式为浮于文字上方。代码如下:

```
>> filename = [matlabroot '\toolbox\images\imdemos\football.jpg'];    % 图片完整路径
% 在光标位置处插入一幅图片,版式为嵌入式
>> handle1 = Selection.InlineShapes.AddPicture(filename);
% 在指定位置处加入一幅图片,版式为浮于文字上方
>> handle2 = Document.Shapes.AddPicture(filename, [], [], 180, 50, 200, 170);
```

效果如图 14.3-1 所示。

下面的命令指定 Anchor 参数为当前光标位置,并在光标所处段落的初始位置插入一幅外部图片。

```
>> Anchor = Selection.Range;       % 设置锚点位置为当前光标所在段落的起始位置
>> handle3  = Document.Shapes.AddPicture(filename,1,0,180,50,200,170,Anchor);
```

当 Word 文档中有多个 Shape 对象时,Shapes 接口下的 Item 方法可用来获取某个 Shape 对象的句柄,调用格式为:

```
handle = Document.Shapes.Item(i);
```

其中,输入参数 i 为 Shape 对象的序号。

图 14.3-1　插入外部图片效果图

4. 插入内部图片

所谓的内部图片就是由 MATLAB 作图命令生成的、还在 Figure 图形窗口中的图片。它们可能还没有被保存到硬盘上，但是同样可以把它们插入到 Word 文档中。

Word 服务器下的很多接口都有 Paste 和 PasteSpecial 方法，它们的作用就是将复制到剪贴板的内容粘贴到 Word 文档中，这里的内容可以是文字、公式、表格和图片等，也可以是外部文件。也就是说只要是能复制到剪贴板的内容，都可以通过 Paste 和 PasteSpecial 方法，把它们插入到 Word 文档中。这里介绍 Selection 接口的 Paste 和 PasteSpecial 方法，它们的调用格式如下：

```
Selection. Paste
Selection. PasteSpecial
```

以上命令用于在当前光标位置处插入剪贴板内容，其中第 2 条命令用于特殊格式的粘贴（即选择性粘贴），它们都可用于插入内部图片。需要注意的是，当剪贴板为空没有内容时，上面的调用会出错。

【例 14.3-2】 调用 normrnd 函数生成 1000 个服从正态分布的随机数，作出频数直方图，并把它插入到 Word 文档中。代码如下：

```
% 调用 normrnd 函数生成 1000 个服从正态分布的随机数
>> rng('default');                  % 设置随机数生成器的初始状态
>> data = normrnd(75,6,1000,1);  % 生成正态分布随机数
% 新建一个图形窗口，设置为不可见状态
>> zft = figure('units','normalized','position',...
           [0.280469 0.553385 0.428906 0.251302],'visible','off');
% 设置坐标系的位置和大小
>> set(gca,'position',[0.1 0.2 0.85 0.75]);
>> hist(data);                      % 绘制频数直方图
>> grid on;                         % 添加参考网格
>> xlabel('考试成绩');              % 为 X 轴加标签
>> ylabel('人数');                  % 为 Y 轴加标签
>> hgexport(zft, '-clipboard');  % 将图形复制到剪贴板
```

```
>> delete(zft);                  % 删除图形句柄
>> Selection.Paste;              % 在当前光标位置处插入剪贴板上的图片,版式为嵌入式
>> Selection.TypeParagraph;      % 回车,另起一段
>> Selection.PasteSpecial;       % 在当前光标位置处插入剪贴板上的图片,版式为浮于文字上方
```

以上代码产生的效果如图14.3-2所示。从上面代码可以看到,用MATLAB作图命令作出图形后,只要将图形复制到剪贴板,就可以通过Paste和PasteSpecial方法把图形插入到Word文档。

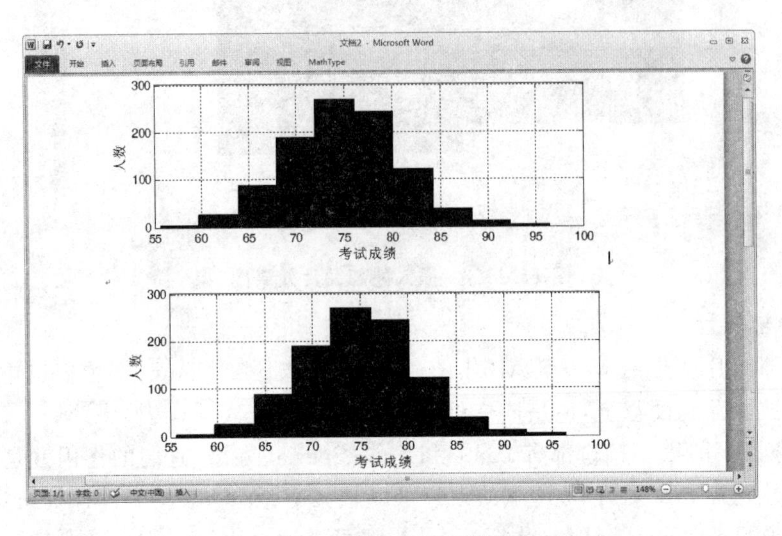

图14.3-2 插入内部图片效果图

将图形复制到剪贴板,用到了函数hgexport,该函数用于将MATLAB绘制的图形导出到文件或剪贴板,其调用格式如下:

```
hgexport(h, filename)
hgexport(h,'-clipboard')
```

这里的h为图形窗口句柄,即Figure对象句柄。第1条命令中的filename可以为导出的图片的文件名,也可以为'-clipboard';当是文件名时,还可以通过第3个输入options(结构体数组)来设置导出图片的格式、颜色、大小等属性,例如:

```
>> hist(normrnd(75,6,1000,1));      % 绘制正态分布随机数的频数直方图
% 按指定格式在D盘根目录下导出一个图片文件xie.jpg
>> options.Format = 'jpeg';
>> options.Color = 'bw';
>> hgexport(gcf, 'D:\xie.jpg', options);
```

这段命令在D盘根目录下导出一个图片文件xie.jpg。

再回到例14.3-2。对于内部图片,利用Paste方法将其插入到Word文档后,图片版式为嵌入式,也就是说此时图片为InlineShape对象,InlineShapes接口的Count属性值增加1。而利用PasteSpecial方法将其插入到Word文档后,默认图片版式为浮于文字上方,此时图片为Shape对象,Shapes接口的Count属性值增加1。

5. InlineShape对象与Shape对象的相互转换

InlineShape对象与Shape对象可以相互转换。在通过InlineShapes接口的Item方法获取 InlineShape 对象的句柄 Document. InlineShapes. Item(i)后，可以看到 Document. Inline-Shapes. Item(i)有一个 ConvertToShape 方法，用来将 InlineShape 对象转成 Shape 对象，调用格式为：

```
handle = Document.InlineShapes.Item(i).ConvertToShape ;
```

这里返回的句柄 handle 为转换成的 Shape 对象的句柄。

在通过 Shapes 接口下的 Item 方法获取 Shape 对象的句柄 Document. Shapes. Item(i)后，可以看到 Document. Shapes. Item(i)有一个 ConvertToInlineShape 方法，用来将 Shape 对象转成 InlineShape 对象，调用格式为：

```
handle = Document. Shapes.Item(i).ConvertToInlineShape ;
```

这里返回的句柄 handle 为转换成的 InlineShape 对象的句柄。

6. 设置图片的版式(或文字环绕方式)

对于作为 Shape 对象的图片，可以设置其版式，即文字环绕方式，而对于作为 InlineShape 对象的图片，却不能直接利用 MATLAB 进行版式设置。

首先获取某个 Shape 对象的句柄 Document. Shapes. Item(i)，它的 WrapFormat 接口下有一个枚举类型的属性 Type，其可能的取值及说明如表 14.3-3 所列。

表 14.3-3　WrapFormat. Type 属性及说明

属性值(TypeString or TypeNum)	文字环绕方式说明
wdWrapSquare 或 0	四周型
wdWrapTight 或 1	紧密型
wdWrapThrough 或 2	穿越型
wdWrapNone 或 3	若当前版式为四周型或上下型，则本次改为浮于文字上方 若当前版式为紧密型或穿越型，则本次改为衬于文字下方
wdWrapTopBottom 或 4	上下型
wdWrapNone 或 5	衬于文字下方
wdWrapNone 或 6	浮于文字上方

可按如下方式修改 Type 的属性值：

```
Document.Shapes.Item(i).WrapFormat.Type = 'TypeString' ;
Document.Shapes.Item(i).WrapFormat.Type = TypeNum ;
```

其中，第 1 行命令中的 TypeString 为表示属性值的字符串，第 2 行命令中的 TypeNum 为表示属性值的实数值。

7. 设置图片叠放次序

对于 Shape 对象的图片，还可以设置图片的叠放次序。这要用到 Document. Shapes. Item(i)接口的 ZOrder 方法，该方法的调用格式为：

```
Document.Shapes.Item(i).ZOrder( MsoZOrderCmd )
```

这里的 i 表示 Shape 对象的序号，输入参数 MsoZOrderCmd 可以是字符串，也可以是数字,其可能的取值及说明如表14.3-4所列。

表14.3-4 ZOrder方法的输入参数及其说明

输入参数取值(MsoZOrderCmd)	图片叠放次序说明
'msoBringToFront' 或 0	置于顶层
'msoSendToBack' 或 1	置于底层
'msoBringForward' 或 2	上移一层
'msoSendBackward' 或 3	下移一层
'msoBringInFrontOfText' 或 4	浮于文字上方
'msoSendBehindText' 或 5	衬于文字下方

注意: 当一个Word文档中有多个Shape对象的图片时,随着图片叠放次序的改变,Shape对象的序号也会发生改变,因为当多个Shape对象叠放在一起的时候,越往底层的Shape对象的序号越小,在获取对象句柄时应注意到这个问题。

14.3.5 保存文档

当整个Word文档设计完成之后,需要把它保存到硬盘上,这要用到Document接口下的SaveAs方法(适用于Word 2003版本,在Word 2007和Word 2010中已改为SaveAs 2)和Save方法,它们的调用格式如下:

```
Document.SaveAs('FilenameAndPath');      % 适用于Word2003版本
Document.SaveAs2('FilenameAndPath');     % 适用于Word2007和Word2010版本
Document.Save;
```

其中,FilenameAndPath字符串用来指定文件名及保存路径,例如:

```
% 把文档Document保存到D盘根目录下,文件名为xiezhh.doc
>> Document.SaveAs('D:\xiezhh.doc');     % 适用于Word2003版本
>> Document.SaveAs2('D:\xiezhh.doc');    % 适用于Word2007和Word2010版本
```

文档第1次保存时,若用Save方法,会弹出一个保存文档的界面,让用户指定文件名和选择保存路径。若用SaveAs方法,默认保存到"我的文档"文件夹。当不指定文件名和路径时,文档被自动命名并保存到"我的文档"文件夹;当只指定路径不指定文件名时,会出现错误。

14.3.6 完整代码

前面以一定的篇幅分别介绍了利用MATLAB生成Word文档时所涉及的一些关键方法,这里再给出完整代码,供读者参考。本代码用来生成一个带有表格和图片的试卷分析,效果如图14.3-3所示。

```
function ceshi_Word
% 利用MATLAB生成Word文档
%
%    Copyright xiezhh
```

```
% 设定测试 Word 文件名和路径
filespec_user = [pwd '\测试.doc'];

% 判断 Word 是否已经打开,若已打开,就在打开的 Word 中进行操作,否则就打开 Word
try
    % 若 Word 服务器已经打开,返回其句柄 Word
    Word = actxGetRunningServer('Word.Application');
catch
    % 创建一个 Microsoft Word 服务器,返回句柄 Word
    Word = actxserver('Word.Application');
end;

Word.Visible = 1;                              % 设置 Word 属性为可见

% 若测试文件存在,打开该测试文件,否则,新建一个文件,并保存,文件名为测试.doc
if exist(filespec_user,'file');
    Document = Word.Documents.Open(filespec_user);
    % Document = invoke(Word.Documents,'Open',filespec_user);
else
    Document = Word.Documents.Add;
    try
        Document.SaveAs(filespec_user);        % 适用于 Word2003 版本
    catch
        Document.SaveAs2(filespec_user);       % 适用于 Word2007 和 Word2010 版本
    end
end

Content = Document.Content;                    % 返回 Content 接口句柄
Selection = Word.Selection;                    % 返回 Selection 接口句柄
Paragraphformat = Selection.ParagraphFormat;% 返回 ParagraphFormat 接口句柄

% 页面设置
Document.PageSetup.TopMargin = 60;             % 上边距 60 磅
Document.PageSetup.BottomMargin = 45;          % 下边距 45 磅
Document.PageSetup.LeftMargin = 45;            % 左边距 45 磅
Document.PageSetup.RightMargin = 45;           % 右边距 45 磅

% 设定文档内容的起始位置和标题
Content.Start = 0;                             % 设置文档内容的起始位置
headline = '试  卷  分  析';
Content.Text = headline;                       % 输入文字内容
Content.Font.Size = 16 ;                       % 设置字号为 16
Content.Font.Bold = 4 ;                        % 字体加粗
Content.Paragraphs.Alignment = 'wdAlignParagraphCenter';     % 居中对齐

Selection.Start = Content.end;                 % 设定下面内容的起始位置
Selection.TypeParagraph;                       % 回车,另起一段

xueqi = '( 2009   —   2010    学年 第一学期)';
```

```
Selection.Text = xueqi;                          % 在当前位置输入文字内容
Selection.Font.Size = 12;                        % 设置字号为12
Selection.Font.Bold = 0;                         % 字体不加粗
Selection.MoveDown;                              % 光标下移(取消选中)
Paragraphformat.Alignment = 'wdAlignParagraphCenter';    % 居中对齐
Selection.TypeParagraph;                         % 回车,另起一段
Selection.TypeParagraph;                         % 回车,另起一段
Selection.Font.Size = 10.5;                      % 设置字号为10.5

% 在光标所在位置插入一个12行9列的表格
Tables = Document.Tables.Add(Selection.Range,12,9);

% 返回第1个表格的句柄
DTI = Document.Tables.Item(1);                   % 或 DTI = Tables;

% 设置表格边框
DTI.Borders.OutsideLineStyle = 'wdLineStyleSingle';
DTI.Borders.OutsideLineWidth = 'wdLineWidth150pt';
DTI.Borders.InsideLineStyle = 'wdLineStyleSingle';
DTI.Borders.InsideLineWidth = 'wdLineWidth150pt';
DTI.Rows.Alignment = 'wdAlignRowCenter';
DTI.Rows.Item(8).Borders.Item(1).LineStyle = 'wdLineStyleNone';
DTI.Rows.Item(8).Borders.Item(3).LineStyle = 'wdLineStyleNone';
DTI.Rows.Item(11).Borders.Item(1).LineStyle = 'wdLineStyleNone';
DTI.Rows.Item(11).Borders.Item(3).LineStyle = 'wdLineStyleNone';

% 设置表格列宽和行高
column_width = [53.7736,85.1434,53.7736,35.0094,...
    35.0094,76.6981,55.1887,52.9245,54.9057];             % 定义列宽向量
row_height = [28.5849,28.5849,28.5849,28.5849,25.4717,25.4717,...
    32.8302,312.1698,17.8302,49.2453,14.1509,18.6792];    % 定义行高向量
% 通过循环设置表格每列的列宽
for i = 1:9
    DTI.Columns.Item(i).Width = column_width(i);
end
% 通过循环设置表格每行的行高
for i = 1:12
    DTI.Rows.Item(i).Height = row_height(i);
end

% 通过循环设置每个单元格的垂直对齐方式
for i = 1:12
    for j = 1:9
        DTI.Cell(i,j).VerticalAlignment = 'wdCellAlignVerticalCenter';
    end
end

% 合并单元格
DTI.Cell(1, 4).Merge(DTI.Cell(1, 5));
```

```
DTI.Cell(2, 4).Merge(DTI.Cell(2, 5));
DTI.Cell(3, 4).Merge(DTI.Cell(3, 5));
DTI.Cell(4, 4).Merge(DTI.Cell(4, 5));
DTI.Cell(5, 2).Merge(DTI.Cell(5, 5));
DTI.Cell(5, 3).Merge(DTI.Cell(5, 6));
DTI.Cell(6, 2).Merge(DTI.Cell(6, 5));
DTI.Cell(6, 3).Merge(DTI.Cell(6, 6));
DTI.Cell(5, 1).Merge(DTI.Cell(6, 1));
DTI.Cell(7, 1).Merge(DTI.Cell(7, 9));
DTI.Cell(8, 1).Merge(DTI.Cell(8, 9));
DTI.Cell(9, 1).Merge(DTI.Cell(9, 3));
DTI.Cell(9, 2).Merge(DTI.Cell(9, 3));
DTI.Cell(9, 3).Merge(DTI.Cell(9, 4));
DTI.Cell(9, 4).Merge(DTI.Cell(9, 5));
DTI.Cell(10, 1).Merge(DTI.Cell(10, 9));
DTI.Cell(11, 5).Merge(DTI.Cell(11, 9));
DTI.Cell(12, 5).Merge(DTI.Cell(12, 9));
DTI.Cell(11, 1).Merge(DTI.Cell(12, 4));

Selection.Start = Content.end;      % 设置光标位置在文档内容的结尾
Selection.TypeParagraph;              % 回车,另起一段
Selection.Text = '主管院长签字:                年      月      日';  % 输入文字内容
Paragraphformat.Alignment = 'wdAlignParagraphRight';          % 右对齐
Selection.MoveDown;      % 光标下移

% 写入表格内容
DTI.Cell(1,1).Range.Text = '课程名称';
DTI.Cell(1,3).Range.Text = '课程号';
DTI.Cell(1,5).Range.Text = '任课教师学院';
DTI.Cell(1,7).Range.Text = '任课教师';
DTI.Cell(2,1).Range.Text = '授课班级';
DTI.Cell(2,3).Range.Text = '考试日期';
DTI.Cell(2,5).Range.Text = '应考人数';
DTI.Cell(2,7).Range.Text = '实考人数';
DTI.Cell(3,1).Range.Text = '出卷方式';
DTI.Cell(3,3).Range.Text = '阅卷方式';
DTI.Cell(3,5).Range.Text = '选用试卷A/B';
DTI.Cell(3,7).Range.Text = '考试时间';
DTI.Cell(4,1).Range.Text = '考试方式';
DTI.Cell(4,3).Range.Text = '平均分';
DTI.Cell(4,5).Range.Text = '不及格人数';
DTI.Cell(4,7).Range.Text = '及格率';
DTI.Cell(5,1).Range.Text = '成绩分布';
DTI.Cell(5,2).Range.Text = '90分以上         人占            %';
DTI.Cell(5,3).Range.Text = '80---89分            人占            %';
DTI.Cell(6,2).Range.Text = '70--79分          人占            %';
DTI.Cell(6,3).Range.Text = '60---69分            人占            %';
DTI.Cell(7,1).Range.Text = ['试卷分析(含是否符合教学大纲、难度、知识覆'...
    '盖面、班级分数分布分析、学生答题存在的共性问题与知识掌握情况、教学中'...
```

```
    '存在的问题及改进措施等内容)'];
DTI.Cell(7,1).Range.ParagraphFormat.Alignment = 'wdAlignParagraphLeft';
DTI.Cell(9,2).Range.Text = '签字 :';
DTI.Cell(9,4).Range.Text = '年     月     日 ';
DTI.Cell(10,1).Range.Text = '教研室审阅意见:';
DTI.Cell(10,1).Range.ParagraphFormat.Alignment = 'wdAlignParagraphLeft';
DTI.Cell(10,1).VerticalAlignment = 'wdCellAlignVerticalTop';
DTI.Cell(11,2).Range.Text = '教研室主任(签字):              年     月     日 ';
DTI.Cell(11,2).Range.ParagraphFormat.Alignment = 'wdAlignParagraphLeft';
DTI.Cell(8,1).Range.ParagraphFormat.Alignment = 'wdAlignParagraphLeft';
DTI.Cell(8,1).VerticalAlignment = 'wdCellAlignVerticalTop';
DTI.Cell(9,2).Borders.Item(2).LineStyle = 'wdLineStyleNone';
DTI.Cell(9,2).Borders.Item(4).LineStyle = 'wdLineStyleNone';
DTI.Cell(9,3).Borders.Item(4).LineStyle = 'wdLineStyleNone';
DTI.Cell(11,1).Borders.Item(4).LineStyle = 'wdLineStyleNone';

% 如果当前工作文档中有图形存在,通过循环将图形全部删除
Shape = Document.Shapes;     % 返回 Shapes 接口的句柄
ShapeCount = Shape.Count;    % 返回文档中 Shape 对象的个数
if ShapeCount ~ = 0;
    for i = 1:ShapeCount;
        Shape.Item(1).Delete;                              % 删除第 1 个 Shape 对象
    end;
end;

% 产生正态分布随机数,画直方图,并设置图形属性
zft = figure('units','normalized','position',...
 [0.280469 0.553385 0.428906 0.251302],'visible','off'); % 新建图形窗口,设为不可见
set(gca,'position',[0.1 0.2 0.85 0.75]);                 % 设置坐标系的位置和大小
rng('default');                                          % 设置随机数生成器的初始状态
data = normrnd(75,6,1000,1);                             % 产生正态分布随机数
hist(data);                                              % 绘制频数直方图
grid on;                                                 % 添加参考网格
xlabel('考试成绩/分');                                   % 为 X 轴加标签
ylabel('人数/人');                                       % 为 Y 轴加标签

% 将图形复制到粘贴板
hgexport(zft, '-clipboard');
delete(zft);      % 删除图形句柄

% 将图形粘贴到当前文档里(表格的第 8 行第 1 列的单元格里),并设置图形版式为浮于文字上方
% Selection.Range.PasteSpecial;
DTI.Cell(8,1).Range.Paragraphs.Item(1).Range.PasteSpecial;
Shape.Item(1).WrapFormat.Type = 3;
Shape.Item(1).ZOrder('msoBringInFrontOfText');    % 设置图片叠放次序为浮于文字上方

Document.ActiveWindow.ActivePane.View.Type = 'wdPrintView';   % 设置视图方式为页面
Document.Save;    % 保存文档
```

试　卷　分　析

（ 2009 — 2010 学年 第一学期）

课程名称		课程号		任课教师学院		任课教师	
授课班级		考试日期		应考人数		实考人数	
出卷方式		阅卷方式		选用试卷 A/B		考试时间	
考试方式		平均分		不及格人数		及格率	
成绩分布	90 分以上	人占	%	80---89 分	人占	%	
	70--79 分	人占	%	60---69 分	人占	%	

试卷分析（含是否符合教学大纲、难度、知识覆盖面、班级分数分布分析、学生答题存在的共性问题与知识掌握情况、教学中存在的问题及改进措施等内容）

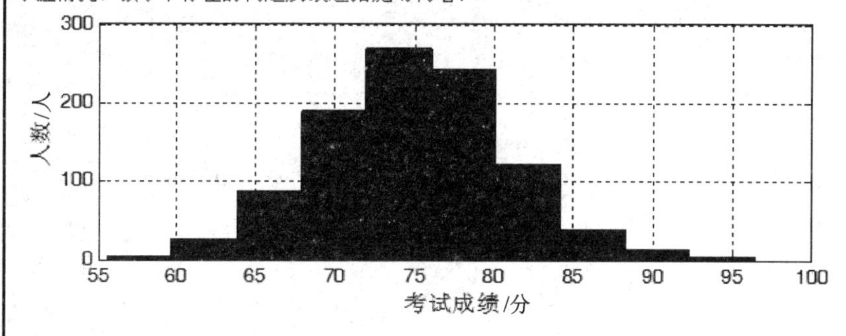

签字： 年 月 日

教研室审阅意见：

教研室主任（签字）： 年 月 日

主管院长签字： 年 月 日

图 14.3－3　利用 MATLAB 生成的 Word 文档

14.4　案例40：利用MATLAB生成Excel文档

本节通过一个实例介绍如何利用MATLAB生成Excel文档。为了与前面作对比，最后也生成一个带有图片的试卷分析表格，表格的格式完全自定义，内容自动写入。

14.4.1　调用actxserver函数创建Microsoft Excel服务器

1. 创建Microsoft Excel服务器

先判断Excel服务器是否已经打开，若已经打开，就在打开的Excel服务器中写入文档，否则用actxserver函数创建Microsoft Excel服务器。相关命令如下：

```
try
    % 若Excel服务器已经打开，返回其句柄Excel
    Excel = actxGetRunningServer('Excel.Application');
catch
    % 创建一个Microsoft Excel服务器，返回句柄Excel
    Excel = actxserver('Excel.Application');
end;
```

2. 设置对象属性

建立Excel服务器后，通过Excel.get命令可以查看对象的所有属性，然后进行相关属性的设置。如果此时还没有看到服务器界面，只需将Excel的Visible属性的属性值重新设置为1，服务器界面即变为可见状态。默认情况下，Excel的Visible属性的属性值为0，服务器界面为不可见状态。

```
% 设置Excel服务器为可见状态
>> Excel.Visible = 1;      % set(Excel, 'Visible', 1);
```

Excel的StandardFont属性用来设置标准字体，默认字体为宋体；StandardFontSize属性用来设置标准字号，默认字号为12。DefaultFilePath属性用来设置文档的默认保存路径。如果不想让别人改动自己的Excel文档，可以将Interactive属性的属性值设为0，此时Excel处于不可交互状态，自然也就不可编辑，重新将Interactive属性的属性值设为1，则恢复正常。Excel还有很多属性可以根据用户的需要重新设置，这里不再一一介绍。

14.4.2　新建Excel工作簿

1. 新建工作簿

Excel界面已经打开，但是还没有可编辑的工作簿，应先新建工作簿。Excel的Workbooks接口提供了Add方法，可以用来建立新的工作簿，这有点类似于Word服务器的Documents接口。

```
% 查看Workbooks接口下的所有方法
>> Excel.Workbooks.invoke
    Add = handle Add(handle, Variant(Optional))
    Close = void Close(handle)
    Item = handle Item(handle, Variant)
```

```
    Open = handle Open(handle, string, Variant(Optional))
    OpenText = void OpenText(handle, string, Variant(Optional))
    OpenDatabase = handle OpenDatabase(handle, string, Variant(Optional))
    CheckOut = void CheckOut(handle, string)
    CanCheckOut = bool CanCheckOut(handle, string)
    OpenXML = handle OpenXML(handle, string, Variant(Optional))

% 调用 Workbooks 接口的 Add 方法建立新的工作簿,并返回其句柄 Workbook.
>> Workbook = Excel.Workbooks.Add;

% 查看 Workbook 的类型。
>> Workbook.isinterface      % 判断 Workbook 是否是一个接口

ans =

     1

>> Workbook.ishandle      % 判断 Workbook 是否是一个句柄

ans =

     1

>> Workbook.iscom      % 判断 Workbook 是否是一个 COM 对象

ans =

     0
```

可见 Workbook 是一个指向当前空白工作簿的接口,它还是一个句柄,但它不是一个 COM 对象。

2. 获取工作簿句柄

如果已经建立了多个工作簿,并且它们都处于打开状态,可以通过下面两种方式获取其中的某个工作簿的句柄。

① 在创建工作簿的时候,将该工作簿的句柄赋给某个变量,例如:

```
>> Workbook_i  = Excel.Workbooks.Add;
```

将不同工作簿的句柄赋给不同的变量,以保证句柄的唯一性。

② Excel. Workbooks 接口的 Item 方法用于获取工作簿的句柄,可如下调用:

```
Workbook_i = Excel.Workbooks.Item(i)
```

这里的输入参数 i 为正整数,表示工作簿的序号。

除此之外,Excel 的 ActiveWorkbook 接口用于获取当前正在工作的工作簿的句柄,例如:

```
>> ActiveWorkbook = Excel.ActiveWorkbook      % 获取当前工作簿的句柄

ActiveWorkbook =

    Interface.Microsoft_Excel_11.0_Object_Library._Workbook
```

利用Workbook下的Activate方法可将某个已经打开的工作簿激活,使之处于工作状态。

14.4.3 获取工作表对象句柄

通常情况下,一个工作簿下包含3个工作表(WorkSheets),编辑Excel文档都是在工作表中完成的。默认情况下,3个工作表的名字分别为Sheet1、Sheet2和Sheet3,通过工作簿的句柄可以找到它们的句柄。这里还用Workbook表示刚刚新建的工作簿的句柄(后面如无特别说明,也这样表示),Workbook下有一个Sheets接口,Sheets接口下有一个Item方法,和别的接口的Item方法一样,用一个表示工作表序号的正整数$i(i=1,2,3)$作为输入,就可得到相应工作表对象的句柄,即

```
>> Sheet1 = Workbook.Sheets.Item(1);      % 返回第1个工作表的句柄
>> Sheet2 = Workbook.Sheets.Item(2);      % 返回第2个工作表的句柄
>> Sheet3 = Workbook.Sheets.Item(3);      % 返回第3个工作表的句柄
```

另外,Workbook下有一个ActiveSheet接口,可获取正在工作的工作表对象句柄,例如:

```
>> ActiveSheet = Workbook.ActiveSheet     % 获取当前工作表句柄

ActiveSheet =

    Interface.Microsoft_Excel_11.0_Object_Library._Worksheet
```

利用工作表对象下的Activate方法可将某个工作表激活,使之处于当前工作表状态。

14.4.4 插入、复制、删除、移动和重命名工作表

1. 插入工作表

当需要处理的事情比较多时,3个工作表往往不能满足需要,这时候就需要在工作簿中插入一些新的工作表。这要用到Workbook.Sheets接口下的Add方法,该方法的调用格式如下:

```
Workbook.Sheets.Add(Before, After, Count, Type)
```

其中,参数Before是一个工作表的句柄,新增的工作表将放置在该工作表之前。参数After也是一个工作表句柄,新增的工作表将放置在该工作表之后。注意这两个参数不能同时非空,也就是说若其中一个设定为工作表句柄,另一个就要为空。若两个参数都为空,则新增的工作表会放置在当前工作表之前。参数Count是新增加的工作表数目,默认值为1。参数Type用来指定新增的工作表类型,其可能的取值为1、2、3、4,分别对应xlWorksheet、xlChart、xlExcel4MacroSheet和xlExcel4IntlMacroSheet 4种类型的工作表。默认情况下,新增工作表为标准工作表(xlWorksheet)。

例如,在工作表Sheet2后插入2个标准工作表,命令如下:

```
>> Sheet2 = Workbook.Sheets.Item(2);      % 返回第2个工作表的句柄
% 在工作表Sheet2后插入2个标准工作表,并返回句柄
>> SheetHandle = Workbook.Sheets.Add([], Sheet2, 2, [])

SheetHandle =

    Interface.Microsoft_Excel_11.0_Object_Library._Worksheet
```

2. 复制工作表

工作表对象下有一个 Copy 方法，用来复制工作表，调用格式如下：

```
工作表对象句柄.Copy(Before, After)
```

其中，参数 Before 和 After 均为工作表对象句柄，用来指定所复制的工作表放置的位置，需要注意的是，不能同时使用这两个参数，即它们不能同时非空。使用参数 Before 将所复制的工作表放置在该参数指定的工作表之前，同理，使用参数 After 将所复制的工作表放置在该参数指定的工作表之后。

例如，复制当前工作表，并把它放到所有工作表之后，命令如下：

```
>> SheetNum = Workbook.Sheets.Count;        % 返回工作表的总数
% 复制当前工作表，并把它放到所有工作表之后
>> Workbook.ActiveSheet.Copy([], Workbook.Sheets.Item(SheetNum));
```

3. 删除工作表

调用工作表对象下的 Delete 方法，可删除某个工作表，例如，删除工作簿中的第 2 个工作表，命令如下：

```
>> Workbook.Sheets.Item(2).Delete        % 删除工作簿中的第 2 个工作表
```

4. 移动工作表

通过移动工作表可以改变工作簿中工作表的顺序，可以将工作表随意排列。工作表对象下的 Move 方法可用来移动工作表，调用格式为：

```
工作表对象句柄.Move(Before, After)
```

其中，Before 和 After 参数的说明同 Copy 方法。例如，将 Sheet1 移到 Sheet2 后，命令如下：

```
>> Sheet1 = Workbook.Sheets.Item(1);        % 返回第 1 个工作表的句柄
>> Sheet2 = Workbook.Sheets.Item(2);        % 返回第 2 个工作表的句柄
>> Sheet1.Move([],Sheet2);                  % 将 Sheet1 移到 Sheet2 后
```

5. 重命名工作表

默认情况下，工作表的命名方式是在 Sheet 单词后加数字编号，修改工作表对象下的 Name 属性的属性值即可重命名工作表，例如：

```
>> Sheet1 = Workbook.Sheets.Item(1);        % 返回第 1 个工作表的句柄
>> Sheet1.Name = 'xiezhh';                  % 重命名第 1 个工作表
>> Workbook.Sheets.Item(1).Name             % 查看第 1 个工作表的名称

ans =

    xiezhh
```

14.4.5　页面设置

工作表对象下有一个 PageSetup 接口，通过修改 PageSetup 的属性的属性值，可以进行页面设置。如下命令用来修改工作表页面的上、下、左、右页边距，单位为磅。

```
>> Sheet1.PageSetup.TopMargin = 60;          % 上边距 60 磅
>> Sheet1.PageSetup.BottomMargin = 45;       % 下边距 45 磅
>> Sheet1.PageSetup.LeftMargin = 45;         % 左边距 45 磅
>> Sheet1.PageSetup.RightMargin = 45;        % 右边距 45 磅
```

PageSetup 的 CenterHorizontally 和 CenterVertically 属性用来设置居中方式，CenterHorizontally=1 表示水平居中，CenterVertically=1 表示垂直居中。

PageSetup 的 Orientation 属性用来设置页面方向，它是一个枚举类型的属性，它有 2 个可能的取值：'xlPortrait'（纵向，这是默认值）和 'xlLandscape'（横向）。例如，设置第 1 个工作表的页面方向为横向，命令如下：

```
>> Workbook.Sheets.Item(1).PageSetup.Orientation = 'xlLandscape'
```

PageSetup 的 PaperSize 属性用来设置纸张大小，它也是一个枚举类型的属性，它有 42 个可能的取值，可以通过如下命令查看：

```
>> Workbook.Sheets.Item(1).PageSetup.set('PaperSize')
```

这里不再列举其属性值。关于 PageSetup 的其余属性，这里也不再作过多解释，从属性名的英文缩写应该不难看出其意义。

14.4.6 选取工作表区域

通常用户需要在一个工作表上选取一些区域，然后在这些区域里进行操作。工作表对象下的 Range 方法用于选取工作表区域，生成 Range 对象，例如：

```
% 返回工作簿 Workbook 的第 1 个工作表的句柄 Sheet1
>> Sheet1 = Workbook.Sheets.Item(1);

% 生成一个从 B2 到 F10 的 Range 对象，返回其句柄 h1
>> h1 = Sheet1.Range('B2 : F10')

h1 =

    Interface.Microsoft_Excel_5.0_对象程序库.Range

% 生成一个只包含单元格 A1 的 Range 对象，返回其句柄 h2
>> h2 = Sheet1.Range('A1');

% 生成一个包含前 5 行的 Range 对象，返回其句柄 h3
>> h3  = Sheet1.Range('1:5');

% 生成一个包含 E 列到 K 列的 Range 对象，返回其句柄 h4
>> h4 = Sheet1.Range('E:K');

% 生成一个包含前 5 行和 A1 到 C10 的 Range 对象，返回其句柄 h5
>> h5  = Sheet1.Range('1:5, A1:C10');
```

除此之外，还可以由 Sheet1 的 Rows、Columns 和 Cells 等属性的 Item 方法分别选取一行、一列和一个单元格，例如：

```
% 生成一个包含第 4 行的 Range 对象,返回其句柄 h6
>> h6  = Sheet1.Rows.Item(4);

% 生成一个包含第 4 列的 Range 对象,返回其句柄 h7
>> h7  = Sheet1.Columns.Item(4);

% 生成一个包含单元格 H6(第 6 行,第 8 列)的 Range 对象,返回其句柄 h8
>> h8  = Sheet1.Cells.Item((6 - 1) * 256 + 8);
```

注意: 在 Excel 2003 中,一个工作表有 65536 行、256 列,也就是说有 65536×256 个单元格,此时 h8 是包含单元格 H6(第 6 行,第 8 列)的 Range 对象的句柄。需要注意的是,在 Excel 2007 和 Excel 2010 中,一个工作表有 1048576 行、16384 列,此时 h8 对应的也就不是第 6 行、第 8 列的单元格了。

14.4.7 设置行高和列宽

行高和列宽的设置分别用到了 Range 对象的 RowHeight 和 ColumnWidth 属性,设置方法如下:

```
Range 对象句柄.RowHeight = 行高标量;
Range 对象句柄.RowHeight = 行高向量;
Range 对象句柄.ColumnWidth = 列宽标量;
Range 对象句柄.ColumnWidth = 列宽向量;
```

所谓的标量就是一个数,若用行高标量和列宽标量进行设置,则 Range 对象里的行等高,列等宽。若用行高向量和列宽向量进行设置,可以为不同的行设置不同的行高,为不同的列设置不同的列宽,此时行高向量长度应等于或大于 Range 对象的行数,列宽向量长度应等于或大于 Range 对象的列数。

例如,设置一个 Range 对象的行高和列宽,该 Range 对象包含从 A1 到 H16 的单元格,命令如下:

```
% 定义行高向量 RowHeight
>> RowHeight = [26, 22, 15, 29, 37, 29, 29, 25, 25, 36, 280, 31, 40, 29, 15, 24];
% 设置 Range 对象(从 A1 到 H16)的行高
>> Sheet1.Range('A1:H16').RowHeight = RowHeight ;
% 设置 Range 对象(从 A1 到 H16)的列宽
>> Sheet1.Range('A1:H16').ColumnWidth = [9, 15, 9, 9, 9, 9, 9, 9];
```

14.4.8 合并单元格

这里介绍合并单元格的两种方法。

1. Range 对象的 MergeCells 属性

Range 对象的 MergeCells 属性的默认属性值为 0,若将其改为非零值(例如 1),则可将 Range 对象里的所有单元格合并为一个单元格,再改回 0,则又回到原先的状态,例如:

```
>> Sheet1.Range('A1:H1').MergeCells = 1;      % 合并从 A1 到 H1 的单元格
>> Sheet1.Range('A2:H2').MergeCells = 1;      % 合并从 A2 到 H2 的单元格
```

```
>> Sheet1.Range('A8:A9').MergeCells = 1;      % 合并从 A8 到 A9 的单元格
>> Sheet1.Range('B8:D8').MergeCells = 1;      % 合并从 B8 到 D8 的单元格
>> Sheet1.Range('E8:H8').MergeCells = 1;      % 合并从 E8 到 H8 的单元格
>> Sheet1.Range('B8:D8').MergeCells = 0;      % 恢复从 B8 到 D8 的单元格,不再合并
>> Sheet1.Range('E8:H8').MergeCells = 0;      % 恢复从 E8 到 H8 的单元格,不再合并
```

2. Range 对象的 Merge 和 UnMerge 方法

从名字上不难看出 Range 对象的 Merge 和 UnMerge 方法是互逆的两个方法,Merge 方法用于合并 Range 对象的单元格,UnMerge 方法用于恢复到合并前状态。它们的调用格式如下:

```
Range 对象句柄.Merge ;
Range 对象句柄.UnMerge ;
```

例如,调用 Range 对象的 Merge 和 UnMerge 方法合并和解合并单元格,命令如下:

```
>> Sheet1.Range('B8:D8').Merge        % 合并从 B8 到 D8 的单元格
>> Sheet1.Range('E8:H8').Merge        % 合并从 E8 到 H8 的单元格
>> Sheet1.Range('B8:D8').UnMerge      % 恢复从 B8 到 D8 的单元格,不再合并
>> Sheet1.Range('E8:H8').UnMerge      % 恢复从 E8 到 H8 的单元格,不再合并
```

14.4.9 边框设置

1. Range 对象的 Borders 属性

Range 对象的 Borders 属性用来设置单元格边框,先来看一下只包含一个单元格 A1 的 Range 对象的 Borders 属性下的所有属性。

```
>> Sheet1.Range('A1').Borders.get      % 查看 Range 对象的 Borders 属性下的所有属性
  Application: [1x1 Interface.Microsoft_Excel_11.0_Object_Library._Application]
      Creator: 'xlCreatorCode'
       Parent: [1x1 Interface.Microsoft_Excel_5.0_对象程序库.Range]
        Color: 0
   ColorIndex: -4142
        Count: 6
    LineStyle: -4142
        Value: -4142
       Weight: 2
```

2. Borders 的 Count 属性

Borders 的 Count 属性的属性值为 6,说明一个单元格对应 6 条线,分别为左边框、右边框、上边框、下边框、左上至右下内斜线和左下至右上内斜线。由 Borders 的 Item 方法可得到各条线的句柄,例如:

```
% 返回单元格 A1 的左边框的句柄 LeftLine
>> LeftLine = Sheet1.Range('A1').Borders.Item(1)

LeftLine =

    Interface.Microsoft_Excel_5.0_对象程序库.Border

% 查看单元格 A1 的左边框的所有属性
```

```
>> LeftLine.get
    Application: [1x1 Interface.Microsoft_Excel_11.0_Object_Library._Application]
        Creator: 'xlCreatorCode'
         Parent: [1x1 Interface.Microsoft_Excel_5.0_对象程序库.Range]
          Color: 0
     ColorIndex: -4142
      LineStyle: -4142
         Weight: 2

% 返回单元格 A1 的右边框的句柄 RightLine
>> RightLine = Sheet1.Range('A1').Borders.Item(2);

% 返回单元格 A1 的上边框的句柄 TopLine
>> TopLine = Sheet1.Range('A1').Borders.Item(3);

% 返回单元格 A1 的下边框的句柄 BottomLine
>> BottomLine = Sheet1.Range('A1').Borders.Item(4);

% 返回单元格 A1 的左上至右下内斜线的句柄 ObliqueLine1
>> ObliqueLine1 = Sheet1.Range('A1').Borders.Item(5);

% 返回单元格 A1 的左下至右上内斜线的句柄 ObliqueLine2
>> ObliqueLine2 = Sheet1.Range('A1').Borders.Item(6);
```

3. Borders 的 ColorIndex 属性

Borders 的 ColorIndex 属性用来标记线条颜色，默认属性值为－4142，表示颜色为自动。ColorIndex 属性的取值从 0 到 56，对应 56 种颜色(0 和 1 对应黑色)，如图 14.4－1 所示。

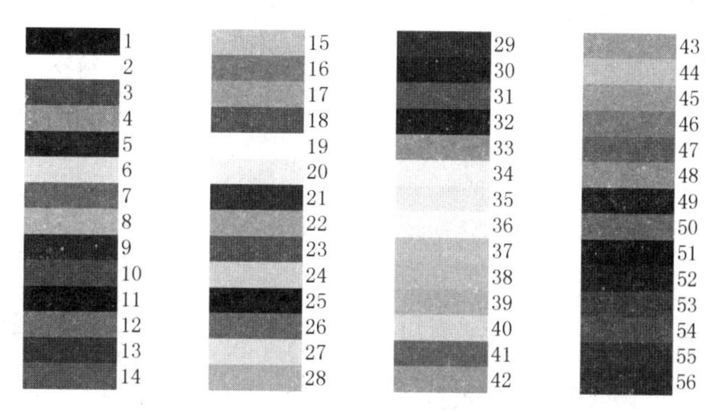

图 14.4－1　颜色与 ColorIndex 属性值对应图

读者可以运行下面的代码，观察颜色的变化。

```
% 通过循环改变单元格 A1 的边框颜色
>> for i = 0:56
       Sheet1.Range('A1').Borders.ColorIndex = i;
       pause(1);
   end
```

若读者使用的是 Excel 2003，则可以在 MATLAB 中运行下面的代码，生成图 14.4－1。

```
% 创建一个 Microsoft Excel 服务器，返回句柄 Excel
>> Excel = actxserver('Excel.Application');
```

```
>> Excel.Visible = 1;      % 设置服务器为可见状态
>> Workbook = Excel.Workbooks.Add;      % 新建一个工作簿,返回其句柄
>> Sheet1 = Workbook.Sheets.Item(1);      % 返回第1个工作表的句柄Sheet1
% 通过循环生成图14.4-1
>> for j = 1:2:7
       for i = 1:14
           Sheet1.Cells.Item((i-1) * 256  +  j).Interior.ColorIndex = i  +  14 * (j-1)/2;
           Sheet1.Cells.Item((i-1) * 256  +  j  +  1).Value = i  +  14 * (j-1)/2;
           Sheet1.Cells.Item((i-1) * 256  +  j  +  1).HorizontalAlignment = 2;
       end
   end
```

若读者使用的是Excel 2007或Excel 2010,只需将以上代码中的256改为16384,即可生成图14.4-1。

4. Borders的LineStyle和Weight属性

Borders的LineStyle属性用来标记线条类型,LineStyle属性的取值从0～13。Weight属性用来标记线宽,其属性值从1～4。LineStyle和Weight属性与线条样式的对应关系如图14.4-2所示,其中Weight属性值3等同于-4138。在Excel 2003下,生成图14.4-2的MATLAB代码如下:

```
% 创建一个Microsoft Excel服务器,返回句柄Excel
>> Excel = actxserver('Excel.Application');
>> Excel.Visible = 1;      % 设置服务器为可见状态
>> Workbook = Excel.Workbooks.Add;      % 新建一个工作簿,返回其句柄
>> Sheet1 = Workbook.Sheets.Item(1);      % 返回第1个工作表的句柄Sheet1
% 定义元胞数组Tabhead
>> Tabhead = {'样式','LineStyle','Weight','样式','LineStyle','Weight'};
>> Sheet1.Range('A1:F1').Value = Tabhead;      % 在单元格A1至F1中输入文字内容
>> Sheet1.Range('A2').Value = '无';      % 在单元格A2中输入文字内容
% 通过循环生成图14.4-2
>> for j = 1:3:4
    for i = 2:8
        Sheet1.Cells.Item((i-1) * 256 + j).Borders.Item(4).Linestyle = i-2+7 * (j-1)/3;
        Weight = Sheet1.Cells.Item((i-1) * 256  +  j).Borders.Item(4).Weight;
        Sheet1.Cells.Item((i-1) * 256 + j).Borders.Item(4).ColorIndex = 1;
        Sheet1.Cells.Item((i-1) * 256 + j + 1).Value = i-2+7 * (j-1)/3;
        Sheet1.Cells.Item((i-1) * 256 + j + 1).HorizontalAlignment = 2;
        Sheet1.Cells.Item((i-1) * 256 + j + 2).Value = Weight;
        Sheet1.Cells.Item((i-1) * 256 + j + 2).HorizontalAlignment = 2;
    end
end
```

在Excel 2007或Excel 2010下,只需将以上代码中的256改为16384,即可生成图14.4-2。

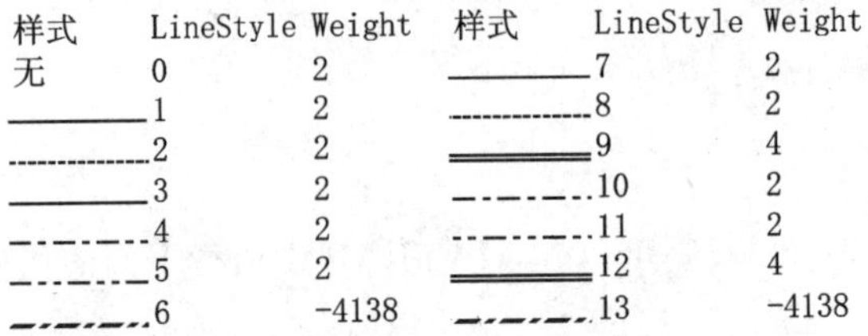

样式	LineStyle	Weight	样式	LineStyle	Weight
无	0	2		7	2
	1	2		8	2
	2	2		9	4
	3	2		10	2
	4	2		11	2
	5	2		12	4
	6	-4138		13	-4138

图14.4-2 LineStyle和Weight属性值与线条样式对应图

14.4.10 设置单元格对齐方式

Range 对象的 HorizontalAlignment 属性用来设置单元格水平对齐方式，VerticalAlignment 属性用来设置单元格垂直对齐方式。属性值与对齐方式的对应关系如表 14.4-1 所列。

表 14.4-1 HorizontalAlignment 和 VerticalAlignment 属性与对齐方式

HorizontalAlignment 属性			VerticalAlignment 属性		
属性值名称	属性值	对齐方式	属性值名称	属性值	对齐方式
xlGeneral	1	常规	xlTop	-4160 或 1	靠上
xlLeft	-4131 或 2	靠左(缩进)	xlCenter	-4108 或 2	居中
xlCenter	-4108 或 3	居中	xlBottom	-4107 或 3	靠下
xlRight	-4152 或 4	靠右(缩进)	xlJustify	-4130 或 4	两端对齐
xlFill	5	填充	xlDistributed	-4117 或 5	分散对齐
xlJustify	-4130 或 6	两端对齐			
xlCenterAcrossSelection	7	跨列居中			
xlDistributed	-4117 或 8	分散对齐(缩进)			

14.4.11 写入单元格内容

在前面作图的两段代码中已经出现过单元格赋值的方法，就是利用 Range 对象的 Value 属性，只需把单元格内容作为 Value 属性的属性值就可以了，例如：

```
>> Sheet1.Range('A1').Value = '试　卷　分　析';
>> Sheet1.Range('A4:H4').Value = {'课程名称','','课程号',...
   '','任课教师学院','','任课教师',''};
>> Sheet1.Range('2:2').Value = 'xie';
>> Sheet1.Range('C6:D7').Value = [1, 2; 3,  4];
>> Sheet1.Range('C9:D10').Value = {'xiezhh', 'yanlih'; 2, 'teacher'};
>> Sheet1.Range('B11:D14,F10:F18').Areas.Item(1).Value = reshape(1:12,[4,3]);
>> Sheet1.Range('B11:D14,F10:F18').Areas.Item(2).Value = [1:9]';
```

可以看出，前 5 条命令是对规则区域(即矩形区域)Range 对象赋值，后两条命令是对不规则区域 Range 对象赋值。

第 1 条命令中的 Range 对象只包含一个单元格，Value 属性值为一字符串。

第 2 条命令中的 Range 对象包含从 A4 到 H4 共 8 个单元格，Value 属性值为 1×8 的元胞数组，数组元素为字符串。

第 3 条命令中的 Range 对象包含整个第 2 行的所有单元格，该条命令在第 2 行的所有单元格里写入字符串“xie”。

第 4 条命令中的 Range 对象包含从 C6 到 D7 共 4 个单元格，在这些单元格里写入 2×2 的数值矩阵。

第 5 条命令中的 Range 对象包含从 C9 到 D10 共 4 个单元格，Value 属性值为相同形状的元胞数组，数组内容既有字符串，又有数值。

最后2条命令中的Range对象是一个不规则区域,它由2块规则区域组成,分别是从B11到D14和F10到F18。首先通过Range对象的Areas属性的Item方法找到每一块的句柄,然后就可以按照规则区域为每一块赋值。

单元格字体的设置同Word类似,请参考下面的命令。

```
>> Sheet1.Range('A1').Font.size = 16;      % 设置字号为16
>> Sheet1.Range('A1').Font.bold = 2;       % 字体加粗
```

14.4.12 插入图片

与Word类似,这里也按照图片来源,分别介绍插入外部图片和插入内部图片。这里所说的外部图片和内部图片的概念与14.3.4节相同。

1. Shapes接口和Shape对象

工作表对象的Shapes接口用来对Shape对象进行设置,这里的Shape对象类似于Word中的Shape对象,是指以下类型的对象:

```
    'msoShapeTypeMixed'
    'msoAutoShape'
    'msoCallout'
    'msoChart'
    'msoComment'
    'msoFreeform'
    'msoGroup'
    'msoEmbeddedOLEObject'
    'msoFormControl'
    'msoLine'
    'msoLinkedOLEObject'
    'msoLinkedPicture'
    'msoOLEControlObject'
    'msoPicture'
    'msoPlaceholder'
    'msoTextEffect'
    'msoMedia'
    'msoTextBox'
    'msoScriptAnchor'
    'msoTable'
    'msoCanvas'
    'msoDiagram'
    'msoInk'
    'msoInkComment'
```

可以看到Shape对象可以是自选图形、标注、图表、批注、线条、图片、OLE对象、OLE控件、特效文字、文本框等。它们大部分都可用鼠标进行拖动,嵌入式OLE控件对象无法拖动。

Shapes接口有以下方法:

```
>> Sheet1.Shapes.invoke       % 查看工作表Sheet1的Shapes接口的所有方法
   Item = handle Item(handle, Variant)
   AddCallout = handle AddCallout(handle, MsoCalloutType, ...
                    single, single, single, single)
   AddConnector = handle AddConnector(handle, MsoConnectorType, ...
```

```
                    single, single, single, single)
    AddCurve = handle AddCurve(handle, Variant)
    AddLabel = handle AddLabel(handle, MsoTextOrientation, ...
                    single, single, single, single)
    AddLine = handle AddLine(handle, single, single, single, single)
    AddPicture = handle AddPicture(handle, string, MsoTriState, ...
                    MsoTriState, single, single, single, single)
    AddPolyline = handle AddPolyline(handle, Variant)
    AddShape = handle AddShape(handle, MsoAutoShapeType, ...
                     single, single, single, single)
    AddTextEffect = handle AddTextEffect(handle,MsoPresetTextEffect,string, ...
            string, single, MsoTriState, MsoTriState, single, single)
    AddTextbox = handle AddTextbox(handle, MsoTextOrientation, ...
                    single, single, single, single)
    BuildFreeform = handle BuildFreeform(handle, MsoEditingType,single,single)
    Range = handle Range(handle, Variant)
    SelectAll = void SelectAll(handle)
    AddFormControl = handle AddFormControl(handle, XlFormControl, ...
                    int32, int32, int32, int32)
    AddOLEObject = handle AddOLEObject(handle, Variant(Optional))
    AddDiagram = handle AddDiagram(handle, MsoDiagramType, ...
                    single, single, single, single)
```

以 Add 打头的方法用来插入各种类型的 Shape 对象，后面只介绍利用 AddPicture 方法插入外部图片。

2. 插入外部图片

Shapes 接口的 AddPicture 方法的调用格式如下：

```
handle = Sheet1.Shapes.AddPicture('外部图片所在路径', LinkToFile, ...
                                    SaveWithDocument, Left, Top, Width, Height)
```

其中，后 6 个参数的说明如表 14.4-2 所列。

表 14.4-2　AddPicture 方法支持的参数列表

参　数	说　明
LinkToFile	取值为 1 或 'msoTrue' 时，建立图片与其源文件之间的链接 取值为 0 或 'msoFalse' 时，使图片成为其源文件的独立副本
SaveWithDocument	取值为 1 或 'msoTrue' 时，将链接图片与该图片插入的文档一起保存 取值为 0 或 'msoFalse' 时，在文档中只保存链接信息
Left	图片左上角距文档左侧距离，单位为磅
Top	图片左上角距文档顶部距离，单位为磅
Width	图片宽度，单位为磅
Height	图片高度，单位为磅

可以看出上述命令的作用是在 Excel 工作表的指定位置插入指定大小的外部图片。这里的参数都是必需的，不可为空或缺省。其中 LinkToFile 和 SaveWithDocument 的值不能同时为 0 或 'msoFalse'。

例如，下面的命令在 Excel 当前工作表的指定位置处插入一幅图片，效果如图 14.4-3

所示。

```
% 创建一个 Microsoft Excel 服务器,返回句柄 Excel
>> Excel = actxserver('Excel.Application');
>> Excel.Visible = 1;                              % 设置服务器为可见状态
>> Workbook = Excel.Workbooks.Add;                 % 新建一个工作簿,返回其句柄
>> PicturePath = which('peppers.png');             % 返回图片文件 peppers.png 的完整路径
% 在当前工作表的指定位置处插入一幅指定大小的图片,返回句柄 h1
>> h1  = Excel.ActiveSheet.Shapes.AddPicture(PicturePath,0,1,50,60,400,300);
% 在当前工作表的指定位置处插入一幅指定大小的图片,返回句柄 h2
>> h2 = Excel.ActiveSheet.Shapes.AddPicture(PicturePath,0,1,500,60,200,150);
% 在当前工作表的指定位置处插入一幅指定大小的图片,返回句柄 h3
>> h3 = Excel.ActiveSheet.Shapes.AddPicture(PicturePath,0,1,650,180,200,150);
```

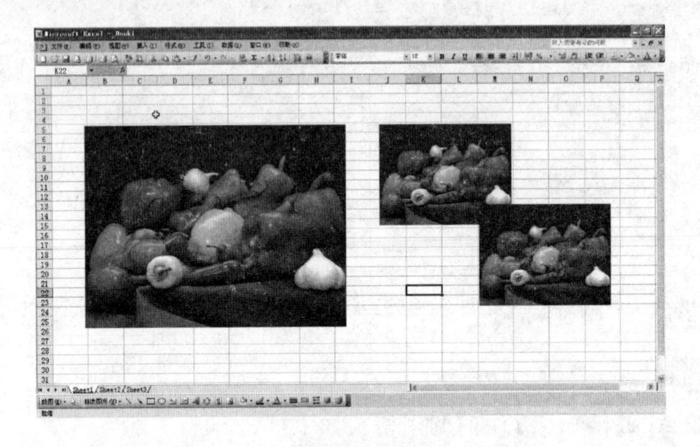

图 14.4-3　插入外部图片效果图

3. 插入内部图片

工作表对象的 Paste 和 PasteSpecial 方法,Range 对象的 PasteSpecial 方法,都用于将剪贴板上的当前内容粘贴到 Excel 工作表的当前单元格中,可用来插入内部图片。Paste 相当于 Excel 界面上编辑菜单里的"粘贴",而 PasteSpecial 是以指定格式进行粘贴,相当于"选择性粘贴"。

(1) 工作表对象的 Paste 方法

调用格式如下:

```
工作表对象句柄.Paste(Destination, Link)
```

参数说明如表 14.4-3 所列。

表 14.4-3　工作表对象的 Paste 方法参数说明表

参　数	说　明
Destination	Variant 类型,可选。Range 对象,指定用于粘贴剪贴板中内容的目标区域。如果省略本参数(即为空),就使用当前的选定区域。仅当剪贴板中的内容能被粘贴到某区域时,才能指定本参数。如果指定了本参数,就不能使用 Link 参数
Link	Variant 类型,可选。若为 1,就建立与被粘贴数据的源之间的链接。如果指定了本参数,就不能使用 Destination 参数。默认值为 0

注意： 如果未指定 Destination 参数，那么必须在使用本方法之前选定目标区域。本方法可能会修改工作表的选定区域，这取决于剪贴板中的内容。

(2) 工作表对象的 PasteSpecial 方法

调用格式如下：

```
工作表对象句柄.PasteSpecial(Format, Link, DisplayAsIcon, IconFileName, ...
                IconIndex, IconLabel, NoHTMLFormatting)
```

参数说明如表 14.4-4 所列。

表 14.4-4 工作表对象的 PasteSpecial 方法参数说明表

参 数	说 明
Format	Variant 类型，可选。指定数据的剪贴板格式的字符串或整数
Link	Variant 类型，可选。若为 1，则建立与被粘贴数据的源之间的链接。如果源数据不适于链接，或源应用程序不支持链接，将忽略本参数。默认值为 0
DisplayAsIcon	Variant 类型，可选。若为 1，以图标形式显示粘贴的对象。默认值为 0
IconFileName	Variant 类型，可选。如果 DisplayAsIcon 为 1，则指定包含所用图标的文件名
IconIndex	Variant 类型，可选。图标文件内的图标索引号
IconLabel	Variant 类型，可选。图标的文本标签
NoHTMLFormatting	Variant 类型，可选。若为 1，则从 HTML 中删除所有的格式设置、超链接和图像；若为 0，则完整粘贴 HTML。默认值为 0

注意： 当 Format='HTML' 时，NoHTMLFormatting 才起作用。在所有其他情况下，NoHTMLFormatting 将被忽略。必须在使用本方法之前选定目标区域；本方法可能会更改工作表的选定区域，这取决于剪贴板中的内容。

(3) Range 对象的 PasteSpecial 方法

调用格式如下：

```
Range 对象句柄.PasteSpecial(Paste, Operation, SkipBlanks, Transpose)
```

参数说明如表 14.4-5 所列。

表 14.4-5 Range 对象的 PasteSpecial 方法参数说明表

参 数	说 明
Paste	XlPasteType 类型，可选。指定要粘贴的区域部分
Operation	XlPasteSpecialOperation 类型，可选。指定粘贴操作
SkipBlanks	Variant 类型，可选。若为 1，则不将剪贴板上区域中的空白单元格粘贴到目标区域中。默认值为 0
Transpose	Variant 类型，可选。若为 1，则粘贴区域时转置行和列。默认值为 0

例如，下面的命令利用上面的 3 种方法，在工作表 Sheet1 的 A2、E11 和 I20 单元格处分别插入三个由 MATLAB 命令做出的直方图，效果如图 14.4-4 所示。

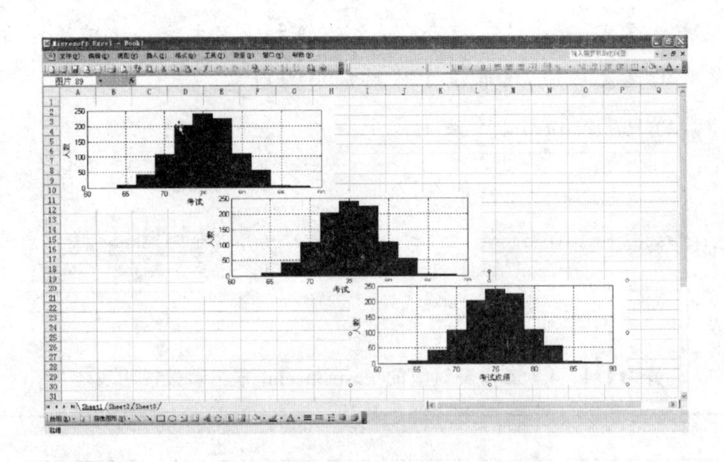

图 14.4-4　插入内部图片效果图

```
>> data = normrnd(75,4,1000,1);      % 生成1000个均值为75,标准差为4的正态分布随机数
% 新建一个图形窗口,设置图形窗口为不可见,并返回图形窗口句柄
>> zft = figure('units','normalized','position',...
          [0.280469 0.553385 0.428906 0.251302],'visible','off');
>> set(gca,'position',[0.1 0.2 0.85 0.75]);      % 设置当前坐标系的位置和大小
>> hist(data);      % 绘制正态分布随机数的频数直方图
>> grid on;         % 添加参考网格
>> xlabel('考试成绩');      % 为X轴加标签
>> ylabel('人数');          % 为Y轴加标签
>> hgexport(zft,'-clipboard');      % 将直方图复制到剪贴板

% 选中工作表Sheet1的A2单元格,插入由MATLAB命令做出的直方图
>> Sheet1.Range('A2').Select;
>> Sheet1.Paste

% 选中工作表Sheet1的E11单元格,插入由MATLAB命令做出的直方图
>> Sheet1.Range('E11').Select;
>> Sheet1.PasteSpecial;

% 在工作表Sheet1的I20单元格处插入由MATLAB命令做出的直方图
>> Sheet1. Range('I20').PasteSpecial;
```

4. 设置图片叠放次序

对于Shape对象的图片,还可以设置图片的叠放次序。这要用到Shape对象的ZOrder方法,该方法的调用格式为:

```
工作表对象句柄.Shapes.Item(i).ZOrder( MsoZOrderCmd )
```

这里的i为正整数,表示Shape对象的序号,输入参数MsoZOrderCmd的可能取值及说明如14.3.4节中表14.3-4所列,这里不再重述。

注意: 当一个Excel工作表中有多个Shape对象时,随着图片叠放次序的改变,Shape对象的序号也会发生改变,因为当多个Shape对象叠放在一起的时候,越往底层的Shape对象的序号越小,在获取对象句柄时应注意到这个问题。

14.4.13　保存工作簿

通过工作簿对象 Workbook 接口下的 SaveAs 方法和 Save 方法可以保存工作簿，它们的调用格式如下：

```
Workbook.SaveAs('FilenameAndPath');
Workbook.Save;
```

其中，FilenameAndPath 字符串用来指定文件名及保存路径，例如：

```
>> Workbook.SaveAs('D:\xiezhh.xls');   % 将工作簿保存到 D 盘根目录下，文件名为 xiezhh.xls
```

文档默认保存到"我的文档"文件夹。当不指定文件名和路径时，文档被自动命名并保存到"我的文档"文件夹；当只指定路径不指定文件名时，会出现错误。

14.4.14　完整代码

这里给出上述过程的完整代码，供读者参考。本代码用来生成一个带有图片的 Excel 版试卷分析，如图 14.4-5 所示。

```
function ceshi_Excel
%利用 MATLAB 生成 Excel 文档
%    ceshi_Excel
%
%    Copyright xiezhh.

% 设定测试 Excel 文件名和路径
filespec_user = [pwd '\测试.xls'];

% 判断 Excel 是否已经打开，若已打开，就在打开的 Excel 中进行操作，否则就打开 Excel
try
    % 若 Excel 服务器已经打开，返回其句柄 Excel
    Excel = actxGetRunningServer('Excel.Application');
catch
    % 创建一个 Microsoft Excel 服务器，返回句柄 Excel
    Excel = actxserver('Excel.Application');
end;

% 设置 Excel 服务器为可见状态
Excel.Visible = 1;    % set(Excel, 'Visible', 1);

% 若测试文件存在，打开该测试文件，否则，新建一个工作簿，并保存，文件名为测试.Excel
if exist(filespec_user,'file');
    Workbook = Excel.Workbooks.Open(filespec_user);
    % Workbook = invoke(Excel.Workbooks,'Open',filespec_user);
else
    Workbook = Excel.Workbooks.Add;
    % Workbook = invoke(Excel.Workbooks, 'Add');
    Workbook.SaveAs(filespec_user);
end
```

```
% 返回当前工作表句柄
Sheets = Excel.ActiveWorkbook.Sheets;      % Sheets = Workbook.Sheets;
Sheet1 = Sheets.Item(1);                   % 返回第1个表格句柄
Sheet1.Activate;                           % 激活第1个表格

% 页面设置
Sheet1.PageSetup.TopMargin = 60;           % 上边距60磅
Sheet1.PageSetup.BottomMargin = 45;        % 下边距45磅
Sheet1.PageSetup.LeftMargin = 45;          % 左边距45磅
Sheet1.PageSetup.RightMargin = 45;         % 右边距45磅

% 设置行高和列宽
% 定义行高向量RowHeight
RowHeight = [26,22,15,29,37,29,29,25,25,36,280,31,40,29,15,24]';
% 设置Range对象(从A1到A16)的行高
Sheet1.Range('A1:A16').RowHeight = RowHeight;
% 设置Range对象(从A1到H1)的列宽
Sheet1.Range('A1:H1').ColumnWidth = [9,15,9,9,9,9,9,9];

% 合并单元格
Sheet1.Range('A1:H1').MergeCells = 1;
Sheet1.Range('A2:H2').MergeCells = 1;
Sheet1.Range('A8:A9').MergeCells = 1;
Sheet1.Range('B8:D8').MergeCells = 1;
Sheet1.Range('E8:H8').MergeCells = 1;
Sheet1.Range('B9:D9').MergeCells = 1;
Sheet1.Range('E9:H9').MergeCells = 1;
Sheet1.Range('A10:H10').MergeCells = 1;
Sheet1.Range('A11:H11').MergeCells = 1;
Sheet1.Range('A12:H12').MergeCells = 1;
Sheet1.Range('A13:H13').MergeCells = 1;
Sheet1.Range('A14:H14').MergeCells = 1;
Sheet1.Range('D16:H16').MergeCells = 1;

% 设置单元格的边框
Sheet1.Range('A4:H14').Borders.Weight = 3;
Sheet1.Range('A10:H12').Borders.Item(3).Linestyle = 0;
Sheet1.Range('A10:H12').Borders.Item(4).Linestyle = 0;
Sheet1.Range('A13:H13').Borders.Item(4).Linestyle = 0;
Sheet1.Range('A14:H14').Borders.Item(3).Linestyle = 0;

% 设置单元格对齐方式
Sheet1.Range('A1:H9').HorizontalAlignment = 3;
Sheet1.Range('A4:A9').HorizontalAlignment = 6;
Sheet1.Range('C4:C7').HorizontalAlignment = 6;
Sheet1.Range('E4:E7').HorizontalAlignment = 6;
Sheet1.Range('G4:G7').HorizontalAlignment = 6;
Sheet1.Range('A10:H10').HorizontalAlignment = 6;
Sheet1.Range('A11:H11').HorizontalAlignment = 6;      % -4130
Sheet1.Range('A11:H11').VerticalAlignment = 1;
Sheet1.Range('A12:H12').HorizontalAlignment = 4;
Sheet1.Range('A13:H13').VerticalAlignment = 1;
```

```
Sheet1.Range('A14:H14').HorizontalAlignment = 4;
Sheet1.Range('D16:H16').HorizontalAlignment = 4;
% 写入单元格内容
Sheet1.Range('A1').Value = '试　卷　分　析';
Sheet1.Range('A2').Value = '( 2009　 —　 2010　 学年 第一学期)';
Sheet1.Range('A4:H4').Value = {'课程名称','','课程号',...
    '','任课教师学院','','任课教师',''};
Sheet1.Range('A5:H5').Value = {'授课班级','','考试日期',...
    '','应考人数','','实考人数',''};
Sheet1.Range('A6:H6').Value = {'出卷方式','','阅卷方式',...
    '','选用试卷 A/B','','考试时间',''};
Sheet1.Range('A7:H7').Value = {'考试方式','','平均分',...
    '','不及格人数','','及格率',''};
Sheet1.Range('A8').Value = '成绩分布';
Sheet1.Range('B8').Value = '90 分以上　　　人占　　　%';
Sheet1.Range('E8').Value = '80---89 分　　　人占　　　%';
Sheet1.Range('B9').Value = '70---79 分　　　人占　　　%';
Sheet1.Range('E9').Value = '60---69 分　　　人占　　　%';
Sheet1.Range('A10').Value = ['试卷分析(含是否符合教学大纲、难度、知识覆'...
    '盖面、班级分数分布分析、学生答题存在的共性问题与知识掌握情况、教学中'...
    '存在的问题及改进措施等内容)'];
Sheet1.Range('A12').Value = '签字 :　　　　　　　　　　年　　月　　日';
Sheet1.Range('A13').Value = '教研室审阅意见:';
Sheet1.Range('A14').Value = '教研室主任(签字):　　　　　　年　　月　　日';
Sheet1.Range('D16').Value = '主管院长签字:　　　　　　　年　　月　　日';
% 设置字号
Sheet1.Range('A4:H12').Font.size = 10.5;     % 设置单元格 A4 至 H12 的字号为 10.5
Sheet1.Range('A1').Font.size = 16;           % 设置单元格 A1 的字号为 16
Sheet1.Range('A1').Font.bold = 2;            % 单元格 A1 的字体加粗
% 插入图片,如果当前工作表中有图形存在,通过循环将图形全部删除
Shapes = Sheet1.Shapes;                      % 返回第 1 个工作表的 Shapes 接口的句柄
if Shapes.Count ~= 0;
    for i = 1 : Shapes.Count;
        Shapes.Item(1).Delete;               % 删除第 1 个 Shape 对象
    end;
end;
% 产生均值为 75,标准差为 4 的正态分布随机数,画直方图,并设置图形属性
zft = figure('units','normalized','position',...
[0.280469 0.553385 0.428906 0.251302],'visible','off');  % 新建图形窗口,设为不可见
set(gca,'position',[0.1 0.2 0.85 0.75]);    % 设置坐标系的位置和大小
data = normrnd(75,4,1000,1);                 % 产生均值为 75,标准差为 4 的正态分布随机数
hist(data);                                  % 绘制正态分布随机数的频数直方图
grid on;                                     % 添加参考网格
xlabel('考试成绩');                          % 为 X 轴加标签
ylabel('人数');                              % 为 Y 轴加标签
hgexport(zft, '-clipboard');                 % 将直方图复制到剪贴板
% 选中工作表 Sheet1 的 A11 单元格,插入由 MATLAB 命令做出的直方图
Sheet1.Range('A11').Select;
Sheet1.Paste                                 % Sheet1.PasteSpecial;
delete(zft);                                 % 删除图形句柄
Workbook.Save                                % 保存文档
```

试 卷 分 析

(2009 — 2010 学年 第一学期)

课程名称		课程号		任课教师学院		任课教师	
授课班级		考试日期		应考人数		实考人数	
出卷方式		阅卷方式		选用试卷A/B		考试时间	
考试方式		平均分		不及格人数		及格率	
成绩分布	90分以上	人占	%	80---89分	人占	%	
	70---79分	人占	%	60---69分	人占	%	

试卷分析（含是否符合教学大纲、难度、知识覆盖面、班级分数分布分析、学生答题存在的共性问题与知识掌握情况、教学中存在的问题及改进措施等内容）

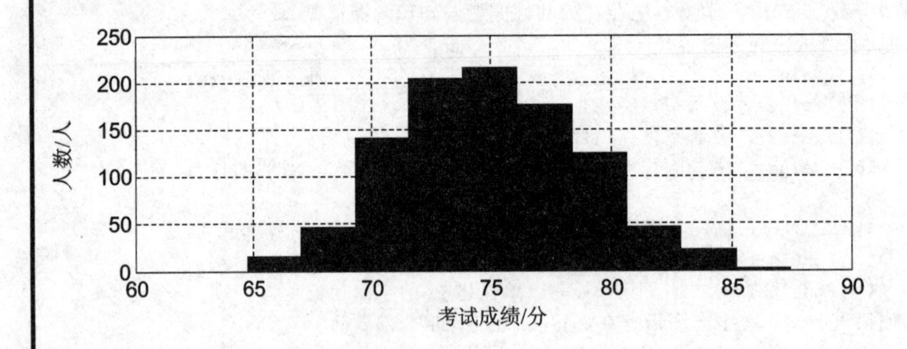

签字： 年 月 日

教研室审阅意见：

教研室主任(签字)： 年 月 日

主管院长签字： 年 月 日

图 14.4-5 利用 MATLAB 生成的 Excel 文档

附录 A 图像处理中的统计应用案例

图像在人们的日常生活中扮演着非常重要的角色。俗话说"眼见为实","百闻不如一见",人们通过自己的眼睛所见来获取信息,认知周围的一切。在这个过程中,我们的大脑时刻保持高速运转,进行着图像的分析与处理。随着计算机技术的快速发展,基于计算机的数字图像处理技术也得到了发展,人们开始利用计算机处理图像信息,例如进行图像特征提取、静态和动态(视频)图像的分割、模式识别、图像压缩,等等,这里不再一一列举。

本附录以案例形式介绍统计在图像处理中的应用,主要内容包括:基于图像资料的数据重建与拟合,基于K均值聚类的图像分割,基于中位数算法的运动目标检测,基于贝叶斯判别的手写体数字识别,基于主成分分析的图像压缩与重建。

案例"**基于图像资料的数据重建与拟合**"主要介绍从图像资料中提取绘图数据,以进行后续的统计分析。本案例源于网友"小兰花"在MATLAB论坛上提出的一个问题,她手头有一幅图像资料,图中有一条蓝色的曲线,用于绘制曲线的原始数据已经遗失,需要根据图像资料重建绘图数据,并拟合出图中曲线方程。笔者在MATLAB论坛上多次遇到类似的问题,特把它拿出来作为一个共性问题进行分析。

案例"**基于K均值聚类的图像分割**"主要介绍K均值聚类分析在静态图像分割中的应用。所谓图像分割是指根据灰度、色彩、空间纹理、几何形状等特征把图像划分成若干个互不相交的区域,使得在同一区域内,这些特征表现出一致性或相似性,而在不同区域间表现出明显的不同。也就是说在一幅图像中,把前景图像或感兴趣的区域从背景中分离出来,以便于后续的分析与处理。图像分割的方法有很多,例如边缘检测法、阈值法和区域增长法等,这些方法都各有各的特点,没有一种统一的方法能做到对所有类型图像都有非常好的分割效果。基于K均值聚类的图像分割属于区域增长法。

案例"**基于中位数算法的运动目标检测**"主要介绍中位数算法(又称中值算法)在固定背景视频图像分割中的应用。视频图像的分割就是从视频图像中检测感兴趣的目标,若目标在运动,还可以确定目标的运动速度和运动方向等。视频图像的分割是当前非常热门的一个研究方向,在人工智能领域有着非常重要的应用。

案例"**基于贝叶斯判别的手写体数字识别**"主要介绍贝叶斯判别在模式识别领域中的应用。模式识别是对感知信号(图像、视频和声音等)进行分析,对其中的物体对象或行为进行判别和解释的过程。模式识别能力普遍存在于人和动物的认知系统,是人和动物获取外部环境知识并与环境进行交互的重要基础。现在所说的模式识别通常是指用机器实现的模式识别,是人工智能领域的一个重要分支。

案例"**基于主成分分析的图像压缩与重建**"主要介绍主成分分析在图像压缩与重建中的应用。由于一幅图像中邻近像素点的灰度值通常比较接近,也就是说图像中可能包含了大量的冗余信息,这样就可以对图像灰度值数据进行主成分分析,只需保存少数几个主成分的相关数据(主成分系数和得分),即可近似重建图像数据,从而起到图像压缩的目的。这种压缩会造成信息损失，属于有损压缩。与其他图像压缩算法相比，主成分分析法并没有优势，本案例仅仅为了作一尝试。

A.1 基于图像资料的数据重建与拟合

A.1.1 案例描述

【例 A.1-1】 这里有一幅图像资料，如图 A.1-1 所示，图像文件名为 exampA_1.bmp。由于原始资料遗失，手头已经没有作图的原始数据，只有这幅图像，从图像上能看出图中曲线方程为

$$f = A + \frac{B}{2}(x-0.17)^2 + \frac{C}{4}(x-0.17)^4$$

但是其中的参数 A、B 和 C 都是未知的，现在需要根据这幅图像重建绘图的原始数据，并求出图中蓝色曲线的方程。

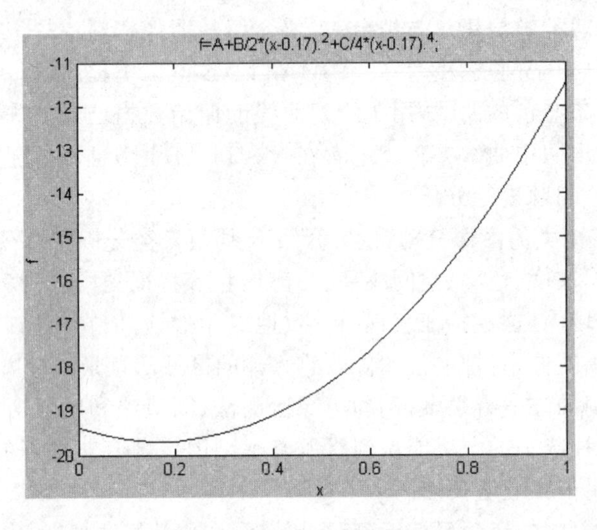

图 A.1-1 资料图像

A.1.2 重建图像数据

重建图像数据的步骤如下：

- 读入图像数据
- 去除坐标框
- 提取图中曲线上点的像素坐标
- 将像素坐标转换为实际坐标

1. 读入图像数据

将文件 exampA_1.bmp 放到 MATLAB 路径下，利用 MATLAB 图像处理工具箱中的 imread 函数读入图像数据，命令如下：

```
>> IM = imread('exampA_1.bmp');          % 读入一幅图片
>> whos IM                               % 查看数组 IM 的大小和类型
  Name          Size                Bytes  Class    Attributes

  IM            374x455x3           510510  uint8
```

调用 imread 函数读入 MATLAB 工作空间的图像数据 IM,IM 是一个 3 维数组,共有 374 行、455 列、3 页,对应图像上 374×455 个像素点的红、绿、蓝三元色的灰度值。第 1 页上的 374 行 455 列的矩阵是图像的红色灰度值矩阵,每一个元素表示图像上一个像素点的红色灰度值;第 2 页上的矩阵是图像的绿色灰度值矩阵;第 3 页上的矩阵是图像的蓝色灰度值矩阵。IM 的数据类型为 8 位无符号整型,取值范围为 $0\sim(2^8-1)$,纯白色像素点的红、绿、蓝三元色的灰度值均为 255,纯黑色像素点的红、绿、蓝三元色的灰度值均为 0,红色像素点的红、绿、蓝三元色的灰度值分别为 255、0 和 0,绿色像素点的红、绿、蓝三元色的灰度值分别为 0、255 和 0,蓝色像素点的红、绿、蓝三元色的灰度值分别为 0、0 和 255,其他不再一一列举。通过对数组 IM 进行操作,可以重建绘制曲线的原始数据。

2. 去除坐标框

图 A.1-1 中坐标框是黑色或接近黑色的线,线上像素点的红色灰度值均为 0 或接近于 0,将图像的红色灰度值矩阵每行上的元素相加,得到一个列向量,通过查找其最小和次小元素所在的行(即包含黑色像素点最多的行),即可定位上、下坐标边框的位置;将图像的红色灰度值矩阵每列上的元素相加,得到一个行向量,通过查找其最小和次小元素所在的列(即包含黑色像素点最多的列),即可定位左、右坐标边框的位置。具体实现这一过程的 MATLAB 命令为:

```
>> Red = IM(:,:,1);          % 提取红色灰度值矩阵
>> Rrow   = sum(Red,2);      % 将红色灰度值矩阵每行上的元素相加,得到列向量 Rrow
% 将 Rrow 中元素从小到大排序,去掉多余的重复元素,返回排序后向量 a 和索引向量 idrow
>> [a,idrow] = unique(Rrow);
% 返回 Rrow 中最小和次小元素所在的行号,即可定位上、下坐标框位置
>> idrow = idrow(1:2)

idrow =

   341
    25

>> Rcol   = sum(Red);        % 将红色灰度值矩阵每列上的元素相加,得到行向量 Rcol
% 将 Rcol 中元素从小到大排序,去掉多余的重复元素,返回排序后向量 b 和索引向量 idcol
>> [b,idcol] = unique(Rcol);
% 返回 Rcol 中最小和次小元素所在的列号,即可定位左、右坐标框位置
>> idcol = idcol(1:2)

idcol =

   449    46

% 提取坐标框内部的图像数据
>> I = IM(min(idrow):max(idrow),min(idcol):max(idcol),:);
>> m = size(I, 1)            % 查看 I 的行数
```

```
m =

   317

>> n = size(I, 2)              % 查看I的列数

n =

   404

>> imshow(I)                   % 显示处理后图像
```

以上命令通过红色灰度值矩阵来定位坐标框位置,其实通过绿色或蓝色灰度值矩阵同样可以定位坐标框位置,只需用命令 Green＝IM(:,:,2)或 Blue＝IM(:,:,3)换掉 Red＝IM(:,:,1),用 Green 或 Blue 换掉变量 Red 就行了。

定位坐标框位置后,就可以把坐标框内部的图像数据提取出来,即新数组 I,它是一个 317 行、404 列、3 页的数组,后续的处理都是基于 I 进行的。最后一条命令 imshow(I)用来显示处理后图像,如图 A.1－2 所示。

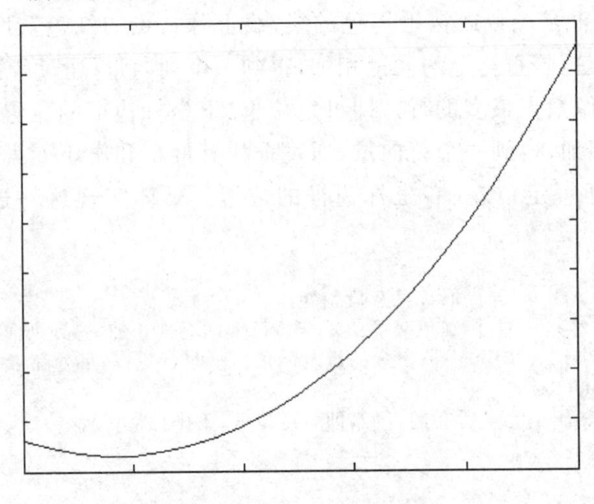

图 A.1－2　处理后图像

从图 A.1－2 可以看出,虽然坐标框依然保留,但坐标框外面的部分已经被去除掉,接下来就可以提取蓝色曲线上点的像素坐标了。

3. 提取图中曲线上点的像素坐标

注意到曲线上点的颜色均为蓝色,而蓝色像素点的红、绿、蓝三元色的灰度值分别为 0、0 和 255,于是可以如下提取曲线上点的像素坐标:

```
% 定位蓝色像素点
>> BluePoints = (I(:,:,1) == 0 & I(:,:,2) == 0 & I(:,:,3) == 255);
>> [ypixel,xpixel] = find(BluePoints);      % 得到曲线上点的像素坐标
>> size(xpixel)     % 查看 x 的大小,即可知从曲线上提取到的点的个数

ans =

   458     1
```

BluePoints 是一个与数组 I 具有相同行数和列数的逻辑型矩阵，其元素非 0 即 1，图 A.1-2 中蓝色曲线上的像素点对应 BluePoints 中的 1 元素。find 函数用来定位一个数组中的非零元素的位置，可以返回数组中非零元素所在的行标和列标。利用 find 函数查找 BluePoints 矩阵中非零元素所在的行标和列标，就得到了蓝色曲线上像素点的像素坐标，从上面结果可知总共提取到 458 个点的像素坐标。

4. 将像素坐标转换为实际坐标

从图 A.1-1 可以看出，真实的横坐标的取值范围从 0 到 1，纵坐标的取值范围从 −20 到 −11，注意到数组 I(坐标框内图像数据)有 317 行、404 列，即可换算出水平方向和竖直方向上一个像素所代表的实际尺寸，从而可以将像素坐标 xpixel 和 ypixel 转换成真实的坐标。

```
>> x_xishu = 1/(n-1);                          % 水平方向上一个像素所代表的实际尺寸
>> y_xishu = 9/(m-1);                          % 竖直方向上一个像素所代表的实际尺寸
>> xreal = (xpixel - 1) * x_xishu;             % 曲线上点的真实的横坐标
>> yreal  = -11 - (ypixel - 1) * y_xishu;      % 曲线上点的真实的纵坐标
```

A.1.3 曲线拟合

有了曲线上点的真实坐标后，就可以通过一元非线性回归拟合的办法，求出曲线的方程，命令如下：

```
% 定义回归方程对应的匿名函数
>> fun = @(a,x)[a(1) + a(2)/2 * (x - 0.17).^2 + a(3)/4 * (x - 0.17).^4];
% 作非线性回归，求回归方程中的未知参数
>> a = nlinfit(xreal,yreal,fun,[0, 0, 0])

a =

  -19.6749    22.2118     5.0905
```

上面先定义了一个匿名函数 fun，它是回归方程所对应的函数，fun 是一个函数句柄，把它作为 nlinfit 函数的输入。nlinfit 函数至少有 4 个输入，前 2 个是真实的横坐标和纵坐标数据，第 4 个输入是参数的初值，随便指定一个包含 3 个元素的向量即可。由参数估计结果作出重建的曲线图形，如图 A.1-3 所示。

```
>> yp = fun(a, xreal);        % 计算 xreal 对应的纵坐标的估计值
>> plot(xreal,yp);            % 做出重建的曲线图形
>> xlabel('X');               % 为 X 轴加标签
>> ylabel('Y = f(X)');        % 为 Y 轴加标签
% 在图形上点(0.05, -12)处添加曲线方程
>> text('Interpreter','latex',...
    'String',['$ $ -19.6749 + \frac{22.2118}{2}(x - 0.17)^2'...
      '+ \frac{5.0905}{4}(x - 0.17)^4 $ $'],'Position',[0.05, -12],...
    'FontSize',12);
```

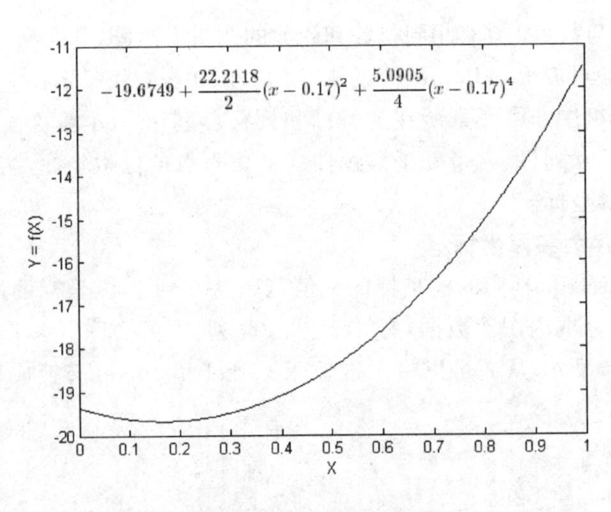

图 A.1-3 重建的曲线

A.2 基于K均值聚类的图像分割

A.2.1 灰度图像分割案例

【例 A.2-1】 MATLAB图像处理工具箱下的imdemos文件夹(matlabroot\toolbox\images\imdemos)中提供了图像文件coins.png,如图A.2-1所示。其中matlabroot为MATLAB根目录。

图 A.2-1 示例图像一

这是一幅灰度图像,下面利用K均值聚类法进行图像分割,将硬币图像从背景中分割出来。

1. 读入图像

```
>> x = imread('coins.png');      % 读入一幅图像,得到图像数据x
>> whos x                        % 查看矩阵x的大小和类型
```

```
  Name        Size              Bytes  Class    Attributes
  x           246x300           73800  uint8
>> y = double(x(:));                 % 将图像数据 x 按列拉长成一个长向量
```

可以看到图像数据 x 是一个 246 行、300 列的矩阵，数据类型为 8 位无符号整型。x 的第 i 行第 j 列的元素是图像上第 i 行第 j 列像素点的灰度值，白色像素点的灰度值为 255，黑色像素点的灰度值为 0，灰色像素点的灰度值介于 0～255 之间。将 x 按列拉长，并转换数据类型为双精度型，得到一个包含 246×300 个元素的列向量 y，y 中元素对应图像上每个像素点的灰度值。把 y 作为样本，根据图像上各像素点的灰度值之间的相似性，可把背景像素点聚为一类，把前景(硬币)像素点聚为另一类，这样就实现了对图像的分割。

2. 调用 kmeans 函数进行聚类

根据图像特点决定把像素点聚为两类：前景和背景。可以设定两类的初始凝聚点分别为 150 和 0，也就是说用灰度值 150 作为前景的初始凝聚点，用灰度值 0 作为背景的初始凝聚点，读者也可以尝试其他初始凝聚点。

```
>> startdata = [0; 150];                              % 设定初始凝聚点
>> idpixel = kmeans(y,2,'Start',startdata);           % 进行 K 均值聚类，所有像素点聚为 2 类
% 根据聚类结果生成一个与 idpixel 等长的逻辑向量 idbw
>> idbw = (idpixel == 2);
% 将 idbw 还原成一个与 x 同样大小的逻辑矩阵，背景像素点对应元素值为 0，前景像素点对应元素值为 1
>> result = reshape(idbw, size(x));
>> imshow(result);                                    % 以二值图像方式显示图像分割结果
```

以上命令完成了对所有像素点的 K 均值聚类，聚类结果向量 idpixel 中给出了每一个像素点所属类的类序号。由于所有像素点被聚为 2 类，所以 idpixel 中元素只有 1 和 2 两种取值，取值为 1 表示背景，取值为 2 表示前景。根据 idpixel 生成一个逻辑向量 idbw，若 idpixel 中元素为 2，则 idbw 中相应元素为 1，其他均为 0。注意到 idbw 是一个向量，将其还原成与 x 同样大小的矩阵 result，则前景像素点对应的 result 的取值为 1，背景像素点对应的 result 的取值为 0。其实 result 就是一个二值图像，利用 imshow 函数可以显示这个二值图像，如图 A.2-2 所示。

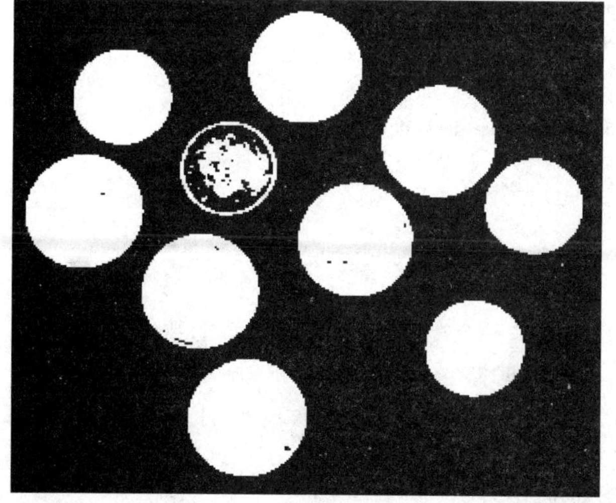

图 A.2-2 分割后二值图像

从图A.2-2可以看出,对于灰度图像coins.png,基于K均值聚类的图像分割效果还是比较好的。

A.2.2 真彩图像分割案例

【例A.2-2】 如图A.2-3所示,一只可爱的小鸭子在水面上捕食一只苍蝇,小鸭子及其在水中的倒影是偏黄色的,背景是偏蓝色的,图片文件名为littleduck.jpg。试利用K均值聚类的方法,将小鸭子从背景中分割出来。

图A.2-3 示例图像二

1. 读入图像

将文件littleduck.jpg放到MATLAB路径下,调用imread函数读取图像数据。

```
% 读入一幅图像,得到图像数据Duck0
>> Duck0 = imread('littleduck.jpg');
% 查看数组Duck0的大小和类型
>> whos  Duck0
  Name        Size              Bytes  Class    Attributes
  Duck0       439x600x3         790200  uint8
% 求数组Duck0的行数m,列数n,页数k
>> [m,n,k] = size(Duck0);
% 将数组Duck0转成m*n行,3列的双精度矩阵
>> Duck1 = double(reshape(Duck0, m*n, k));
% 查看数组Duck1的大小和类型
>> whos  Duck1
  Name        Size              Bytes  Class    Attributes
  Duck1       263400x3          6321600  double
```

读入的图像数据Duck0是一个439行、600列、3页的数组,数据类型为8位无符号整型。把Duck0矩阵变形,并转换数据类型,得到一个263400×3的双精度矩阵Duck1,矩阵的3列分别是图上所有像素点的红色、绿色和蓝色灰度值,把Duck1作为样本观测矩阵,调用kmeans函数即可完成聚类。

2. 调用kmeans函数进行聚类

根据图像特点,可把图像上所有像素点聚为两类,选取偏蓝色的灰度值(10,10,200)作为

背景的初始凝聚点，选取偏黄色的灰度值(200,200,10)作为前景(小鸭子)的初始凝聚点，调用 kmeans 函数进行聚类。

```
% 设定背景和前景初始凝聚点
>> startdata = [10 10 200;200 200 10];
% 进行 K 均值聚类，所有像素点聚为 2 类：背景和前景
% idClass  = 1 对应的是背景，idClass  = 2 对应的是前景
>> idClass = kmeans(Duck1,2,'Start',startdata);
% 生成背景索引矩阵 idDuck
>> idDuck = (idClass == 1);
% 生成背景索引数组 result
>> result = reshape([idDuck, idDuck, idDuck],[m,n,k]);
% 为了不覆盖原始图像数据 Duck0，定义一个新的数组 Duck2
>> Duck2 = Duck0;
% 根据背景索引数组 result，把 Duck2 中背景像素点的红、绿、蓝三元色灰度值均设置为 0
>> Duck2(result) = 0;
% 创建一个空白图形窗口
>> figure
% 显示前景图像，此时的背景为黑色
>> imshow(Duck2)
```

kmeans 函数返回的 idClass 是一个包含 263400 个元素的列向量，给出了每一个像素点所属类的类序号。由于所有像素点被聚为 2 类，所以 idClass 中元素只有 1 和 2 两种取值，取值为 1 表示背景，取值为 2 表示前景。为了提取前景图像数据并显示前景图像，创建背景索引数组 result，它是一个与原始图像数组 Duck0 具有相同大小(行数、列数和页数均相同)的数组，其中背景像素点对应的 3 页上的元素值均为 1，前景像素点对应的 3 页上的元素值均为 0。通过背景索引数组 result 将原始图像数组中背景像素点的灰度值设置为 0，则此时背景成了黑色，而前景图像没做任何改变，就可以清楚地看到图像分割的效果。如图 A.2-4 所示。

图 A.2-4 分割后前景图像

从图 A.2-4 可以看出，除了还残留一些水珠之外，前景小鸭子图像被完整地分割出来，分割效果非常好。当然，并不是所有的图像都适合用 K 均值聚类法进行分割，在实际应用中应尝试多种分割方法，如阈值法、微分算子边缘检测和区域增长法等。

A.3 基于中位数算法的运动目标检测

A.3.1 案例描述

【例 A.3-1】 这里有一个视频文件 WalkingMan.avi,视频内容:一个穿白色上衣、蓝色裤子的人在固定背景下行走。这段视频共80帧,每帧有240×360个像素点,每个像素点有红、绿、蓝三个颜色灰度值。视频的第1帧如图 A.3-1 所示,最后一帧如图 A.3-2 所示。

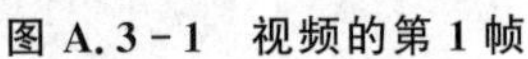

图 A.3-1 视频的第1帧

图 A.3-2 视频的最后一帧

本案例将利用中位数算法把运动目标(即运动的人)与背景分割开。

A.3.2 中位数算法原理

1. 中位数的稳定性

样本中位数的定义见5.3.5节,这里不再重述。由样本中位数定义可知以下数列具有相同的中位数:

数列一:5,5,5,5,5,5,5,5,5,5,5,5,5,5,5,5,5,5,5,5

数列二:5,5,5,5,5,5,5,5,5,5,5,5,5,5,5,9,9,9,9,9

数列三:5,5,5,5,5,5,5,5,5,5,5,0,1,2,3,4,6,7,8,9

上述3个数列的中位数均为5,由此可知中位数具有很强的稳定性,改变一个数列中的个别(或少数)取值,并不影响整个数列的中位数。

2. 利用中位数求背景图像各像素点的颜色灰度值

设 $x_{ijk}^{(m)}$ $(i=1,2,\cdots,240;j=1,2,\cdots,360;k=1,2,3;m=1,2,\cdots,80)$表示视频的第 m 帧上第 i 行、第 j 列像素点的第 k 种颜色的灰度值,其中 $k=1,2,3$ 分别表示红色、绿色和蓝色。

考虑到背景固定不动,人在视频中是运动的,当 i,j,k 固定时,数列 $x_{ijk}^{(1)},x_{ijk}^{(2)},\cdots,x_{ijk}^{(80)}$ 中大部分取值是近似相等的。记数列的中位数为 x_{ijk}^{Med},由中位数的稳定性可知,x_{ijk}^{Med} 近似为视频的背景图像上第 i 行、第 j 列像素点的第 k 种颜色的灰度值,所以由 $\left(x_{ij1}^{\mathrm{Med}},x_{ij2}^{\mathrm{Med}},x_{ij3}^{\mathrm{Med}}\right)$ $(i=1,2,\cdots,240;j=1,2,\cdots,360)$即可确定视频的背景图像。

3. 利用背景图像确定每帧上的目标图像

背景图像确定之后,把第 m 帧图像的颜色灰度值与背景图像的颜色灰度值作差,差值图

像上第 i 行、第 j 列像素点的颜色灰度值为

$$\left(x_{ij1}^{(m)}-x_{ij1}^{\text{Med}},x_{ij2}^{(m)}-x_{ij2}^{\text{Med}},x_{ij3}^{(m)}-x_{ij3}^{Med}\right),\quad i=1,2,\cdots,240;j=1,2,\cdots,360;m=1,2,\cdots,80$$

这些颜色灰度值大部分都是接近于 0 的，只有运动目标对应的颜色灰度值与 0 差距较大，这样就可以把每一帧上的运动目标检测出来。

A.3.3　本案例的 MATLAB 实现一

1. 读取视频文件

```
% 调用 aviread 函数读取视频文件
>> vid = aviread('WalkingMan.avi')

vid =

1x80 struct array with fields:
    cdata
    colormap

>> size(vid(1).cdata)        % 查看第 1 帧的大小,也是每一帧的大小

ans =

   240   360     3

>> vid(1).colormap           % 查看第 1 帧的 colormap 值

ans =

     []
```

MATLAB 中提供了 aviread 函数，用来读取.avi 格式视频文件。调用 aviread 函数读取视频文件 WalkingMan.avi，读入的 vid 是一个 1×80 的结构体数组，它有两个字段：cdata 和 colormap。由于每一帧均为真彩图像，vid 的 cdata 字段用来存储每一帧的红、绿、蓝三元色的灰度值，每一帧的 colormap 字段的值均为空。通过查看第 1 帧的大小可知视频的每一帧图像上都有 240×360 个像素点。

2. 数据类型的转换

下面利用 cat 函数将结构体数组 vid 的 cdata 字段的取值（8 位无符号整型）转换成一个 240×360×3×80 的四维双精度数组 IM，相关命令如下：

```
% 把 vid 的 cdata 字段的取值转换成一个 240 × 360 × 3 × 80 的四维数组 IM
>> IM = cat(4,vid.cdata);
>> size(IM)                      % 查看 IM 的大小

ans =

   240   360     3    80

>> IM = double(IM)/255;       % 将 IM 转为双精度数组
```

3. 调用 median 函数求中位数

调用 median 函数沿数组 IM 的第四维求中位数，得到背景图像（数据）I，它是一个 240×360×3 的三维数组，再把每一帧与背景图像作差，即可得到每一帧上的运动目标。

```
>> I = median(IM,4);              % 沿数组 IM 的第四维求中位数,得到背景图像
>> figure;                        % 新建一个图形窗口
>> imshow(I);                     % 显示背景图像
>> figure;                        % 新建一个图形窗口
>> imshow(IM(:,:,:,1) - I);       % 显示第 1 帧中的目标图像
```

上述命令得到的背景图像如图 A.3-3 所示，第 1 帧中的目标图像如图 A.3-4 所示。

图 A.3-3　视频的背景图像

图 A.3-4　第 1 帧中的目标图像

从图 A.3-3 和 A.3-4 可以看出，运动目标和背景被完整地分隔开来，图像分割效果非常好。若进一步对每一帧中的目标图像进行处理，还可以计算运动目标的运动方向和运动速度等，本书不再作深入讨论。

A.3.4　本案例的 MATLAB 实现二

若 aviread 函数无法读取视频文件，可以尝试换另一种方式，例如用 mmreader 函数创建读取视频文件的多媒体阅读对象，然后调用对象的 read 方法读取视频的各帧图像数据。利用 mmreader 和 read 函数读取视频文件 WalkingMan.avi，并根据中位数算法进行运动目标检测的 MATLAB 代码如下：

```
% 调用 mmreader 函数创建读取视频文件的多媒体阅读对象 WalkManObj
>> WalkManObj = mmreader('WalkingMan.avi');
% 调用对象的 read 方法读取视频的各帧图像数据
>> IM = read(WalkManObj, [1, inf]);
>> IM = double(IM)/255;           % 将 IM 转为双精度数组
>> I = median(IM,4);              % 沿数组 IM 的第四维求中位数,得到背景图像
>> figure;                        % 新建一个图形窗口
>> imshow(I);                     % 显示背景图像
>> figure;                        % 新建一个图形窗口
>> imshow(IM(:,:,:,1) - I);       % 显示第 1 帧中的目标图像
```

A.3.5　本案例的 MATLAB 实现三

MATLAB R2012a（即 MATLAB 7.14）中对读写视频文件作了重大调整，给出了 Video-

Reader 和 VideoWriter 类，通过调用 VideoReader 类的构造函数（VideoReader）并传递合适的参数可以创建类对象，然后调用类对象的 read 方法读取视频文件。在 MATLAB R2012a 以后的版本中，aviread 和 mmreader 函数将会被移除。下面给出本案例的第三种实现方式：

```
% 调用 VideoReader 函数创建 VideoReader 类对象
WalkManObj = VideoReader('WalkingMan.avi');
% 调用类对象的 read 方法读取视频的各帧图像数据
IM = WalkManObj.read;
IM = double(IM)/255;           % 将 IM 转为双精度数组
I = median(IM,4);              % 沿数组 IM 的第四维求中位数，得到背景图像
figure;                        % 新建一个图形窗口
imshow(I);                     % 显示背景图像
figure;                        % 新建一个图形窗口
imshow(IM(:,:,:,1) - I);       % 显示第 1 帧中的目标图像
```

实质上，除了读取视频文件的方式不同外，以上三种 MATLAB 实现方式的其余命令都相同，得到的结果（包括背景图像和各帧上的目标图像）也完全相同。

A.4　基于贝叶斯判别的手写体数字识别

【例 A.4-1】　手写体数字识别作为模式识别的一个重要分支，在邮政、税务、交通、金融等行业的实践活动中有着非常广泛的应用。手写体数字识别的方法也有很多种，本案例仅介绍利用贝叶斯判别进行手写体数字识别。

A.4.1　样本图片的预处理

1. 样本图片

本案例共选取 50 幅手写体数字图片作为训练样本，每个数字有 5 幅图片，每幅图片大小均为 50 像素×50 像素，把 50 幅图片放在一起，如图 A.4-1 所示。

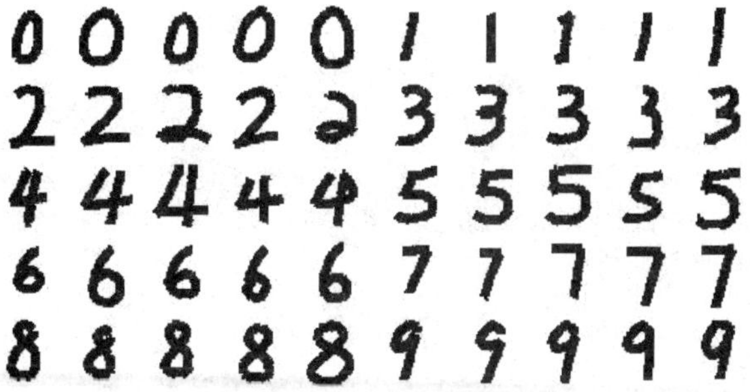

图 A.4-1　训练样本图片

2. 样本图片的预处理

从图 A.4-1 可以看出，样本图片中数字的大小和位置不尽相同，为了消除这些影响，首先对每幅图片做标准化处理：把每幅图片作反色处理，并转为二值图像，然后截取二值图像中包含数字的最大区域，将截取的区域转成 16×16 的图像，此时数字上像素点的灰度值为 1，背景像素点灰度值为 0，也就是说标准化处理后的图像为黑底白字的图像，如图 A.4-2 所示。

图 A.4-2 中各图像依次为原始图像、反色图像、反色后二值图像、包含数字的最大区域图像、标准化图像(即 16×16 的二值图像)。对图像进行标准化处理的 MATLAB 代码如下：

图 A.4-2 图像的标准化处理

```
% 利用 uigetfile 函数交互式选取训练样本图片
geshi = {'*.jpg','JPEG image (*.jpg)';...
       '*.bmp','Bitmap image (*.bmp)';...
       '*.*','All Files (*.*)'};
[FileName FilePath] = uigetfile(geshi,'选取训练样本图片',...
    '*.jpg','MultiSelect','on');
% 如果选择了图片文件,生成图片文件的完整路径,否则退出程序,不再运行后面命令
if ~isequal([FileName,FilePath],[0,0]);
    FileFullName = strcat(FilePath,FileName);
    if ~iscell(FileName)
        FileName = {FileName};
        FileFullName = {FileFullName};
    end
else
    return;
end
n = length(FileFullName);                    % 选择的图片文件个数
% 设置 I、BW、training 和 group 的初值
I = zeros(50);
BW = zeros(16);
training = zeros(1,256);
group = [];
% 通过循环对每一个图片进行标准化处理,并生成训练样本数据矩阵 training 和分组向量 group
for i = 1:n
    I = imread(FileFullName{i});             % 读入一幅图片
    I = 255 - I;                             % 图像反色处理
    I = im2bw(I,0.4);                        % 设定阈值,把反色后图像转成二值图像
    [y,x] = find(I == 1);                    % 查找数字上像素点的行标 y 和列标 x
    BW = I(min(y):max(y),min(x):max(x));     % 截取包含数字的最大区域图像
    % 将截取的包含数字的最大区域图像转成 16×16 的标准化图像
    BW = imresize(BW,[16, 16]);
    % 将标准化图像按列拉长,生成 50×256 的训练样本矩阵 training
    training(i,:) = double(BW(:)');
    % 将图片文件名字符串分成三部分:文件路径、不带扩展名的文件名和扩展名字符串
    [pathstr,namestr,ext] = fileparts(FileName{i});
    % 读取不带扩展名的文件名字符串的第 4 个字符,得到该图片对应的数字,即该图片所在的组
    group = [group;str2num(namestr(4))];
end
```

每一个标准化图像数据都是一个 16×16 的矩阵,把它们都按列拉长成 1×256 的行向量,50 幅图片就对应了一个 50×256 的矩阵,矩阵的每一行对应一幅图片,每一列对应不同图片上相同位置的像素点,后面将把这个矩阵作为训练样本矩阵,用来创建朴素贝叶斯分类器(Naive Bayes classifier)对象。

为了自动识别样本图片对应的数字，即样本图片所在的组，设定样本图片的文件名依次为 num0_1. jpg，num0_2. jpg，……，num0_5. jpg，……，num9_5. jpg。利用 fileparts 函数把图片文件名分解为三部分：文件路径、不带扩展名的文件名和扩展名字符串，然后读取不带扩展名的文件名的第 4 个字符，并将字符转化为数字，就得到了该图片对应的数字。

A. 4. 2 创建朴素贝叶斯分类器对象

根据上面得到的 training 矩阵（训练样本矩阵）和 group 向量（分组向量）创建朴素贝叶斯分类器对象，命令如下：

```
% 创建朴素贝叶斯分类器对象 ObjBayes
>> ObjBayes = NaiveBayes.fit(training,group,'Distribution','mn')

ObjBayes =

Naive Bayes classifier with 10 groups for 256 dimensions.
Feature Distribution(s): mn
```

由于 training 矩阵中的元素非 0 即 1，这里设定 'Distribution' 参数的取值为 'mn'，即认为标准化图像上每一像素点的颜色灰度值服从多项分布。

A. 4. 3 判别效果

1. 对训练样本图片进行判别

为了评价判别效果，首先利用所创建的朴素贝叶斯分类器对象 ObjBayes，对训练样本图片进行判别，命令及结果如下：

```
% 利用所创建的朴素贝叶斯分类器对象 ObjBayes，对训练样本图片进行判别
>> pre0 = ObjBayes.predict(training);
>> isequal(pre0, group)    % 判断判别结果 pre0 与分组向量 group 是否相等

ans =

     1
```

从这里的结果可以看出，判别结果 pre0 与分组向量 group 相等，说明训练样本图片均得到了正确的判别。

2. 对检验样本图片进行判别

重新选取 30 幅手写体数字图片作为检验样本，每个数字有 3 幅图片，每幅图片大小均为 50×50 像素，文件名分别为 num0_1. bmp，num0_2. bmp，num0_3. bmp，……，num9_3. bmp。把 30 幅图片放在一起，如图 A. 4－3 所示。

图 A. 4－3 检验样本图片

在对检验样本图片进行判别之前,首先对每幅图片进行标准化处理,处理方式与前面相同,也是把每幅图片作反色处理,并转为二值图像,然后截取二值图像中包含数字的最大区域,将截取的区域转成16×16的标准化图像;其次把标准化图像都按列拉长成1×256的行向量,30幅检验样本图片就对应了一个30×256的检验样本矩阵,矩阵的每一行对应一幅图片,每一列对应不同图片上相同位置的像素点;最后利用所创建的朴素贝叶斯分类器对象ObjBayes,根据检验样本矩阵,对检验样本图片进行判别即可。相关的MATLAB命令及结果如下:

```
% 利用uigetfile函数交互式选取检验样本图片
>> geshi = {'*.jpg','JPEG image (*.jpg)';...
       '*.bmp','Bitmap image (*.bmp)';...
       '*.*','All Files (*.*)'};
>> [FileName FilePath] = uigetfile(geshi,'选取检验样本图片',...
    '*.jpg','MultiSelect','on');
% 如果选择了图片文件,生成图片文件的完整路径,否则退出程序,不再运行后面命令
>> if ~isequal([FileName,FilePath],[0,0]);
    FileFullName = strcat(FilePath,FileName);
    if ~iscell(FileName)
        FileName = {FileName};
        FileFullName = {FileFullName};
    end
else
    return;
end
>> n = length(FileFullName);                   % 选择的图片文件个数
% 设置I、BW、sampledata和samplegroup的初值
>> I = zeros(50);
>> BW = zeros(16);
>> sampledata = zeros(1,256);
>> samplegroup = [];
% 通过循环对每一个图片进行标准化处理,
% 并生成检验样本数据矩阵sampledata和分组向量samplegroup
>> for i = 1:n
    I = imread(FileFullName{i});               % 读入一幅图片
    I = 255 - I;                               % 图像反色处理
    I = im2bw(I,0.4);                          % 设定阈值,把反色后图像转成二值图像
    [y,x] = find(I == 1);                      % 查找数字上像素点的行标y和列标x
    BW = I(min(y):max(y),min(x):max(x));       % 截取包含数字的最大区域图像
    % 将截取的包含数字的最大区域图像转成16×16的标准化图像
    BW = imresize(BW,[16, 16]);
    % 将标准化图像按列拉长,生成30×256的检验样本矩阵sampledata
    sampledata(i,:) = double(BW(:)');
    % 将图片文件名字符串分成三部分:文件路径、不带扩展名的文件名和扩展名字符串
    [pathstr,namestr,ext] = fileparts(FileName{i});
    % 读取不带扩展名的文件名字符串的第4个字符,得到该图片对应的数字,即该图片所在的组
    samplegroup = [samplegroup; str2num(namestr(4))];
end
```

```
% 利用所创建的朴素贝叶斯分类器对象 ObjBayes,对检验样本图片进行判别
>> pre1 = ObjBayes.predict(sampledata);
% 查看判别结果
>> [samplegroup, pre1]                    % 第一列为真实组,第二列为判归的组

ans =

     0     0
     0     0
     0     0
     1     1
     1     1
     1     1
     2     2
     2     2
     2     2
     3     3
     3     3
     3     3
     4     4
     4     4
     4     4
     5     5
     5     5
     5     5
     6     6
     6     5
     6     6
     7     7
     7     7
     7     7
     8     1
     8     8
     8     8
     9     9
     9     9
     9     9
```

从以上判别结果可以看到,总共有两个图片出现了误判,其中有一个 6 被误判成了 5,有一个 8 被误判成了 1。在训练样本图片只有 50 幅的情况下,这样的判别效果已经很好了。读者可以尝试增加训练样本图片的个数,以降低误判的比例。

A.5　基于主成分分析的图像压缩与重建

【例 A.5-1】 本案例以 MATLAB 图像处理工具箱中的图片文件 football.jpg 为示例,介绍主成分分析在图像压缩中的应用。football.jpg 是一幅 256×320 的真彩图像,如图 A.5-1 所示。

图 A.5-1 图像压缩的示例图像

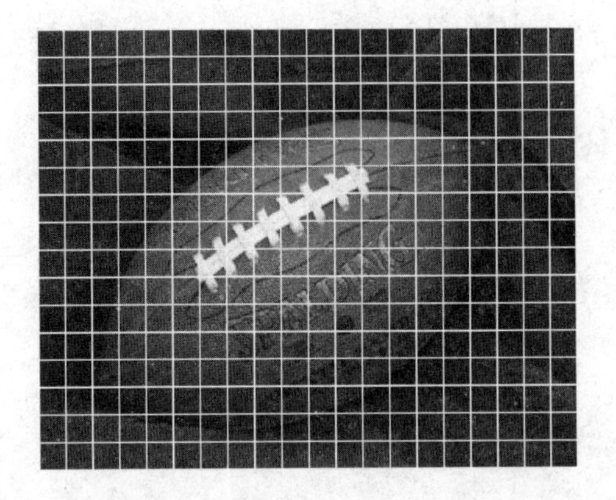

图 A.5-2 图像分块效果示意图

A.5.1 基于主成分分析的图像压缩与重建原理

1. 数据类型的变换

以真彩图像 football.jpg 为例,由 imread 函数读取图像数据,命令如下:

```
>> I = imread('football.jpg');      % 读入一幅图像,得到图像数据 I
>> whos   I      % 查看数组 I 的大小和类型
  Name          Size                Bytes  Class     Attributes

  I            256x320x3            245760  uint8
```

读取的图像数据记为 $\boldsymbol{I}$,它是一个 256×320×3 的数组,数据类型为 8 位无符号整型。利用下面命令将 $\boldsymbol{I}$ 转化为取值介于 0~1 的双精度数组,后面的所有操作都是基于这个双精度数组进行的。

```
>> I = double(I)/255;      % 变换数据类型
```

2. 图像分块

如图 A.5-2 所示,把数组 $\boldsymbol{I}$ 等分成 16×20 个小块,每块均为 16×16×3 的数组,也就是说 $\boldsymbol{I}$ 在竖直方向被分为 16 块,水平方向被分为 20 块。把每个小块按列拉长成一个包含 16×16×3=768 个元素的行向量,可以得到 320 个行向量(每块对应一个行向量),按照块的位置从上到下、从左至右的顺序,由 320 个行向量构成一个 320×768 的矩阵,记为 $\boldsymbol{X}$,则 $\boldsymbol{X}$ 的每一行对应一个块,每一列对应不同块上的同一位置像素点。由图像的特点可知,每一块上相邻像素点的颜色灰度值具有一定的相似性,从而可知矩阵 $\boldsymbol{X}$ 的列与列之间具有一定相关性,把 $\boldsymbol{X}$ 的每列看成一个变量,则变量之间的信息有所重叠,可以通过主成分分析进行降维处理。

3. 由主成分得分和主成分表达式重建图像数据

令 $n=320$,$p=768$,把矩阵 $\boldsymbol{X}_{n\times p}$ 作为样本观测值矩阵,进行主成分分析。假设前 $m(m<p)$ 个主成分的累积贡献率达到了一个比较高的水平,记前 m 个主成分表达式的系数矩阵为

$$\boldsymbol{T}_m=(\boldsymbol{t}_1,\boldsymbol{t}_2,\cdots,\boldsymbol{t}_m)_{p\times m}$$

记样本的前 m 个主成分得分矩阵为

$$Y_m = \begin{pmatrix} y_{11} & y_{12} & \cdots & y_{1m} \\ y_{21} & y_{22} & \cdots & y_{2m} \\ \vdots & \vdots & & \vdots \\ y_{n1} & y_{n2} & \cdots & y_{nm} \end{pmatrix}$$

则由 12.1.3 节的内容可知，当前 m 个主成分的累积贡献率达到了一个比较高的水平时，$\boldsymbol{X}_m = \boldsymbol{Y}_m \boldsymbol{T}'_m$ 可以作为样本观测值矩阵 $\boldsymbol{X}$ 的一个很好的近似。把 $\boldsymbol{X}_m$ 进行一个与图像分块相反的变换，得到一个与原始图像数据 $\boldsymbol{I}$ 具有同样大小（行数、列数和页数）的数组，记为 $\boldsymbol{I}_m$，则 $\boldsymbol{I}_m$ 是由前 m 个主成分得分和主成分表达式重建的图像数据，可以作为原始图像数据 $\boldsymbol{I}$ 的一个很好的近似。

4. 图像压缩比

由上面的过程可知，只需保存前 m 个主成分得分矩阵 $\boldsymbol{Y}_m$ 和主成分表达式系数矩阵 $\boldsymbol{T}_m$，就可近似重建图像数据。注意到 $\boldsymbol{Y}_m$ 和 $\boldsymbol{T}_m$ 的总数据量为 $nm+pm=m(n+p)$，而原始图像数据的总数据量为 np，当 $np>m(n+p)$，即 $\frac{np}{m(n+p)}>1$ 时，就达到了图像压缩的目的。称 $\frac{np}{m(n+p)}$ 为前 m 个主成分对应的**图像压缩比**。压缩比反映了图像压缩程度的大小，压缩比越大，说明压缩的程度越大，图像信息损失也就越多，应在控制图像信息损失较少的情况下，使得压缩比尽可能大。

对于真彩图像 football.jpg，不同的 m 值对应的压缩比如表 A.5－1 所列。

表 A.5－1 不同的 m 值对应的压缩比

m 值	10	20	30	40	50	60	70	80	90	100
压缩比	22.5882	11.2941	7.5294	5.6471	4.5176	3.7647	3.2269	2.8235	2.5098	2.2588

A.5.2 图像压缩与重建的 MATLAB 实现

根据以上原理，笔者编写了基于主成分分析的图像压缩与重建的 MATLAB 函数，函数代码如下，代码中的注释部分给出了该函数的 3 种调用格式。

```
function  [IMCom, NumPrin] = ImCompressPrin(filename,q)
% 基于主成分分析的图像压缩
%
%   ImCompressPrin(filename,q)显示由前 q 个主成分的得分矩阵和系数矩阵重建的图像
%   输入参数 filename 是一个由单引号括起来的字符串，用来指定图片文件的文件名，如
%   'football.jpg'。如果图片文件不在 MATLAB 当前文件夹或搜索路径下，应在 filename
%   中指定图片文件的完整路径。输入参数 q 是一个正整数或(0,1)内的实数，若为正整数，
%   用来指定重建图像时用到的主成分的个数；若为(0,1)内的实数，用来指定图像压缩比
%   的倒数，程序中会根据 q 的值自动确定用到的主成分的个数
%
%   IMCom = ImCompressPrin(filename,q) 输出由前 q 个主成分的得分矩阵和系数矩阵恢
%   复的图像数据 IMCom
%
%   [IMCom, NumPrin] = ImCompressPrin(filename,q) 还返回重建图像时用到的主成
%   分的个数或图像压缩比的倒数。当输入参数 q 是一个(0,1)内的实数时，NumPrin 是用到
```

```
%    的主成分的个数;当 q 是一个正整数时,NumPrin 是图像压缩比的倒数
%
%    Copyright xiezhh.

% 读入一幅图片,并求图像数据的大小
I = imread(filename);
[nrow,ncol,npage] = size(I);
% 确定图像分块的个数
nrow = floor(nrow/16);
ncol = floor(ncol/16);
% 确定最多可用的主成分的个数 m
n = nrow * ncol;
p = npage * 256;
m = floor(n * p/(n + p));
% 根据 q 的取值,确定所用的主成分的个数 qid
if q > 0 && q < 1
    qid = ceil(m * q);
elseif q >= 1 && q <= m && round(q) == q
    qid = q;
else
    error(['q的取值应为(0,1)内的数或不超过 ', num2str(m),' 的正整数 '])
end
flag = npage == 3;   % 真彩图像标签,若为真彩图像,flag = 1
% 若 I 的行数和列数不是 16 的整数倍,将 I 的大小进行调整
I = imresize(I,[16 * nrow,16 * ncol]);
% 将 I 转化为取值介于 0 和 1 之间的双精度数组
I = double(I)/255;
% 显示原始图像
figure(1)
subplot(1,2,1)
imshow(I,[]);
xlabel(' 原始图像 ');      % 为 X 轴加标签
% 把原始图像分成 nrow×ncol 个 16×16 的小块. I_block 为 nrow×ncol 的元胞数组
if flag
    I_block = mat2cell(I,16 * ones(1,nrow),16 * ones(1,ncol),npage);
else
    I_block = mat2cell(I,16 * ones(1,nrow),16 * ones(1,ncol));
end
% 把 I_block 转为 16×16×npage×(nrow×ncol)的数组
x = cat(4,I_block{:});
% 把 x  转为(nrow×ncol)行,(16×16×npage)列的矩阵
x = reshape(x,[16 * 16 * npage,nrow * ncol])';
% 调用 pcares 函数重建矩阵 x  的数据 xpr
[resid,xpr] = pcares(x,qid);
% 把矩阵 xpr 转为(nrow * ncol)×1 的元胞数组
xpr = mat2cell(xpr,ones(1,nrow * ncol));
% 把 xpr 的每一个元胞转成 16×16×npage 的数组
xpr = cellfun(@(x)reshape(x,[16,16,npage]),xpr,'UniformOutput',0);
% 改变元胞数组 xpr 的形状,使之成为 nrow×ncol 的元胞数组
xpr = reshape(xpr,[nrow,ncol]);
% 把元胞数组 xpr 转为 nrow×ncol×npage 的数组,得到重建的图像数据 I
I = cell2mat(xpr);
% 显示由前 qid 个主成分的得分矩阵和系数矩阵重建的图像
subplot(1,2,2)
```

```
imshow(I,[]);    xlabel('重建图像');
% 输出重建的图像数据、用到的主成分个数或图像压缩比的倒数
if nargout > 0
    IMCom = I;
    if q >= 1
        NumPrin = qid/m;
    else
        NumPrin = qid;
    end
end
```

针对真彩图像 football.jpg，可以如下调用 ImCompressPrin 函数。

```
>> I = ImCompressPrin('football.jpg',1/100);   % 压缩比为 100
>> I = ImCompressPrin('football.jpg',1/20);    % 压缩比为 20
>> I = ImCompressPrin('football.jpg',1/5);     % 压缩比为 5
>> I = ImCompressPrin('football.jpg',1/2);     % 压缩比为 2
```

以上命令得到的重建图像依次如图 A.5-3～图 A.5-6 所示。

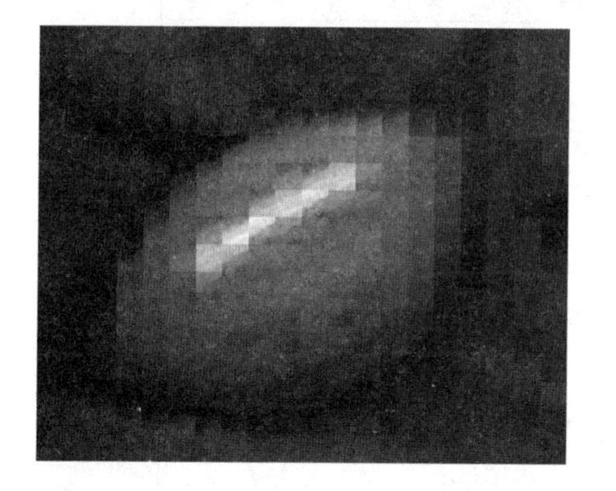

图 A.5-3 压缩比为 100 时的重建图像

图 A.5-4 压缩比为 20 时的重建图像

图 A.5-5 压缩比为 5 时的重建图像

图 A.5-6 压缩比为 2 时的重建图像

从图 A.5-3～A.5-6 可以看出，压缩比越大，图像信息损失越多，当压缩比为 2 时，用肉眼已无法分辨出由主成分得分重建的图像与原始图像的差别。

附录 B

MATLAB 统计工具箱函数大全

表 B.1　分布参数估计

函数名	说　明
betafit	β分布的参数估计
binofit	二项分布的参数估计
dfittool	分布拟合工具
evfit	极值分布的参数估计
expfit	指数分布的参数估计
fitdist	分布的拟合
gamfit	Γ分布的参数估计
gevfit	广义极值分布的参数估计
gmdistribution	高斯混合模型的参数估计
gpfit	广义 Pareto 分布的参数估计
lognfit	对数正态分布的参数估计
mle	最大似然估计(MLE)
mlecov	最大似然估计的渐进协方差矩阵
nbinfit	负二项分布的参数估计
normfit	正态(高斯)分布的参数估计
paretotails	创建 Pareto 尾部对象
poissfit	泊松分布的参数估计
raylfit	瑞利(Rayleigh)分布的参数估计
unifit	均匀分布的参数估计
wblfit	威布尔(Weibull)分布的参数估计

表 B.2　概率密度函数

函数名	说　明
betapdf	β分布的密度函数
binopdf	二项分布的密度函数
chi2pdf	χ^2 分布的密度函数
evpdf	极值分布的密度函数
exppdf	指数分布的密度函数

续表 B.2

函数名	说　明
fpdf	F 分布的密度函数
gampdf	Γ 分布的密度函数
geopdf	几何分布的密度函数
gevpdf	广义极值分布的密度函数
gppdf	广义 Pareto 分布的密度函数
hygepdf	超几何分布的密度函数
lognpdf	对数正态分布的密度函数
mnpdf	多项分布的密度函数
mvnpdf	多元正态分布的密度函数
mvtpdf	多元 t 分布的密度函数
nbinpdf	负二项分布的密度函数
ncfpdf	非中心 F 分布的密度函数
nctpdf	非中心 t 分布的密度函数
ncx2pdf	非中心 χ^2 分布的密度函数
normpdf	正态分布的密度函数
pdf	指定分布的密度函数
poisspdf	泊松分布的密度函数
raylpdf	瑞利分布的密度函数
tpdf	t 分布的密度函数
unidpdf	离散均匀分布的密度函数
unifpdf	连续均匀分布的密度函数
wblpdf	威布尔分布的密度函数

表 B.3　累积分布函数

函数名	说　明
betacdf	β 分布的累积分布函数
binocdf	二项分布的累积分布函数
cdf	指定分布的累积分布函数
chi2cdf	χ^2 分布的累积分布函数
ecdf	经验累积分布函数(Kaplan - Meier 估计)
evcdf	极值分布的累积分布函数
expcdf	指数分布的累积分布函数
fcdf	F 分布的累积分布函数
gamcdf	Γ 分布的累积分布函数

续表 B.3

函数名	说 明
geocdf	几何分布的累积分布函数
gevcdf	广义极值分布的累积分布函数
gpcdf	广义 Pareto 分布的累积分布函数
hygecdf	超几何分布的累积分布函数
logncdf	对数正态分布的累积分布函数
mvncdf	多元正态分布的累积分布函数
mvtcdf	多元 t 分布的累积分布函数
nbincdf	负二项分布的累积分布函数
ncfcdf	非中心 F 分布的累积分布函数
nctcdf	非中心 t 分布的累积分布函数
ncx2cdf	非中心 χ^2 分布的累积分布函数
normcdf	正态分布的累积分布函数
poisscdf	泊松分布的累积分布函数
raylcdf	瑞利分布的累积分布函数
tcdf	t 分布的累积分布函数
unidcdf	离散均匀分布的累积分布函数
unifcdf	连续均匀分布的累积分布函数
wblcdf	威布尔分布的累积分布函数

表 B.4 逆累积分布函数

函数名	说 明
betainv	β 分布的逆累积分布函数
binoinv	二项分布的逆累积分布函数
chi2inv	χ^2 分布的逆累积分布函数
evinv	极值分布的逆累积分布函数
expinv	指数分布的逆累积分布函数
finv	F 分布的逆累积分布函数
gaminv	Γ 分布的逆累积分布函数
geoinv	几何分布的逆累积分布函数
gevinv	广义极值分布的逆累积分布函数
gpinv	广义 Pareto 分布的逆累积分布函数
hygeinv	超几何分布的逆累积分布函数
icdf	指定分布的逆累积分布函数
logninv	对数正态分布的逆累积分布函数

续表 B.4

函数名	说　明
nbininv	负二项分布的逆累积分布函数
ncfinv	非中心 F 分布的逆累积分布函数
nctinv	非中心 t 分布的逆累积分布函数
ncx2inv	非中心 χ^2 分布的逆累积分布函数
norminv	正态分布的逆累积分布函数
poissinv	泊松分布的逆累积分布函数
raylinv	瑞利分布的逆累积分布函数
tinv	t 分布的逆累积分布函数
unidinv	离散均匀分布的逆累积分布函数
unifinv	连续均匀分布的逆累积分布函数
wblinv	威布尔分布的逆累积分布函数

表 B.5　生成随机数的函数

函数名	说　明
betarnd	β 分布随机数
binornd	二项分布随机数
chi2rnd	χ^2 分布随机数
datasample	从数据集中随机抽样
evrnd	极值分布随机数
exprnd	指数分布随机数
frnd	F 分布随机数
gamrnd	Γ 分布随机数
geornd	几何分布随机数
gevrnd	广义极值分布随机数
gprnd	广义 Pareto 分布随机数
hygernd	超几何分布随机数
iwishrnd	逆威沙特(Wishart)分布随机数
johnsrnd	Johnson 分布系统随机数
lognrnd	对数正态分布随机数
mhsample	利用 Metropolis－Hastings 算法生成指定分布随机数
mnrnd	多项分布随机数
mvnrnd	多元正态分布随机数
mvtrnd	多元 t 分布随机数
nbinrnd	负二项分布随机数

续表 B.5

函数名	说　明
ncfrnd	非中心 F 分布随机数
nctrnd	非中心 t 分布随机数
ncx2rnd	非中心 χ^2 分布随机数
normrnd	正态分布随机数
pearsrnd	Pearson 分布系统随机数
poissrnd	泊松分布随机数
randg	Γ 分布随机数
random	指定分布随机数
randsample	从有限总体中随机抽样
raylrnd	瑞利分布随机数
slicesample	利用切片抽样(Slice Sampling)方法生成指定分布随机数
trnd	t 分布随机数
unidrnd	离散均匀分布随机数
unifrnd	连续均匀分布随机数
wblrnd	威布尔分布随机数
wishrnd	威沙特分布随机数

表 B.6　伪随机数生成器

函数名	说　明
haltonset	生成 Halton 伪随机点集
qrandstream	生成伪随机数流
sobolset	生成 Sobol 伪随机点集

表 B.7　常见分布的统计量函数

函数名	说　明
betastat	β 分布的均值和方差
binostat	二项分布的均值和方差
chi2stat	χ^2 分布的均值和方差
evstat	极值分布的均值和方差
expstat	指数分布的均值和方差
fstat	F 分布的均值和方差
gamstat	Γ 分布的均值和方差
geostat	几何分布的均值和方差
gevstat	广义极值分布的均值和方差

续表 B.7

函数名	说　明
gpstat	广义 Pareto 分布的均值和方差
hygestat	超几何分布的均值和方差
lognstat	对数正态分布的均值和方差
nbinstat	负二项分布的均值和方差
ncfstat	非中心 F 分布的均值和方差
nctstat	非中心 t 分布的均值和方差
ncx2stat	非中心 χ^2 分布的均值和方差
normstat	正态分布的均值和方差
poisstat	泊松分布的均值和方差
raylstat	瑞利分布的均值和方差
tstat	t 分布的均值和方差
unidstat	离散均匀分布的均值和方差
unifstat	连续均匀分布的均值和方差
wblstat	威布尔分布的均值和方差

表 B.8　负对数似然函数

函数名	说　明
betalike	β 分布的负对数似然函数
evlike	极值分布的负对数似然函数
explike	指数分布的负对数似然函数
gamlike	Γ 分布的负对数似然函数
gevlike	广义极值分布的负对数似然函数
gplike	广义 Pareto 分布的负对数似然函数
lognlike	对数正态分布的负对数似然函数
nbinlike	负二项分布的负对数似然函数
normlike	正态分布的负对数似然函数
wbllike	威布尔分布的负对数似然函数

表 B.9　概率分布对象

函数名	说　明
ProbDistUnivKernel	一元非参数(核光滑)分布对象
ProbDistUnivParam	一元参数分布对象

表 B.10 描述性统计量函数

函数名	说 明
bootci	Bootstrap 置信区间
bootstrp	Bootstrap 统计量
corr	线性(或秩)相关系数
corrcoef	线性相关系数
cov	协方差矩阵
crosstab	列联表
geomean	几何平均值
grpstats	分组统计量
harmmean	调和平均值
iqr	内4分位极差(0.75分位数与0.25分位数之差)
jackknife	Jackknife 统计量
kurtosis	峰度
mad	绝对偏差的均值或中位数
mean	均值
median	中位数
mode	众数
moment	中心矩
nancov	忽略缺失值的样本协方差矩阵
nanmax	忽略缺失值的样本最大值
nanmean	忽略缺失值的样本均值
nanmedian	忽略缺失值的样本中位数
nanmin	忽略缺失值的样本最小值
nanstd	忽略缺失值的样本标准差
nansum	忽略缺失值的样本和
nanvar	忽略缺失值的样本方差
partialcorr	线性(或秩)偏相关系数
prctile	百分位数
quantile	分位数
range	极差
skewness	偏度
std	标准差
tabulate	频率分布表
trimmean	截尾均值
var	方差

表 B.11　方差分析函数

函数名	说　明
anova1	单因素方差分析
anova2	双因素方差分析
anovan	多因素方差分析
aoctool	协方差分析的交互式图形工具
friedman	Friedman 检验(双因素非参数方差分析)
kruskalwallis	Kruskal - Wallis 检验(单因素非参数方差分析)
manova1	单因素多元方差分析
manovacluster	在多元方差分析的基础上绘制聚类树形图
multcompare	多重比较

表 B.12　线性回归函数

函数名	说　明
GeneralizedLinearModel	广义线性回归模型类
dummyvar	生成名义变量
glmfit	广义线性模型拟合
glmval	广义线性模型的预测值
invpred	简单线性回归的控制(反预测)
leverage	回归诊断(中心化杠杆值)
LinearModel	线性回归模型类
lscov	已知协方差矩阵的最小二乘估计
lsqnonneg	解决变量带有非负约束的最小二乘问题
mnrfit	多项逻辑斯蒂回归(Multinomial logistic regression)拟合
mnrval	多项逻辑斯蒂回归拟合的预测值
mvregress	有缺失数据的多元线性回归分析
mvregresslike	多元回归的负对数似然函数
polyconf	多项式拟合与置信区间估计
polyfit	最小二乘多项式拟合
polyval	求多项式拟合的预测值
regress	基于最小二乘的多元线性回归
regstats	回归诊断
ridge	岭回归
robustfit	稳健回归
stepwise	交互式逐步回归
stepwisefit	非交互式逐步回归
x2fx	把预测矩阵转为设计矩阵

表 B.13 非线性回归函数

函数名	说　明
coxphfit	Cox 比例风险回归
nlinfit	非线性回归拟合
nlintool	非线性回归拟合的交互式图形工具
nlmefit	非线性混合效应数据拟合
nlmefitoutputfcn	nlmefit 和 nlmefitsa 的输出函数示例
nlmefitsa	用随机 EM 算法拟合非线性混合效应模型
nlpredci	预测值的置信区间
nlparci	参数估计值的置信区间
NonLinearModel	非线性回归模型类

表 B.14 回归分析绘图函数

函数名	说　明
addedvarplot	用于逐步回归的添加项绘图
nlintool	非线性回归拟合的交互式图形工具
polytool	多项式拟合的交互式图形工具
rcoplot	残差分析
robustdemo	对比稳健拟合和普通最小二乘拟合的交互式图形工具
rsmdemo	响应面分析演示程序
rstool	交互式响应面分析

表 B.15 试验设计函数

函数名	说　明
bbdesign	Box Behnken 设计
candexch	D-优化设计(候选集的行交换算法)
candgen	生成 D-优化设计的候选集
ccdesign	中心组合设计(Central composite design)
cordexch	D-优化设计(坐标交换算法)
daugment	增加 D-优化设计的处理数
dcovary	固定协变量的 D-优化设计
fracfactgen	不完全析因设计生成器
ff2n	二水平完全析因设计
fracfact	二水平不完全析因设计
fullfact	混合水平的完全析因设计
hadamard	Hadamard 矩阵
lhsdesign	拉丁方随机抽样
lhsnorm	从多元正态分布中进行拉丁方随机抽样
rowexch	D-优化设计(行交换算法)

表 B.16 统计过程控制函数

函数名	说 明
capability	过程性能指标
capaplot	过程性能图
controlchart	休哈特(Shewhart)控制图
controlrules	控制规则
gagerr	Gage重复性和再现性研究(Gage R&R Study)
histfit	带有正态分布密度曲线的直方图
normspec	在指定区间上绘制正态分布密度曲线图
runstest	检验随机性

表 B.17 多元统计函数

类 别	函数名	说 明
聚类分析	cophenet	Cophenetic 相关系数
	cluster	根据 linkage 函数的输出创建聚类
	clusterdata	由原始样本观测数据创建聚类
	dendrogram	绘制聚类树形图(或冰柱图)
	gmdistribution	高斯混合模型估计
	inconsistent	聚类树的不一致系数
	kmeans	K-均值聚类
	linkage	创建系统聚类树
	pdist	计算样品对距离
	silhouette	绘制聚类数据的轮廓图
	squareform	把距离向量转为距离矩阵
判别分析	ClassificationDiscriminant	线性判别分析类
	classify	线性判别分析
	mahal	马哈拉诺比斯(Mahalanobis)距离
	NaiveBayes	朴素贝叶斯(Naive Bayes)判别
降维技术	factoran	因子分析
	nnmf	非负矩阵的因子分解
	pcacov	根据协方差矩阵或相关系数矩阵进行主成分分析
	pcares	由主成分得分重建数据,求残差
	princomp	根据原始样本观测数据进行主成分分析
	rotatefactors	因子载荷阵的旋转

续表 B.17

类　别	函数名	说　明
Copulas	copulacdf	Copula 分布函数
	copulafit	根据样本观测数据估计 Copula 函数中的未知参数
	copulaparam	根据 Kendall 或 Spearman 秩相关系数求 Copula 中的参数
	copulapdf	Copula 密度函数
	copularnd	Copula 随机数
	copulastat	根据 Copula 函数计算 Kendall 或 Spearman 秩相关系数
最近邻方法	ClassificationKNN	K 近邻分类
	createns	创建最近邻搜索对象
	ExhaustiveSearcher	基于穷举搜索的最近邻搜索对象
	knnsearch	查找 k 个最近邻
	KDTreeSearcher	基于 KD 树的最近邻搜索对象
	pdist2	计算两个数据集的任意样品对之间的距离
	rangesearch	在指定半径邻域内查找最近邻
多元统计绘图	andrewsplot	多元数据的 Andrews 图
	biplot	变量(或因子系数和得分)的双标图
	interactionplot	因素交互效应图
	maineffectsplot	因素主效应图
	glyphplot	绘制多元数据的星图或脸谱图
	gplotmatrix	散点图矩阵
	multivarichart	分组数据的多变量图
	parallelcoords	多元数据的平行坐标图
其他的多元统计方法	barttest	Bartlett 检验
	canoncorr	典型相关分析
	cmdscale	经典多维尺度分析
	mdscale	非经典多维尺度分析
	plsregress	偏最小二乘回归
	procrustes	Procrustes 分析

表 B.18　机器学习函数

类　别	函数名	说　明
决策树方法	ClassificationTree	用于分类的二叉决策树
	classregtree	创建决策树,用于分类和回归分析
	RegressionTree	用于回归分析的决策树

续表 B.18

类别	函数名	说明
集成学习算法 (Ensemble Methods)	CompactTreeBagger	紧凑集成决策树
	fitensemble	创建并拟合集成决策树,用于分类和回归分析
	TreeBagger	基于 Bagging 方法的集成决策树

表 B.19 假设检验函数

函数名	说明
ansaribradley	Ansari - Bradley 检验,检验两样本是否具有相同的分散度
dwtest	Durbin - Watson 检验,检验线性回归中的自相关
linhyptest	参数估计的线性假设检验
ranksum	Wilcoxon 秩和检验(独立样本)
runstest	游程检验
sampsizepwr	计算假设检验的样本容量和检验功效
signrank	Wilcoxon 符号秩检验(配对样本)
signtest	符号检验(配对样本)
ttest	一个样本的 t 检验
ttest2	两个样本的 t 检验
vartest	方差的检验(一个样本)
vartest2	方差齐性检验(两个样本)
vartestn	方差齐性检验(多个样本的 Bartlett 检验)
ztest	Z 检验(方差已知时的单个正态总体均值的检验)

表 B.20 分布检验函数

函数名	说明
chi2gof	χ^2 拟合优度检验
jbtest	Jarque - Bera 正态性检验
kstest	一个样本的 Kolmogorov - Smirnov 检验
kstest2	两个样本的 Kolmogorov - Smirnov 检验
lillietest	Lilliefors 正态性检验

表 B.21 非参数统计函数

函数名	说明
friedman	Friedman 检验(双因素非参数方差分析)
kruskalwallis	Kruskal - Wallis 检验(单因素非参数方差分析)
ksdensity	核密度估计

续表 B.21

函数名	说 明
ranksum	Wilcoxon 秩和检验(独立样本)
signrank	Wilcoxon 符号秩检验(配对样本)
signtest	符号检验(配对样本)

表 B.22 隐马尔科夫模型函数

函数名	说 明
hmmdecode	计算隐马尔科夫模型的后验状态概率
hmmestimate	通过已知的输出序列和状态序列估计隐马尔科夫模型的参数
hmmgenerate	从一个隐马尔科夫模型产生状态序列和输出序列
hmmtrain	通过已知的输出序列估计隐马尔科夫模型的参数
hmmviterbi	用指定的隐马尔科夫模型计算给定序列的最相似路径

表 B.23 模型评价函数

函数名	说 明
confusionmat	判别分析的混淆矩阵
crossval	基于交叉验证的损失估计
cvpartition	对数据进行交叉验证划分
perfcurve	计算分类算法的 ROC 曲线或其他性能曲线

表 B.24 模型选择函数

函数名	说 明
lasso	基于套索或弹性网算法的线性回归
lassoglm	基于套索或弹性网算法的广义线性回归
lassoPlot	基于套索或弹性网算法的线性回归的轨迹图
sequentialfs	顺序特征选择
stepwise	交互式逐步回归分析工具
stepwisefit	非交互式逐步回归分析
relieff	用 ReliefF 算法计算属性(自变量)的重要性

表 B.25 统计绘图函数

函数名	说 明
andrewsplot	多元数据的 Andrews 图
biplot	变量(或因子系数和得分)的双标图
boxplot	箱线图

续表 B.25

函数名	说　明
cdfplot	经验分布函数图
ecdf	经验分布函数图(Kaplan－Meier估计)
ecdfhist	频率直方图
fsurfht	函数的交互式等高线图
gline	交互式添加一条线
glyphplot	绘制多元数据的星图或脸谱图
gname	交互式添加观测点的标签
gplotmatrix	散点图矩阵
gscatter	分组散点图
hist	直方图
hist3	二元变量的三维直方图
ksdensity	核密度估计图
lsline	在散点图上添加最小二乘拟合线
normplot	正态概率图
parallelcoords	多元数据的平行坐标图
probplot	概率图
qqplot	Q－Q图(分位数图)
refcurve	添加参考多项式曲线
refline	添加参考线
scatterhist	二维散点图和边缘直方图
surfht	网格数据的交互式等高线图
wblplot	威布尔分布概率图

表 B.26　创建数据集函数

函数名	说　明
dataset	根据工作空间中的变量或数据文件创建数据集
nominal	创建名义尺度分类数据
ordinal	创建有序尺度分类数据

表 B.27　统计演示函数

函数名	说　明
aoctool	协方差分析的交互式图形工具
disttool	概率密度和分布函数作图的交互式图形工具
polytool	多项式拟合的交互式图形工具

续表 B.27

函数名	说　明
randtool	交互式随机数生成工具
rsmdemo	交互式响应面分析实例
robustdemo	稳健回归拟合的交互式图形工具

表 B.28　文件输入输出函数

函数名	说　明
tblread	以表格形式读取数据
tblwrite	以表格形式写数据到文件
tdfread	读取以制表符为分隔符的数据文件
caseread	读取个案名
casewrite	写个案名到文件

参考文献

[1] 谢中华. MATLAB统计分析与应用:40 个案例分析[M]. 北京:北京航空航天大学出版社,2010.

[2] 吴鹏. MATLAB 高效编程技巧与应用:25 个案例分析[M]. 北京:北京航空航天大学出版社,2010.

[3] 茆诗松,程依明,濮晓龙. 概率论与数理统计教程[M]. 北京:高等教育出版社,2004.

[4] 盛骤,谢式千,潘承毅. 概率论与数理统计[M]. 4 版. 北京:高等教育出版社,2008.

[5] 史道济,张玉环. 应用数理统计[M]. 天津:天津大学出版社,2008.

[6] 王学民. 应用多元分析[M]. 2 版. 上海:上海财经大学出版社,2004.

[7] 张润楚. 多元统计分析[M]. 北京:科学出版社,2006.

[8] 何晓群. 多元统计分析[M]. 北京:中国人民大学出版社,2008.

[9] 李春喜,王志和,王文林. 生物统计学[M]. 2 版. 北京:科学出版社,2000.

[10] 王星. 非参数统计[M]. 北京:中国人民大学出版社,2005.

[11] 韦艳华,张世英. Copula 理论及其在金融分析上的应用[M]. 北京:清华大学出版社,2008.

[12] 李柏年. 模糊数学及其应用[M]. 合肥:合肥工业大学出版社,2007.

[13] 张志涌. 精通 MATLAB R2011a[M]. 北京:北京航空航天大学出版社,2011.

[14] 张志涌. MATLAB 教程 R2011a[M]. 北京:北京航空航天大学出版社,2010.

[15] 苏金明,张莲花,刘波. MATLAB 工具箱应用[M]. 北京:电子工业出版社,2004.

[16] 董维国. 深入浅出 MATLAB 7. x 混合编程[M]. 北京:机械工业出版社,2006.

[17] 苏金明,刘宏,刘波. MATLAB 高级编程[M]. 北京:电子工业出版社,2005.

[18] 秦襄培. MATLAB 图像处理与界面编程宝典[M]. 北京:电子工业出版社,2009.

[19] 陈超. 精通 MATLAB 2008 应用程序接口编程技术[M]. 北京:电子工业出版社,2009.

[20] 薛毅,陈立萍. 统计建模与 R 软件[M]. 北京:清华大学出版社,2007.

[21] 黄燕,吴平. SAS 统计分析及应用[M]. 北京:机械工业出版社,2006.

[22] 卢纹岱. SPSS for Windows 统计分析[M]. 3 版. 北京:电子工业出版社,2006.

[23] 姜启源,邢文训,谢金星,等. 大学数学实验[M]. 北京:清华大学出版社,2005.

[24] 马逢时,周暐,刘传冰. 六西格玛管理统计指南——MINITAB 使用指南[M]. 北京:中国人民大学出版社,2007.